电工
从入门到精通

韩雪涛　主编　吴瑛　韩广兴　副主编
数码维修工程师鉴定指导中心　组织编写

化学工业出版社
·北京·

内容简介

本书采用全彩色图解的形式，以电工行业的工作要求和规范作为依据，全面系统地介绍了电工的相关知识。通过对内容的学习，电工初学者不仅可以轻松入门掌握电工的基础知识，而且还可以深入掌握电工相关技能，并在工作中熟练应用，最终成为一名合格的电工技术人员。

本书内容包括：电工基础入门、电子元器件、常用电气元件、电工识图、电工计算、电工工具和电工仪表、电动机、导线的加工和连接、电工安全与触电急救、电工焊接技能、电工布线与设备安装技能、电工检测技能、电动机的拆卸与检修技能、供配电线路及检修调试技能、照明控制线路及检修调试技能、电动机控制线路及检修调试技能、变频器技术、变频器的使用与调试、PLC技术和PLC编程语言与PLC系统的安装及调试等。本书对电工知识的讲解全面详细，理论和实践操作相结合，内容由浅入深，语言通俗易懂，全书内容彩色图解，层次分明，重点突出，非常方便读者学习。

本书采用微视频讲解互动的全新教学模式，在内页重要知识点相关图文的旁边附印了二维码。读者只要**用手机扫描书中相关知识点的二维码**，即可在手机上实时浏览对应的教学视频，视频内容与图书涉及的知识完全匹配，复杂难懂的图文知识通过相关专家的语言讲解，帮助读者轻松领会，这不仅进一步方便了学习，而且还大大提升了本书内容的学习价值。

本书可供电工学习使用，也可供职业院校、培训学校相关专业的师生学习使用。

图书在版编目（CIP）数据

电工从入门到精通/韩雪涛主编. -- 北京：化学工业出版社，2017.7（2024.1重印）
ISBN 978-7-122-29671-9

Ⅰ. ①电… Ⅱ. ①韩… Ⅲ. ①电工技术-图解 Ⅳ. ①TM-64

中国版本图书馆CIP数据核字（2017）第100752号

责任编辑：李军亮 万忻欣 徐卿华　　装帧设计：刘丽华
责任校对：宋 夏

出版发行：化学工业出版社（北京市东城区青年湖南街13号 邮政编码 100011）
印　　装：河北京平诚乾印刷有限公司
787mm×1092mm 1/16 印张25 字数615千字 2024年1月北京第1版第16次印刷

购书咨询：010-64518888　　售后服务：010-64518899
网　　址：http://www.cip.com.cn
凡购买本书，如有缺损质量问题，本社销售中心负责调换。

定　　价：99.00元

前言

随着社会整体电气化水平的提升、城镇建设步伐的加快，电工领域的就业空间越来越大。从生活用电到工业用电，从电工操作到电气规划设计，社会为从业者提供了广阔的就业岗位。越来越多的人希望从事电工领域的相关工作，大量农村劳动力也逐渐转向电气技能型的工作岗位。然而，人力资源市场充足的人员储备并没有及时解决强烈的市场需求的问题。如何让初学者能够在短时间内掌握电工从业的知识和技能成为目前电工培训过程中面临的最大问题。

与其他就业岗位不同，电工领域的很多工作都存在一定程度的危险，需要从业人员不仅具备专业的理论知识，同时还要经过专业的技能培训，掌握技能操作的要点，知晓作业过程中的风险，并兼具处理解决突发事故的能力。因此，对于电工技能类培训图书而言不单单是讲授专业知识，更要注重技能的培养和能力的锻炼。

本书是一本适合电工入门与提高的图书，在表现形式上采用彩色印刷，突出重点，其内容由浅入深，语言通俗易懂，电工初学者可以通过对本书的学习建立系统的电工知识架构。为使读者能够在短时间内掌握电工的技能，本书在知识技能的讲授中充分发挥图解的特色，根据读者的需求，进行知识架构的全新整合，依托实训项目，通过以“图”代“解”，以“解”说“图”的形式向读者传授电工的知识技能。力求将电工的知识及应用以最直观的方式呈现给读者。

本书以行业标准为依托，注重知识性、系统性、操作性的结合。内容具备很强的实用性，能在读者从事电工及相关技术工作中真正起到良好的指导作用。

为了确保专业品质，本书由数码维修工程师鉴定指导中心组织编写，由全国电子行业专家韩广兴教授亲自指导，编写人员有行业资深工程师、高级技师和一线教师，使读者在学习过程中如同有一群专家在身边指导，将学习和实践中需要注意的重点、难点一一化解，大大提升学习效果。另外，本书充分结合多媒体教学的特点，首先，图书在内容的制作上大胆进行多媒体教学模式的创新，将传统的“读文”学习变为“读图”学习。其次，图书还开创了数字媒体与传统纸质载体交互的全新教学方式。学习者可以通过手机扫描书中的二维码，同步实时浏览对应知识点的数字媒体资源。数字媒体教学资源与图书的图文资源相互衔接，相互补充，充分调动学习者的主观能动性，确保学习者在短时间内获得最佳的学习效果。

从书得到了数码维修工程师鉴定指导中心的大力支持。读者可登录数码维修工程师的官方网站（www.chinadse.org）获得超值技术服务。

本书由数码维修工程师鉴定指导中心组织编写，由韩雪涛任主编，吴瑛、韩广兴任副主编，参加本书内容整理工作的还有张丽梅、宋明芳、朱勇、吴玮、吴惠英、张湘萍、高瑞征、韩雪冬、周文静、吴鹏飞、唐秀鸯、王新霞、马梦霞、张义伟。

编　者

读者通过学习与实践还可参加相关资质的国家职业资格或工程师资格认证，可获得相应等级的国家职业资格或数码维修工程师资格证书。如果读者在学习和考核认证方面有什么问题，可通过以下方式与我们联系：

数码维修工程师鉴定指导中心
网址：http://www.chinadse.org
联系电话：022-83718162/83715667/13114807267
E-mail:chinadse@163.com
地址：天津市南开区榕苑路4号天发科技园8-1-401
邮编300384

电工从入门到精通

第1篇 电工入门篇

第15章　照明控制线路及检修调试技能（P242）

第16章　电动机控制线路及检修调试技能（P256）

二维码目录

视频：

PDF资源：

第1篇
电工入门篇

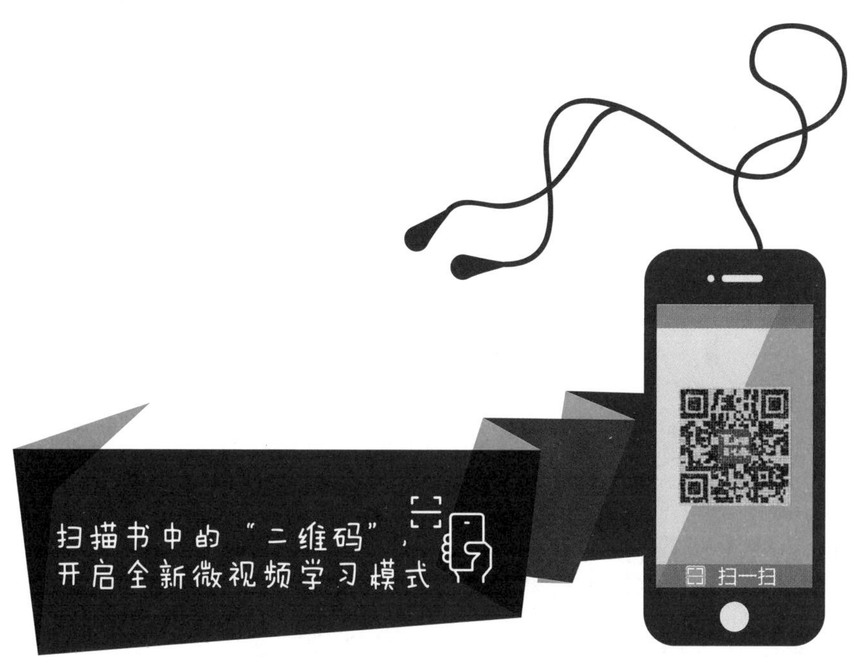

扫描书中的"二维码"，
开启全新微视频学习模式
扫一扫

第1章 电工基础入门

1.1 电与磁

变化的电流可以产生变化的磁场，变化的磁场也可以感应变化的电流。下面我们学习电和磁的基本概念及电与磁之间的关系。

1.1.1 电与磁的概述

电流与磁场可以通过某种方式互换，在学习电与磁之间的关系之前，我们先了解电、磁的基本概念。

1 电的基本知识

电具有同性相斥、异性相吸的特性。如图1-1所示，当使用带正电的玻璃棒靠近带正电的软木球时会相互排斥；当使用带负电的橡胶棒靠近带正电的软木球时，会相互吸引。

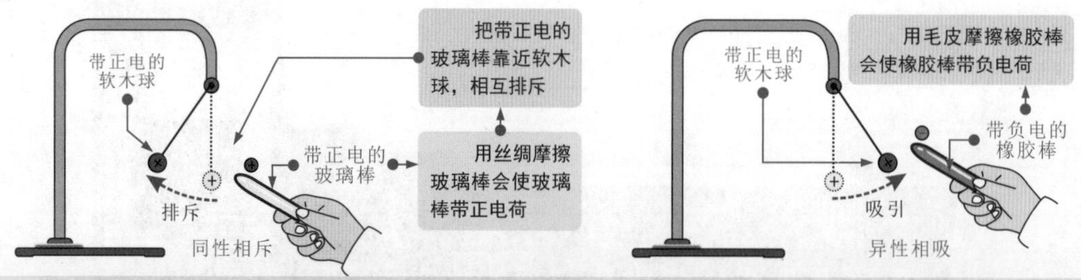

带正电的软木球
把带正电的玻璃棒靠近软木球，相互排斥
带正电的玻璃棒
用丝绸摩擦玻璃棒会使玻璃棒带正电荷
排斥
同性相斥
带正电的软木球
用毛皮摩擦橡胶棒会使橡胶棒带负电荷
带负电的橡胶棒
吸引
异性相吸
当一个物体与另一物体相互摩擦时，其中一个物体会失去电子而带正电荷，另一个物体会得到电子而带负电荷。这里所说的电叫做静电。其中带电物体所带电荷的数量叫“电量”，用Q表示，电量的单位是库仑，1库仑约等于6.24×10^{18}个电子所带的电量

图1-1　电的性质

2 磁的基本知识

一般提起磁，很多人便会想到磁石或磁铁能吸引铁质物体，指南针会自动指示南北方向。一般物质被称为无磁性或非磁性物体（或材料）。事实上，任何物质都具有磁性，只是有的物质磁性强，有的物质磁性弱；任何空间都存在磁场，只是有的空间磁场强度高，有的空间磁场强度低。图1-2为磁的基本性质。

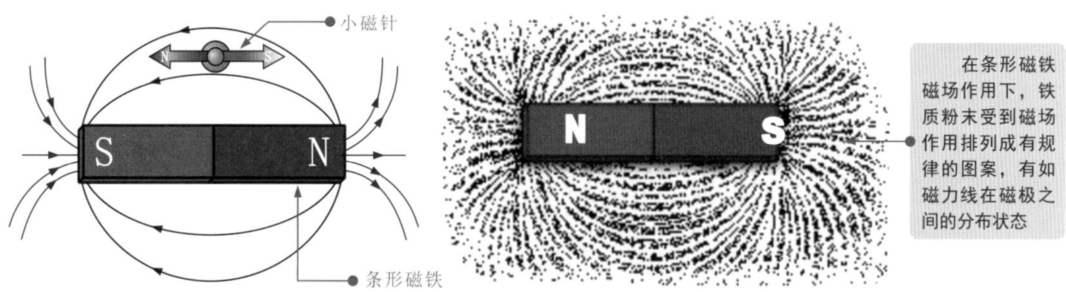

图1-2 磁的基本性质

磁场是磁体周围存在的一种特殊物质。磁体间的相互作用力是通过磁场传送的。在线圈、电动机、电磁铁和磁头的磁隙附近都存在磁场。磁场具有方向性，判断磁场的方向可将自由转动的小磁针放在磁场中的某一点，小磁针N极所指的方向即为该点的磁场方向。通常，确定磁场的方向也可使用指南针。

1.1.2 电与磁的关系

电流与磁场可以通过某种方式互换，即电流感应出磁场或磁场感应出电流。

1 电流感应磁场

电流感应磁场的过程如图1-3所示。

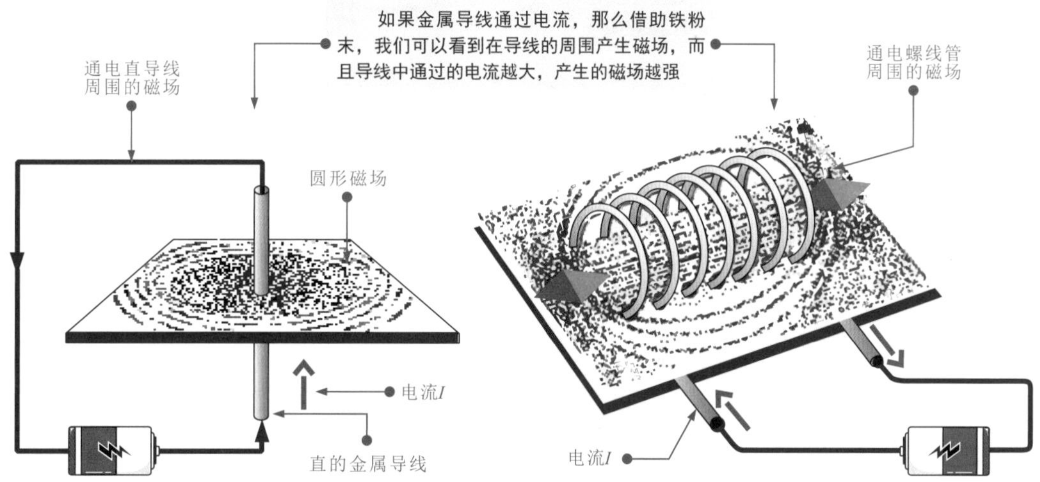

图1-3 电流感应磁场

如果一条直的金属导线通过电流，那么在导线周围的空间将产生圆形磁场。导线中流过的电流越大，产生的磁场越强。磁场成圆形，围绕导线周围，磁场的方向根据右手法则，拇指的方向为电流方向，其余四指为磁场磁力线方向。通电的螺线管也会产生出磁场，从图中可以看出，在螺线管外部的磁场形状和一块条形磁铁产生的磁场形状是相同的，其磁场方向遵循右手定则。

2 磁场感应电流

磁场感应电流的过程如图1-4所示。

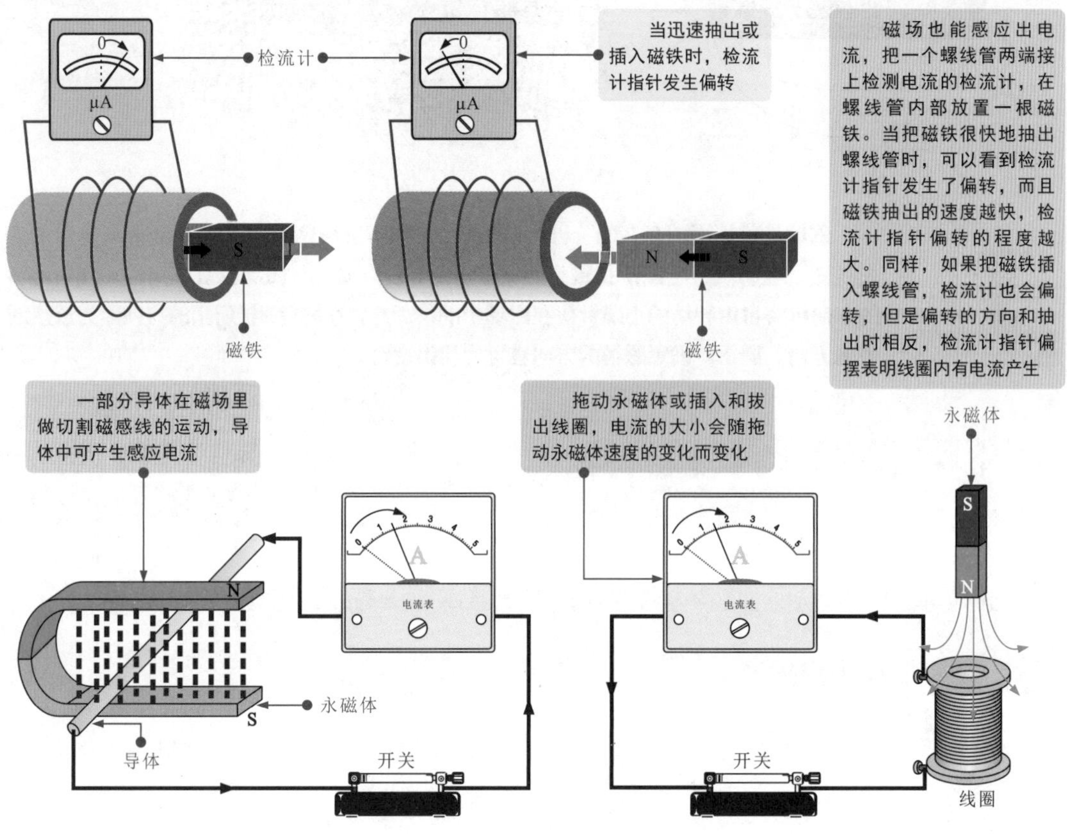

检流计
μA
当迅速抽出或插入磁铁时，检流计指针发生偏转
磁场也能感应出电流，把一个螺线管两端接上检测电流的检流计，在螺线管内部放置一根磁铁。当把磁铁很快地抽出螺线管时，可以看到检流计指针发生了偏转，而且磁铁抽出的速度越快，检流计指针偏转的程度越大。同样，如果把磁铁插入螺线管，检流计也会偏转，但是偏转的方向和抽出时相反，检流计指针偏摆表明线圈内有电流产生
S
N
磁铁
磁铁
一部分导体在磁场里做切割磁感线的运动，导体中可产生感应电流
拖动永磁体或插入和拔出线圈，电流的大小会随拖动永磁体速度的变化而变化
永磁体
电流表
永磁体
导体
开关
开关
线圈

图1-4　磁场感应电流

当闭合回路中一部分导体在磁场中做切割磁感线运动时，回路中就有电流产生；当穿过闭合线圈的磁通发生变化时，线圈中有电流产生。这种由磁产生电的现象，称为电磁感应现象，产生的电流叫感应电流。

1.2 电路连接与欧姆定律

1.2.1 串联方式

如果电路中多个负载首尾相连，那么我们称它们的连接状态是串联的，该电路即称为串联电路。

如图1-5所示， 在串联电路中，通过每个负载的电流量是相同的，且串联电路中只有一个电流通路，当开关断开或电路的某一点出现问题时，整个电路将处于断路状态，因此当其中一盏灯损坏后，另一盏灯的电流通路也被切断，该灯不能点亮。

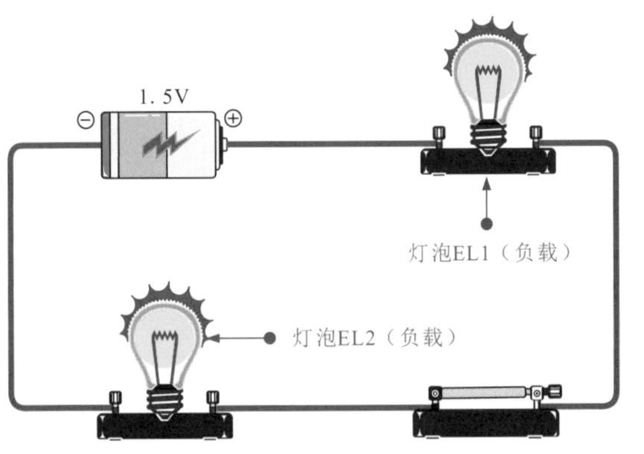
1.5V
灯泡EL1（负载）
灯泡EL2（负载）

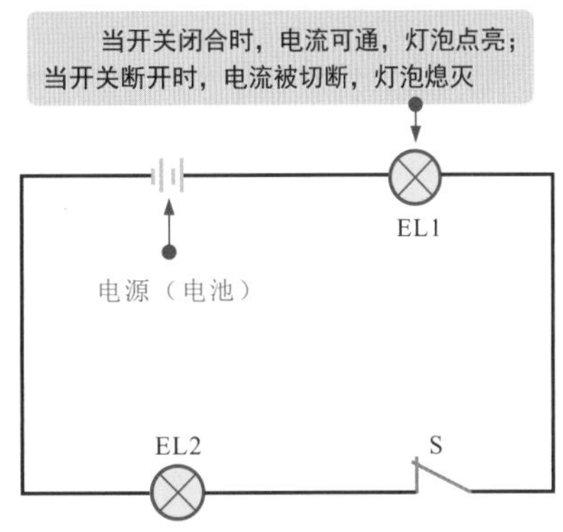
当开关闭合时，电流可通，灯泡点亮；
当开关断开时，电流被切断，灯泡熄灭
EL1
电源（电池）
EL2
S

图1-5 电子元件的串联关系

提示说明

在串联电路中通过每个负载的电流量是相同的，且串联电路中只有一个电流通路，当开关断开或电路的某一点出现问题时，整个电路将变成断路状态。

在串联电路中，流过每个负载的电流相同，各个负载分享电源电压，如图1-6所示，电路中有三个相同的灯泡串联在一起，那么每个灯泡将得到1/3的电源电压量。每个串联的负载可分到的电压量与它自身的电阻有关，即自身电阻较大的负载会得到较大的电压值。

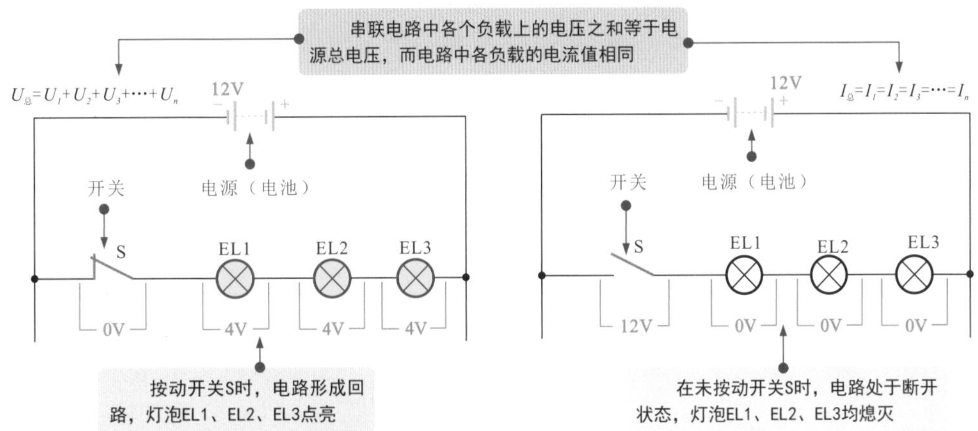
串联电路中各个负载上的电压之和等于电源总电压，而电路中各负载的电流值相同
$U_总=U_1+U_2+U_3+\cdots+U_n$
12V
开关
电源（电池）
S
EL1
EL2
EL3
0V
4V
4V
4V
按动开关S时，电路形成回路，灯泡EL1、EL2、EL3点亮
12V
$I_总=I_1=I_2=I_3=\cdots=I_n$
开关
电源（电池）
S
EL1
EL2
EL3
12V
0V
0V
0V
在未按动开关S时，电路处于断开状态，灯泡EL1、EL2、EL3均熄灭

图1-6 灯泡（负载）串联的电压分配

1.2.2 并联方式

两个或两个以上负载的两端都与电源两极相连，我们称这种连接状态是并联的，该电路即为并联电路。

如图1-7所示， 在并联状态下，每个负载的工作电压都等于电源电压。不同支路中会有不同的电流通路，当支路某一点出现问题时，该支路将处于断路状态，照明灯会熄灭，但其他支路依然正常工作，不受影响。

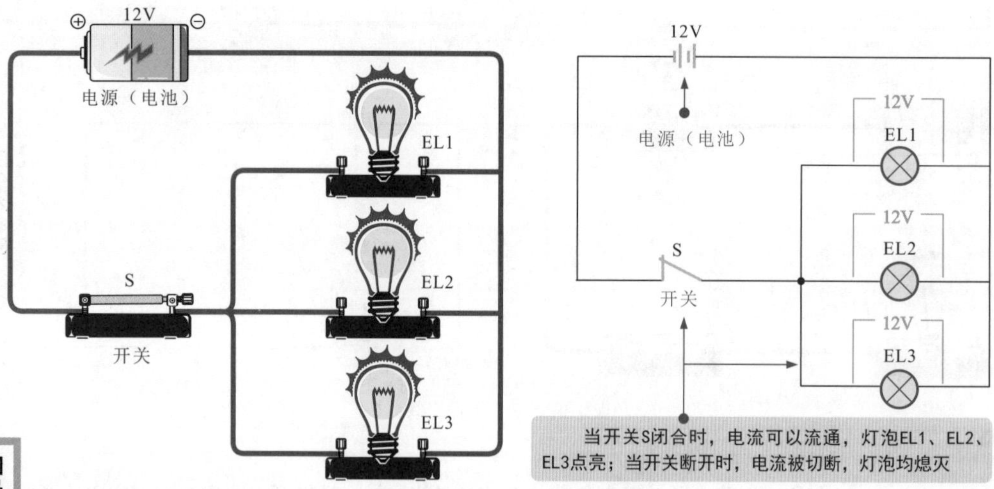

12V
电源（电池）
EL1
EL2
EL3
S
开关

当开关S闭合时，电流可以流通，灯泡EL1、EL2、EL3点亮；当开关断开时，电流被切断，灯泡均熄灭

图1-7　电子元件的并联关系

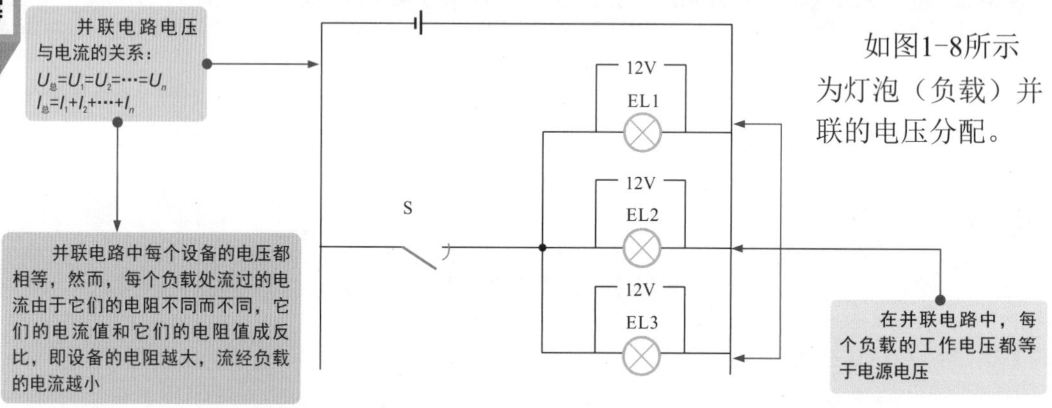

并联电路电压与电流的关系：
$U_{总}=U_1=U_2=\cdots=U_n$
$I_{总}=I_1+I_2+\cdots+I_n$

并联电路中每个设备的电压都相等，然而，每个负载处流过的电流由于它们的电阻不同而不同，它们的电流值和它们的电阻值成反比，即设备的电阻越大，流经负载的电流越小

在并联电路中，每个负载的工作电压都等于电源电压

如图1-8所示为灯泡（负载）并联的电压分配。

图1-8　灯泡（负载）并联的电压分配

1.2.3 混联方式

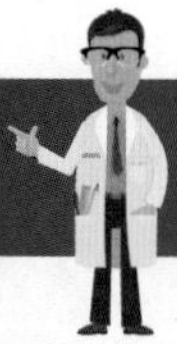

如图1-9所示，将电气元件串联和并联连接后构成的电路称为混联电路。

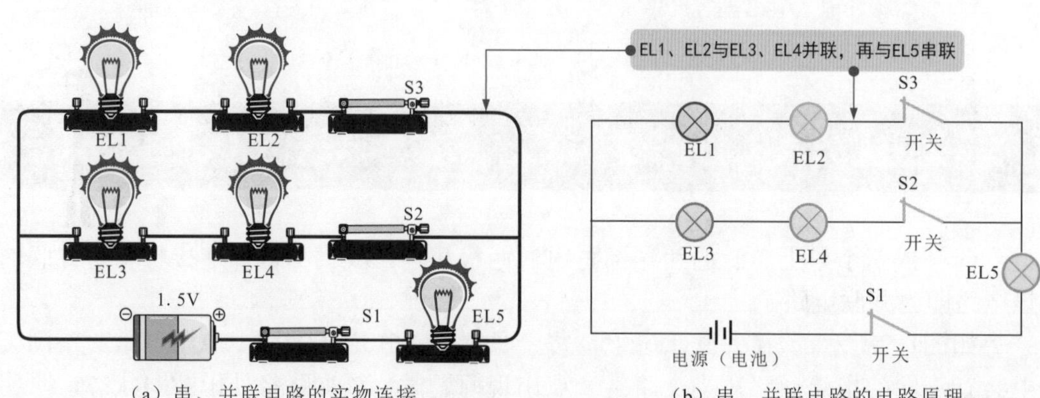

（a）串、并联电路的实物连接　（b）串、并联电路的电路原理

图1-9　电子元件的混联关系

1.2.4 电压变化对电流的影响

电压与电流的关系如图1-10所示。电阻阻值不变的情况下，电路中的电压升高，流经电阻的电流也成比例增加；电压降低，流经电阻的电流也成比例减少。例如，电压从25V升高到30V时，电流值也会从2.5A升高到3A。

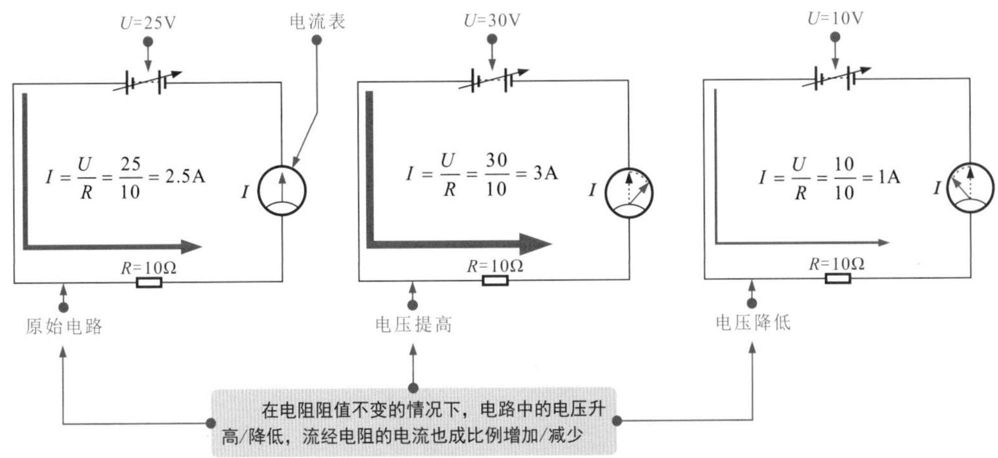

图1-10 电压与电流的关系

1.2.5 电阻变化对电流的影响

电阻与电流的关系如图1-11所示。当电压值不变的情况下，电路中的电阻阻值升高，流经电阻的电流成比例减少；电阻阻值降低，流经电阻的电流则成比例增加。例如，电阻从10Ω升高到20Ω时，电流值会从2.5A降低到1.25A。

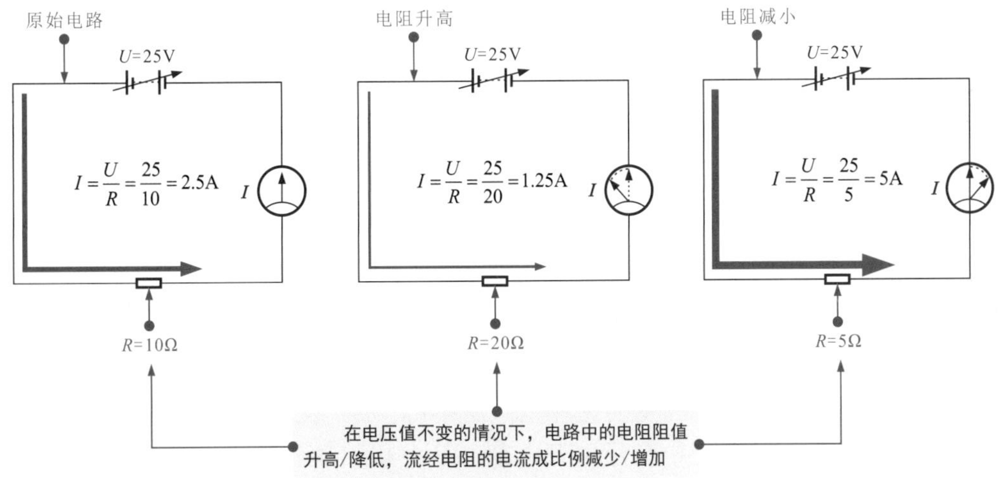

图1-11 电阻与电流的关系

1.3 电流与电动势

1.3.1 电流

在导体的两端加上电压，导体内的电子就会在电场力的作用下做定向运动，形成电流。电流的方向规定为电子（负电荷）运动的反方向即电流的方向与电子运动的方向相反。

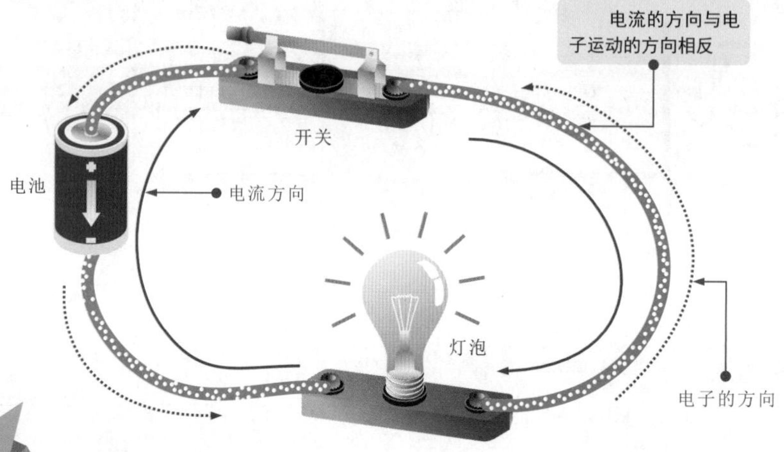

图1-12 由电池、开关、灯泡组成的电路模型

图 1-12为由电池、开关、灯泡组成的电路模型，当开关闭合时，电路形成通路，电池的电动势形成了电压，继而产生了电场力，在电场力的作用下，处于电场内的电子便会定向移动，这就形成了电流。

电流的大小称为电流强度，它是指在单位时间内通过导体横截面的电荷量。电流强度使用字母“*I*”（或*i*）来表示，电荷量使用“*Q*”（库伦）表示。若在*t*秒内通过导体横截面的电荷量是*Q*，则电流强度可用下式计算：

$$I=\frac{Q}{t}$$

电流强度的单位为安培，简称安，用字母“A”表示。根据不同的需要，还可以用千安（kA）、毫安（mA）和微安（μA）来表示。它们之间的关系为：

1kA =1000A

1mA=10^{-3}A

1μA=10^{-6}A

1.3.2 电动势

电动势是描述电源性质的重要物理量，用字母“*E*”表示，单位为“V”（伏特，简称伏），它是表示单位正电荷经电源内部，从负极移动到正极所做的功，它标志着电源将其他形式的能量转换成电路的动力即电源供应电路的能力。

提示说明

电动势用公式表示，即

$$E=\frac{W}{Q}$$

式中，*E*为电动势，单位为伏特（V）；*W*为将正电荷经电源内部从负极引导正极所做的功，单位为 焦耳（J）；*Q*为移动的正电荷数量，单位为 库伦（C）。

如图1-13所示为由电源、开关、可变电阻器构成的电路模型。在闭合电路中，电动势是维持电流流动的电学量，电动势的方向规定为经电源内部，从电源的负极指向电源的正极。电动势等于路端电压与内电压之和，用公式表示即

$$E=U_{路}+U_{内}=I\cdot R+I\cdot r$$

式中，$U_{路}$表示路端电压（即电源加在外电路端的电压），$U_{内}$表示内电压（即电池因内阻自行消耗的电压），*I*表示闭合电路的电流，*R*表示外电路总电阻（简称外阻），*r*表示电源的内阻。

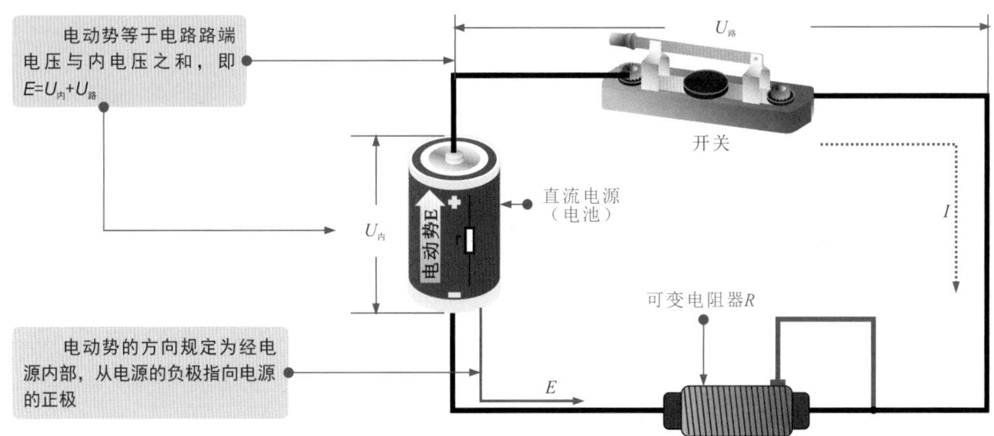
电动势等于电路路端电压与内电压之和，即$E=U_{内}+U_{路}$
$U_{路}$
开关
直流电源（电池）
电动势E
$U_{内}$
I
可变电阻器R
电动势的方向规定为经电源内部，从电源的负极指向电源的正极
E

图1-13 由电池、开关、可调电阻器构成的电路模型

提示说明

对于确定的电源来说，电动势E和内阻*r*都是一定的。若闭合电路中外电阻*R*增大，电流*I*便会减小,内电压$U_{内}$减小，故路端电压$U_{路}$增大。若闭合电路中外电阻*R*减小，电流*I*便会增大，内电压$U_{内}$增大，故路端电压$U_{路}$减小，当外电路断开，外电阻*R*无限大，电流*I*便会为零，内电压$U_{内}$也变为零，此时路端电压就等于电源的电动势。

1.4 电位与电压

电位是指该点与指定的零电位的大小差距，电压则是指电路中两点电位的大小差距。

1.4.1 电位

电位也称电势，单位是伏特（V），用符号“φ”表示，它的值是相对的，电路中某点电位的大小与参考点的选择有关。

图1-14为由电池、三个阻值相同的电阻和开关构成的电路模型（电位的原理）。电路以A点作为参考点，A点的电位为0V（即φ_A=0V），则B点的电位为0.5V（即φ_B=0.5V），C点的电位为1V（即φ_C=1V），D点的电位为1.5V（即φ_D=1.5V）。

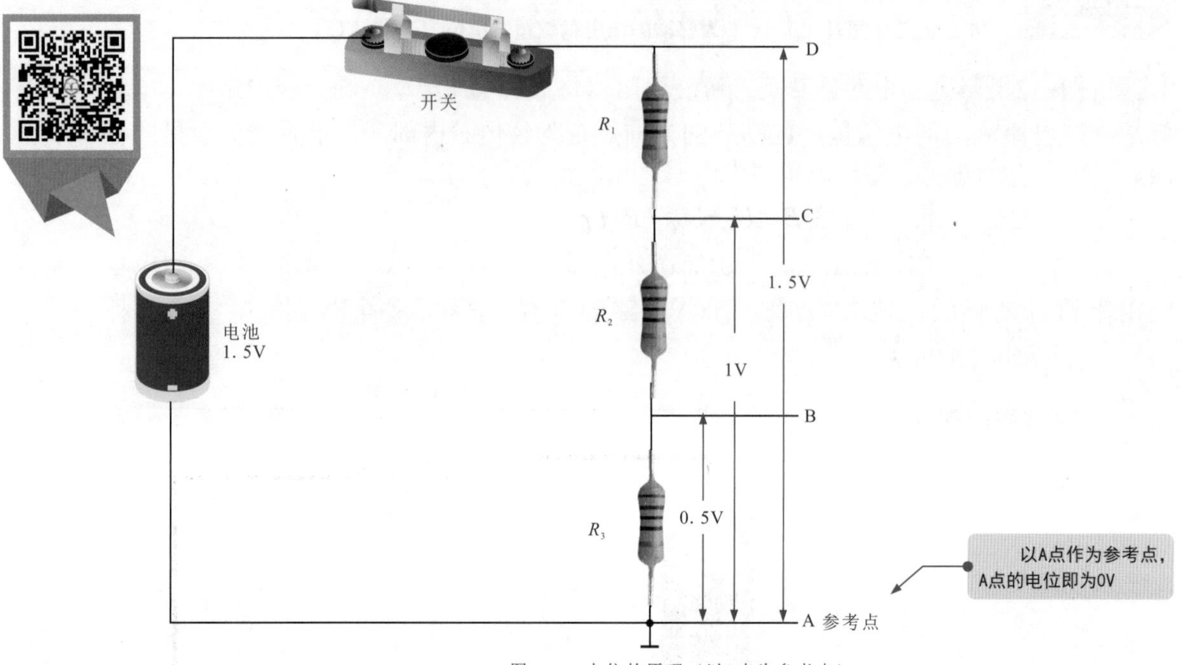

图1-14 电位的原理（以A点为参考点）

电路若以B点作为参考点，B点的电位为0V（即φ_B=0V），则A点的电位为-0.5V（即φ_A=-0.5V），C点的电位为0.5V（即φ_C=0.5V），D点的电位为1V（即φ_D=1V）。图1-15为以B点为参考点电路中的电位。

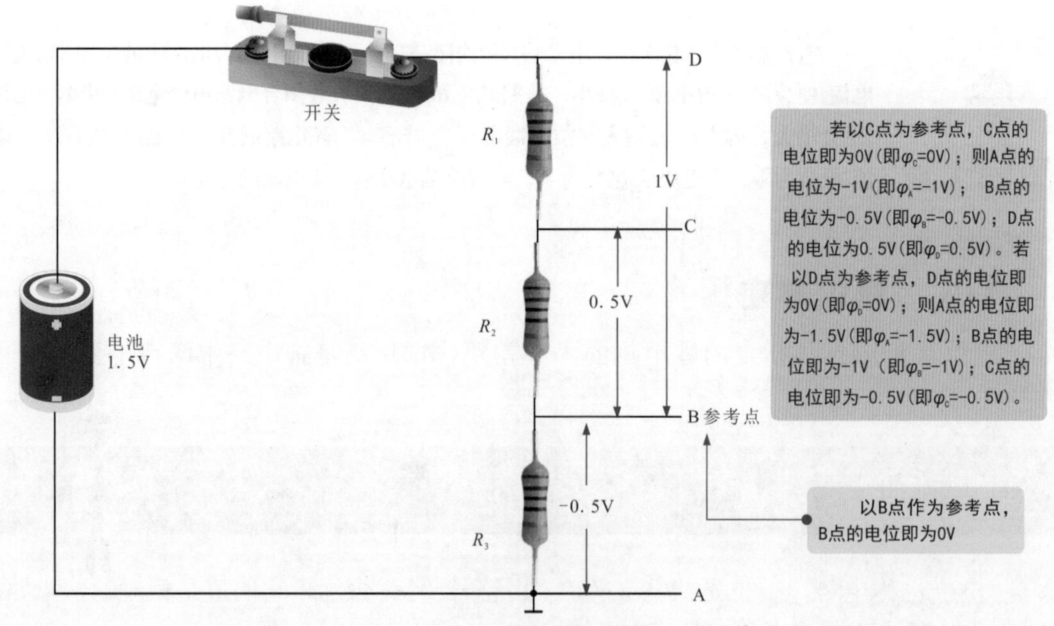

图1-15 电位的原理（以B点为参考点）

1.4.2 电压

电压也称电位差（或电势差），单位是伏特（V）。电流之所以能够在电路中流动是因为电路中存在电压，即高电位与低电位之间的差值。

图1-16为由电池、两个阻值相等的电阻器和开关构成的电路模型。

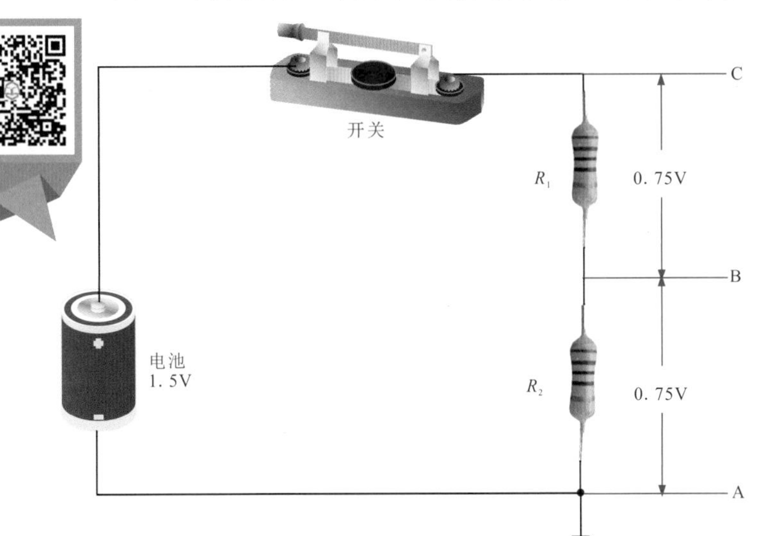

在闭合电路中，任意两点之间的电压就是指这两点之间电位的差值，用公式表示即为$U_{AB}=\varphi_A-\varphi_B$，以A点为参考点（即$\varphi_A$=0V），B点的电位为0. 75V（即$\varphi_B$=0. 75V），B点与A点之间的$U_{BA}=\varphi_B-\varphi_A$=0. 75V，也就是说加在电阻器$R_2$两端的电压为0. 75V；C点的电位为1. 5V（即φ_C=1. 5V），C点与A点之间的$U_{CA}=\varphi_C-\varphi_A$=1. 5V，也就是说加在电阻器$R_1$和$R_2$两端的电压为1. 5V

但若单独衡量电阻器R_1两端的电压（即U_{BC}），若以B点为参考点（φ_B=0），C点电位即为0. 75V（φ_C=0. 75V），因此加在电阻器R1两端的电压仍为0. 75V（即U_{BC}=0. 75V）

图1-16 电池、两个阻值相等的电阻器和开关构成的电路模型（电压的原理）

1.5 直流电与交流电

1.5.1 直流电与直流供电方式

直流电（Direct Current，简称DC）是指电流方向不随时间作周期性变化，由正极流向负极，但电流的大小可能会变化。

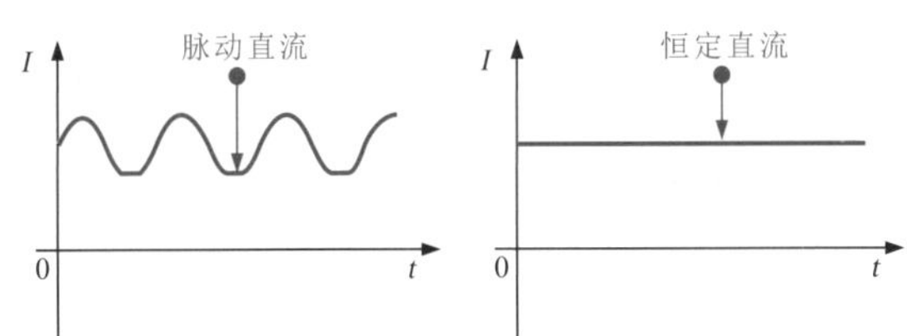

图1-17 脉动直流和恒定直流

如图1-17所示，直流电可以分为脉动直流和恒定直流两种，脉动直流中直流电流大小是跳动的；而恒定直流中的电流大小是恒定不变的。

如图1-18所示，一般将可提供直流电的装置称为直流电源，例如干电池、蓄电池、直流发电机等。直流电源有正、负两极。当直流电源为电路供电时，直流电源能够使电路两端之间保持恒定的电位差，从而在外电路中形成由电源正极到负极的电流。

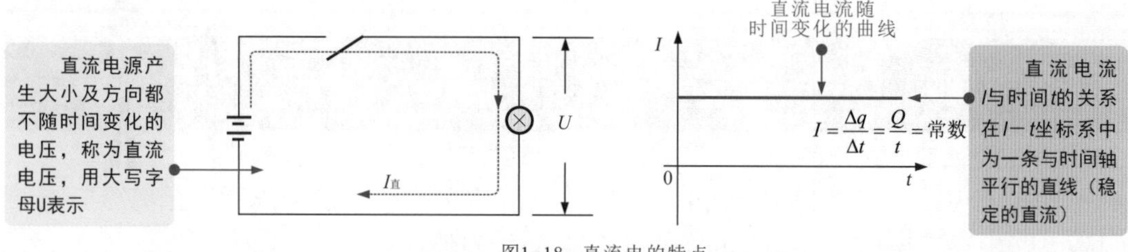

直流电源产生大小及方向都不随时间变化的电压，称为直流电压，用大写字母U表示
U
$I_直$
直流电流随时间变化的曲线
I
$I=\frac{\Delta q}{\Delta t}=\frac{Q}{t}=$常数
0
t
直流电流I与时间t的关系在I－t坐标系中为一条与时间轴平行的直线（稳定的直流）

图1-18 直流电的特点

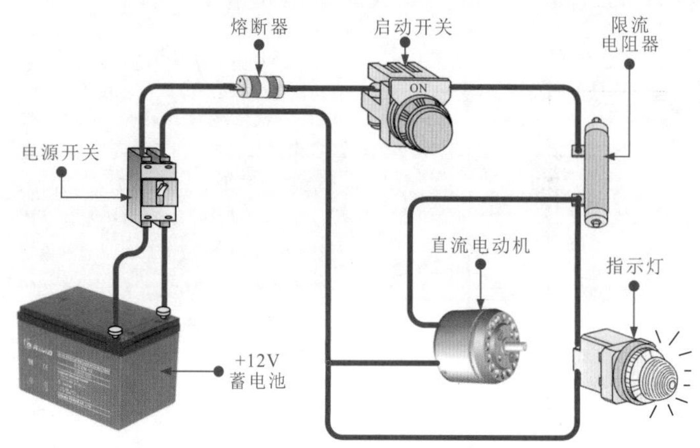

图1-19 直流电路的特点

如图1-19所示，由直流电源作用的电路称为直流电路，它主要是由直流电源、负载构成的闭合电路。

在生活和生产中电池供电的电器，都属于直流供电方式，如低压小功率照明灯、直流电动机等。还有许多电器是利用交流—直流变换器，将交流变成直流再为电器产品供电。

家庭或企事业单位的供电都是采用交流220V、50 Hz的电源，而电子产品内部各电路单元及其元件则往往需要多种直流电压，因而需要一些电路将交流220V电压变为直流电压，供电路各部分使用。

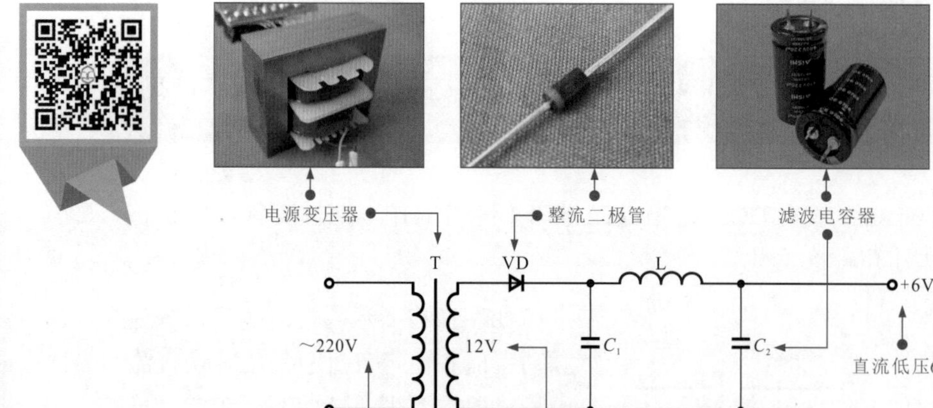

图1-20 直流电源电路的特点

如图1-20所示，典型直流电源电路中，交流220V电压经变压器T，先变成交流低压（12V）。再经整流二极管VD整流后变成脉动直流，脉动直流经LC滤波后变成稳定的直流电压。

如图1-21所示，一些实用电子产品如手机、收音机等，是借助充电器给电池充电后获取电能。值得一提的是，不论是电动车的大型充电器，还是手机、收音机等的小型充电器，都需要从市电交流220V的电源中获得能量。

充电器的功能是将交流220V变为所需的直流电压后再对蓄电池进行充电。还有一些电子产品将直流电源作为附件，制成一个独立的电路单元，称为适配器，如笔记本电脑、摄录一体机等，通过电源适配器与220V交流电转变为直流相连，适配器将220V交流电转变为直流电后为用电设备提供所需要的电压

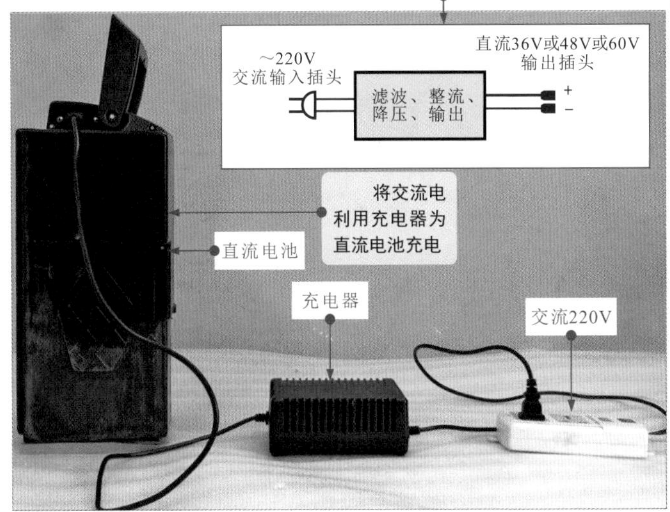

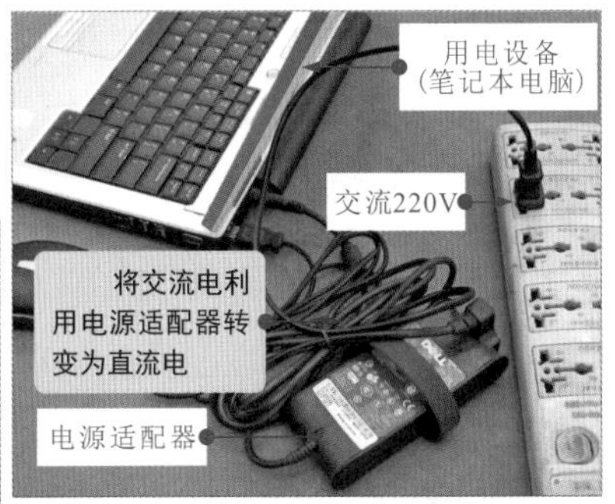

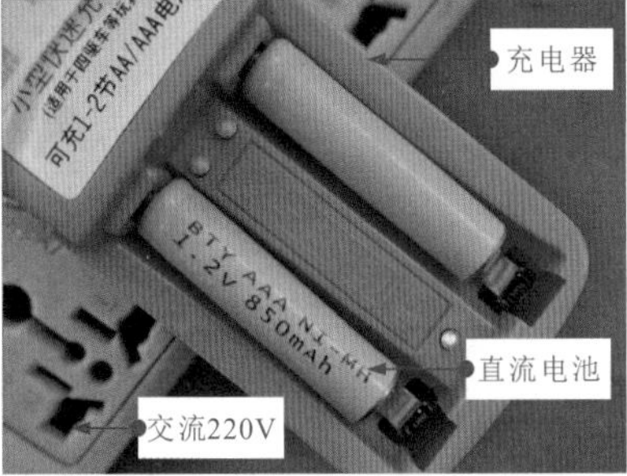

图1-21 典型实用电子产品中直流电源的获取方式

1.5.2 单相交流电与单相交流供电方式

交流电（Alternating Current，简称AC）是指大小和方向会随时间作周期性变化的电压或电流。在日常生活中所有的电器产品都需要有供电电源才能正常工作，大多数的电器设备都是由市电交流220V、50Hz作为供电电源，这是我国公共用电的统一标准，交流220V电压是指相线即火线对零线的电压。

如图1-22所示，交流电是由交流发电机产生的，交流发电机通常有产生单相交流电的机型和产生三相交流电的机型。

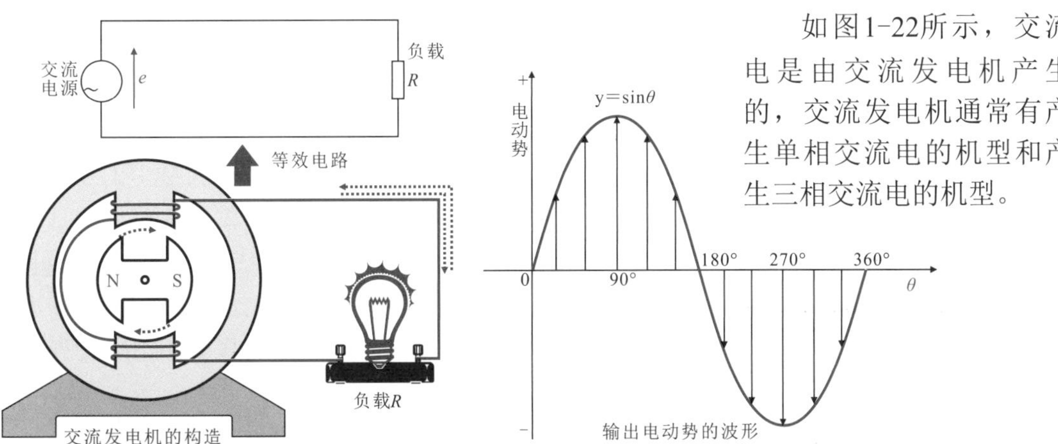

交流发电机的转子是由永磁体构成的，当水轮机或汽轮机带动发电机转子旋转时，转子磁极旋转，会对定子线圈辐射磁场，磁力线切割定子线圈，定子线圈中便会产生感应电动势，转子磁极转动一周就会使定子线圈产生相应的电动势（电压）。由于感应电动势的强弱与感应磁场的强度成正比，感应电动势的极性也与感应磁场的极性相对应。定子线圈所受到的感应磁场是正反向交替周期性变化的。转子磁极匀速转动时，感应磁场是按正弦规律变化的，发电机输出的电动势波形则为正弦波形

图1-22 交流电的产生

如图1-23所示，发电机根据电磁感应原理产生电动势，当线圈受到变化磁场的作用时，即线圈切割磁力线便会产生感应磁场，感应磁场的方向与作用磁场方向相反。

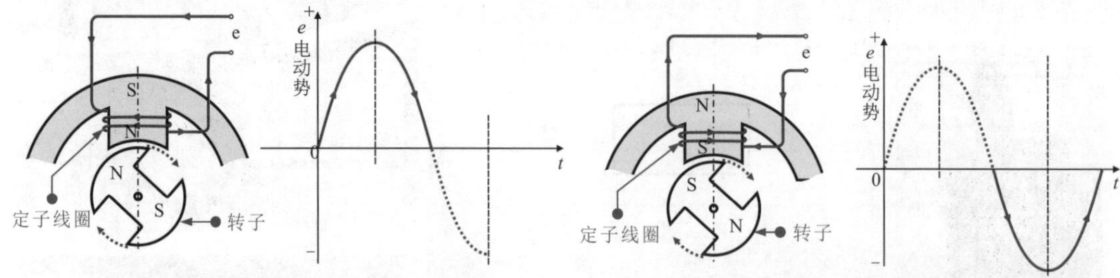

发电机的转子可以被看做是一个永磁体。当N极旋转并接近定子线圈时，会使定子线圈产生感应磁场，方向为N/S，线圈产生的感应电动势为一个逐渐增强的曲线，当转子磁极转过线圈继续旋转时，感应磁场则逐渐减小

当转子磁极继续旋转时，转子磁极S开始接近定子线圈，磁场的磁极发生了变化，定子线圈所产生的感应电动势极性也翻转180°，感应电动势输出为反向变化的曲线。转子旋转一周，感应电动势又会重复变化一次。由于转子旋转的速度是均匀恒定的，因此输出电动势的波形为正弦波

图1-23　发电机的发电原理

1 单相交流电

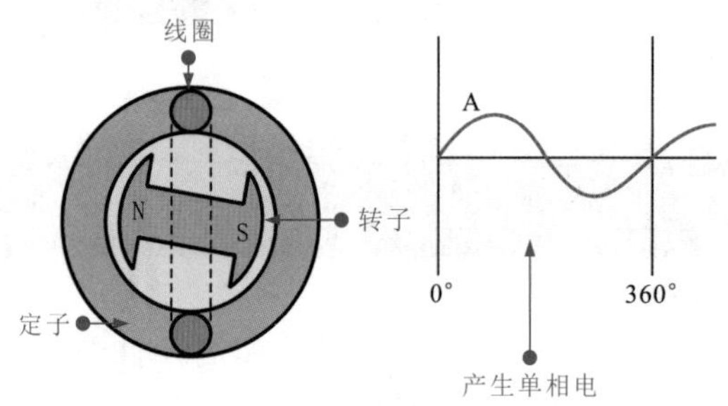

图1-24　单相交流电的特点

单相交流电在电路中具有单一交变的电压，该电压以一定的频率随时间变化，如图1-24所示。在单相交流发电机中，只有一个线圈绕制在铁芯上构成定子，转子是永磁体，当其内部的定子和线圈为一组时，它所产生的感应电动势（电压）也为一组（相），由两条线进行传输。

2 单相交流的供电方式

我们将单相交流电通过的电路称为交流电路。交流电路普遍用于人们的日常生活和生产中。单相交流电路的供电方式主要有单相两线式和单相三线式。

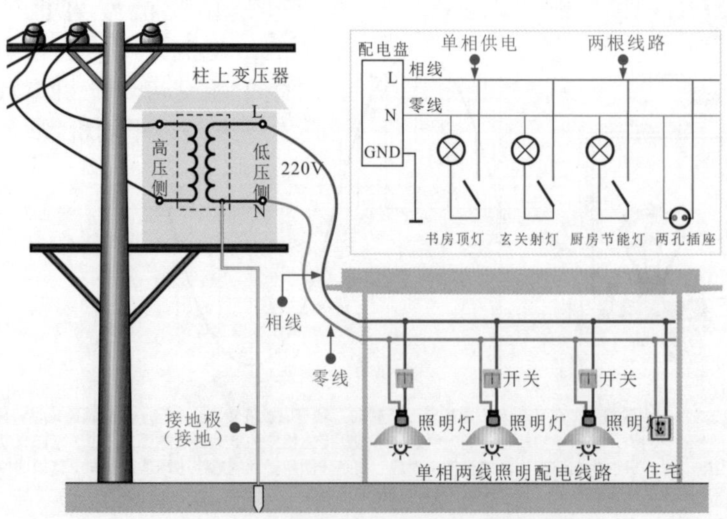

图1-25　单相两线式供电方式

如图1-25所示，单相两线式是指仅由一根相线（L）和一根零线（N）构成的供电方式，通过这两根线获取220V单相电压，为用电设备供电。

一般在照明线路和两孔电源插座多采用单相两线式供电方式。

如图1-26所示，单相三线式是在单相两线式基础上添加一条地线，相线与零线之间的电压为220V，零线在电源端接地，地线在本地用户端接地，两者因接地点不同可能存在一定的电位差，因而零线与地线之间可能存在一定的电压。

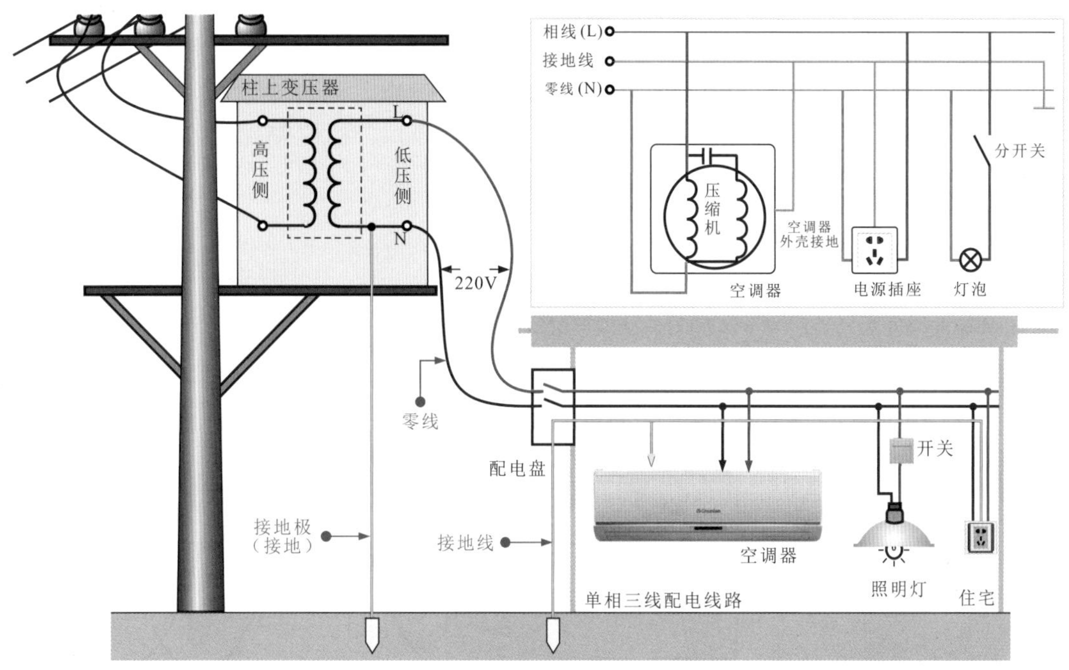

图1-26　单相三线式供电方式

如图1-27所示，一般情况下，电气线路中所使用的单相电往往不是由发电机直接发电后输出，而是由三相电源分配过来的。

发电厂经变配电系统送来的电源由三根相线（火线）和一根零线（中性线）构成。三根相线两两之间电压为380V，每根相线与零线之间的电压为220V。这样三相交流电源就可以分成三组单相交流电给用户使用。

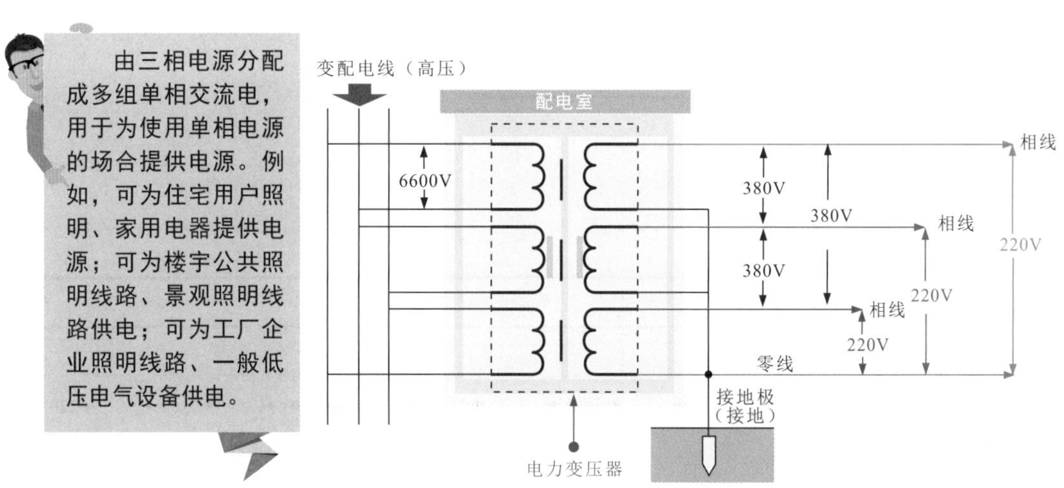

由三相电源分配成多组单相交流电，用于为使用单相电源的场合提供电源。例如，可为住宅用户照明、家用电器提供电源；可为楼宇公共照明线路、景观照明线路供电；可为工厂企业照明线路、一般低压电气设备供电。
变配电线（高压）
配电室
6600V
380V
380V
380V
相线
相线
相线
220V
220V
220V
零线
接地极
（接地）
电力变压器

图1-27　实际应用中单相电的来源

1.5.3 三相交流电与三相交流供电方式

三相交流电是大部分电力传输即供电系统、工业和大功率电力设备所需要电源。通常，把三相电源线路中的电压和电流统称三相交流电，这种电源由三条线来传输，三线之间的电压大小相等（380V）、频率相同（50Hz）、相位差为120°。

1 三相交流电

图1-28为两相交流电和三相交流电的特点。

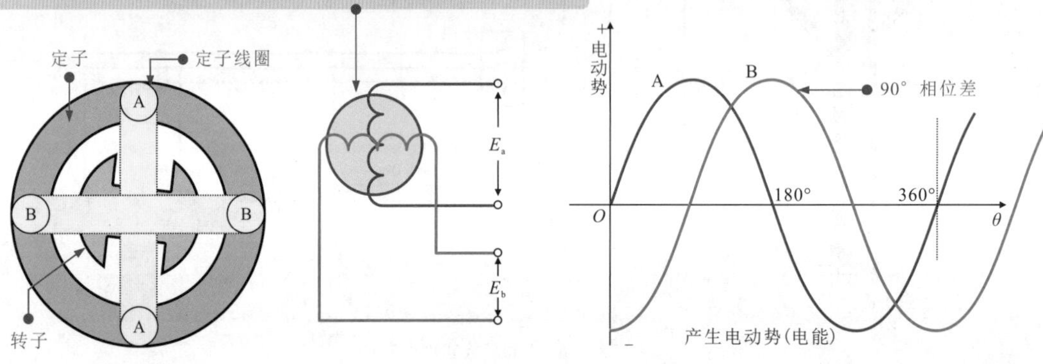
在发电机内设有两组定子线圈互相垂直地分布在转子外围。转子旋转时两组定子线圈产生两组感应电动势，这两组电动势之间有90°的相位差，这种电源为两相电源，这种方式多在自动化设备中使用
定子
定子线圈
转子
A
B
E_a
E_b
电动势
90° 相位差
180°
360°
O
θ
产生电动势(电能)

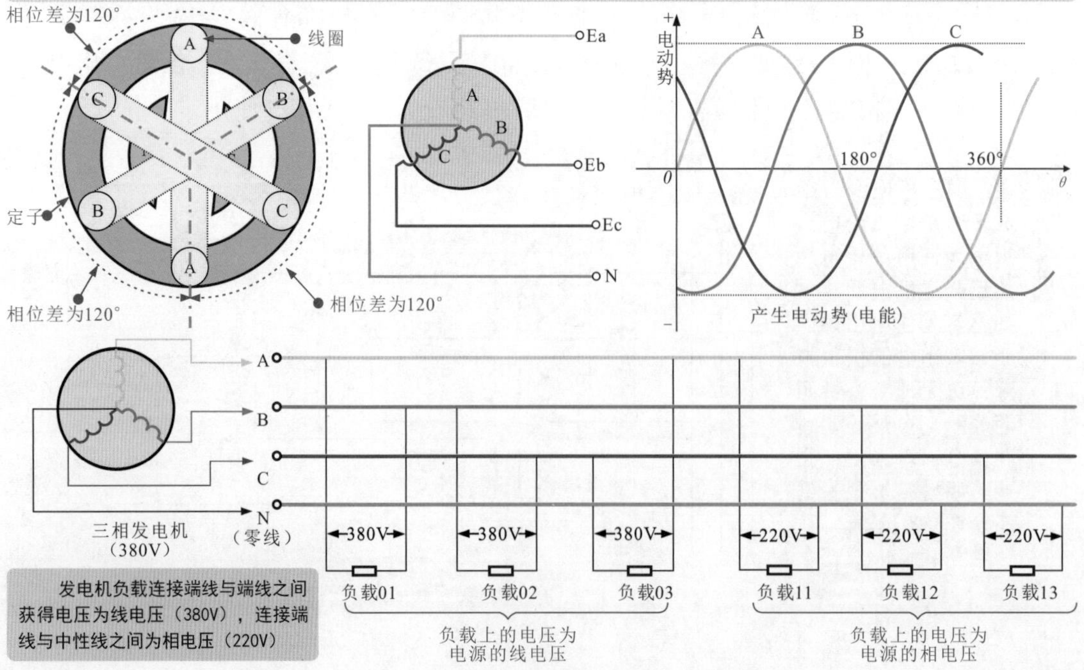
三相交流电是由三相交流发电机产生的。在定子槽内放置着三个结构相同的定子绕组A、B、C，这些绕组在空间互隔120°。转子旋转时，其磁场在空间按正弦规律变化，当转子由水轮机或汽轮机带动以角速度ω等速地顺时针方向旋转时，在三个定子绕组中就产生频率相同、幅值相等、相位上互差120°的三个正弦电动势，即对称的三相电动势
相位差为120°
线圈
定子
Ea
Eb
Ec
N
电动势
180°
360°
产生电动势(电能)
三相发电机
(380V)
N
(零线)
380V
220V
负载01
负载02
负载03
负载11
负载12
负载13
发电机负载连接端线与端线之间获得电压为线电压（380V），连接端线与中性线之间为相电压（220V）
负载上的电压为电源的线电压
负载上的电压为电源的相电压

图1-28 两相交流电和三相交流电的特点

2 三相交流供电方式

在三相交流供电系统中，根据线路接线方式不同，主要有三相三线式、三相四线式及三相五线式三种供电方式。

图1-29为典型的三相三线式供电方式。

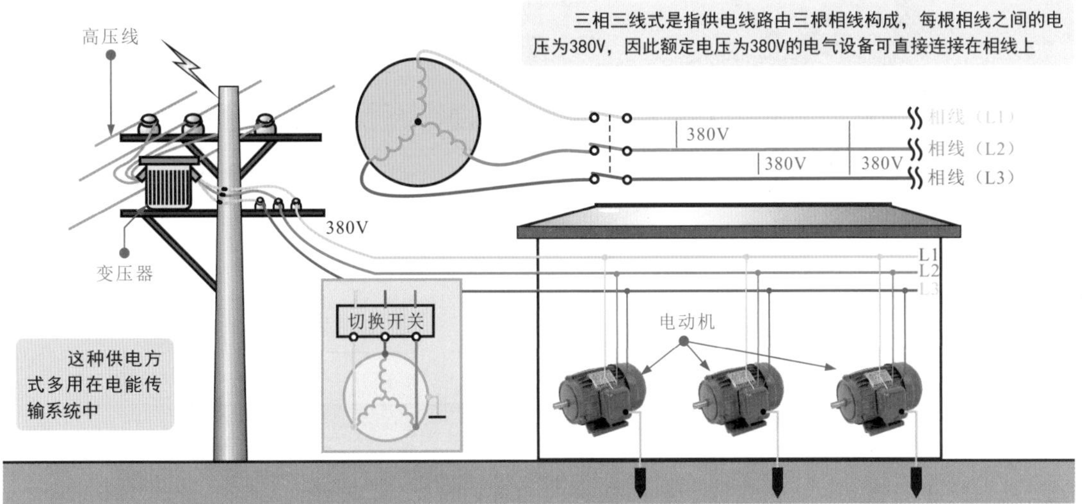

图1-29 三相三线式供电方式

三相四线式交流电路是指由变压器引出四根线的供电方式。其中，三根为相线，另一根中性线为零线。零线接电动机三相绕组的中点，电气设备接零线工作时，电流经过电气设备做功，没有做功的电流可经零线回到电厂，对电气设备起到保护作用

图1-30为三相四线式供电方式。

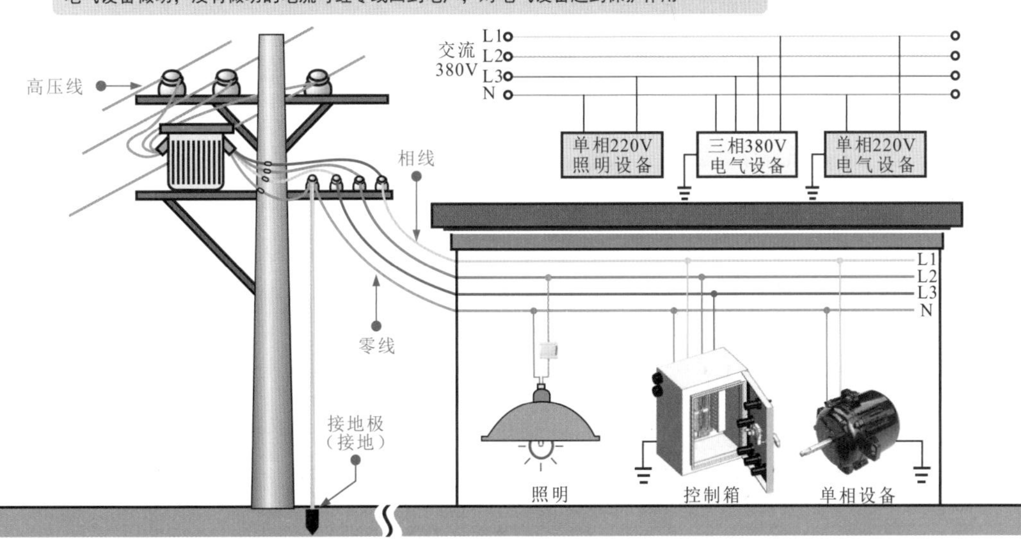

图1-30 三相四线式供电方式

注意：在三相四线式制供电方式中，在三相负载不平衡时和低压电网的零线过长且阻抗过大时，零线将有零序电流通过，过长的低压电网，由于环境恶化、导线老化、受潮等因素，导线的漏电电流通过零线形成闭合回路，致使零线也带一定的电位，这对安全运行十分不利。在零线断线的特殊情况下，断线以后的单相设备和所有保护接零的设备会产生危险的电压，这是不允许的。

在三相五线式供电系统中，把零线的两个作用分开，即一根线作工作零线（N），另一根线作保护零线（PE或地线），这样的供电接线方式称为三相五线制供电方式。增加的地线（PE）与本地的大地相连，起保护作用。所谓的保护零线也就是接地线

图1-31为三相五线式供电方式。

图1-31　三相五线式供电方式

采用三相五线制供电方式，用电设备上所连接的工作零线N和保护零线PE是分别敷设的，工作零线上的电位不能传递到用电设备的外壳上，这样就能有效隔离三相四线制供电方式所造成的危险电压，用电设备外壳上电位始终处在“地”电位，从而消除了设备产生危险电压的隐患。

交流电路中常用的基本供电系统主要有三相三线制、三相四线制和三相五线制，但由于这些名词术语内涵不是十分严格，因此国际电工委员会（IEC）对此作了统一规定，分别为TT系统、IT系统和TN系统。其中，首字母表明地线与供应设备（发电器或变压器）的连接方式：“T”表示与地线直接连接；“I”表示没有连接地线（隔离）或者通过高阻抗连接。尾部字母表示地线与被供应的电子设备之间的连接方式：“T”表示与地线直接连接；“N”表示通过供应网络与地线连接。

图1-32为TN-S系统的供电方式。

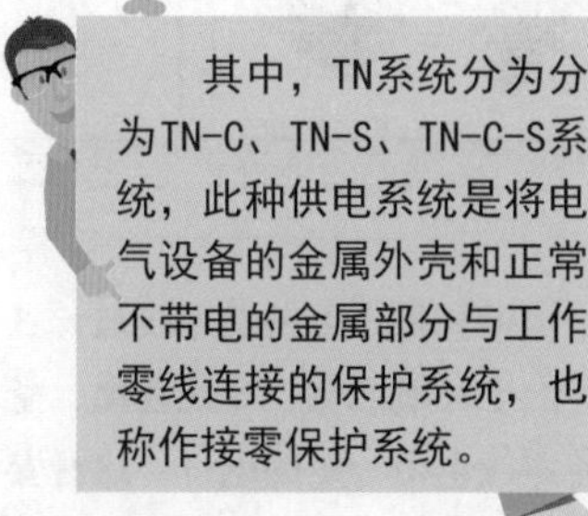

其中，TN系统分为分为TN-C、TN-S、TN-C-S系统，此种供电系统是将电气设备的金属外壳和正常不带电的金属部分与工作零线连接的保护系统，也称作接零保护系统。

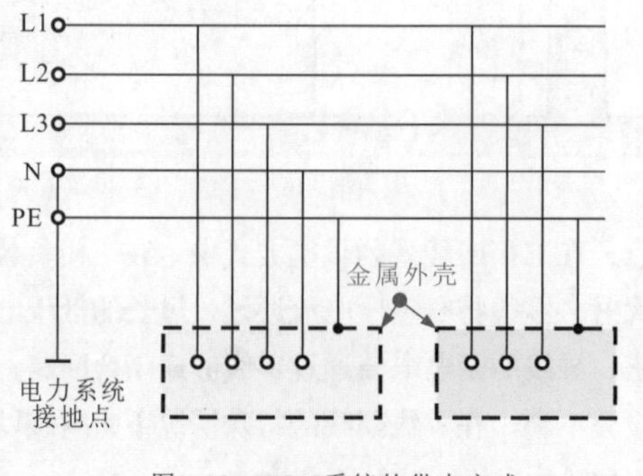

TN-S系统是把工作零线N和专用保护线PE严格分开的供电系统，即为常用的三相五线制供电方式

图1-32　TN-S系统的供电方式

第2章

电子元器件

2.1 电阻器

电阻器是利用物体材料对所通过的电流产生阻碍作用而制成的电子元件，简称电阻。该器件主要是由具有一定阻值的材料构成，外部有绝缘层包裹。利用其自身对电流的阻碍作用使其具有限流的功能。除此之外，电阻器还可以实现分压的功能。

电阻器两端的引线用来与电路板进行焊接。常见的电阻器主要有固定阻值电阻器、可变阻值电阻器以及特殊电阻器等。

2.1.1 固定阻值电阻器

在电阻器中，其阻值的大小固定的电阻器称为固定阻值电阻器，也被称为普通型电阻器。

固定阻值电阻器中功率比较大的电阻器常采用线绕形式，通常该类电阻器采用镍铬合金、锰铜合金等电阻丝绕在绝缘支架上，其外部会涂有耐热的釉绝缘层，如图2-1所示。

依据制造工艺和功能的不同，常见的固定电阻器主要分为常见的玻璃釉电阻器金属膜电阻器、熔断电阻器水泥电阻器等。

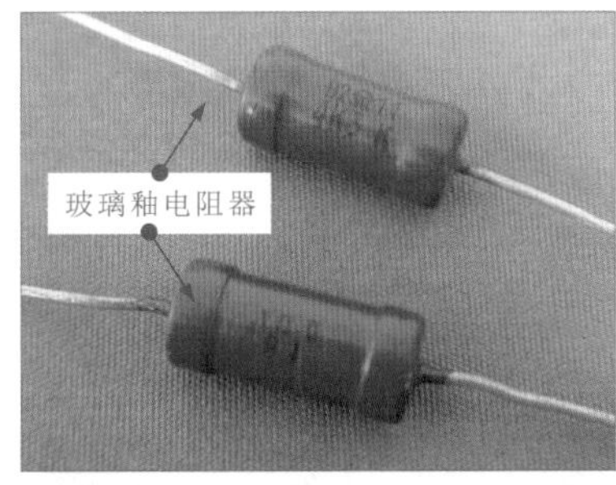

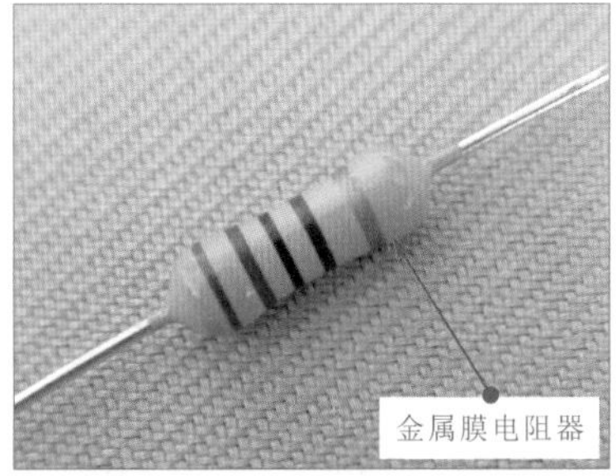

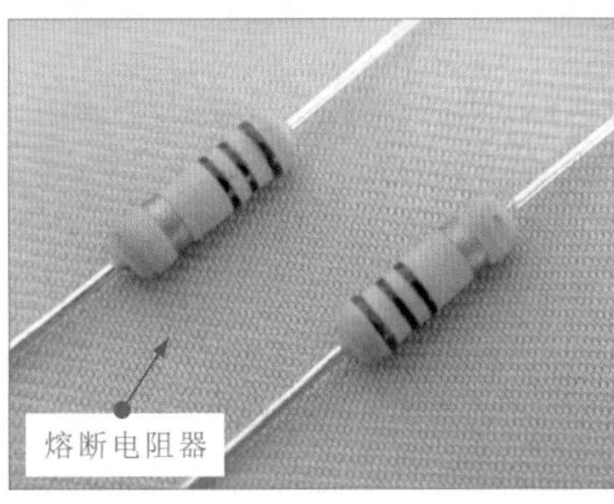

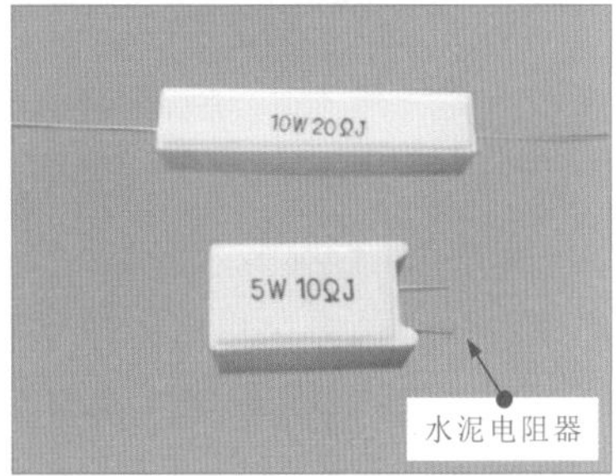

图2-1 固定阻值电阻器的实物外形

虽然电阻器的种类较多，但其型号的规则相同，都是由名称、材料、类型、序号、阻值及允许偏差等六部分构成的，如图2-2所示，型号中的各个数字或是字母均代表不同的含义。其中名称、材料、类型以及允许偏差中字母所代表的含义见表2-1～表2-4。

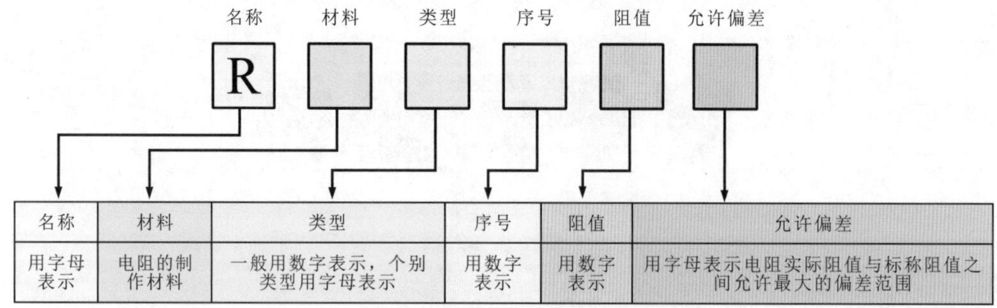

名称
材料
类型
序号
阻值
允许偏差
R
名称
用字母表示
材料
电阻的制作材料
类型
一般用数字表示，个别类型用字母表示
序号
用数字表示
阻值
用数字表示
允许偏差
用字母表示电阻实际阻值与标称阻值之间允许最大的偏差范围

图2-2　固定阻值电阻器型号的识读

表2-1　电阻器名称部分的含义对照表

符号	意义	符号	意义	符号	意义	符号	意义
R	普通电阻	MZ	正温度系数热敏电阻	MG	光敏电阻	MQ	气敏电阻
MY	压敏电阻	MF	负温度系数热敏电阻	MS	湿敏电阻	MC	磁敏电阻
ML	力敏电阻						

表2-2　电阻器材料部分的含义对照表

符号	意义	符号	意义	符号	意义	符号	意义
H	合成碳膜	N	无机实芯	T	碳膜	Y	氧化膜
I	玻璃釉膜	G	沉积膜	X	线绕	F	复合膜
J	金属膜	S	有机实芯				

表2-3　电阻器类型部分的含义对照表

符号	意义	符号	意义	符号	意义	符号	意义
1	普通	5	高温	G	高功率	C	防潮
2	普通或阻燃	6	精密	L	测量	Y	被釉
3	超高频	7	高压	T	可调	B	不燃性
4	高阻	8	特殊（如熔断型等）	X	小型		

表2-4　电阻器允许偏差部分的含义对照表

型号	意义	型号	意义	型号	意义	型号	意义
Y	±0.001%	P	±0.02%	D	±0. 5%	K	±10%
X	±0.002%	W	±0.05%	F	±1%	M	±20%
E	±0.005%	B	±0.1%	G	±2%	N	±30%
L	±0.01%	C	±0.25%	J	±5%		

在电阻器中，通常还会采用色标法进行标注，该方法是指将电阻器的参数用不同颜色的色带或色点标志在电感器表面上，如图2-3所示，不同的颜色代表的含义也不相同，见表2-5。

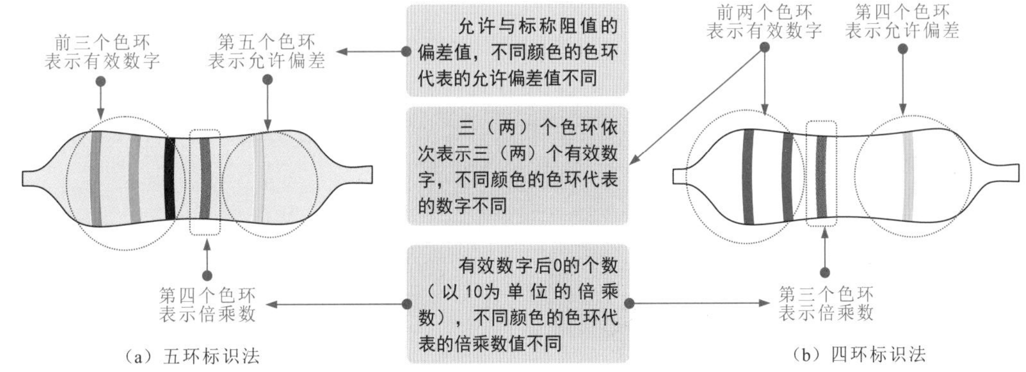

图2-3 色环标注电阻的识读

表2-5 色环颜色代表含义表

色环颜色	色环所处的排列位			色环颜色	色环所处的排列位		
	有效数字	倍乘数	允许偏差		有效数字	倍乘数	允许偏差
银色	—	10^{-2}	±10%	绿色	5	10^{5}	±0.5%
金色	—	10^{-1}	±5%	蓝色	6	10^{6}	±0.25%
黑色	0	10^{0}	—	紫色	7	10^{7}	±0.1%
棕色	1	10^{1}	±1%	灰色	8	10^{8}	—
红色	2	10^{2}	±2%	白色	9	10^{9}	±20%
橙色	3	10^{3}	—	无色	—	—	—
黄色	4	10^{4}	—				

2.1.2 可变阻值电阻器

可变阻值电阻器是指其阻值可调的电阻器，通常其阻值可在一定的范围内连续调整。

可变阻值电阻器通常都有三个端子，其中两个端子之间的电阻值固定不变，第三个端子与两固定阻值端子之间的电阻值是可变的，其典型结构和等效电路如图2-4所示。

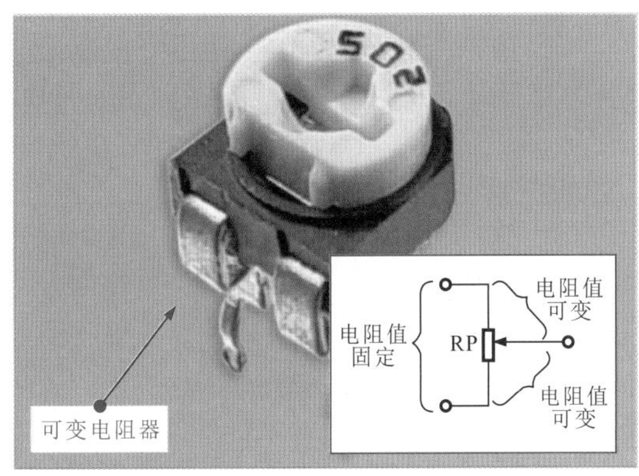

图2-4 可变阻值电阻器的实物外形

2.1.3 特殊电阻器

特殊电阻器是指其作用具有特殊的功能的电阻器，例如能根据温度的高低、光线的强弱、压力的大小可以改变其阻值，这种电阻通常用于传感器中。

常见的特殊电阻器（也可称为敏感电阻器）主要有热敏电阻器、光敏电阻器、湿敏电阻器、气敏电阻器、压敏电阻器等，如图2-5所示。

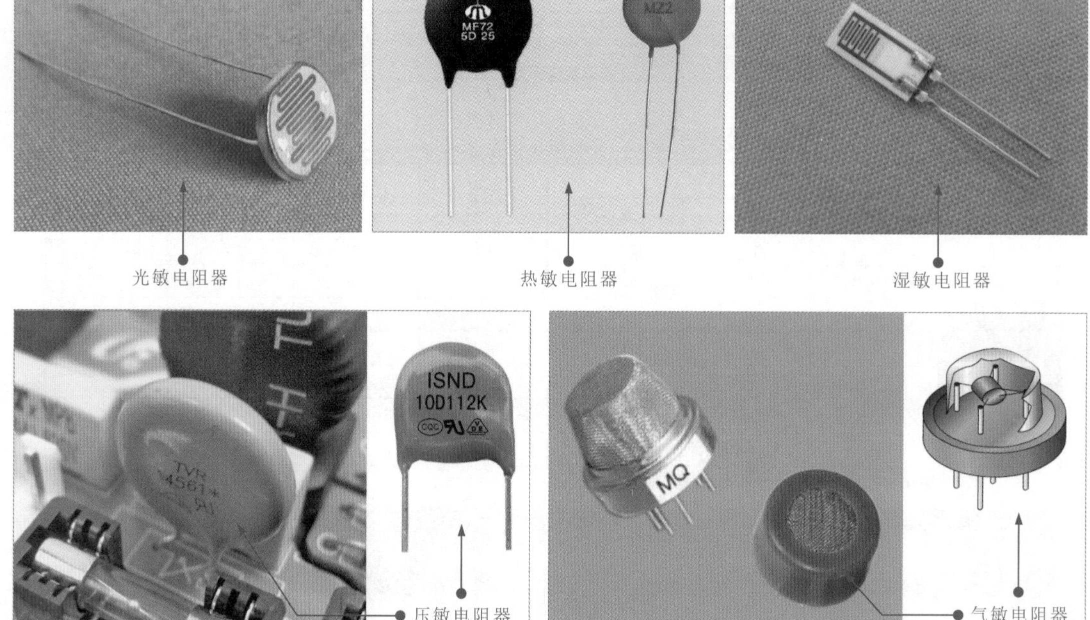

图2-5 常见特殊电阻器的实物外形

特殊电阻器根据材料的不同，其阻值变化的条件也不同。例如：光敏电阻器的电阻值随入射光线的强弱发生变化，即当入射光线增强时，它的阻值会明显减小；当入射光线减弱时，它的阻值会显著增大；热敏电阻器的阻值随环境温度变化；湿敏电阻器的阻值随环境湿度而变化；压敏电阻器的阻值随所加电压的值而发生变化；气敏电阻器的阻值随所监测气体的成分或浓度变换而变化。

2.2 电容器

电容器是具有储存一定电荷能力的元件，简称电容，它是由两个互相靠近的导体，中间夹着一层绝缘介质构成的，是电子产品中必不可少的元件。该器件具有隔断直流，允许交流通过的性能，常用于信号耦合，平滑滤波或谐振选频电路。常见的电容器主要有无极性的电容器、有极性的电容器以及可变电容器等。

2.2.1 无极性电容器

无极性电容器是指电容器的两个金属电极没有正负极性之分，使用时两极可以进行交换连接。无极性电容器种类较多，常见有云母电容器、涤纶电容器、玻璃釉电容器、瓷介电容器、纸介电容器和色环电容器等几种，如图2-6所示。

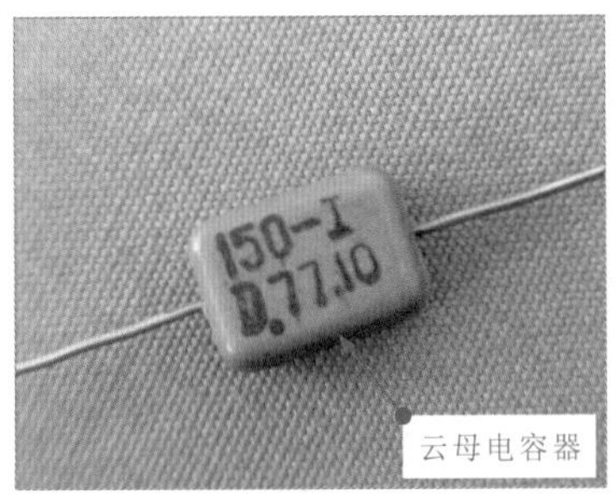

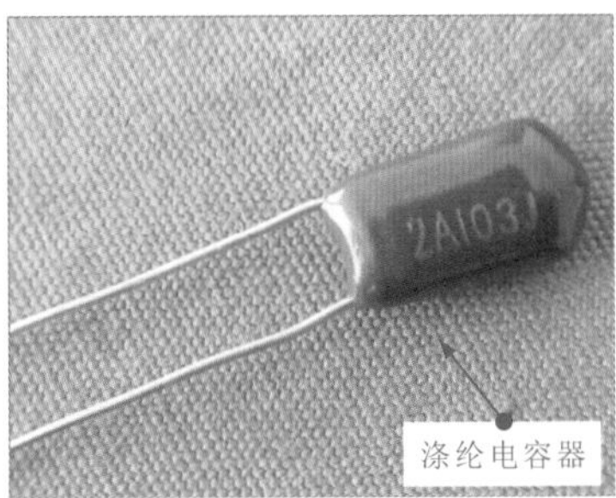

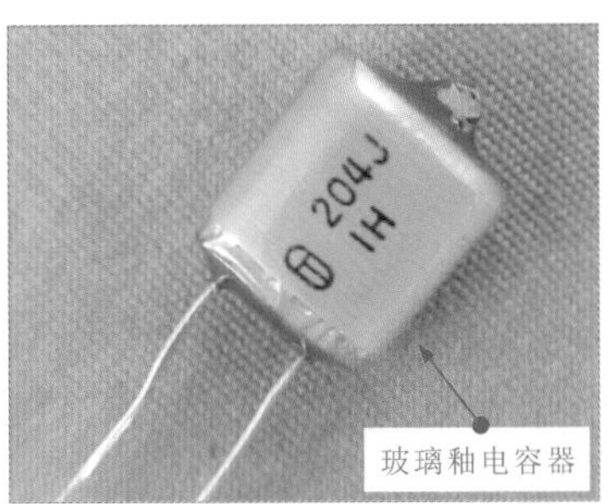

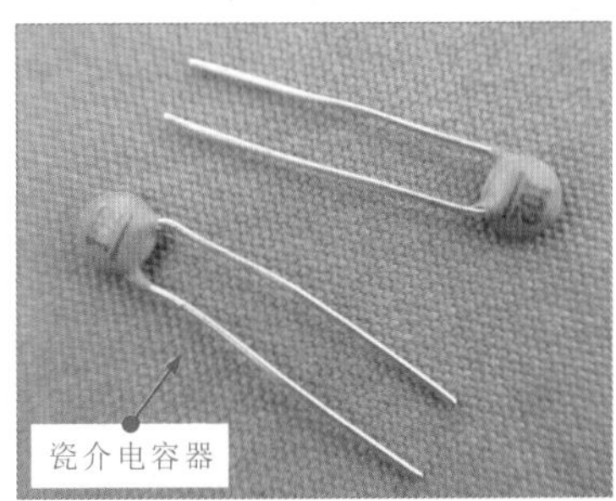

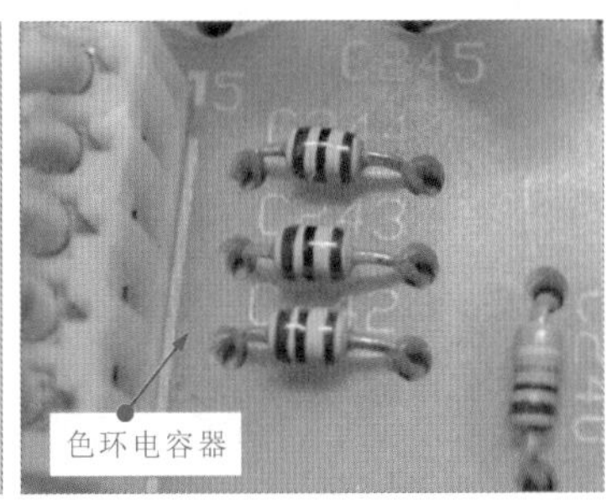

图2-6 常见的无极性电容器实物外形

2.2.2 有极性电容器

有极性电容器也称为电解电容器，是指电容器的两个金属电极有正负极性之分，使用时一定要使正极端连接电路的高电位，负极端连接电路的低电位，否则就会引起电容器的损坏。

有极性电容器根据其电极材料的不同，其外形结构也有所区别，如图2-7所示，其中铝电解电容具有体积小、容量大等特点，适用于低频、低压电路中；钽电解电容具有体积小、容量大、寿命长、误差小等特点，但成本较高。

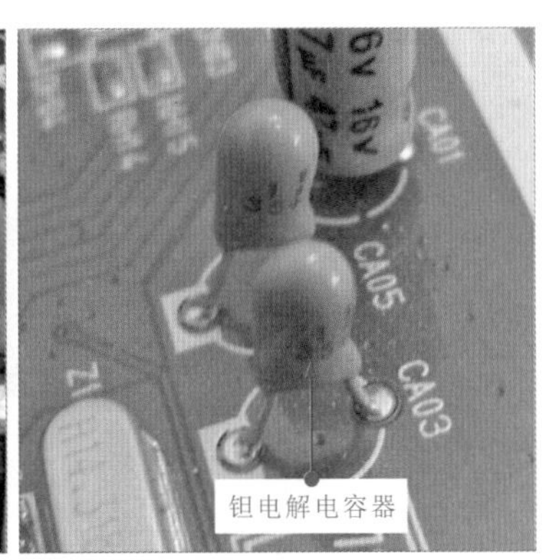

图2-7 常见的有极性电容器实物外形

2.2.3 可变电容器

在电容器中，其电容量可以调整的电容器被称为可变电容器。可变电容器可以根据需要调节其电容量，主要应用在接收电路中，作为选择信号（调谐）时使用。

常见的可变电容器主要有单联可变电容器、双联可变电容器、多联可变电容器以及微调电容器，如图2-8所示。多联电容器是多个电容器制成一体，可同步调整。

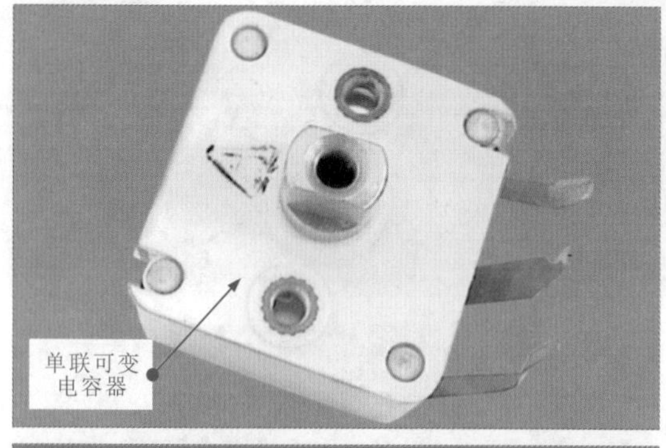

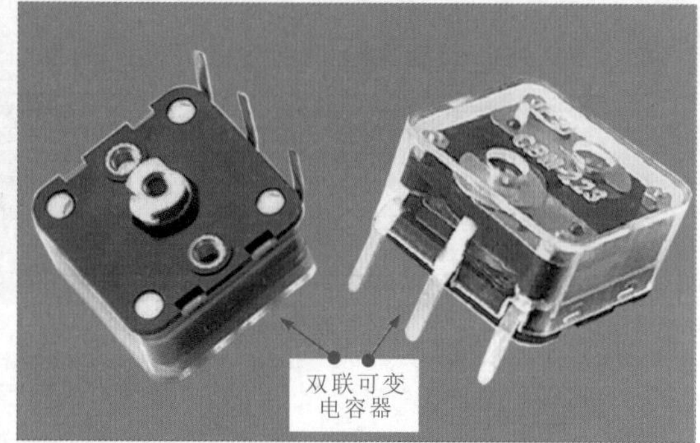

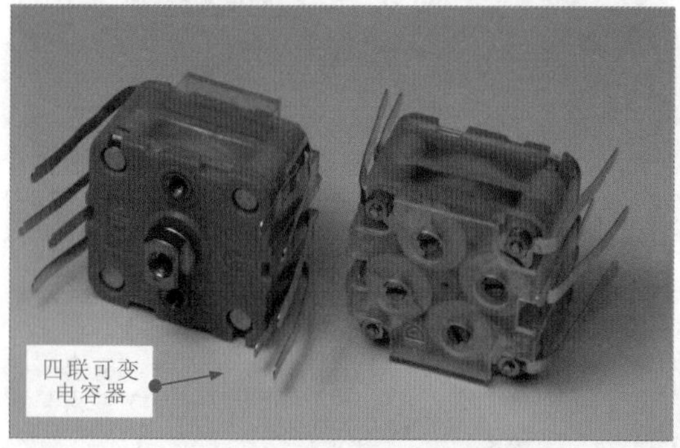

图2-8　常见的可变电容器实物外形

电容器的容量值通常采用直标法，就是通过一些代码符号将电容器的容量值及相关的信息标识在电容器的外壳上。根据我国的标准规定，电容器型号的命名由6部分构成，其识读方法如图2-9所示。其中部分字母或数字的含义见表2-6～表2-8。

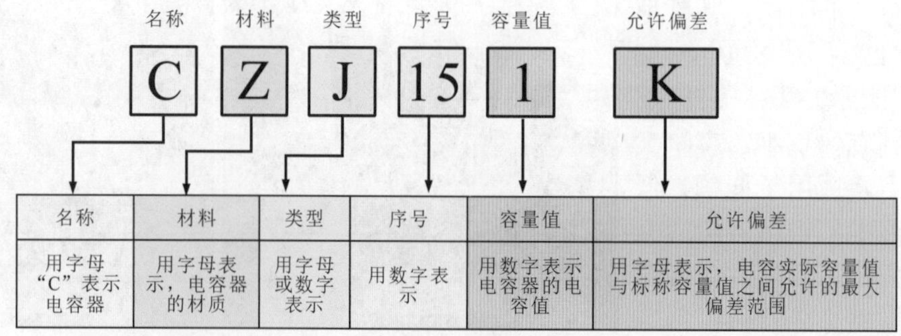

名称	材料	类型	序号	容量值	允许偏差
用字母“C”表示电容器	用字母表示，电容器的材质	用字母或数字表示	用数字表示	用数字表示电容器的电容值	用字母表示，电容实际容量值与标称容量值之间允许的最大偏差范围

图2-9　电容器型号的识读

表2-6 电容器材料的符号以及其含义对照表

材料			
符号	意义	符号	意义
A	钽电解	N	铌电解
B	聚苯乙烯等 非极性有机薄膜	O	玻璃膜
BB	聚丙烯	Q	漆膜
C	高频陶瓷	T	低频陶瓷
D	铝、铝电解	V	云母纸
E	其他材料	Y	云母
G	合金	Z	纸介
H	纸膜复合		
I	玻璃釉		
J	金属化纸介		
L	聚酯等 极性有机薄膜		

表2-8 电容器允许偏差的符号及含义对照表

允许偏差			
符号	意义	符号	意义
Y	±0.001%	J	±5%
X	±0.002%	K	±10%
E	±0.005%	M	±20%
L	±0.01%	N	±30%
P	±0.02%	H	+100% -0%
W	±0.05%	R	+100% -0%
B	±0.1%	T	+50% -10%
C	±0.25%	Q	+30% -10%
D	±0.5%	S	+50% -20%
F	±1%	Z	+80% -20%
G	±2%		

表2-7 电容器类型的符号以及其含义对照表

符号	类别	符号	类别			
			瓷介电容	云母电容	有机电容	电解电容
G	高功率型	1	圆形	非密封	非密封	箔式
J	金属化型	2	管形	非密封	非密封	箔式
Y	高压型	3	叠片	密封	密封	烧结粉 非固体
W	微调型	4	独石	密封	密封	烧结粉 固体
		5	穿心		穿心	
		6	支柱等			
		7				无极性
		8	高压	高压	高压	
		9			特殊	特殊

2.3 电感器

电感器是一种储能元件，它可以把电能转换成磁能并储存起来，当电流通过导体时，会产生电磁场，电磁场的大小与电流成正比。电感器就是将导线绕制成线圈的形状而制成的。常见的电感器主要有固定式电感器以及可调式电感器。

2.3.1 固定式电感器

固定式电感器的电感量是固定的，该类电感器适用于滤波、振荡以及延迟等电路中。

固定式电感器是一种常用的电感器件，为了减小体积，往往根据电感量和最大直流工作时电流的大小，选用相应直径的导线在磁芯上进行绕制，然后再装入塑料外壳中，用环氧树脂进行封装而成，如图2-10所示。

图2-10　固定式电感器的实物外形

固定式电感器型号的命名根据不同的厂家其规则也有所区别，但多数电感器均是由产品名称、电感量和允许偏差3部分构成的。其中，产品名称和允许偏差均主要用字母表示，不同字母代表的含义不同，如图2-11所示。型号命名中不同的字母代表的含义也有所不同，见表2-9和表2-10。

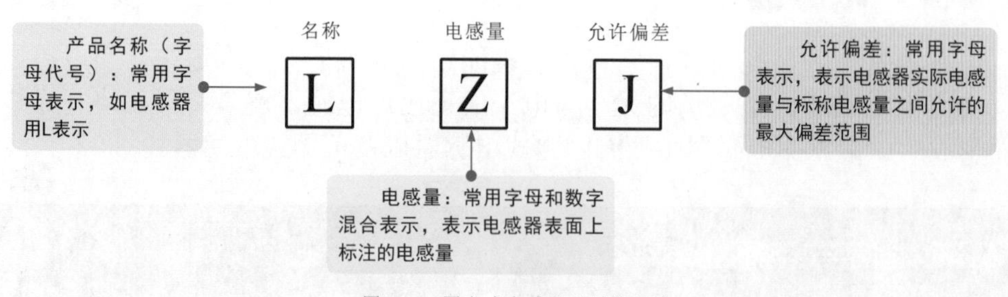

图2-11　固定式电感器型号的识读

表2-9　固定式电感器类型的符号以及含义对照表

产品名称	
符号	含义
L	电感器、线圈
ZL	阻流圈

表2-10　固定式电感器允许偏差的符号及含义对照表

允许偏差			
符号	含义	符号	含义
J	±5%	M	±20%
K	±10%	L	±15%

在固定式电感器中，通常还会采用色标法进行标注，该方法是指将电感器的参数用不同颜色的色带或色点标志在电感器表面上，如图2-12所示，不同的颜色代表的含义也不相同，见表2-11。

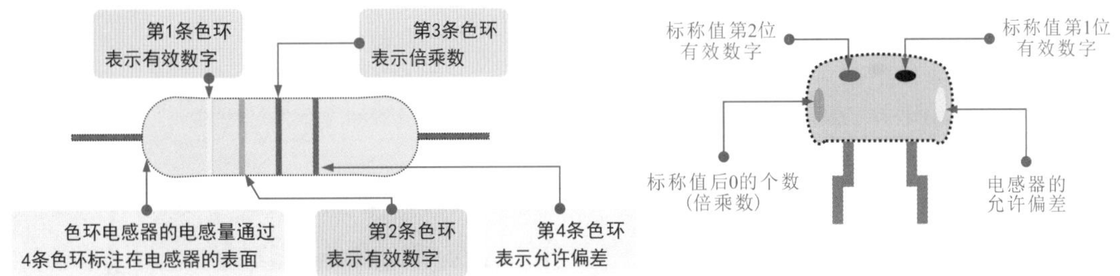

图2-12 固定式电感器色标法的识读

表2-11 不同颜色色环的含义对照表

色环颜色	色环所处的排列位			色环颜色	色环所处的排列位		
	有效数字	倍乘数	允许偏差		有效数字	倍乘数	允许偏差
银色	—	10^{-2}	±10%	绿色	5	10^{5}	±0.5%
金色	—	10^{-1}	±5%	蓝色	6	10^{6}	±0.25%
黑色	0	10^{0}	—	紫色	7	10^{7}	±0.1%
棕色	1	10^{1}	±1%	灰色	8	10^{8}	—
红色	2	10^{2}	±2%	白色	9	10^{9}	±20%
橙色	3	10^{3}	—	无色	—	—	—
黄色	4	10^{4}	—				

2.3.2 可调式电感器

可调式电感器的磁芯是螺纹式的，可以旋到线圈骨架内，整体用金属外壳屏蔽起来，以增加机械的强度，在磁芯帽上设有凹槽可方便调整其电感量。

可调式电感器都有一个可插入的磁芯，用工具调节即可改变磁芯在线圈中的位置，从而实现调整电感量的大小，如图2-13所示，值得注意的是，在调整电感器的磁芯时要使用无感螺丝刀，即由非铁磁性金属材料如塑料或竹片等制成的螺丝刀。

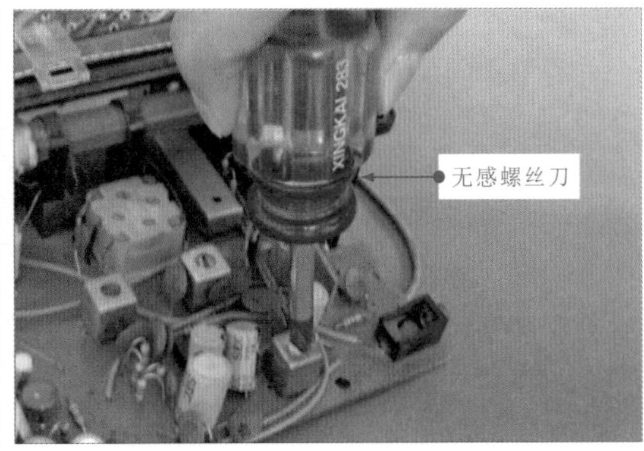

图2-13 可调式电感器的实物外形

2.4 二极管

二极管又称为晶体二极管，是一种常见的半导体器件。它是由一个P型半导体和N型半导体形成的PN结，并在PN结两端引出相应的电极引线，再加上管壳密封制成的。具有单向导电的特点。常见的二极管主要有整流二极管、发光二极管、稳压二极管、开关二极管以及双向触发二极管等。

2.4.1 整流二极管

整流二极管是一种将交流电流转变为直流电流的半导体器件，通常包含一个PN结，有正极和负极两个端子。

整流二极管的外壳常采用金属壳封装、塑料封装和玻璃封装等几种封装形式，如图2-14所示。由于整流二极管的正向电流较大，所以整流二极管多为面接触型晶体二极管，结面积大、结电容大，但工作频率低，主要用于整流电路中。

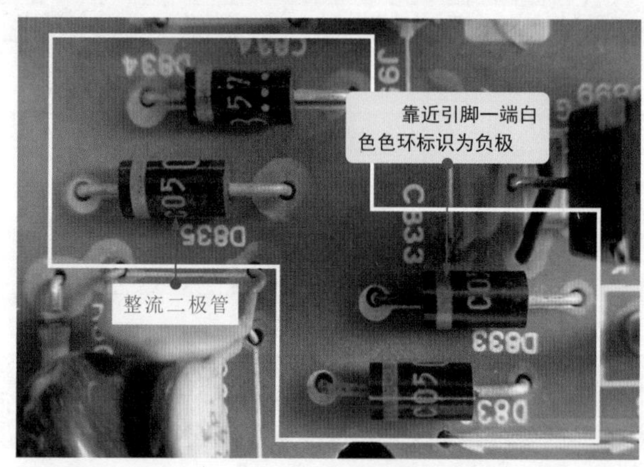

图2-14 整流二极管的实物外形

2.4.2 发光二极管

发光二极管简称为LED。发光二极管在正常工作时，处于正向偏置状态，在正向电流达到一定值时就发光。通常，用砷化镓、磷化镓等化合物制成。

发光二极管是一种利用正向偏置时PN结两侧的多数载流子直接复合释放出光能的半导体器件，该类二极管通常用于显示器件或是光电控制电路中，图2-15为发光二极管的实物外形。

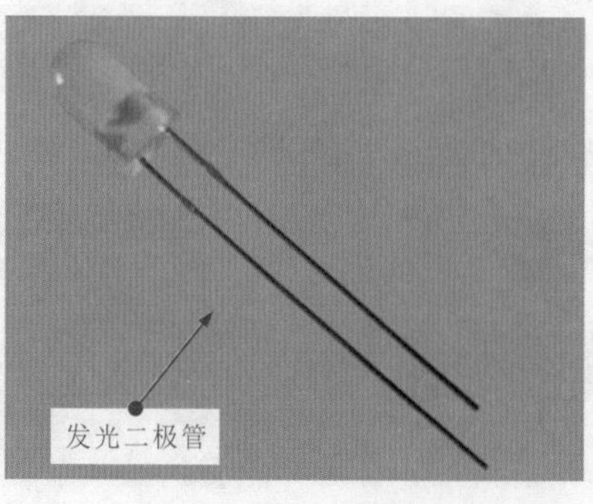

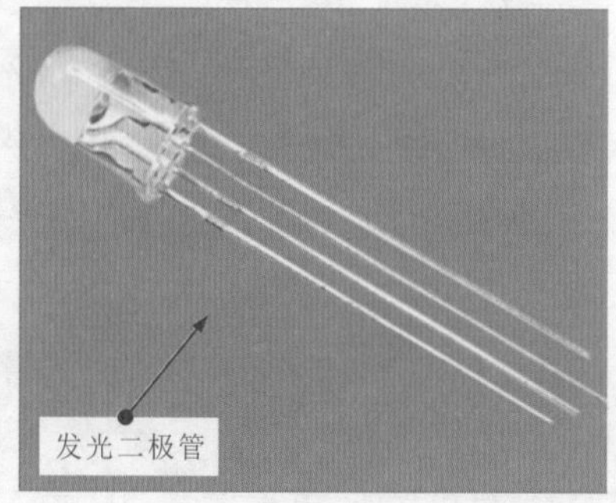

图2-15 发光二极管的实物外形

2.4.3 稳压二极管

稳压二极管是利用二极管反向击穿时两端之间电压恒定的特点制成的二极管，该二极管反向击穿时并不被损坏。它是由硅材料制成的面结合型晶体二极管，该二极管的PN结反向击穿时的电压基本上不随电流的变化而变化，从而在电路中起到稳压作用。

稳压二极管与普通小功率整流二极管相似，主要有塑料封装、金属封装和玻璃封装这几种封装形式，如图2-16所示，为稳压二极管的实物外形。

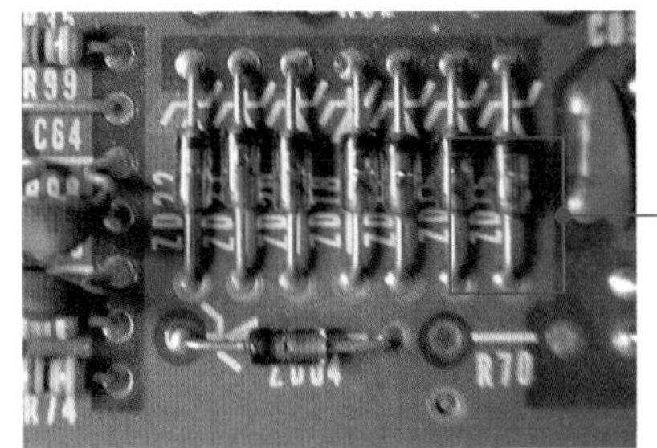

图2-16 稳压二极管的实物外形

2.4.4 开关二极管

开关二极管与普通二极管的性能相同，只是这种二极管导通/截止速度非常快，能满足高频和超高频电路的需要。

开关二极管一般采用玻璃或陶瓷外壳进行封装，从而减小管壳的电容，其实物外形如图2-17所示。开关二极管的开关时间很短，是一种非常理想的无触点电子开关，具有开关速度快、体积小、寿命长、可靠性高等特点，主要应用于脉冲和开关电路中。

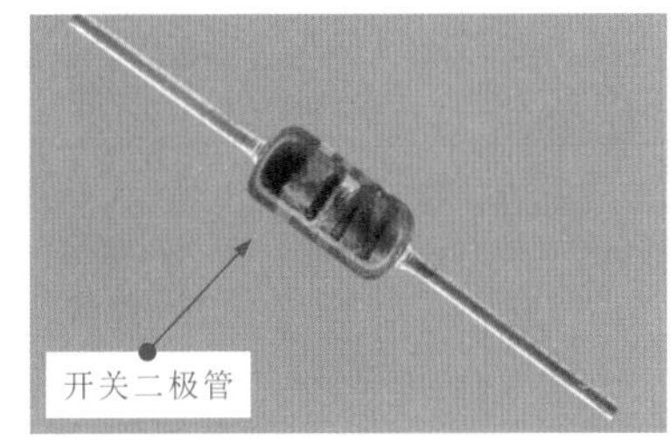

图2-17 开关二极管的实物外形

二极管型号的命名根据各个国家的不同，其规则也不相同，国产二极管在对其型号进行命名时通常包括五部分，即名称、材料、类型、序号以及规格号，如图2-18所示。不同的数字和字母代表的含义也有所不相同，见表2-12、表2-13。

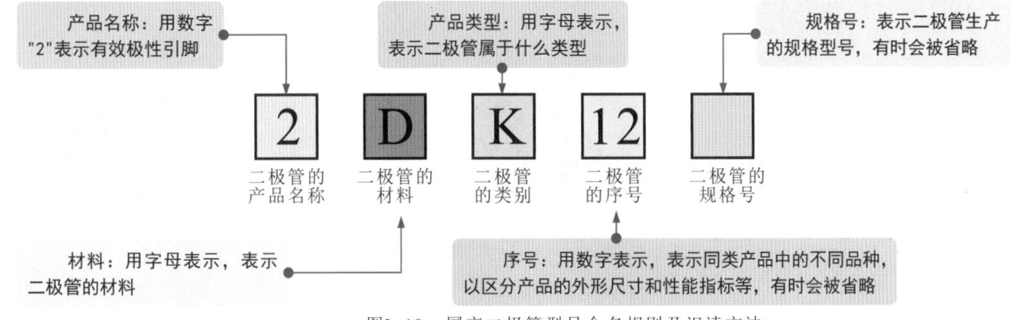

图2-18 国产二极管型号命名规则及识读方法

表2-12　国产二极管类型含义对照表

类型符号	含义	类型符号	含义	类型符号	含义	类型符号	含义
P	普通管	Z	整流管	U	光电管	H	恒流管
V	微波管	L	整流堆	K	开关管	B	变容管
W	稳压管	S	隧道管	JD	激光管	BF	发光二极管
C	参量管	N	阻尼管	CM	磁敏管		

表2-13　国产二极管材料符号含义对照表

材料符号	含义	材料符号	含义	材料符号	含义
A	N型锗材料	C	N型硅材料	E	化合物材料
B	P型锗材料	D	P型硅材料		

2.5 三极管

三极管又称晶体三极管，是在一块半导体基片上制作两个距离很近的PN结，这两个PN结把整块半导体分成三部分，中间部分称为基极，两侧部分是集电极和发射极。常见的三极管主要有PNP型三极管和NPN型三极管。

2.5.1 PNP型三极管

PNP型三极管是由两块P型半导体中间夹着一块N型半导体所组成的三极管。

PNP型三极管将两个PN结的N结相连作为基极，另两个P结分别为集电极和发射极，其实物外形如图2-19所示。

图2-19　PNP型三极管的实物外形

2.5.2 NPN型三极管

NPN型三极管是由两块N型半导体中间夹着一块P型半导体所组成的三极管。

NPN型三极管将两个PN结的P结相连作为基极，另两个N结分别为集电极和发射极。NPN型三极管的实物外形如图2-20所示。NPN和PNP晶体管工作时外加偏压的极性相反。

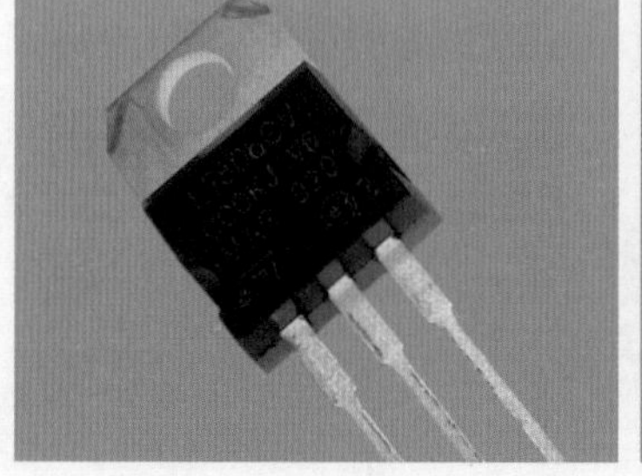

图2-20　NPN型三极管的实物外形

三极管型号的命名根据各个国家的不同，其规则也不相同，国产三极管在对其型号进行命名时通常包括主称、材料、类型、序号以及规格号等构成，如图2-21所示，不同的数字和字母其代表的含义也不相同，见表2-14、表2-15。

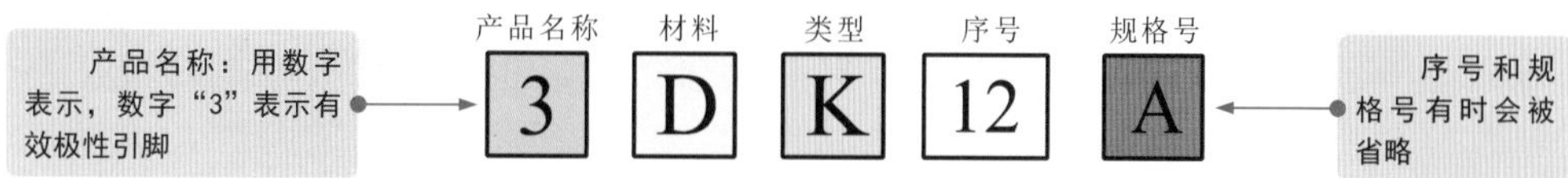

图2-21 国产三极管型号命名规格及识读方法

表2-14 国产三极管型号材料符号含义对照表

材料符号	含义	材料符号	含义
A	锗材料、PNP型	D	硅材料、NPN型
B	锗材料、NPN型	E	化合物材料
C	硅材料、PNP型		

表2-15 国产三极管类型含义对照表

类型符号	含义	类型符号	含义
G	高频小功率管	V	微波管
X	低频小功率管	B	雪崩管
A	高频大功率管	J	阶跃恢复管
D	低频大功率管	U	光敏管（光电管）
T	闸流管	J	结型场效应晶体管
K	开关管		

2.6 晶闸管

晶闸管全称为晶体闸流管，又称可控硅整流器，是一种半导体器件，晶闸管最主要的特点是能用微小的功率控制较大的功率，因此常用于电机驱动控制电路以及在电源中作过载保护器件等，常见的晶闸管主要有单向晶闸管、双向晶闸管等。

2.6.1 单向晶闸管

单向晶闸管（SCR）又称可控硅，是一种可控整流电子元器件，触发后只能单向导通，其阳极A与阴极K之间加有正向电压，同时控制极G与阴极间加上所需的正向触发电压时，方可被触发导通，该管导通后即使去掉触发电压，仍能保持导通状态。

单向晶闸管（SCR）内有3个PN结，由P-N-P-N共4层组成，其实物外形如图2-22所示，它被广泛应用于可控整流、交流调压、逆变器和开关电源电路中。

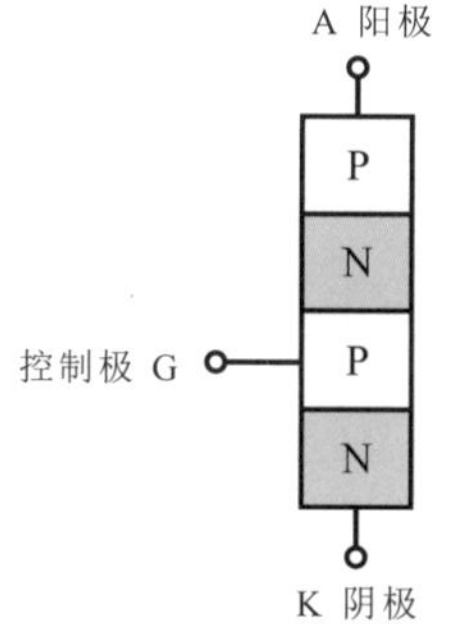

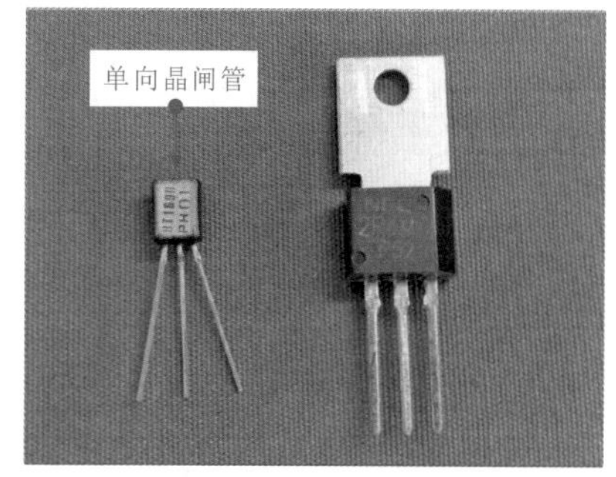

图2-22 单向晶闸管的实物外形

2.6.2 双向晶闸管

双向晶闸管又称双向可控硅，与单向晶闸管一样，也具有触发控制特性。不过，它的触发控制特性与单向晶闸管有很大的不同，它具有双向导通的特性，这就是无论在阳极和阴极间接入何种极性的电压，只要在它的控制极上加上一个任意极性的触发脉冲，都可以使双向晶闸管导通。

双向晶闸管是由N-P-N-P-N共5层半导体组成的器件，有第一电极（T1）、第二电极（T2）、控制极（G）3个电极，在结构上相当于两个单向晶闸管反极性并联。如图2-23所示为双向晶闸管的实物外形。该类晶闸管在电路中一般用于调节电压、电流或用作交流无触点开关使用。

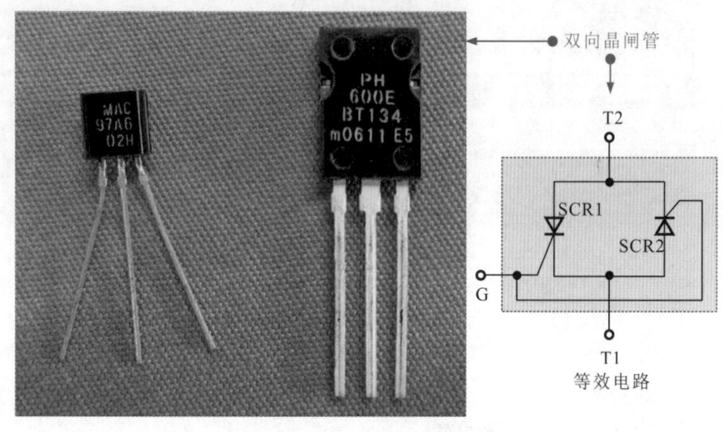

图2-23　双向晶闸管的实物外形

提示说明

虽然各种晶闸管的种类不同，但其型号的命名规则基本相同，都是由产品名称、类型、额定通态电流值以及重复峰值电压级数等构成的，如图2-24所示，在型号中不同的符号，其代表的含义也有所区别，见表2-16所列。

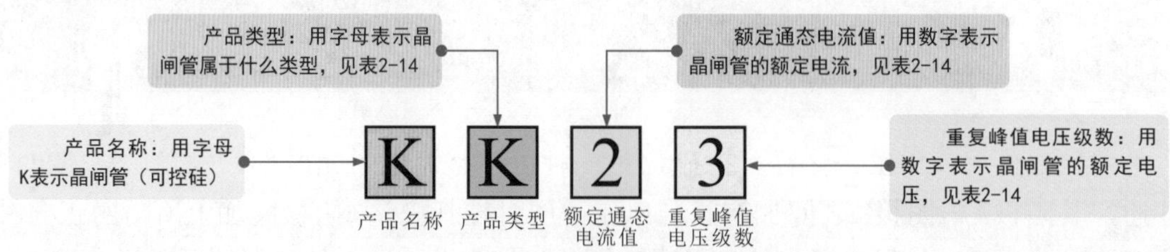

图2-24　国产晶闸管型号命名规格及识读方法

表2-16　国产晶闸管型号中不同字母或数字的含义

额定通态电流表示数字	含义	额定通态电流表示数字	含义	重复峰值电压级数	含义	重复峰值电压级数	含义	类型字母	含义
1	1A	50	50A	1	100V	7	700V	P	普通反向阻断型
2	2A	100	100A	2	200V	8	800V		
5	5A	200	200A	3	300V	9	900V	K	快速反向阻断型
10	10A	300	300A	4	400V	10	1000V		
20	20A	400	400A	5	500V	12	1200V	S	双向型
30	30A	500	500A	6	600V	14	1400V		

2.7 场效应晶体管

场效应管（Field-Effect Transistor，简称FET）也是一种具有PN结结构的半导体器件，它与普通晶体三极管的不同之处在于它是电压控制器件，而晶体管是电流控制器件。场效应晶体管具有输入阻抗高、噪声小、热稳定性好、便于集成等特点，但容易被静电击穿，多用作电压控制型器件。

常见的场效应晶体管有结型场效应晶体管和绝缘栅型场效应晶体管。

2.7.1 结型场效应晶体管

结型场效应管（Junction Field-Effect Transistor，简称JFET）是利用沟道两边的耗尽层宽窄来改变沟道导电特性，并用以控制漏极电流的。图2-25为结型场效应晶体管的实物外形。

结型场效应管是在一块N型（或P型）半导体材料两边制作P型（或N型）区，从而形成PN结所构成的。与中间半导体相连接的两个电极称为漏极Drain（用D表示）和源极Source（用S表示），而把两侧的半导体引出的电极相连接在一起的电极称为栅极Gate（用G表示）

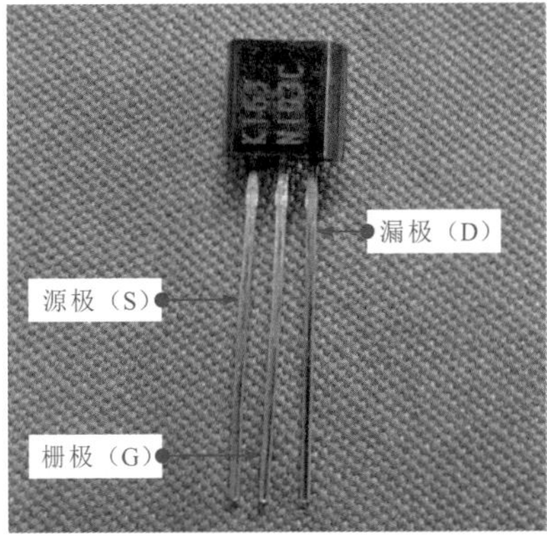

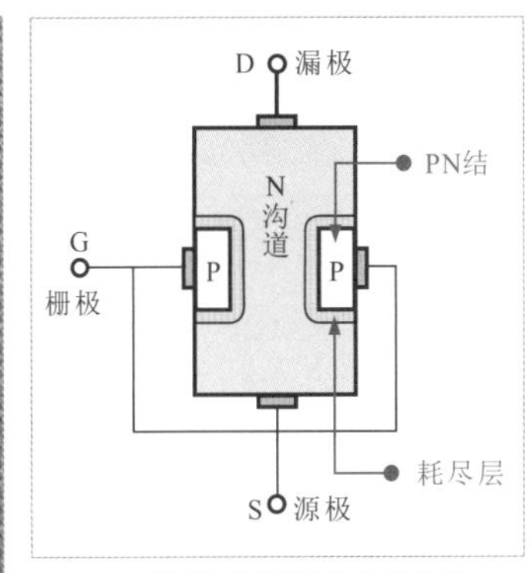

结型N沟道场效应晶体管

图2-25 结型场效应晶体管的实物外形

2.7.2 绝缘栅型场效应晶体管

绝缘栅型场效应晶体管（MOSFET，简称MOS场效应晶体管）是利用感应电荷的多少，改变沟道导电特性来控制漏极电流的，其外形与结型场效应晶体管相似。

绝缘栅型场效应晶体管除有N沟道和P沟道之分外，还可根据工作方式的不同分为增强型与耗尽型。图2-26为常见绝缘栅型场效应晶体管的实物外形。

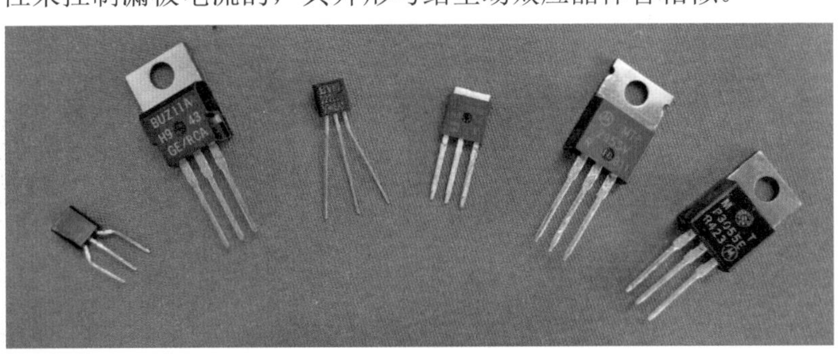

图2-26 绝缘栅型场效应晶体管的实物外形

第3章 常用电气元件

3.1 开关

3.1.1 电源开关

电源开关是一种控制电路闭合与断开的电气元件，主要用于对自动控制系统电路发出操作指令，从而实现对供配电系统的控制。在控制电路中，电源开关不动作时，内部触点处于断开状态，三相交流电动机不能启动；拨动电源开关后，内部触点处于闭合状态，三相交流电动机得电后，启动运转，如图3-1所示。

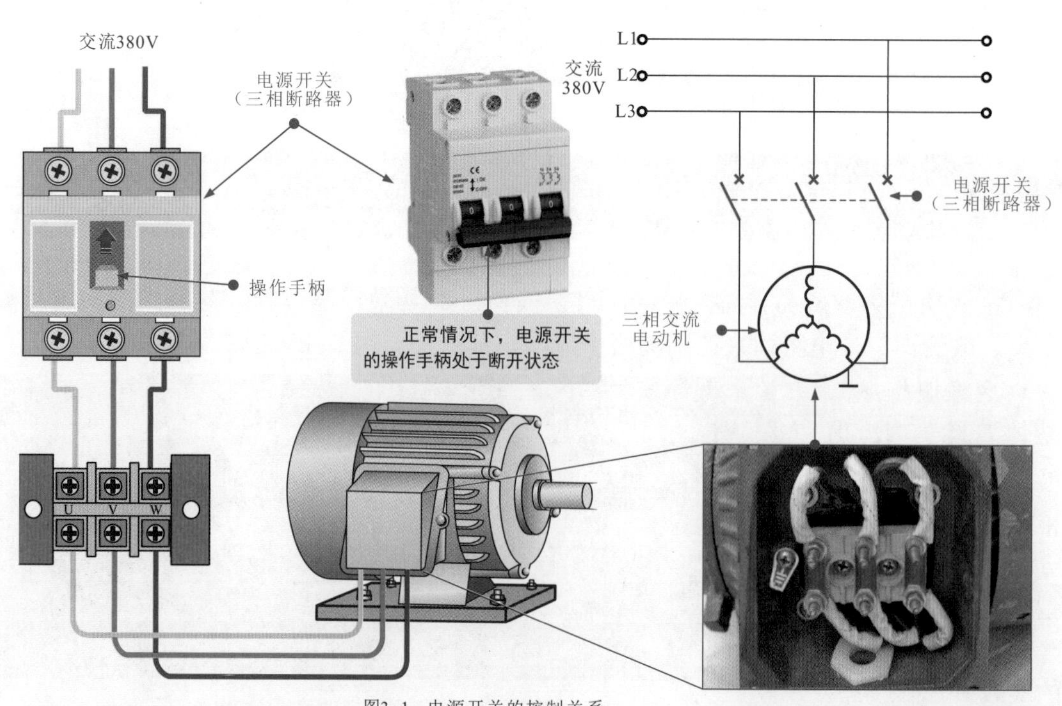

图3-1 电源开关的控制关系

3.1.2 按钮开关

按钮开关是一种手动操作的电气开关，用来在控制线路中发出远距离控制信号或指令，去控制继电器、接触器或其他负载设备，实现控制电路的接通与断开，从而实现对负载设备的控制。图3-2为按钮开关的实物外形。

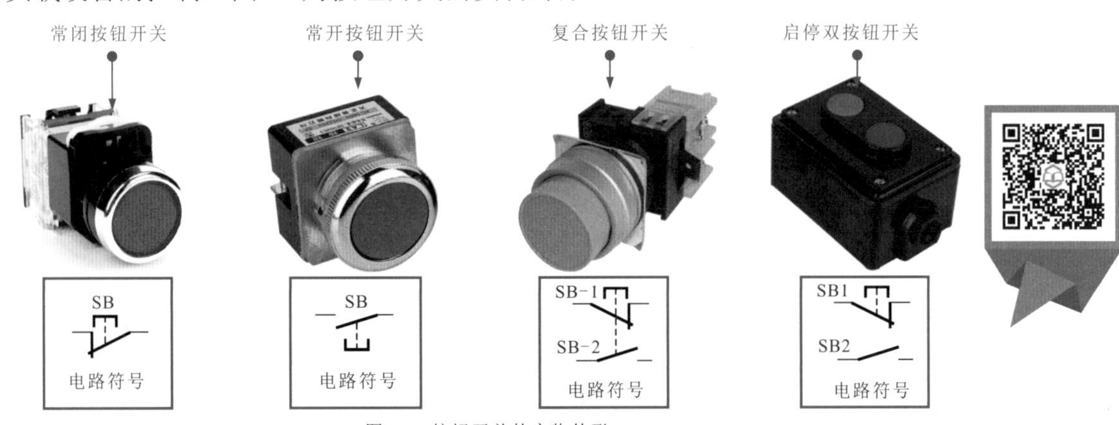

图3-2 按钮开关的实物外形

按钮开关根据其内部结构的不同可分为不闭锁的按钮开关和可闭锁的按钮开关。

不闭锁的按钮开关是指按下按钮开关时，内部触点动作，松开按钮时，其内部触点自动复位；而可闭锁的按钮开关是指按下按钮开关时内部触点动作，松开按钮时其内部触点不能自动复位，需要再次按下按钮开关，其内部触点才可复位。

按钮开关是电路中的关键控制部件，不论是不闭锁按钮开关还是闭锁按钮开关，根据电路需要，都可分为常开、常闭和复合三种形式。下面以不闭锁按钮开关为例，分别介绍一下这三种形式按钮开关的控制功能。

1 不闭锁的常开按钮

如图3-3所示，不闭锁的常开按钮连接在电池与灯泡（负载）之间，用于控制灯泡的点亮与熄灭，在未对其进行操作时，灯泡处于熄灭状态。

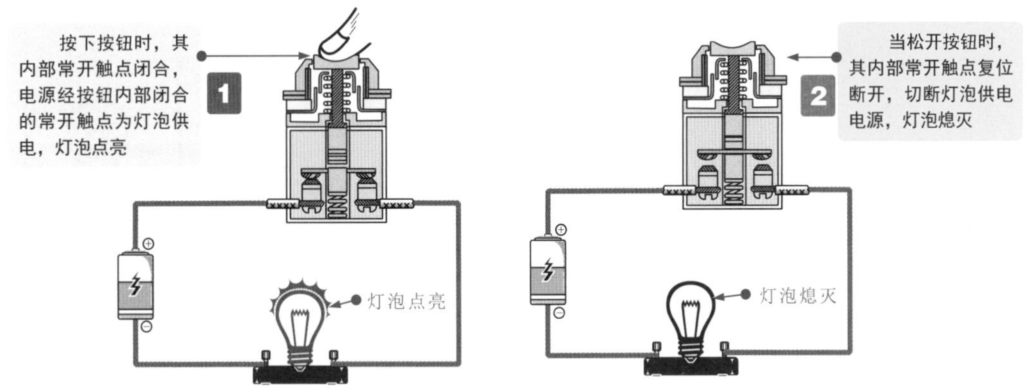

图3-3 不闭锁常开按钮的控制关系

2 不闭锁的常闭按钮

不闭锁的常闭按钮是指操作前内部触点处于闭合状态，按下按钮后，内部触点断开，松开按钮后按钮自动复位闭合。图3-4为不闭锁常闭按钮的控制关系。

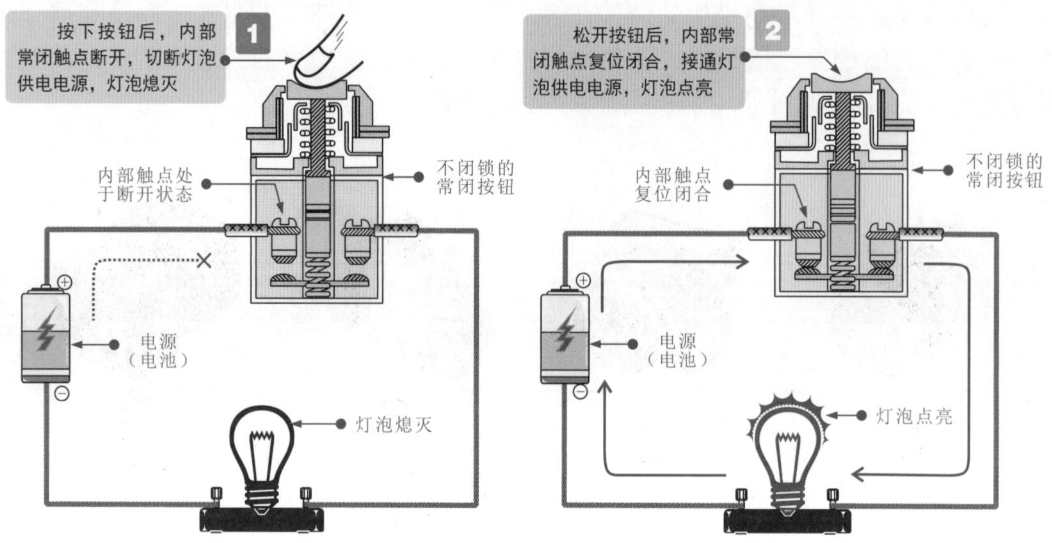

图3-4 不闭锁常闭按钮的控制关系

3 不闭锁的复合按钮

如图3-5所示，不闭锁的复合按钮内部有两组触点，分别为常开触点和常闭触点。操作前，常闭触点闭合、常开触点断开；按下按钮后，常闭触点断开、常开触点闭合；松开按钮后，常闭触点复位闭合、常开触点复位断开。

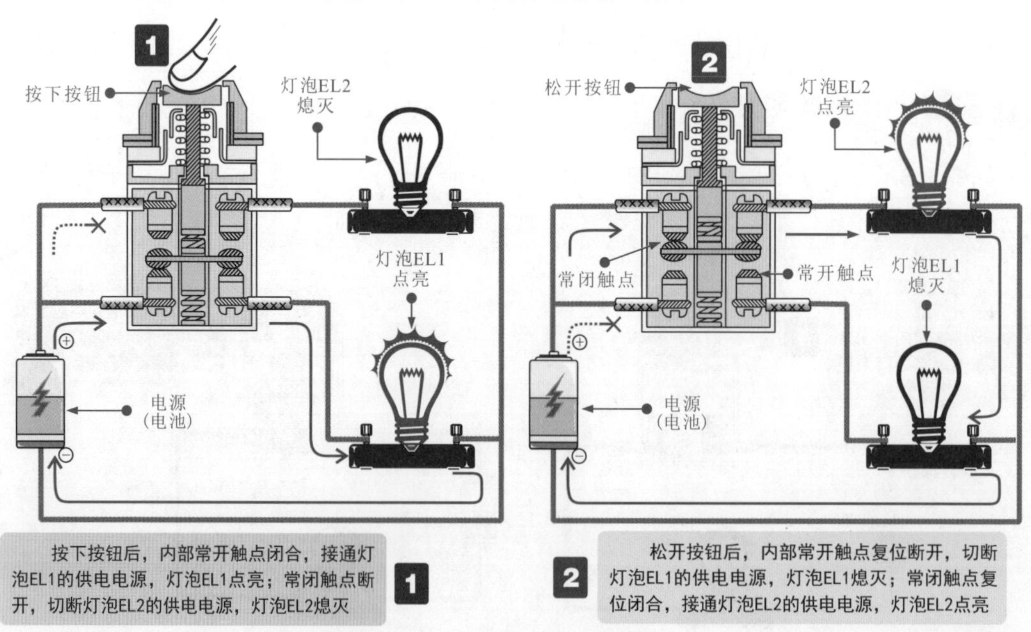

图3-5 不闭锁复合开关的控制关系

3.2 继电器

继电器是一种可控开关，但与一般开关不同，继电器并非以机械方式控制，而是一种以电流转换成电磁力来控制切换方向的开关。当继电器的线圈通电后，会使衔铁吸合从而接通触点或断开触点。

继电器的种类多种多样，通常分为通用继电器、控制继电器和保护继电器。

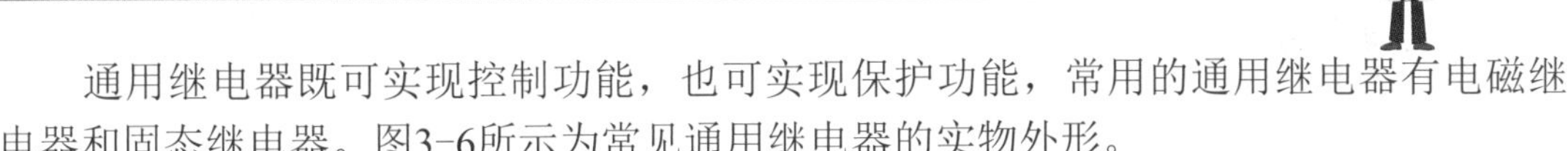

3.2.1 通用继电器

通用继电器既可实现控制功能，也可实现保护功能，常用的通用继电器有电磁继电器和固态继电器。图3-6所示为常见通用继电器的实物外形。

图3-6 常见通用继电器的实物外形

三类继电器控制关系大致相同，根据电路需要，都可分为常开、常闭、转换触点三种形式。下面以通用继电器为例，分别介绍三种形式的控制关系。

1 继电器的常开触点

继电器开触点的含义是继电器内部的动触点和静触点通常处于断开状态，当线圈得电时，其动触点和静触点立即闭合，接通电路；当线圈失电时，其动触点和静触点立即复位，切断电路，图3-7为继电器常开触点的连接关系。

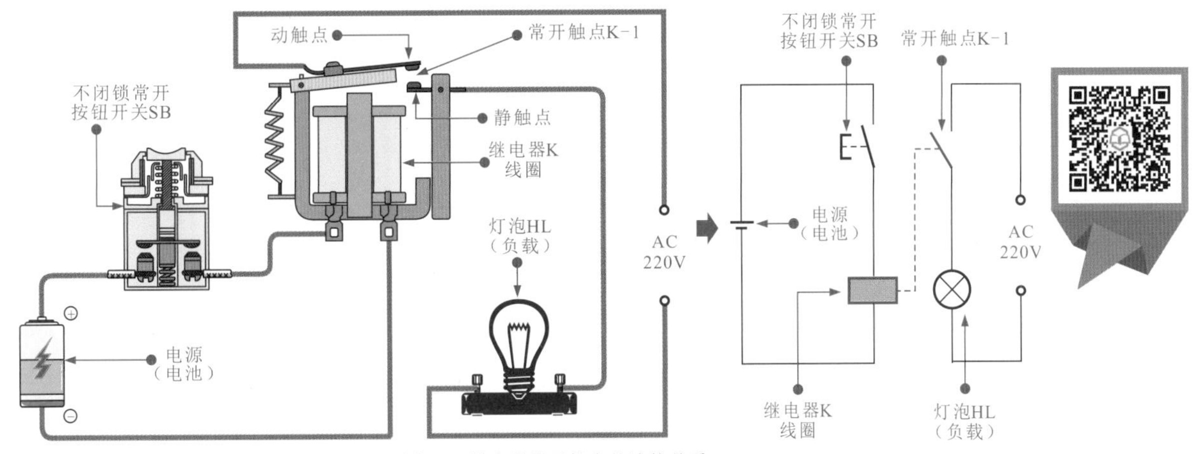

图3-7 继电器常开触点的连接关系

图3-8为继电器常开触点的控制关系。

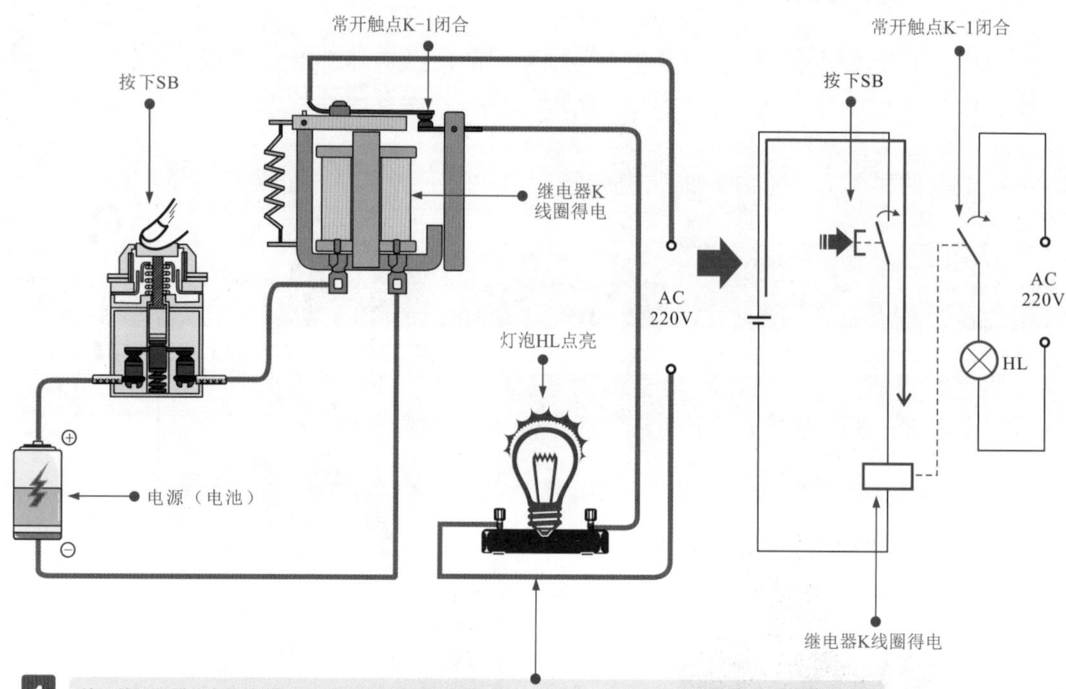
常开触点K-1闭合
按下SB
继电器K
线圈得电
AC
220V
灯泡HL点亮
电源（电池）
常开触点K-1闭合
按下SB
AC
220V
HL
继电器K线圈得电
1
按下按钮SB时，电路接通，继电器K线圈得电，常开触点K-1闭合，接通灯泡HL供电电源，灯泡HL点亮

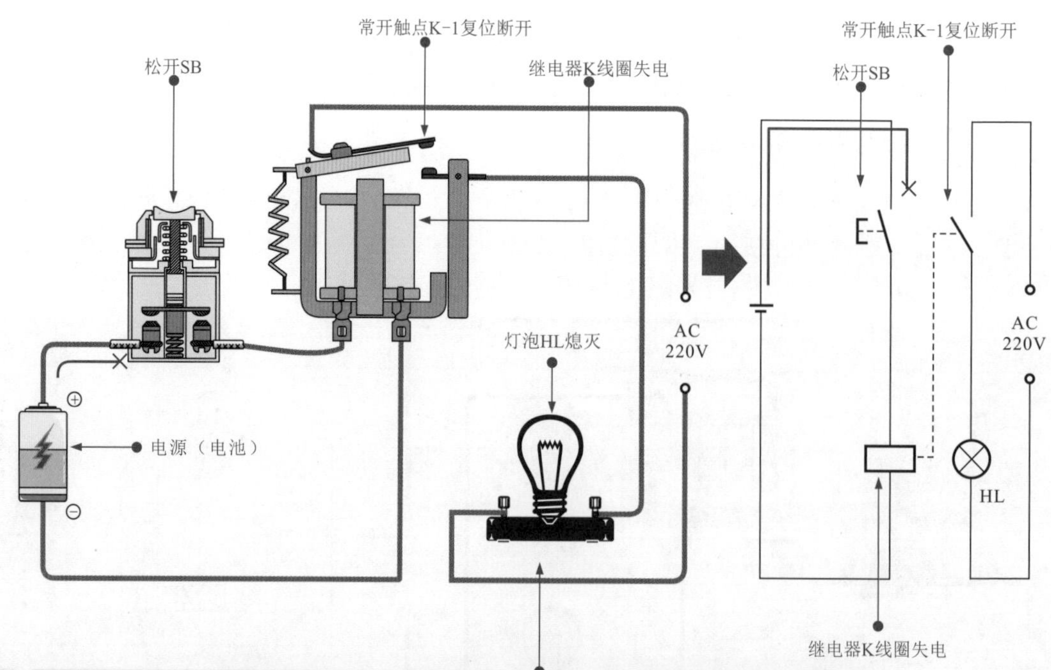
常开触点K-1复位断开
松开SB
继电器K线圈失电
灯泡HL熄灭
AC
220V
电源（电池）
常开触点K-1复位断开
松开SB
AC
220V
HL
继电器K线圈失电
2
松开按钮SB时，电路断开，继电器K线圈失电，常开触点K-1复位断开，切断灯泡HL供电电源，灯泡HL熄灭

图3-8 继电器常开触点的控制关系

2 继电器的常闭触点

继电器常闭触点的含义是继电器线圈断电时内部的动触点和静触点处于闭合状态，当线圈得电时，其动触点和静触点立即断开，切断电路；当线圈失电时，其动触点和静触点立即复位闭合，接通电路。图3-9为继电器常闭触点的控制关系。

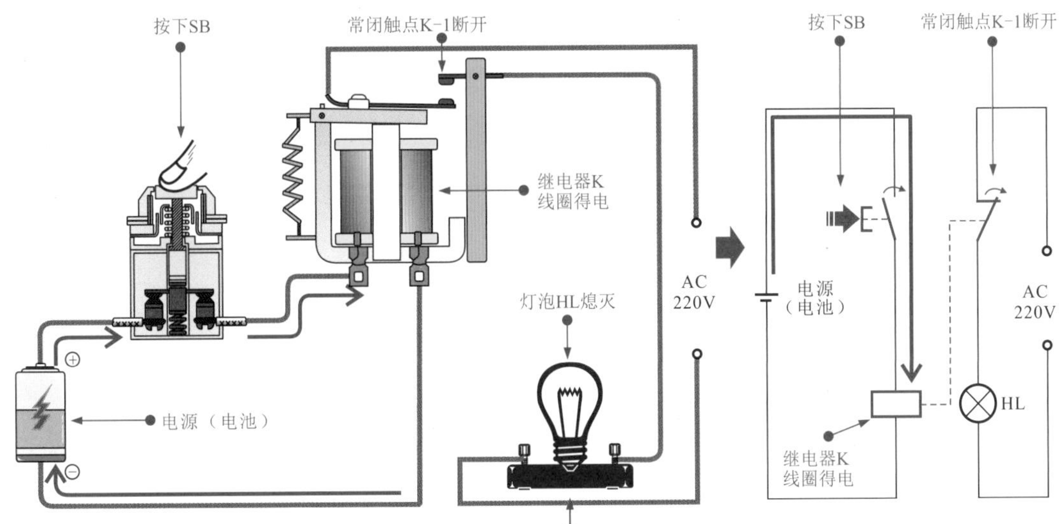

1 按下按钮SB时，电路接通，继电器K线圈得电，常闭触点K-1断开，切断灯泡HL供电电源，灯泡HL熄灭

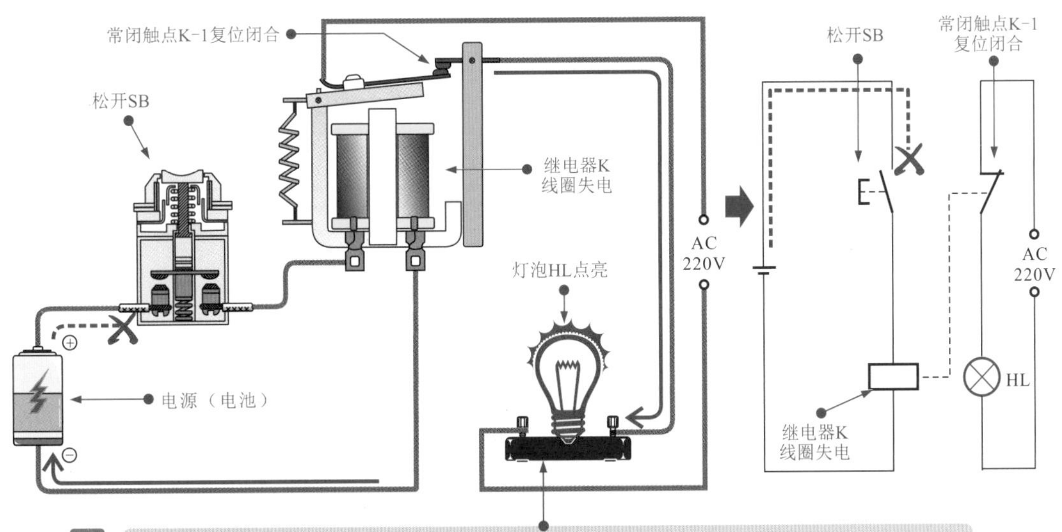

2 松开按钮SB时，电路断开，继电器K线圈失电，常闭触点K-1复位闭合，接通灯泡HL供电电源，灯泡HL点亮

图3-9 继电器常闭触点的控制关系

3 继电器的转换触点

继电器的转换触点是指继电器内部设有一个动触点和两个静触点，其中动触点与静触点1处于闭合状态，称为常闭触点；动触点与静触点2处于断开状态，称为常开触点。图3-10为继电器转换触点的控制关系。

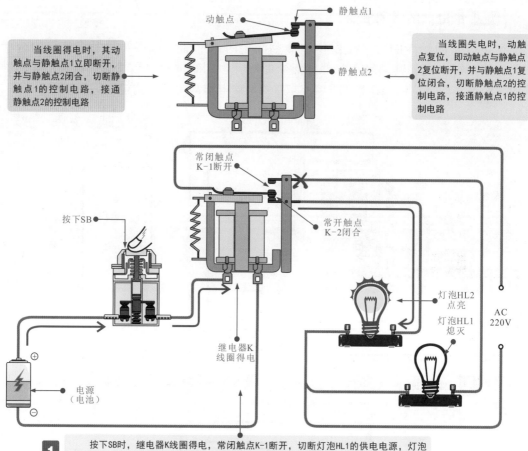

动触点
静触点1
静触点2

当线圈得电时，其动触点与静触点1立即断开，并与静触点2闭合，切断静触点1的控制电路，接通静触点2的控制电路

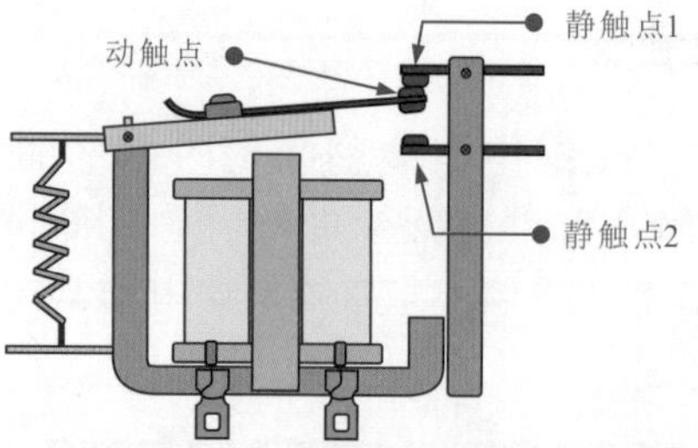

当线圈失电时，动触点复位，即动触点与静触点2复位断开，并与静触点1复位闭合，切断静触点2的控制电路，接通静触点1的控制电路

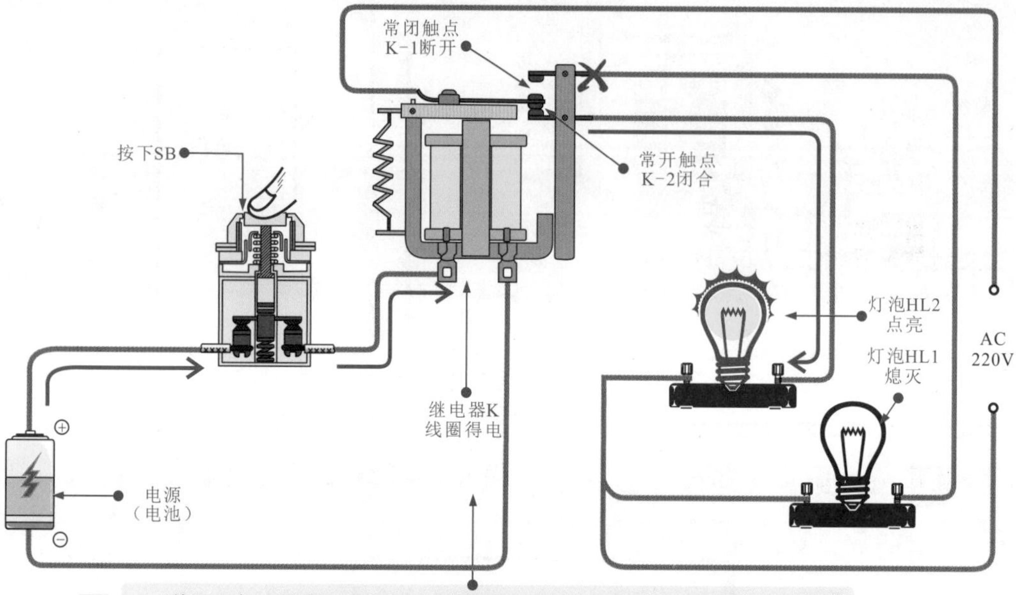

常闭触点
K-1断开
按下SB
常开触点
K-2闭合
灯泡HL2
点亮
灯泡HL1
熄灭
AC
220V
继电器K
线圈得电
电源
（电池）

1 按下SB时，继电器K线圈得电，常闭触点K-1断开，切断灯泡HL1的供电电源，灯泡HL1熄灭；同时，常开触点K-2闭合，接通灯泡HL2的供电电源，灯泡HL2点亮

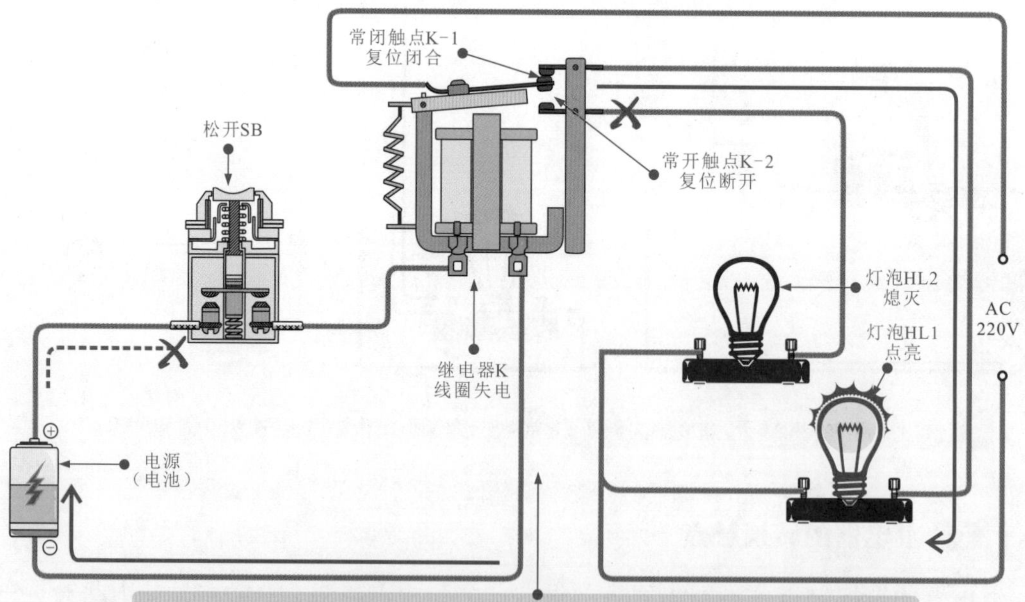

2 松开SB时，继电器K线圈失电，常闭触点K-1复位闭合，接通灯泡HL1的供电电源，灯泡HL1点亮；同时，常开触点K-2复位断开，切断灯泡HL2的供电电源，灯泡HL2熄灭

图3-10　继电器转换触点的控制关系

3.2.2 控制继电器

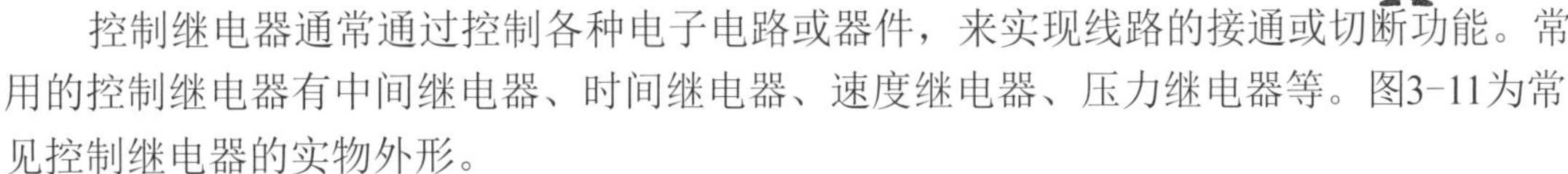

控制继电器通常通过控制各种电子电路或器件，来实现线路的接通或切断功能。常用的控制继电器有中间继电器、时间继电器、速度继电器、压力继电器等。图3-11为常见控制继电器的实物外形。

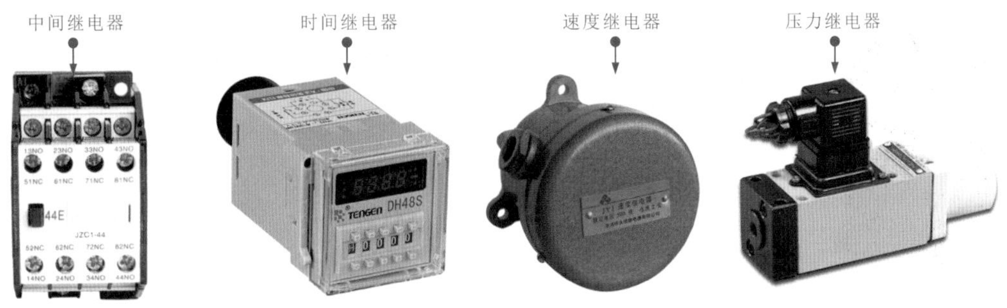

图3-11 常见控制继电器的控制关系

3.2.3 保护继电器

保护继电器是一种自动保护器件，可根据温度、电流或电压等的大小，来控制继电器的通断。常用的保护继电器有热继电器、电流继电器、电压继电器及温度继电器等。图3-12为常见保护继电器的实物外形。

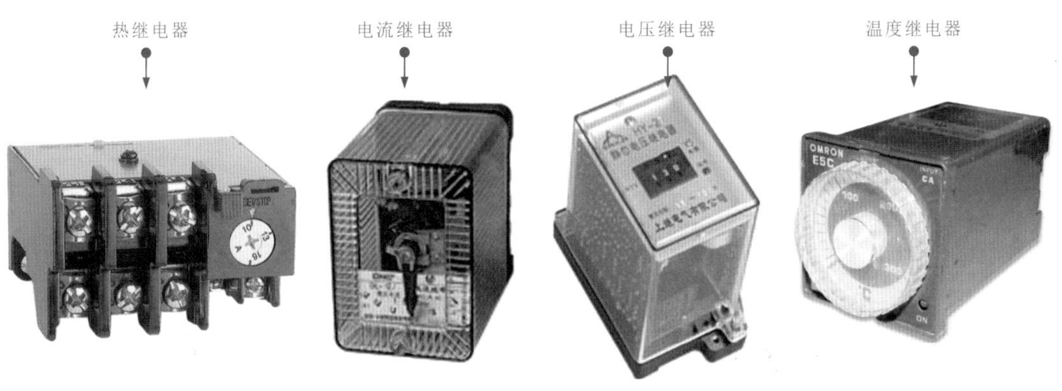

图3-12 常见保护继电器的控制关系

3.3 接触器

接触器是一种由电压控制的开关装置，适用于远距离频繁地接通和断开交直流电路的系统中。它属于一种控制类器件，是电力拖动系统、机床设备控制线路、自动控制系统中使用最广泛的低压电器之一。

根据接触器触点通过电流的种类，主要可分为交流接触器和直流接触器两类。

3.3.1 交流接触器

交流接触器是主要用于远距离接通与分断交流供电电路的器件。交流接触器是通过线圈得电，来控制常开触点闭合、常闭触点断开的。当线圈失电时，控制常开触点复位断开，常闭触点复位闭合。图3-13为交流接触器的控制关系。

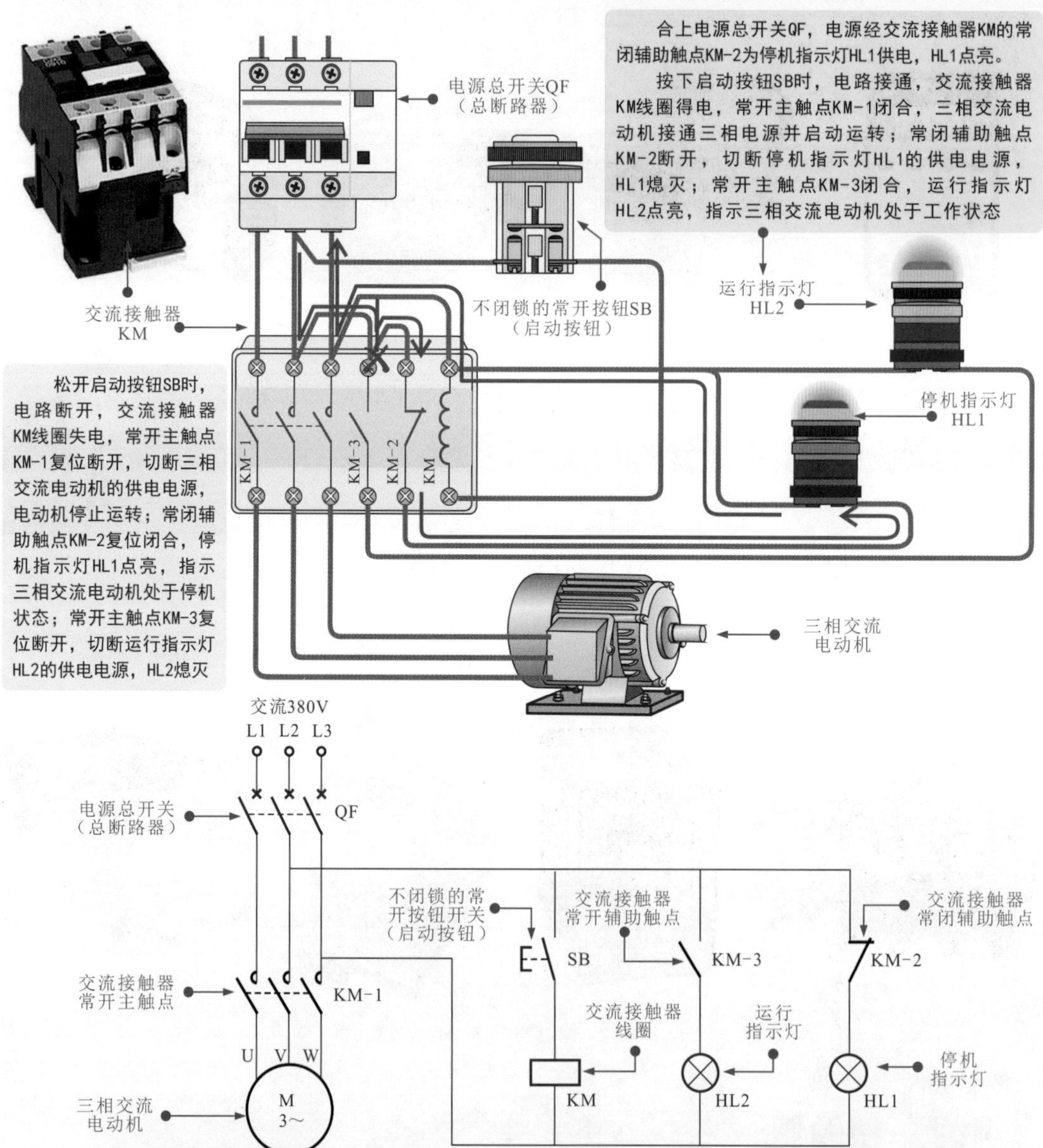

合上电源总开关QF，电源经交流接触器KM的常闭辅助触点KM-2为停机指示灯HL1供电，HL1点亮。
按下启动按钮SB时，电路接通，交流接触器KM线圈得电，常开主触点KM-1闭合，三相交流电动机接通三相电源并启动运转；常闭辅助触点KM-2断开，切断停机指示灯HL1的供电电源，HL1熄灭；常开主触点KM-3闭合，运行指示灯HL2点亮，指示三相交流电动机处于工作状态
电源总开关QF（总断路器）
不闭锁的常开按钮SB（启动按钮）
运行指示灯HL2
交流接触器KM
停机指示灯HL1
松开启动按钮SB时，电路断开，交流接触器KM线圈失电，常开主触点KM-1复位断开，切断三相交流电动机的供电电源，电动机停止运转；常闭辅助触点KM-2复位闭合，停机指示灯HL1点亮，指示三相交流电动机处于停机状态；常开主触点KM-3复位断开，切断运行指示灯HL2的供电电源，HL2熄灭
KM-1
KM-3
KM-2
KM
三相交流电动机
交流380V
L1 L2 L3
电源总开关（总断路器）
QF
不闭锁的常开按钮开关（启动按钮）
交流接触器常开辅助触点
交流接触器常闭辅助触点
SB
KM-3
KM-2
交流接触器常开主触点
KM-1
交流接触器线圈
运行指示灯
U V W
停机指示灯
三相交流电动机
M 3～
KM
HL2
HL1
交流接触器KM线圈连接在不闭锁的常开按钮开关SB（启动按钮）与电源总开关QF（总断路器）之间；常开主触点KM-1连接在电源总开关QF与三相交流电动机之间，用于控制电动机的启动与停机；常闭辅助触点KM-2连接在电源总开关QF与停机指示灯HL1之间，用于控制指示灯HL1的点亮与熄灭；常开辅助触点KM-3连接在电源总开关QF与运行指示灯HL2之间，用于控制指示灯HL2的点亮与熄灭

图3-13 交流接触器的控制关系

3.3.2 直流接触器

直流接触器主要用于远距离接通与分断直流电路。在控制电路中，直流接触器由直流电源为其线圈提供工作条件件，从而控制触点动作。图3-14直流接触器的控制关系。

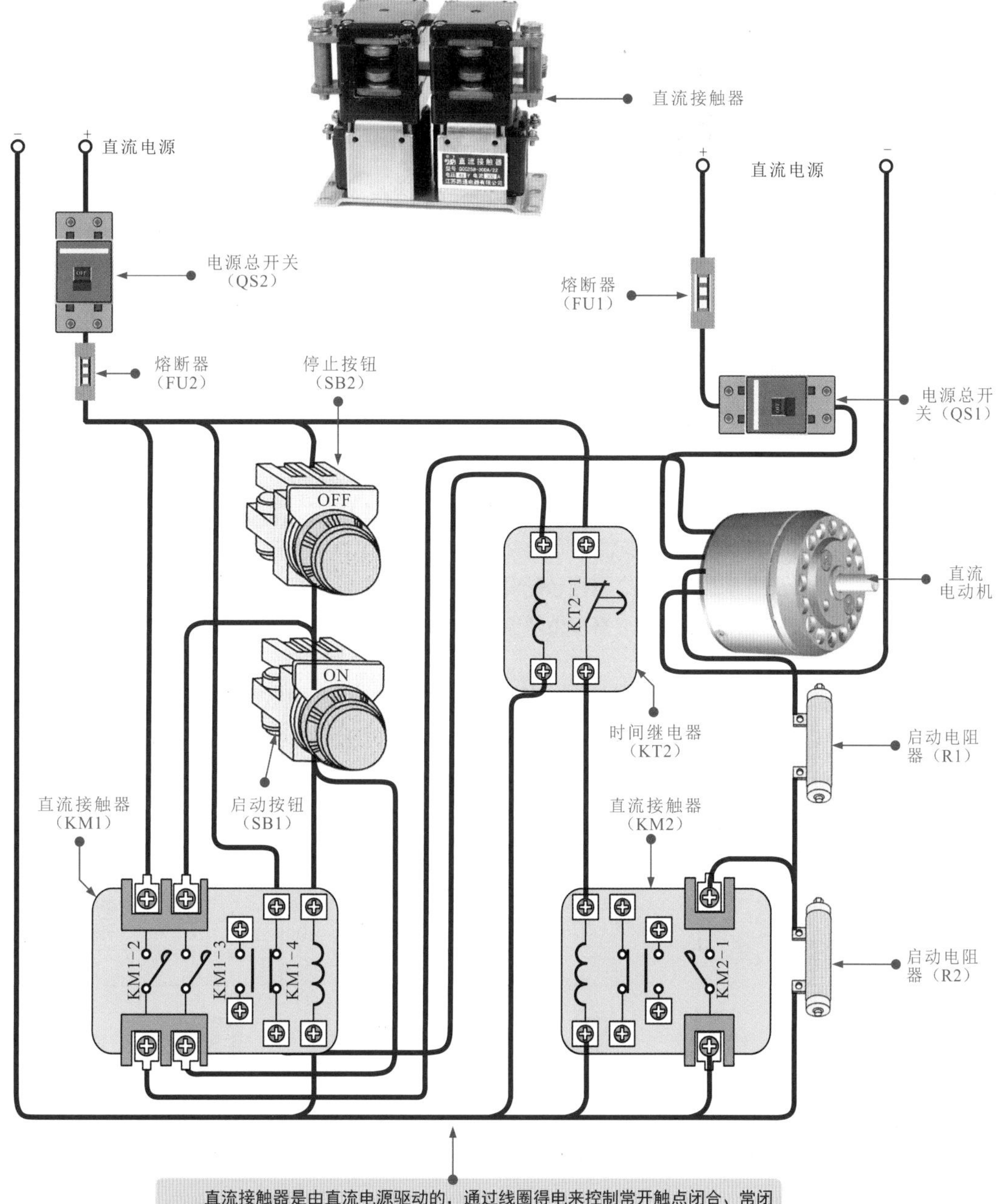

图3-14 直流接触器的控制关系

3.4 传感器

3.4.1 温度传感器

温度传感器是将物理量（温度信号）变成电信号的器件，该传感器为热敏电阻器，是利用电阻值随温度变化而变化这一特性来反映温度变化的，主要用于各种需要对温度进行测量、监视、控制及补偿的场合，如图3-15所示。

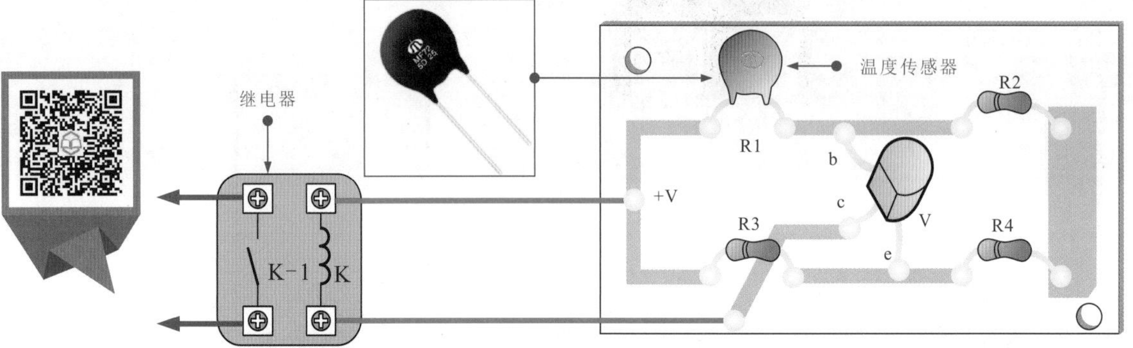

图3-15 温度传感器的连接关系

根据温度传感器感应特性的不同，可分为PTC传感器和NTC传感器。PTC传感器为正温度系数传感器，其阻值随温度的升高而增大，随温度的降低而减小；NTC传感器为负温度系数传感器，其阻值随温度的升高而减小，随温度的降低而增大。

图3-16为温度传感器在不同温度环境下的控制关系。

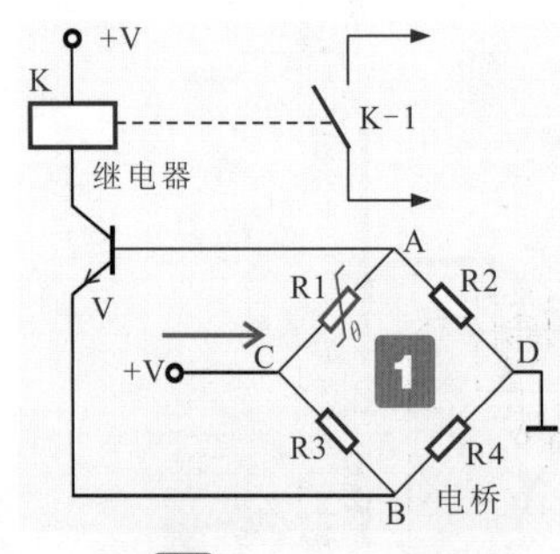

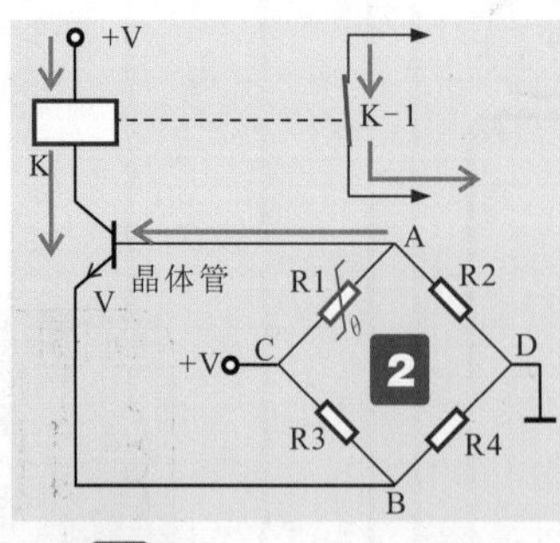

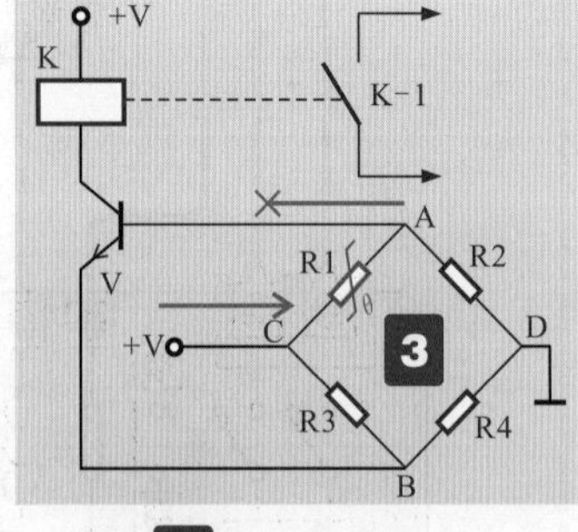

1 在正常环境温度下时，电桥的电阻值R1/R2=R3/R4，电桥平衡，此时A、B两点间电位相等，输出端A与B间没有电流流过，晶体管V的基极b与发射极e间的电位差为零，晶体管V截止，继电器K线圈不能得电

2 当环境温度逐渐上升时，温度传感器R1的阻值不断减小，电桥失去平衡，此时A点电位逐渐升高，晶体管V的基极b电压逐渐增大，此时基极b电压高于发射极e电压，晶体管V导通，继电器K线圈得电，常开触点K-1闭合，接通负载设备的供电电源，负载设备即可启动

3 当环境温度逐渐下降时，温度传感器R1的阻值不断增大，此时A点电位逐渐降低，晶体管V的基极b电压逐渐减小，当基极b电压低于发射极e电压时，晶体管V截止，继电器K线圈失电，对应的常开触点K-1复位断开，切断负载设备的供电电源，负载设备停止工作

图3-16 温度传感器在不同温度环境下的控制关系

3.4.2 湿度传感器

湿度传感器是一种将湿度信号转换为电信号的器件，主要用于工业生产、天气预报、食品加工等行业中对各种湿度进行控制、测量和监视。图3-17为湿度传感器在不同湿度环境下的控制关系。

当环境湿度较小时，湿度传感器MS的阻值较大，晶体管V1的基极b为低电平，使基极b电压低于发射极e电压，晶体管V1截止；此时晶体管V2基极b电压升高，基极b电压高于发射极e电压，晶体管V2导通，发光二极管VL点亮

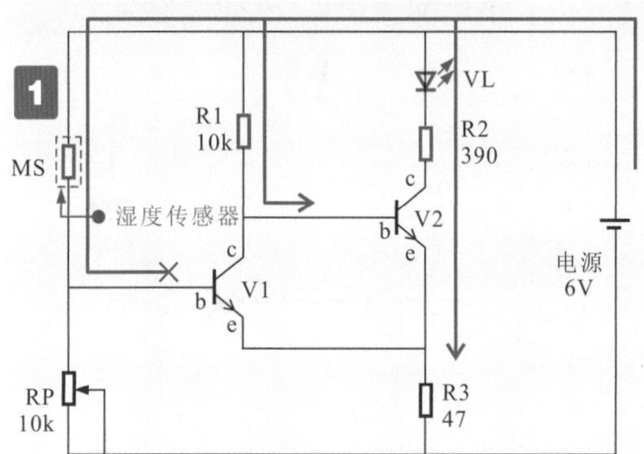

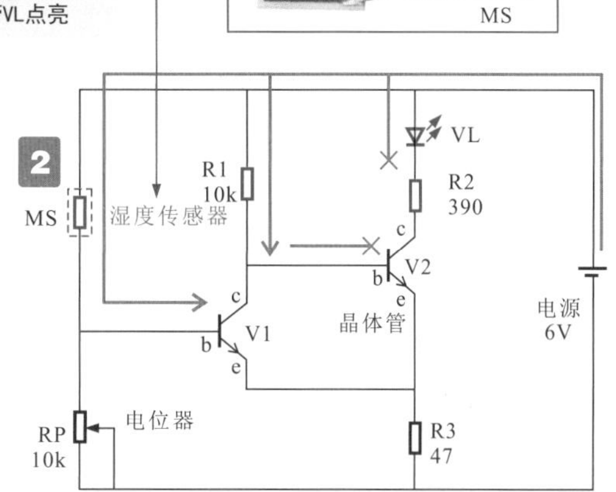

当环境湿度增加时，湿度传感器MS的阻值逐渐变小，晶体管V1的基极b电压逐渐升高，使基极b电压高于发射极e电压，晶体管V1导通；晶体管V2基极b电压降低，晶体管V2截止，发光二极管VL熄灭 2

图3-17 湿度传感器在不同湿度环境下的控制关系

3.4.3 光电传感器

光电传感器是一种能够将可见光信号转换为电信号的器件，也称为光电器件，主要用于光控开关、光控照明、光控报警等领域中，对各种可见光进行控制。图3-18为光电传感器在不同光线环境下的控制关系。

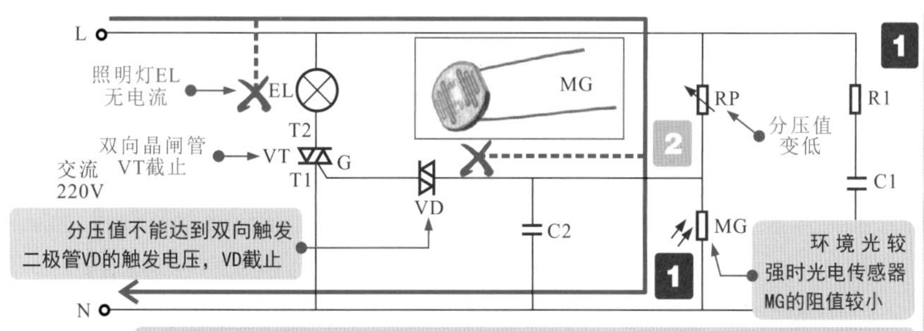

1 当环境光较弱时，光电传感器MG的阻值变大，使电位器RP与光电传感器MG处的分压值变高，随着光照强度的逐渐减弱，光电传感器MG的阻值逐渐变大，当电位器RP与光电传感器MG处的分压值达到双向触发二极管VD的触发电压时，双向二极管VD导通，进而触发双向晶闸管VT也导通，照明灯EL点亮

2 当环境光较强时，光电传感器MG的阻值较小，使电位器RP与光电传感器MG处的分压值变低，不能达到双向触发二极管VD的触发电压，双向触发二极管截止，不能触发双向晶闸管，VT也处于截止状态，照明灯EL不亮

图3-18 光电传感器在不同光线环境下的控制关系

3.4.4 气敏传感器

气敏传感器是一种将某种气体的有无或浓度大小转换为电信号的器件，它可检测出环境中的某种气体及其浓度，并将其转换成相应的电信号。该传感器主要用于可燃或有毒气体泄漏的报警电路中。图3-19为气敏传感器在不同环境下的控制关系。

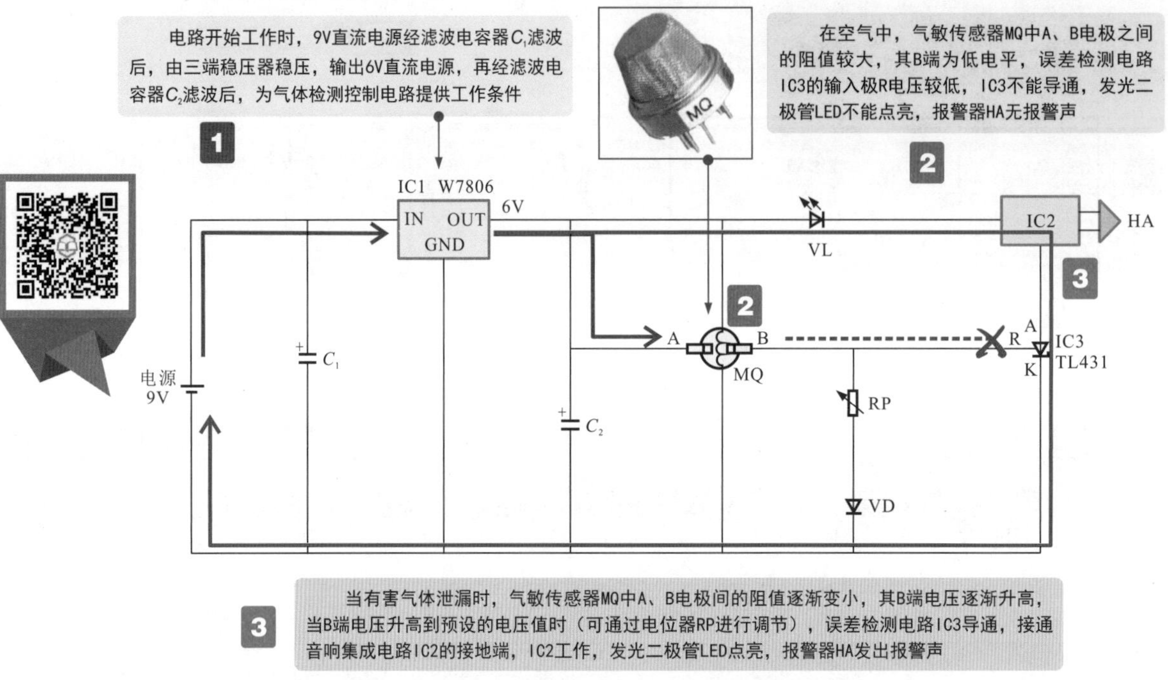

1
电路开始工作时，9V直流电源经滤波电容器C_1滤波后，由三端稳压器稳压，输出6V直流电源，再经滤波电容器C_2滤波后，为气体检测控制电路提供工作条件
2
在空气中，气敏传感器MQ中A、B电极之间的阻值较大，其B端为低电平，误差检测电路IC3的输入极R电压较低，IC3不能导通，发光二极管LED不能点亮，报警器HA无报警声
3
当有害气体泄漏时，气敏传感器MQ中A、B电极间的阻值逐渐变小，其B端电压逐渐升高，当B端电压升高到预设的电压值时（可通过电位器RP进行调节），误差检测电路IC3导通，接通音响集成电路IC2的接地端，IC2工作，发光二极管LED点亮，报警器HA发出报警声
MQ
IC1 W7806
IN OUT
GND
6V
VL
IC2
HA
A
B
R
K
IC3
TL431
电源
9V
C_1
C_2
RP
VD

图3-19 气敏传感器在不同环境下的控制关系

3.5 保护器

保护器是指对其所应用电路具有过电流、短路、漏电等保护功能的器件，其一般具有自动切断线路实现保护功能的特点。

根据结构和原理不同，保护器一般分为熔断器、漏电保护器、过热保护器等。

3.5.1 熔断器

熔断器是一种在配电系统中用于线路和设备的短路及过载保护的器件，只允许安全限制内的电流通过，当系统正常工作时，熔断器相当于一根导线，起通路作用；当通过熔断器的电流大于规定值时，熔断器会使自身的熔体熔断而自动断开电路，从而对线路上的其他电器设备起保护作用。图3-20为熔断器的控制关系。

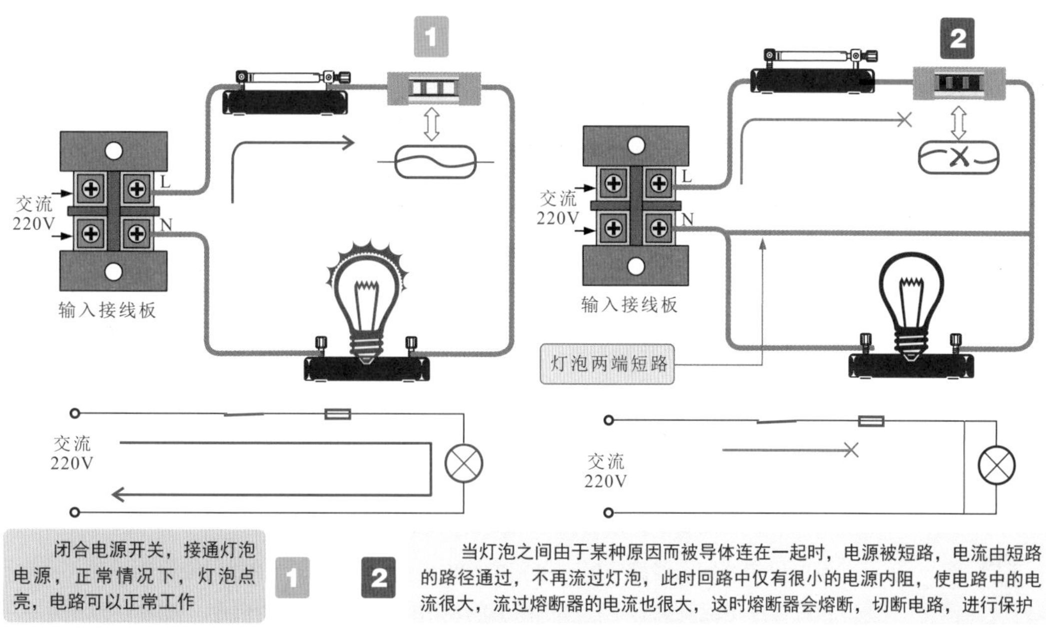

1
2
交流
220V
L
N
输入接线板
灯泡两端短路
交流
220V
闭合电源开关，接通灯泡电源，正常情况下，灯泡点亮，电路可以正常工作
当灯泡之间由于某种原因而被导体连在一起时，电源被短路，电流由短路的路径通过，不再流过灯泡，此时回路中仅有很小的电源内阻，使电路中的电流很大，流过熔断器的电流也很大，这时熔断器会熔断，切断电路，进行保护

图3-20 熔断器的控制关系

3.5.2 漏电保护器

漏电保护器是一种具有漏电、触电、过载、短路保护功能的保护器件，对于防止触电伤亡事故及避免因漏电电流而引起的火灾事故具有明显的效果。图3-21为漏电保护器的控制关系。

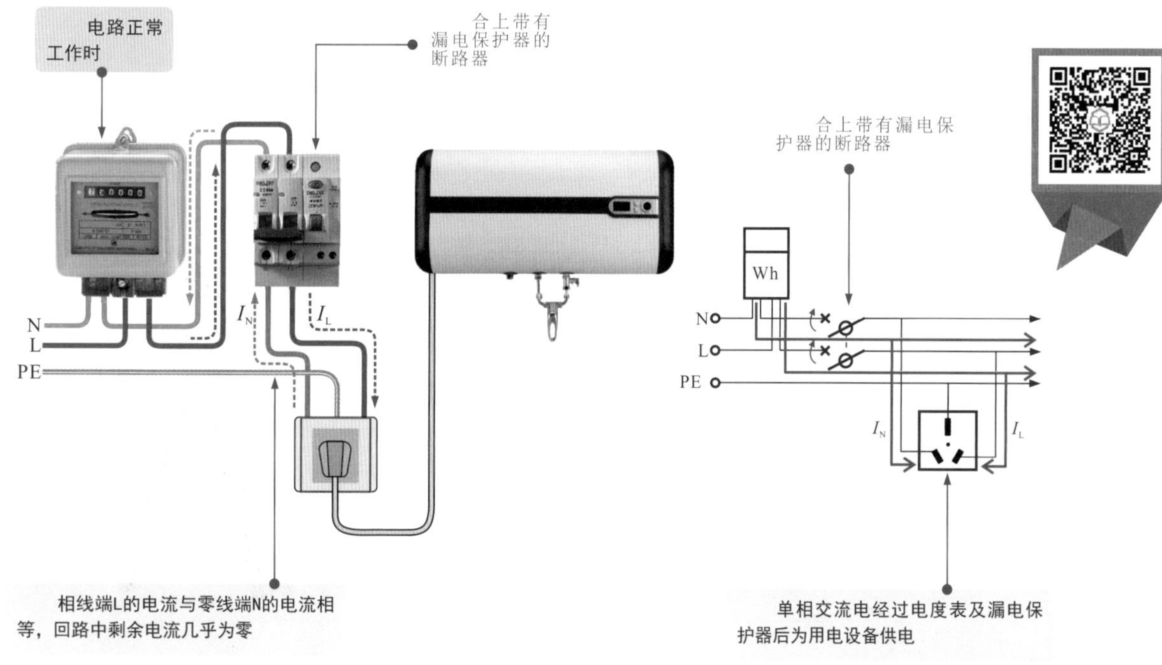

图3-21

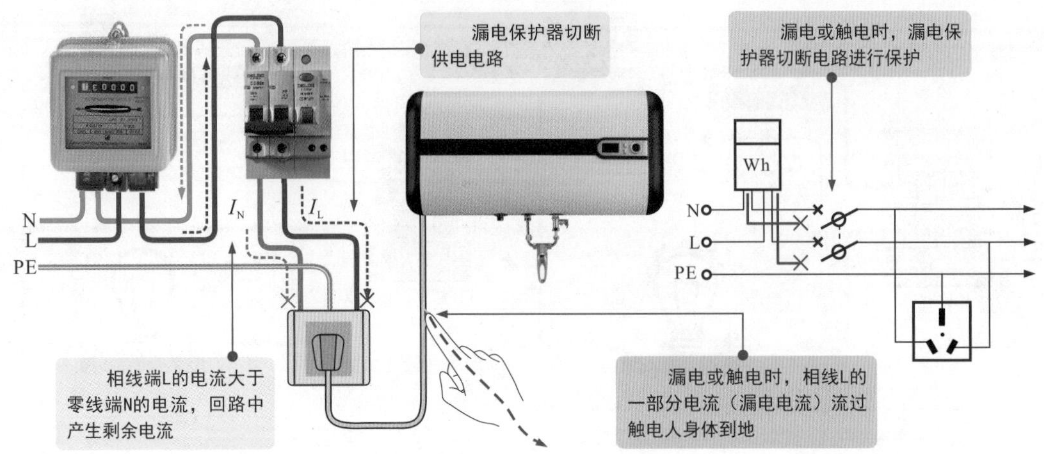

图3-21 漏电保护器的控制关系

漏电保护器接入线路中时，电路中的电源线穿过漏电保护器内的检测元件（环形铁芯，也称零序电流互感器），环形铁芯的输出端与漏电脱扣器相连，如图3-22所示。

在被保护电路工作正常，没有发生漏电或触电的情况下，通过零序电流互感器的电流向量和等于零，这样漏电检测环形铁芯的输出端无输出，漏电保护器不动作，系统保持正常供电。

当被保护电路发生漏电或有人触电时，由于漏电电流的存在，使供电电流大于返回电流，通过环形铁芯的两路电流向量和不再等于零，在铁芯中出现了交变磁通。在交变磁通的作用下，检测元件的输出端就有感应电流产生，当达到额定值时，脱扣器驱动断路器自动跳闸，切断故障电路，从而实现保护。

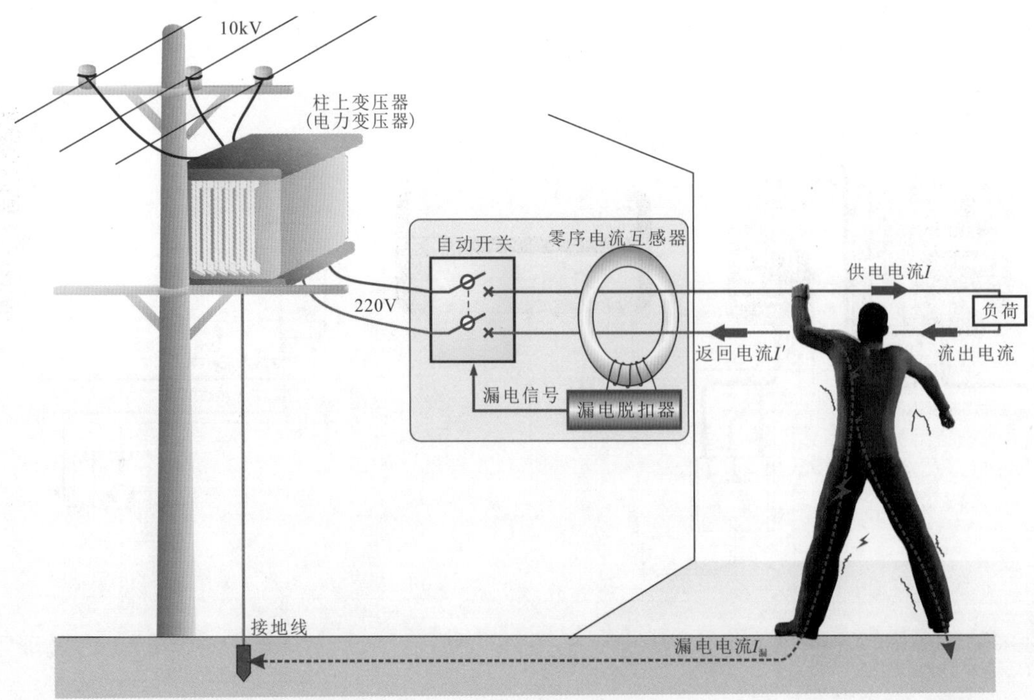

图3-22 漏电保护进行漏电检测的原理

3.5.3 过热保护器

过热保护器也称为过热保护继电器或热继电器，是利用电流的热效应来推动动作机构使其内部触点闭合或断开的，用于电动机的过载保护、断相保护、电流不平衡保护及热保护。图3-23为过热保护器的控制关系。

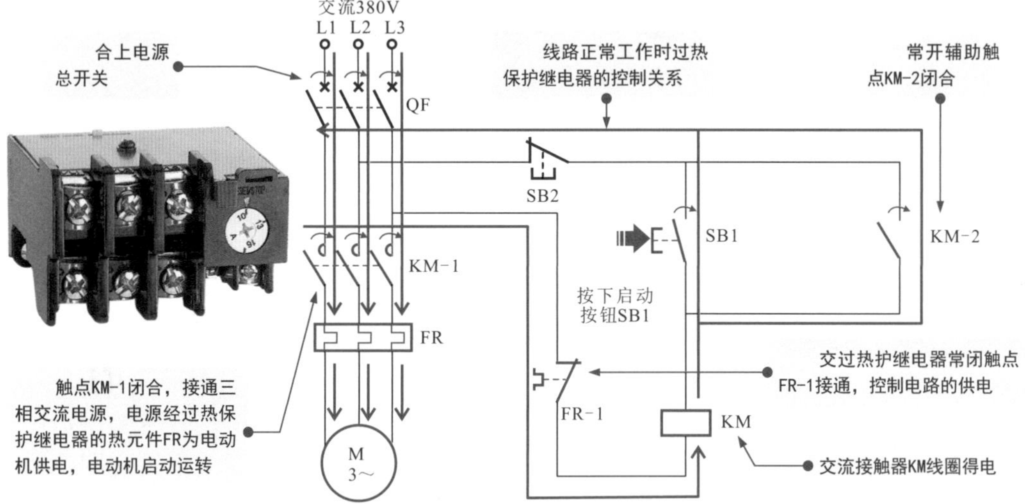

（a）过热保护器正常工作状态

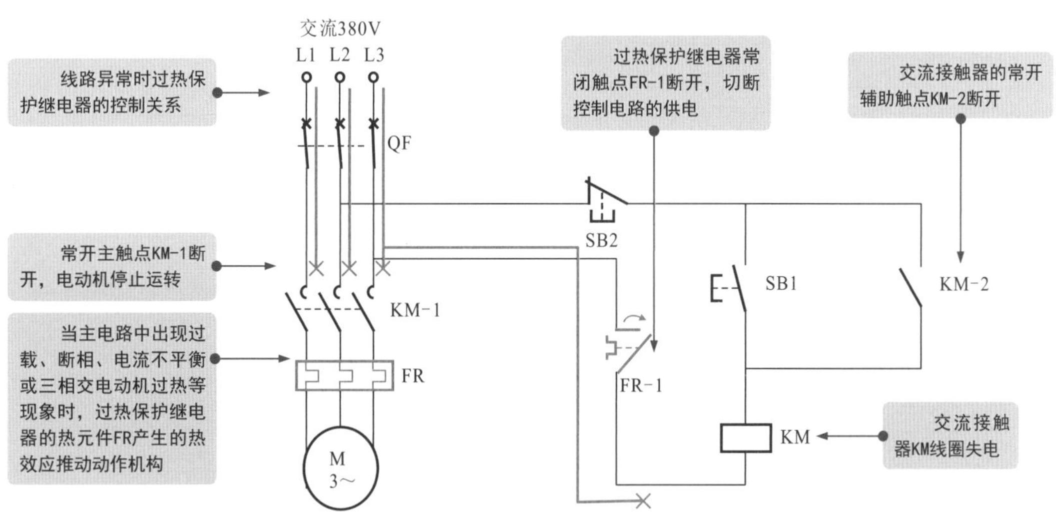

（b）过热保护器保护状态

图3-23 过热保护器的控制关系

在图3-23所示电路中，过热保护继电器FR连接在主电路中，用于主电路的过载、断相、电流不平衡以及三相交流电动机的热保护；常闭触点FR-1连接在控制电路中，用于控制控制电路的通断。

第4章 电工识图

4.1 电工电路的识图方法和识图步骤

4.1.1 电工电路的识图方法

电工电路包含电力的传输电路、变换电路和分配电路，以及电气设备的供电电路和控制电路，这种电路将线路的连接分配及电路器件的连接和控制关系用文字符号、图形符号、电路标记等表示出来。线路图及电路图是电气系统中的各种电气设备、装置及元器件的名称、关系和状态的工程语言，它是描述一个电气系统功能和基本构成的技术文件，是指导各种电工电路的安装、调试、维修必不可少的技术资料。

学习电工电路识图是电工应掌握的一项基本技能。

1 结合文字符号、图形符号等识图

电工电路主要利用各种电气图形符号来表示其结构和工作原理。因此，结合电气图形符号进行识图，可快速对电路中包含的物理部件进行了解和确定。

例如，图4-1为某车间的供配电线路电气图。

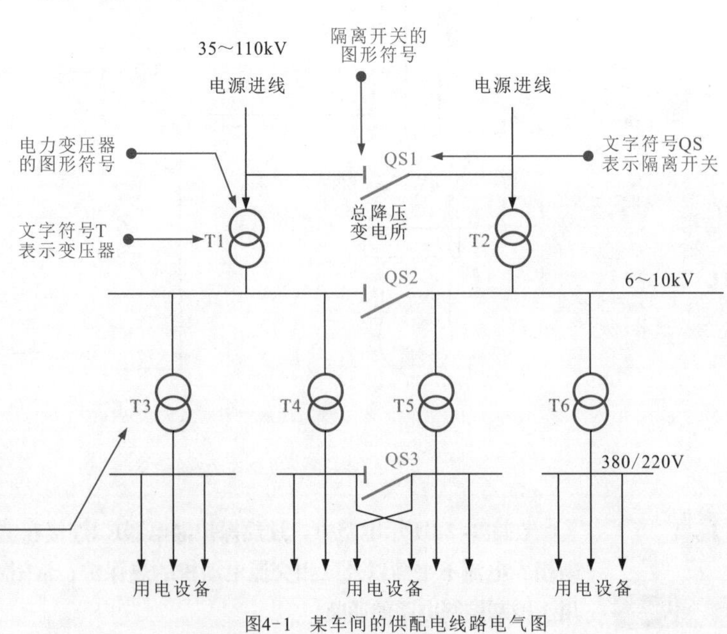

图4-1 某车间的供配电线路电气图

提示说明

结合图形符号和文字标识可知，图4-1的识图过程为：

- **电源进线为35～110kV，经总降压变电所输出6～10kV高压。**
- **6～10 kV高压再由车间变电所降压为380/220V后为各用电设备供电。**
- **图中隔离开关QS1、QS2、QS3分别起到接通电路的作用。**
- **若电源进线中左侧电路故障，那么此时，可操作QS1，使其闭合后，可由右侧的电源进线为后级的电力变压器T1等线路供电，保证线路安全运行。**

2 结合电工、电子技术的基础知识识图

在电工领域中，如输变配电、照明、电子电路、仪器仪表和家电产品等，所有电路等方面的知识都是建立在电工、电子技术基础之上的，所以要想看懂电气图，必须具备一定的电工、电子技术方面的基础知识。

例如，图4-2为一种典型的照明灯触摸延时控制电路，该电路中触摸控制功能由NE555时基电路、电阻器R_1/R_2/R_3、电容器C_1/C_2、稳压二极管VS、晶闸管VT、整流二极管VD1～VD4等电子元件构成的电路实现；电路中线路的通断、照明功能则由断路器QF、触摸开关A、照明灯EL实现。只有了解了上述各电子元件和电工器件的功能特点，才能根据线路关系理清电路中信号的处理过程和供电关系，从而完成电路的识读。

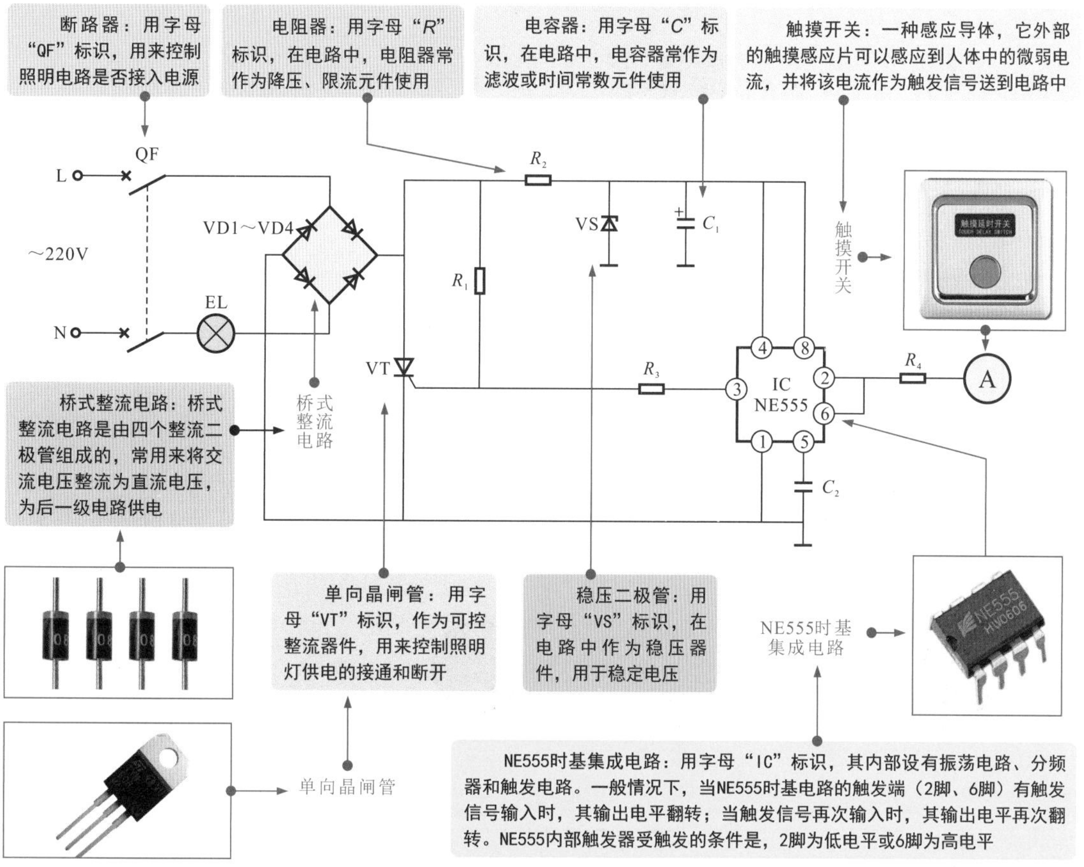

断路器：用字母“QF”标识，用来控制照明电路是否接入电源
电阻器：用字母“R”标识，在电路中，电阻器常作为降压、限流元件使用
电容器：用字母“C”标识，在电路中，电容器常作为滤波或时间常数元件使用
触摸开关：一种感应导体，它外部的触摸感应片可以感应到人体中的微弱电流，并将该电流作为触发信号送到电路中
QF
L
N
～220V
VD1～VD4
EL
R_2
VS
C_1
R_1
VT
R_3
R_4
IC
NE555
4
8
3
2
6
1
5
A
C_2
触摸开关
桥式整流电路
桥式整流电路：桥式整流电路是由四个整流二极管组成的，常用来将交流电压整流为直流电压，为后一级电路供电
单向晶闸管：用字母“VT”标识，作为可控整流器件，用来控制照明灯供电的接通和断开
稳压二极管：用字母“VS”标识，在电路中作为稳压器件，用于稳定电压
NE555时基集成电路
单向晶闸管
NE555时基集成电路：用字母“IC”标识，其内部设有振荡电路、分频器和触发电路。一般情况下，当NE555时基电路的触发端（2脚、6脚）有触发信号输入时，其输出电平翻转；当触发信号再次输入时，其输出电平再次翻转。NE555内部触发器受触发的条件是，2脚为低电平或6脚为高电平

图4-2 典型的照明灯触摸延时控制电路

在图4-2所示电路中，具备一定的电工、电子基本知识，了解组成部件的功能特点，结合电路关系即可对电路进行识读。

用手碰触触摸开关A，手的感应信号经电阻器R_4加到时基集成电路IC的2脚和6脚，时基集成电路IC得到感应信号后，内部触发器翻转，其3脚输出高电平，单向晶闸管VT的控制极有高电平输入，触发VT导通，照明灯EL形成供电回路而点亮。

需要熄灭照明灯时，用手再次触碰触摸开关A，手的感应信号送到时基集成电路IC的2脚和6脚，时基集成电路IC内部触发器再次翻转，其3脚输出低电平，单向晶闸管VT的控制极降为低电平，VT截止，切断照明灯EL供电回路，照明灯熄灭。

3 总结和掌握各种电工电路，并在此基础上灵活扩展

电工电路是电气图中最基本也是最常见的电路，这种电路的特点是既可以单独应用，又可以应用于其他电路中作为关键点扩展后使用。许多电气图都是由很多基础电路组合而成的。

例如，电动机的启动、制动、正反转、过载保护电路等、供配电系统中电气主接线常用的单母线主接线等均为基础电路。在读图过程中，应抓准基础电路，注意总结并完全掌握这些基础电路的机理。

如图4-3所示，左图为一种简单的电动机启、停控制电路，右图为一种典型电动机点动、连续控制电路，可以看到，右图电路即在左图基础上添加了点动控制按钮。

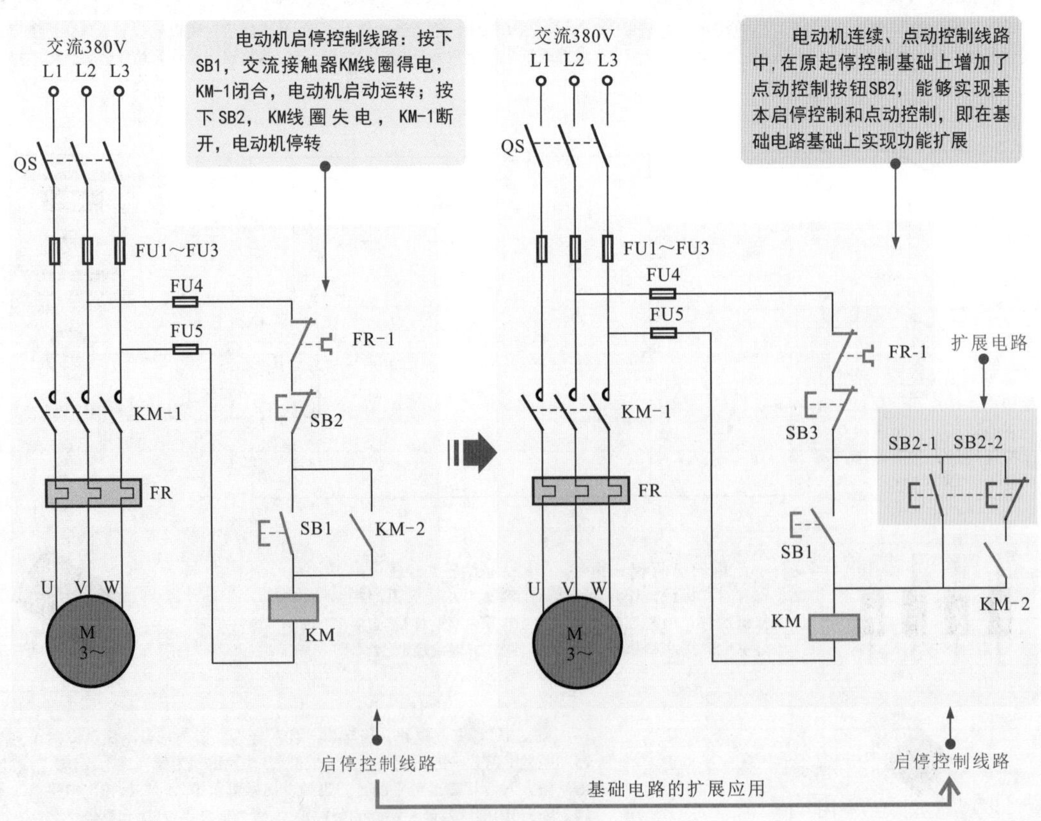

图4-3 基础电路及扩展电路

4 结合电气或电子元件的结构和工作原理识图

各种电工电路图都是由各种电气元件或电子元器件和配线等组成的，只有了解了各种元器件的结构、工作原理、性能及相互之间的控制关系，才能帮助电工技术人员尽快读懂电路图。

例如，图4-4为典型电工电路中核心器件的结构、工作原理图，了解电路中按钮开关、继电器的内部结构和不同的工作状态后，识读电路十分简单。

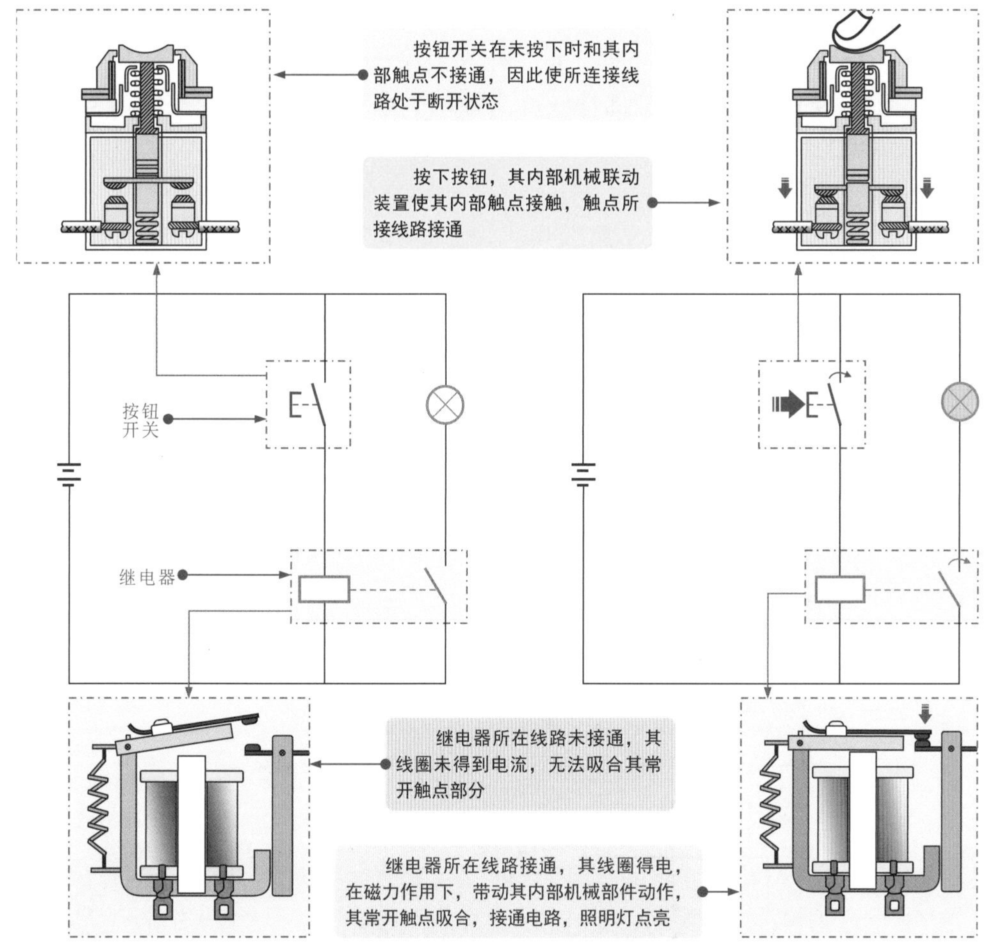

图4-4 典型电工电路中核心器件的结构和工作原理图

5 对照学习识图

作为初学者，很难直接对一张没有任何文字解说的电路图进行识读，因此可以先参照一些技术资料或书刊、杂志等，找到一些与我们所要识读的电路图相近或相似的图纸，先利用这些带有详细解说的图纸，跟随解说一步步地分析和理解该电路图的含义和原理，再对照我们手头的图纸进行分析、比较，找到不同点和相同点，把相同点的地方弄清楚，再有针对性地突破不同点，或再参照其他与该不同点相似的图纸，最后把遗留问题一一解决，便完成了对该图的识读。

4.1.2 电工电路的识图步骤

识读电工电路，首先需要区分电路类型及用途或功能，从整体认识后，再通过熟悉各种电器元件的图形符号建立对应关系，然后结合电路特点寻找该电路中的工作条件、控制部件等，结合相应的电工、电子电路中电子元器件、电气元件功能和原理知识，理清信号流程，最终掌握电路控制机理或电路功能，完成识图过程。

识读电工电路可分为7个步骤，即：区分电路类型→明确用途→建立对应关系及划分电路→寻找工作条件→寻找控制部件→确立控制关系→理清供电及控制信号流程，最终掌握控制机理和电路功能。

1 区分电路类型

电工电路的类型有很多，根据其所表达的内容、包含的信息及组成元素的不同，一般可分为电工接线图和电工原理图。不同类型电路的识读原则和重点也不相同，因此当遇到电路图时，首先要看它属于哪种电路。

图4-5为一张简单的电工接线图。可以看到，该电路图中用文字符号和图形符号标识出了系统中所使用的基本物理部件，用连接线和连接端子标识出了物理部件之间的实际连接关系和接线位置，该类图为电工接线图。

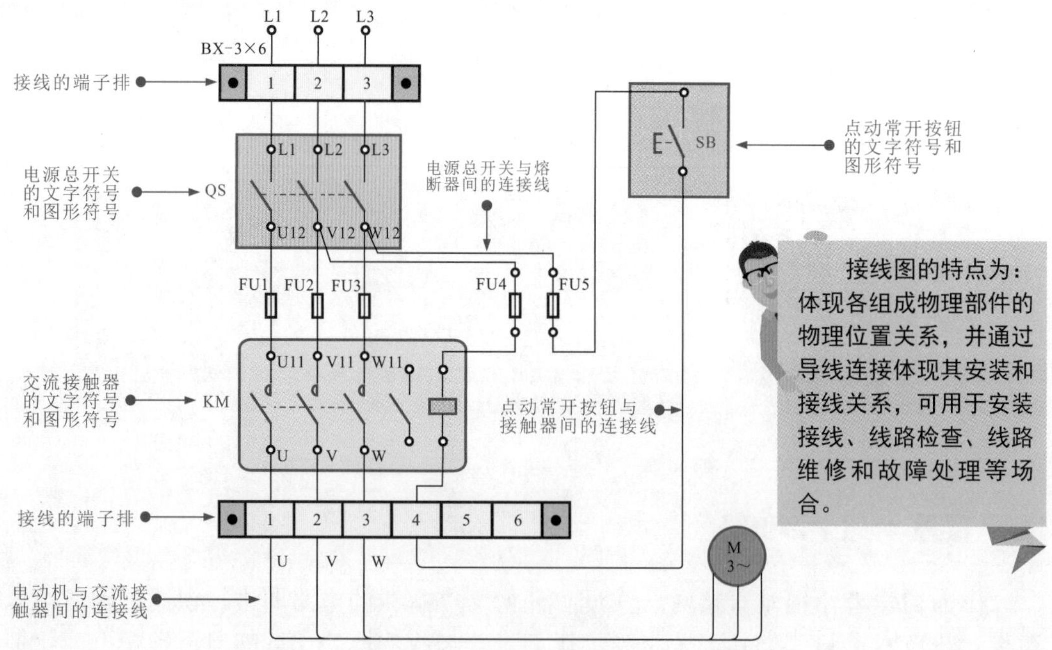

图4-5　简单的电工接线图

结合从图中可以看到，该电路图中也用文字符号和图形符号标识出了系统中所使用的基本物理部件，并用规则的导线进行连接，且除了标准的符号标识和连接线外，没有画出其他不必要的元件，该类图为电工接线图。

2 明确用途

明确电路的用途是指导识图的总纲领，即先从整体上把握电路的用途，明确电路最终实现的结果，以此作为指导识读总体思路。例如，在电动机的点动控制电路，抓住其中的“点动”、“控制”、“电动机”等关键信息，作为识图时的重要信息。

3 建立对应关系及划分电路

根据电路中的文字符号和图形符号标识，将这些简单的符号信息与实际物理部件建立起一一的对应关系，进一步明确电路所表达的含义，对读通电路关系十分重要。

图4-6为简单的电工电路中符号与实物的对应关系。

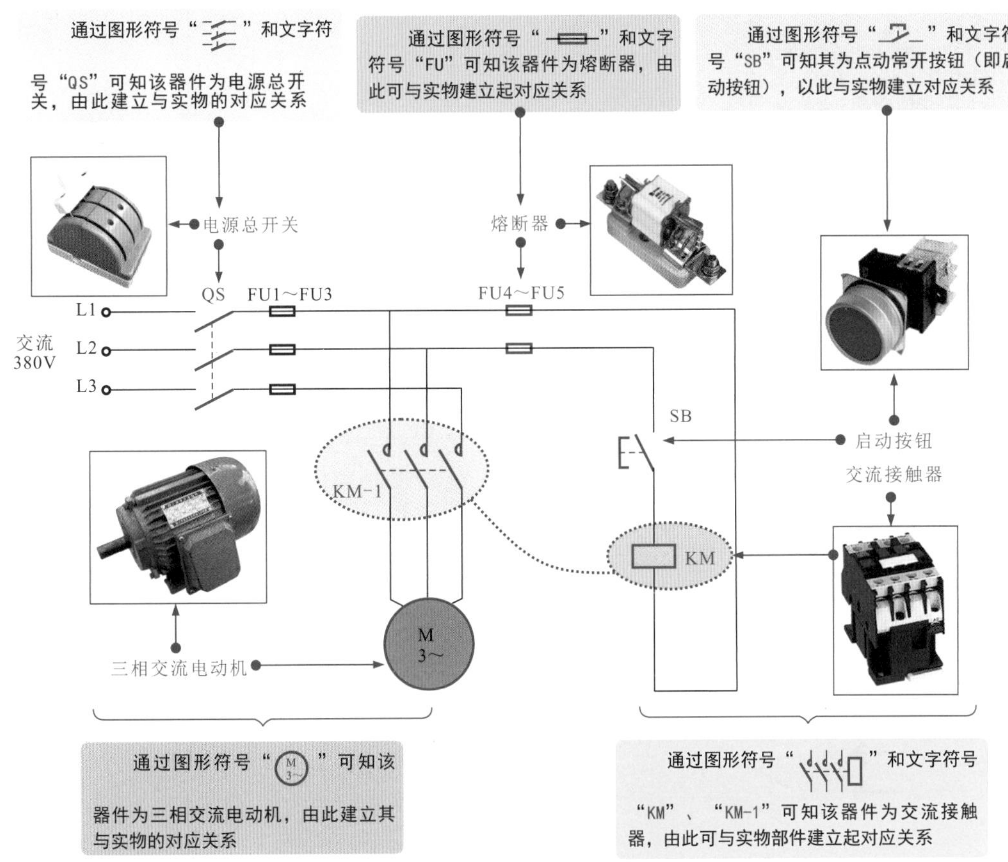

图4-6 简单的电工电路中符号与实物的对应关系

◆ **电源总开关：用字母“QS”标识，在电路中用于接通三相电源。**

◆ **熔断器：用字母“FU”标识，在电路中用于过载、短路保护。**

◆ **交流接触器：用字母“KM”标识，线圈得电则触点动作，接通电动机的三相电源，启动电动机工作。**

◆ **启动按钮（点动常开按钮）：用字母“SB”标识，用于电动机的启动控制。**

◆ **三相交流电动机：简称电动机，用字母M标识，在电路中通过控制部件控制，接通电源后启动运转，为不同的机械设备提供动力。**

4 寻找工作条件

如图4-7所示，当建立好电路中各种符号与实物的对应关系后，接下来则可通过所了解器件的功能寻找电路中的工作条件，工作条件具备时，电路中的物理部件才可以进入工作状态。

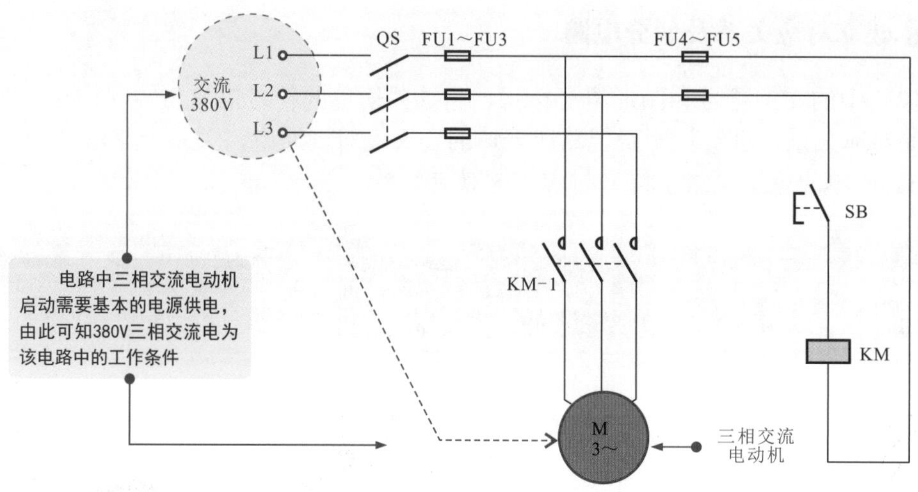

图4-7 寻找基本工作条件

5 寻找控制部件

如图4-8所示，控制部件通常称为操作部件，电工电路中就是通过操作该类部件来对电路进行控制的，它是电路中的关键部件，也是控制电路中是否将工作条件接入电路中或控制电路中的被控部件执行所需要动作的核心部件。识图时准确找到控制部件是识读过程中的关键。

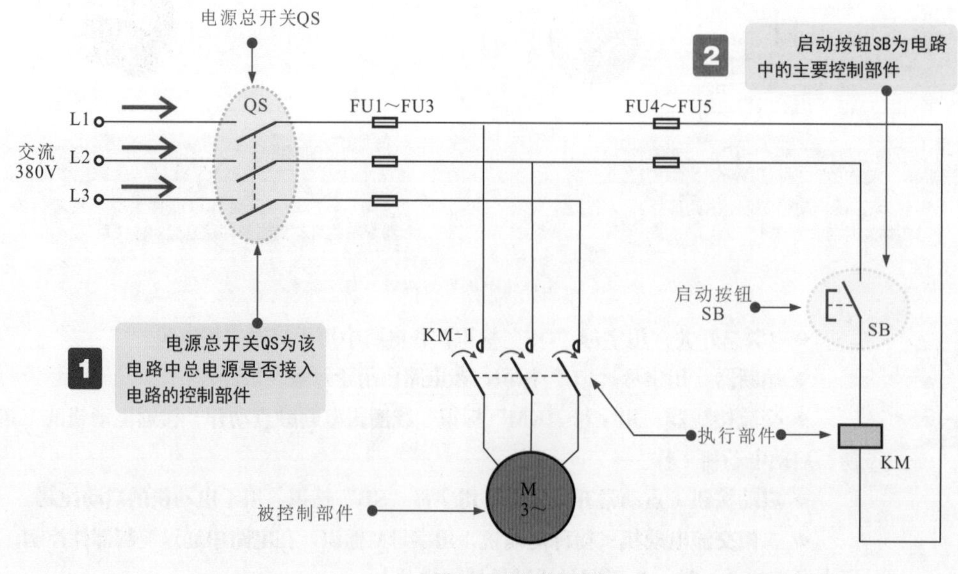

图4-8 寻找控制部件

6 确立控制关系

如图4-9所示，找到控制部件后，接下来根据线路连接情况确立控制部件与被控制部件之间的控制关系，并将该控制关系作为理清该电路信号流程的主线。

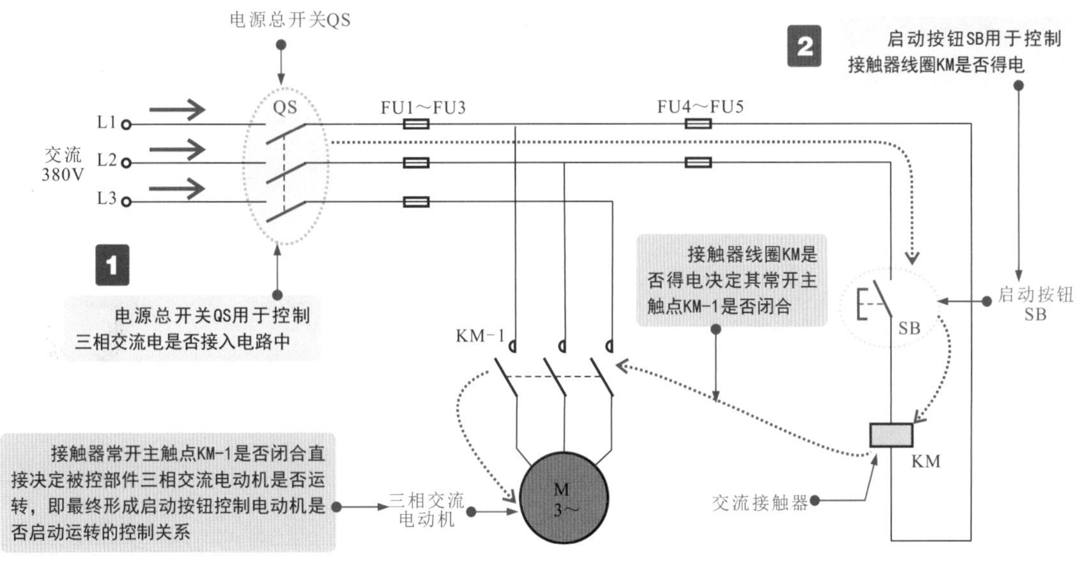

图4-9 确立控制关系

7 理清供电及控制信号流程

如图4-10所示，确立控制关系后，接着则可操作控制部件来实现其控制功能，同时弄清每操作一个控制部件后，被控部件所执行的动作或结果，从而理清整个电路的信号流程，最终掌握其控制机理和电路功能。

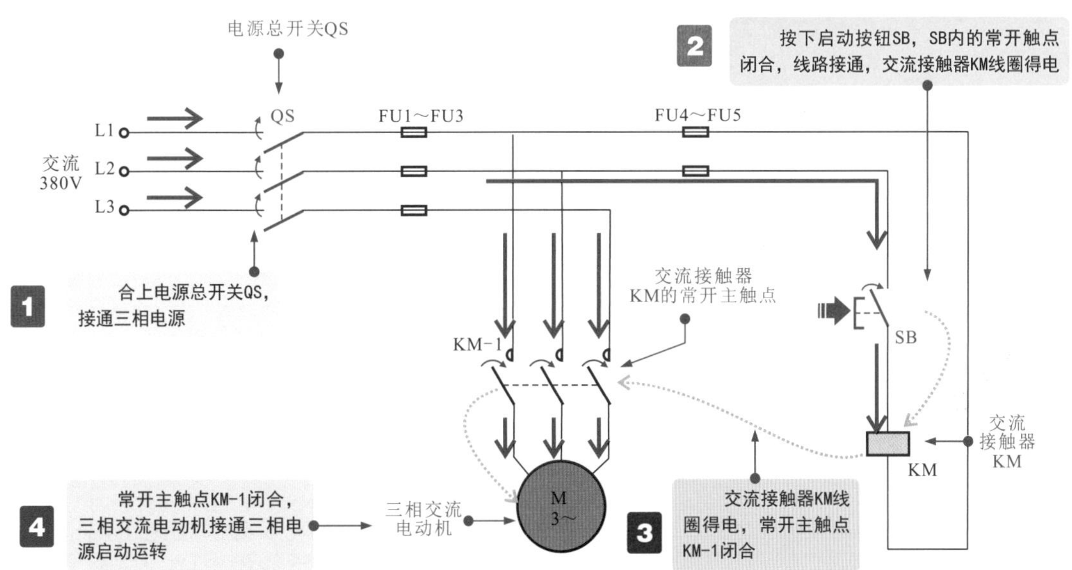

图4-10 理清供电控制信号流程

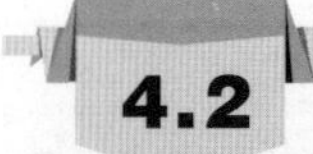

4.2 电工电路的识图分析

4.2.1 高压供配电电路的识图分析

图4-11所示为典型高压供配电电路。该电路主要由高压隔离开关QS1～QS12、高压断路器QF1～QF6、电力变压器T1和T2、避雷器F1～F4、高压熔断器FU1和FU2、电压互感器TV1和TV2构成。

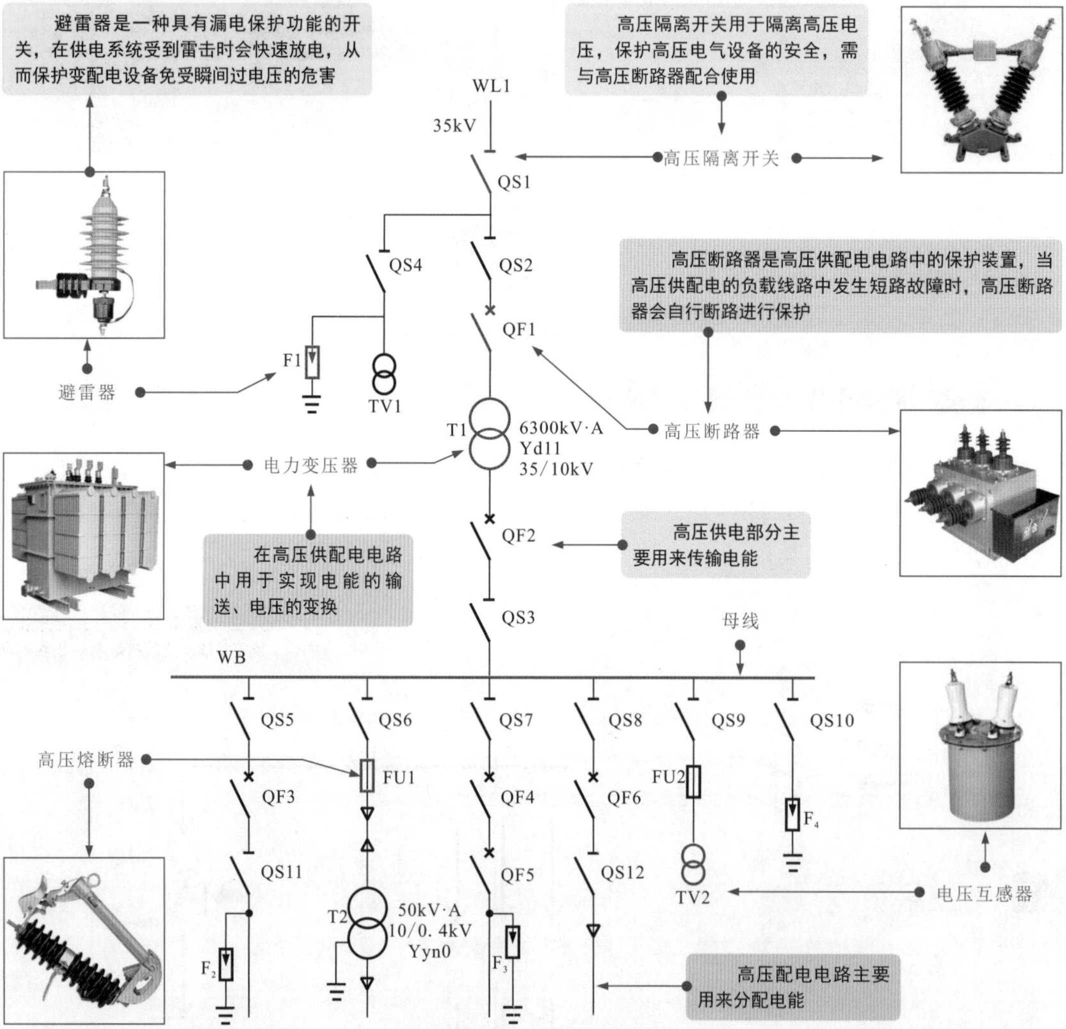

避雷器是一种具有漏电保护功能的开关，在供电系统受到雷击时会快速放电，从而保护变配电设备免受瞬间过电压的危害

高压隔离开关用于隔离高压电压，保护高压电气设备的安全，需与高压断路器配合使用

高压断路器是高压供配电电路中的保护装置，当高压供配电的负载线路中发生短路故障时，高压断路器会自行断路进行保护

在高压供配电电路中用于实现电能的输送、电压的变换

高压供电部分主要用来传输电能

高压配电电路主要用来分配电能

WL1 35kV QS1 QS2 QS4 QF1 F1 TV1 T1 6300kV·A Yd11 35/10kV QF2 QS3 WB 母线 QS5 QS6 QS7 QS8 QS9 QS10 FU1 QF3 QF4 QF6 FU2 F4 QS11 QF5 QS12 TV2 T2 50kV·A 10/0.4kV Yyn0 F2 F3

避雷器 高压隔离开关 高压断路器 电力变压器 高压熔断器 电压互感器

图4-11 典型高压供配电电路

高压供配电电路更多地反映了电能传输的过程，为了让大家对供配电电路的结构关系和工作特点有更形象的了解，我们可以根据供配电电路的结构组成，还原其连接关系。图4-12为高压供配电电路实物连接关系图。

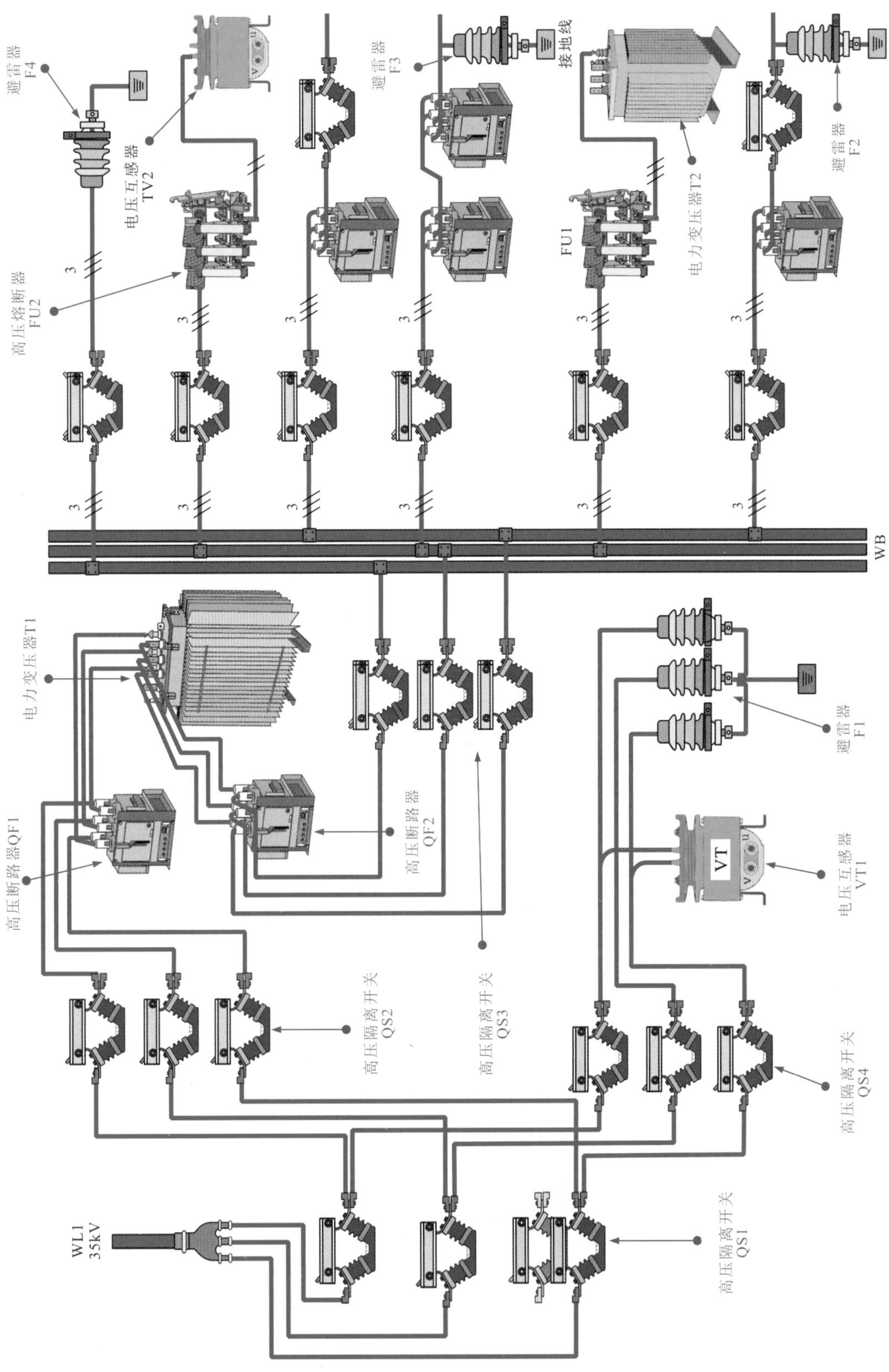

图4-12 高压供配电电路实物连接关系图

根据供配电电路的连接特点，为了便于对供配电电路进行识读分析，我们可以将上述的高压供配电电路划分成两部分，即供电电路和配电电路。其中，高压供电电路承担输送电能的任务，直接连接高压电源，通常以一条或两条通路为主线。

图4-13为高压供电电路的识读分析过程。

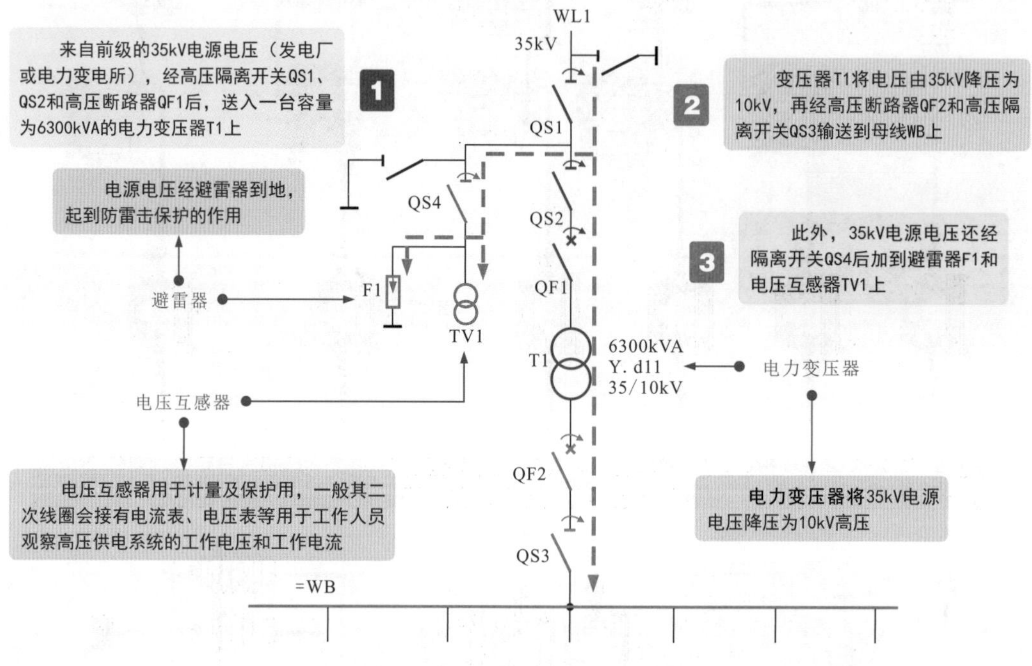

图4-13　高压供电电路的识读分析过程

图4-14为高压配电电路的识读分析过程。高压配电电路承担分配电能的任务，一般指高压供配电电路中母线另一侧的电路，通常有多个分支，分配给多个用电电路或设备。

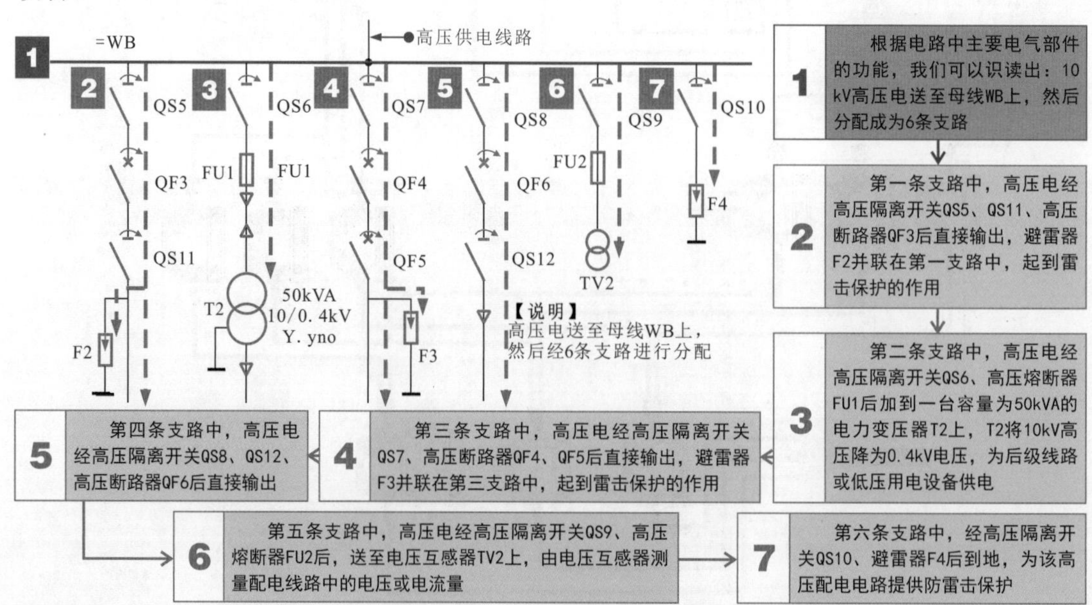

图4-14　高压配电电路的识读分析过程

4.2.2 低压供配电电路的识图分析

图4-15为典型低压供配电电路。该电路主要由低压电源进线、带漏电保护的断路器QF1、电能表、总断路器QF2、配电盘（包括用户总断路器QF3、支路断路器QF4～QF11）等构成的。

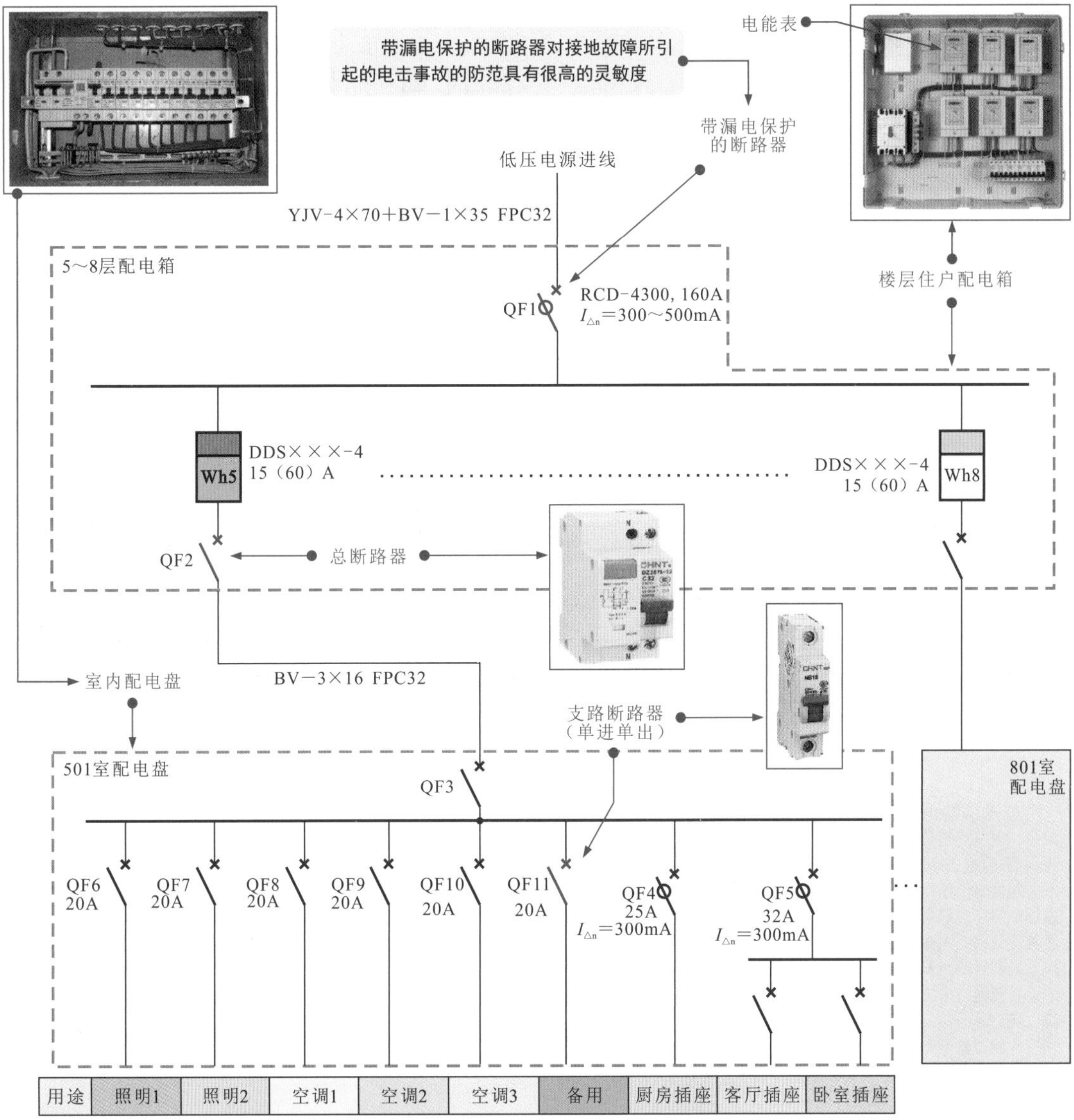

带漏电保护的断路器对接地故障所引起的电击事故的防范具有很高的灵敏度

电能表

带漏电保护的断路器

低压电源进线

YJV-4×70+BV-1×35 FPC32

5～8层配电箱

楼层住户配电箱

QF1

RCD-4300, 160A

$I_{\triangle n}$=300～500mA

Wh5 DDS×××-4 15（60）A

DDS×××-4 15（60）A Wh8

QF2

总断路器

室内配电盘

BV-3×16 FPC32

支路断路器（单进单出）

501室配电盘

801室配电盘

QF3

QF6 20A　QF7 20A　QF8 20A　QF9 20A　QF10 20A　QF11 20A　QF4 25A $I_{\triangle n}$=300mA　QF5 32A $I_{\triangle n}$=300mA

用途	照明1	照明2	空调1	空调2	空调3	备用	厨房插座	客厅插座	卧室插座

图4-15　典型低压供配电电路的结构

不同的低压供配电电路，所采用的低压供配电的设备和数量也不尽相同，熟悉和掌握低压供配电电路中的主要部件的图形符号和文字符号的含义，了解各部件的功能特点，以便于对电路进行分析识读。

低压供配电电路更多地反映了电能传输的过程，为了让大家对供配电电路的结构关系和工作特点有更形象的了解，我们可以根据供配电电路的结构组成，还原其连接关系。图4-16为低压供配电电路实物连接关系图。

配电箱

N L1 L2 L3 相线

配电箱设备连接图

总断路器

电能表

零线汇流排

Wh Wh … Wh Wh … Wh Wh …

地线汇流排

分支断路器 分支断路器 分支断路器 分支断路器 分支断路器 分支断路器

……

室内配电盘

……

低压供配电电路中，主干线与分支线为前后级连接关系，即供电电压传输过程中的逐级层层传递关系。只有主干线路（或前级线路）中的设备接通，分支线路（或后级线路）中才有传递过来的电能

总断路器 厨房 卫生间 插座 照明 空调器 空调器

N L

低压供配电电路中，在相同分支线路中各设备之间属于并列关系，无前后控制关系

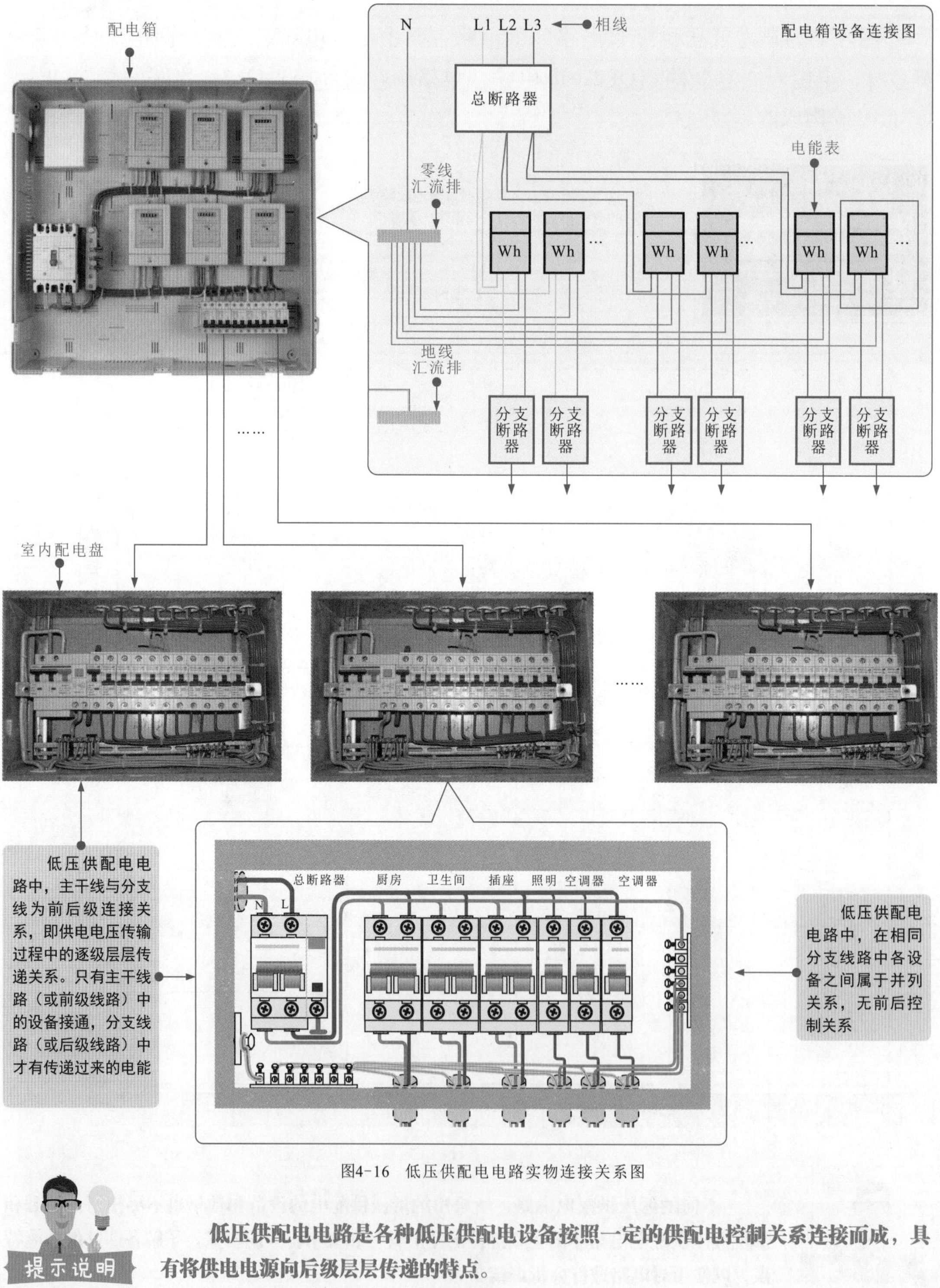

图4-16　低压供配电电路实物连接关系图

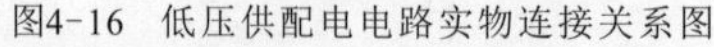

低压供配电电路是各种低压供配电设备按照一定的供配电控制关系连接而成，具有将供电电源向后级层层传递的特点。

根据低压供配电电路的连接特点，为了便于对低压供配电电路进行识读分析，我们可以将图中所示的低压供配电电路划分成两部分，即楼层住户配电箱和室内配电盘。其中，楼层住户配电箱属于低压供电部分，室内配电盘属于配电部分，用于分配给室内各用电设备。

图4-17为典型低压供配电电路的识读分析过程。

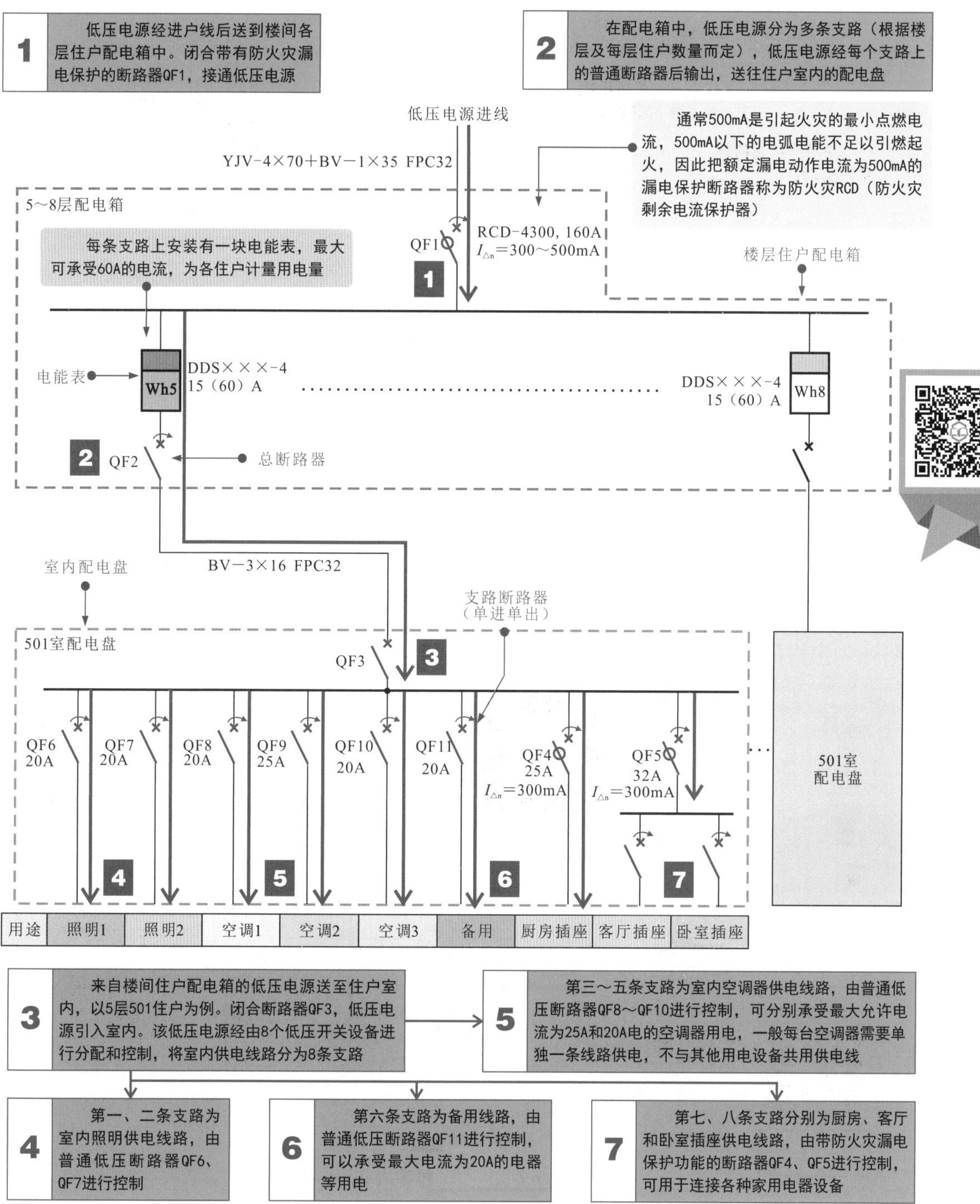

1 低压电源经进户线后送到楼间各层住户配电箱中。闭合带有防火灾漏电保护的断路器QF1，接通低压电源
2 在配电箱中，低压电源分为多条支路（根据楼层及每层住户数量而定），低压电源经每个支路上的普通断路器后输出，送往住户室内的配电盘
低压电源进线
YJV-4×70+BV-1×35 FPC32
通常500mA是引起火灾的最小点燃电流，500mA以下的电弧电能不足以引燃起火，因此把额定漏电动作电流为500mA的漏电保护断路器称为防火灾RCD（防火灾剩余电流保护器）
5～8层配电箱
每条支路上安装有一块电能表，最大可承受60A的电流，为各住户计量用电量
QF1
RCD-4300, 160A
$I_{\triangle n}$=300～500mA
楼层住户配电箱
电能表
Wh5
DDS×××-4
15（60）A
DDS×××-4
15（60）A
Wh8
QF2
总断路器
室内配电盘
BV-3×16 FPC32
支路断路器
（单进单出）
501室配电盘
QF3
QF6 20A
QF7 20A
QF8 20A
QF9 25A
QF10 20A
QF11 20A
QF4 25A $I_{\triangle n}$=300mA
QF5 32A $I_{\triangle n}$=300mA
501室配电盘
用途
照明1
照明2
空调1
空调2
空调3
备用
厨房插座
客厅插座
卧室插座
3 来自楼间住户配电箱的低压电源送至住户室内，以5层501住户为例。闭合断路器QF3，低压电源引入室内。该低压电源经由8个低压开关设备进行分配和控制，将室内供电线路分为8条支路
5 第三～五条支路为室内空调器供电线路，由普通低压断路器QF8～QF10进行控制，可分别承受最大允许电流为25A和20A电的空调器用电，一般每台空调器需要单独一条线路供电，不与其他用电设备共用供电线
4 第一、二条支路为室内照明供电线路，由普通低压断路器QF6、QF7进行控制
6 第六条支路为备用线路，由普通低压断路器QF11进行控制，可以承受最大电流为20A的电器等用电
7 第七、八条支路分别为厨房、客厅和卧室插座供电线路，由带防火灾漏电保护功能的断路器QF4、QF5进行控制，可用于连接各种家用电器设备

图4-17 典型低压供配电电路的识图分析

4.2.3 照明控制电路的识图分析

图4-18为典型室内照明控制电路。该电路主要由断路器QF、双控开关SA1、SA3、双控联动开关SA2、照明灯EL组成。

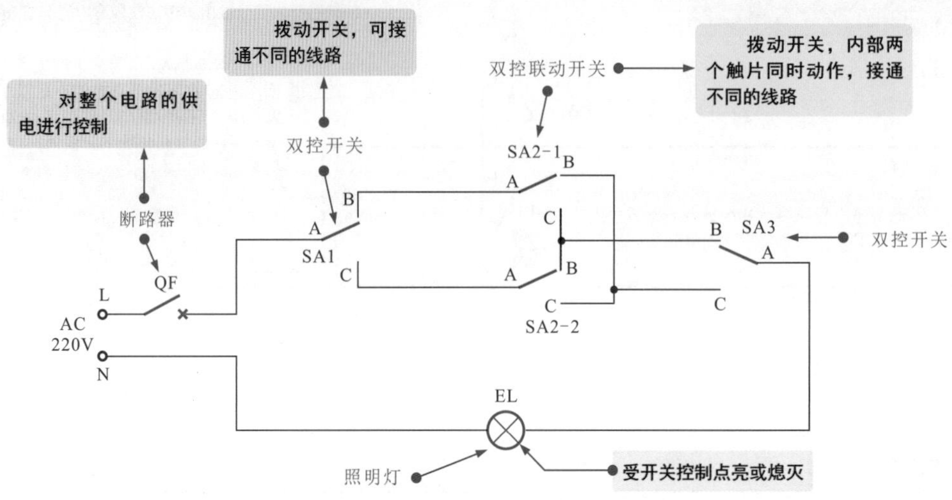

图4-18 典型室内照明控制电路

为了便于大家更加形象地了解照明控制电路的工作过程，我们在识读照明控制电路时，可以先根据照明控制电路的结构组成，还原出对应的照明控制电路连接关系。图4-19为室内照明控制电路的实物连接关系图。

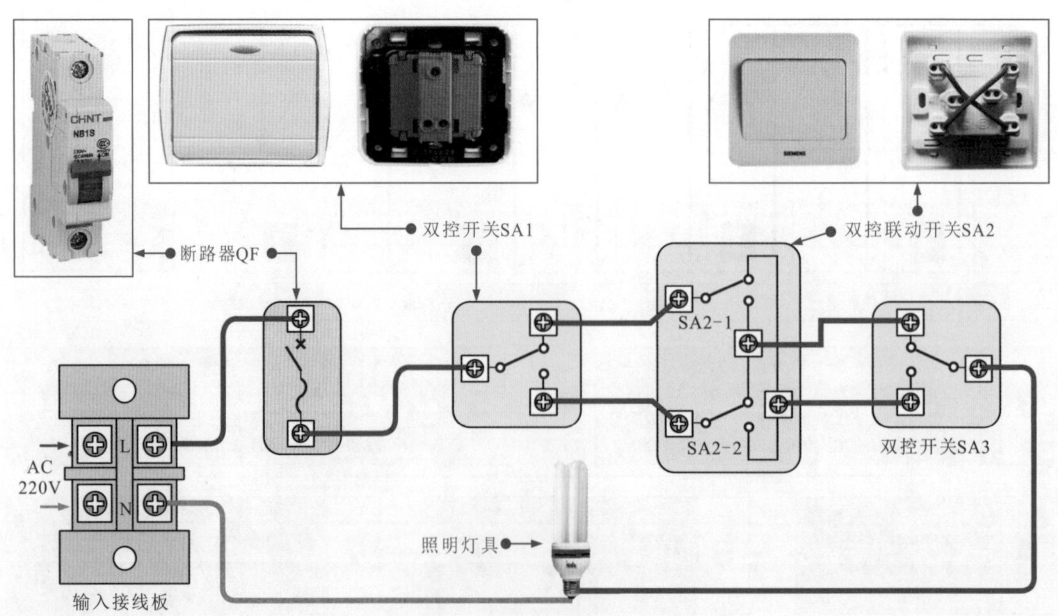

图4-19 室内照明控制电路的实物连接关系图

上述室内照明控制电路通过两只双控开关和一只双控联动开关的闭合与断开，可实现三地控制一盏照明灯，常用于对家居卧式中照明灯进行控制，一般可在床头两边各安一只开关，在进入房间门处安装一只，实现三处都可对卧式照明灯进行点亮和熄灭控制。

图 4-20为照明灯点亮的识读分析过程。照明灯未点亮时，按下任意开关都可点亮照明灯。

按下开关SA1，电压送到照明灯上

按下开关SA2或SA3，也可点亮照明灯

合上供电线路中断路器QF，接通交流220V电源。按动双控开关SA1，触点A、C接通。电源经SA1的A、C触点、SA2-2的A、B触点、SA3的B、A触点后与照明灯EL形成回路，照明灯点亮

图4-20 照明灯点亮的识读分析过程

图4-21为照明灯熄灭的识读分析过程。照明灯点亮时，按下任意开关都可熄灭照明灯。

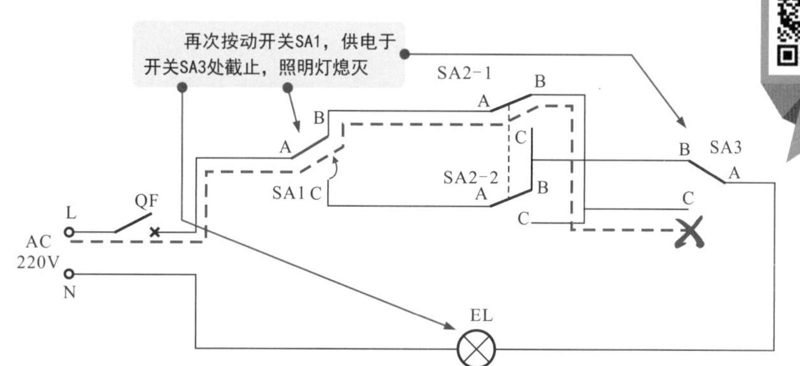

根据电路中主要电气部件的功能，我们可以识读出：当再次操作SA1熄灭照明灯时，按动双控联动开关SA1，其触点A和C断开，触点A和B接通。电源经SA1的AB触点、SA2-2的AB触点后，送至双控开关SA3的C触点。由于SA3的C触点与A触点为断开状态，照明灯熄灭

（a）按下开关SA1，熄灭照明灯

当需要操作SA2熄灭照明灯时，按动双控联动开关SA2，由于其联动关系SA2-1、SA2-2的触点A和C均接通。电源经SA1的AC触点、SA2-2的AC触点后，送至双控开关SA3的C触点。SA3的C触点与A触点为断开状态，照明灯熄灭

按动开关SA2，供电于开关SA3处截止，照明灯熄灭

（b）按下开关SA2，熄灭照明灯

当需要操作SA3熄灭照明灯时，按动双控联动开关SA3，其触点B和A断开，切断电源，照明灯熄灭

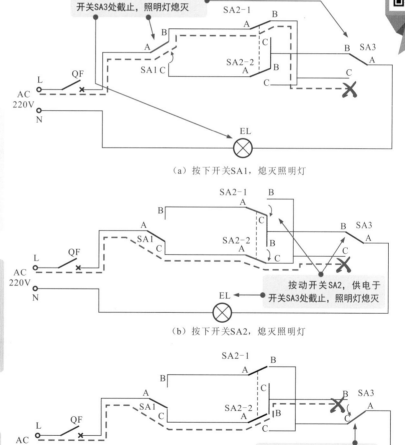

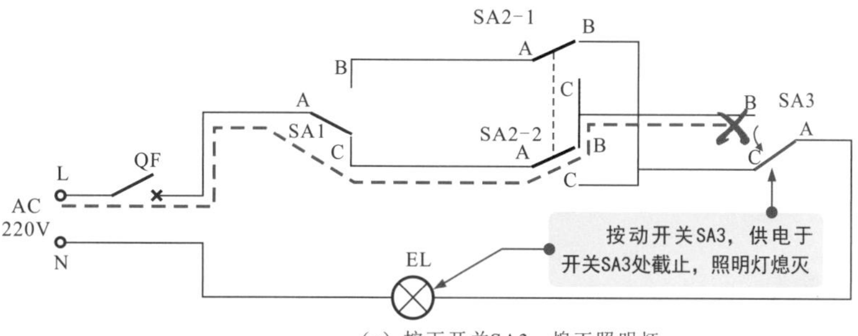

（c）按下开关SA3，熄灭照明灯

图4-21 照明灯熄灭的识读分析过程

4.2.4 电动机控制电路的识图分析

图4-22为典型电动机控制电路。该电路主要由电源总开关QS、熔断器FU1～FU3、热继电器FR、启动按钮SB1、停止按钮SB2、交流接触器KM、运行指示灯HL1和停机指示灯HL2构成的。

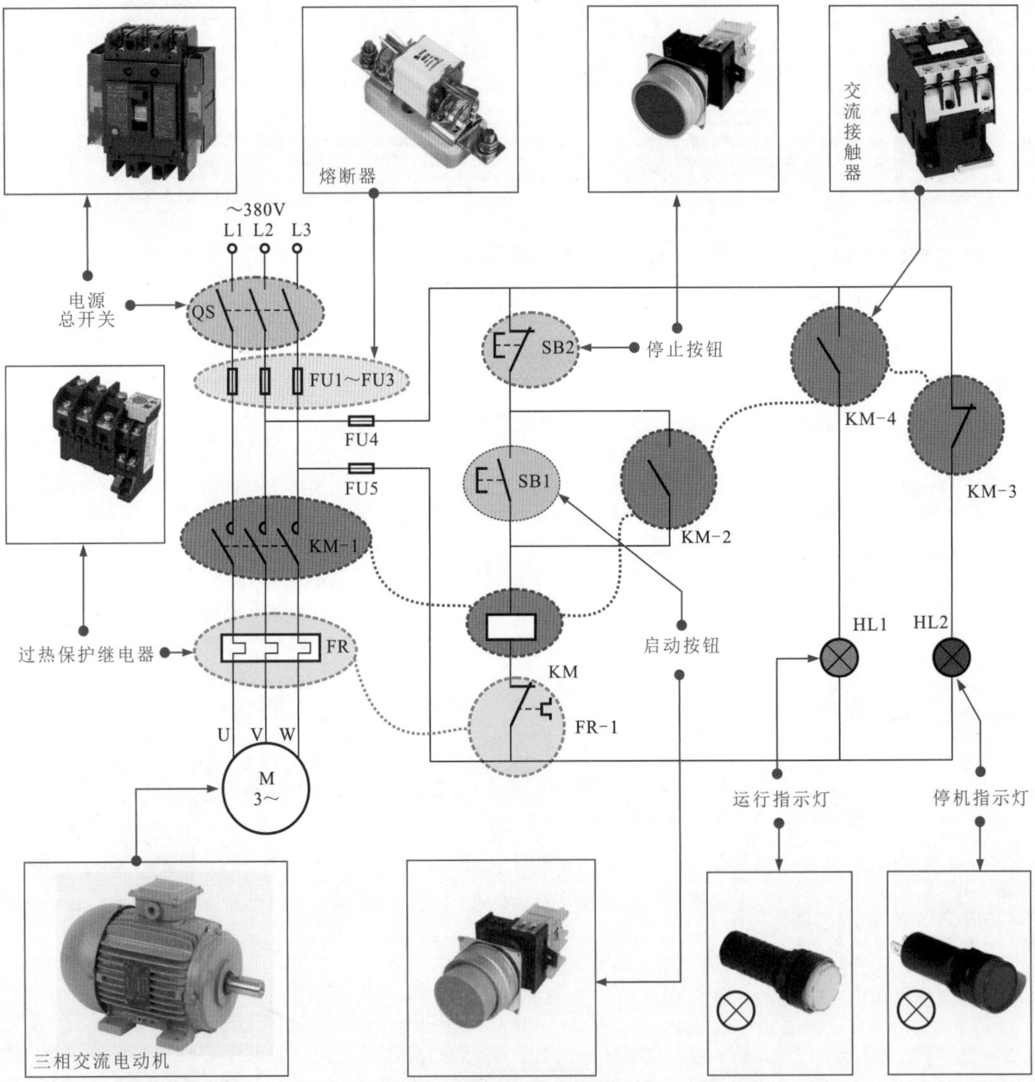

图4-22 典型电动机控制电路的结构

电动机控制电路是依靠按钮、接触器、继电器等控制部件来对电动机的启停、运转进行控制的电路。通过控制部件的不同组合以及不同的接线方式，可对电动机的运转、时间、转速、方向等模式进行控制，从而满足一定的工作需求。

识读电动机控制电路，需要对该类电路的特点有所了解，在了解电动机控制电路的功能、结构、电气部件的作用的基础上，才能对电动机控制电路进行识读。

为了让大家对电动机控制电路的结构关系和工作特点有更形象的了解，我们可以根据电动机控制电路的结构组成，还原其连接关系。

图4-23为电动机控制电路实物连接关系图。

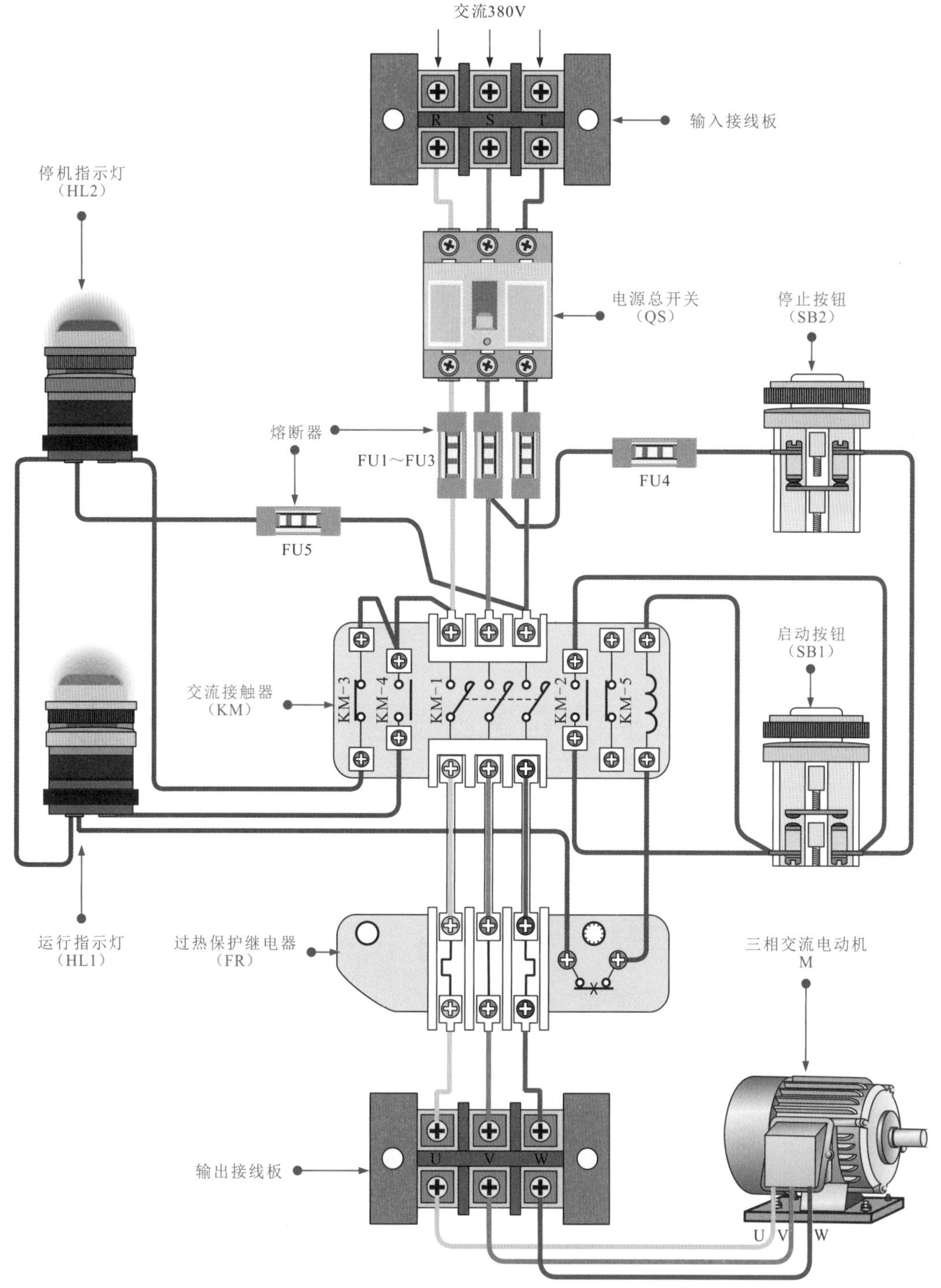

图4-23 电动机控制电路实物连接关系图

上述电路中的特殊接线使交流接触器带有自锁功能，也就是按下启动按钮后，电动机始终工作，只有按下停止按钮电动机才会停止运转。

图4-24所示为电动机启动和停机的识读分析过程。

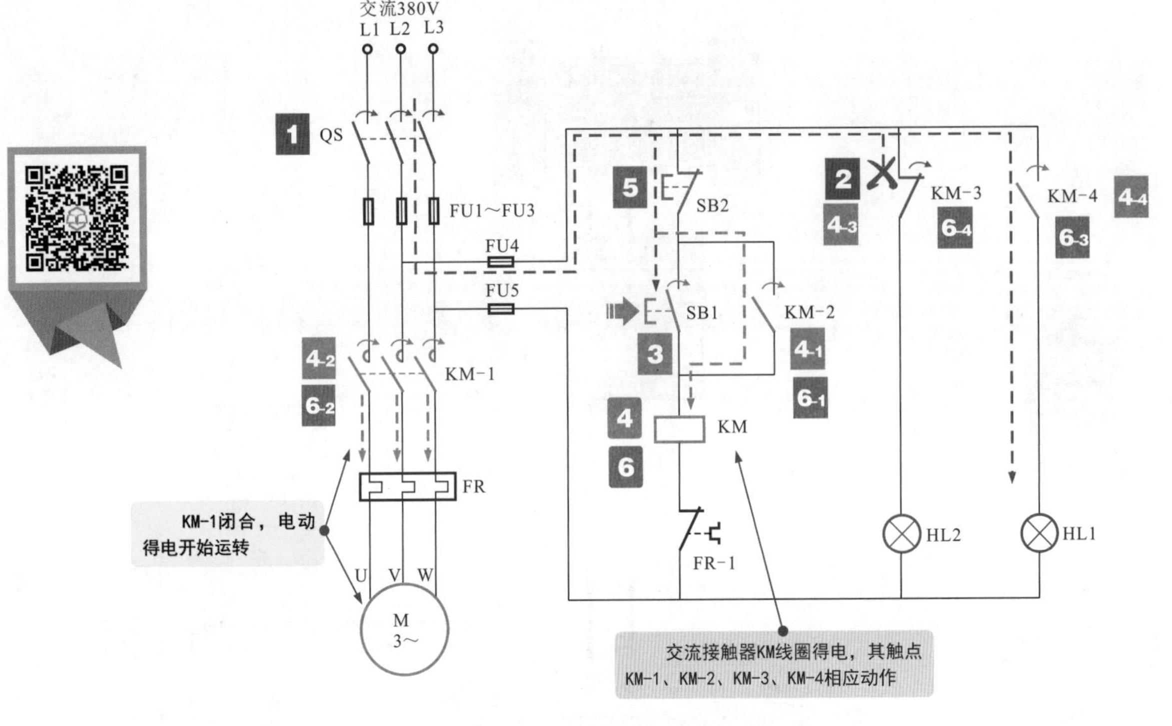

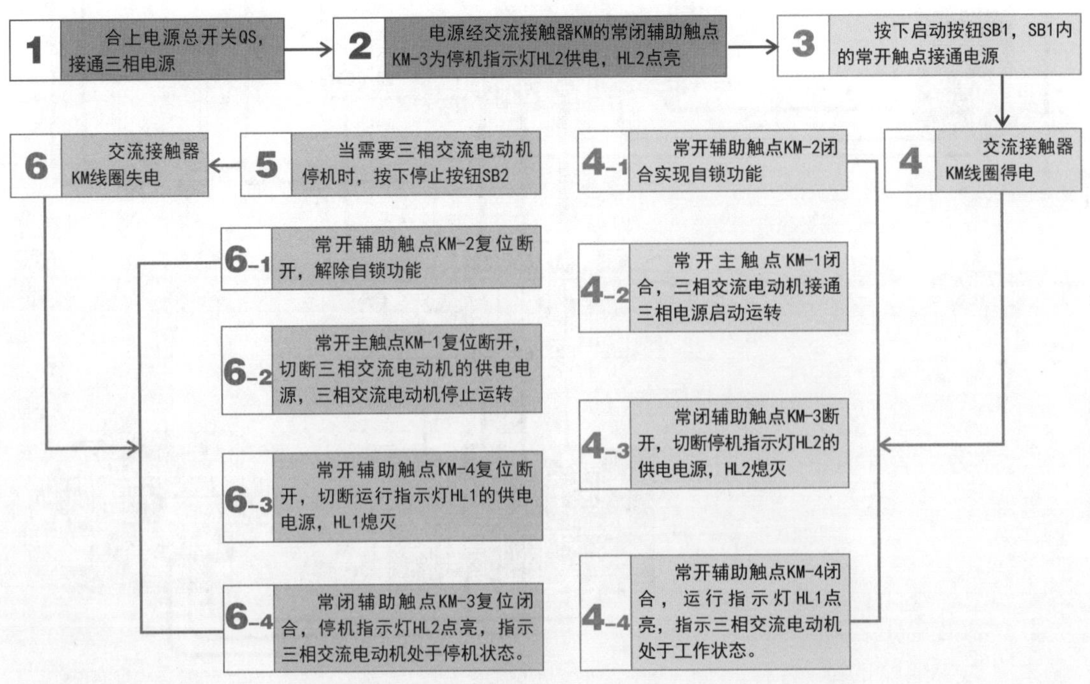

图4-24 典型电动机启动和停机的识读分析

第5章

电工计算

5.1 电路计算

5.1.1 直流电路计算

1 电压与电流的计算

在直流电路中，电压与电流多采用欧姆定律计算，即流过电阻的电流与电阻两端的电压成正比，这就是欧姆定律的基本概念，它是电路中最基本的定律之一。

欧姆定律有两种形式，即部分电路中的欧姆定律和全电路中的欧姆定律。

图5-1为不含电源的部分电路。当在电阻两端加上电压时，电阻中就有电流通过。通过实验可知：流过电阻的电流I与电阻两端的电压U成正比，与电阻值R成反比。这一结论称为部分电路的欧姆定律。用公式表示为：

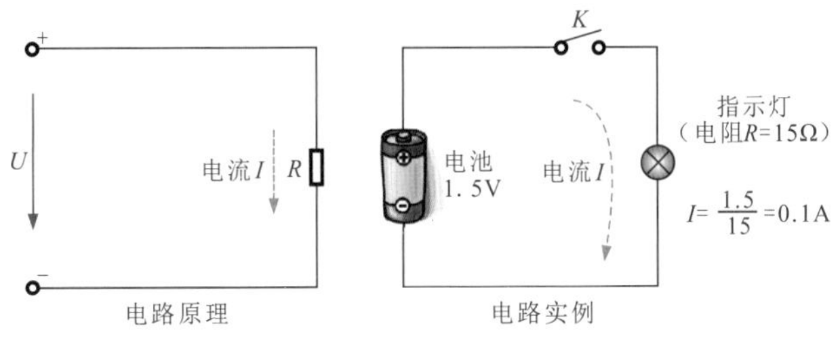

图5-1 部分电路欧姆定律

$$I=\frac{U}{R}$$

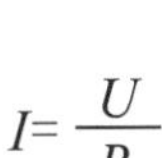

图5-2为含电源的全电路。含有电源的闭合电路称为全电路。在全电路中，电流与电源的电动势成正比，与电路中的内电阻（电源的电阻）和外电阻之和成反比，这个规律称为全电路的欧姆定律。用公式可表示为：

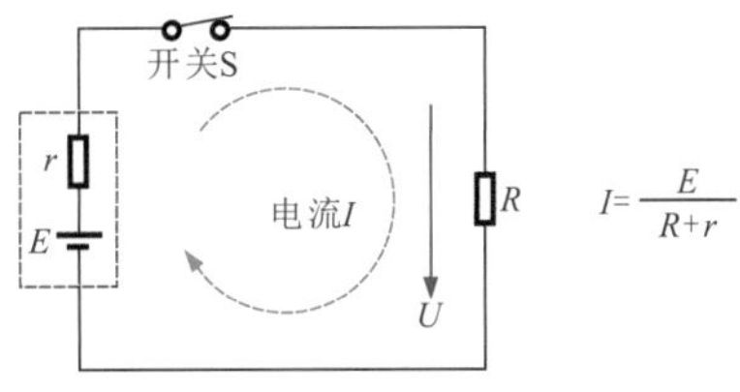

图5-2 全电路欧姆定律

$$I=\frac{E}{R+r}\qquad 即：\qquad U=E-Ir$$

2 电功率和电能的计算

电流在单位时间内所做的功称为电功率，以字母“P”表示，即：

$$P=W/t=UIt/t=UI$$

式中，U的单位为V，I的单位为A，P的单位为W（瓦）。

电能是指使用电以各种形式做功（即产生能量）的能力。在直流电路中，当已知设备的功率为P时，其t时间内消耗或产生的电能为：

$$W=Pt$$

在国际单位制中，电能的单位为焦耳（J），在日常用电中，常用千瓦时（kW·h）表示，生活中常说的1度电即为1kW·h。结合欧姆定律，电能计算公式还可表示为：

$$W=Pt=UIt=I^2Rt=\frac{U^2}{R}t$$

5.1.2 交流电路计算

1 正弦交流电周期、频率和角频率的计算

周期：交流电完成一次周期性变化所需的时间称为交流电的周期，用符号“T”表示，单位为s、ms、μs，图5-3为交流电的周期。

频率：交流电在单位时间内周期性变化的次数称为交流电的频率，用符号“f”表示，单位为赫兹，简称赫，用字母“Hz”表示。

频率是周期的倒数，即：

$$f=\frac{1}{T}$$

在我国的电力系统中，国家规定动力和照明用电的频率为50Hz，该频率称为“工频”，周期为0.02s。

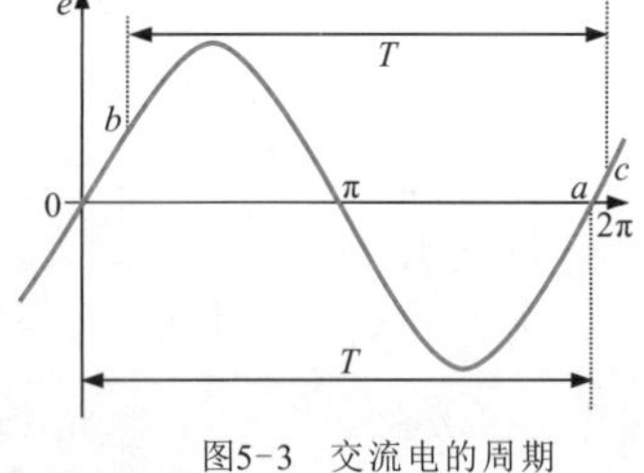

图5-3 交流电的周期

角频率：正弦交流电在每秒钟内所变化的电角度称为角频率，用符号“ω”表示，单位是弧度/秒，用字母“rad/s”表示。

周期、频率和角频率的关系为：

$$\omega=\frac{2\pi}{T}=2\pi f$$

2 有效值的计算

交流电的有效值是根据交流电做功的能力来衡量的，把一直流电流和一交流电流分别通过同一电阻，如果经过相同的时间产生相同的热量，我们就把这个直流电流的数值叫做这一交流电的有效值。

正弦交流电流和正弦交流电压的有效值分别用大写字母I、U表示，最大值用I_m、U_m表示。交流电最大值和有效值的关系为：

$$I=\frac{1}{\sqrt{2}}I_m=0.707I_m$$

$$U=\frac{1}{\sqrt{2}}U_m=0.707U_m$$

5.2 单元电路计算

5.2.1 整流电路计算

整流就是指将交流电变为直流电的过程。具有整流功能的电路称为整流电路。常见的整流电路主要有单相半波整流电路、单相全波整流电路、单相桥式整流电路和三相桥式整流电路等。

1 单相半波整流电路

图5-4为单相半波整流电路模型及相关电压、电流模型。由于二极管具有单向导电特性，在交流电压处于正半周时，二极管导通；在交流电压负半周时，二极管截止，因而交流电经二极管VD整流后原来的交流波形变成了缺少半个周期的波形，称之为半波整流。

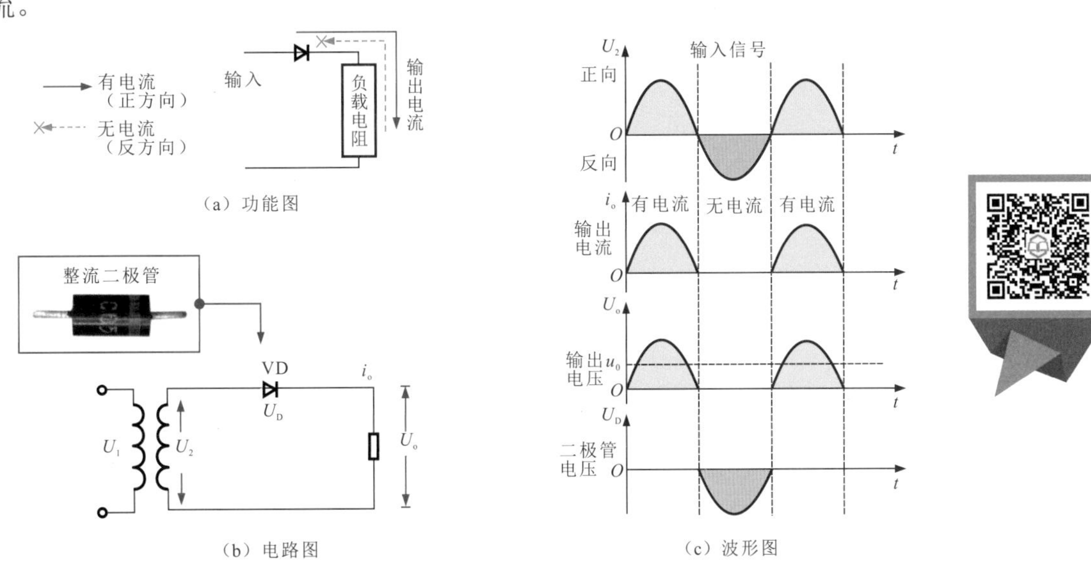

图5-4 单相半波整流电路

在半波整流电路中，负载上得到的脉动电压是含有直流成分的。这个直流电压U_o等于半波电压在一个周期内的平均值，它等于变压器次级电压有效值U_2的45%，即：

$$U_o = 0.45\ U_2$$

2 单相全波整流电路

图5-5为单相全波整流电路模型及相关电压、电流波形。全波整流电路是在半波整流电路的基础上加以改进而得到的。它是利用具有中心抽头的变压器与两个二极管配合，使VD1和VD2在正半周和负半周内轮流导通，而且二者流过R_L的电流保持同一方向，从而使正、负半周在负载上均有输出电压。

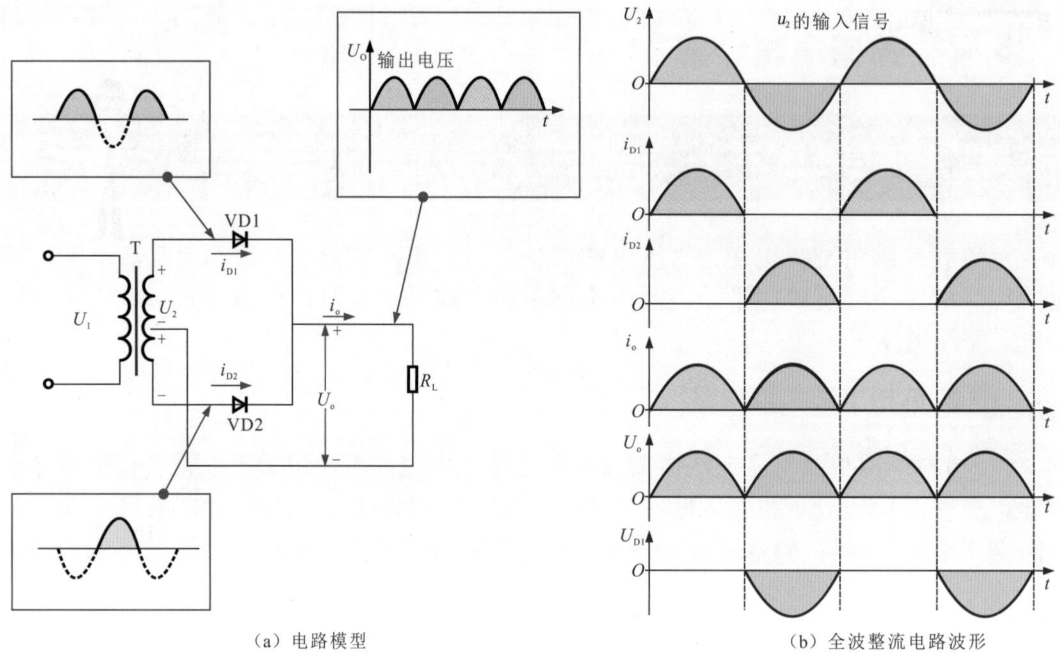

（a）电路模型　　（b）全波整流电路波形

图5-5　单相全波整流电路

负载上得到的电流、电压的脉动频率为电源频率的两倍，其直流成分也是半波整流时直流成分的两倍：

$$U_o = 0.9\ U_2$$

但是，在全波整流电路中，加在二极管上的反向峰值电压却增加了一倍。这是因为：在正半周时VD1导通，VD2截止，此时变压器次级两个绕组的电压全部加到二极管VD2的两端，因此二极管承受的反峰电压值为：

$$U_{RM} = 2\sqrt{2}\,U_2$$

3 单相桥式整流电路

图5-6为单相桥式整流电路模型及相关电压、电流波形。桥式整流电路是指由四只整流二极管搭成整流桥结构形式的整流电路。

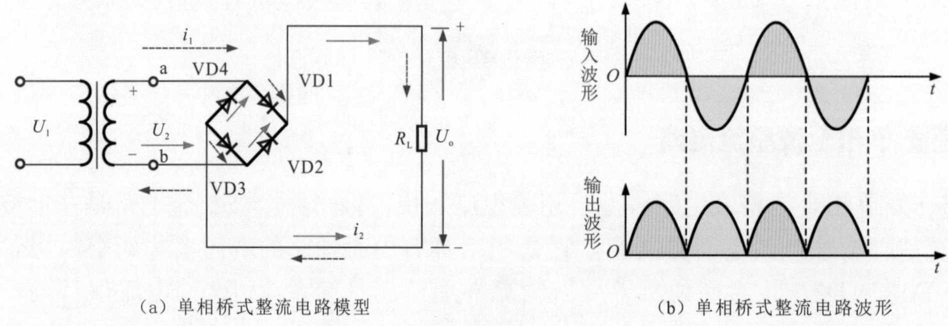

（a）单相桥式整流电路模型　　（b）单相桥式整流电路波形

图5-6　单相桥式整流电路

桥式整流电路输出直流电压同样为：

$$U_o = 0.9\,U_2$$

而二极管反向峰值电压是全波整流电路的一半，即：

$$U_{RM}=\sqrt{2}U_2$$

4 三相桥式整流电路

图5-7为三相桥式流电路模型。该电路中每一相整流和输出与单相桥式整流电路的工作状态相同。三相整流的效果为三相整流合成的效果。

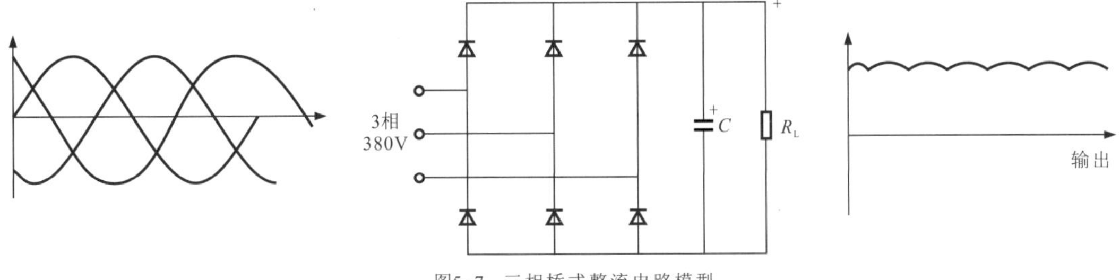

图5-7 三相桥式整流电路模型

◆负载R_L的电压与电流计算

对于三相桥式整流电路，其负载R_L上的脉动直流电压U_L与输入电压U_i有以下关系：

$$U_L=2.34U_i$$

负载R_L流过的电流为：

$$I_L=\frac{U_L}{R_L}=2.34\frac{U_i}{R_L}$$

◆整流二极管承受的最大反向电压及通过的平均电流

对于三相桥式整流电路，每只整流二极管承受的最大反向电压U_{RM}如下式：

$$U_{RM}=\sqrt{2}\times\sqrt{3}\ U_i\approx 2.45U_i$$

每只整流二极管在一个周期内导通1/3周期，故流过每只整流二极管的平均电流为：

$$I_F=\frac{1}{3}I_L\approx 0.78\frac{U_i}{R_L}$$

5.2.2 滤波电路计算

滤波是指利用电容器、电感器等电抗性元件对交、直流阻抗的不同，滤除直流中的干扰波，输出脉动较小的直流电压或电流。具有滤波功能的电路称为滤波电路。

常见的滤波电路主要有电容滤波电路和电感滤波电路。

1 电容滤波电路的计算

图5-8为典型电容滤波电路模型及相关电压波形。

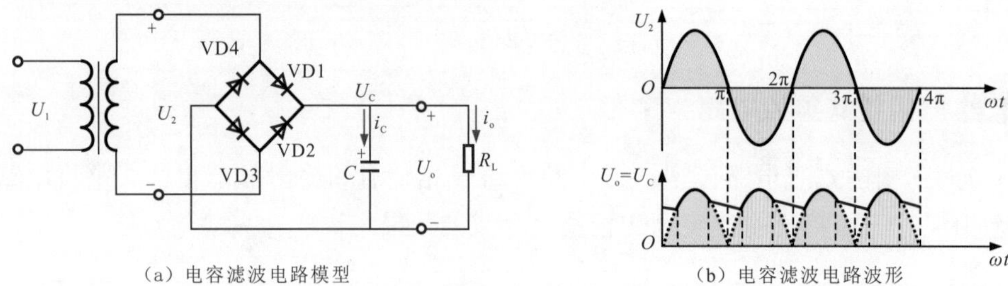

（a）电容滤波电路模型　　（b）电容滤波电路波形

图5-8　典型电容滤波电路模型及相关电压波形

半波整流电容滤波电路，近似认为：

$$U_L=U_o=U_2$$

桥式整流电容滤波电路，近似认为：

$$U_L=U_o=1.2\,U_2$$

2 电感滤波电路的计算

图5-9为典型电感滤波电路模型及相关电压波形。

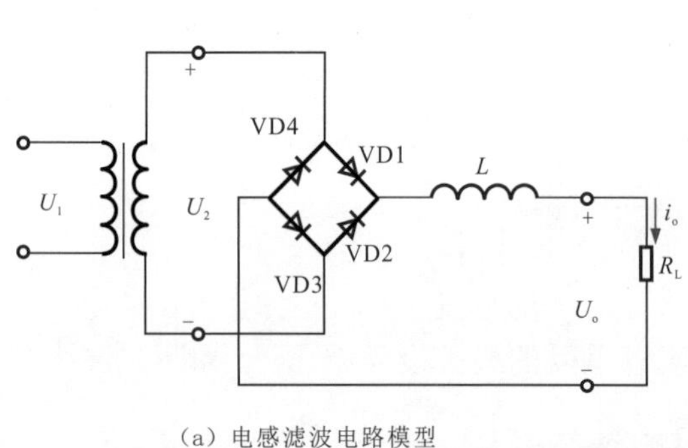

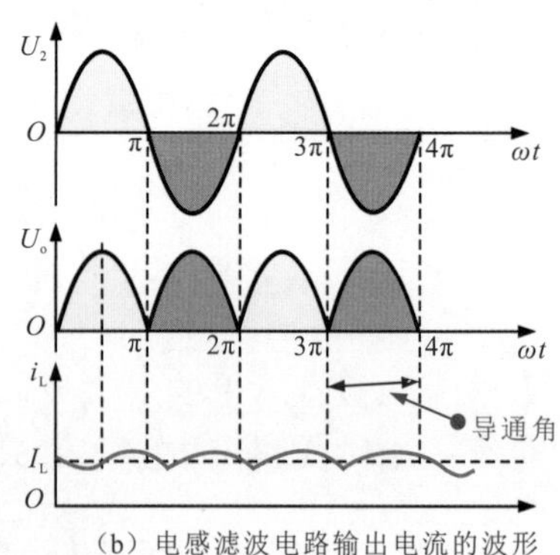

（a）电感滤波电路模型　　（b）电感滤波电路输出电流的波形

图5-9　典型电感滤波电路模型及相关电压波形

单相全波和单相桥式整流电感滤波电路的输出直流电压、电流为：

$$U_o=0.9\,U_2,\quad I_o=\frac{U_o}{R_L}$$

5.2.3 振荡电路计算

振荡电路是一种产生信号的电路，在很多电子设备中都离不开这种电路。常见的有串联谐振电路和并联谐振电路。

1 串联谐振电路的计算

图5-10为RLC串联谐振电路模型。RLC串联电路由电阻器、电感器和电容器与交流电源串联连接构成。

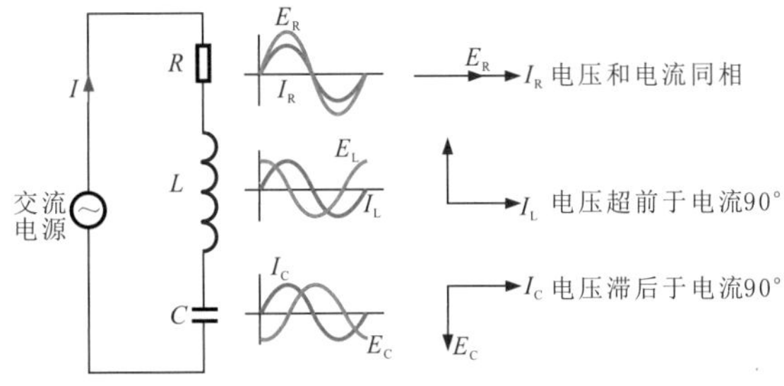

图5-10 RLC串联谐振电路模型

在RLC串联电路中，流经各部分的电流都相等，但各个元件上的电压降相互异相。电阻器上的电压降与电流相位相同，电感器上的电压降超前于电流90°，电容器上的电压降滞后于电流90°。在该串联电路中，电阻器、电感器和电容器上的电压降取决于电路电流以及R，X_L和X_C：

$$E_R=IR \qquad E_L=IX_L \qquad E_C=IX_C$$

在RLC串联电路的谐振频率为：

$$f_0=\frac{1}{2\pi\sqrt{LC}}$$

2 并联谐振电路的计算

图5-11为RLC并联谐振电路模型。RLC并联电路包含并联连接的电阻器、电容器和电感器。

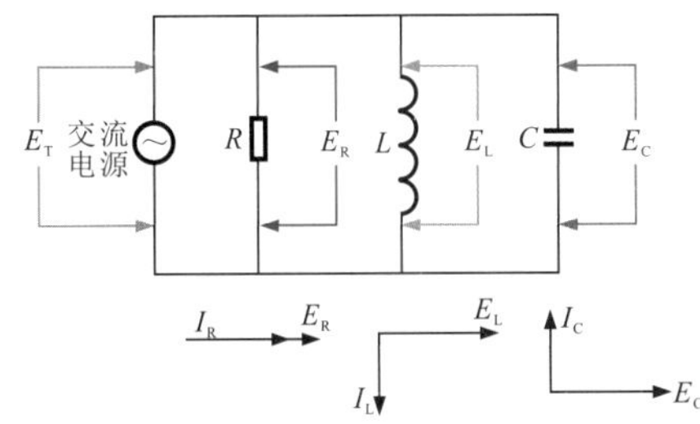

图5-11 RLC并联谐振电路模型

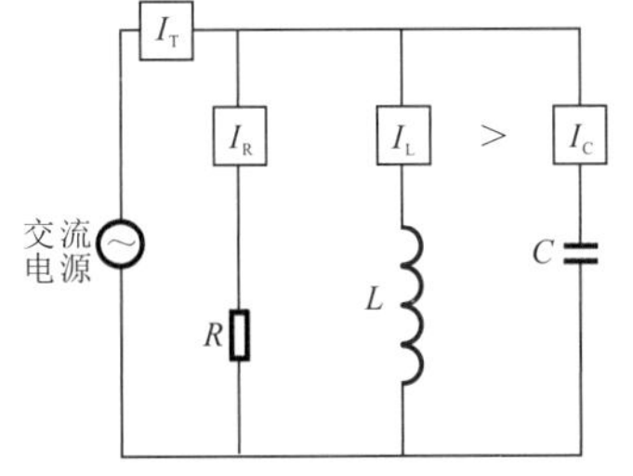

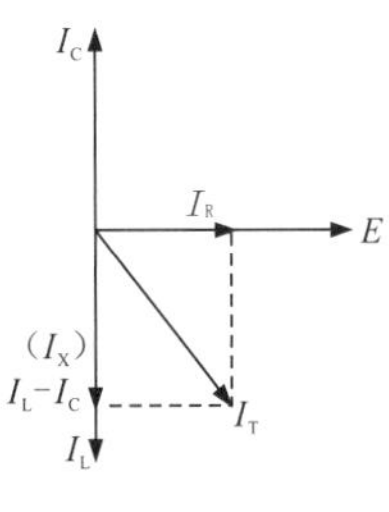

图5-12 RLC并联电路电流矢量图

RLC并联电路中各种元件两端电压互相相等并且同相，而电流却互相异相。电阻电流与电压同相。电感电流滞后于电压90°，电容电流超前于电压90°。RLC并联电路的三个电流的合并如图5-12所示。

在RLC并联电路的谐振频率与串联谐振电路相同，为：

$$f_0=\frac{1}{2\pi\sqrt{LC}}$$

5.2.4 放大电路计算

图5-13为放大电路直流通路模型。根据直流通路可确定和计算放大电路的静态值。

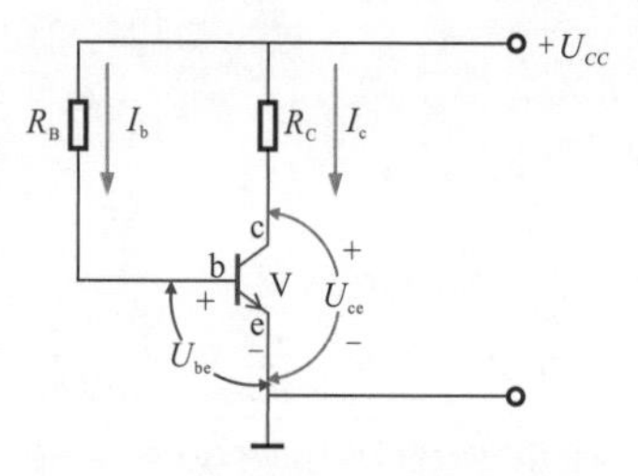

图5-13 放大电路直流通路模型

例如，当U_{cc}=12V，R_c=2kΩ，R_b=300kΩ，$\overline{\beta}$=50，则放大电路的静态值为：

$$I_b \approx \frac{U_{cc}}{R_b}=\frac{12}{300\times10^3}\text{A}=0.04\times10^{-3}\text{A}=0.04\text{mA}=40\mu\text{A}$$

$$I_c \approx \overline{\beta}I_b=50\times0.04=2\text{mA}$$

$$U_{ce}=U_{cc}-R_cI_c=[12-(2\times10^3)\times(2\times10^{-3})]\text{V}=8\text{V}$$

根据直流通路模型，放大电路静态时的基极电流为：

$$I_b=\frac{U_{CC}-U_{be}}{R_b}\approx\frac{U_{CC}}{R_b}$$

由于U_{be}（硅管约为0.6V）比U_{cc}小得多，可忽略不计

由I_b可得出静态时的集电极电流：

$$I_c=\overline{\beta}I_b+I_{ceo}\approx\overline{\beta}I_b\approx\beta I_b$$

静态时的集-射极电压为：

$$U_{ce}=U_{CC}-R_cI_c$$

5.3 变压器与电动机计算

5.3.1 变压器计算

变压器是实现电压变化的设备。数据计算包括电压变换、负荷率和效率计算等。

1 电压变换计算

电压变换是电源变压器的主要功能特点，其变压电路模型如图5-14所示。

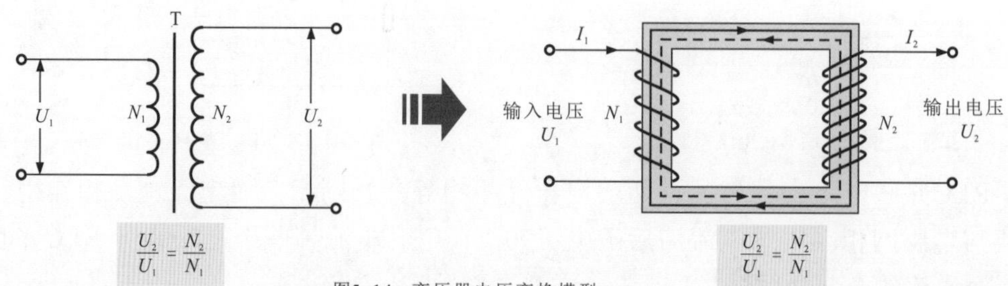

图5-14 变压器电压变换模型

空载时，输出电压与输入电压之比等于次级线圈的匝数N_2与初级线圈的匝数N_1之比，即：$U_2/U_1=N_2/N_1$。

变压器的输出电流与输出电压成反比（$I_2/I_1=N_1/N_2$），通常降压变压器输出的电压降低但输出的电流增强了，具有输出强电流的能力。

2 负荷率、效率计算

变压器负荷率、效率计算见表5-1所列。

表5-1 变压器负荷率、效率的计算

变压器负荷率计算公式	变压器效率计算公式
$\beta=\frac{S}{S_e}=\frac{I_2}{I_{2e}}=\frac{P_2}{S_e\cos\varphi_2}$ 式中：S—变压器的计算容量，单位V·A或kV·A； S_e—变压器的额定容量，单位V·A或kV·A； 单相变压器：$S_e=U_{2e}I_{2e}$； 三相变压器：$S_e=\sqrt{3}U_{2e}I_{2e}$； U_{2e}—变压器二次侧额定电压（kV）； I_{2e}—变压器二次侧额定电流（A）； I_2— 实测变压器二次侧电流（A）； P_2— 变压器输出有功功率（kW） 注：当测量I_2有困难时，也可近似用I_1/I_{1e}（变压器一次侧测量电流和一次侧额定电流之比）计算变压器的负荷率。	$\eta=\frac{P_2}{P_1}\times100\%$ 当忽略变压器中阻抗电压的影响时，则 $\eta=\frac{\beta S_e\cos\varphi_2}{\beta PS_e\cos\varphi_2+P_0+\beta^2P_d}\times100\%$ $=\frac{\sqrt{3}U_2I_2\cos\varphi_2}{\sqrt{3}U_2I_2\cos\varphi_2+P_0+\beta^2P_d}\times100\%$ 式中：P_2—变压器输出有功功率 （kW）； P_1—变压器输入有功功率 （kW）； P_0—变压器空载损耗，即铁耗 （kW）； P_d—变压器短路损耗，即铜耗 （kW） 注：通常，大型变压器的效率一般在99%以上，中小型变压器的效率一般在95%～98%。

5.3.2 电动机计算

电动机是一种利用电磁感应原理将电能转换为机械能的动力部件。电动机种类较多，其中异步电动机应用最为广泛，该类电动机常用计算数据主要由负荷率、效率和功率因数、输入/输出功率等，见表5-2所列。

表5-2 电动机负荷率、效率、功率因数和输入/输出功率的计算

电动机负荷率计算公式	电动机效率计算公式
电动机在任意负荷下的负荷率公式如下： $\beta=\frac{P}{P_e}\times100\%$； $\beta\approx\sqrt{\frac{I_1^2-I_0^2}{I_e^2-I_0^2}}$ 式中： P—电动机实际符合功率（kW）； P_e—电动机额定功率（kW）； I_1—电动机定子电流（A）； I_e— 电动机额定电流（A）； I_0— 电动机空载电流（A）	电动机在任意负荷下的效率公式如下： $\eta=\frac{P_2}{P_1}\times100\%=\frac{P_2}{P_2+\Sigma\Delta P}\times100\%=\frac{\beta P_e}{\beta P_e+[(\frac{1}{\eta_e}-1)P_e-P_0]\beta^2+P_0}\times100\%$ 式中：P_1，P_2—电动机输入和输出功率（kW）； $\Sigma\Delta P$ —电动机所有损耗之和（kW）； P_0— 电动机空载损耗 （kW）； η_e— 电动机额定效率，约为80%～90%
电动机功率因数计算公式	**电动机输入/输出功率计算公式**
$\cos\varphi=\frac{P_2}{\sqrt{3}U_1I_1\eta}\times10^3=\frac{\beta P_e}{\sqrt{3}U_1I_1\eta}\times10^3$ 式中：U_1—电动机定子电压（V）； I_1—电动机定子电流（A）； P_2—电动机输出功率（kW） P_e—电动机额定功率（kW） η — 电动机效率 β — 电动机负荷率	输入功率： $P_1=\sqrt{3}\,UI\cos\varphi\times10^{-3}$ 输出功率： $P_2=\sqrt{3}\,UI\eta\cos\varphi\times10^{-3}$ $P_2=\beta P_e=\sqrt{\frac{I_1^2-I_0^2}{I_e^2-I_0^2}}P_e$ 式中：U —加在电动机接线端子上的线电压（V）； I —负荷电流 （A），其他参数同上
三相异步电动机定子线电流	**三相异步电动机空载电流计算公式**
额定电流： $I_e=\frac{P_e\times10^3}{\sqrt{3}U_e\eta_e\cos\varphi_e}$ 实际工作电流： $I=\frac{P_2\times10^3}{\sqrt{3}U\eta\cos\varphi}$ 式中：$\cos\varphi_e$ —电动机额定功率因数，一般为0.82～0.88	公式1：$I_0=K[(1-\cos\varphi_e)\sqrt{1-3\cos^2\varphi_e}]I_e$ 公式2：$I_0=kI_e$ 公式3：$I_0=I_e\cos\varphi_e(2.26-\xi\cos\varphi_e)$ 式中：K —系数 k — 系数（K、k根据电动机极数不同值不同，具体需要核查电动机具体型号参数表）； ξ — 系数（当$\cos\varphi_e\leqslant0.85$时，取2.1；当$\cos\varphi_e>0.85$时，取2.15）

第6章 电工工具和电工仪表

6.1 电工常用加工工具

6.1.1 钳子

在电工操作中，钳子在导线加工、线缆弯制、设备安装等场合都有广泛的应用。从结构上看，钳子主要由钳头和钳柄两部分构成。根据钳头设计和功能上的区别，钳子可以分为钢丝钳、斜口钳、尖嘴钳、剥线钳、压线钳及网线钳等。

1 钢丝钳

如图6-1所示，钢丝钳又叫老虎钳，在电工操作中，钢丝钳的主要功能是剪切线缆、剥削绝缘层、弯折线芯、松动或紧固螺母等。

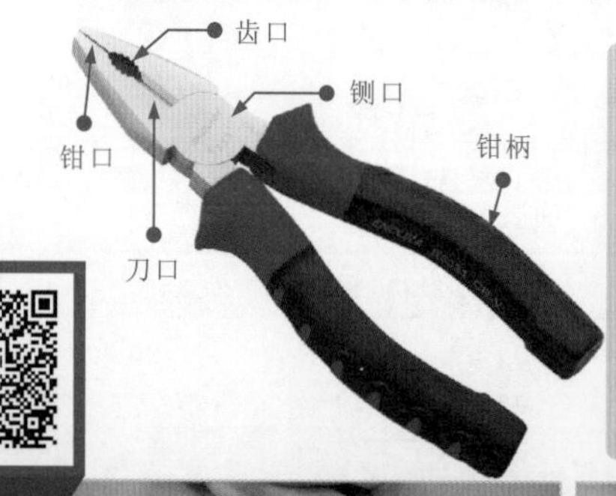

注意，若使用钢丝钳修剪带电的线缆，则应当查看绝缘手柄的耐压值，并检查绝缘手柄上是否有破损处。若绝缘手柄破损或工作环境超出钢丝钳钳柄绝缘套的耐压范围，则说明该钢丝钳不可用于修剪带电线缆，否则会导致电工操作人员触电

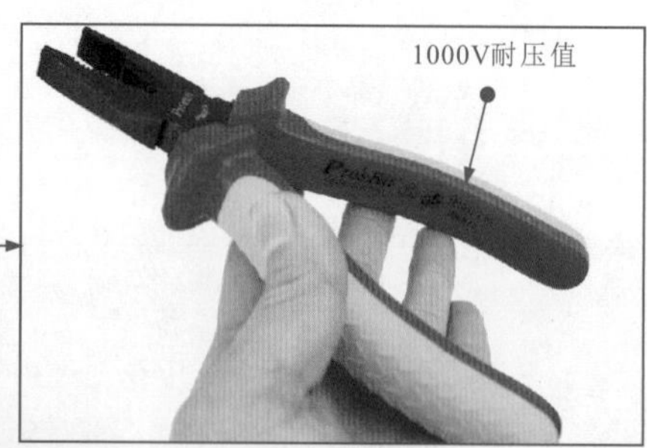

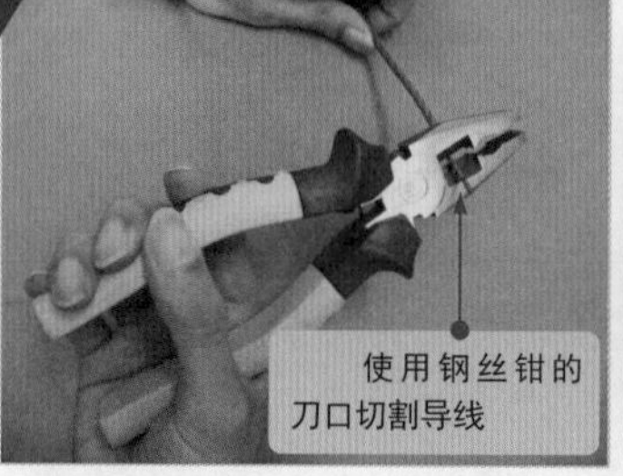

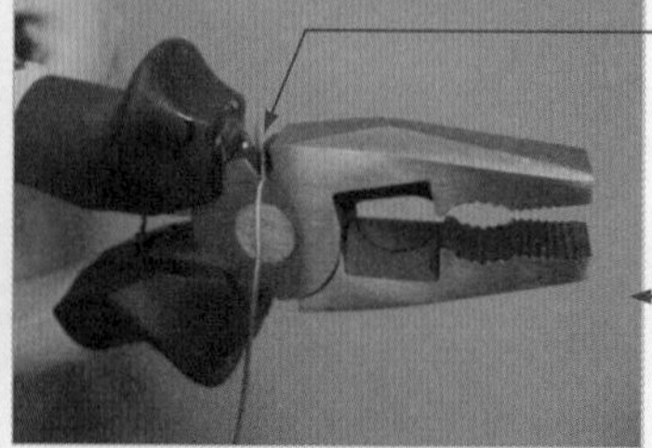

钢丝钳的钳口可以用于弯绞导线、齿口可以用于紧固或拧松螺母、刀口可以用于修剪导线以及拔取铁钉、铡口可以用于铡切较细的导线或金属丝，使用时钢丝钳的钳口朝内，便于控制钳切的部位

图6-1 钢丝钳的特点和使用规范

2 斜口钳

如图6-2所示，斜口钳又叫偏口钳，主要用于线缆绝缘皮的剥削或线缆的剪切操作。斜口钳的钳头部位为偏斜式的刀口，可以贴近导线或金属的根部进行切割。

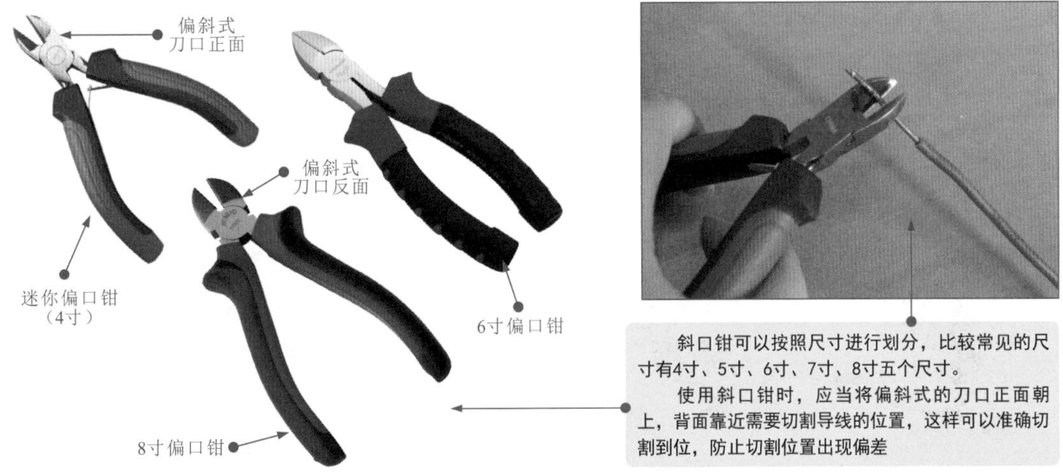

偏斜式
刀口正面
偏斜式
刀口反面
迷你偏口钳
（4寸）
6寸偏口钳
8寸偏口钳
斜口钳可以按照尺寸进行划分，比较常见的尺寸有4寸、5寸、6寸、7寸、8寸五个尺寸。
使用斜口钳时，应当将偏斜式的刀口正面朝上，背面靠近需要切割导线的位置，这样可以准确切割到位，防止切割位置出现偏差

图6-2 斜口钳的特点和使用规范

3 尖嘴钳

如图6-3所示，尖嘴钳的钳头部分较细，可以在较小的空间里进行操作。可以分为带有刀口的尖嘴钳和无刀口的尖嘴钳。

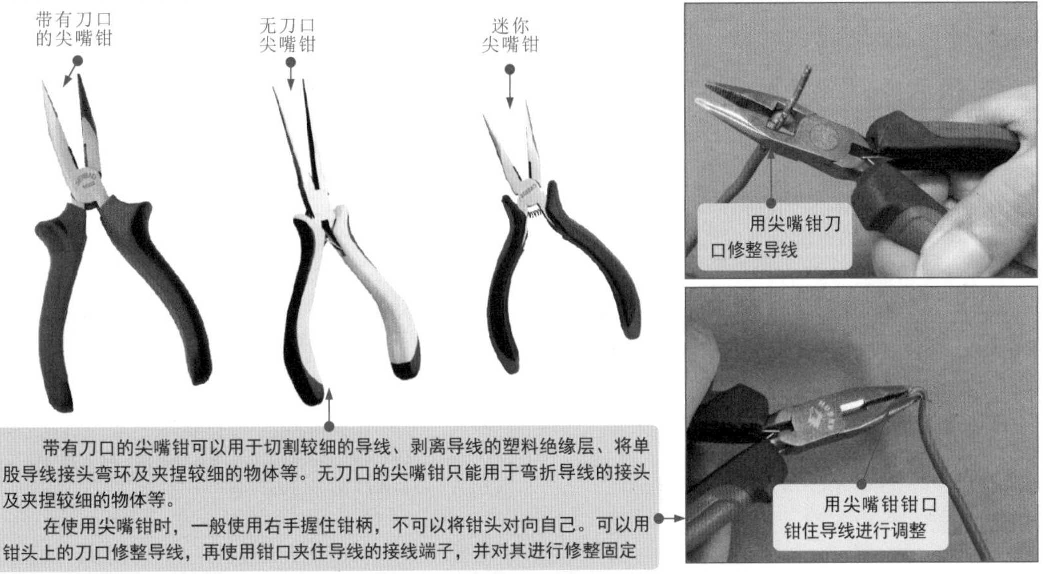

带有刀口
的尖嘴钳
无刀口
尖嘴钳
迷你
尖嘴钳
用尖嘴钳刀
口修整导线
用尖嘴钳钳口
钳住导线进行调整
带有刀口的尖嘴钳可以用于切割较细的导线、剥离导线的塑料绝缘层、将单股导线接头弯环及夹捏较细的物体等。无刀口的尖嘴钳只能用于弯折导线的接头及夹捏较细的物体等。
在使用尖嘴钳时，一般使用右手握住钳柄，不可以将钳头对向自己。可以用钳头上的刀口修整导线，再使用钳口夹住导线的接线端子，并对其进行修整固定

图6-3 尖嘴钳的特点和使用规范

4 剥线钳

如图6-4所示，剥线钳主要是用来剥除线缆的绝缘层，在电工操作中常使用的剥线钳可以分为压接式剥线钳和自动剥线钳两种。

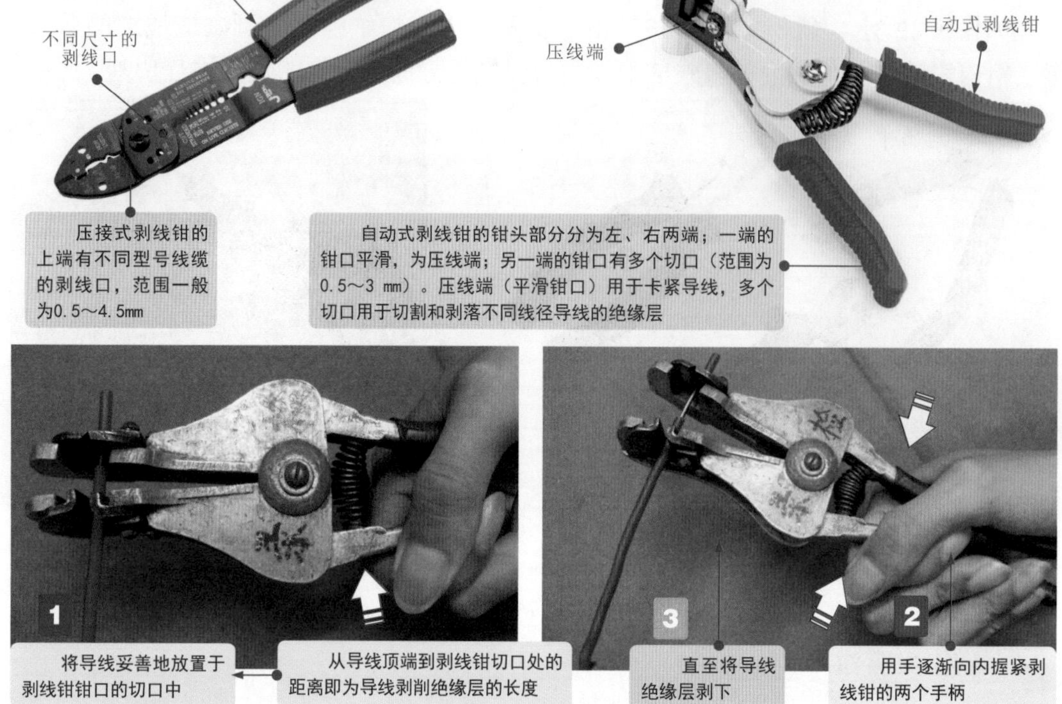

压接式剥线钳
不同尺寸的剥线口
切口端
压线端
自动式剥线钳
压接式剥线钳的上端有不同型号线缆的剥线口，范围一般为0.5～4.5mm
自动式剥线钳的钳头部分分为左、右两端；一端的钳口平滑，为压线端；另一端的钳口有多个切口（范围为0.5～3 mm）。压线端（平滑钳口）用于卡紧导线，多个切口用于切割和剥落不同线径导线的绝缘层
1
2
3
将导线妥善地放置于剥线钳钳口的切口中
从导线顶端到剥线钳切口处的距离即为导线剥削绝缘层的长度
直至将导线绝缘层剥下
用手逐渐向内握紧剥线钳的两个手柄

图6-4　剥线钳的特点和使用规范

5 压线钳

如图6-5所示，压线钳在电工操作中主要是用于线缆与连接头的加工。压线钳根据压接的连接件的大小不同，内置的压接孔也有所不同。

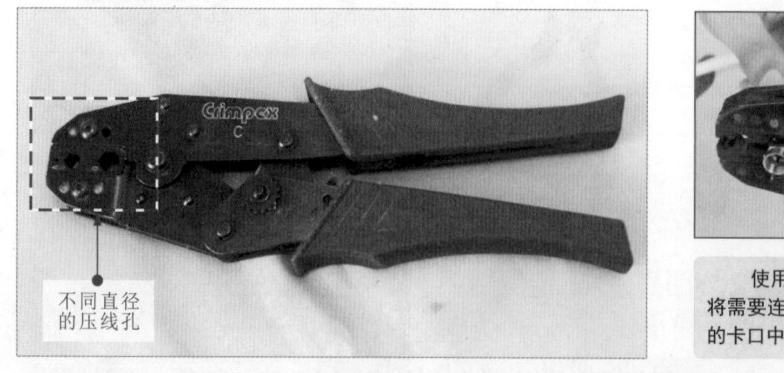

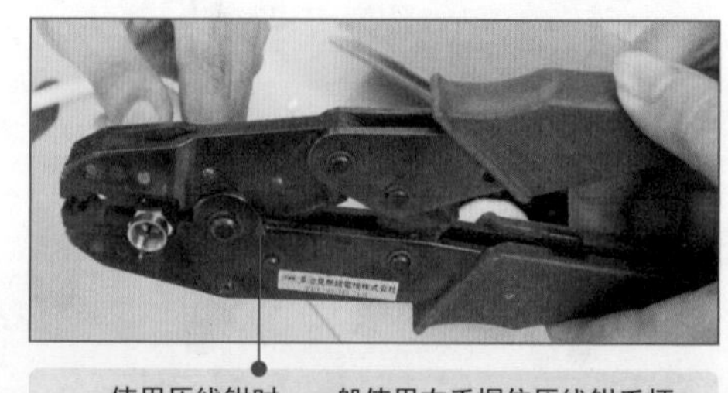

使用压线钳时，一般使用右手握住压线钳手柄，将需要连接的线缆和连接头插接后，放入压线钳合适的卡口中，向下按压即可

图6-5　压线钳的特点和使用规范

6 网线钳

如图6-6所示，网线钳专用于网线水晶头的加工与电话线水晶头的加工，在网线钳的钳头部分有水晶头加工口，可以根据水晶头的型号选择网线钳，在钳柄处也会附带刀口，便于切割网线。

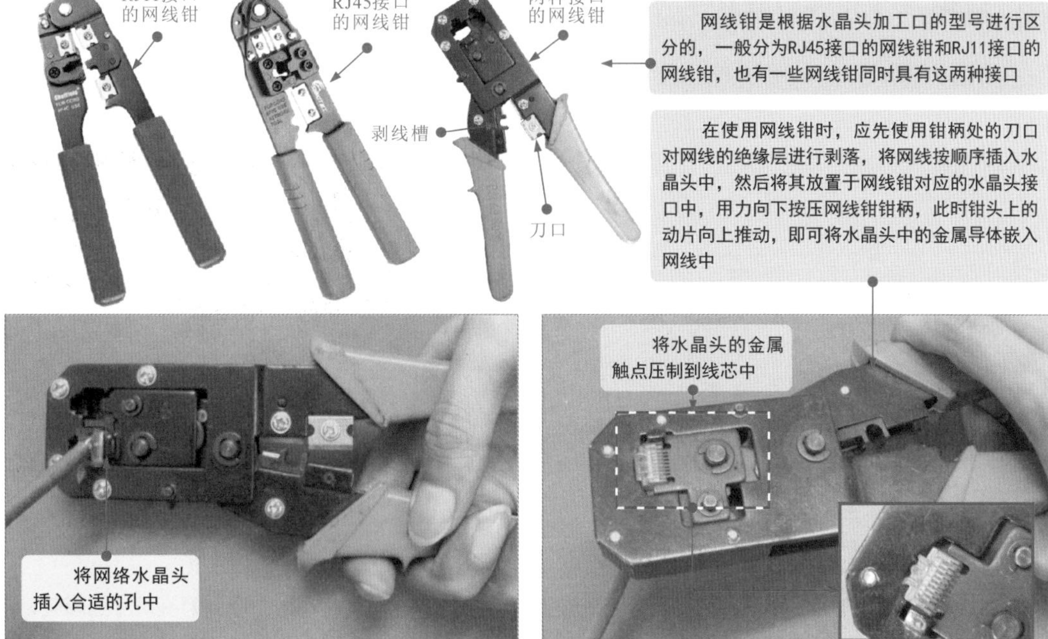
RJ11接口
的网线钳
RJ45接口
的网线钳
两种接口
的网线钳
网线钳是根据水晶头加工口的型号进行区分的，一般分为RJ45接口的网线钳和RJ11接口的网线钳，也有一些网线钳同时具有这两种接口
剥线槽
刀口
在使用网线钳时，应先使用钳柄处的刀口对网线的绝缘层进行剥落，将网线按顺序插入水晶头中，然后将其放置于网线钳对应的水晶头接口中，用力向下按压网线钳钳柄，此时钳头上的动片向上推动，即可将水晶头中的金属导体嵌入网线中
将水晶头的金属
触点压制到线芯中
将网络水晶头
插入合适的孔中

图6-6 网线钳的特点和使用规范

6.1.2 螺钉旋具

螺钉旋具俗称螺丝刀或改锥，是用来紧固和拆卸螺钉的工具。电工常用的螺钉旋具主要有一字槽螺钉旋具和十字槽螺钉旋具。

1 一字槽螺钉旋具

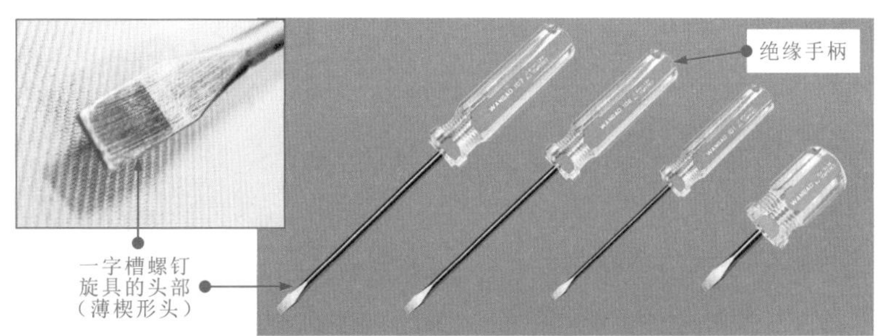
绝缘手柄
一字槽螺钉
旋具的头部
（薄楔形头）

如图6-7所示，一字槽螺钉旋具的头部为薄楔形头，主要用于拆卸或紧固一字槽螺钉。使用时要选用与一字槽螺钉规格相对应的一字槽螺钉旋具。

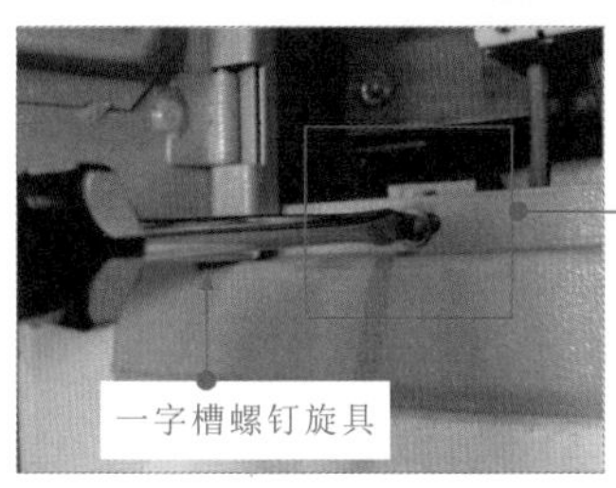
一字槽螺钉旋具

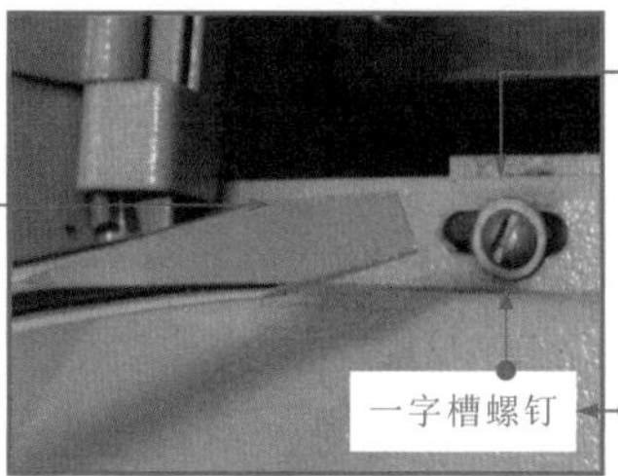
一字槽螺钉

字槽螺钉旋具的规格要与一字槽螺钉匹配，否则容易造成螺钉卡槽损伤

在使用一字槽螺钉旋具时，需要看清一字槽螺钉的卡槽大小，然后选择与卡槽相匹配的一字槽螺钉旋具，使用右手握住一字槽螺钉旋具的刀柄，然后将刀头垂直插入一字槽螺钉的卡槽中，旋转一字槽螺钉旋具使其紧固或松动即可

图6-7 一字槽螺钉旋具的特点和使用规范

2 十字槽螺钉旋具

如图6-8所示，十字槽螺钉旋具的头部由两个薄楔形片十字交叉构成。主要用于拆卸或紧固十字槽螺钉。使用时要选用与十字槽螺钉规格相对应的十字槽螺钉旋具。

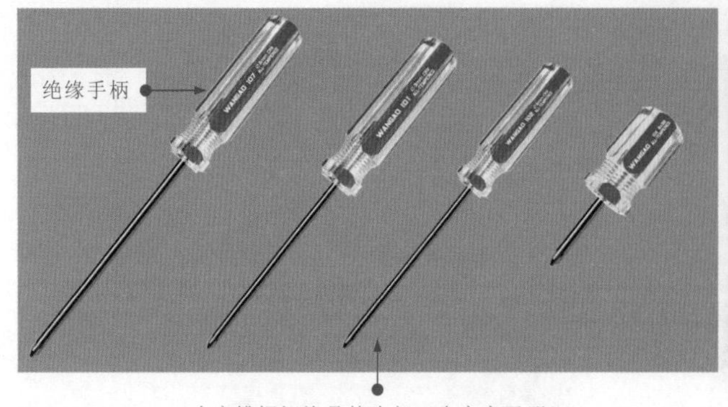

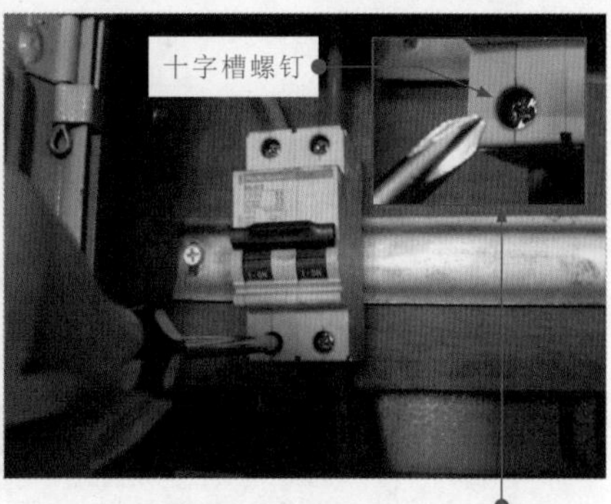

图6-8 十字槽螺钉旋具的特点和使用规范

如图6-9所示，一字螺钉旋具和十字螺钉旋具在使用时会受到刀头尺寸的限制，需要配很多不同的型号。目前市场上推出了万能螺钉旋具和电动螺钉旋具。万能螺钉旋具的刀头可以随意更换，使其适应不同工作环境的需要；电动螺钉旋具内置电源，并装有控制按钮，可以控制螺杆顺时针和逆时针转动，这样就可以轻松地实现螺钉紧固和松脱的操作。

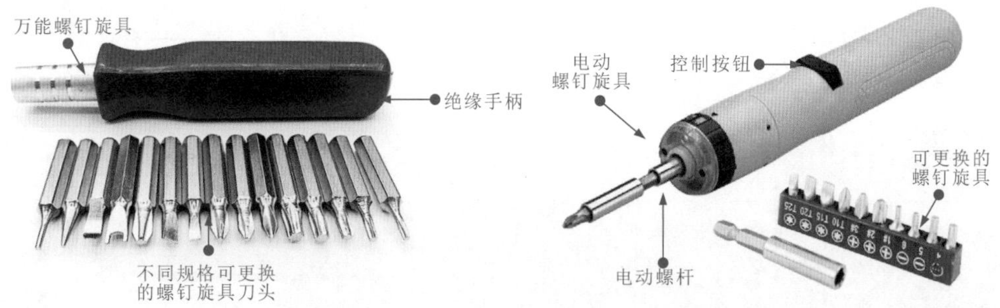

图6-9 万能螺钉旋具

6.1.3 扳手

扳手是用于紧固和拆卸螺钉或螺母的工具。电工常用的扳手主要有活扳手和固定扳手两种。

1 活口扳手

如图6-10所示，活口扳手是指扳手的开口宽度可在一定尺寸范围内随意调节，以适应不同规格螺栓或螺母的紧固和松动。

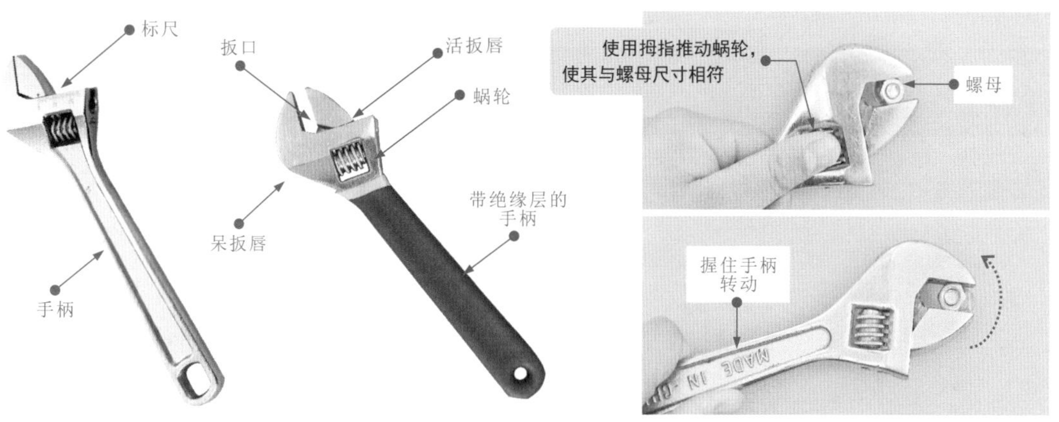

图6-10 活口扳手的特点和使用规范

2 固定扳手

如图6-11所示，常见的固定扳手主要有呆扳手和梅花扳手两种。固定扳手的扳口尺寸固定，使用时要与相应的螺栓或螺母对应。

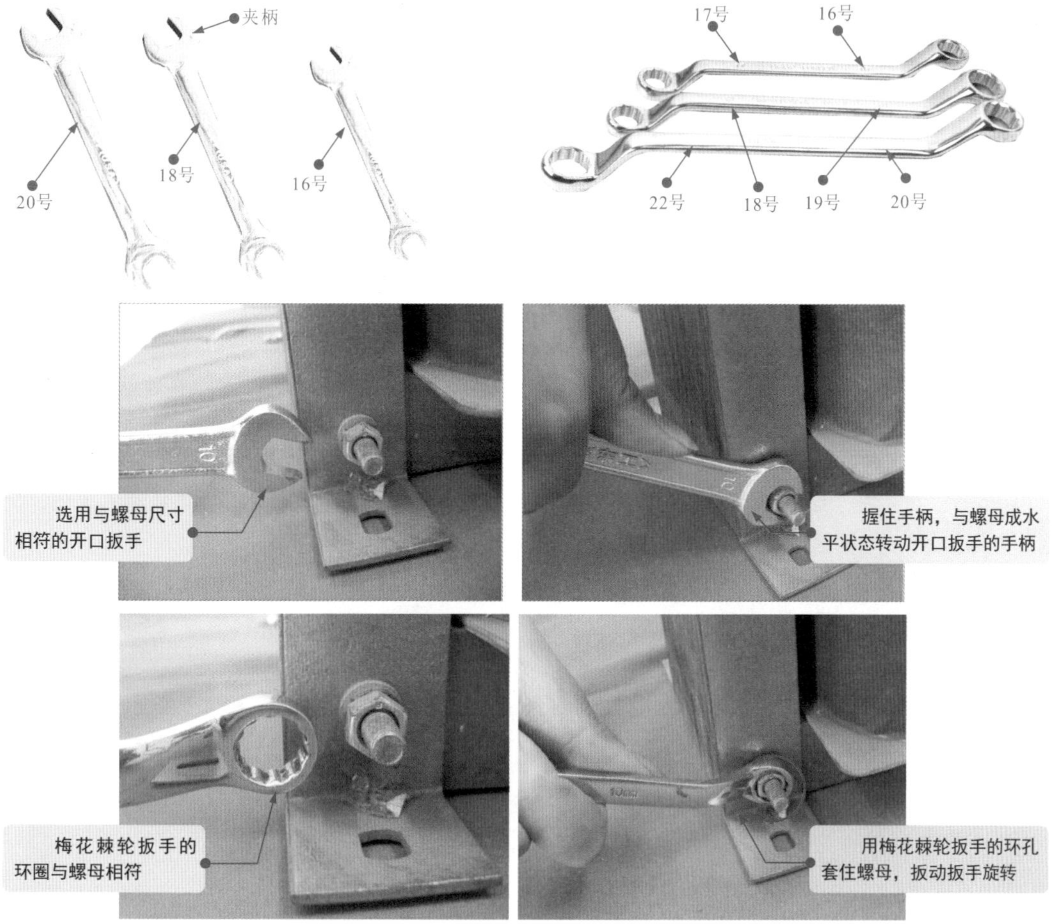

图6-11 固定扳手的特点和使用规范

6.1.4 电工刀

如图6-12所示，电工刀是用于剥削导线和切割物体的工具，一般由刀柄与刀片两部分组成的

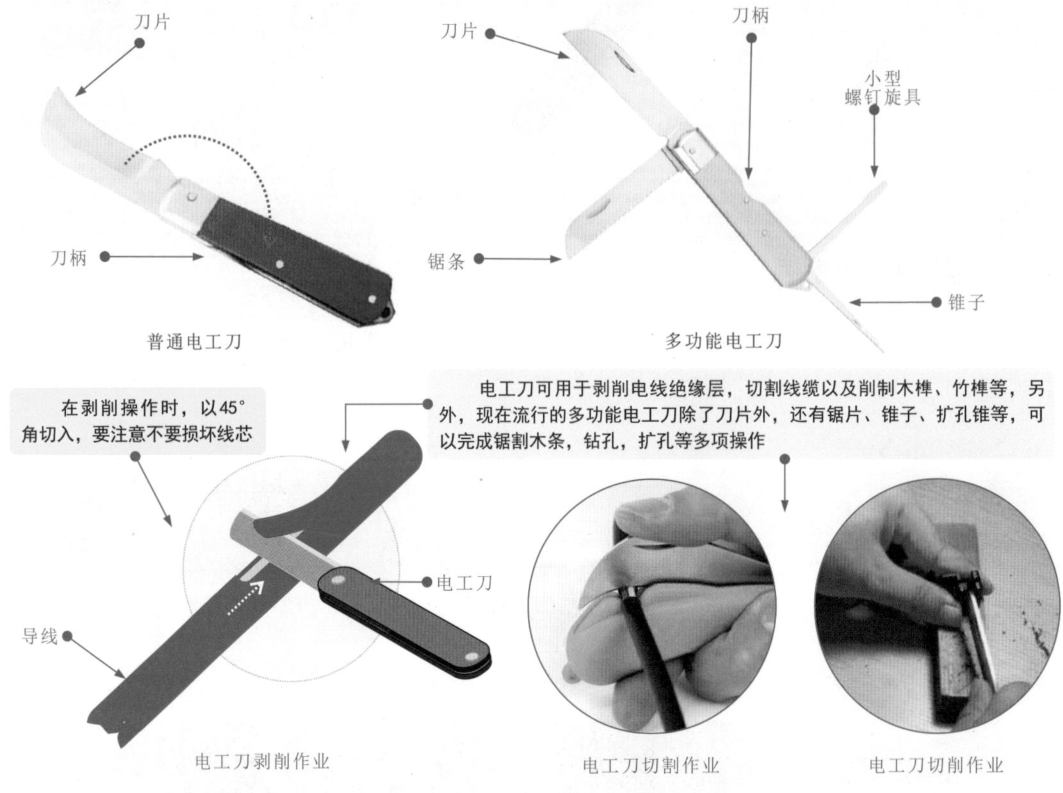

图6-12 电工刀的特点和使用规范

如图6-13所示，使用电工刀时要特别注意用电安全，切勿在带电情况下切割线缆。而且在剥削线缆绝缘层时一定要按照规范操作。若操作不当会造成线缆损伤，为后期的使用及用电带来安全隐患。

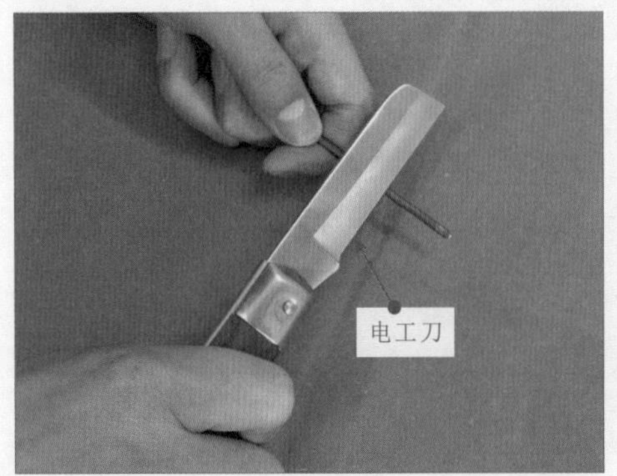

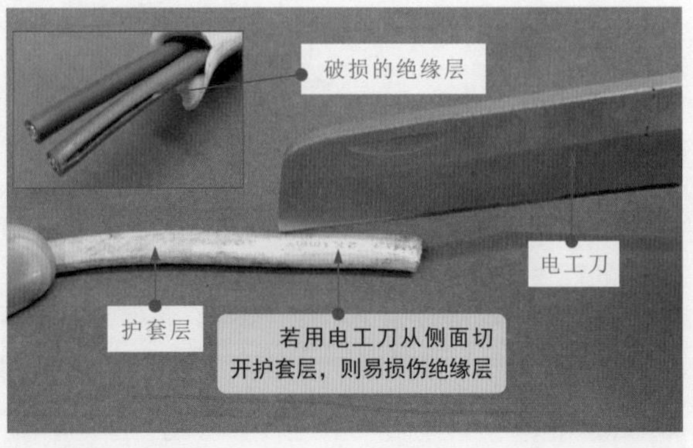

图6-13 电工刀使用注意事项

6.2 电工常用开凿工具

在电工操作中，开凿工具是敷设管路和安装设备时，对墙面进行开凿处理的加工工具。由于开凿时可能需要开凿不同深度或宽度的孔或是线槽，常使用到的开凿工具有开槽机、电钻和电锤等。

6.2.1 开槽机

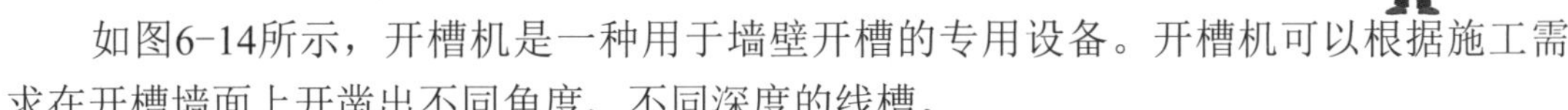

如图6-14所示，开槽机是一种用于墙壁开槽的专用设备。开槽机可以根据施工需求在开槽墙面上开凿出不同角度、不同深度的线槽。

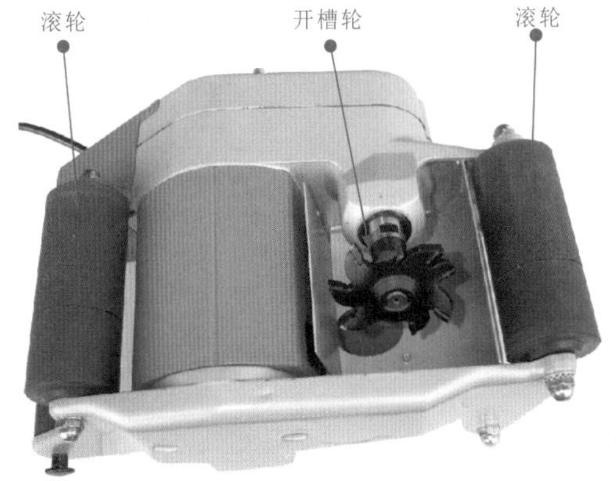

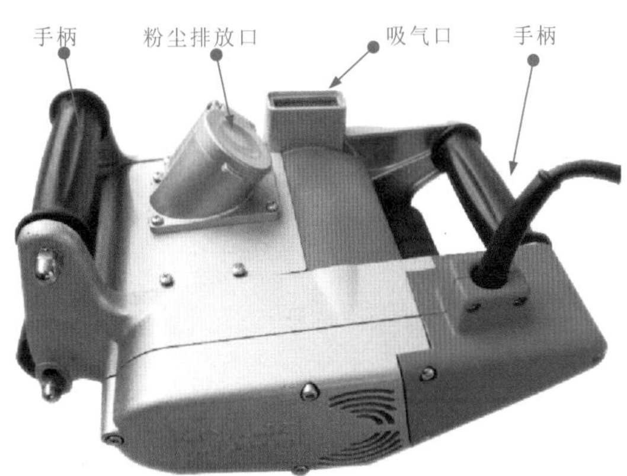

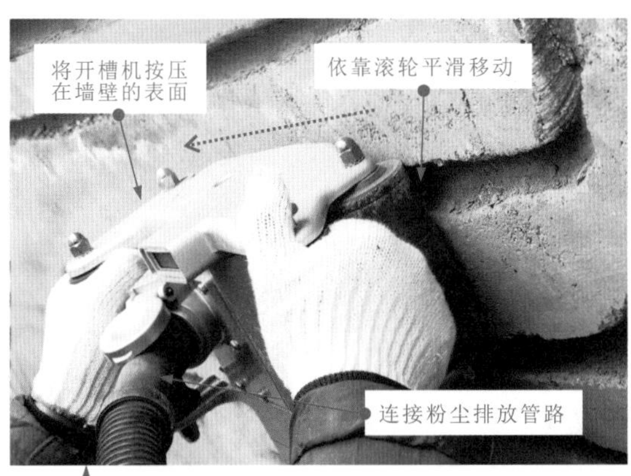

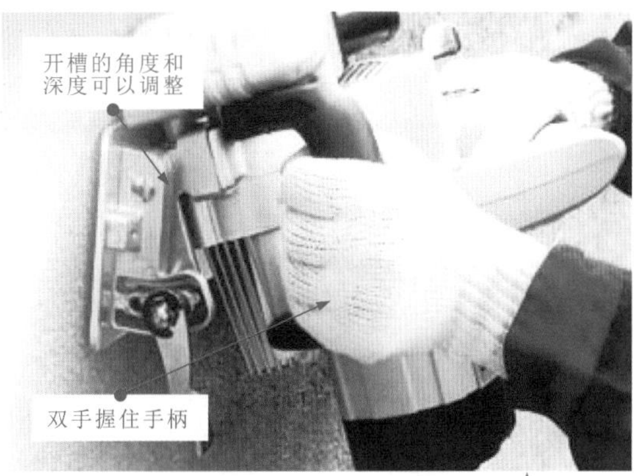

使用开槽机开凿墙面时，将粉尘排放口与粉尘排放管路连接好，用双手握住开槽机两侧的手柄，开机空转运行。确认运行良好，调整放置位置，将开槽机按压在墙面上开始执行开槽工作，同时依靠开槽机滚轮平滑移动开槽机。这样，随着开槽机底部开槽轮的高速旋转，即可实现对墙体的切割

图6-14 开槽机的特点和使用规范

开槽机通电使用前，应当先检查开槽机的电线绝缘层是否破损。在使用过程中，操作人员要佩戴手套及护目镜等防护装备，并确保握紧开槽机，防止开槽机意外掉落而发生事故；使用完毕，要及时切断电源，避免发生危险。

6.2.2 电钻和电锤

如图6-15所示，电钻（也称为冲击钻）和电锤常用于钻孔作业。在线路敷设及电气设备安装作业时常使用电钻或电锤。

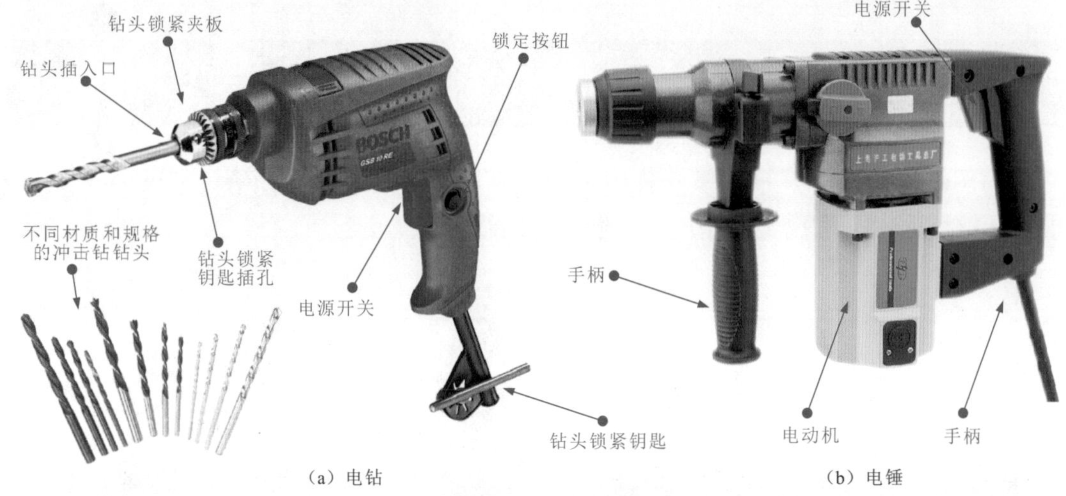
钻头锁紧夹板
钻头插入口
锁定按钮
不同材质和规格的冲击钻钻头
钻头锁紧钥匙插孔
电源开关
钻头锁紧钥匙
电源开关
手柄
电动机
手柄

（a）电钻　（b）电锤

图6-15　电钻和电锤的特点

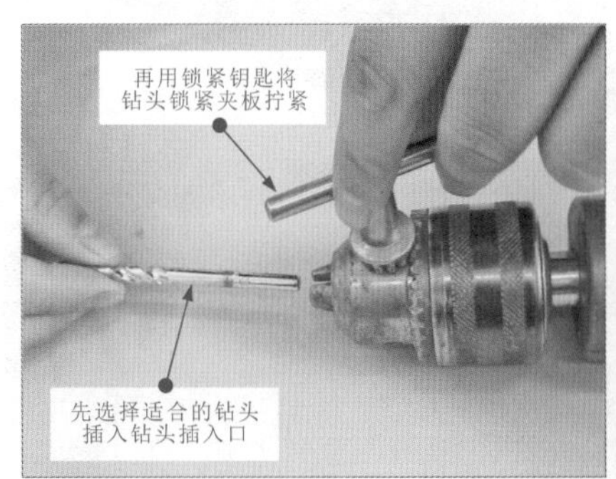
再用锁紧钥匙将钻头锁紧夹板拧紧
先选择适合的钻头插入钻头插入口

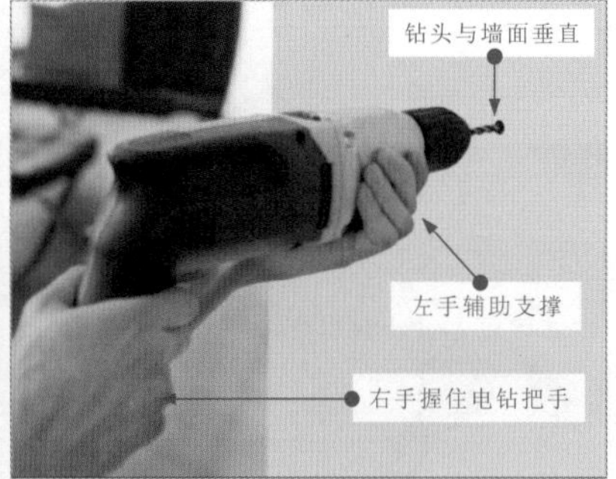
钻头与墙面垂直
左手辅助支撑
右手握住电钻把手

如图6-16所示，电钻可以完成普通的打孔作业，使用前先根据钻孔需要选择合适规格的钻头。

图6-16　电钻的使用规范

使用电锤时，应先给电锤通电，让其空转1min，确定电锤可以正常使用后，双手分别握住电锤的两个手柄，使电锤垂直于墙面，按下电源开关，电锤便开始执行钻孔作业。在作业完成后，应及时切断电锤的电源
保证电锤与墙面垂直
双手紧握手柄

如图6-17所示，与电钻相比，电锤多用于贯穿性打孔作业，尤其是对于混凝土结构的墙体，电锤的作用更加突出。

图6-17　电锤的使用规范

6.3 电工常用管路加工工具

在电工操作中，管路加工工具是用于对管路进行加工处理的工具。主要的管路加工工具包括切管器和弯管器两种。

6.3.1 切管器

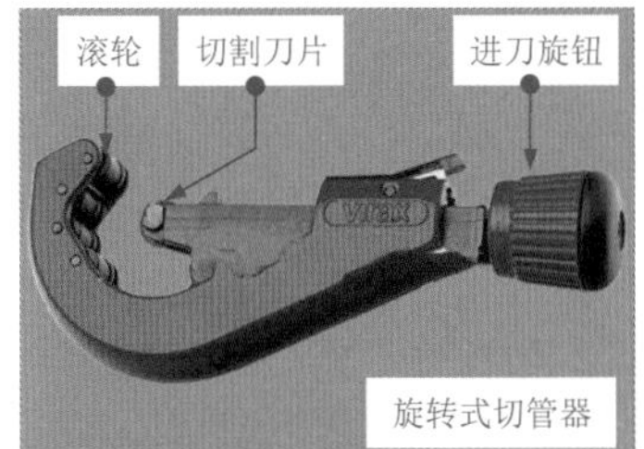

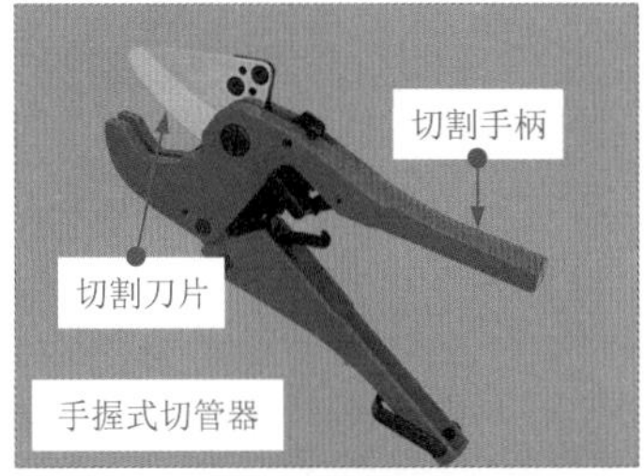

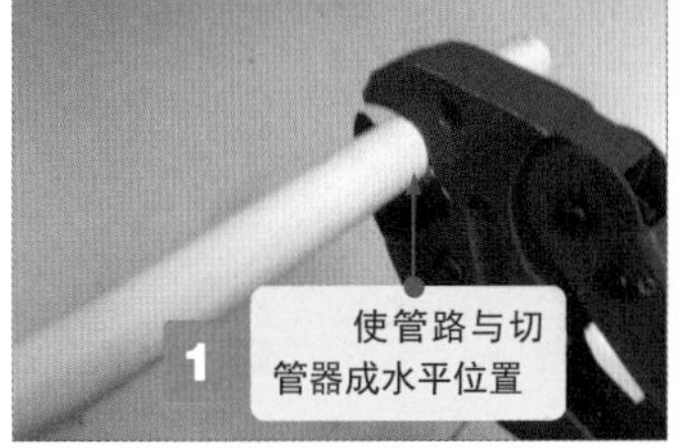

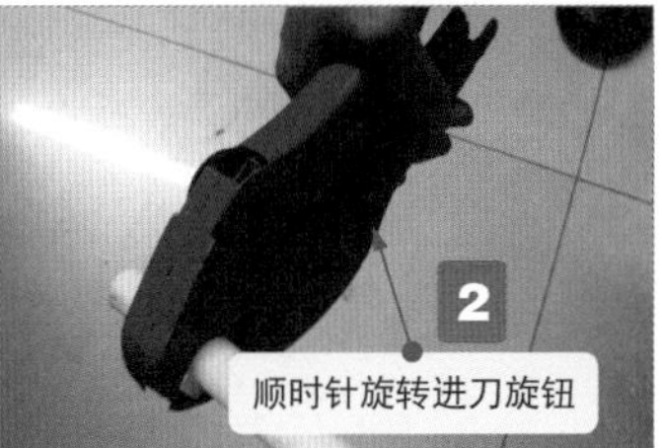

图6-18 切管器的特点和使用规范

如图6-18所示，切管器是管路切割的工具，比较常见的旋转式切管器和手握式切管器，多用于切割导线敷设的PVC管路。旋转式切管器可以调节切口的大小，适用于切割较细管路；手握式切管器适合切除较粗的管路。

使用旋转式切管器时，切割刀片与滚轮将管路卡死，垂直沿顺时针方向旋转

6.3.2 弯管器

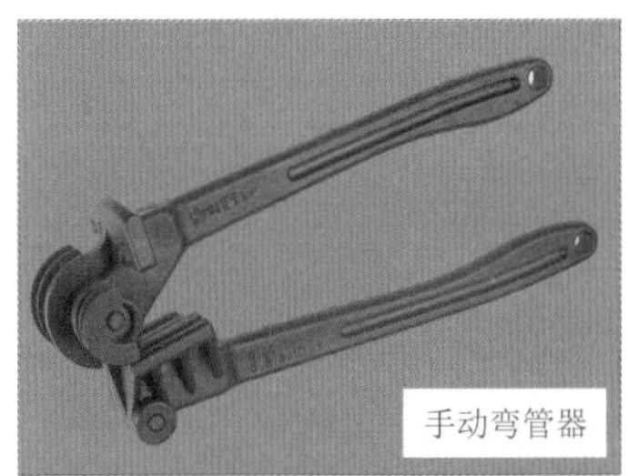

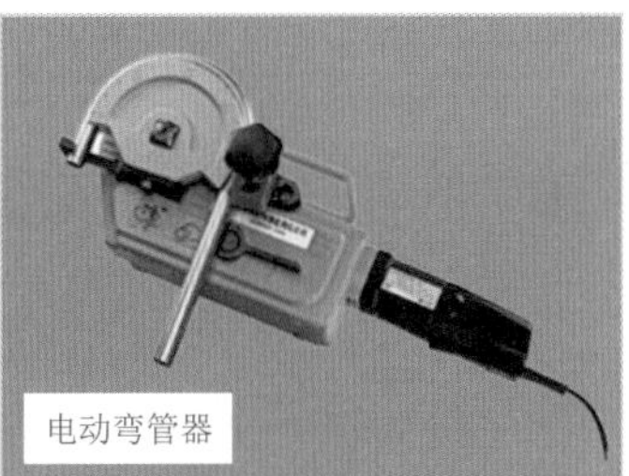

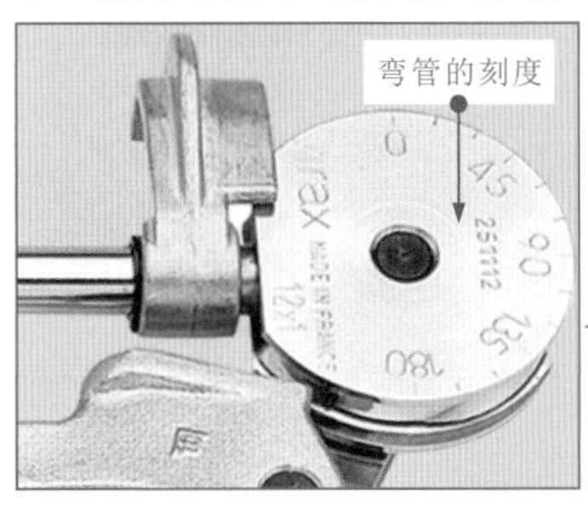

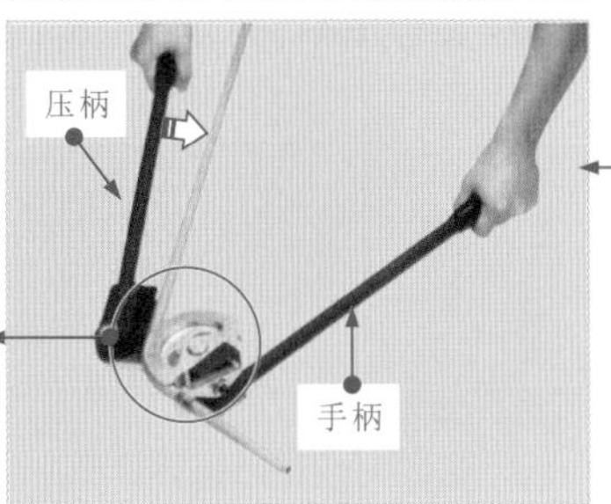

图6-19 弯管器的特点和使用规范

如图6-19所示，弯管器是将管路弯曲加工的工具，主要用来弯曲PVC管与钢管等。在电工操作中常见的弯管器可以分为手动弯管器和电动弯管器等。

将管路放置于弯管器中，用力压下压柄即可

使用电动弯管器时，将管路放在电动弯管机上，按下按钮即可

6.4 电工常用检测仪表

6.4.1 验电器

验电器是用于检测导线和电气设备是否带电的检测设备。根据检测环境的不同，验电器可以分为低压验电器和高压验电器两种。

1 低压验电器

如图6-20所示，低压验电器多用于检测12～500V低压。常见的低压验电器外形较小，便于携带，多为螺丝刀形或钢笔形，常见有低压氖管验电器与低压电子验电器。

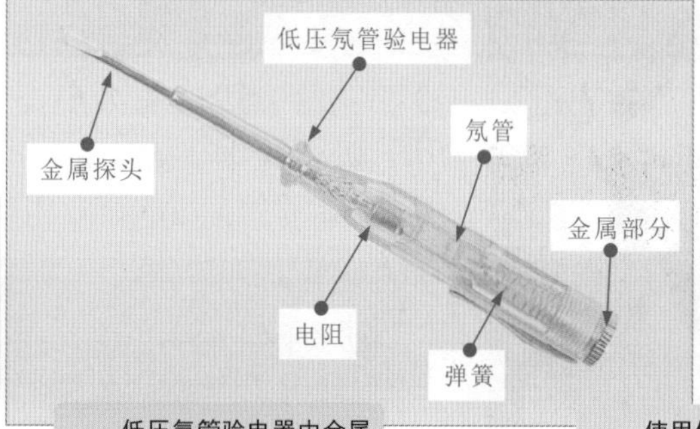

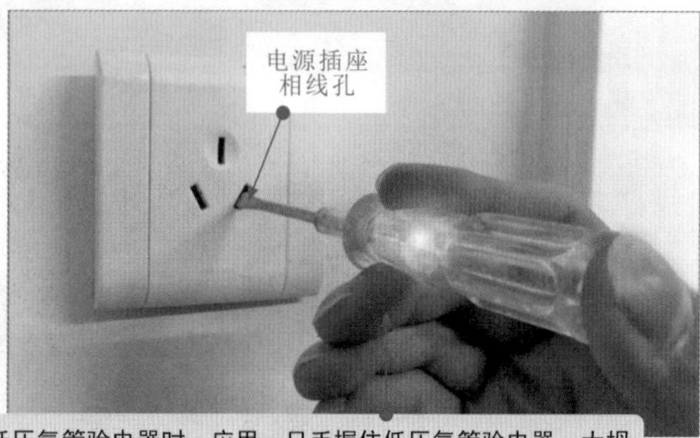

低压氖管验电器由金属探头、电阻、氖管、尾部金属部分及弹簧等构成

使用低压氖管验电器时，应用一只手握住低压氖管验电器，大拇指按住尾部的金属部分，将其插入220V电源插座的相线孔中。正常时，可以看到低压氖管验电器中的氖管发亮光，证明该电源插座带电

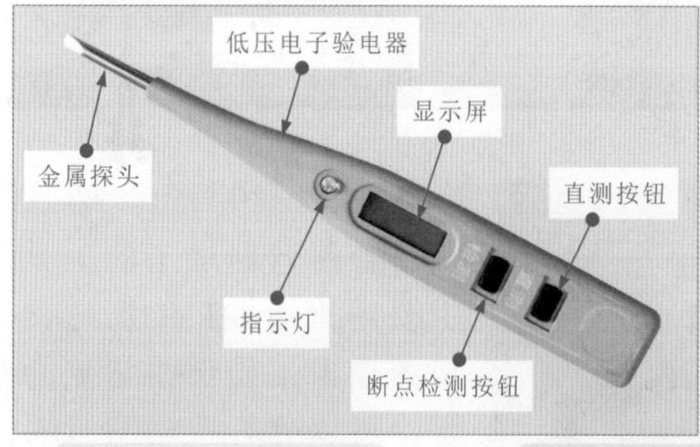

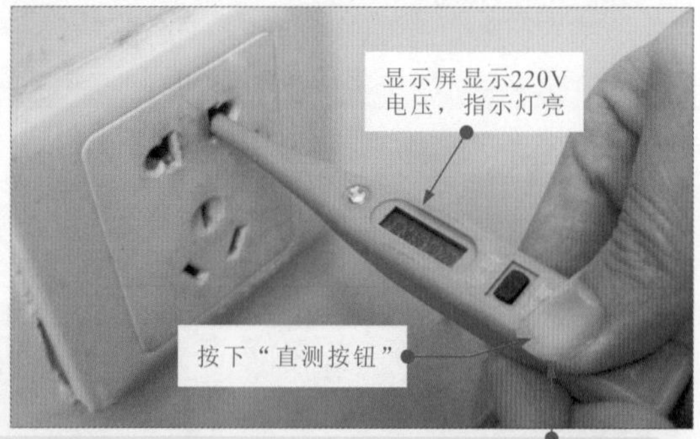

低压电子验电器由金属探头、指示灯、显示屏、按钮等构成

使用低压电子验电器时，按住低压电子验电器上的“直测按钮”，将验电器插入相线孔时，低压电子验电器的显示屏上即会显示出测量的电压，指示灯亮；当插入零线孔时，低压电子验电器的显示屏上无电压显示，指示灯不亮

图6-20 低压验电器的特点和使用规范

2 高压验电器

高压验电器多用检测500V以上的高压，高压验电器可以分为接触式高压验电器和非接触式（感应式）高压验电器。

图6-21为高压验电器的特点和使用规范。

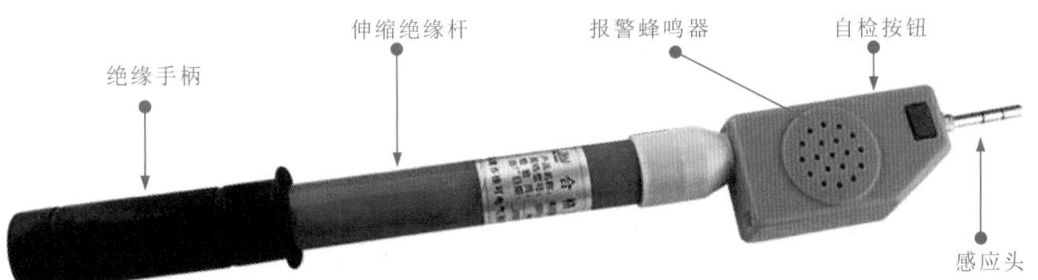

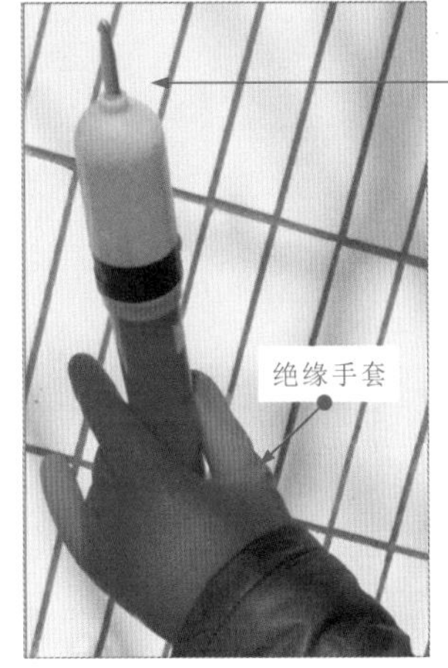

使用高压验电器进行检测前，应先戴好绝缘手套，然后将高压验电器伸缩绝缘杆调整至需要的长度，并进行固定

检测时，为了操作人员的安全，必须将手握在绝缘手柄上，不可触碰到伸缩绝缘杆上，并且需要慢慢靠近被测设备或供电线路，直至接触设备或供电线路，若该过程中高压验电器无任何反应，则表明该设备或供电线路不带电；若在靠近过程中，高压验电器发光或发声等出现异常，则表明该设备带电，即可停止靠近，完成验电操作

图6-21 高压验电器的特点和使用规范

6.4.2 万用表

万用表是一种多功能、多量程的便携式检测工具，主要用于电气设备、供配电设备以及电动机的检测工作，根据结构功能和使用特点的不同，万用表有指针万用表和数字万用表两种。

1 指针万用表

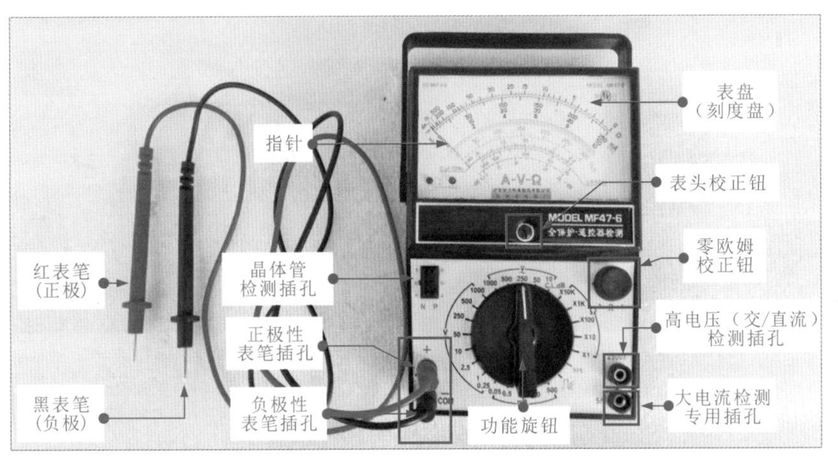

如图6-22所示，指针万用表又称为模拟万用表。它是由指针刻度盘、功能旋钮、表头校正钮、零欧姆调节旋钮、表笔连接端、表笔等构成。

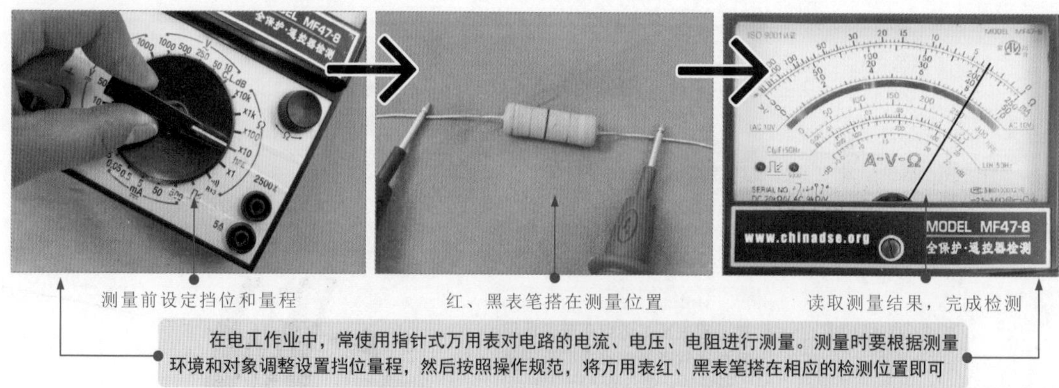

测量前设定挡位和量程
红、黑表笔搭在测量位置
读取测量结果，完成检测
在电工作业中，常使用指针式万用表对电路的电流、电压、电阻进行测量。测量时要根据测量环境和对象调整设置挡位量程，然后按照操作规范，将万用表红、黑表笔搭在相应的检测位置即可

图6-22　指针万用表的特点和使用规范

2 数字万用表

如图6-23所示，数字万用表可以直接将测量结果以数字的方式直观地显示出来，具有显示清晰、读取准确等特点。它主要由液晶显示屏、功能旋钮、功能按键、表笔插孔、附加测试器及热电偶传感器等构成。

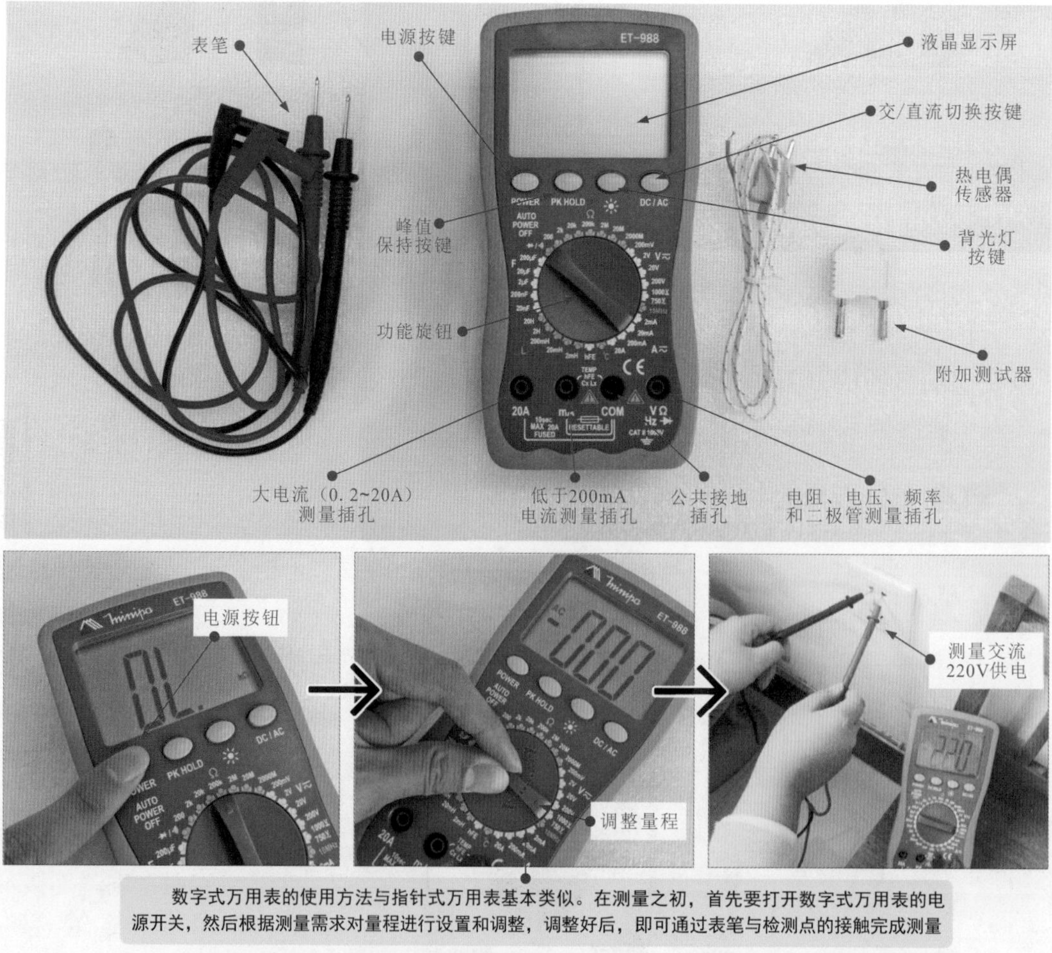

表笔
电源按键
液晶显示屏
交/直流切换按键
热电偶传感器
峰值保持按键
背光灯按键
功能旋钮
附加测试器
大电流（0.2~20A）测量插孔
低于200mA电流测量插孔
公共接地插孔
电阻、电压、频率和二极管测量插孔

电源按钮
调整量程
测量交流220V供电

数字式万用表的使用方法与指针式万用表基本类似。在测量之初，首先要打开数字式万用表的电源开关，然后根据测量需求对量程进行设置和调整，调整好后，即可通过表笔与检测点的接触完成测量

图6-23　数字万用表的特点和使用规范

6.4.3 钳形表

在电工操作中，钳形表主要用于检测电气设备或线缆工作时的电压与电流，在使用钳形表检测电流时不需要断开电路，便可通过钳形表对导线的电磁感应进行电流的测量，是一种较为方便的测量仪器。

如图6-24所示，钳形表主要由钳头、钳头扳机、保持按钮、功能旋钮、液晶显示屏、表笔插孔和红、黑表笔等构成。

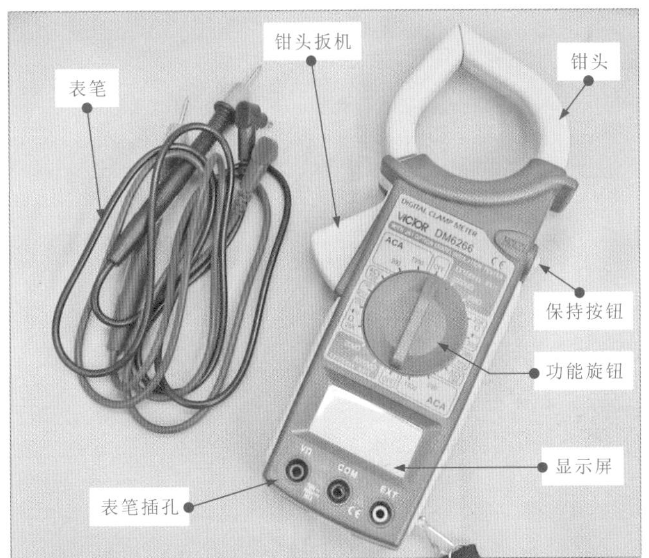

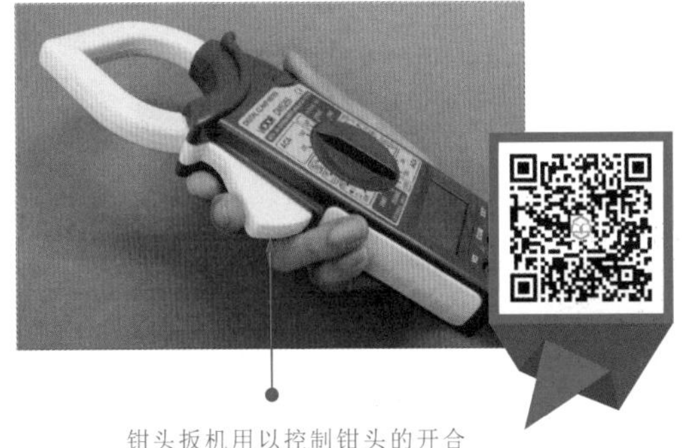

测试电流时根据测量需求调整设置挡位量程。然后按压钳头扳机使钳口张开，使待测线缆中的火线置于钳口中，松开钳口扳机使钳口紧闭，即可观察测量结果。此时若按下“HOLD键”保持按钮，可将测量结果保留，以方便测量操作完毕后读取测量值

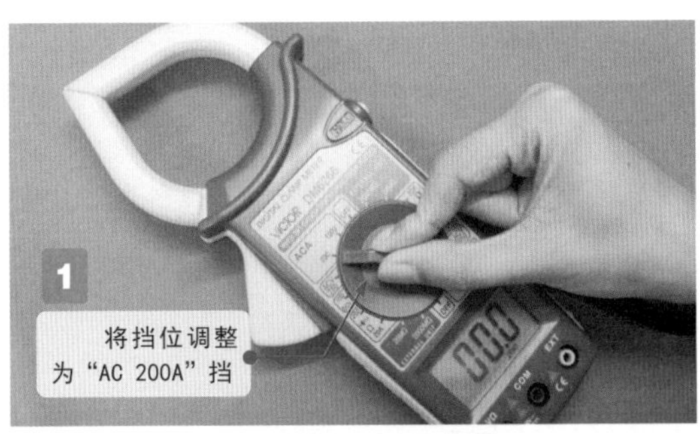

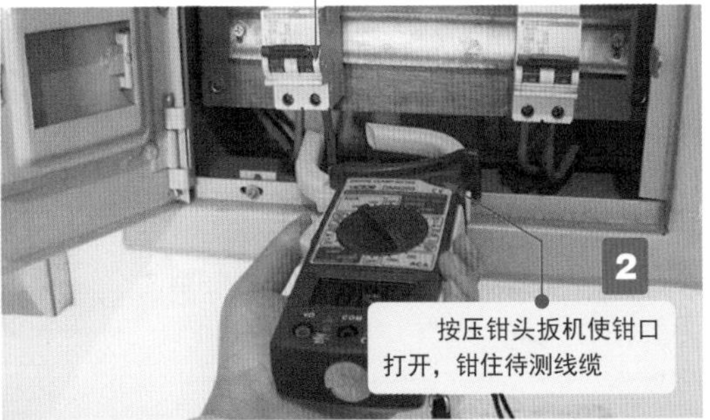

2
按压钳头扳机使钳口打开，钳住待测线缆

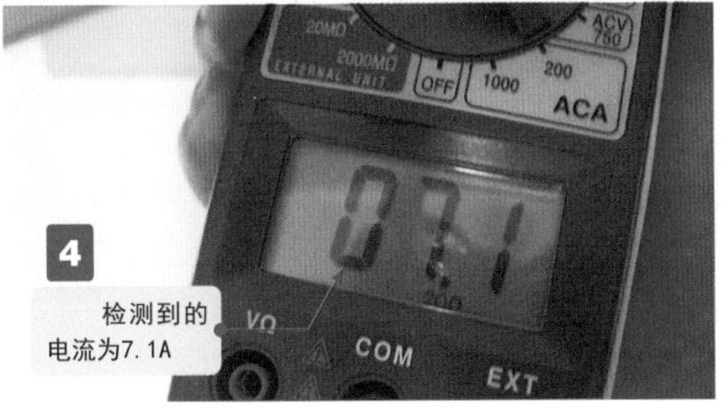

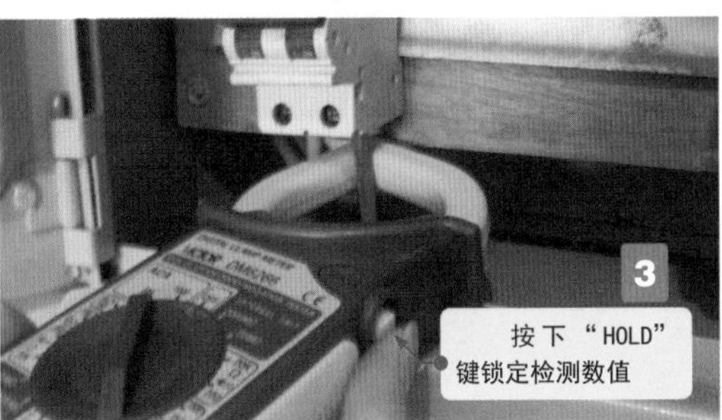

图6-24 钳形表的特点和使用规范

6.4.4 兆欧表

兆欧表主要用于检测电气设备、家用电器及线缆的绝缘电阻或高值电阻。兆欧表可以测量所有导电型、抗静电型及静电泄放型材料的阻抗或电阻。使用兆欧表检测出绝缘性能不良的设备和产品，可以有效地避免发生触电伤亡及设备损坏等事故。

如图6-25所示，兆欧表主要由刻度盘、指针、接线端子（E接地接线端子、L火线接线端子）、铭牌、手动摇杆、红测试线及黑测试线等组件构成。

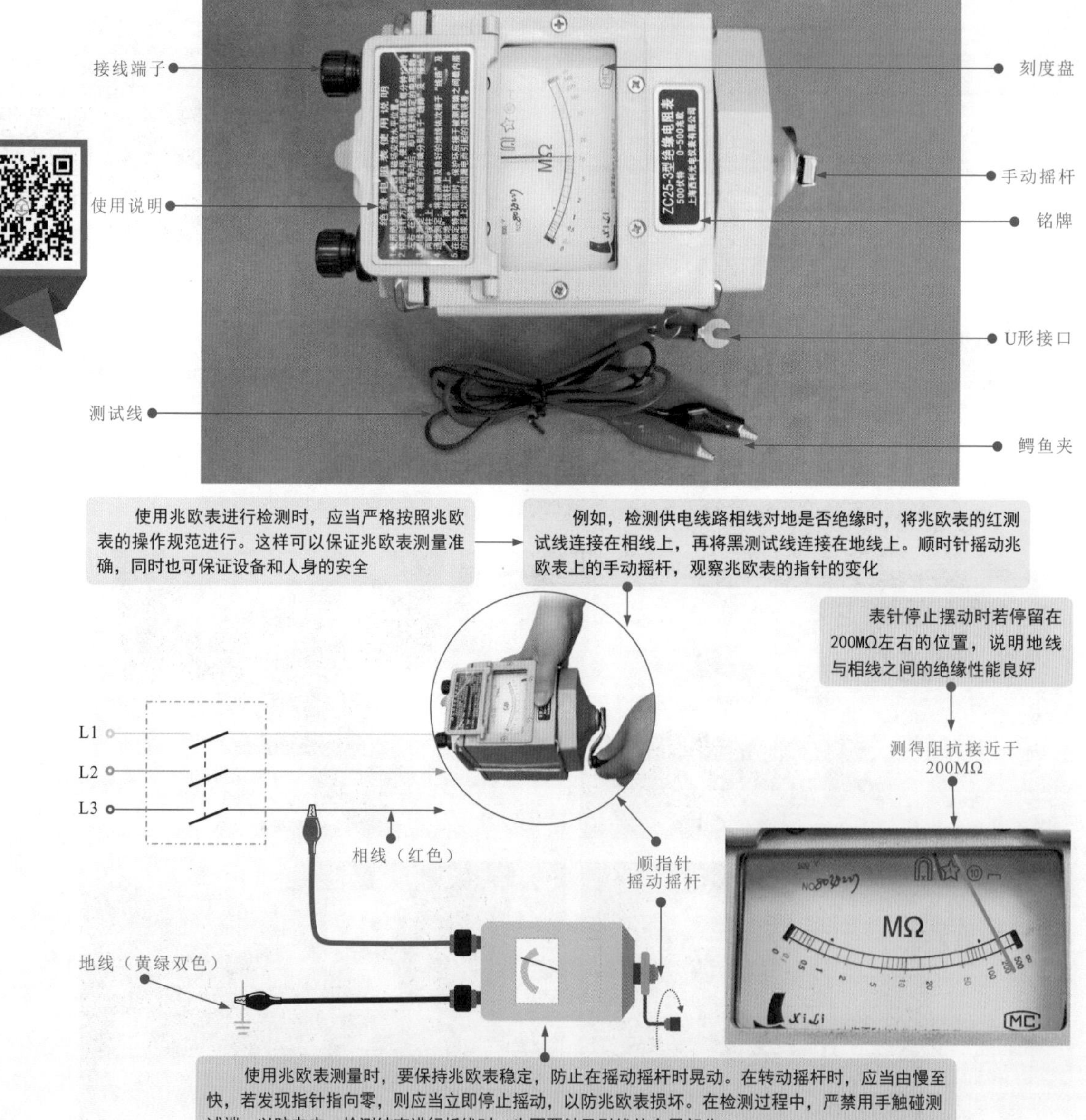

接线端子
刻度盘
手动摇杆
使用说明
铭牌
U形接口
测试线
鳄鱼夹
ZC25-3型绝缘电阻表
MΩ
使用兆欧表进行检测时，应当严格按照兆欧表的操作规范进行。这样可以保证兆欧表测量准确，同时也可保证设备和人身的安全
例如，检测供电线路相线对地是否绝缘时，将兆欧表的红测试线连接在相线上，再将黑测试线连接在地线上。顺时针摇动兆欧表上的手动摇杆，观察兆欧表的指针的变化
表针停止摆动时若停留在200MΩ左右的位置，说明地线与相线之间的绝缘性能良好
测得阻抗接近于200MΩ
L1
L2
L3
相线（红色）
顺指针摇动摇杆
地线（黄绿双色）
使用兆欧表测量时，要保持兆欧表稳定，防止在摇动摇杆时晃动。在转动摇杆时，应当由慢至快，若发现指针指向零，则应当立即停止摇动，以防兆欧表损坏。在检测过程中，严禁用手触碰测试端，以防电击；检测结束进行拆线时，也不要触及引线的金属部分

图6-25 兆欧表的特点和使用规范

第2篇
电工提高篇

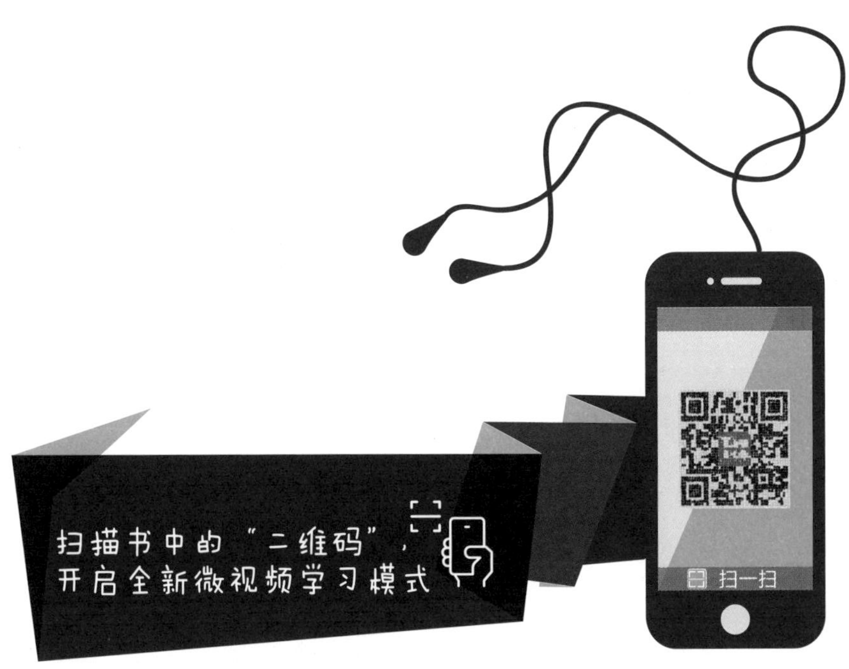
扫描书中的“二维码”，
开启全新微视频学习模式
扫一扫

第7章 电动机

7.1 永磁式直流电动机

7.1.1 永磁式直流电动机的结构

如图7-1所示，永磁式直流电动机的定子磁体与圆柱形外壳制成一体，转子绕组绕制在铁芯上与转轴制成一体，绕组的引线焊接在整流子上，通过电刷为其供电，电刷安装在定子机座上与外部电源相连。

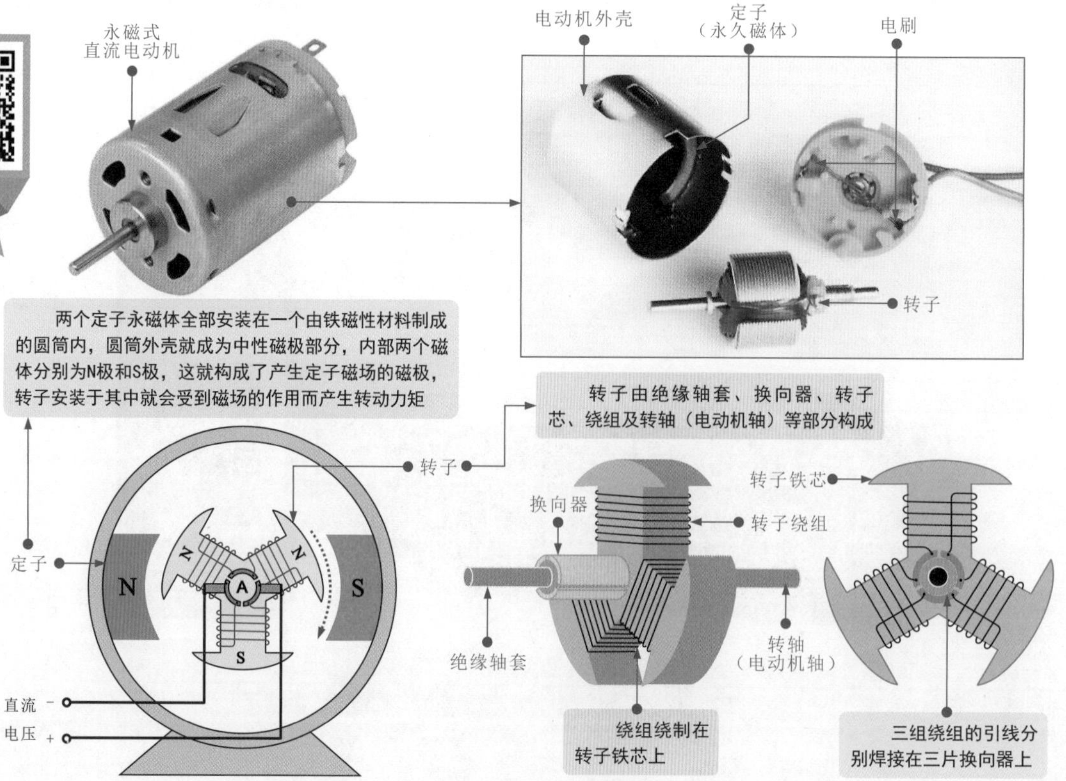

永磁式直流电动机

电动机外壳

定子（永久磁体）

电刷

转子

两个定子永磁体全部安装在一个由铁磁性材料制成的圆筒内，圆筒外壳就成为中性磁极部分，内部两个磁体分别为N极和S极，这就构成了产生定子磁场的磁极，转子安装于其中就会受到磁场的作用而产生转动力矩

转子由绝缘轴套、换向器、转子芯、绕组及转轴（电动机轴）等部分构成

转子

定子

N

S

N

N

A

S

直流 -

电压 +

换向器

转子铁芯

转子绕组

绝缘轴套

转轴（电动机轴）

绕组绕制在转子铁芯上

三组绕组的引线分别焊接在三片换向器上

图7-1 永磁式直流电动机的结构组成

7.1.2 永磁式直流电动机的原理

1 永磁式直流电动机的特性

根据电磁感应原理（左手定则），当导体在磁场中有电流流过时就会受到磁场的作用而产生转矩。这就是永磁式直流电动机的旋转机理。图7-2为永磁式直流电动机转矩的产生原理。

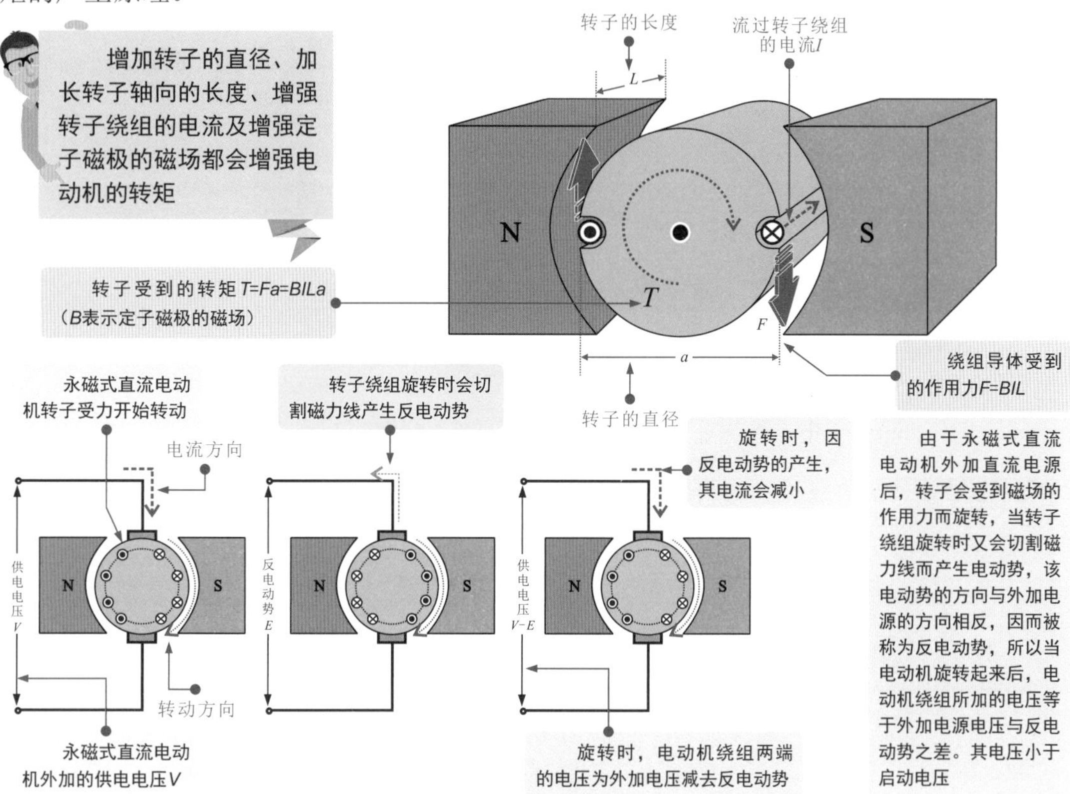

增加转子的直径、加长转子轴向的长度、增强转子绕组的电流及增强定子磁极的磁场都会增强电动机的转矩
转子的长度
L
流过转子绕组的电流I
N
S
T
F
a
转子受到的转矩T=Fa=BILa
（B表示定子磁极的磁场）
绕组导体受到的作用力F=BIL
转子的直径
永磁式直流电动机转子受力开始转动
转子绕组旋转时会切割磁力线产生反电动势
电流方向
旋转时，因反电动势的产生，其电流会减小
由于永磁式直流电动机外加直流电源后，转子会受到磁场的作用力而旋转，当转子绕组旋转时又会切割磁力线而产生电动势，该电动势的方向与外加电源的方向相反，因而被称为反电动势，所以当电动机旋转起来后，电动机绕组所加的电压等于外加电源电压与反电动势之差。其电压小于启动电压
供电电压V
电刷与整流子通过压力接触的方式为转子绕组供电，电流的方向随整流子与转子绕组的转动交替变化
工作时，转子绕组和整流子（换向器）旋转，定子永磁体和电刷不转，转子绕组中的电流是靠电刷传递的
反电动势E
供电电压V-E
转动方向
永磁式直流电动机外加的供电电压V
旋转时，电动机绕组两端的电压为外加电压减去反电动势

图7-2 永磁式直流电动机转矩的产生原理

2 永磁式直流电动机各主要部件的控制关系

图7-3为永磁式直流电动机中各主要部件的控制关系示意图。

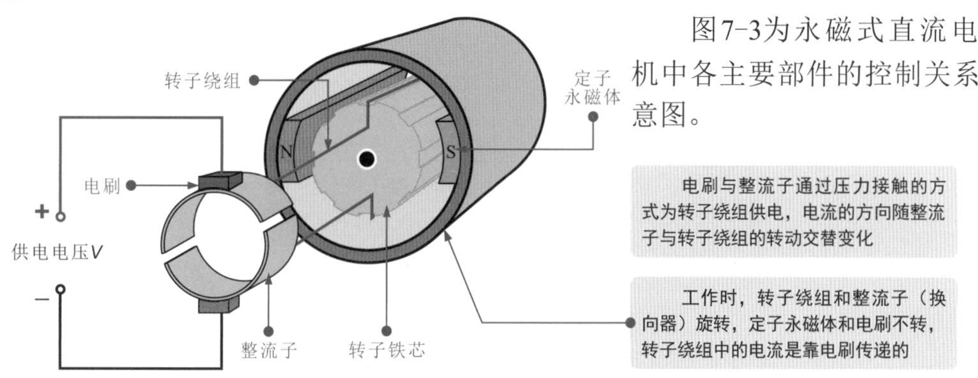

图7-3 永磁式直流电动机中各主要部件的控制关系示意图

3 永磁式直流电动机(两极转子)的转动原理

图7-4为永磁式直流电动机（两极转子）的转动原理。

转子0° 开始

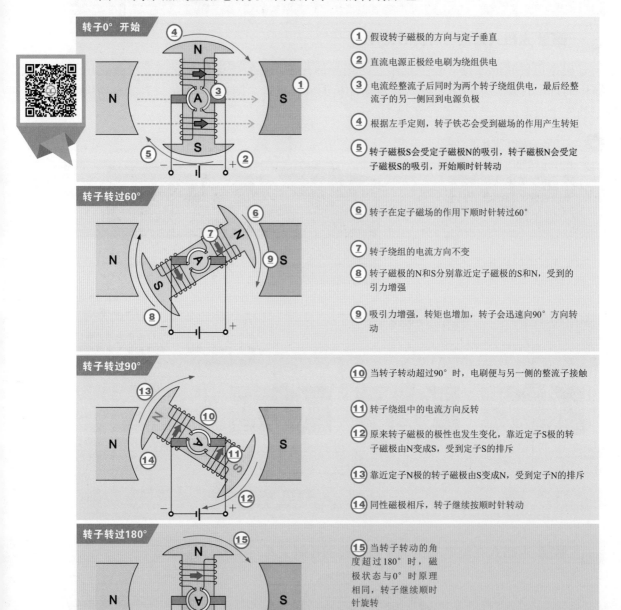

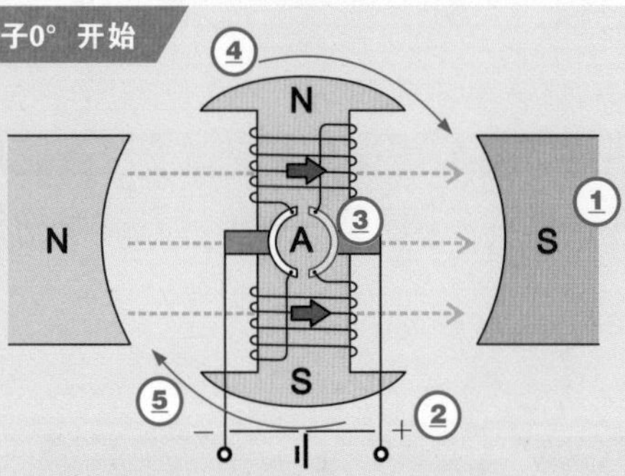

① 假设转子磁极的方向与定子垂直

② 直流电源正极经电刷为绕组供电

③ 电流经整流子后同时为两个转子绕组供电，最后经整流子的另一侧回到电源负极

④ 根据左手定则，转子铁芯会受到磁场的作用产生转矩

⑤ 转子磁极S会受定子磁极N的吸引，转子磁极N会受定子磁极S的吸引，开始顺时针转动

转子转过60°

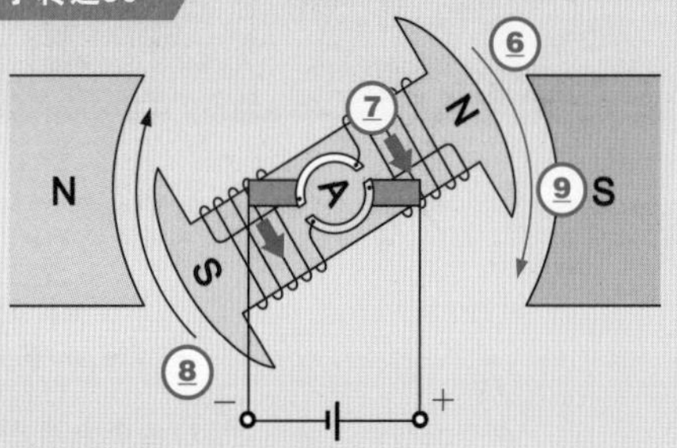

⑥ 转子在定子磁场的作用下顺时针转过60°

⑦ 转子绕组的电流方向不变

⑧ 转子磁极的N和S分别靠近定子磁极的S和N，受到的引力增强

⑨ 吸引力增强，转矩也增加，转子会迅速向90° 方向转动

转子转过90°

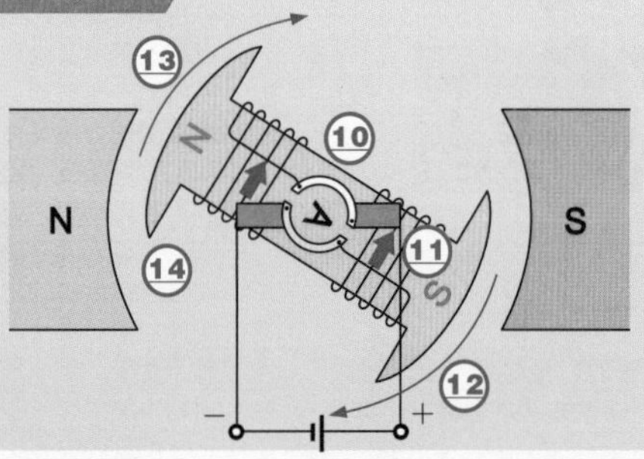

⑩ 当转子转动超过90° 时，电刷便与另一侧的整流子接触

⑪ 转子绕组中的电流方向反转

⑫ 原来转子磁极的极性也发生变化，靠近定子S极的转子磁极由N变成S，受到定子S的排斥

⑬ 靠近定子N极的转子磁极由S变成N，受到定子N的排斥

⑭ 同性磁极相斥，转子继续按顺时针转动

转子转过180°

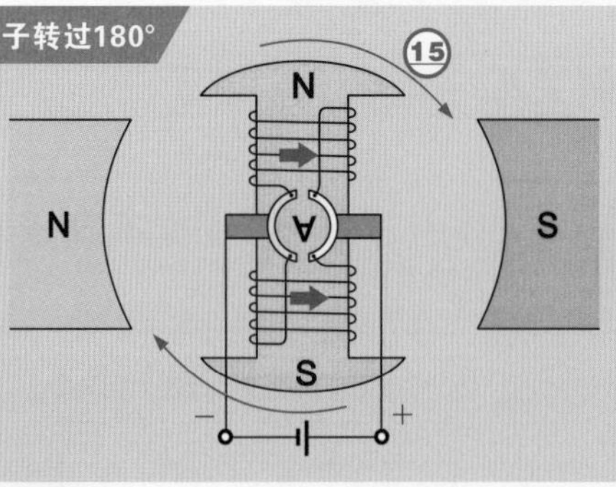

⑮ 当转子转动的角度超过180° 时，磁极状态与0° 时原理相同，转子继续顺时针旋转

图7-4 永磁式直流电动机（两极转子）的转动原理

转子转到90°时，电刷位于整流子的空档，转子绕组中的电流瞬间消失，转子磁场也消失，但转子由于惯性会继续顺时针转动。

4 永磁式直流电动机(三极转子)的转动原理

图7-5为永磁式直流电动机（三极转子）的转动原理。

转子0° 开始

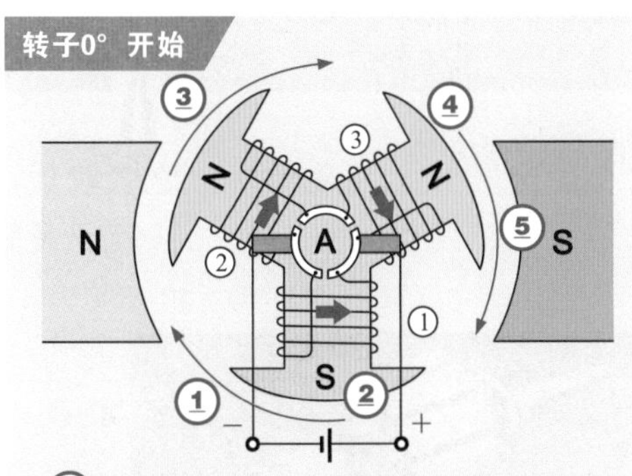

1 转子磁极①为S极，磁极②和磁极③为N极

2 S极处于中心，不受力

3 左侧的N与定子N靠近，两者相斥

4 右侧转子的N与定子S靠近，受到吸引

5 转子会受到顺时针的转矩而旋转

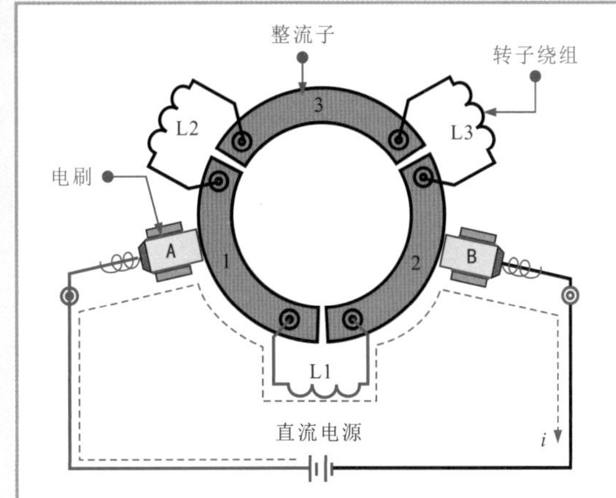

电刷压接在整流子上，直流电压经电刷A、整流子1、转子绕组L1、整流子2、电刷B形成回路，实现为转子绕组L1供电。

转子转过60°

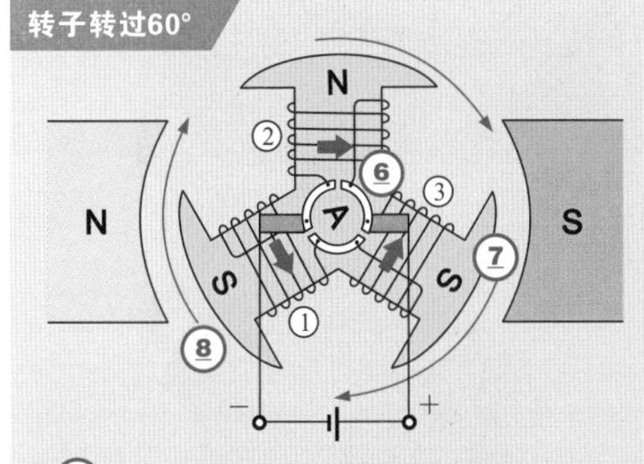

6 转子转过60°时，电刷与整流子相互位置发生变化

7 转子磁极③的极性由N变成了S，受到定子磁极S的排斥而继续顺时针旋转

8 转子①仍为S极，受到定子N极顺时针方向的吸引

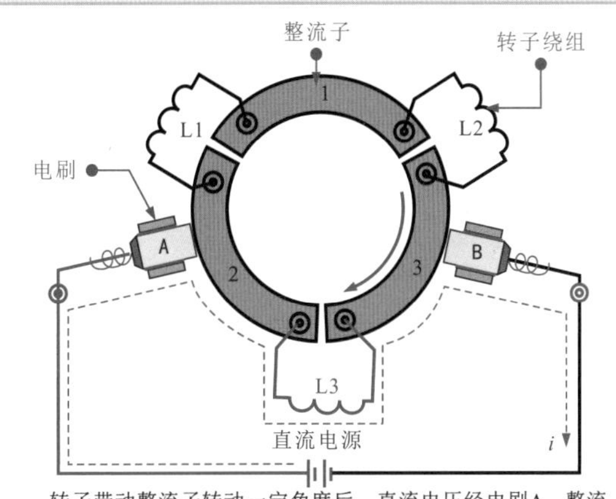

转子带动整流子转动一定角度后，直流电压经电刷A、整流子2、转子绕组L3、整流子3、电刷B形成回路，实现为转子绕组L3供电。

转子转过120°

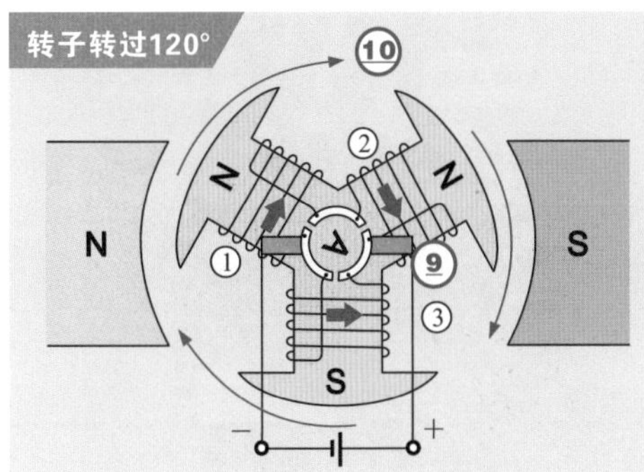

9 转子转过120°时，电刷与整流子的位置又发生变化

10 磁极由S变成N，与初始位置状态相同，转子继续顺时针转动

整流子的三片滑环会在与转子一同转动的过程中与两个电刷的刷片接触，从而获得电能

图7-5 永磁式直流电动机（三极转子）的转动原理

7.2 电磁式直流电动机

7.2.1 电磁式直流电动机的结构

如图7-6所示，电磁式直流电动机是将用于产生定子磁场的永磁体用电磁铁取代，定子铁芯上绕有绕组（线圈），转子部分是由转子铁芯、绕组（线圈）、整流子及转轴组成的。

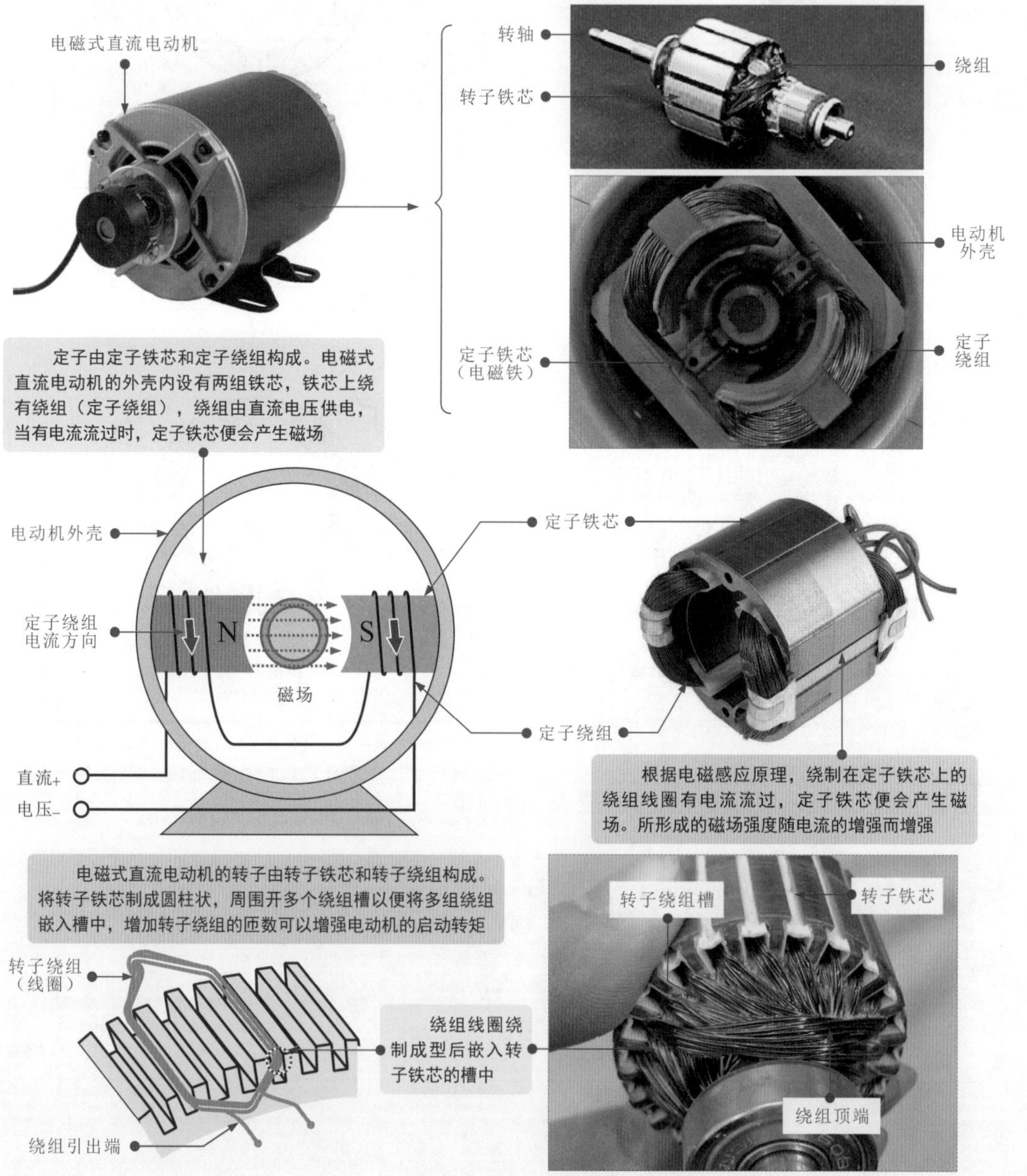

图7-6 电磁式直流电动机的结构组成

7.2.2 电磁式直流电动机的原理

1 他励式直流电动机的工作原理

他励式直流电动机的转子绕组和定子绕组分别接到各自的电源上。这种电动机需要两套直流电源供电。图7-7为他励式直流电动机的工作原理。

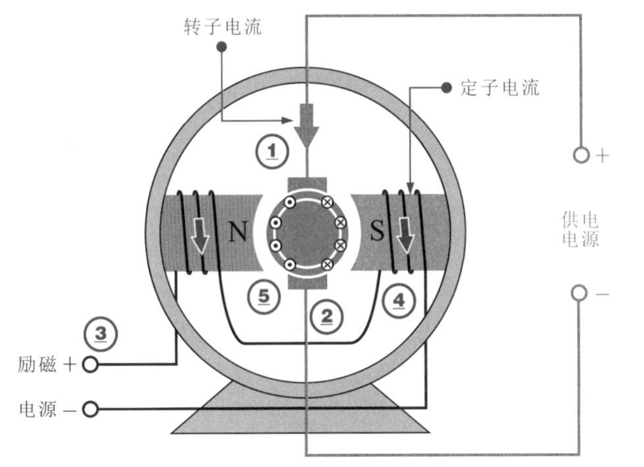

① 供电电源的正极经电刷、整流子为转子供电

② 直流电源经转子后，由另一侧的电刷、整流子回到电源负极

③ 励磁电源为定子绕组供电

④ 定子绕组中有电流流过产生磁场

⑤ 转子磁极受到定子磁场的作用产生转矩并旋转

图7-7　他励式直流电动机的工作原理

2 并励式直流电动机的工作原理

并励式直流电动机的转子绕组和定子绕组并联，由一组直流电源供电。电动机的总电流等于转子与定子电流之和。图7-8为并励式直流电动机的工作原理。

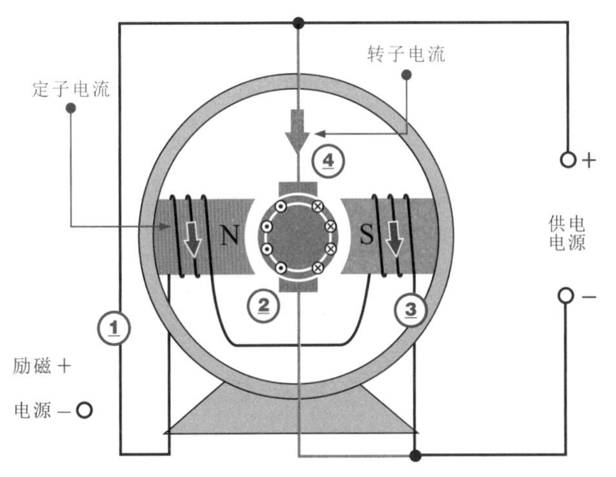

① 供电电源一路直接为定子绕组供电

② 供电电源的另一路经电刷、整流子后为转子供电

③ 定子绕组中有电流流过产生磁场

④ 转子磁极受到定子磁场的作用产生转矩并旋转

一般并励式电动机定子绕组的匝数很多，导线很细，具有较大的阻值

图7-8　并励式直流电动机的工作原理

3 串励式直流电动机的工作原理

串励式直流电动机的转子绕组和定子绕组串联，由一组直流电源供电。定子绕组中的电流就是转子绕组中的电流。图7-9为串励式直流电动机的工作原理。

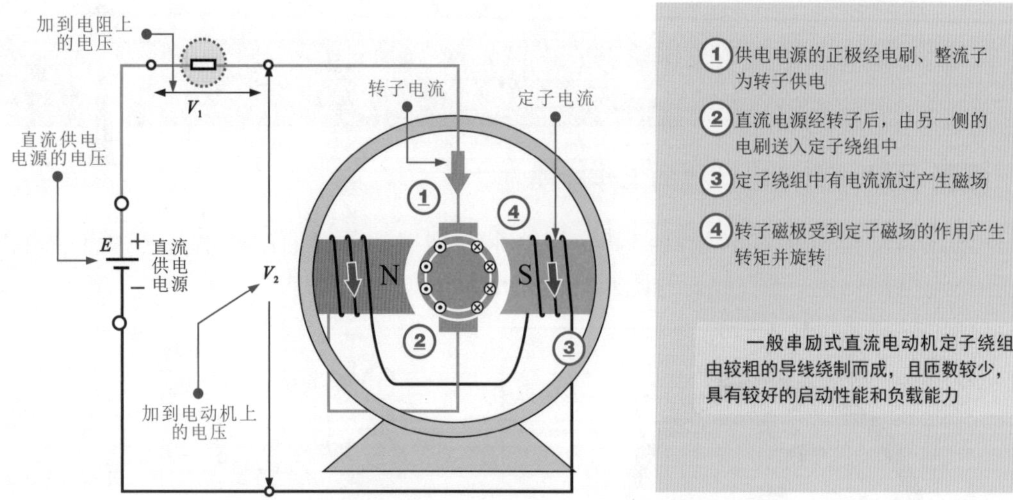

加到电阻上的电压
V_1
直流供电电源的电压
E + 直流供电电源 −
V_2
加到电动机上的电压
转子电流
定子电流
N
S
1 供电电源的正极经电刷、整流子为转子供电
2 直流电源经转子后，由另一侧的电刷送入定子绕组中
3 定子绕组中有电流流过产生磁场
4 转子磁极受到定子磁场的作用产生转矩并旋转
一般串励式直流电动机定子绕组由较粗的导线绕制而成，且匝数较少，具有较好的启动性能和负载能力

图7-9　串励式直流电动机的工作原理

在串励式直流电动机的电源供电电路中串入电阻，串励式直流电动机上的电压等于直流供电电源的电压减去电阻上的电压。因此，如果改变电阻器的阻值，则加在串励式直流电动机上的电压便会发生变化，而最终改变定子磁场的强弱，通过这种方式就可以调整电动机的转速。

4 复励式直流电动机的工作原理

复励式直流电动机的定子绕组设有两组：一组与电动机的转子串联；另一组与转子绕组并联。复励式直流电动机根据连接方式可分为和动式复合绕组电动机和差动式复合绕组电动机。图7-10为复励式直流电动机的工作原理。

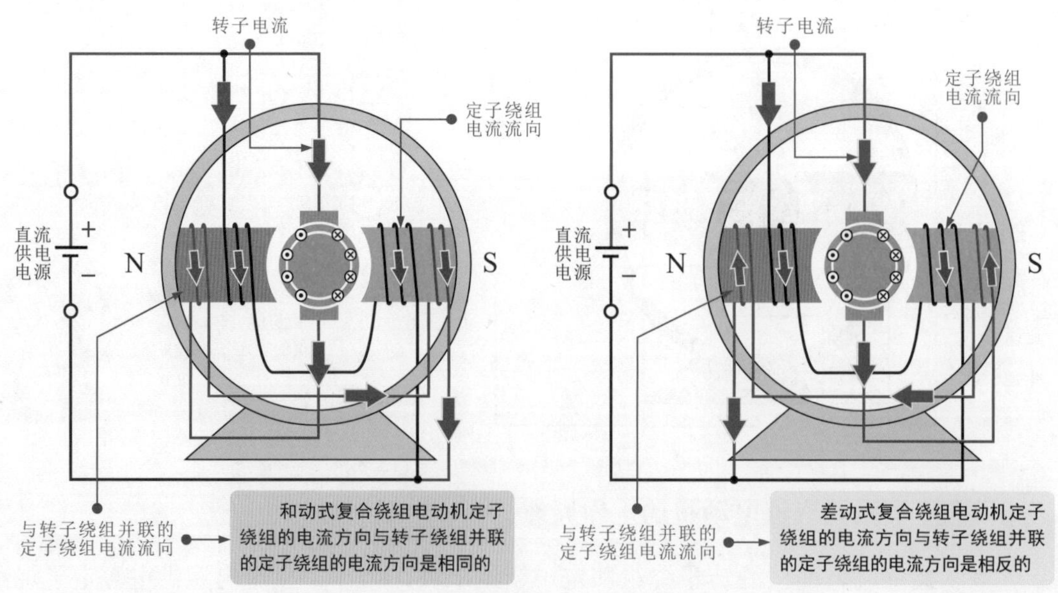

图7-10　复励式直流电动机的工作原理

7.3 有刷直流电动机

7.3.1 有刷直流电动机的结构

如图7-11所示，有刷直流电动机是指内部设置有电刷和换向器部件的一类直流电动机。有刷直流电动机主要由定子、转子、电刷和换向器等构成。

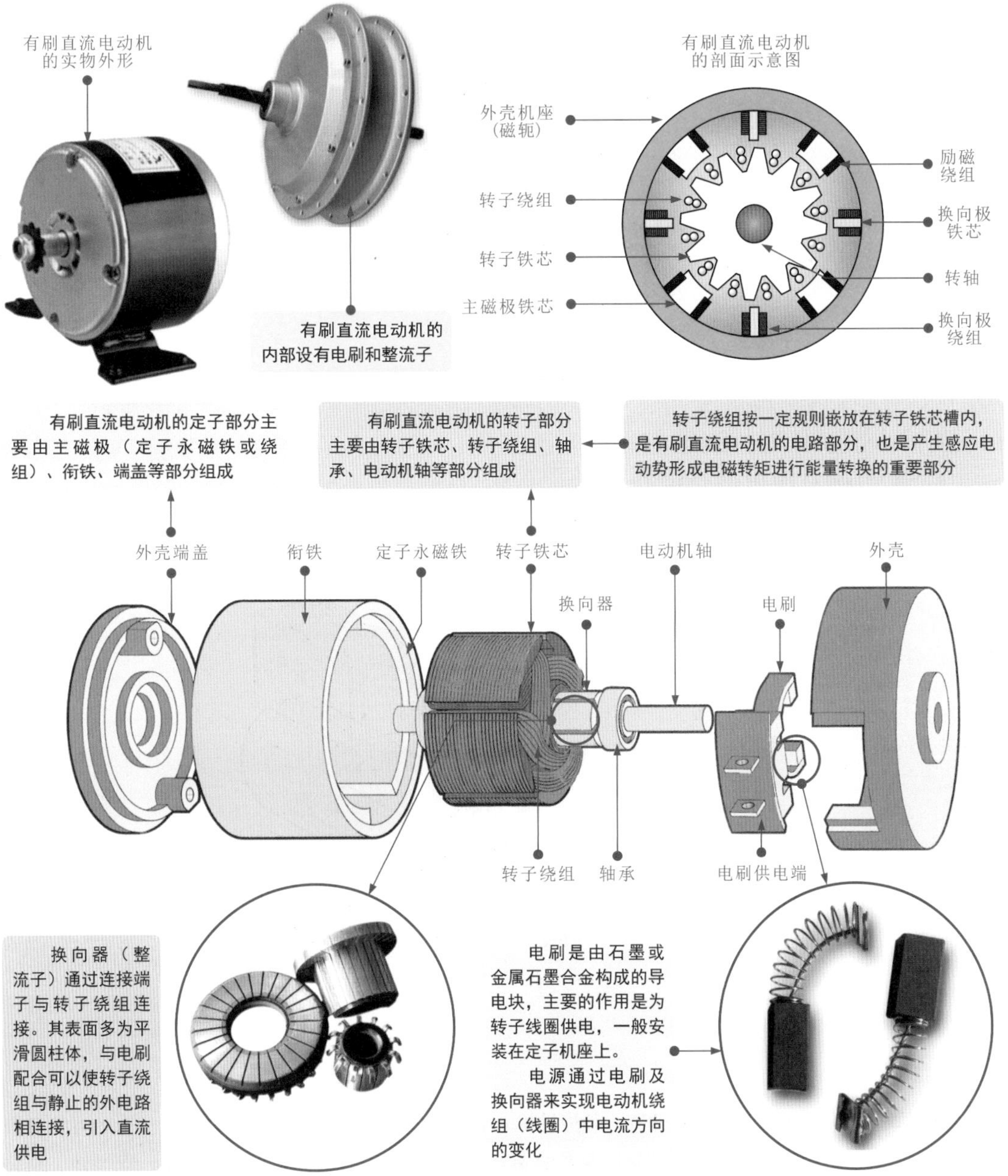

有刷直流电动机的实物外形

有刷直流电动机的内部设有电刷和整流子

有刷直流电动机的剖面示意图

外壳机座（磁轭）

转子绕组

转子铁芯

主磁极铁芯

励磁绕组

换向极铁芯

转轴

换向极绕组

有刷直流电动机的定子部分主要由主磁极（定子永磁铁或绕组）、衔铁、端盖等部分组成

有刷直流电动机的转子部分主要由转子铁芯、转子绕组、轴承、电动机轴等部分组成

转子绕组按一定规则嵌放在转子铁芯槽内，是有刷直流电动机的电路部分，也是产生感应电动势形成电磁转矩进行能量转换的重要部分

外壳端盖　衔铁　定子永磁铁　转子铁芯　电动机轴　外壳

换向器　电刷

转子绕组　轴承　电刷供电端

换向器（整流子）通过连接端子与转子绕组连接。其表面多为平滑圆柱体，与电刷配合可以使转子绕组与静止的外电路相连接，引入直流供电

电刷是由石墨或金属石墨合金构成的导电块，主要的作用是为转子线圈供电，一般安装在定子机座上。

电源通过电刷及换向器来实现电动机绕组（线圈）中电流方向的变化

图7-11　有刷直流电动机的结构组成

7.3.2 有刷直流电动机的原理

1 有刷直流电动机的工作原理

有刷直流电动机工作时，绕组和换向器旋转，主磁极（定子）和电刷不旋转，直流电源经电刷加到转子绕组上，绕组电流方向的交替变化是随电动机转动的换向器及与其相关的电刷位置变化而变化的。图7-12为有刷直流电动机的工作原理。

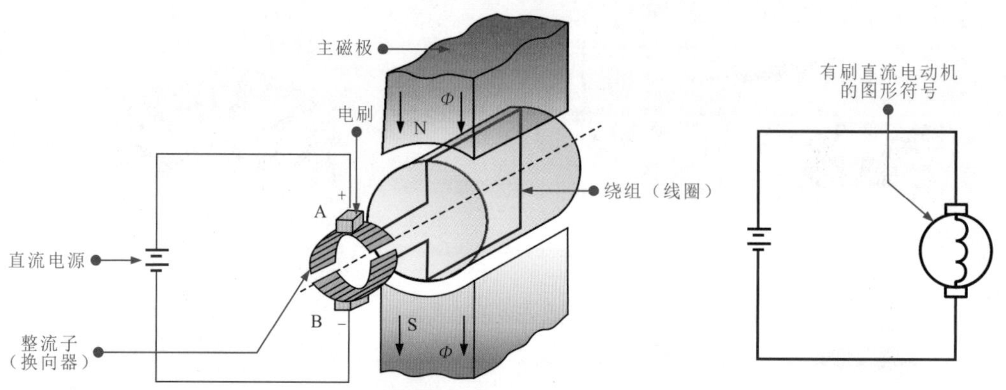

图7-12 有刷直流电动机的工作原理

2 有刷直流电动机的转动过程

图7-13为有刷直流电动机接通电源瞬间的工作过程（假设初始位置为0°）。

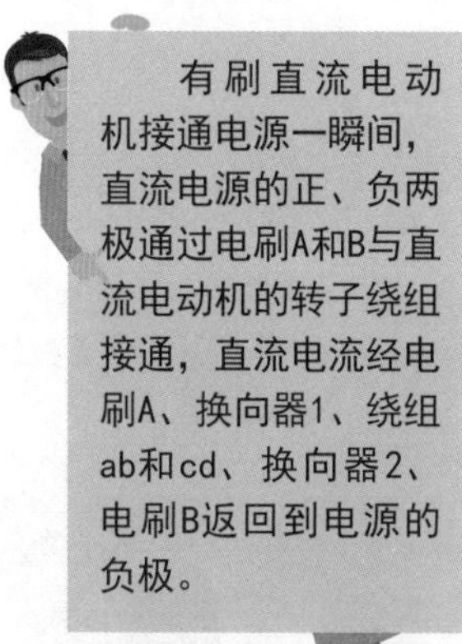

有刷直流电动机接通电源一瞬间，直流电源的正、负两极通过电刷A和B与直流电动机的转子绕组接通，直流电流经电刷A、换向器1、绕组ab和cd、换向器2、电刷B返回到电源的负极。

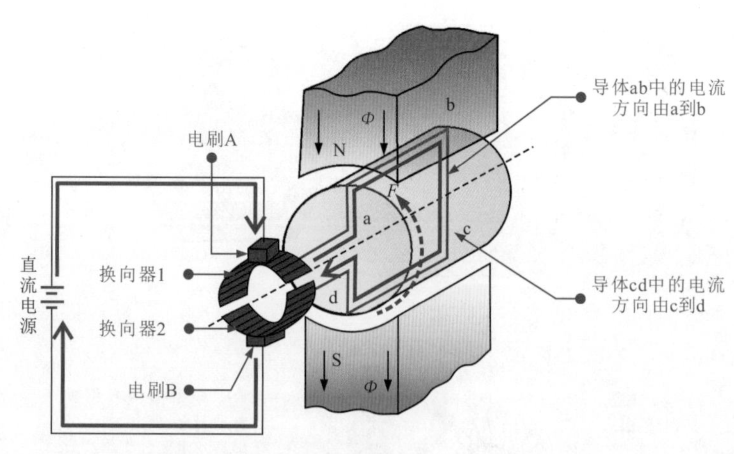

图7-13 有刷直流电动机接通电源瞬间的工作过程

根据电磁感应理论，载流导体ab和cd在磁场中受到电磁力的作用，受力的方向可根据左手定则判断。因此，两者的受力方向均为逆时针方向，这样就产生一个转矩，从而使转子铁芯逆时针方向旋转。

图7-14为有刷直流电动机转子转到90°时的工作过程。

当有刷直流电动机转子转到90°时，绕组的两边处于磁场物理中性面，且电刷不与换向片接触，绕组中无电流流过，F=0，转矩消失。

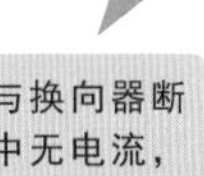

电刷与换向器断开，绕组中无电流，转矩也为0，但由于机械惯性作用，转子将冲过一个角度继续转动

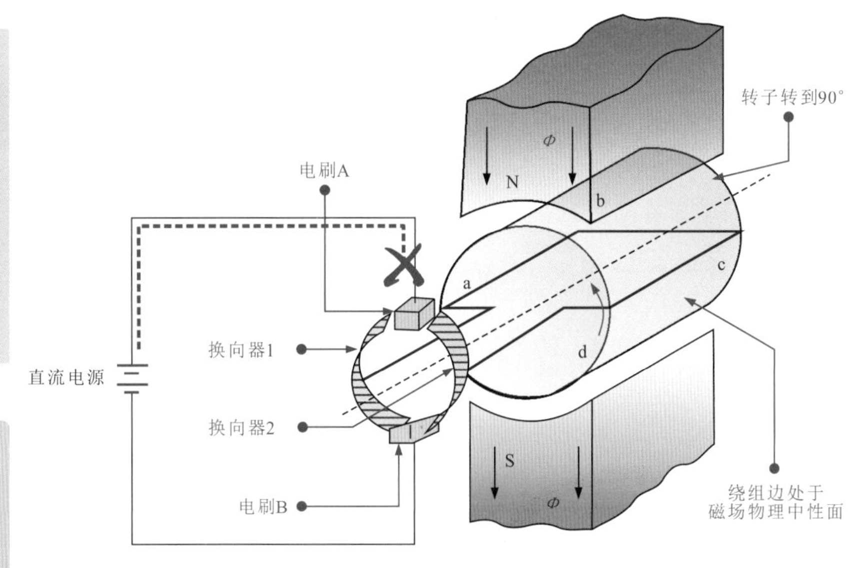

图7-14 有刷直流电动机转子转到90°时的工作过程

图7-15为有刷直流电动机转子接近180°时的工作过程。

转子转过90°后，电刷A会与换向器2接触，电刷B会与换向器1接触，这时绕组中又有电流流过，此时直流电流经电刷A、换向器2，绕组dc和ba、换向器1、电刷B返回到电源的负极。

转子绕组从一个磁极范围经过中性面到了相对的异性磁极范围时，通过绕组的电流方向已改变一次，因此转子的转动方向保持不变。改变绕组中的电流方向是靠换向器和电刷来完成的

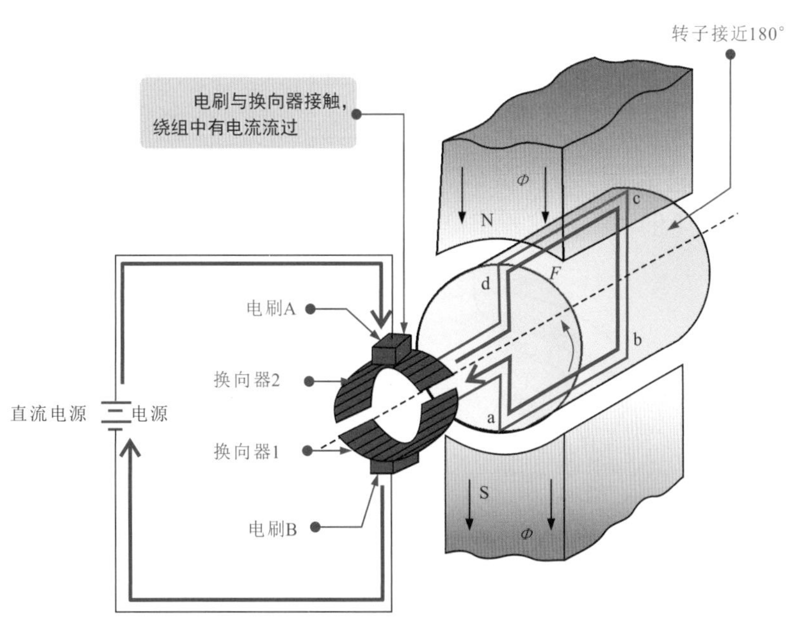

图7-15 有刷直流电动机转子接近180°时的工作过程

7.4 无刷直流电动机

7.4.1 无刷直流电动机的结构

无刷直流电动机是指没有电刷和换向器的电动机，其转子是由永久磁钢制成的，绕组绕制在定子上。

如图7-16所示，无刷直流电动机外形多样，但基本结构相同，都是由外壳、转轴、轴承、定子绕组、转子磁钢、霍尔元件等构成的。

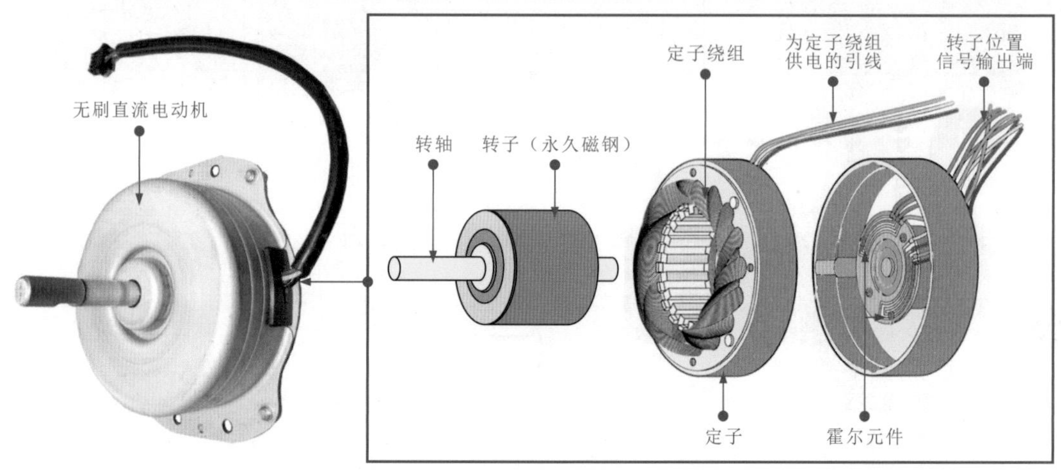

图7-16　无刷直流电动机的结构组成

如图7-17所示，无刷直流电动机中的霍尔元件是电动机中的传感器件，一般被固定在电动机的定子上。霍尔元件用于检测转子磁极的位置，以便借助该位置信号控制定子绕组中的电流方向和相位，并驱动转子旋转。

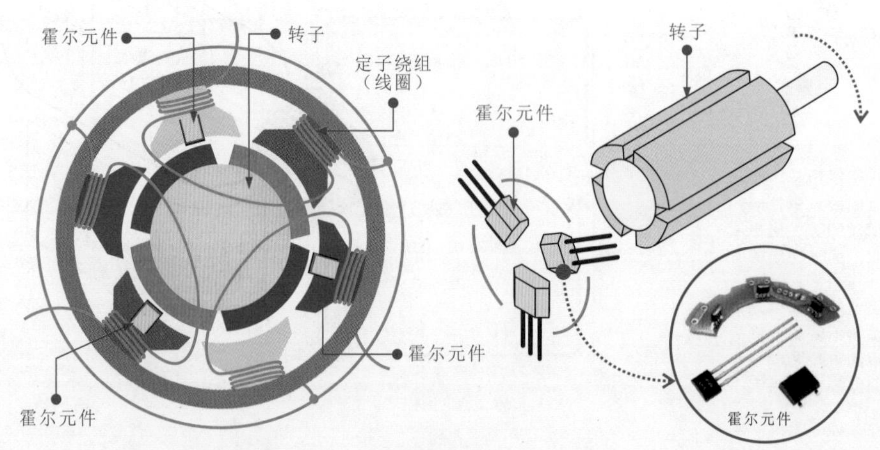

图7-17　无刷直流电动机内的霍尔元件

7.4.2 无刷直流电动机的原理

1 无刷电动机的工作原理

无刷直流电动机定子绕组必须根据转子的磁极方位切换其中的电流方向，才能使转子连续旋转，因此在无刷直流电动机内必须设置一个转子磁极位置的传感器，这种传感器通常采用霍尔元件。图7-18 为典型霍尔元件的工作原理。

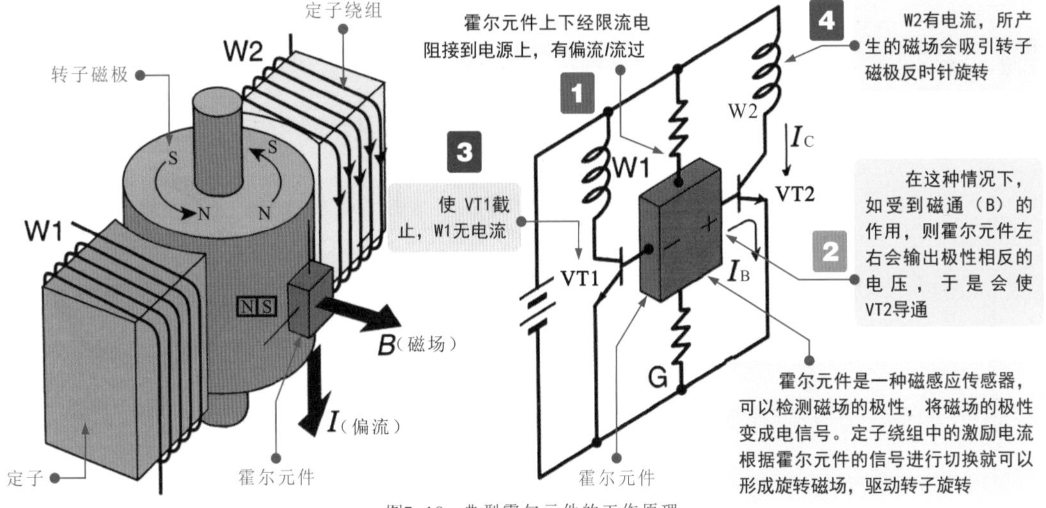

图7-18 典型霍尔元件的工作原理

如图7-19所示，霍尔元件安装在无刷直流电动机靠近转子磁极的位置，输出端分别加到两个晶体三极管的基极，用于输出极性相反的电压，控制晶体三极管导通与截止，从而控制绕组中的电流，使其绕组产生磁场，吸引转子连续运转。

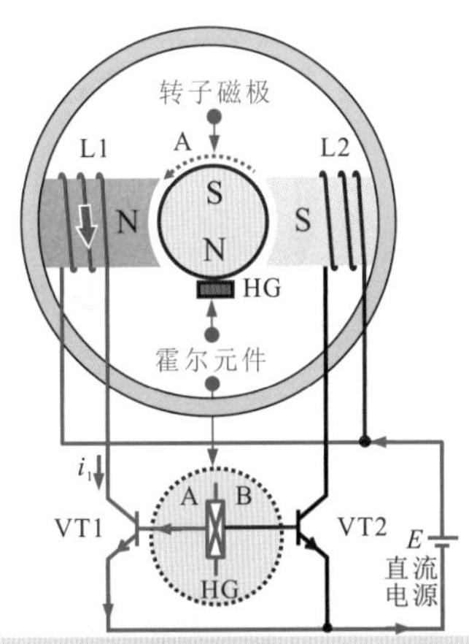

当N极靠近霍尔元件时，霍尔元件感应磁场信号，并转换成电信号，即其AB端输出左右极性的电信号，A为正、B为负，VT1导通、VT2截止，L1绕组中有电流，L2无电流，L1产生的磁场N极吸引S极，排斥N极，使转子逆时针方向运动

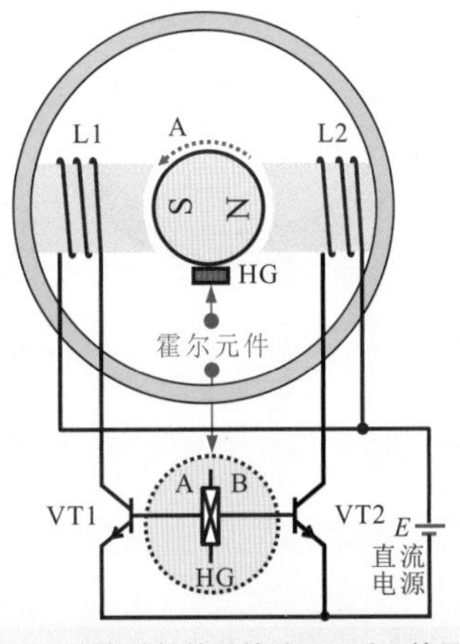

当电动机转子转动90°后，转子磁极位置（N、S）发生变化，霍尔元件处于转子磁极N、S的中性位置，无磁场信号，此时霍尔元件无任何信号输出，VT1、VT2均截止，无电流流过，电动机的转子因惯性而继续转动

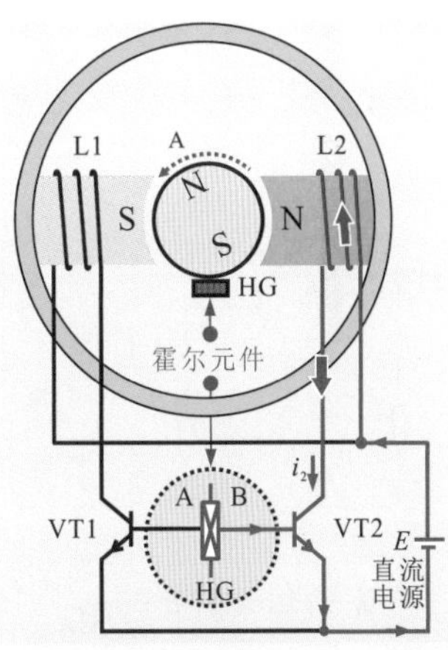

转子再次转过90°后，S极转到霍尔元件的位置，霍尔元件受到与前次相反的磁极作用，输出B为正，A为负，则VT2导通，VT1截止，L2绕组有电流，靠近转子一侧产生磁场N，并吸引转子S极，使转子继续按逆时针方向转动

图7-19 霍尔元件对无刷直流电动机的控制过程

2 无刷直流电动机的控制方式

上述无刷直流电动机的结构中有两个死点（区），即当转子转动到N、S极之间的位置为中性点，在此位置霍尔元件感受不到磁场，因而无输出，则定子绕组也会无电流，电动机只能靠惯性转动，如果恰巧电动机停在此位置，则会无法启动。为了克服上述问题，在实践中也开发出多种方式。

图7-20为无刷直流电动机所采用的单极性三相半波通电方式转子转到图示位置时的工作过程。

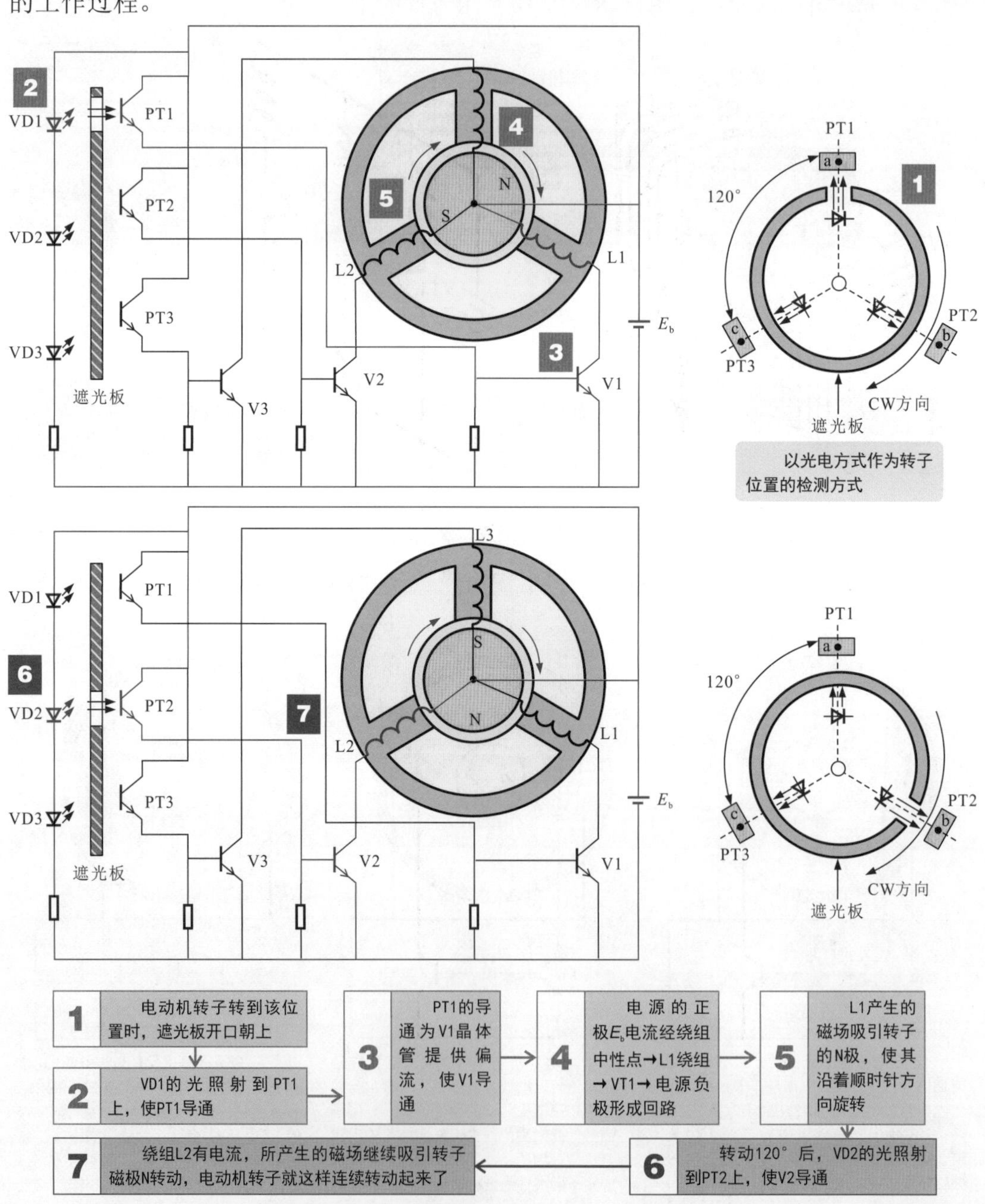

图7-20 无刷直流电动机单极性三相半波通电方式的工作过程

转轴
转子
（永久磁钢）
霍尔元件
定子线圈
L1
L2
L3
L4
HG1
HG2
N
S

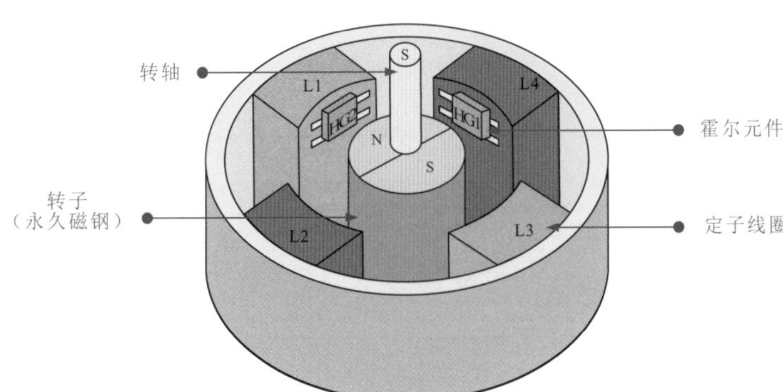

如图7-21所示，单极性两相半波通电方式中的无刷直流电动机中设有两个霍尔元件按90°分布，转子为单极（N、S）永久磁钢，定子绕组为两相4个励磁绕组。

图7-21　单极性两相半波通电方式无刷直流电动机的内部结构

如图7-22所示，该类型的无刷直流电动机为了形成旋转磁场，由4个晶体三极管V1～V4驱动各自的绕组，转子位置的检测由两个霍尔元件担当。

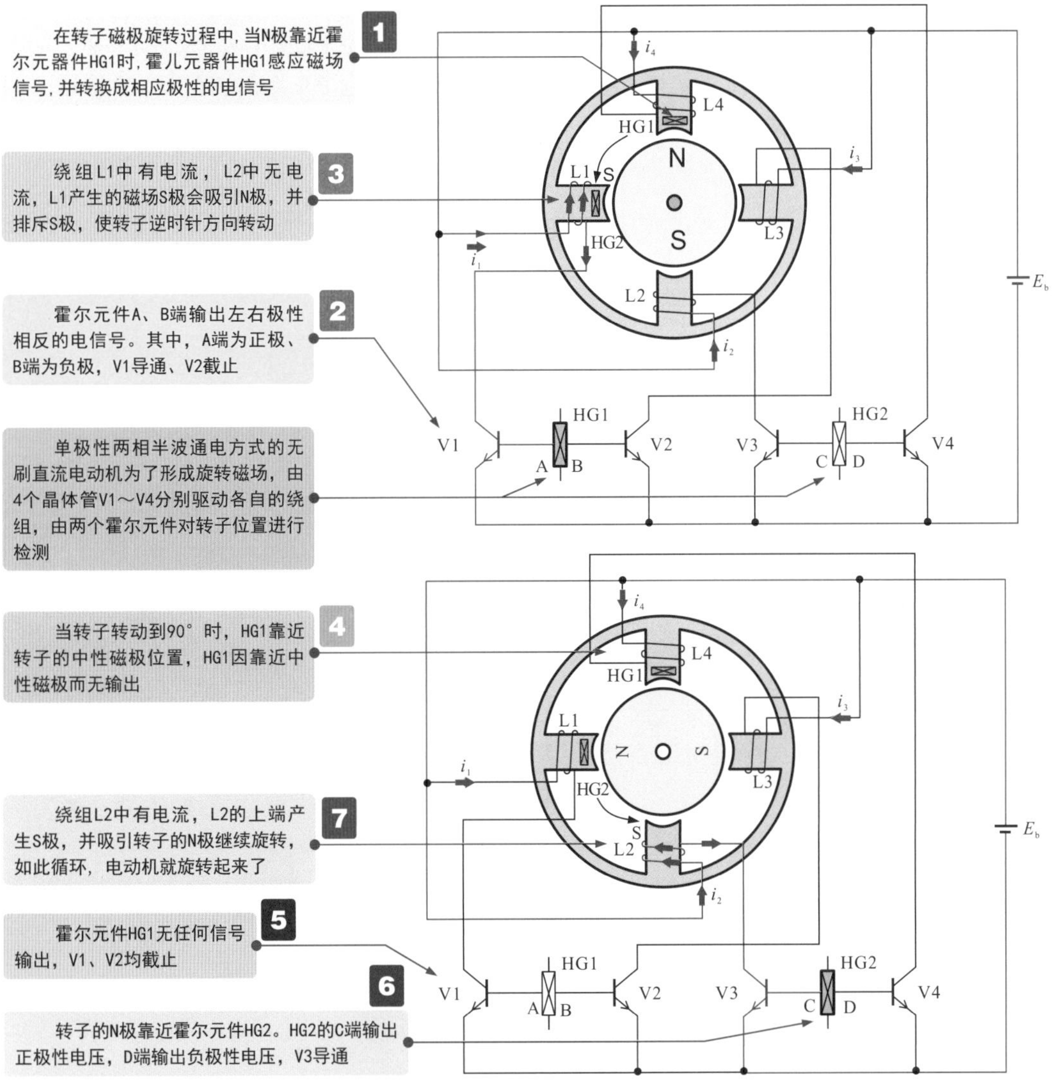

1
在转子磁极旋转过程中，当N极靠近霍尔元器件HG1时，霍儿元器件HG1感应磁场信号，并转换成相应极性的电信号
3
绕组L1中有电流，L2中无电流，L1产生的磁场S极会吸引N极，并排斥S极，使转子逆时针方向转动
2
霍尔元件A、B端输出左右极性相反的电信号。其中，A端为正极、B端为负极，V1导通、V2截止
单极性两相半波通电方式的无刷直流电动机为了形成旋转磁场，由4个晶体管V1～V4分别驱动各自的绕组，由两个霍尔元件对转子位置进行检测
4
当转子转动到90°时，HG1靠近转子的中性磁极位置，HG1因靠近中性磁极而无输出
7
绕组L2中有电流，L2的上端产生S极，并吸引转子的N极继续旋转，如此循环，电动机就旋转起来了
5
霍尔元件HG1无任何信号输出，V1、V2均截止
6
转子的N极靠近霍尔元件HG2。HG2的C端输出正极性电压，D端输出负极性电压，V3导通
L1
L2
L3
L4
HG1
HG2
N
S
V1
V2
V3
V4
A
B
C
D
i_1
i_2
i_3
i_4
E_b

图7-22　单极性两相半波通电方式的工作过程

如图7-23所示，双极性无刷直流电动机中定子绕组的结构和连接方式可以分为三角形连接方式和星形连接方式。

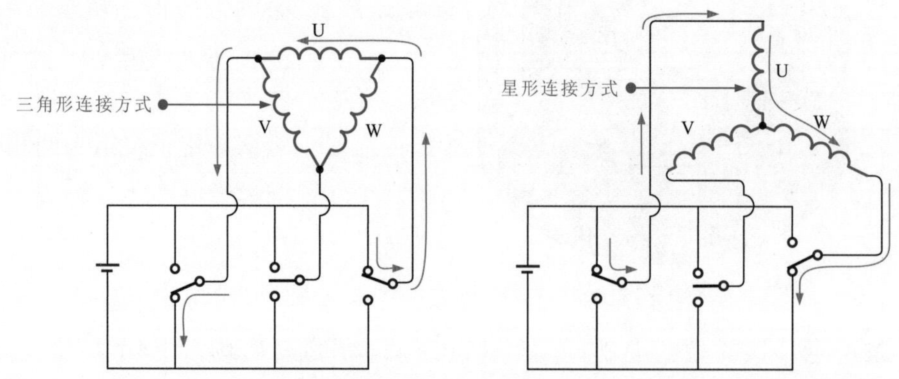

图7-23　双极性无刷直流电动机定子绕组的结构和连接方式

双极性无刷直流电动机通过切换开关，可以使定子绕组中的电流循环导通，并形成旋转磁场。所谓双极性，是指绕组中的电流方向在电子开关的控制下可双向流动，单极性绕组中的电流只能单向流动。

图7-24为双极性无刷直流电动机三角形绕组的工作过程（循环一周的开关状态和电流通路）。

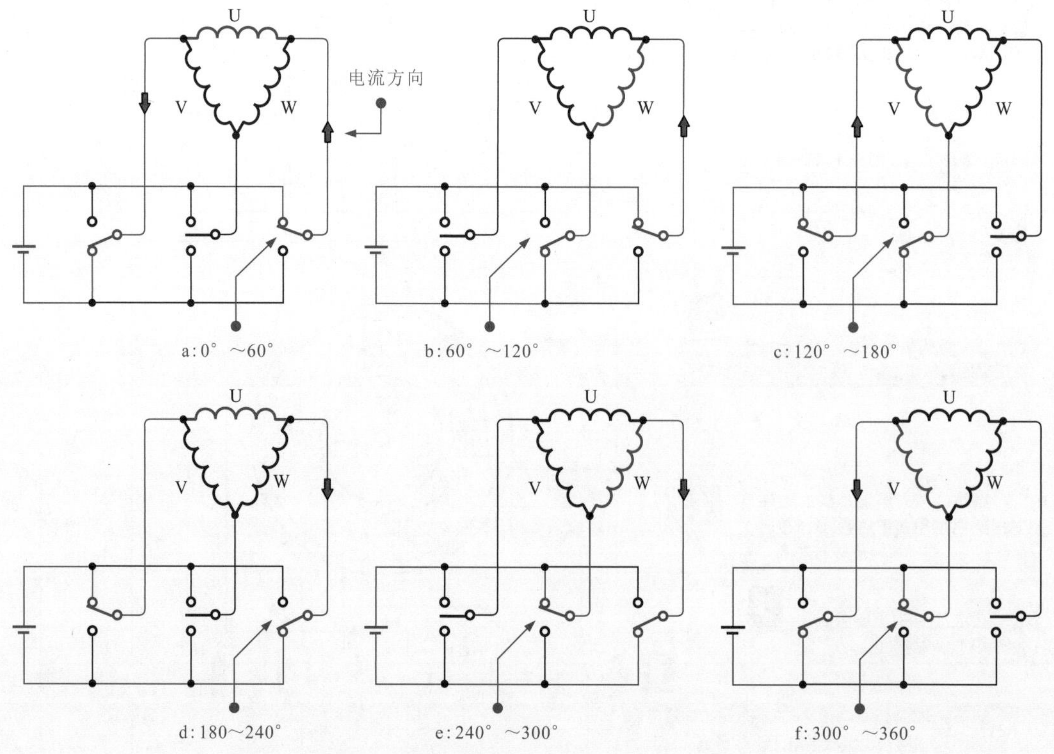

图7-24　双极性无刷直流电动机三角形绕组的工作过程

7.5 交流同步电动机

7.5.1 交流同步电动机的结构

交流同步电动机是指转动速度与供电电源频率同步的电动机。这种电动机工作在电源频率恒定的条件下，其转速也恒定不变，与负载无关。

交流同步电动机在结构上有两种，即转子用直流电驱动励磁的同步电动机和转子不需要励磁的同步电动机。

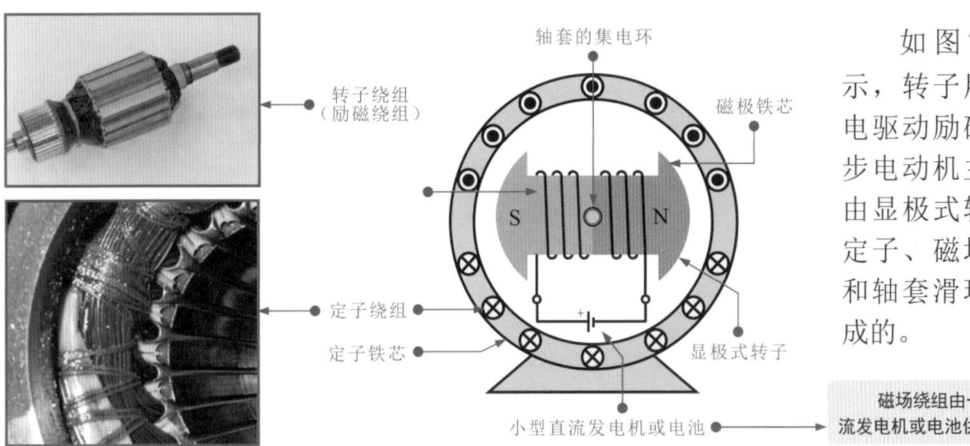
轴套的集电环
转子绕组
（励磁绕组）
磁极铁芯
S
N
定子绕组
定子铁芯
显极式转子
小型直流发电机或电池
磁场绕组由一个小型直流发电机或电池供电

图7-25 转子用直流电驱动励磁的同步电动机结构

如图7-25所示，转子用直流电驱动励磁的同步电动机主要是由显极式转子、定子、磁场绕组和轴套滑环等构成的。

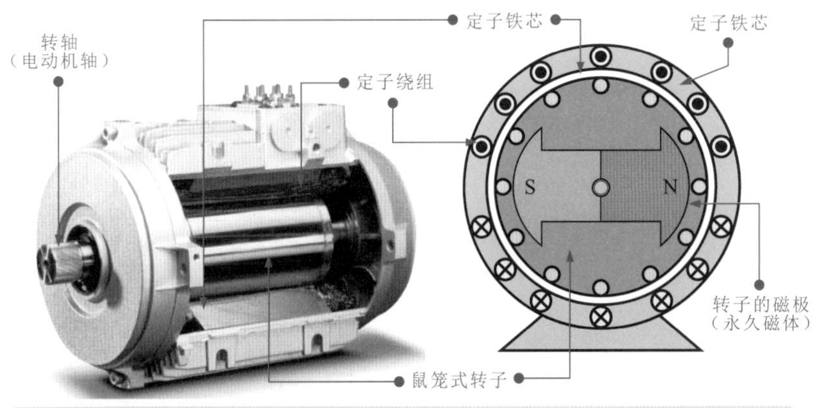
转轴
（电动机轴）
定子铁芯
定子铁芯
定子绕组
S
N
转子的磁极
（永久磁体）
鼠笼式转子
鼠笼式转子磁极用来产生启动转矩，当电动机的转速到达一定值时，转子的显极就跟踪定子绕组的电流频率达到同步，显极的极性是由定子感应出来的，它的极数与定子的极数相等，当转子的速度达到一定值后，转子上的鼠笼式绕组就失去作用，靠转子磁极跟踪定子磁极，使其同步

图7-26 转子不需要励磁的同步电动机结构

如图7-26所示，转子不需要励磁的同步电动机主要由显极式转子和定子构成。显极式的表面切成平面，并装有鼠笼式绕组。转子磁极是由磁钢制成的，具有保持磁性的特点，用来产生启动转矩。

提示说明

同步电动机的转子转速$n=60f/p$（f为电源频率，p为电动机中磁极的对数）。
如果磁极对数为1，电源频率为50Hz，则电动机的转速为60×50/1=3000转/分。
如果磁极对数为2，则转速为60×50/2=1500转/分。

7.5.2 交流同步电动机的原理

如图7-27所示，如果电动机的转子是一个永磁体，具有N、S磁极，当该转子置于定子磁场中时，定子磁场的磁极N吸引转子磁极S，定子磁极S吸引转子磁极N。如果此时使定子磁极转动时，则由于磁力的作用，因此转子也会随之转动，这就是交流同步电动机的转动原理。

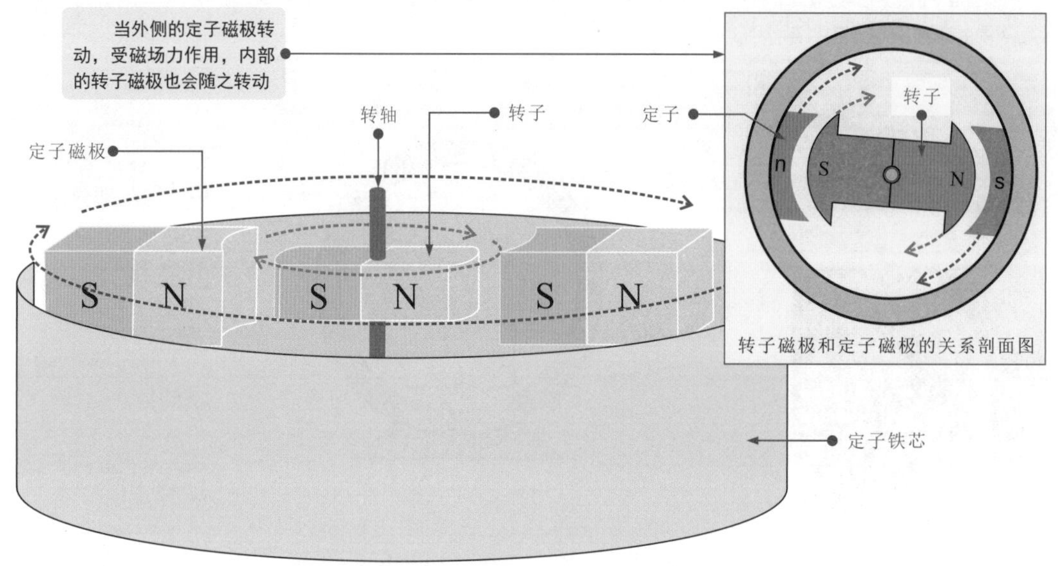

图7-27　交流同步电动机的转动原理

若三相绕组通三相电源代替永磁磁极，则定子绕组在三相交流电源的作用下会形成旋转磁场，定子本身不需要转动，同样可以使转子跟随磁场旋转，如图7-28所示。

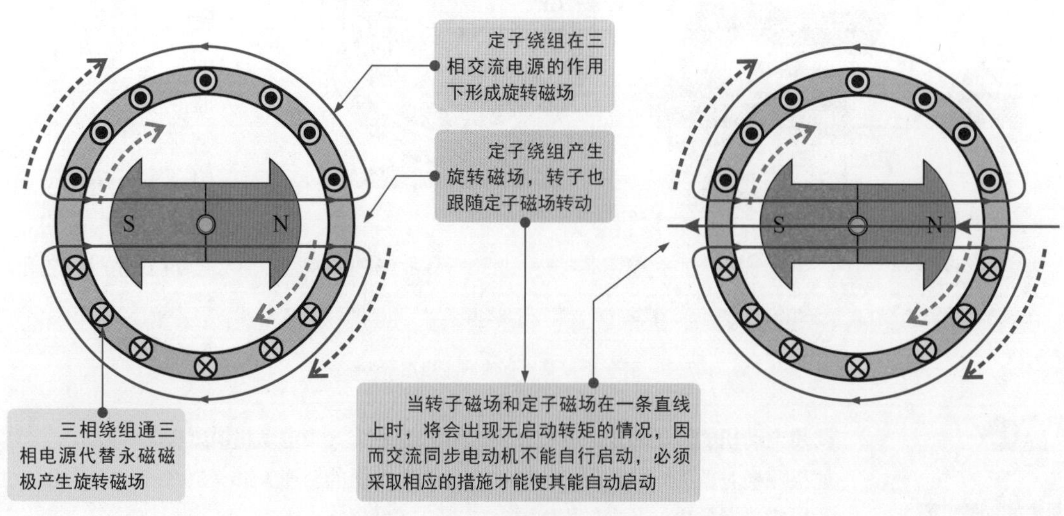

图7-28　交流同步电动机通三相电源的转动原理

7.6 交流异步电动机

7.6.1 交流异步电动机的结构

交流异步电动机是指电动机的转动速度与供电电源的频率不同步，其转速始终低于同步转速的一类电动机。

根据供电方式不同，交流异步电动机主要分为单相交流异步电动机和三相交流异步电动机两种。

如图7-29所示，单相交流异步电动机是指采用单相电源（一根相线、一根零线构成的交流220V电源）进行供电的交流异步电动机。其主要由定子、转子、转轴、轴承、端盖等部分构成的。

端盖
定子
转子
端盖
轴承和垫片
转轴
轴承和垫片
单相交流电动机的定子主要是由定子铁芯、定子绕组和引出线等部分构成的
单相交流异步电动机的转子指电动机工作时发生转动的部分，目前，主要有鼠笼型转子和绕线型转子（换向器型）两种结构
定子绕组
定子铁芯
定子铁芯的层叠结构
转子铁芯（层叠结构）
转轴
鼠笼型转子
笼型导体
绕线转子是将绕组绕在转子铁芯上，绕组的引线分别接到换向器的导体上（多个铜片安装在轴的绝缘套上）
换向器
绕组（线圈）
转子铁芯
转轴（电动机轴）
绕线型转子

图7-29 单相异步电动机的结构

三相交流电动机是指具有三相绕组，并由三相交流电源供电的电动机。该电动机的转矩较大、效率较高，多用于大功率动力设备中。

如图7-30所示，三相交流异步电动机与单相交流异步电动机的结构相似，同样是由定子、转子、转轴、轴承、端盖、外壳等部分构成的。

转子铁芯
风扇
轴承
外壳
定子铁芯
接线盒
端盖
转轴
定子绕组
端盖
外壳
端盖
风扇罩
接线盒
轴承
转子部分
风扇
三相交流异步电动机的定子部分通常安装固定在电动机外壳内，与外壳制成一体。在通常情况下，三相交流异步电动机的定子部分主要是由定子绕组和定子的铁芯部分构成的
转子是三相交流异步电动机的旋转部分，通过感应电动机定子形成的旋转磁场，产生感应转矩而转动。
三相交流异步电动机的转子有两种结构形式，即鼠笼型和绕线型
定子绕组
定子铁芯
笼型导体
转轴
笼型转子
转子铁芯（层叠结构）
转子绕组
集电环
线绕型转子
转轴
转子铁芯（层叠结构）

图7-30　三相异步电动机的结构

7.6.2 交流异步电动机的原理

交流异步电动机是在交流供电的条件下，通过转子转动，最终实现将电能转换成机械能的电气设备。

下面我们分别了解单相交流异步电动机和三相交流异步电动机实现这一转换的基本过程。

1 单相交流异步电动机的工作原理

单相交流异步电动机在单相交流供电的条件下工作，工作原理如图7-31所示。

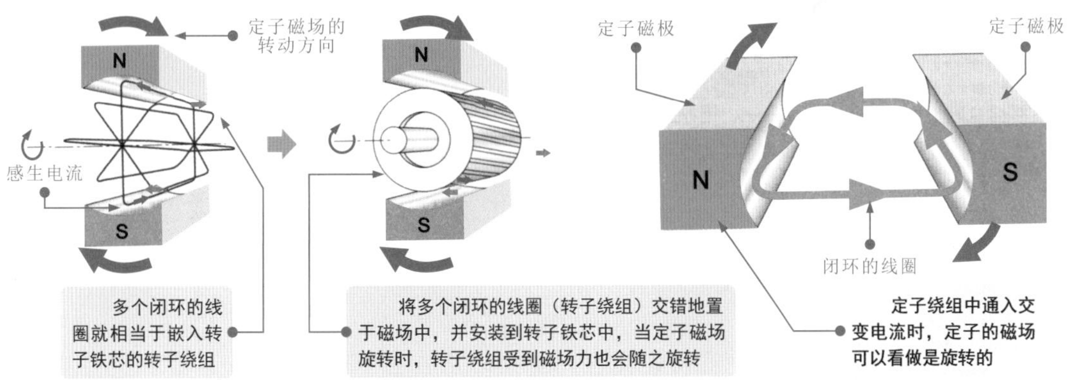

定子磁场的
转动方向
N
S
感生电流
多个闭环的线圈就相当于嵌入转子铁芯的转子绕组
将多个闭环的线圈（转子绕组）交错地置于磁场中，并安装到转子铁芯中，当定子磁场旋转时，转子绕组受到磁场力也会随之旋转
定子磁极
定子磁极
闭环的线圈
定子绕组中通入交变电流时，定子的磁场可以看做是旋转的

图7-31 单相交流异步电动机的工作原理

将闭环的线圈（绕组）置于磁场中，交变的电流加到定子绕组中，所形成的磁场是变化的，闭环的线圈受到磁场的作用会产生电流，从而产生转动力矩。

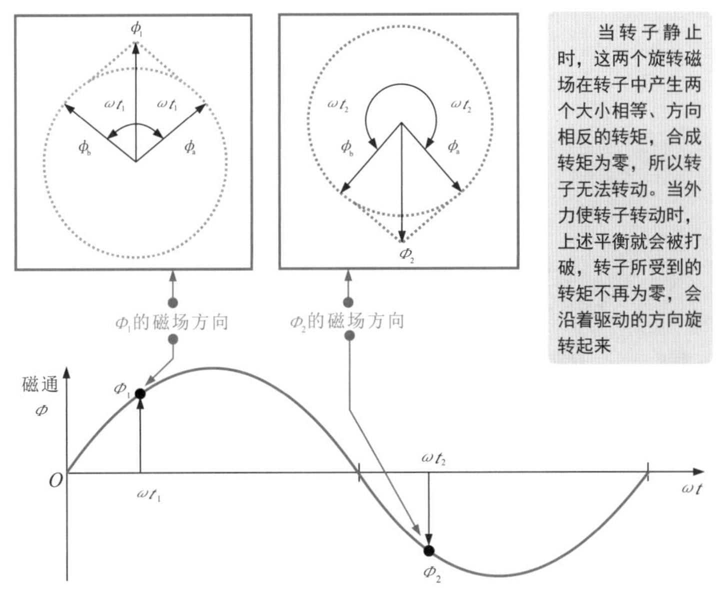

图7-32 单相交流异步电动机定子交变磁场的分解

单相交流电是一种频率为50 Hz的正弦交流电。如果电动机定子只有一个运行绕组，则当单相交流电加到电动机的定子绕组上时，定子绕组就会产生交变的磁场。该磁场的强弱和方向是随时间按正弦规律变化的，但在空间上是固定的。

如图7-32所示，这个磁场可以分解为两个以相同转矩和旋转方向互为相反的旋转磁场。

如图7-33所示，要使单相交流异步电动机能自动启动，通常在电动机的定子上增加一个启动绕组，启动绕组与运行绕组在空间上相差90°。外加电源经电容或电阻接到启动绕组上，启动绕组的电流与运行绕组相差90°，这样在空间上相差90°的绕组，在外电源的作用下形成相差90°的电流，于是空间上就形成了两相旋转磁场。

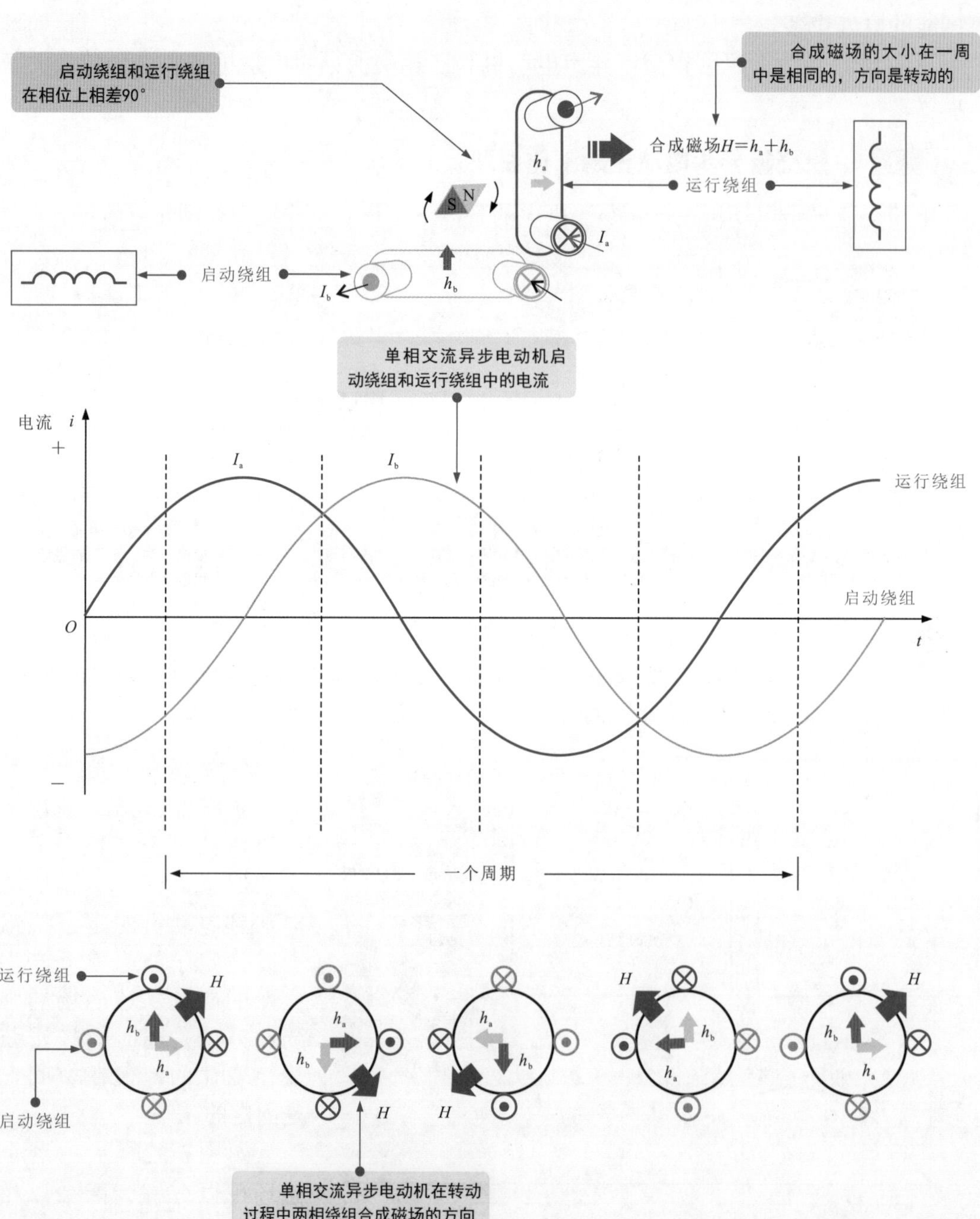

图7-33 单相交流异步电动机自动启动的工作原理

单相交流异步电动机启动电路的形式有多种，常用的主要有电阻分相式启动，电容分相式启动，离心开关式启动，运行电容、启动电容、离心开关式启动和正、反转切换式启动等。

图7-34为采用不同启动方式的单相交流电动机的启动原理。

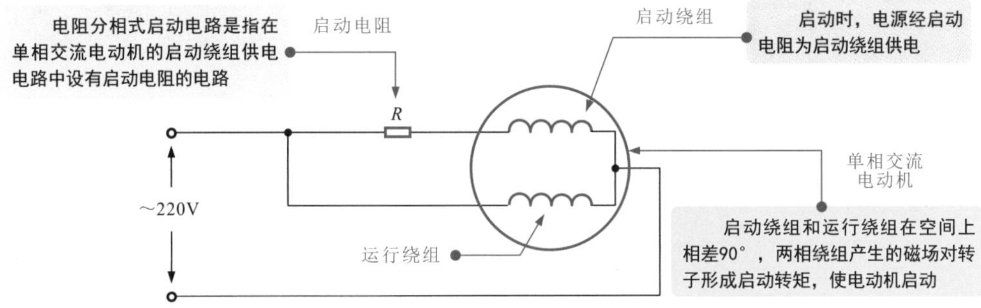
电阻分相式启动电路
电阻分相式启动电路是指在单相交流电动机的启动绕组供电电路中设有启动电阻的电路
启动电阻
R
启动绕组
启动时，电源经启动电阻为启动绕组供电
单相交流电动机
~220V
启动绕组和运行绕组在空间上相差90°，两相绕组产生的磁场对转子形成启动转矩，使电动机启动
运行绕组

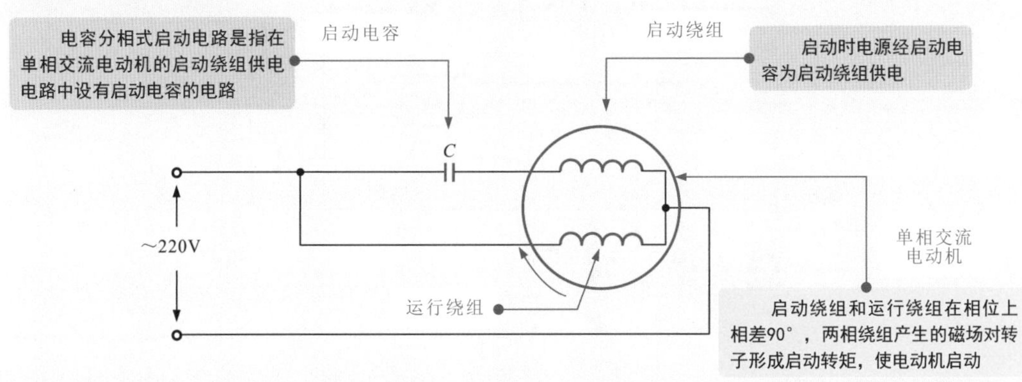
电容分相式启动电路
电容分相式启动电路是指在单相交流电动机的启动绕组供电电路中设有启动电容的电路
启动电容
C
启动绕组
启动时电源经启动电容为启动绕组供电
单相交流电动机
~220V
运行绕组
启动绕组和运行绕组在相位上相差90°，两相绕组产生的磁场对转子形成启动转矩，使电动机启动

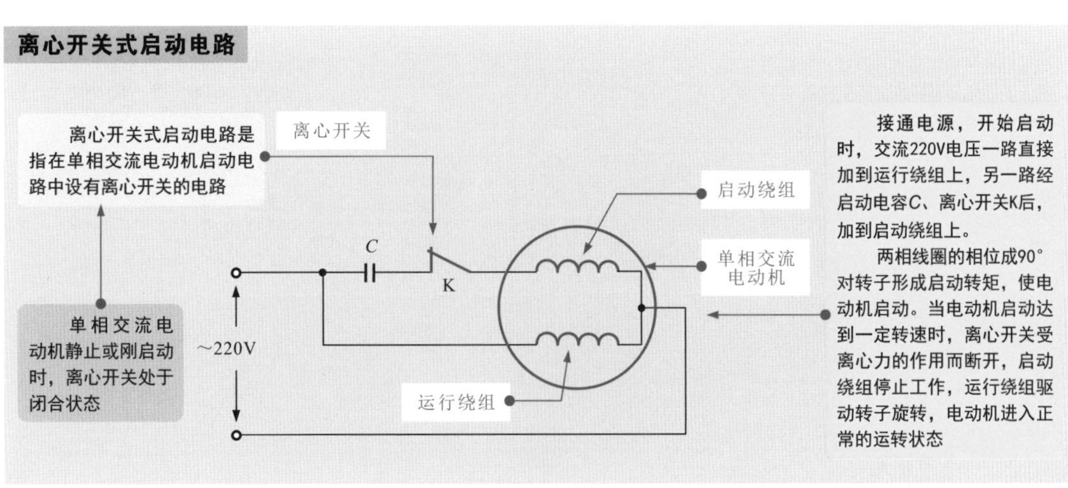
离心开关式启动电路
离心开关式启动电路是指在单相交流电动机启动电路中设有离心开关的电路
离心开关
启动绕组
C
K
单相交流电动机
单相交流电动机静止或刚启动时，离心开关处于闭合状态
~220V
运行绕组
接通电源，开始启动时，交流220V电压一路直接加到运行绕组上，另一路经启动电容C、离心开关K后，加到启动绕组上。
两相线圈的相位成90°对转子形成启动转矩，使电动机启动。当电动机启动达到一定转速时，离心开关受离心力的作用而断开，启动绕组停止工作，运行绕组驱动转子旋转，电动机进入正常的运转状态

图7-34

运行电容+启动电容+离心开关式启动电路

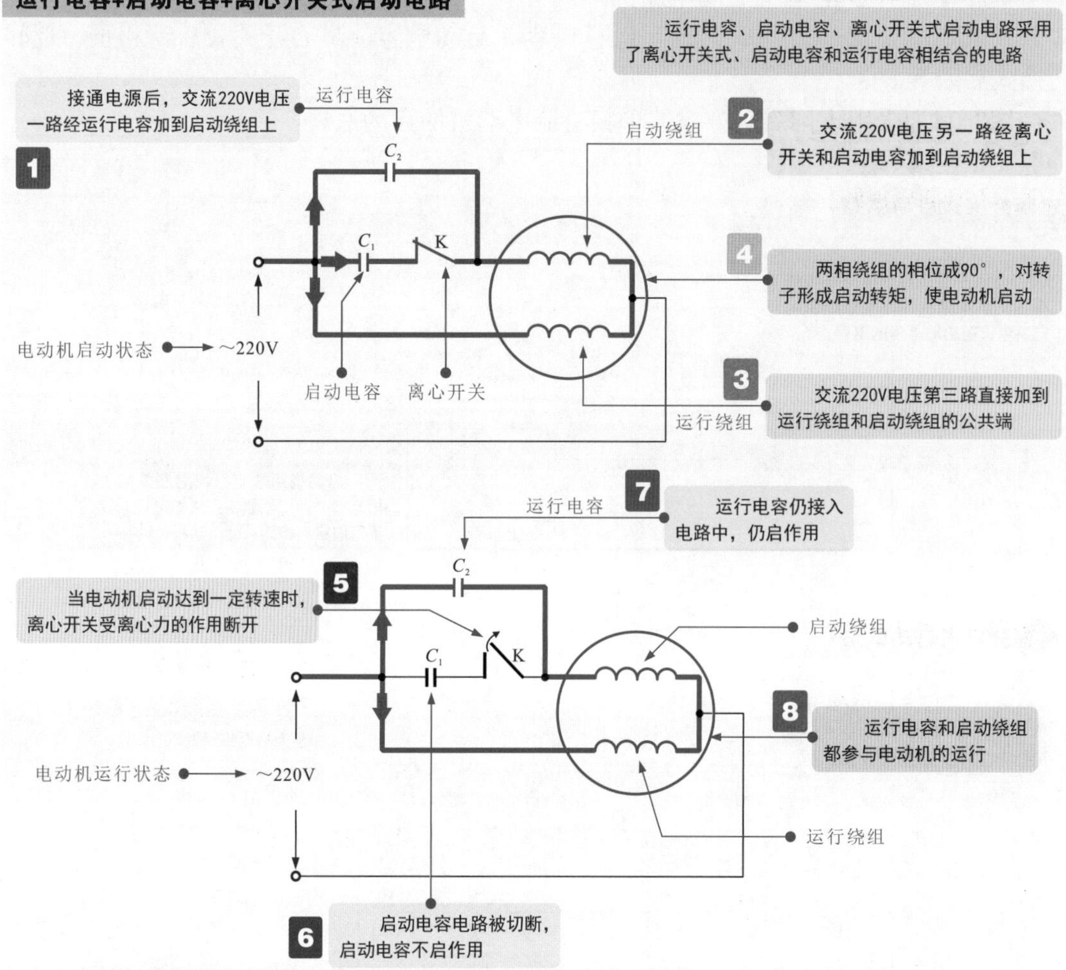

运行电容、启动电容、离心开关式启动电路采用了离心开关式、启动电容和运行电容相结合的电路

1 接通电源后，交流220V电压一路经运行电容加到启动绕组上

运行电容

C_2

C_1

K

启动绕组

2 交流220V电压另一路经离心开关和启动电容加到启动绕组上

4 两相绕组的相位成90°，对转子形成启动转矩，使电动机启动

电动机启动状态 ~220V

启动电容　离心开关

3 交流220V电压第三路直接加到运行绕组和启动绕组的公共端

运行绕组

7 运行电容仍接入电路中，仍启作用

运行电容

C_2

5 当电动机启动达到一定转速时，离心开关受离心力的作用断开

C_1

K

启动绕组

8 运行电容和启动绕组都参与电动机的运行

电动机运行状态 ~220V

运行绕组

6 启动电容电路被切断，启动电容不启作用

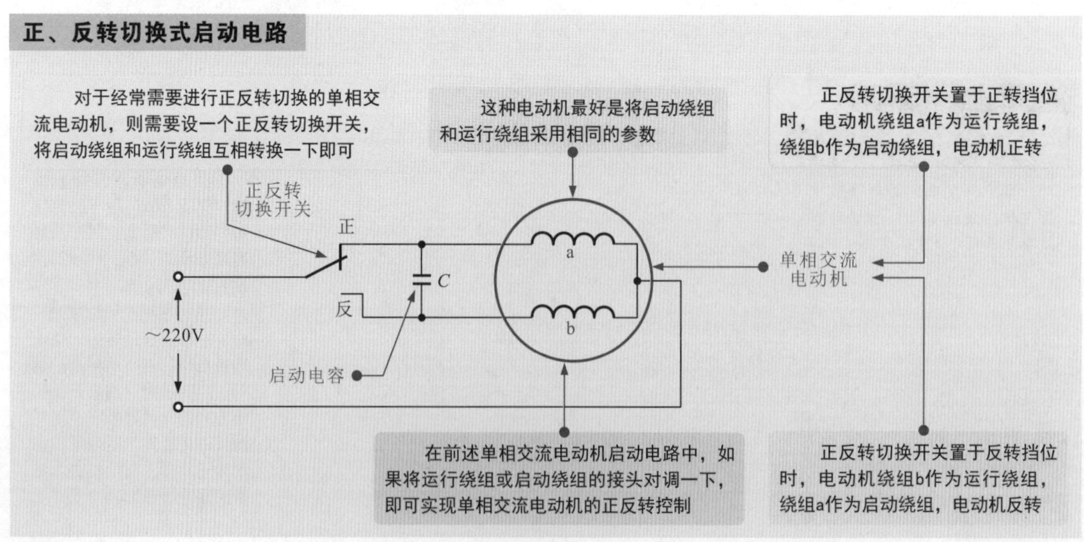

正、反转切换式启动电路
对于经常需要进行正反转切换的单相交流电动机，则需要设一个正反转切换开关，将启动绕组和运行绕组互相转换一下即可
这种电动机最好是将启动绕组和运行绕组采用相同的参数
正反转切换开关置于正转挡位时，电动机绕组a作为运行绕组，绕组b作为启动绕组，电动机正转
正反转
切换开关
正
反
C
a
b
单相交流
电动机
~220V
启动电容
在前述单相交流电动机启动电路中，如果将运行绕组或启动绕组的接头对调一下，即可实现单相交流电动机的正反转控制
正反转切换开关置于反转挡位时，电动机绕组b作为运行绕组，绕组a作为启动绕组，电动机反转

图7-34　采用不同启动方式的单相交流电动机的启动原理

2 三相交流电动机的工作原理

如图7-35所示，三相交流异步电动机在三相交流供电的条件下工作。

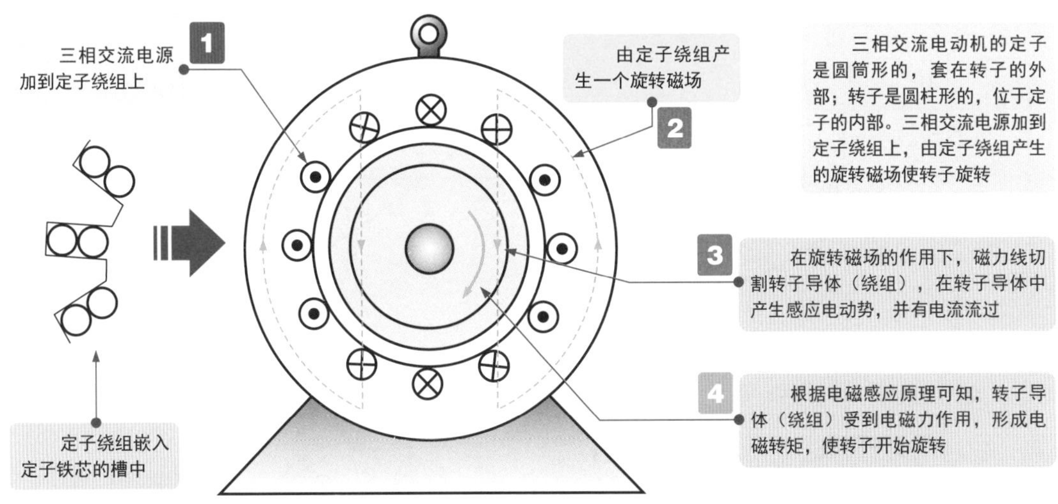

图7-35 三相交流电动机的转动原理

三相交流异步电动机需要三相交流电源为其提供工作条件，满足工作条件后，三相交流异步电动机的转子之所以会旋转、实现能量转换，是因为转子气隙内有一个沿定子内圆旋转的磁场。图7-36为三相交流电的相位关系。

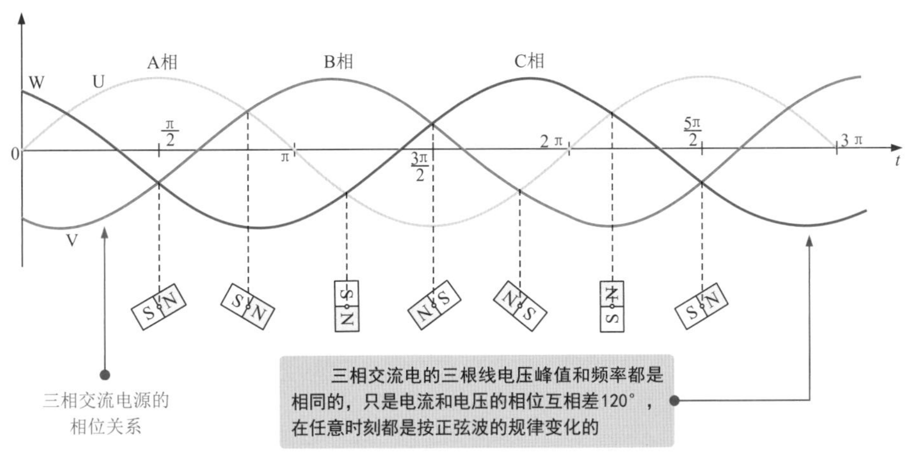

图7-36 三相交流电的相位关系

提示说明

三相交流异步电动机接通三相电源后，定子绕组有电流流过，产生一个转速为n_0的旋转磁场。在旋转磁场作用下，电动机转子受电磁力的作用，以转速n开始旋转。这里n始终不会加速到n_0，因为只有这样，转子导体（绕组）与旋转磁场之间才会有相对运动而切割磁力线，转子导体（绕组）中才能产生感应电动势和电流，从而产生电磁转矩，使转子按照旋转磁场的方向连续旋转。定子磁场对转子的异步转矩是异步电动机工作的必要条件，“异步”的名称也由此而来。

图7-37为三相交流异步电动机旋转磁场的形成过程。三相交流电源变化一个周期，三相交流异步电动机的旋转磁场转过1/2转，每一相定子绕组分为两组，每组有两个绕组，相当于两个定子磁极。

三相交流电源

一个周期

60°　60°～120°　120°～180°　½圈

每一相定子绕组分为两组，每组有两个绕组，相当于两个定子磁极

三相交流电源变化一个周期，三相交流电动机的旋转磁场转过1/2圈

定子绕组的连接方法（A相）

三相绕组的连接方法及t_1时刻电流的方向

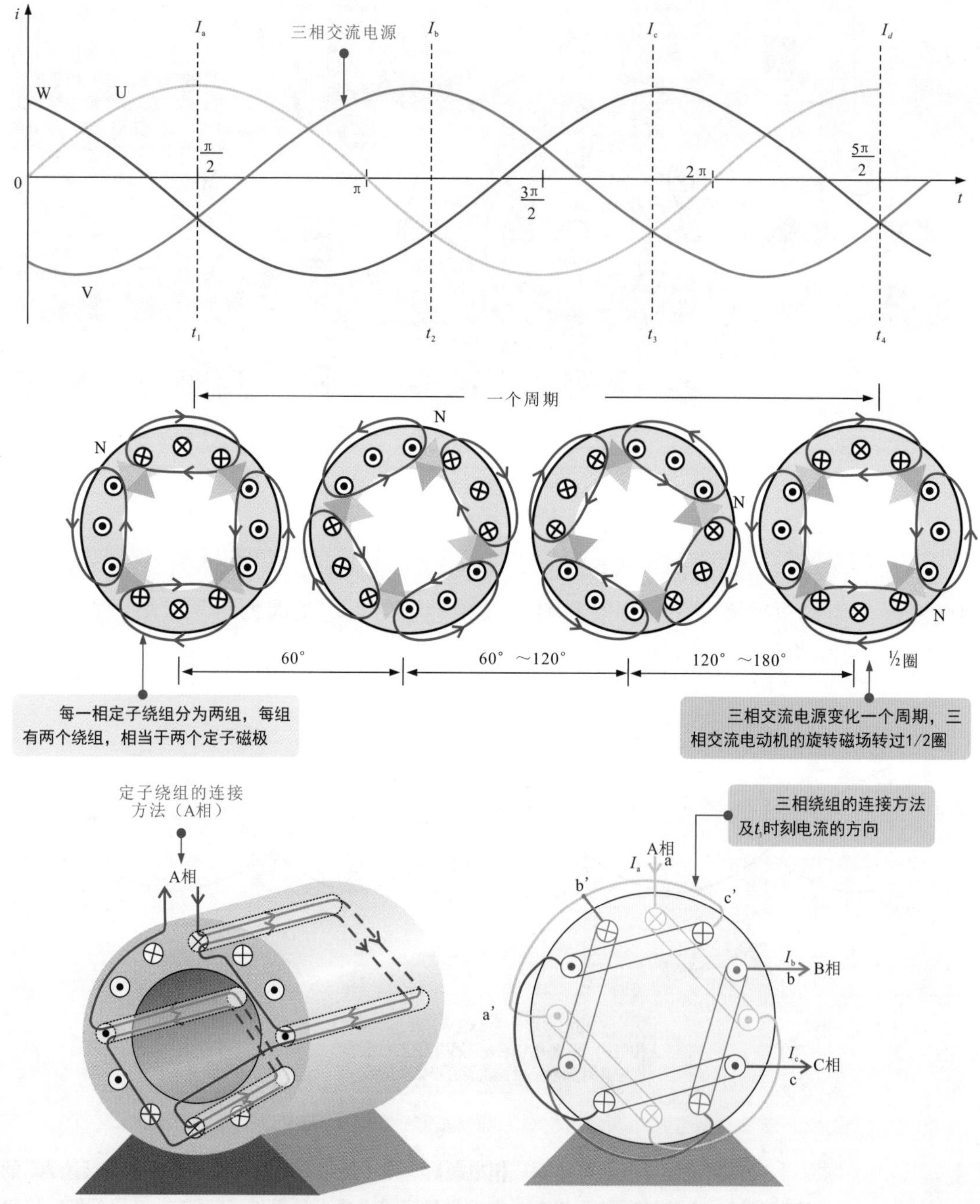

图7-37　三相交流异步电动机旋转磁场的形成过程

三相交流异步电动机的定子绕组镶在定子铁芯的槽中，定子铁芯与外壳结合在一起，三相绕组在圆周上呈空间均匀分布，每一组绕组都是由多圈构成的，且都是由两组对称分布的绕组构成的。

如图7-38所示，三相交流异步电动机合成磁场是指三相绕组产生的旋转磁场的矢量和。当三相交流异步电动机三相绕组加入交流电源时，由于三相交流电源的相位差为120°，绕组在空间上呈120°对称分布，因而可根据三相绕组的分布位置、接线方式、电流方向及时间判别合成磁场的方向。

根据三相绕组的分布位置、接线方式、电流方向及时间判别合成磁场的方向。

一相定子绕组产生的磁场

合成磁场$H=h_a+h_b+h_c$

三相绕组合成磁场的方向

合成磁场的大小在一周中是相同的，方向是转动的

三相交流电源

一个周期

和时间判别

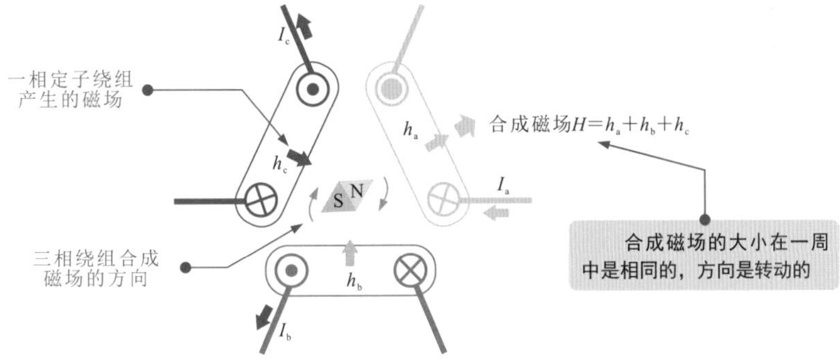

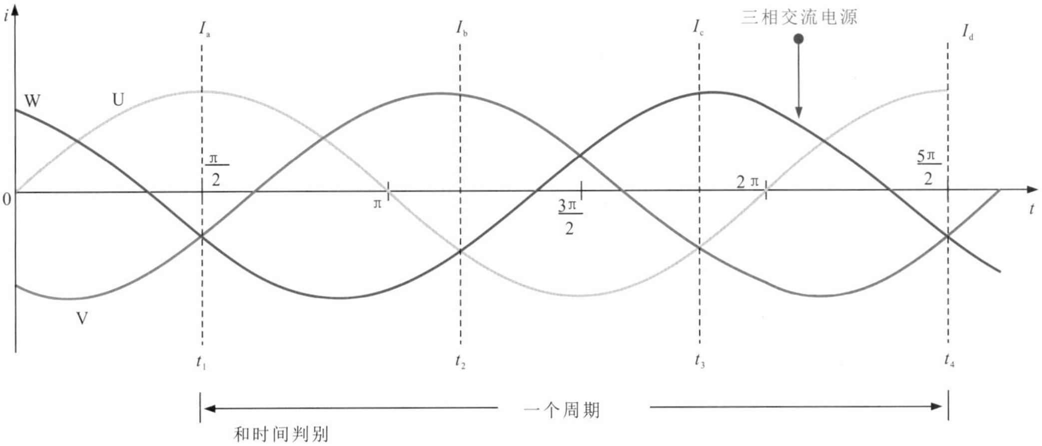

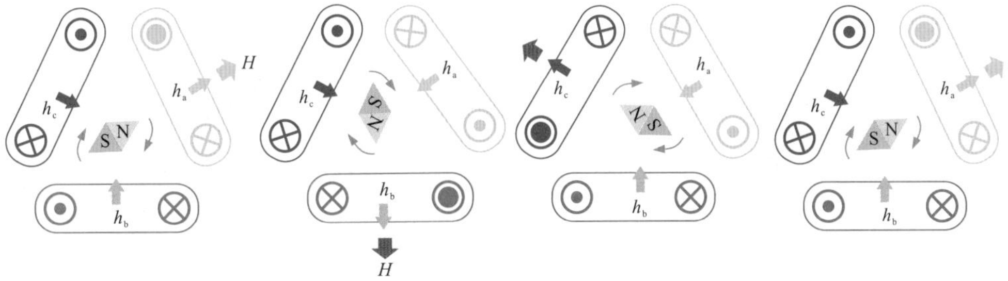

图7-38 三相交流异步电动机合成磁场在不同时间段的变化过程

在三相交流异步电动机中，由定子绕组所形成的旋转磁场作用于转子，使转子跟随磁场旋转，转子的转速滞后于磁场，因而转速低于磁场的转速。如果转速增加到旋转磁场的转速，则转子导体与旋转磁场间的相对运动消失，转子中的电磁转矩等于0。转子的实际转速n总是小于旋转磁场的同步转速n_0，它们之间有一个转速差，反映了转子导体切割磁感应线的快慢程度，常用的这个转速差n_0-n与旋转磁场同步转速n_0的比值来表示异步电动机的性能，称为转差率，通常用s表示，即$s=(n_0-n)/n_0$

第8章

导线的加工和连接

8.1 线缆的剥线加工

8.1.1 塑料硬导线的剥线加工

塑料硬导线的剥线加工通常使用钢丝钳、剥线钳、斜口钳或电工刀进行操作，不同的操作工具，具体的剥线方法也有所不同。

1 使用钢丝钳剥削塑料硬导线

如图8-1所示，使用钢丝钳剥削塑料硬导线的绝缘层是电工操作中常使用的一种简单快捷的操作方法，一般适用于剥削横截面积小于$4mm^2$的塑料硬导线。

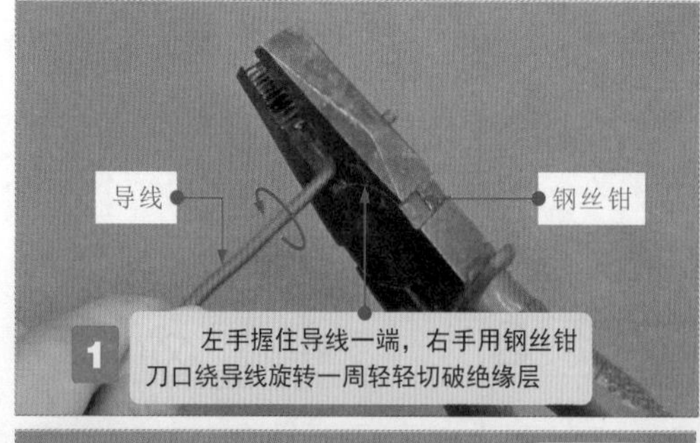

左手握住导线一端，右手用钢丝钳刀口绕导线旋转一周轻轻切破绝缘层

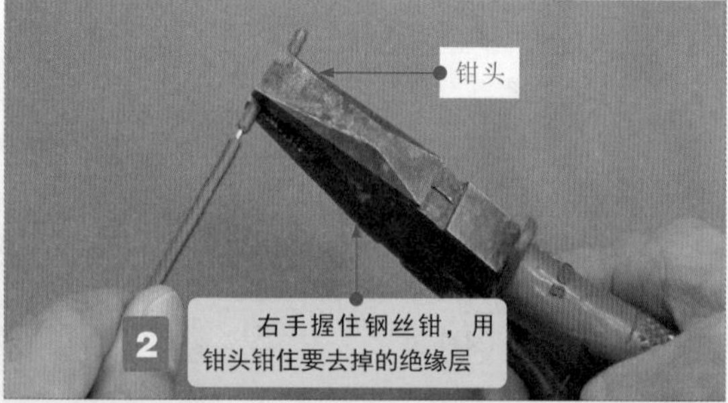

右手握住钢丝钳，用钳头钳住要去掉的绝缘层

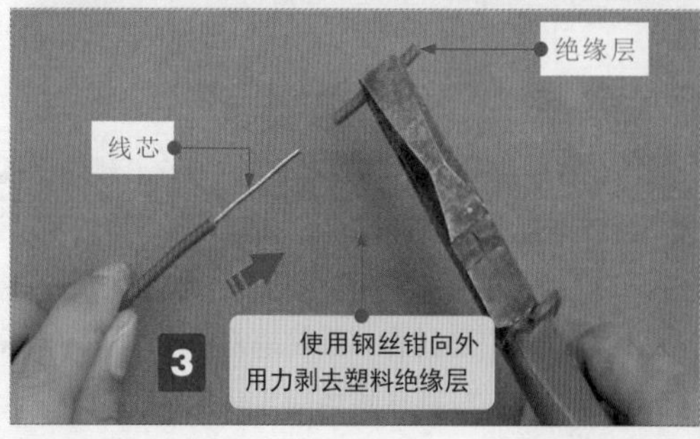

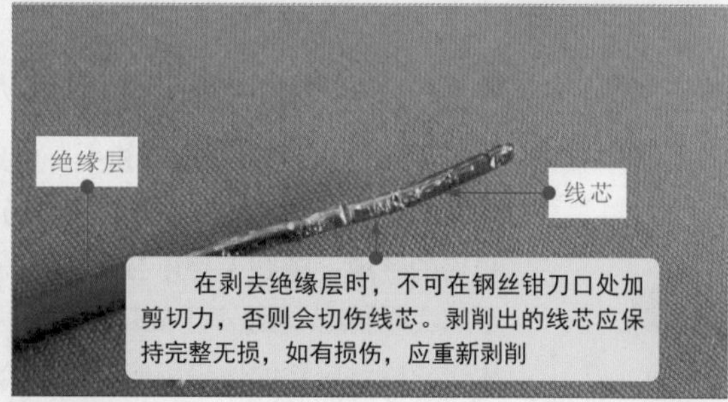

使用钢丝钳向外用力剥去塑料绝缘层

绝缘层
线芯
在剥去绝缘层时，不可在钢丝钳刀口处加剪切力，否则会切伤线芯。剥削出的线芯应保持完整无损，如有损伤，应重新剥削

图8-1 使用钢丝钳剥削塑料硬导线

2 使用剥线钳剥削塑料硬导线

如图8-2所示，使用剥线钳剥削塑料硬导线的绝缘层也是电工操作中比较规范和简单的方法。一般适用于剥削横截面积大于4mm²的塑料硬导线绝缘层。

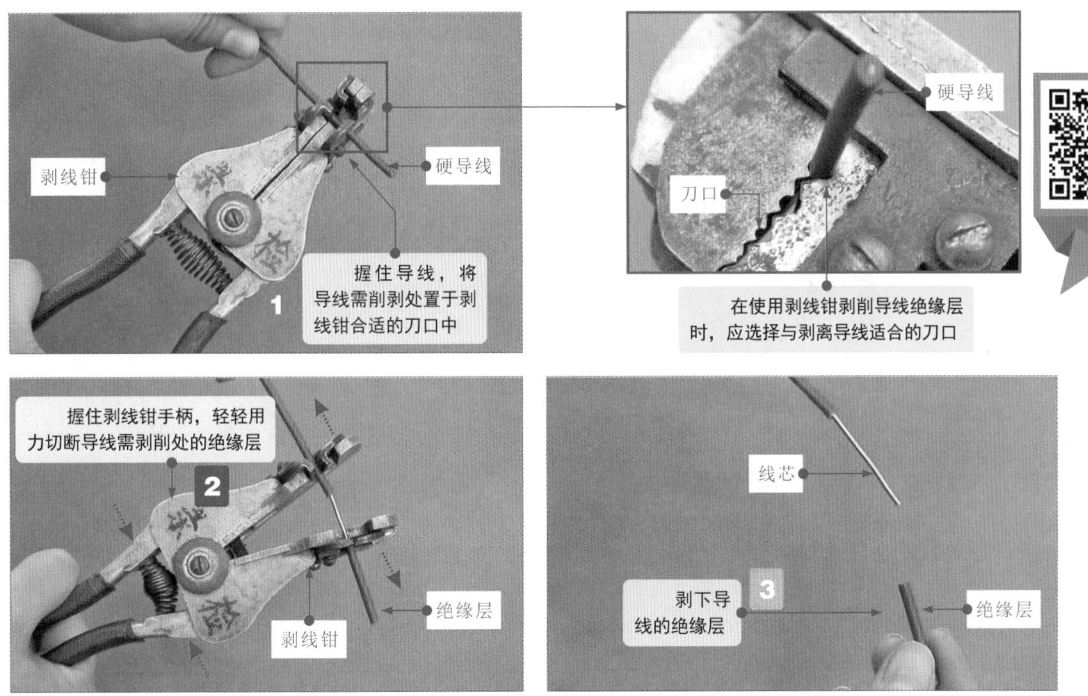

图8-2 使用剥线钳剥削塑料硬导线的方法

3 使用电工刀剥削塑料硬导线

如图8-3所示，一般横截面积大于4mm²塑料硬导线的绝缘层还可以使用电工刀剥削。

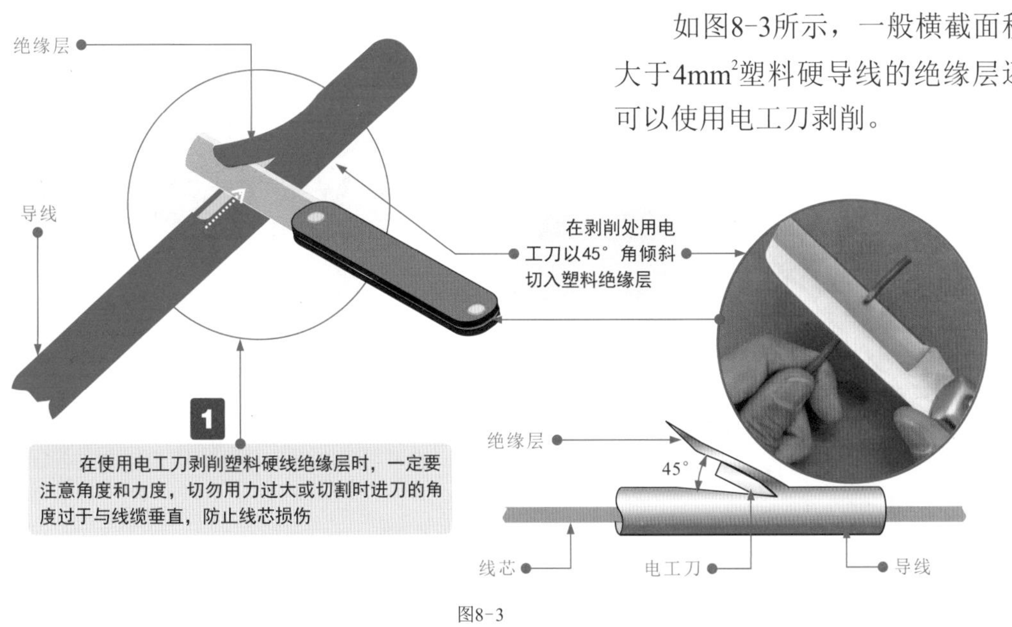

图8-3

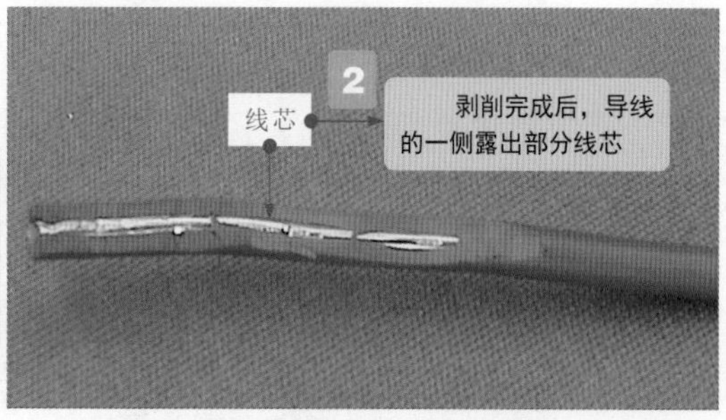

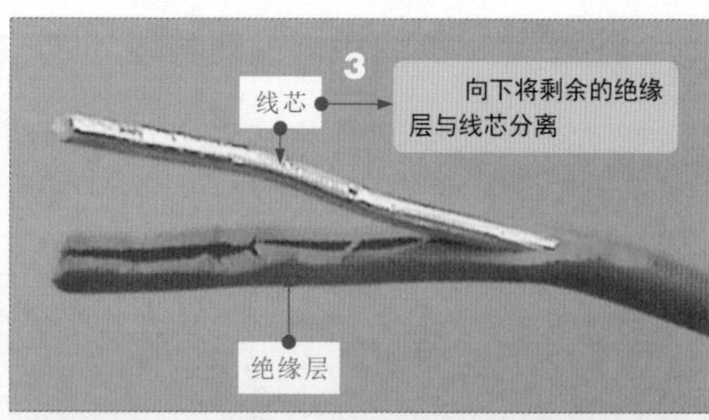

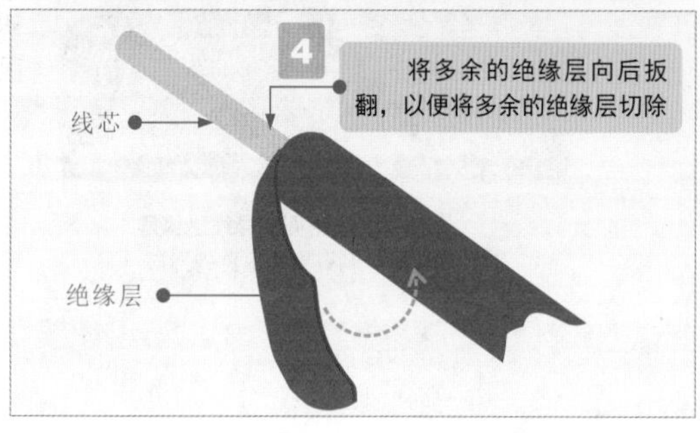

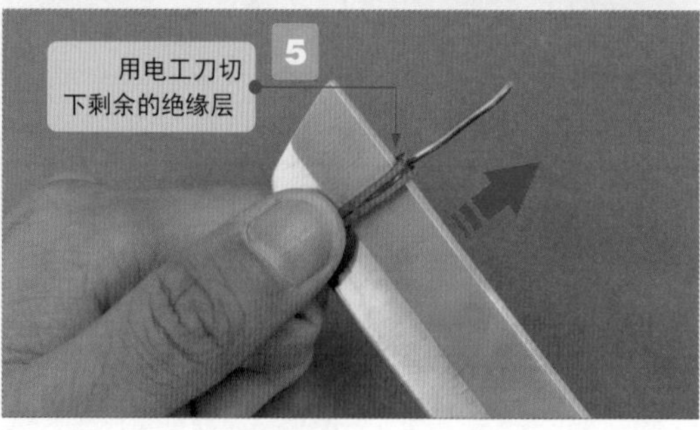

图8-3　使用电工刀剥削塑料硬导线绝缘层的方法

8.1.2 塑料软导线的剥线加工

如图8-4所示，塑料软导线也是电工常用的一种电气线材。塑料软导线的绝缘层通常采用剥线钳剥削。

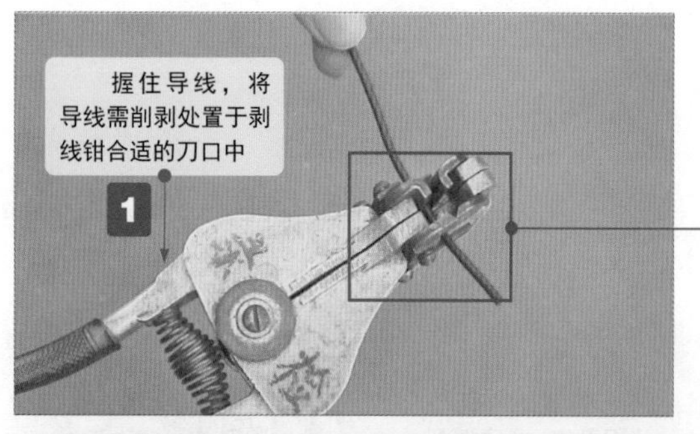

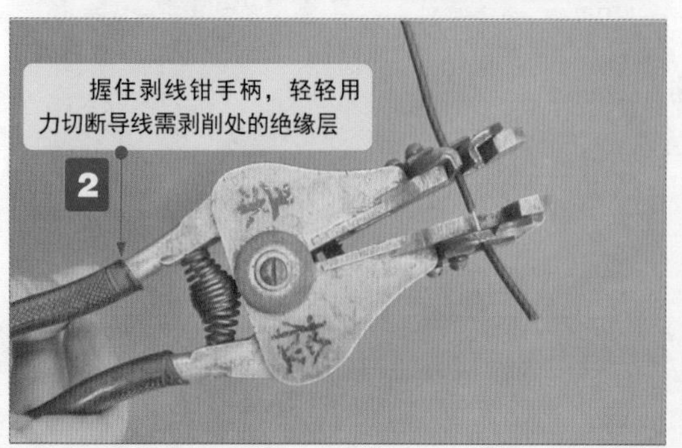

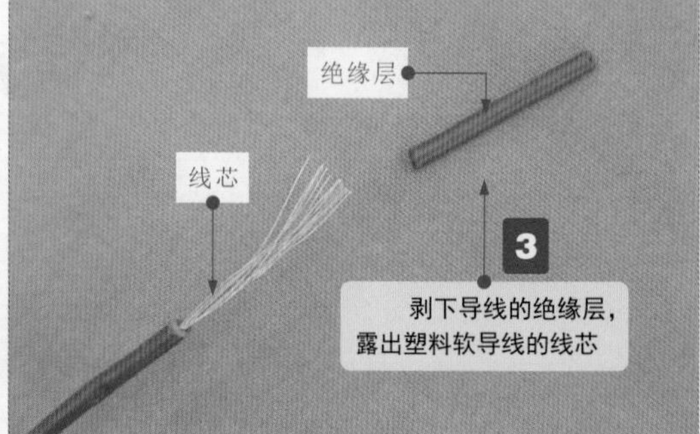

图8-4　塑料软导线绝缘层的剥削方法

8.1.3 塑料护套线的剥线加工

如图8-5所示，塑料护套线缆是将两根带有绝缘层的导线用护套层包裹在一起，剥削时要先剥削护套层，再分别剥削里面两根导线的绝缘层。塑料护套层通常采用电工刀进行剥削。

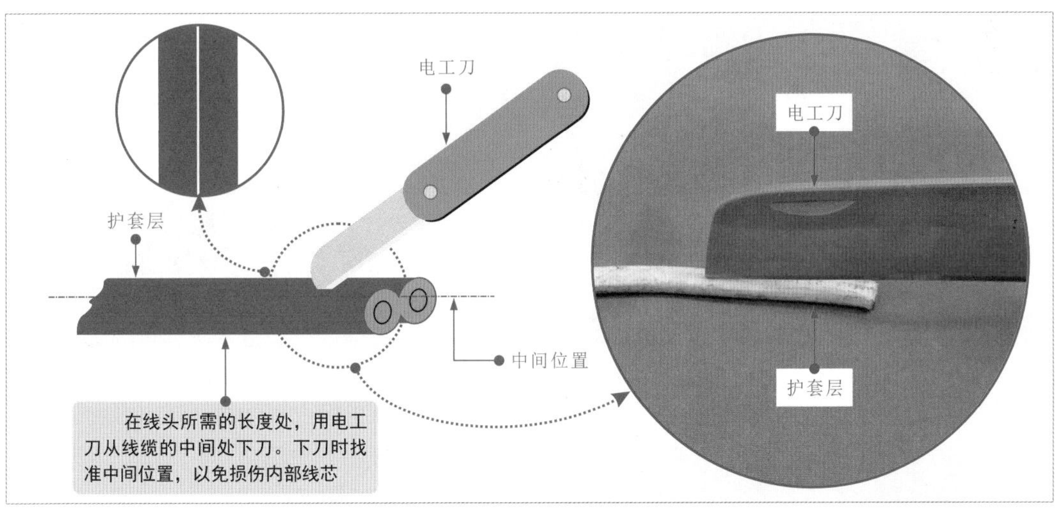
电工刀
护套层
中间位置
在线头所需的长度处，用电工刀从线缆的中间处下刀。下刀时找准中间位置，以免损伤内部线芯
电工刀
护套层

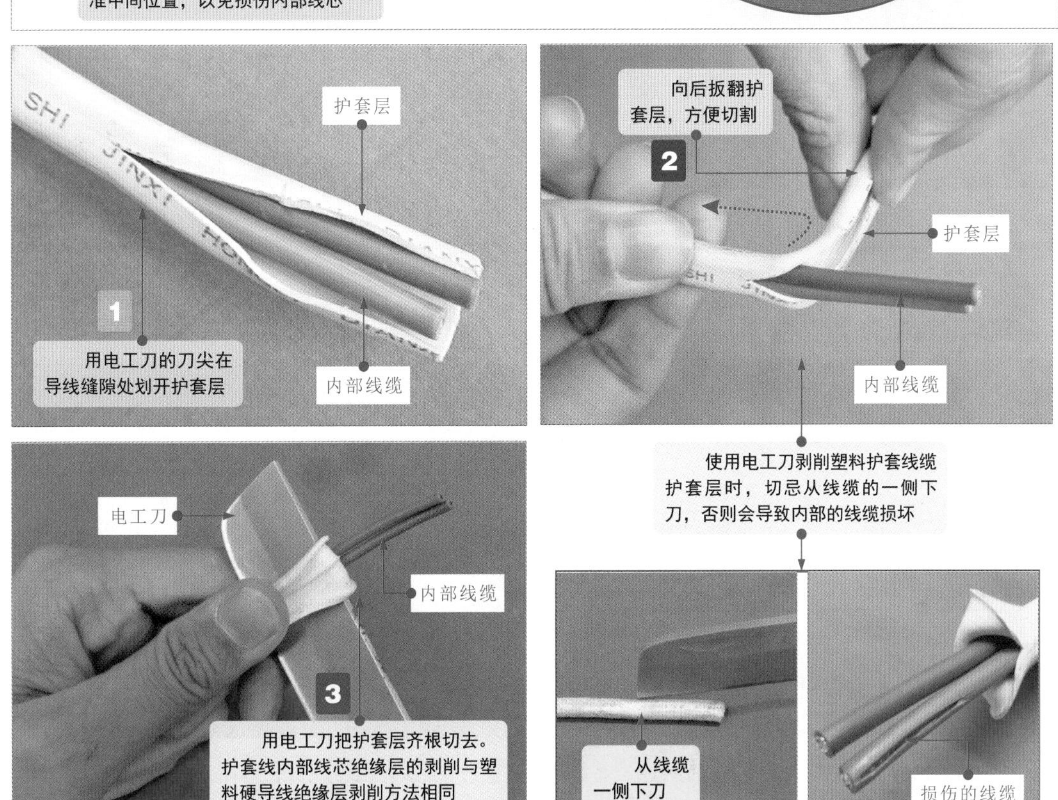
护套层
1
用电工刀的刀尖在导线缝隙处划开护套层
内部线缆
向后扳翻护套层，方便切割
2
护套层
内部线缆
使用电工刀剥削塑料护套线缆护套层时，切忌从线缆的一侧下刀，否则会导致内部的线缆损坏
电工刀
内部线缆
3
用电工刀把护套层齐根切去。护套线内部线芯绝缘层的剥削与塑料硬导线绝缘层剥削方法相同
从线缆一侧下刀
损伤的线缆

图8-5 塑料护套线护套层的剥削方法

8.1.4 漆包线的剥线加工

如图8-6所示，漆包线的绝缘层是将绝缘漆喷涂在线缆上。加工漆包线时，应根据线缆的直径选择合适的加工工具。

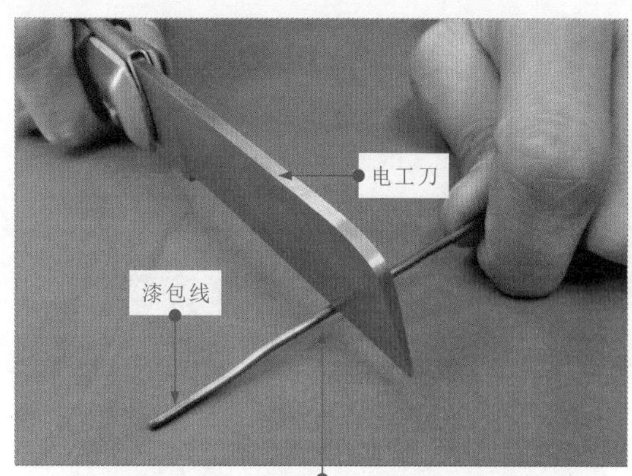

直径在0.6mm以上的漆包线可以使用电工刀去除绝缘漆。用电工刀轻轻刮去漆包线上的绝缘漆直至漆层剥落干净

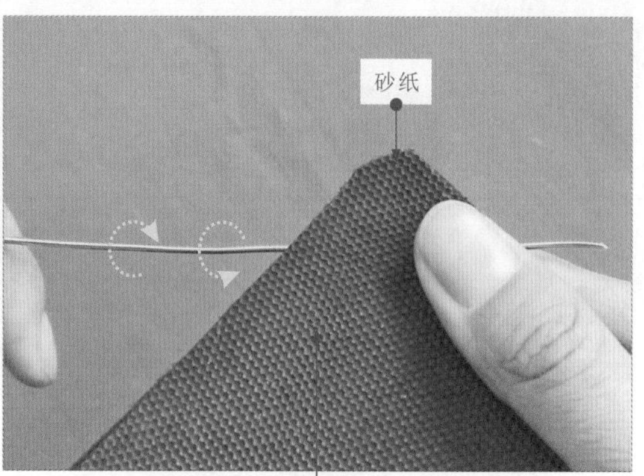

直径在0.15～0.6mm的漆包线通常使用细砂纸或布去除绝缘漆。用细砂纸夹住漆包线，旋转线头，去除绝缘漆

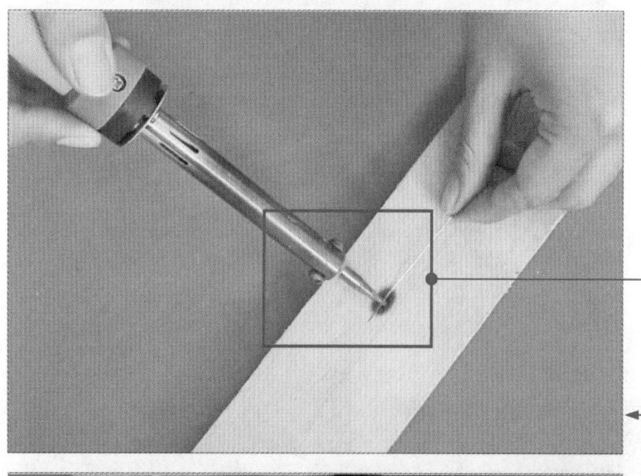

将电烙铁加热并沾锡后在线头上来回摩擦几次去除绝缘漆，同时线头上会有一层焊锡，便于后面的连接操作

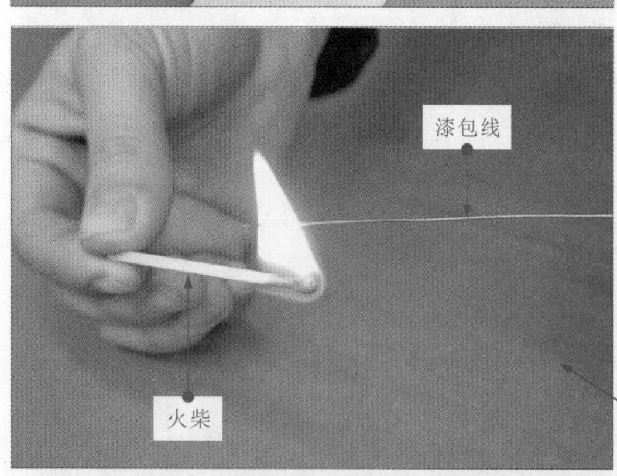

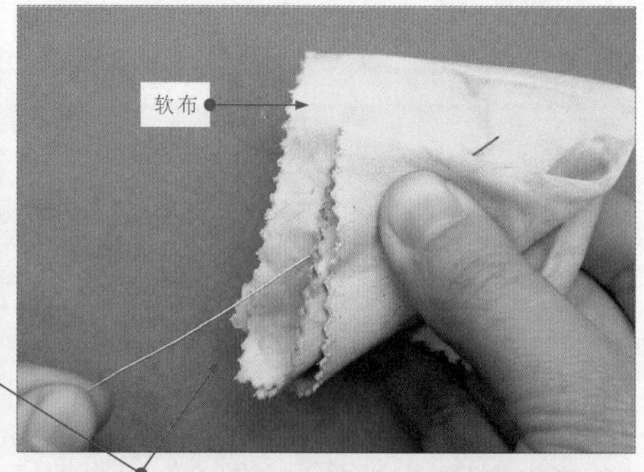

该方法通常是应用于直径在0.15mm以下的漆包线，这类线缆线芯较细，使用刀片或砂纸容易将线芯折断或损伤

在没有电烙铁的情况下，可用火剥落绝缘层。用微火将漆包线线头加热，漆层加热软化后，用软布擦拭即可

图8-6　漆包线的剥线加工方法

8.2 线缆的连接

在去除了导线线头的绝缘层后，就可进行线缆的连接操作了。下面安排了4个连接操作环节，分别是线缆的缠绕连接、线缆的绞接连接、线缆的扭绞连接、线缆的绕接连接。

8.2.1 线缆的缠接

1 单股导线的缠绕式对接

如图8-7所示，当连接两根较粗的单股导线时，通常选择缠绕式对接方法。

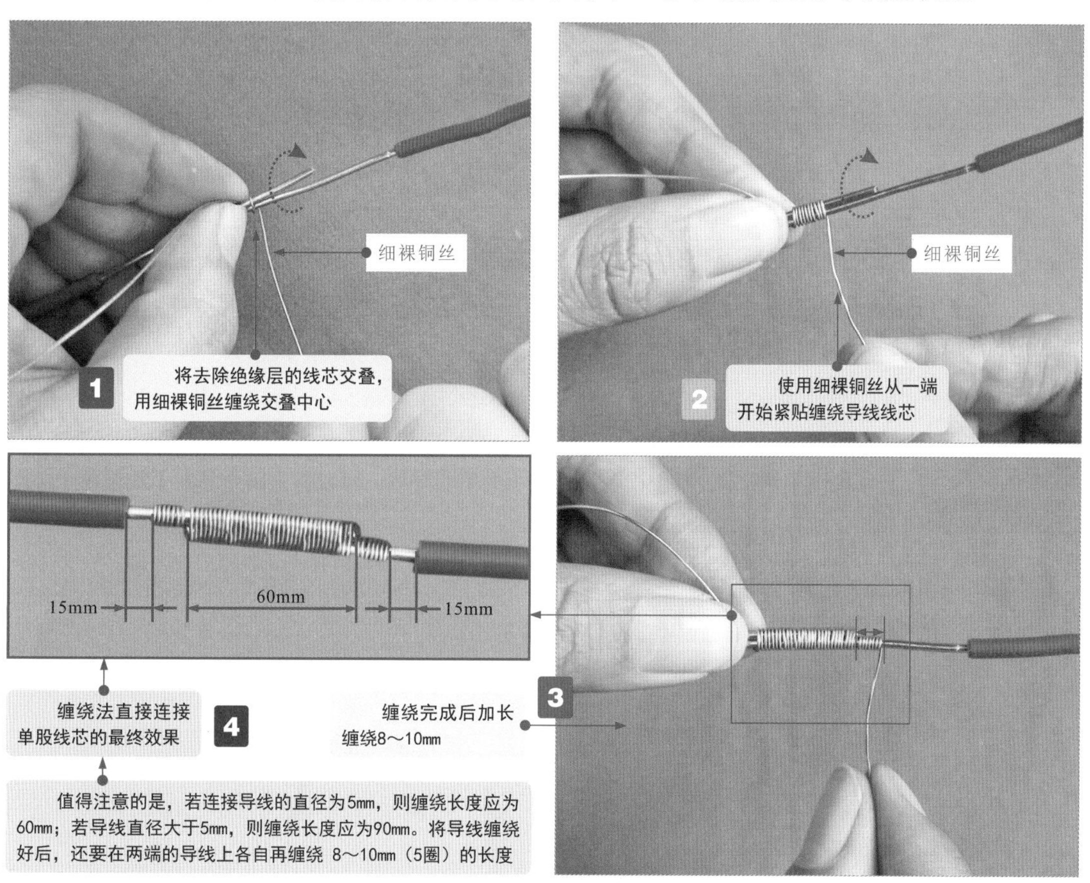

图8-7 单股导线的缠绕式对接方法

2 单股导线的缠绕式T形连接

如图8-8所示，当连接一根支路和一根主路单股导线时，通常采用缠绕式T形连接。

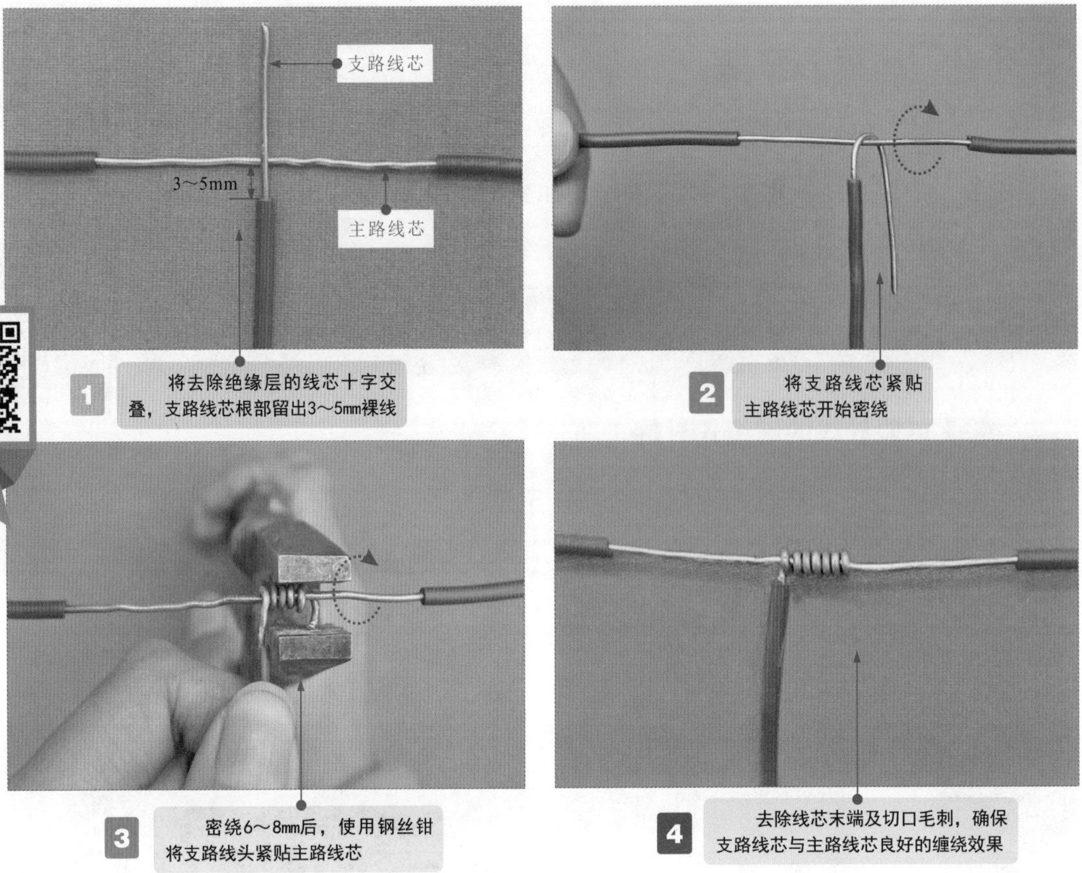

支路线芯

3～5mm

主路线芯

1 将去除绝缘层的线芯十字交叠，支路线芯根部留出3～5mm裸线

2 将支路线芯紧贴主路线芯开始密绕

3 密绕6～8mm后，使用钢丝钳将支路线头紧贴主路线芯

4 去除线芯末端及切口毛刺，确保支路线芯与主路线芯良好的缠绕效果

图8-8 单股导线的缠绕式对接方法

如图8-9所示，对于横截面积较小的单股导线，可以将支路线芯在干线线芯上环绕扣结，然后沿干线线芯顺时针贴绕。

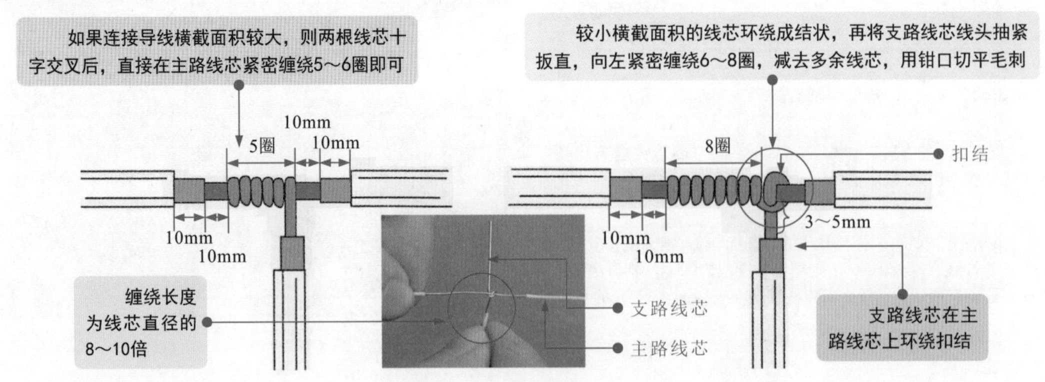

图8-9 横截面积较小的单股导线缠绕式T形连接

3 多股导线的缠绕式对接

如图8-10所示，连接两根多股塑料软导线可采用简单的缠绕式对接方法。

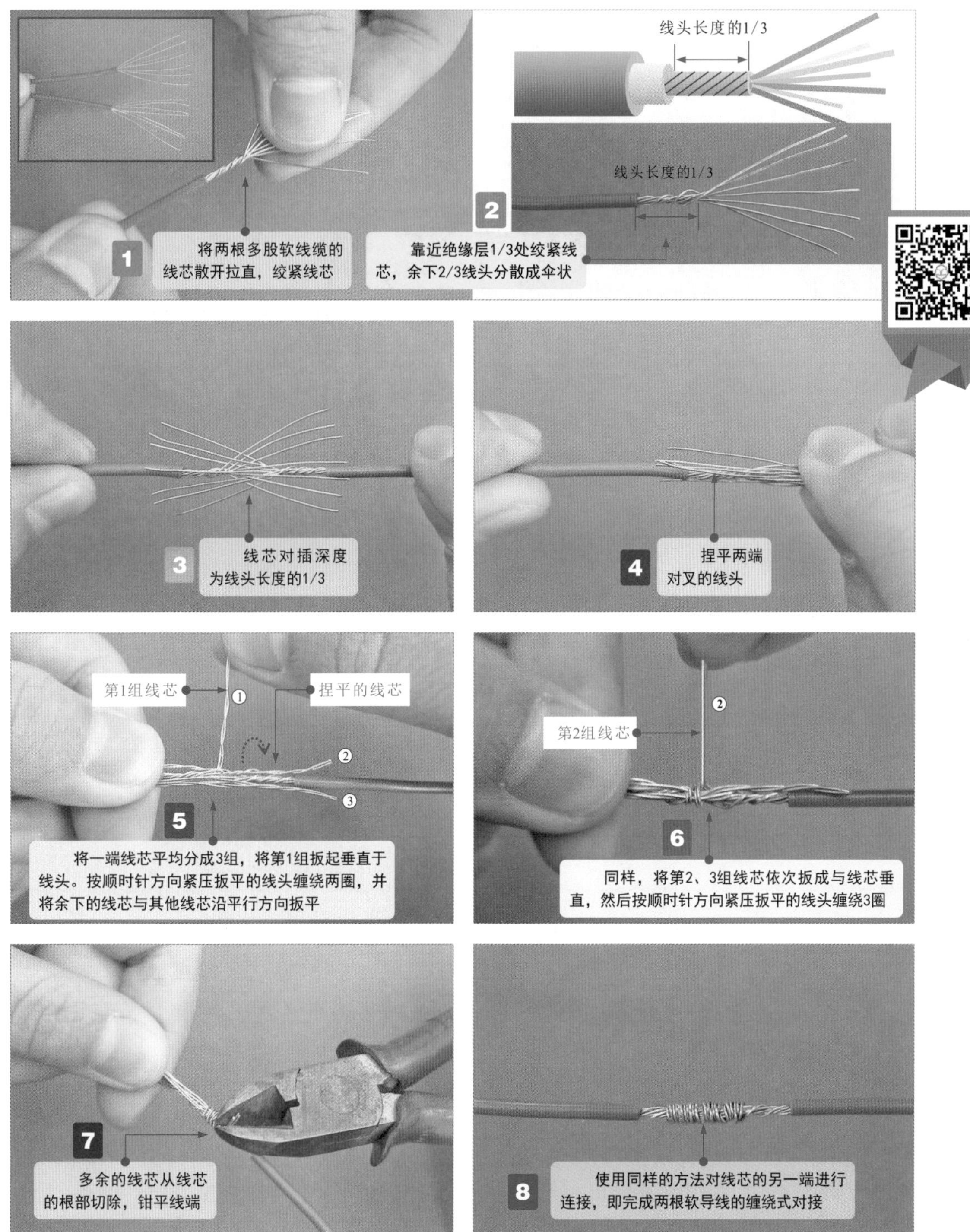
线头长度的1/3
线头长度的1/3
1
将两根多股软线缆的线芯散开拉直，绞紧线芯
2
靠近绝缘层1/3处绞紧线芯，余下2/3线头分散成伞状
3
线芯对插深度为线头长度的1/3
4
捏平两端对叉的线头
第1组线芯
捏平的线芯
①
②
③
5
将一端线芯平均分成3组，将第1组扳起垂直于线头。按顺时针方向紧压扳平的线头缠绕两圈，并将余下的线芯与其他线芯沿平行方向扳平
第2组线芯
②
6
同样，将第2、3组线芯依次扳成与线芯垂直，然后按顺时针方向紧压扳平的线头缠绕3圈
7
多余的线芯从线芯的根部切除，钳平线端
8
使用同样的方法对线芯的另一端进行连接，即完成两根软导线的缠绕式对接

图8-10 多股导线的缠绕式对接方法

4 多股导线的缠绕式T形连接

如图8-11所示，当连接一根支路多股导线与一根主路多股导线时，通常采用缠绕式T形连接的方式。

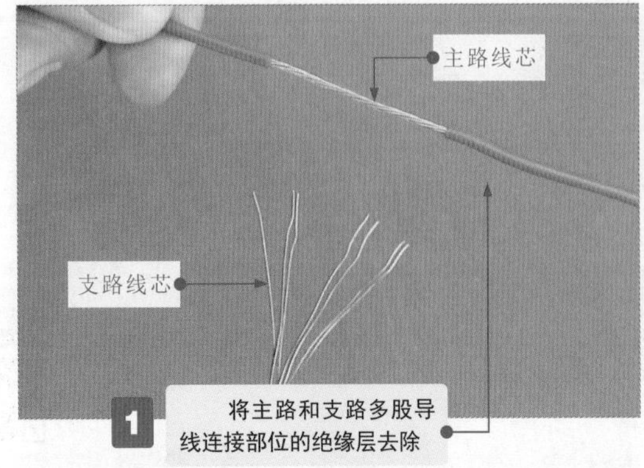

1 将主路和支路多股导线连接部位的绝缘层去除

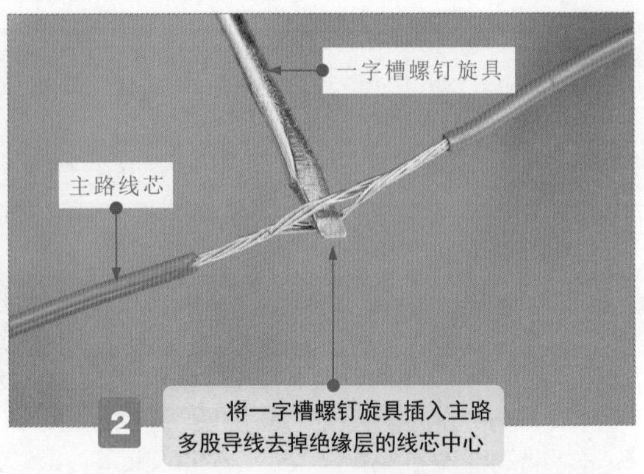

2 将一字槽螺钉旋具插入主路多股导线去掉绝缘层的线芯中心

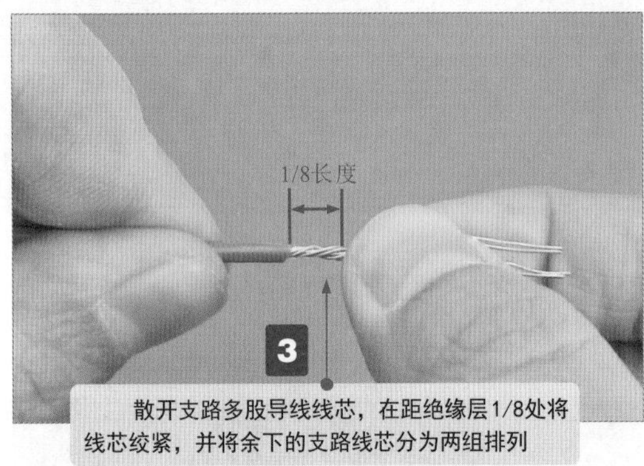

3 散开支路多股导线线芯，在距绝缘层1/8处将线芯绞紧，并将余下的支路线芯分为两组排列

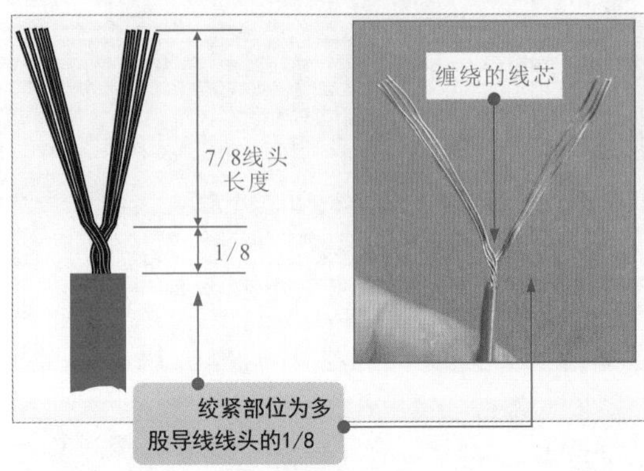

绞紧部位为多股导线线头的1/8

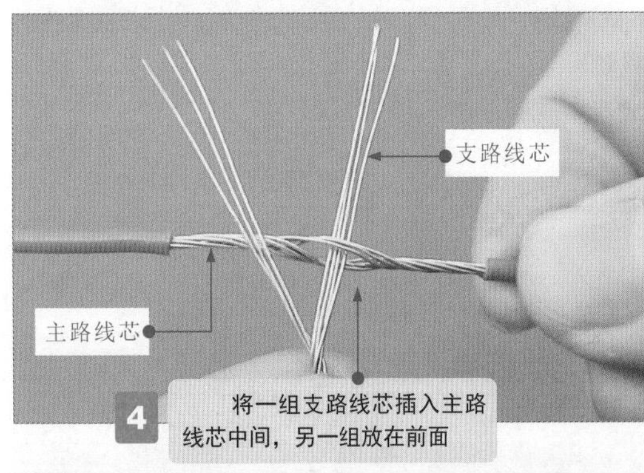

4 将一组支路线芯插入主路线芯中间，另一组放在前面

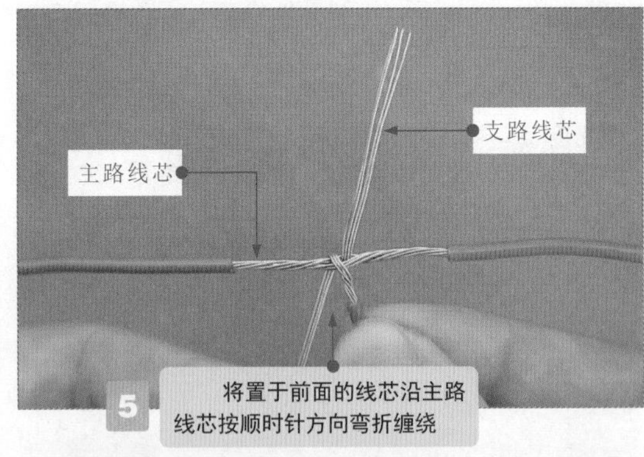

5 将置于前面的线芯沿主路线芯按顺时针方向弯折缠绕

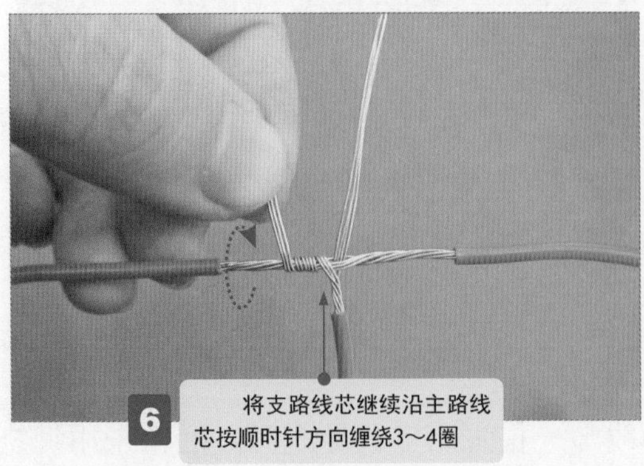

6 将支路线芯继续沿主路线芯按顺时针方向缠绕3～4圈

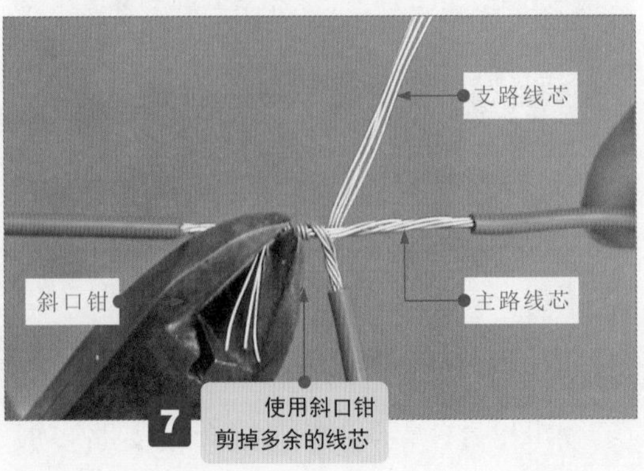

7 使用斜口钳剪掉多余的线芯

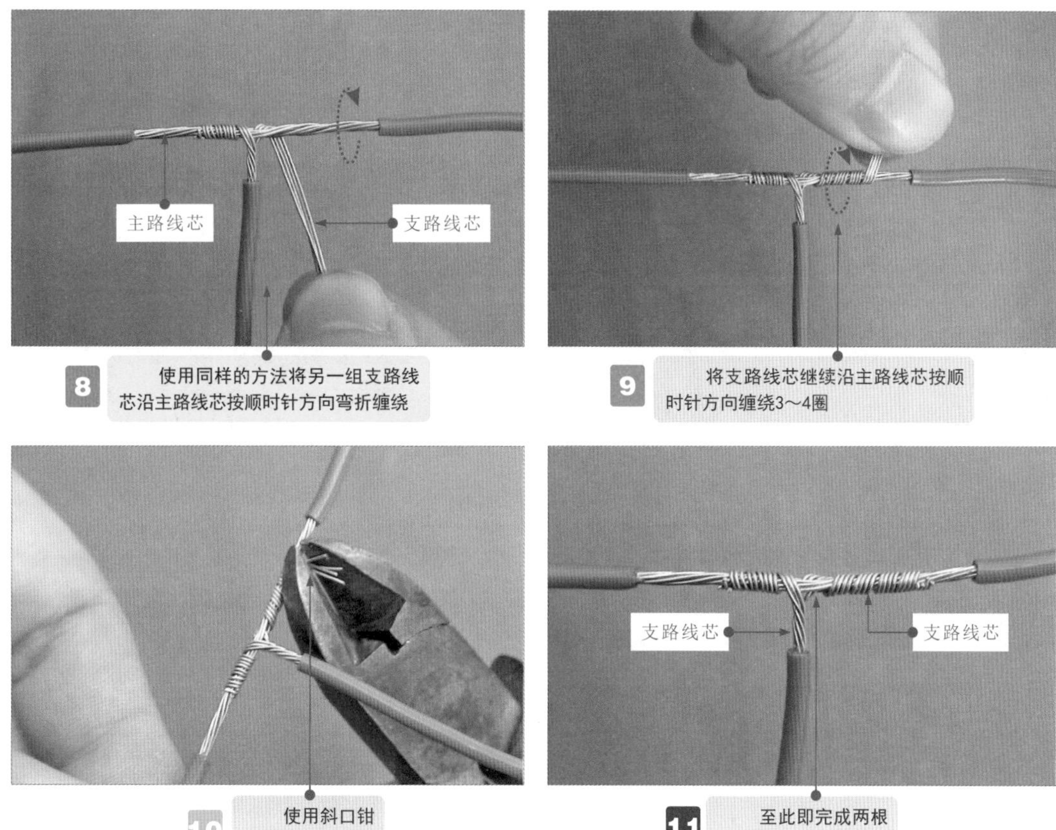

图8-11 多股导线的缠绕式T形连接

8.2.2 线缆的绞接

如图8-12所示，当连接两根横截面积较小的单股导线时，通常采用绞接（X形连接）方法。

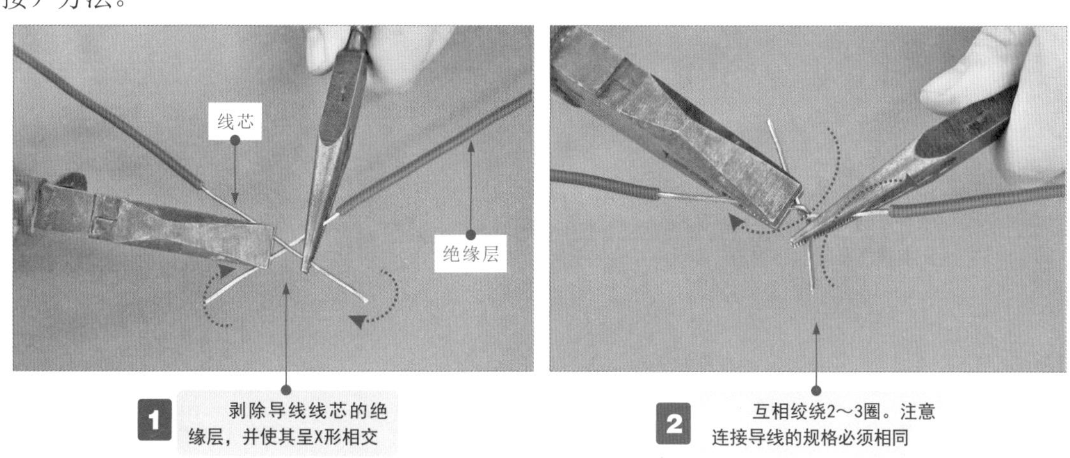

线芯
绝缘层
1
剥除导线线芯的绝缘层，并使其呈X形相交
2
互相绞绕2~3圈。注意连接导线的规格必须相同

图8-12

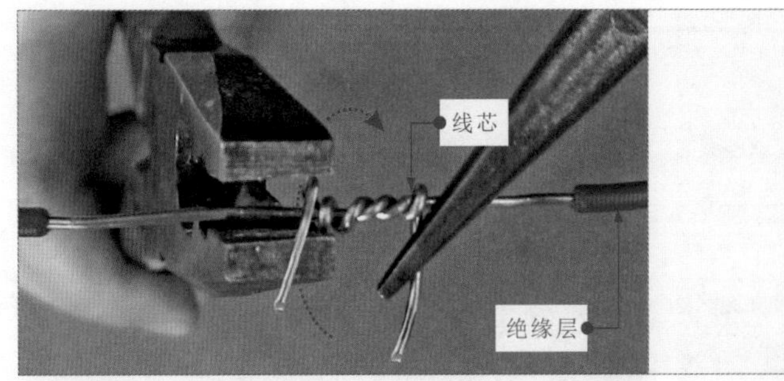

绝缘层

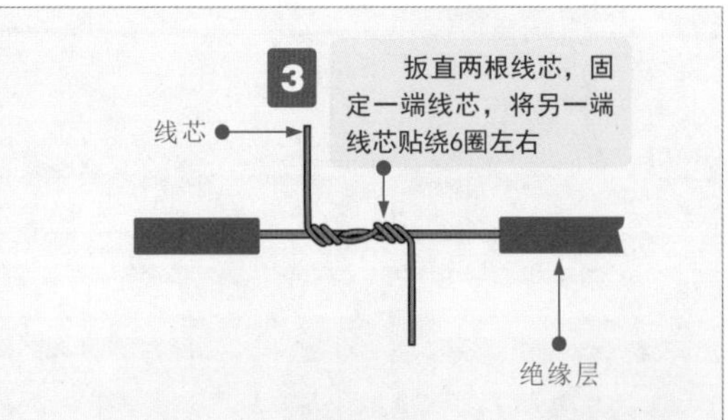

扳直两根线芯，固定一端线芯，将另一端线芯贴绕6圈左右

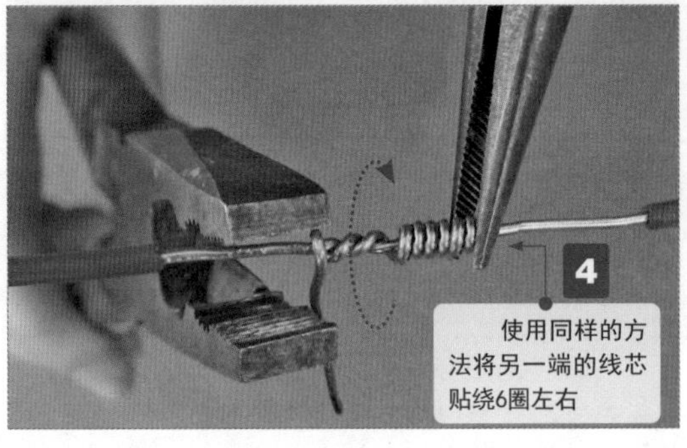

绝缘层

4
使用同样的方法将另一端的线芯贴绕6圈左右

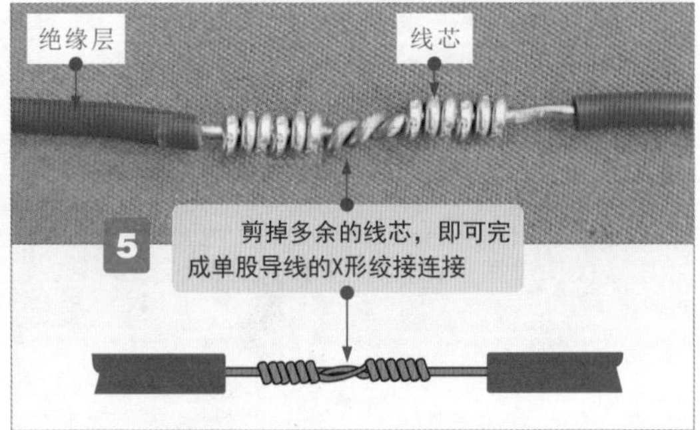

绝缘层

5
剪掉多余的线芯，即可完成单股导线的X形绞接连接

图8-12 单股导线的绞接连接

8.2.3 线缆的扭接

如图8-13所示，扭绞是指将待连接的导线线头平行同向放置，然后将线头同时互相缠绕。

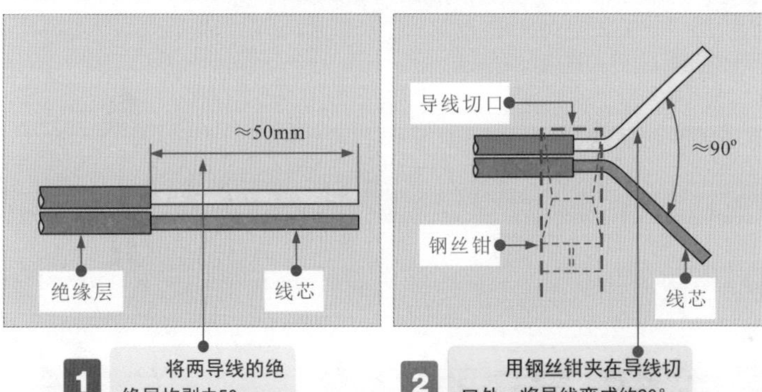

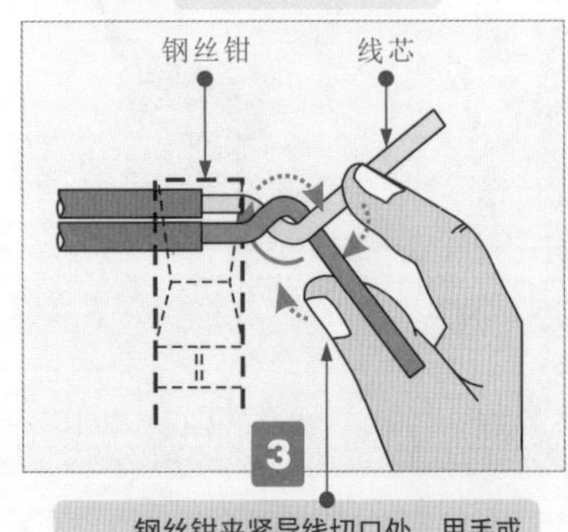

≈50mm
绝缘层

钢丝钳

钢丝钳夹紧导线切口处，用手或借助尖嘴钳将两根线芯扭绞在一起

线芯

≈10mm

4

将两条线芯互相对称绕接在一起，按规范缠绕3圈

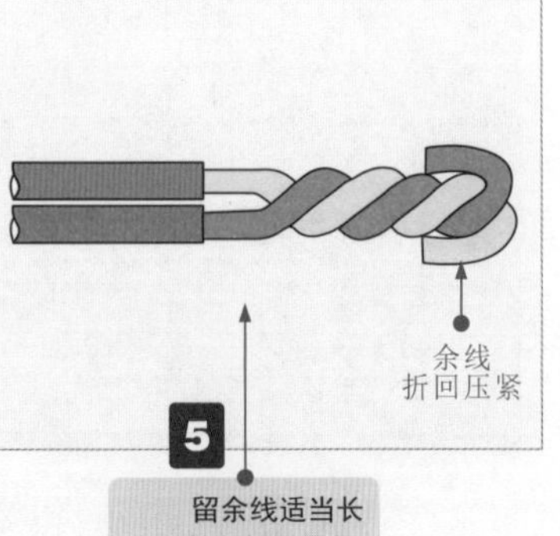

将两导线的绝缘层均剥去50mm
导线切口
≈90°
钢丝钳

用钢丝钳夹在导线切口处，将导线弯成约90°

余线
折回压紧
5
留余线适当长度后剪断折回压紧

图8-13 单股导线的扭绞连接

8.2.4 线缆的绕接

如图8-14所示，绕接也称为并头连接，一般适用于三根导线连接时，即将第三根导线线头绕接在另外两根导线线头上的方法。

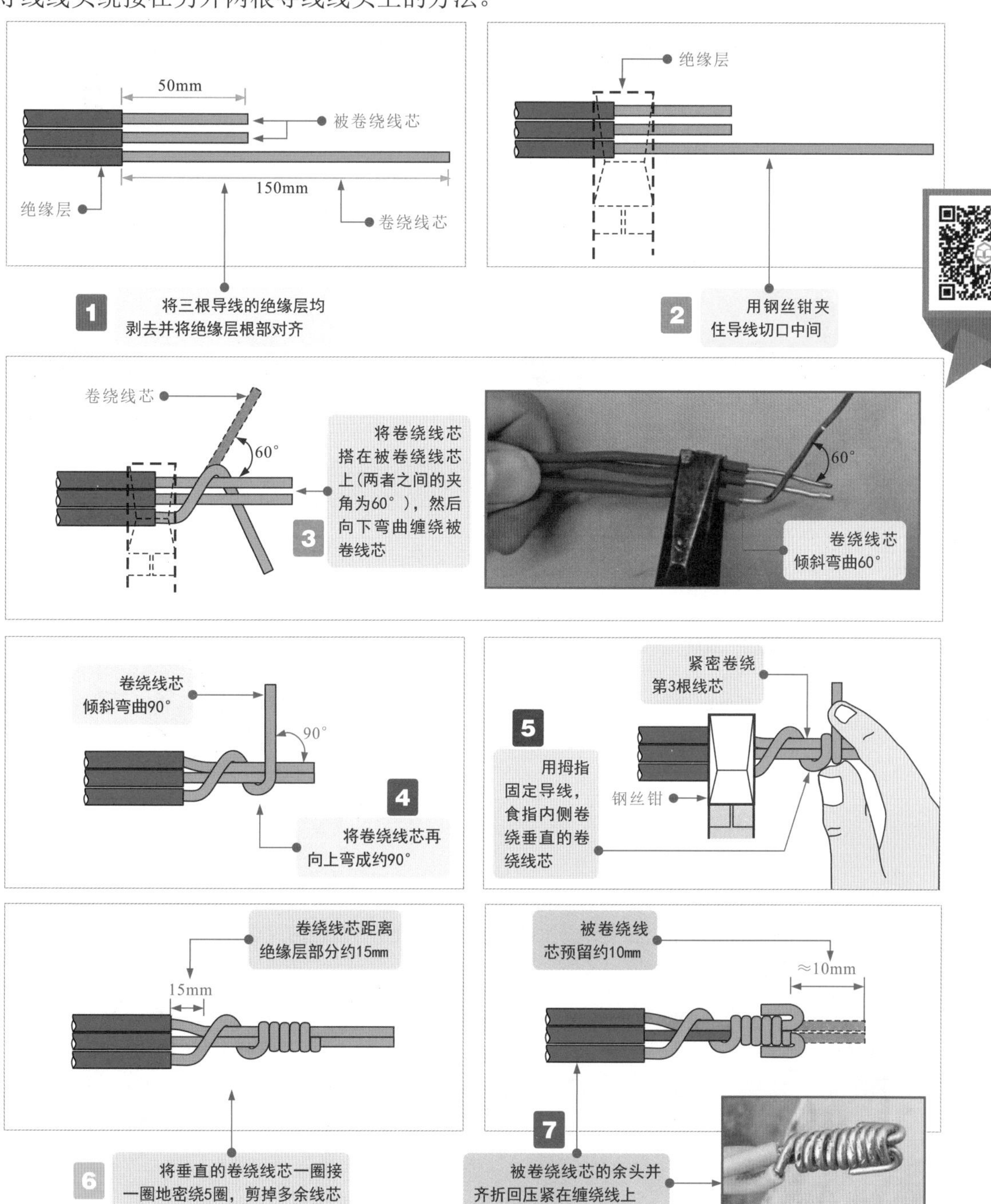

图8-14 三根单股导线的绕接连接

8.3 线缆连接头的加工

在线缆的加工连接中，加工处理线缆连接头也是电工操作中十分重要的一项技能。根据线缆类型分为塑料硬导线连接头的加工和塑料软导线连接头的加工两种。

8.3.1 塑料硬导线连接头的加工

如图8-15所示，塑料硬导线一般可以直接连接，需要平接时，应提前加工连接头，即需将塑料硬导线的线芯加工为大小合适的连接环。

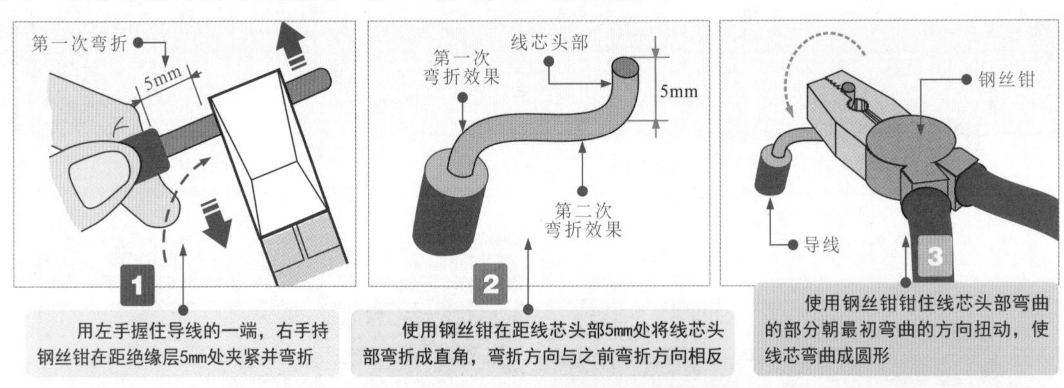

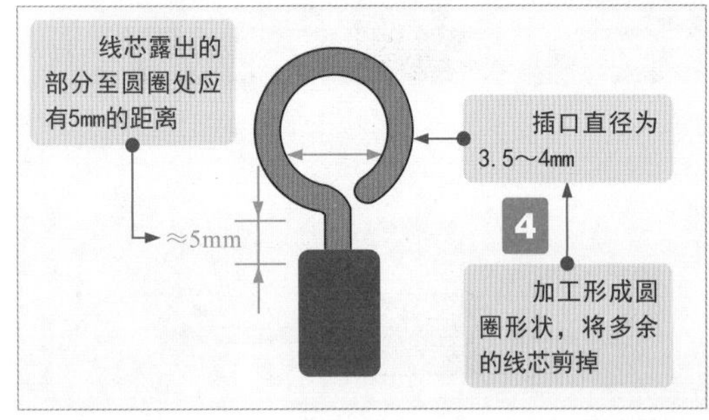

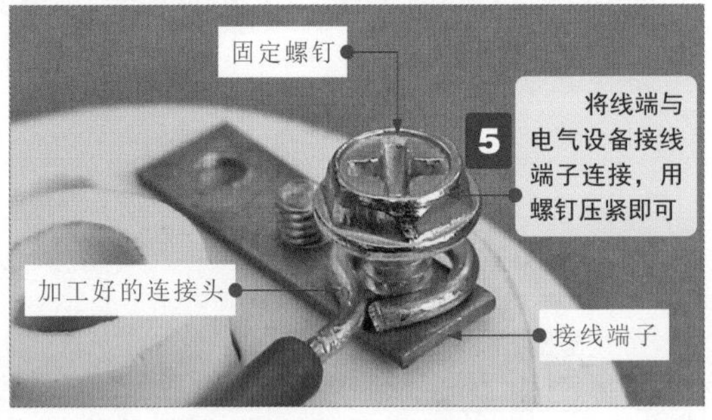

图8-15 塑料硬导线连接头的加工处理

提示说明

硬导线封端操作中，应当注意连接环弯压质量，若尺寸不规范或弯压不规范，都会影响接线质量，在实际操作过程中，若出现不合规范的封端时，需要剪掉，重新加工，如图8-16所示。

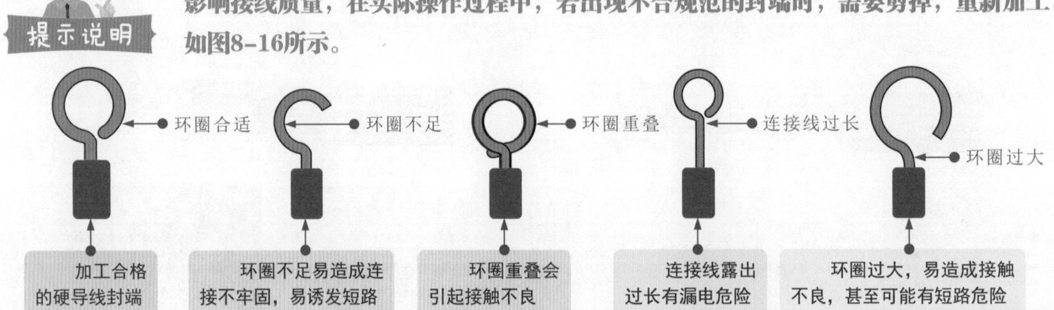

图8-16 塑料硬导线封端合格与不合格情况

8.3.2 塑料软导线连接头的加工

塑料软导线在连接使用时，常见的有绞绕式连接头的加工、缠绕式连接头的加工及环形连接头的加工三种形式。

1 绞绕式连接头的加工

如图8-17所示，绞绕式加工是将塑料软导线的线芯采用绞绕式操作，需要用一只手握住线缆绝缘层处，另一只手捻住线芯，向一个方向旋转，使线芯紧固整齐即可完成连接头的加工。

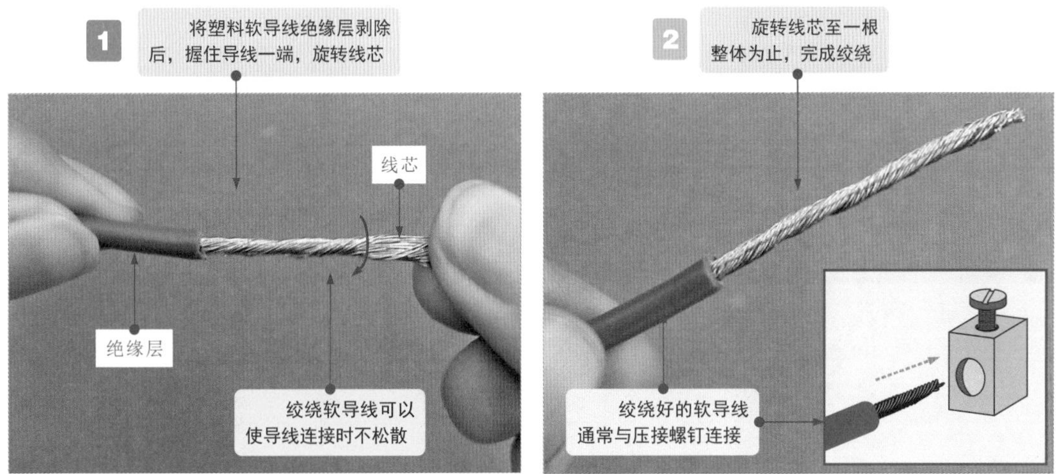

图8-17 绞绕式连接头的加工方法

2 缠绕式连接头的加工

如图8-18所示，当塑料软导线插入某些连接孔中时，可能由于多股软线缆的线芯过细，无法插入，所以需要在绞绕的基础上，将其中一根线芯沿一个方向由绝缘层处开始向上缠绕，直至缠绕到顶端，完成缠绕式加工。

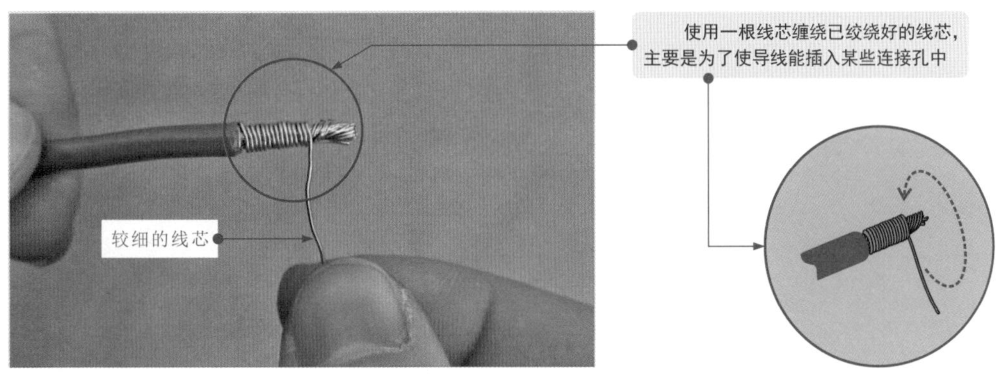

图8-18 缠绕式连接头的加工方法

3 环形连接头的加工

如图8-19所示，将塑料软导线与柱形接线端子连接时，需将线芯加工为环形。

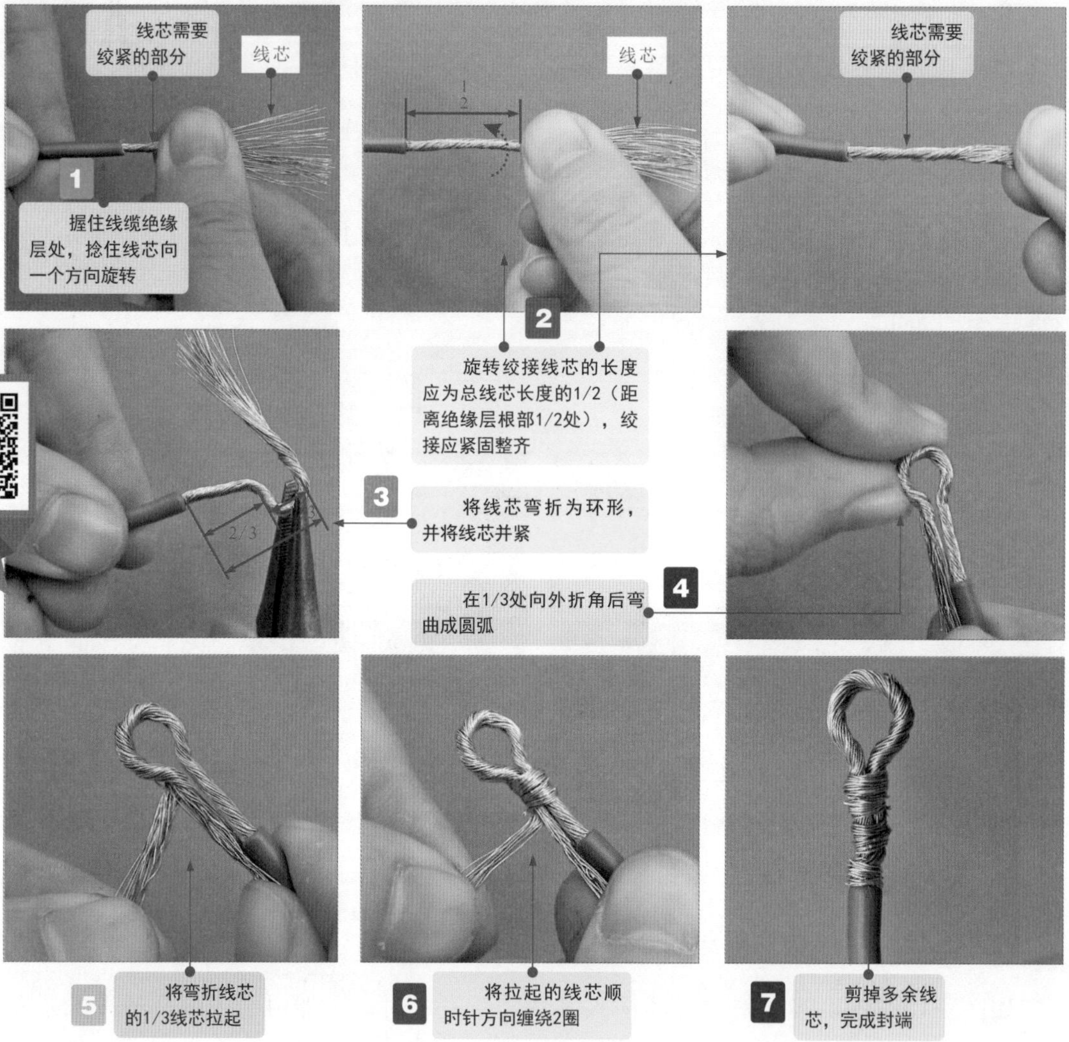

线芯需要绞紧的部分

线芯

1 握住线缆绝缘层处，捻住线芯向一个方向旋转

线芯

1/2

线芯需要绞紧的部分

2 旋转绞接线芯的长度应为总线芯长度的1/2（距离绝缘层根部1/2处），绞接应紧固整齐

2/3

3 将线芯弯折为环形，并将线芯并紧

4 在1/3处向外折角后弯曲成圆弧

5 将弯折线芯的1/3线芯拉起

6 将拉起的线芯顺时针方向缠绕2圈

7 剪掉多余线芯，完成封端

图8-19 环形连接头的加工方法

线缆的连接头除以上几种加工方式外，还有一种是多股线芯与接线螺钉的连接方法，可在多股导线与接线螺钉连接之前，先将线芯与螺钉绞紧，如图8-20所示。

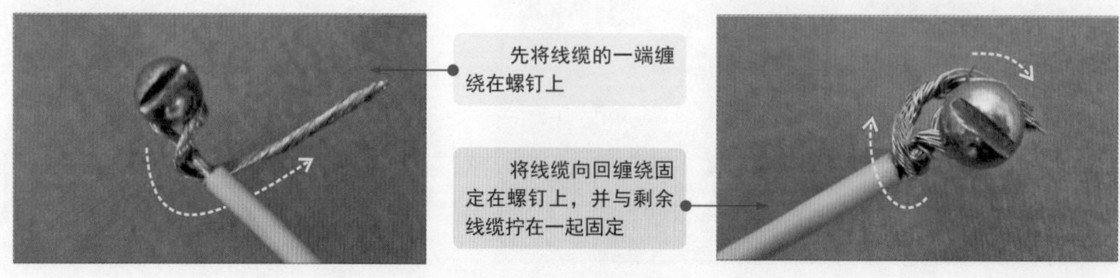

图8-20 环形连接头的其他加工方法

8.4 线缆焊接与绝缘层恢复

8.4.1 线缆的焊接

如图8-21所示，线缆连接完成后，为确保线缆连接牢固，需要对其连接端进行焊接处理，使其连接更为牢固。焊接时，需要对线缆的连接处上锡，再用电烙铁加热，把线芯焊接在一起，完成线缆的焊接。

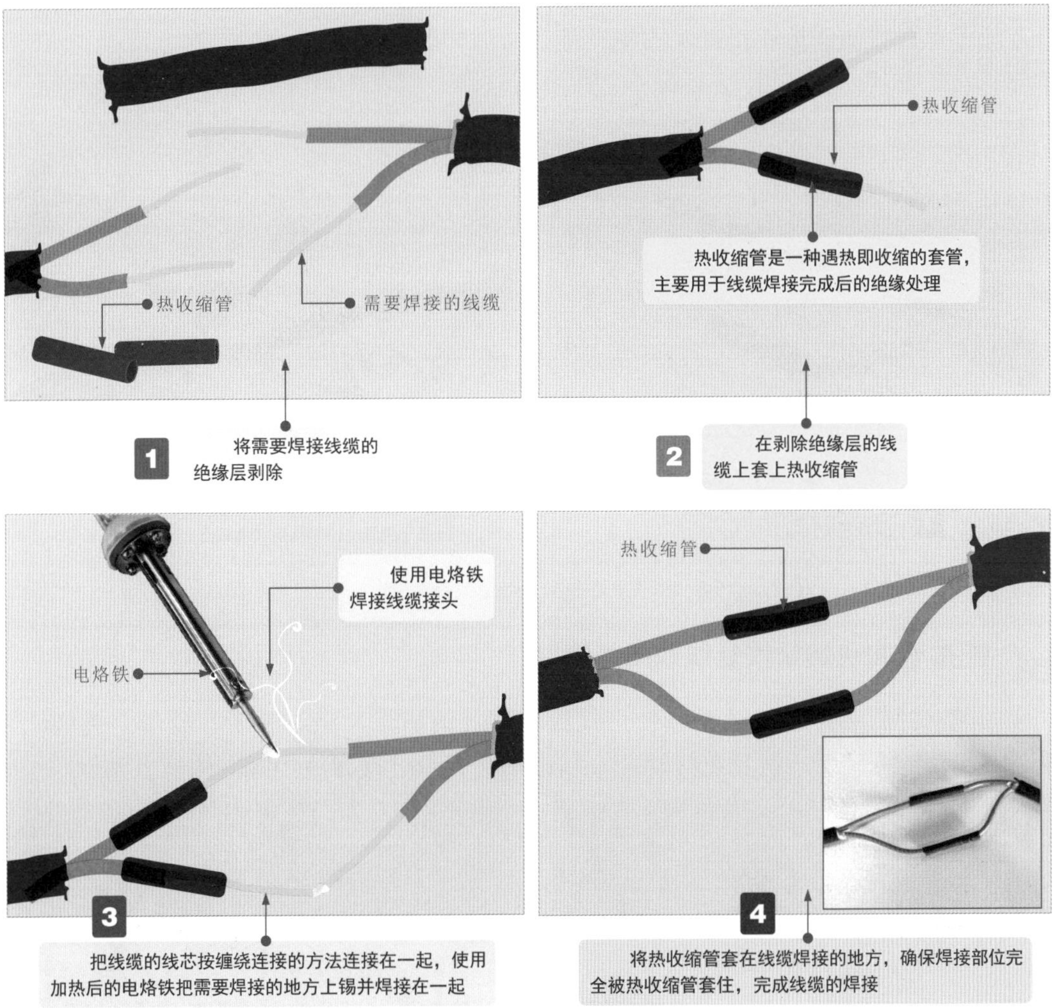

热收缩管

需要焊接的线缆

1 将需要焊接线缆的绝缘层剥除

热收缩管

热收缩管是一种遇热即收缩的套管，主要用于线缆焊接完成后的绝缘处理

2 在剥除绝缘层的线缆上套上热收缩管

使用电烙铁焊接线缆接头

电烙铁

3 把线缆的线芯按缠绕连接的方法连接在一起，使用加热后的电烙铁把需要焊接的地方上锡并焊接在一起

热收缩管

4 将热收缩管套在线缆焊接的地方，确保焊接部位完全被热收缩管套住，完成线缆的焊接

图8-21 线缆的焊接方法

线缆的焊接除了使用绕焊外，还有钩焊、搭焊。其中，钩焊的操作方法是将导线弯成钩形钩在接线端子上，用钳子夹紧后再焊接，这种方法的强度低于绕焊，但操作简便；搭焊的操作方法是用焊锡把导线搭到接线端子上直接焊接，仅用在临时连接或不便于缠、钩的地方及某些接插件上，这种连接最方便，但强度及可靠性最差。

8.4.2 线缆绝缘层的恢复

线缆连接或绝缘层遭到破坏后，必须恢复绝缘性能才可以正常使用，并且恢复后，强度应不低于原有绝缘层。常用的绝缘层恢复方法有两种：一种是使用热收缩管恢复绝缘层；另一种是使用绝缘材料包缠法。

1 使用热收缩管恢复线缆的绝缘层

如图8-22所示，使用热收缩管恢复线缆的绝缘层是一种简便、高效的操作方法。该方法可以有效地保护连接处，避免受潮、污垢和腐蚀。

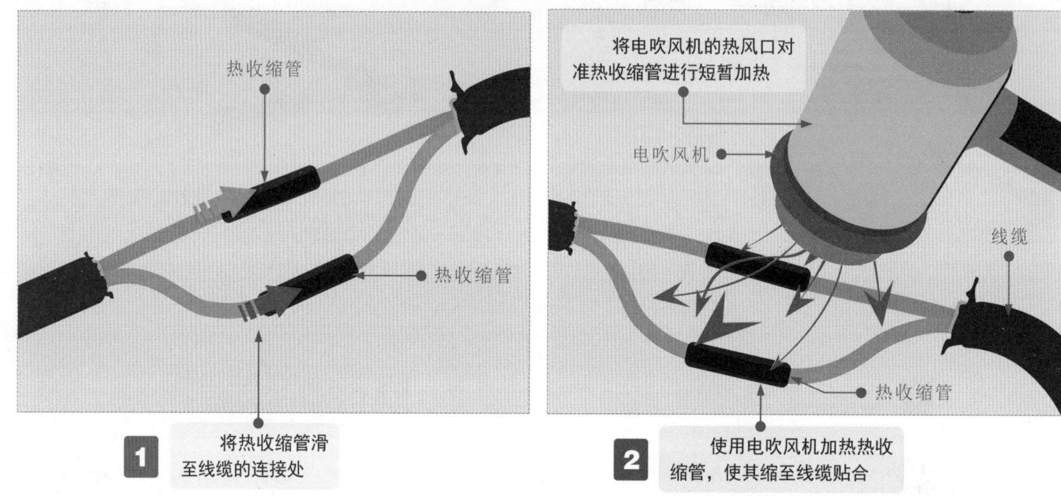

图8-22 使用热收缩管恢复线缆绝缘层的方法

2 使用包缠法恢复线缆的绝缘层

如图8-23所示，包缠法是指使用绝缘材料（黄蜡带、涤纶膜带、胶带）缠绕线缆线芯，起到绝缘作用，恢复绝缘功能。以常见的胶带进行导线绝缘层的恢复为例。

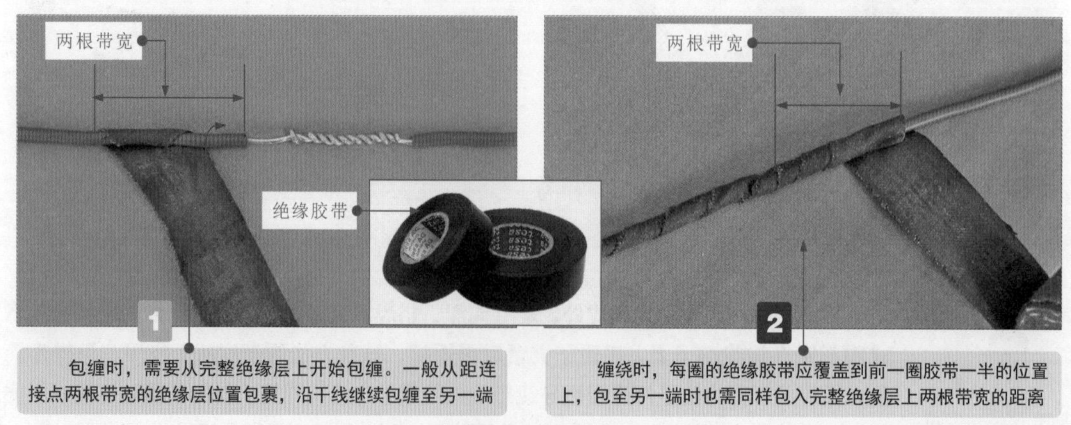

图8-23 使用包缠法恢复线缆绝缘层的方法

一般情况下，在220V线路上恢复导线绝缘时，应先包缠一层黄蜡带（或涤纶薄膜带），再包缠一层绝缘胶带；380V线路恢复绝缘时，先包缠两层或三层黄蜡带（或涤纶薄膜带），再包缠两层绝缘胶带，同时，应严格按照规范进行缠绕操作，如图8-24所示。

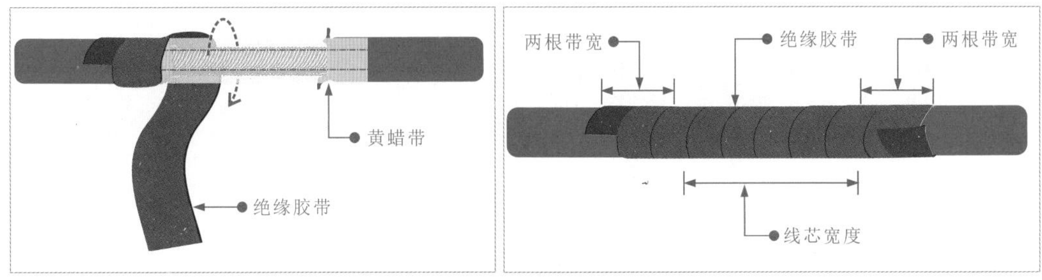

图8-24　220V和380V线路绝缘层的恢复

如图8-25所示，导线绝缘层的恢复是较为普通和常见的，在实际操作中还会遇到分支导线连接点绝缘层的恢复，恢复时，需要用胶带从距分支连接点两根带宽的位置进行包裹。

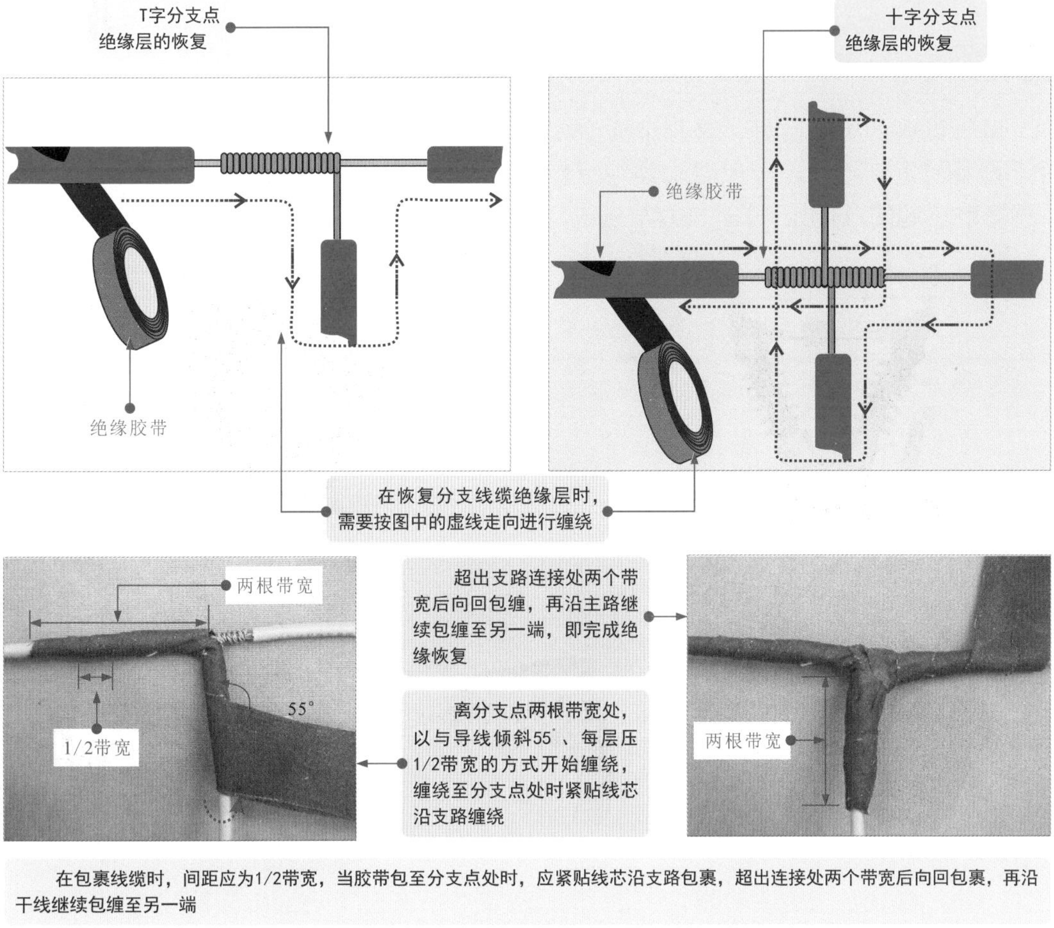

T字分支点绝缘层的恢复

十字分支点绝缘层的恢复

绝缘胶带

绝缘胶带

在恢复分支线缆绝缘层时，需要按图中的虚线走向进行缠绕

两根带宽

1/2带宽

55°

超出支路连接处两个带宽后向回包缠，再沿主路继续包缠至另一端，即完成绝缘恢复

离分支点两根带宽处，以与导线倾斜55°、每层压1/2带宽的方式开始缠绕，缠绕至分支点处时紧贴线芯沿支路缠绕

两根带宽

在包裹线缆时，间距应为1/2带宽，当胶带包至分支点处时，应紧贴线芯沿支路包裹，超出连接处两个带宽后向回包裹，再沿干线继续包缠至另一端

图8-25　分支线缆连接点绝缘层的恢复方法

第9章

电工安全与触电急救

9.1 电气设备的安全常识

9.1.1 电气绝缘与安全距离

1 电气绝缘

电气设备的绝缘良好，是保证人身安全和电气设备安全、正常工作的基本条件。对于设备的电气绝缘，一般要求其绝缘材料必须具备足够的绝缘性能，并能够承受因各种影响引起的过电压。图9-1为常见电气设备的电气绝缘。

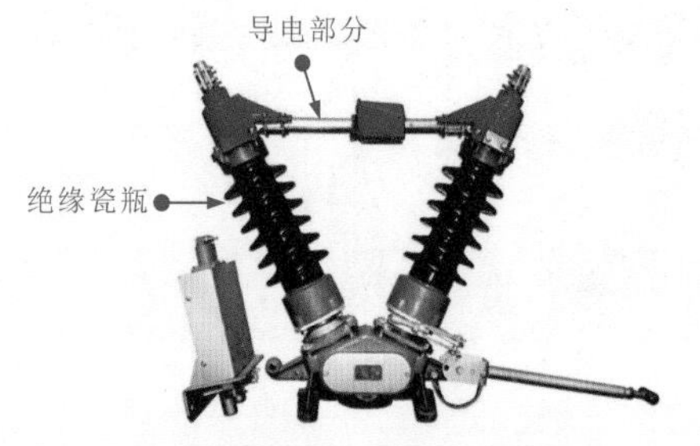

（a）高压隔离开关（高压电气设备）

（b）电流互感器（高压电气设备）

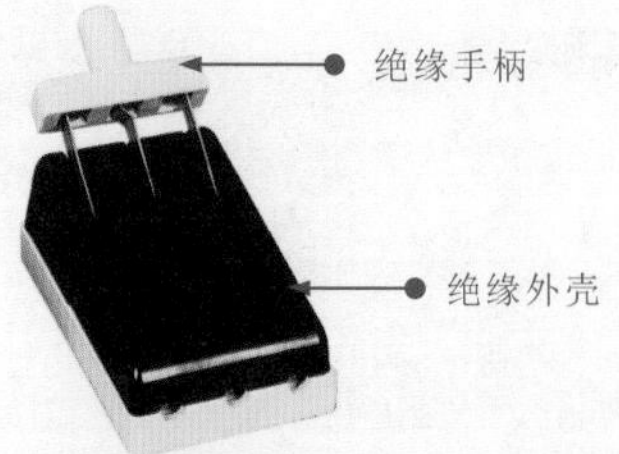

（c）三极开启式负荷开关（低压电气设备）

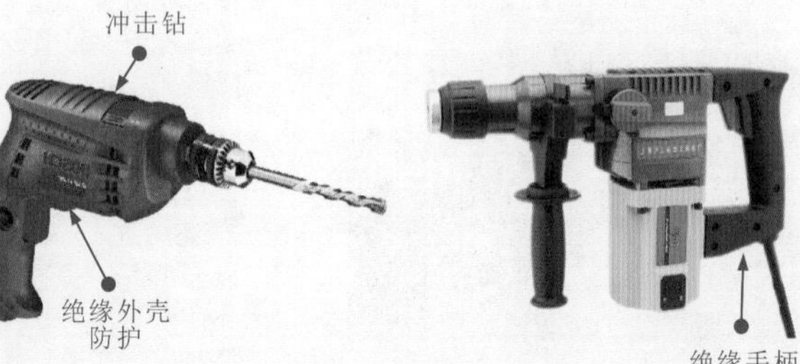

（d）电动工具（低压电气设备）

图9-1 常见电气设备的电气绝缘

2 安全距离

电气设备的安全距离是指人体、物体等接近电气设备带电部位、动作部件或可能散发出的粉尘、气体等等而不发生危险的可靠距离。如图9-2所示，在配电线路或电气设备附近进行作业时，应考虑与线路或设备保持最小距离，以确保作业人员的人身安全。具体参数见表所示。

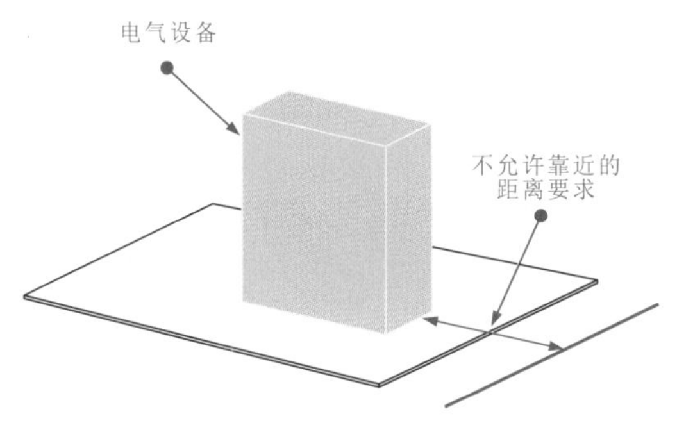

图9-2 电气设备的安全距离

工作人员工作中正常活动范围与带电设备的安全距离参数数据见表9-1。

表9-1 工作人员工作中正常活动范围与带电设备的安全距离

电压等级/kV	10及以下（13.8）	20、35	63（66）、110	220	330	500
安全距离/m	0.35	0.60	1.50	3.00	4.00	5.00

注：表中未列电压按高一挡电压等级的安全距离。

设备不停电时的安全距离参数数据见表9-2。

表9-2 设备不停电时的安全距离

电压等级/kV	10及以下（13.8）	20、35	63（66）、110	220	330	500
安全距离/m	0.7	1	1.50	3.00	4.00	5.00

注：表中未列电压按高一挡电压等级的安全距离。

在带电线路杆塔上工作与带电导线最小安全距离参数数据见表9-3。

表9-3 在带电线路杆塔上工作与带电导线最小安全距离

电压等级/kV	安全距离/m	电压等级/kV	安全距离/m
10及以下	0.7	500	5.0
20、35	1.0	±500	6.8
±50	1.5	750	8.0
66、110	1.5	±660	9.0
220	3.0	1000	9.5
330	4.0	±800	10.1

注：未列出电压等级按高一挡电压等级安全距离。

需要注意的是，对于一些不能保证安全距离，又不可避免需要进行操作时，应采取必要的安全技术措施。

（1）当电气设备运行时，转动、摆动部件应使人不能接近或触摸，以保护人身安全。必要时应使用防护罩、隔离栏等安全技术措施进行防护。

（2）若电气设备在工作时产生液体、粉尘、气体等，应采用封闭措施或特殊安全技术措施改变其危害性后排出，并不能使其损害设备的电气绝缘。

（3）电气设备运行时必须达到一定高温或低温，可能造成危险时，必须采取屏蔽措施，防止接触危险。

（4）电气设备运行时，若可能出现工件、部件等金属屑飞溅情况，应使用防护罩等安全措施进行防护。

9.1.2 电能防护与安全标志

悬挂警示牌是电工作业中非常重要的安全防护措施，用以警示和防止操作人员误操作或超出工作范围，保护人身安全。

在电工作业中，相应的工作地点或范围内应按照安全规范悬挂警示牌

1 禁止警示牌

禁止警示牌的含义是不准或制止人们的某些行动。如图9-3所示，禁止警示牌的几何图形是带斜杠的圆环，其中圆环与斜杠相连，用红色；图形符号用黑色，背景用白色。

几何图像下方可以补充文字标识，标识字体为黑体，竖写时，为白底黑字；横写时，应为红底白字。

图9-3 电力相关的常用禁止警示牌

2 警告警示牌

警告警示牌的含义是警告人们可能发生的危险。如图9-4所示，警告警示牌的几何图形是黑色的正三角形、黑色符号和黄色背景。几何图像下方可以补充文字标识（可标可不标），标识字体为黑体，横写、竖写均为白底黑字。

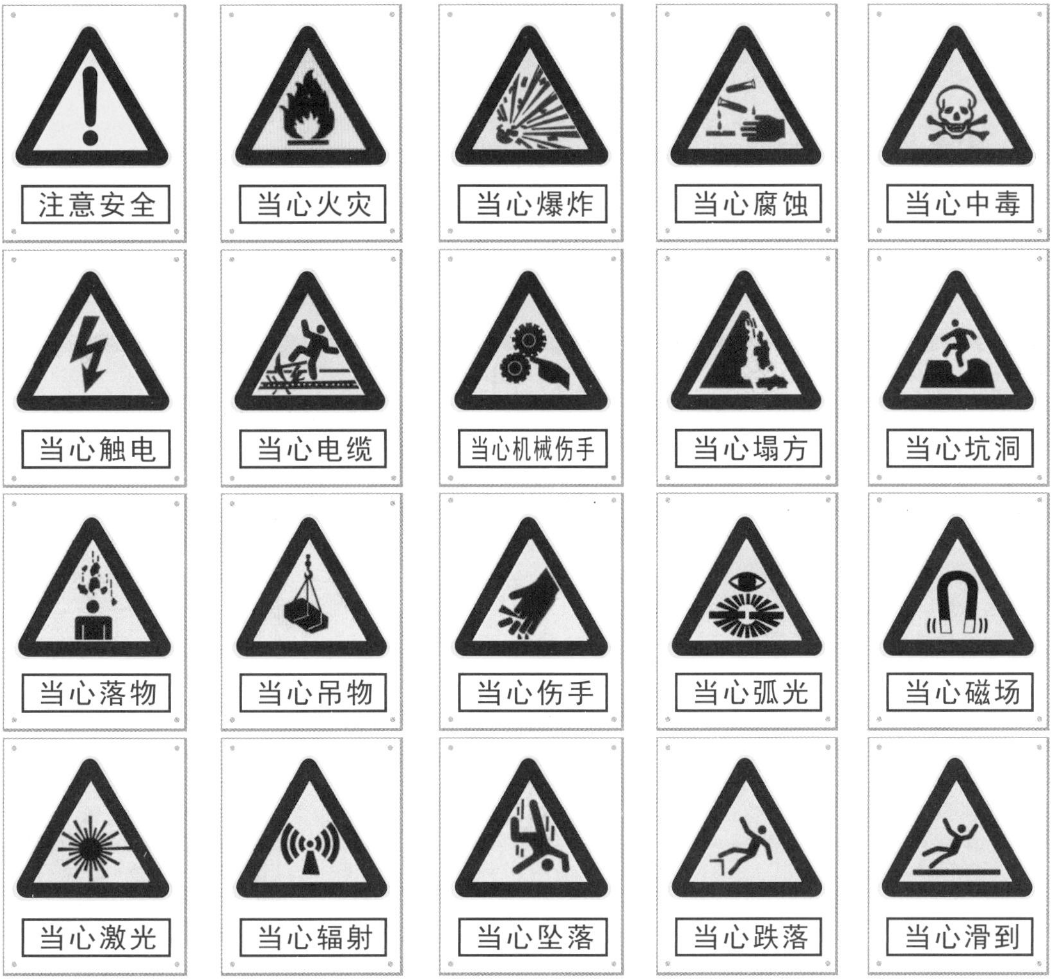

注意安全
当心火灾
当心爆炸
当心腐蚀
当心中毒
当心触电
当心电缆
当心机械伤手
当心塌方
当心坑洞
当心落物
当心吊物
当心伤手
当心弧光
当心磁场
当心激光
当心辐射
当心坠落
当心跌落
当心滑到

图9-4 电力相关的常用警告警示牌

3 指令警示牌

指令警示牌的含义是必须遵守。如图9-5所示，指令警示牌的几何图形是圆形，蓝色背景，白色图形符号。几何图像下方可以补充文字标识，标识字体为黑体，竖写时，为白底黑字；横写时，应为蓝底白字。

必须戴防护眼镜
必须戴安全帽
必须系安全带
必须穿防护服
必须戴防护手套

图9-5

图9-5　电力相关的常用指令警示牌

4 提示警示牌

提示警示牌的含义是示意目标的方向。如图9-6所示，提示警示牌的几何图形是方形，绿、红色背景，白色图形符号或文字。其中，电力场合常用提示警示牌多为绿色背景，中间为白色圆圈，黑体黑色字。

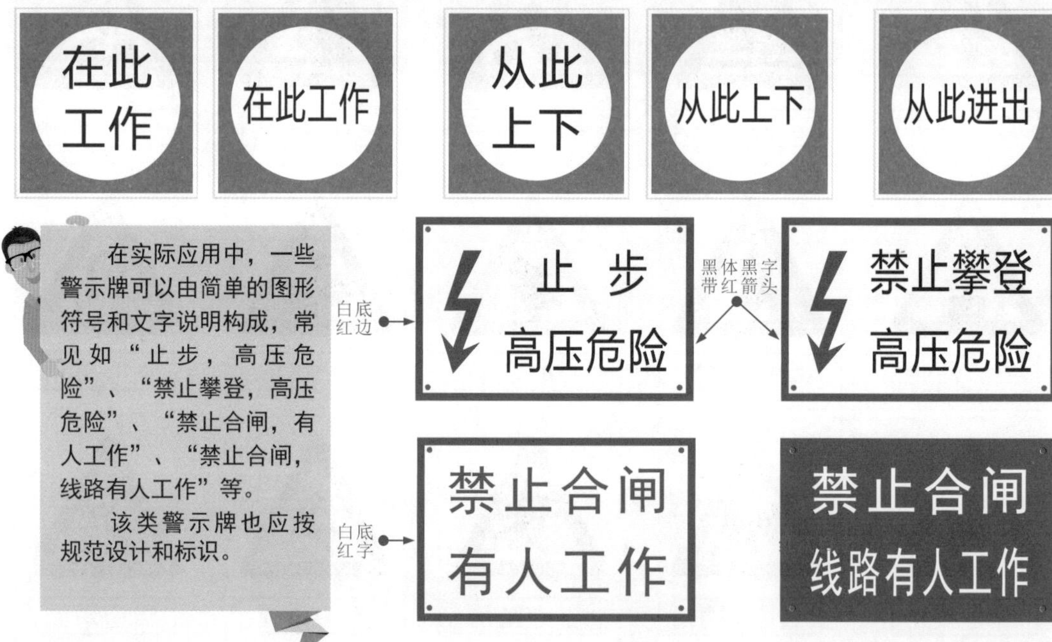

图9-6　电力相关的常用提示警示牌

9.2 保护接地与保护接零

9.2.1 保护接地

如图9-7所示，在正常情况下，电气设备的金属外壳与带电部分是绝缘的，电气设备外壳上不会带电。但如果电气设备内部绝缘体老化或损坏，与外壳短接时，电就可能传到金属外壳上来，电气设备外壳就会带电。如果外壳没有接地，这时若操作人员触碰到电气设备外壳，电流就会经分布电容回到电源形成回路，操作人员便会触电。

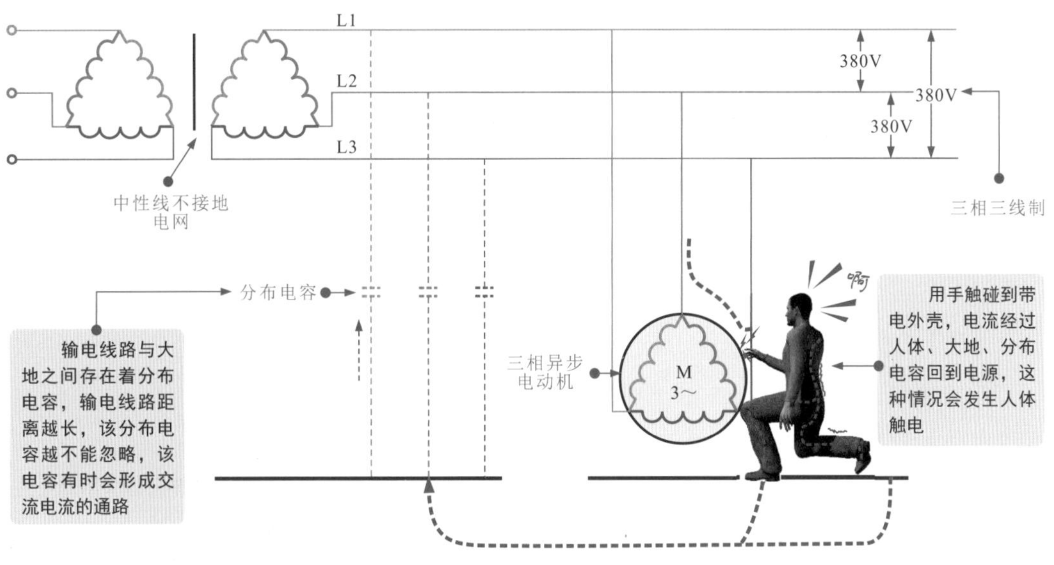

用手触碰到带电外壳，电流经过人体、大地、分布电容回到电源，这种情况会发生人体触电

图9-7 没有保护接地的危害

若电气设备外壳接地，当操作人员触碰到电气设备外壳，由于接地电阻相对于人体电阻很小，所以大部分短路电流会经过接地装置形成回路，电流就会通过地线流入大地，而流过人体的电流很小，对人身的安全威胁也就大为减小；另外当漏电电流较大时，线路中的漏电保护装置动作，切断线路电源，实现保护功能。图9-8为采用保护接地的功效。

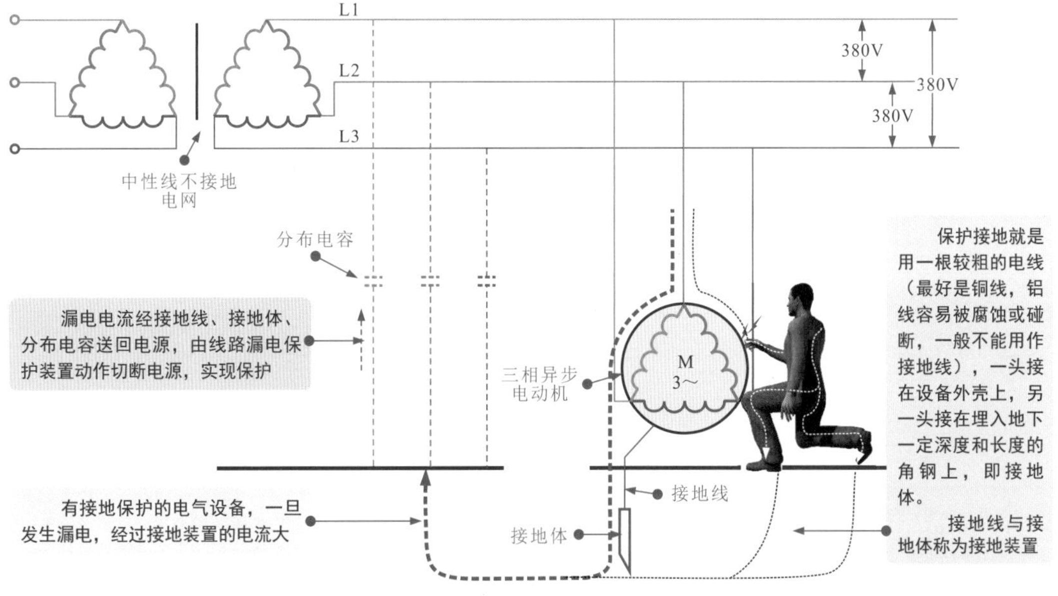

L1
L2
L3
380V
380V
380V
中性线不接地
电网
分布电容
输电线路与大地之间存在着分布电容，输电线路距离越长，该分布电容越不能忽略，该电容有时会形成交流电流的通路
漏电电流经接地线、接地体、分布电容送回电源，由线路漏电保护装置动作切断电源，实现保护
三相异步
电动机
M
3～
保护接地就是用一根较粗的电线（最好是铜线，铝线容易被腐蚀或碰断，一般不能用作接地线），一头接在设备外壳上，另一头接在埋入地下一定深度和长度的角钢上，即接地体。
接地线
接地体
有接地保护的电气设备，一旦发生漏电，经过接地装置的电流大
接地线与接地体称为接地装置

图9-8 保护接地的功效

如图9-9所示，保护接地适用于不接地的电网系统，在该系统中，主要是正常情况下不带电，但由于绝缘损坏或其他原因可能出现危险电压的金属部分，均应采用保护接地措施（另有规定者除外）。

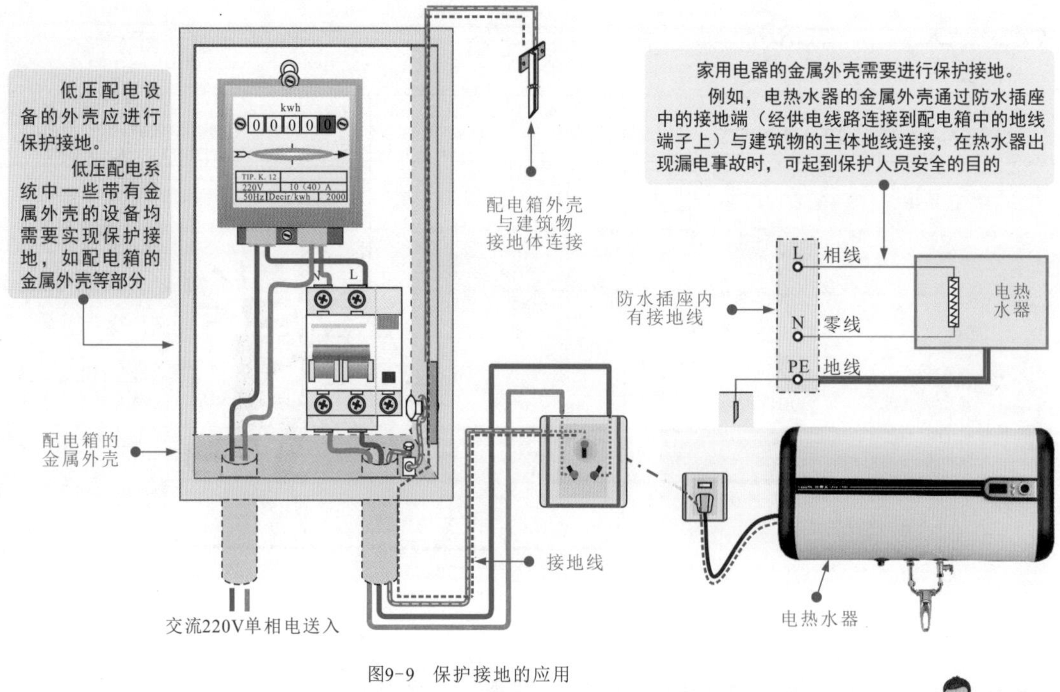

低压配电设备的外壳应进行保护接地。
低压配电系统中一些带有金属外壳的设备均需要实现保护接地，如配电箱的金属外壳等部分
kwh
配电箱外壳与建筑物接地体连接
家用电器的金属外壳需要进行保护接地。
例如，电热水器的金属外壳通过防水插座中的接地端（经供电线路连接到配电箱中的地线端子上）与建筑物的主体地线连接，在热水器出现漏电事故时，可起到保护人员安全的目的
L 相线
N 零线
PE 地线
电热水器
防水插座内有接地线
配电箱的金属外壳
接地线
交流220V单相电送入
电热水器

图9-9　保护接地的应用

9.2.2 保护接零

保护接零是指在中性点接地的系统中，将电气设备正常运行时不带电的金属外壳及与外壳相连接的金属构架与系统中的中性线连接起来，以保护人身安全的保护措施。

如图9-10所示，保护接零线路中，电气设备的金属外壳、底座等与线路中的中性线相连。当电气设备绝缘异常，导致某一相与外壳连接，使外壳带电时，由于外壳采用了接零保护措施，此时形成相线与中性线的单相短路，短路电流较大，使线路上的熔断器等保护装置迅速动作，切断电源，实现保护作用。

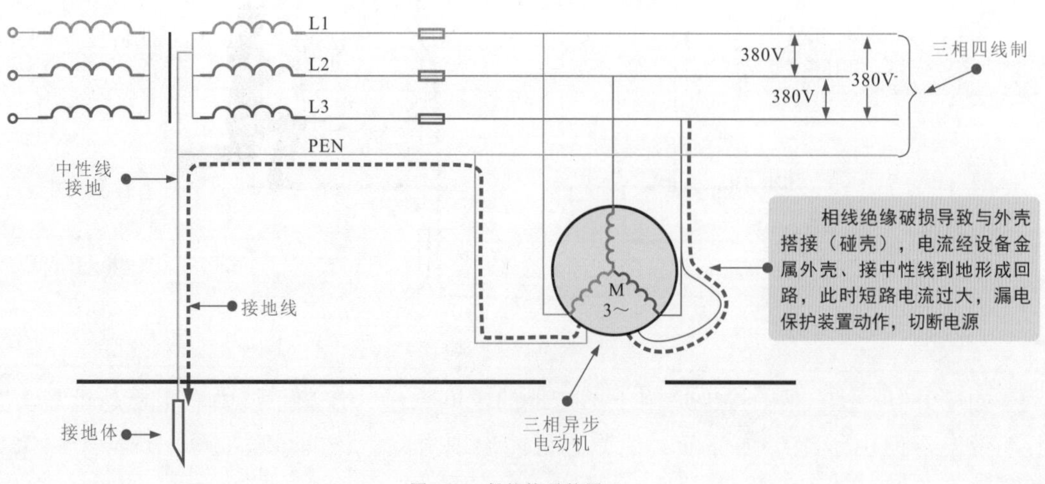

图9-10　保护接零的原理

图9-11为保护接零的功效。

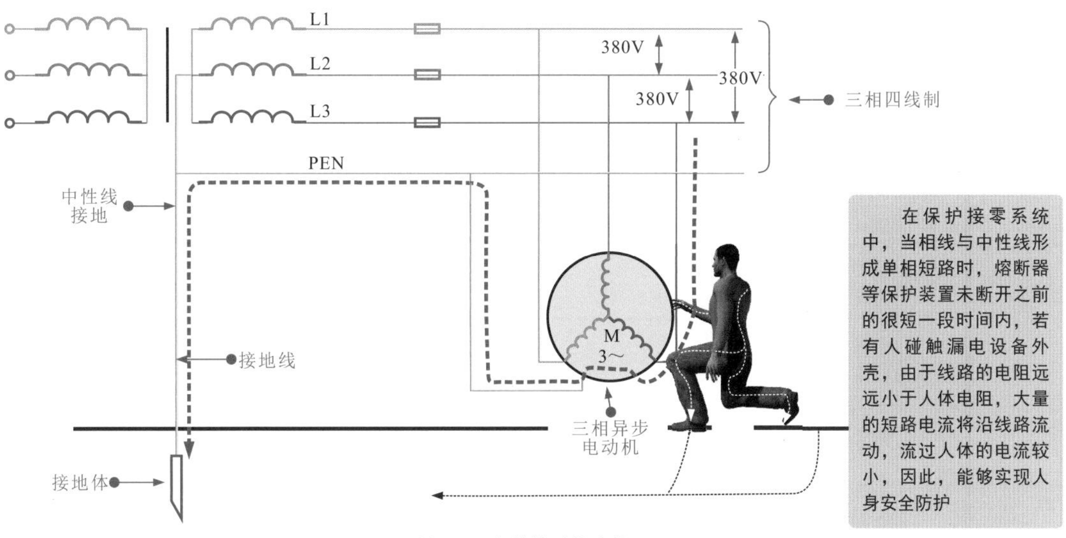
L1
L2
L3
PEN
380V
380V
380V
三相四线制
中性线接地
接地线
接地体
M
3～
三相异步电动机
在保护接零系统中，当相线与中性线形成单相短路时，熔断器等保护装置未断开之前的很短一段时间内，若有人碰触漏电设备外壳，由于线路的电阻远远小于人体电阻，大量的短路电流将沿线路流动，流过人体的电流较小，因此，能够实现人身安全防护

图9-11 保护接零的功效

保护接零主要应用于1000V以下，电源中性点直接接地的供电系统中，常见于变压器低压侧中性点直接接地的380V/220V三相四线制电网中，如应急照明及消防供电等需要自用配电变压器的系统中。

该类电网中，一旦发生单相短路故障，线路中的保护接零措施将最大程度体现出短路电流，该电流能够使线路中的保护装置迅速自动切断故障线路电源，实现保护功效。

提示说明

如图9-12所示，保护接零线路中，由于设备金属外壳直接与零线连接，若零线出现断线、带电等情况将十分危险，因此对采用该类保护措施的线路需要特别强调线路的基本要求和应用时的注意事项。

保护接零系统中，一旦中性点断线，在断线处后面的所有电气设备的外壳或底座无法与大地连接，一旦内部相线出现碰壳情况，断线后面零线和与其相连的电气设备的外壳都将带上等于相电压的对地电压，极易发生触电事故。

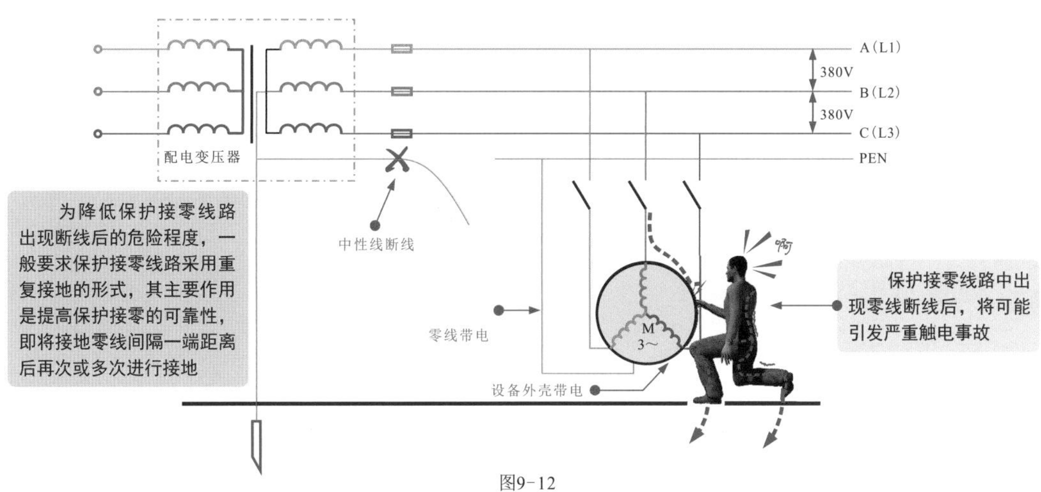
A（L1）
380V
B（L2）
380V
C（L3）
PEN
配电变压器
中性线断线
零线带电
设备外壳带电
M
3～
为降低保护接零线路出现断线后的危险程度，一般要求保护接零线路采用重复接地的形式，其主要作用是提高保护接零的可靠性，即将接地零线间隔一端距离后再次或多次进行接地
保护接零线路中出现零线断线后，将可能引发严重触电事故

图9-12

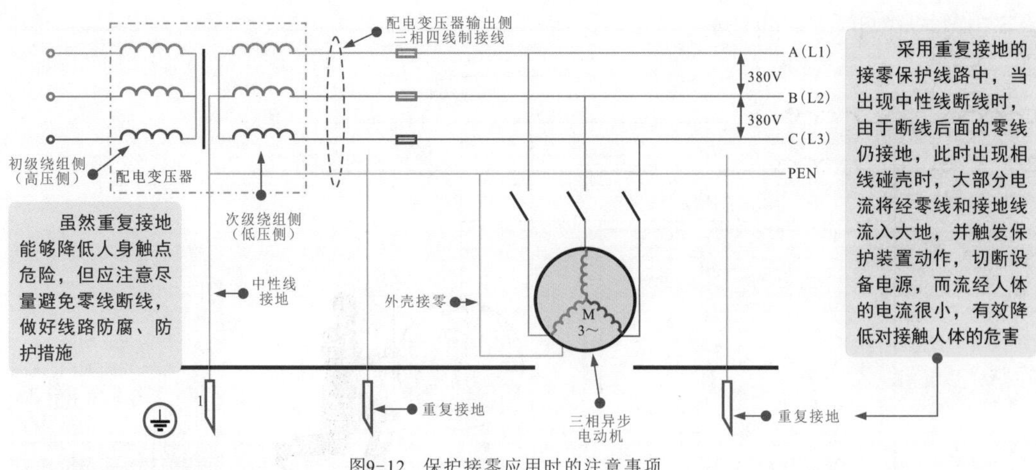
配电变压器输出侧
三相四线制接线
A(L1)
380V
B(L2)
380V
C(L3)
PEN
初级绕组侧
(高压侧)
配电变压器
次级绕组侧
(低压侧)
中性线
接地
外壳接零
M
3～
三相异步
电动机
重复接地
重复接地
1
虽然重复接地能够降低人身触点危险，但应注意尽量避免零线断线，做好线路防腐、防护措施
采用重复接地的接零保护线路中，当出现中性线断线时，由于断线后面的零线仍接地，此时出现相线碰壳时，大部分电流将经零线和接地线流入大地，并触发保护装置动作，切断设备电源，而流经人体的电流很小，有效降低对接触人体的危害

图9-12　保护接零应用时的注意事项

9.3 静电的危害与预防

9.3.1 静电的危害

1 静电对人体的危害

静电会对人体造成电击的伤害。静电的电击伤害极易导致人体的应激反应，使电工作业人员动作失常，诱发触电、高空坠落或设备故障等二次故障，如图9-13所示。

一般情况下，普通静电电击的危害程度较小，人体受到电击后不会危及生命。但一些特殊环境下，也可能造成严重后果。例如，电工操作人员在作业中，受到静电电击可能因精神紧张导致工作失误，或因较大电击而摔倒，造成二次事故等。

静电电击的程度与静电电压大小有关，静电电压越大，电击程度越大，引起的危害程度也越大

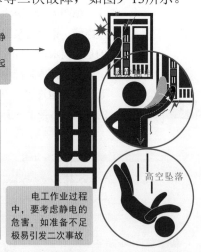

静电电压/kV	电击程度
1～2.5	放电部位有轻微冲击感，不疼痛，有微弱的放电响声
2.5～3	有轻微刺痛感，可看到放电火花
3～5	手指有较强的刺痛感，有电击感觉
5～7	手指、手掌有电击疼痛感、轻微麻木感，有明显放电啪啪声
7～9	手指剧痛，手掌、手腕部有强烈电击感、麻木感
9以上	手指剧烈麻木，有电流流过感觉，有强烈电击感

高空坠落

电工作业过程中，要考虑静电的危害，如准备不足极易引发二次事故

图9-13　静电对人体的危害

2 静电对生产的影响

静电会对生产造成直接影响，如图9-14所示。静电可能引起电子设备（如计算机等）故障或误动作，影响正常运行；静电易造成电磁干扰，引发无电线通信异常等危害； 静电会导致精密电子元器件内部击穿断路，造成设备故障；静电会加速元件老化，降低设备使用寿命，妨碍生产。

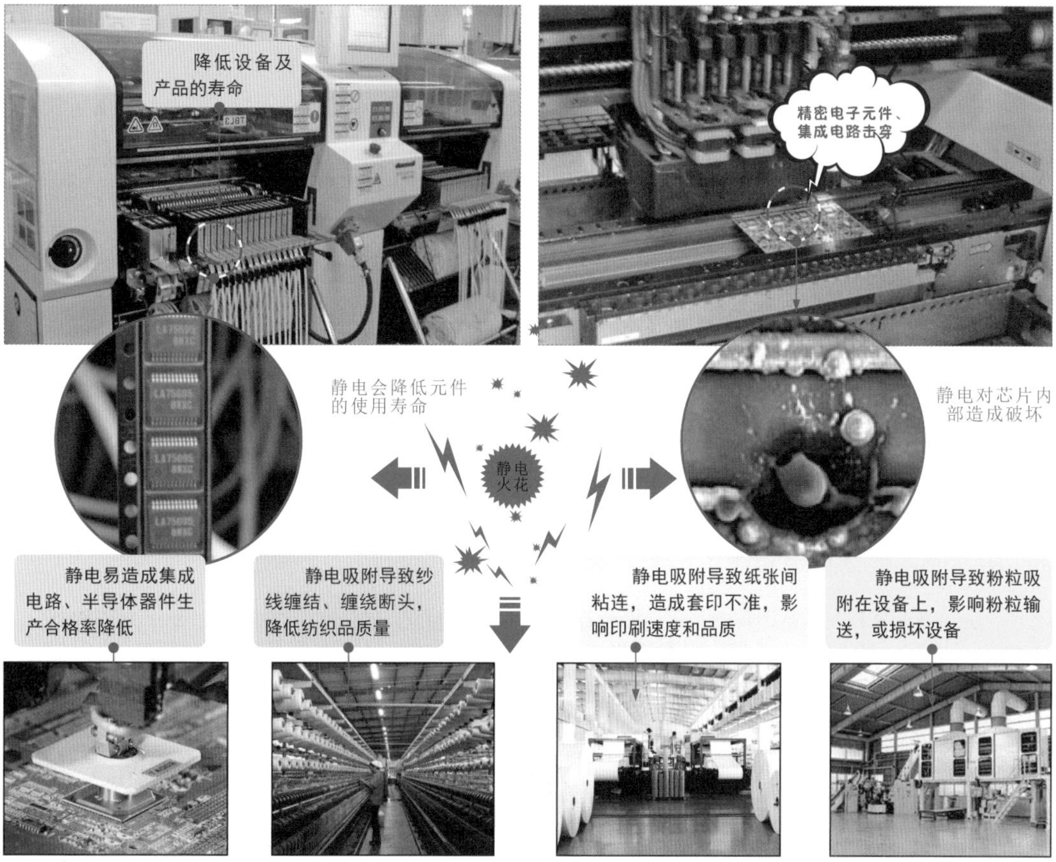

降低设备及产品的寿命

精密电子元件、集成电路击穿

静电会降低元件的使用寿命

静电对芯片内部造成破坏

静电火花

静电易造成集成电路、半导体器件生产合格率降低

静电吸附导致纱线缠结、缠绕断头，降低纺织品质量

静电吸附导致纸张间粘连，造成套印不准，影响印刷速度和品质

静电吸附导致粉粒吸附在设备上，影响粉粒输送，或损坏设备

图9-14 静电对生产的影响

3 静电会引发爆炸、火灾等重大事故

静电放电时会产生火花，这些火花使易燃易爆品或存在易燃易爆的粉尘、油雾、气体等的生产场所（如石油、化工、煤矿、矿井等）极易引起爆炸和火灾，这也是静电造成的最严重危害，如图9-15所示。

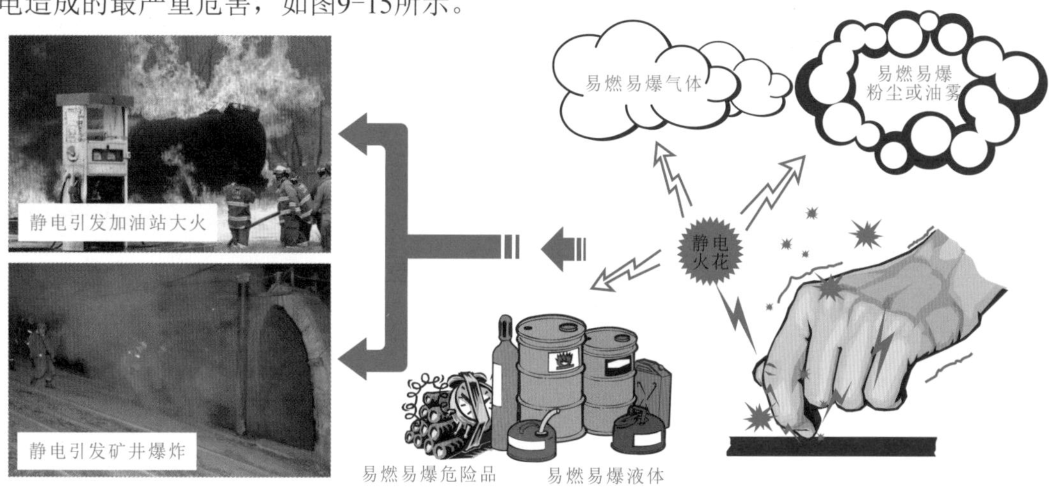

图9-15 静电会引发爆炸、火灾

9.3.2 静电的预防

静电预防是指为防止静电积累所引起的人身电击、电子设备失误、电子器件失效和损坏、严重的火灾和爆炸事故以及对生产制造业的妨碍等危害所采取的防范措施。

目前，预防静电的关键是限制静电的产生、加快静电的释放、进行静电的中和等，常采用的预防措施主要包括接地、搭接、增加环境空气湿度、中和电荷、使用抗静电剂等。

1 接地

接地是进行静电预防最简单、最常用的一种措施。接地的关键是将物体上的静电电荷通过接地导线释放到大地。

接地分为人体接地和设备接地两种，如图9-16所示。

人体接地就是将人体与大地“连接”，将人体所带静电通过导体释放到大地中。人体接地主要可采取穿防静电服、佩戴防静电护腕带、触摸人体静电释放门帘等，通过这些防静电设备实现人体与大地接触，从而释放静电电荷

防静电工作帽

防静电工作服

防静电手套

腕带

接地夹

释放人体静电

接地夹接地

防静电护腕带

设备接地是指对静电防护有明确要求的供电设备、电气设备的外壳进行接地，并将其外壳直接接触防静电地板，将设备外壳上聚集的静电电荷释放到大地中，实现静电的防范

建筑物主筋（至建筑接地）

供电设备（外壳接地）

防静电地板

等电位框架

水泥地面

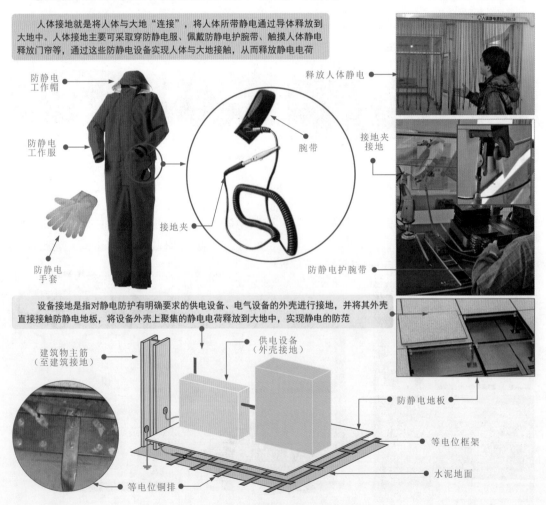

等电位铜排

图9-16 采用接地预防静电

2 搭接

搭接或跨接是指将距离较近（小于100mm）的两个以上独立的金属导体，如金属管道之间、管道与容器之间进行电气上的连接，如图9-17所示，使其相互间基本处于相同的电位，防止静电积累。

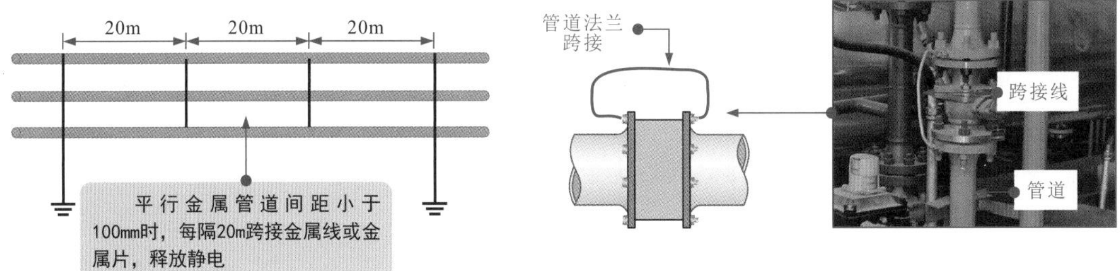

图9-17 采用搭接方法预防静电

3 增加湿度

增加湿度也可预防静电。增加湿度是指增加空气湿度，利于静电电荷释放，并有效限制静电电荷的积累。

一般情况下，空气相对湿度保持70%以上利于消除静电危害。

4 静电中和

静电中和是进行静电防范的主要措施，是指借助静电中和器将空气分子电离出与带电物体静电电荷极性相反的电荷，并与带电物体的静电电荷相互抵消，从而达到消除静电的目的，如图9-18所示。

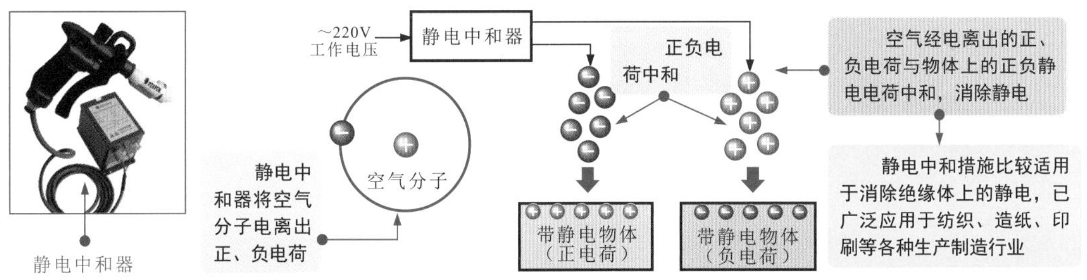

图9-18 采用静电中和法预防静电

5 使用抗静电剂

对于一些高绝缘材料，无法有效泄漏静电时，可采用添加抗静电剂的方法，以增大材料的导电率，使静电加速泄漏，消除静电危害， 如图9-19所示。

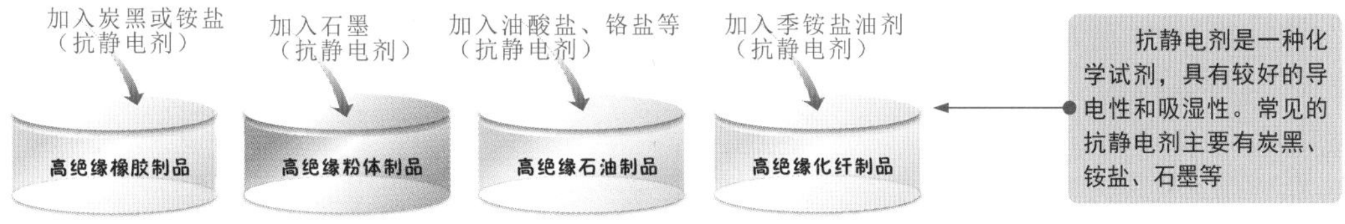

图9-19 采用抗静电剂预防静电

9.4 触电的危害与应急处理

9.4.1 触电的危害

触电所造成的危害主要体现在当人体接触或接近带电体造成触电事故时，电流流经人体，对接触部位和人体内部器官等造成不同程度的伤害。

如图9-20所示，当人体接触设备的带电部分并形成电流通路的时候，就会有电流流过人体，从而造成触电。

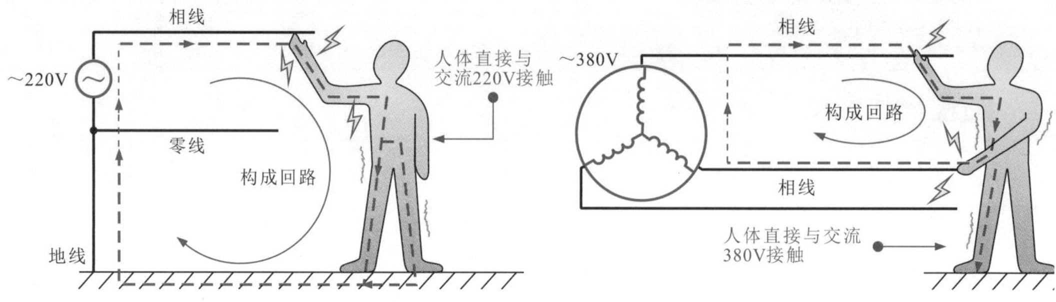

图9-20　人体触电时形成的电流

如图9-21所示，触电电流是造成人体触电伤害的主要原因，触电电流大小的不同，触电引起的伤害也会不同。触电电流按照伤害大小可分为感觉电流、摆脱电流、伤害电流和致死电流。

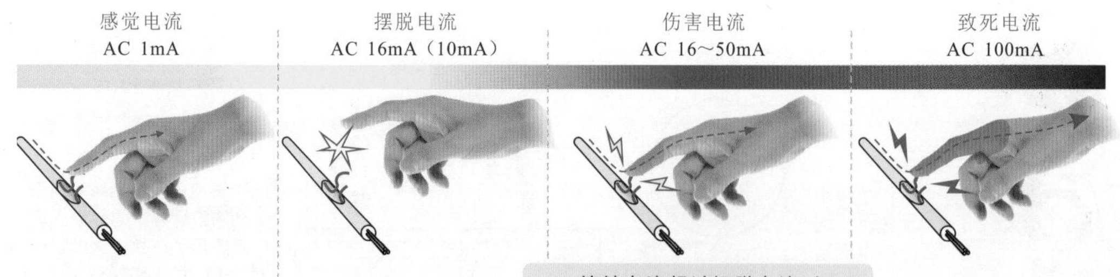

当电流达到交流1mA或直流5mA时，人体就可以感觉电流，接触部位有轻微的麻痹、刺痛感

所接触的电流不超过交流16mA（女子为10mA左右）、直流50mA，则不会对人体造成伤害，可自行摆脱

接触电流超过摆脱电流（16～50mA时），就会对人体造成不同程度的伤害，触电时间越长，后果也越严重。当通过人体的交流电流超过伤害电流时，大脑就会昏迷，心脏可能停止跳动，并且会出现严重的电灼伤

当通过人体的交流电流达到100mA时，如果通过人体1s，便足以使人致命，造成严重伤害事故，该电流为致死电流

图9-21　触电电流的大小

如图9-22所示，“电伤”主要是指电流通过人体某一部分或电弧效应而造成的人体表面伤害，主要表现烧伤或灼伤。

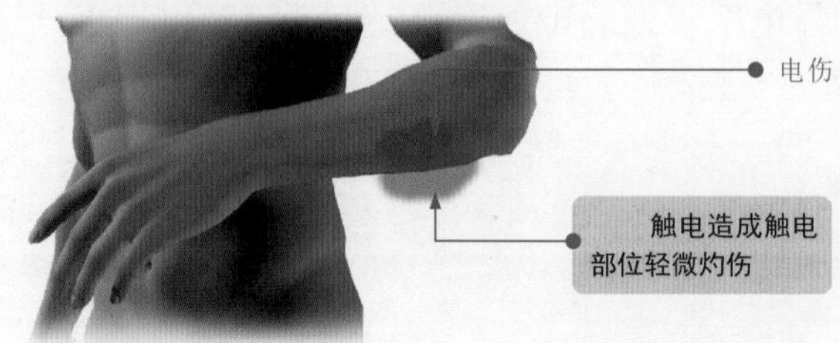

图9-22　触电的电伤危害

如图9-23所示，一般情况下，虽然电伤不会直接造成十分严重的伤害，但可能会因电伤造成精神紧张等情况，从而导致摔倒、坠落等二次事故，即间接造成严重危害，需要注意防范。

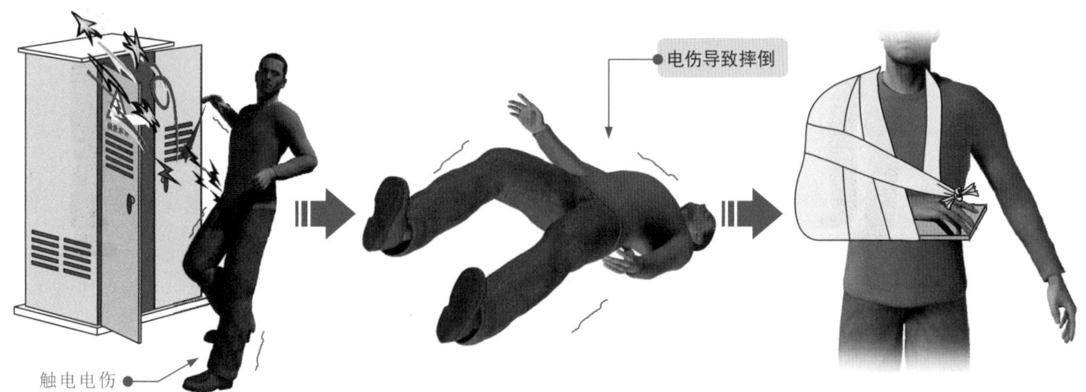

图9-23 电伤引起的其他危害

如图9-24所示，“电击”是指电流通过人体内部而造成内部器官，如心脏、肺部和中枢神经等的损伤。电流通过心脏时，危害性最大。相比较来说，“电击”比“电伤”造成的危害更大。

图9-24 触电的电击危害

值得一提的是，不同的触电电流频率，对触电者造成的损害也会有差异。实验证明，触电电流的频率越低，对人身的伤害越大，频率为40～60Hz的交流电对人体最为危险，随着频率的增高，触电危险的程度会随之下降。

除此之外，触电者自身的状况也在一定程度上会影响触电造成的伤害。身体健康状况、精神状态及表面皮肤的干燥程度、触电的接触面积和穿着服饰的导电性都会对触电伤害造成影响。

9.4.2 触电的种类

1 单相触电

如图9-25所示，单相触电是指人体在地面上或其他接地体上，手或人体的某一部分触及三相线中的其中一根相线，在没有采用任何防范措施的情况下时，电流就会从接触相线经过人体流入大地，这种情形称为单相触电。

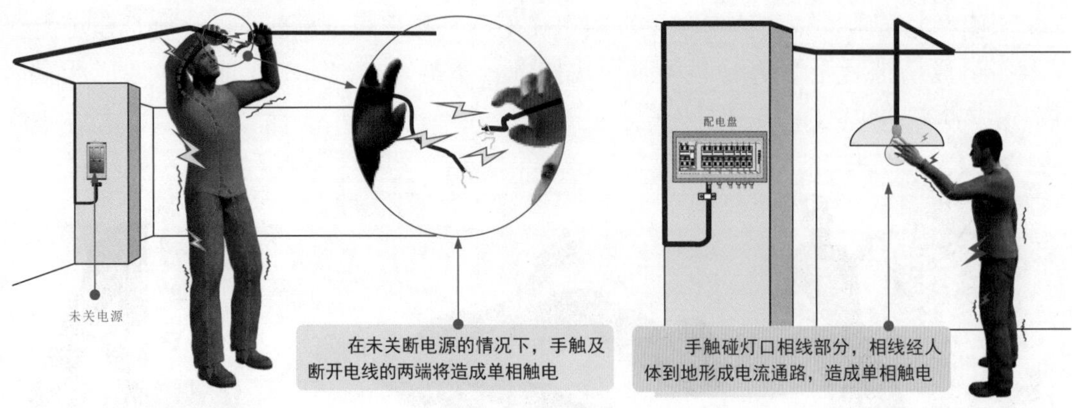

未关电源
在未关断电源的情况下，手触及断开电线的两端将造成单相触电
配电盘
手触碰灯口相线部分，相线经人体到地形成电流通路，造成单相触电

图9-25　单相触电

2 两相触电

如图9-26所示，两相触电是指人体两处同时触及两相带电体（三根相线中的两根）所引起的触电事故。这时人体承受的是交流380V电压。其危险程度远大于单相触电，轻则导致烧伤或致残，严重会引起死亡。

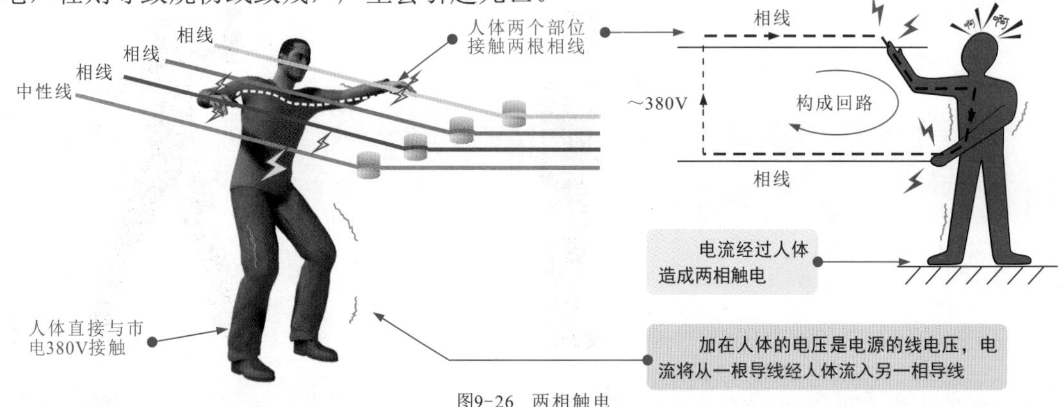

人体两个部位接触两根相线

电流经过人体造成两相触电
人体直接与市电380V接触
加在人体的电压是电源的线电压，电流将从一根导线经人体流入另一相导线

图9-26　两相触电

3 跨步触电

如图9-27所示，当架空线路的一根高压相线断落在地上，电流便会从相线的落地点向大地流散，于是地面上以相线落地点为中心，形成了一个特定的带电区域（半径为8～10m），离电线落地点越远，地面电位也越低。人进入带电区域后，当跨步前行时，由于前后两只脚所在地的电位不同，两脚前后间就有了电压，两条腿便形成了电流通路，这时就有电流通过人体，造成跨步触电。

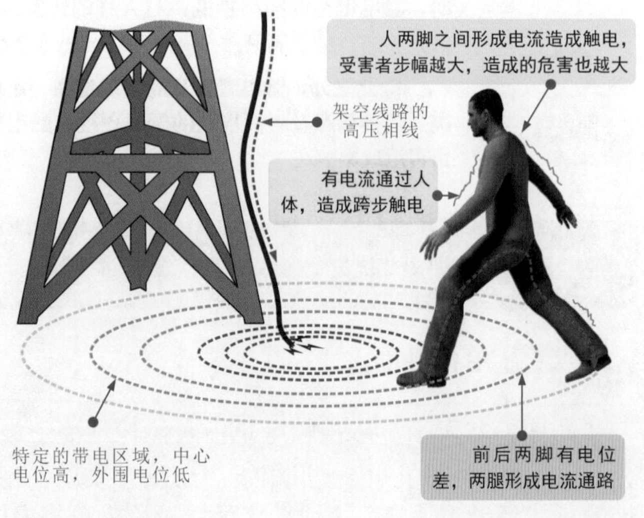

人两脚之间形成电流造成触电，受害者步幅越大，造成的危害也越大

前后两脚有电位差，两腿形成电流通路

图9-27　跨步触电

9.4.3 触电的应急措施

触电事故发生后，救护者要保持冷静，迅速观察现场，采取最直接、最有效的方式实施救援，让触电者尽快摆脱触电环境。如图9-28所示，低压触电环境的脱离是指在触电者的触电电压低于1000V的环境下若救护者在开关附近，应当马上断开电源开关，然后再将触电者移开进行急救。

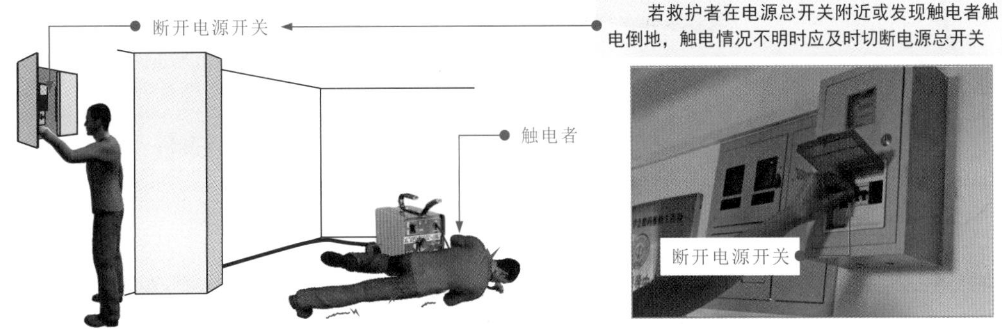

断开电源开关
若救护者在电源总开关附近或发现触电者触电倒地，触电情况不明时应及时切断电源总开关
触电者
断开电源开关

图9-28 低压触电环境的脱离

图9-29为其他几种救护者帮助触电人员摆脱触电的应急方法演示。

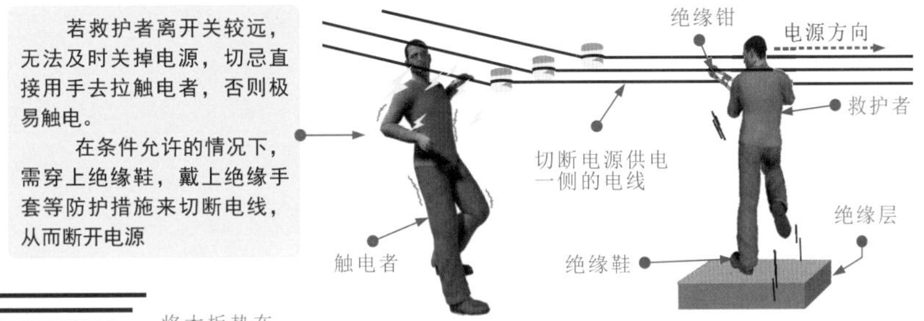

若救护者离开关较远，无法及时关掉电源，切忌直接用手去拉触电者，否则极易触电。

在条件允许的情况下，需穿上绝缘鞋，戴上绝缘手套等防护措施来切断电线，从而断开电源

绝缘钳

电源方向

救护者

切断电源供电一侧的电线

绝缘层

触电者

绝缘鞋

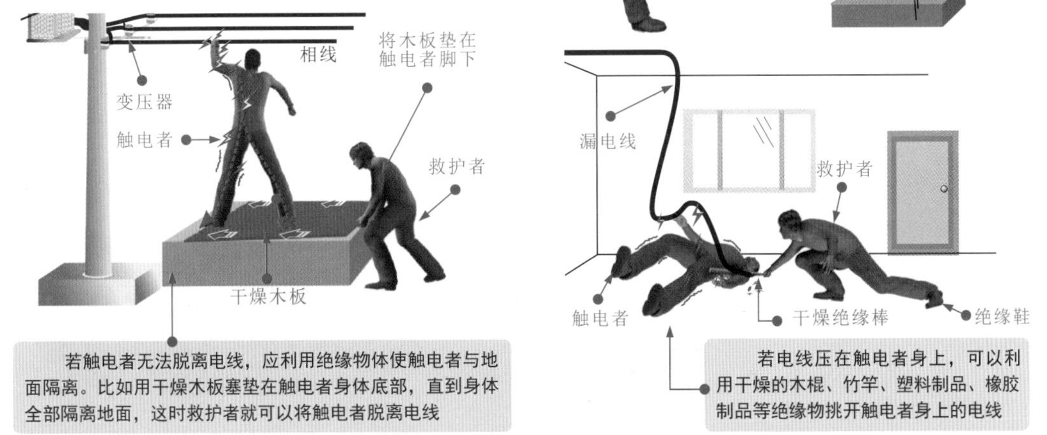

相线

将木板垫在触电者脚下

变压器

触电者

救护者

干燥木板

漏电线

救护者

触电者

干燥绝缘棒

绝缘鞋

若触电者无法脱离电线，应利用绝缘物体使触电者与地面隔离。比如用干燥木板塞垫在触电者身体底部，直到身体全部隔离地面，这时救护者就可以将触电者脱离电线

若电线压在触电者身上，可以利用干燥的木棍、竹竿、塑料制品、橡胶制品等绝缘物挑开触电者身上的电线

图9-29 触电应急方法演示

高压触电脱离是指在电压达到1000V以上的高压线路和高压设备的触电事故中脱离电源的方法。当发生高压触电事故时，其应急措施应比低压触电更加谨慎，因为高压已超出安全电压范围很多，接触高压时一定会发生触电事故，而且在不接触时，靠近高压也会发生触电事故。

如图9-30所示，若发现在高压设备附近有人触电，切不可盲目上前，可采取抛金属线（钢、铁、铜、铝等）急救的方法。即先将金属线的一端接地，然后抛另一端金属线，这里注意抛出的另一端金属线不要碰到触电者或其他人，同时救护者应与断线点保持8～10 m的距离，以防跨步电压伤人。

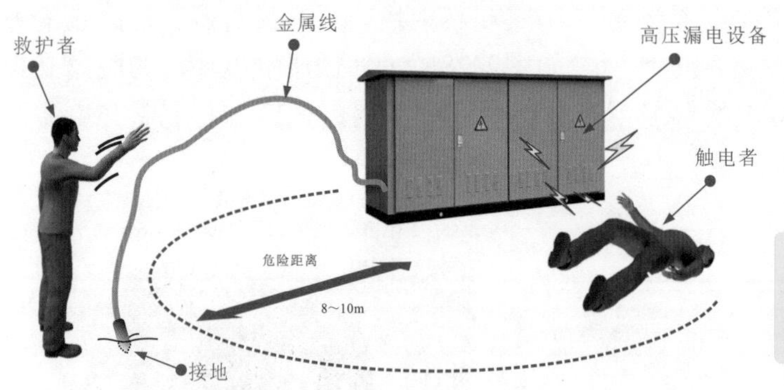

在高压的情况下，一般的低压绝缘材料会失去绝缘效果，因此，不能用低压绝缘材料去接触带电部分。需利用高电压等级的绝缘工具拉开电源。例如高压绝缘手套、高压绝缘鞋等
一旦出现高压触电事故，应立即通知有关电力部门断电，在之前没有断电的情况下，不能接近触电者。否则，有可能会产生电弧，导致抢救者烧伤

图9-30　高压触电环境的脱离

9.4.4 触电急救

触电者脱离触电环境后，不要将其随便移动，应将触电者仰卧，并迅速解开触电者的衣服、腰带等，保证其正常呼吸，疏散围观者，保证周围空气畅通，同时拨打120急救电话。做好以上准备工作后，就可以根据触电者的情况做相应的救护。

1 呼吸、心跳情况的判断

当发生触电事故时，若触电者意识丧失，应在10s内迅速观察并判断伤者呼吸及心跳情况，如图9-31所示。

若触电者神志清醒，但有心慌、恶心、头痛、头昏、出冷汗、四肢发麻、全身无力等症状，则应让触电者平躺在地，并仔细观察触电者，最好不要让触电者站立或行走。

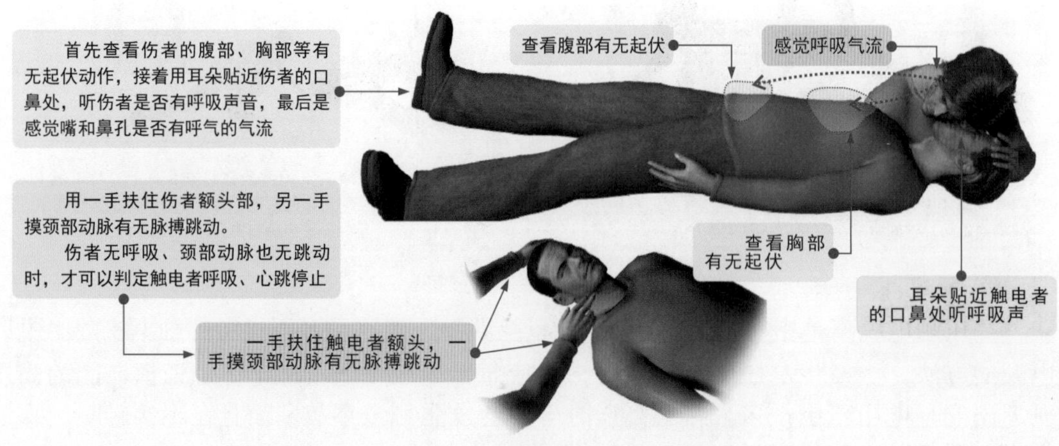

首先查看伤者的腹部、胸部等有无起伏动作，接着用耳朵贴近伤者的口鼻处，听伤者是否有呼吸声音，最后是感觉嘴和鼻孔是否有呼气的气流
查看腹部有无起伏
感觉呼吸气流
用一手扶住伤者额头部，另一手摸颈部动脉有无脉搏跳动。
伤者无呼吸、颈部动脉也无跳动时，才可以判定触电者呼吸、心跳停止
查看胸部有无起伏
耳朵贴近触电者的口鼻处听呼吸声
一手扶住触电者额头，一手摸颈部动脉有无脉搏跳动

图9-31　触电的急救措施

若触电者已经失去知觉，但仍有轻微的呼吸和心跳，则应让触电者就地仰卧平躺，要让气道通畅，应把触电者衣服及有碍于其呼吸的腰带等物解开，帮助其呼吸，并且在5s内呼叫触电者或轻拍触电者肩部，以判断触电者意识是否丧失。在触电者神志不清时，不要摇动触电者的头部或呼叫触电者。

图9-32为触电者的正确躺卧姿势。

解开触电者衣服、腰带，使触电者的胸部和腹部能够自由扩张
天气炎热时，应使触电者在阴凉的环境下休息。天气寒冷时，应帮触电者保温并等待医生到来
鼻孔朝天
头部尽量后仰
颈部伸直
使触电者仰卧
发现口腔内有异物，如食物、呕吐物、血块、脱落的牙齿、泥沙、假牙等，均应尽快清理，否则也可造成气道阻塞。无论选用何种畅通气道（开放气道）的方法，均应使耳垂与下颌角的连线和伤者仰卧的平面垂直，气道方可开放

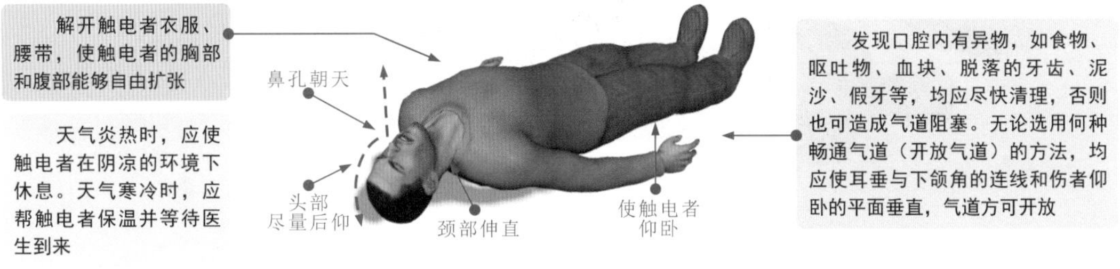

图9-32 触电者的正确躺卧姿势

2 急救措施

1
用一只手捏紧触电者的鼻孔，使鼻孔紧闭
2
另一只手掰开触电者的嘴巴
3
除去口腔中的黏液、食物、假牙等杂物
保持平躺
触电者
救护者
4
如果触电者牙关紧闭，无法将嘴张开，可采取口对鼻吹气的方法
5
如果触电者的舌头后缩，则应把舌头拉出来，使其呼吸畅通

图9-33 人工呼吸前的准备工作

通常情况下，若正规医疗救援不能及时到位，而触电者已无呼吸，但是仍然有心跳时，应及时采用人工呼吸法进行救治。在进行人工呼吸前，首先要确保触电者口鼻的畅通，如图9-33所示。

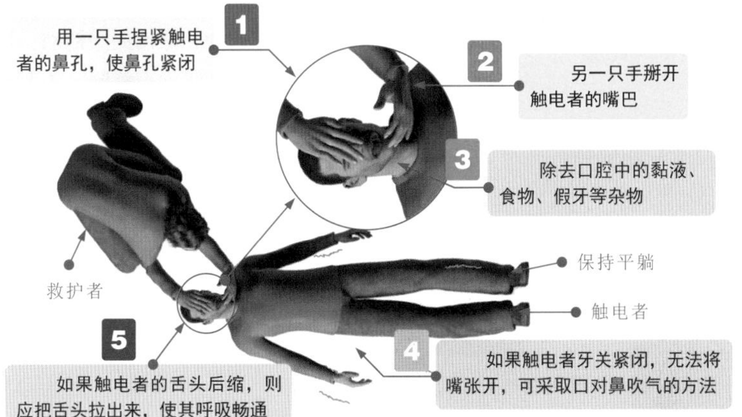

做完前期准备后，开始进行人工呼吸，如图9-34所示。

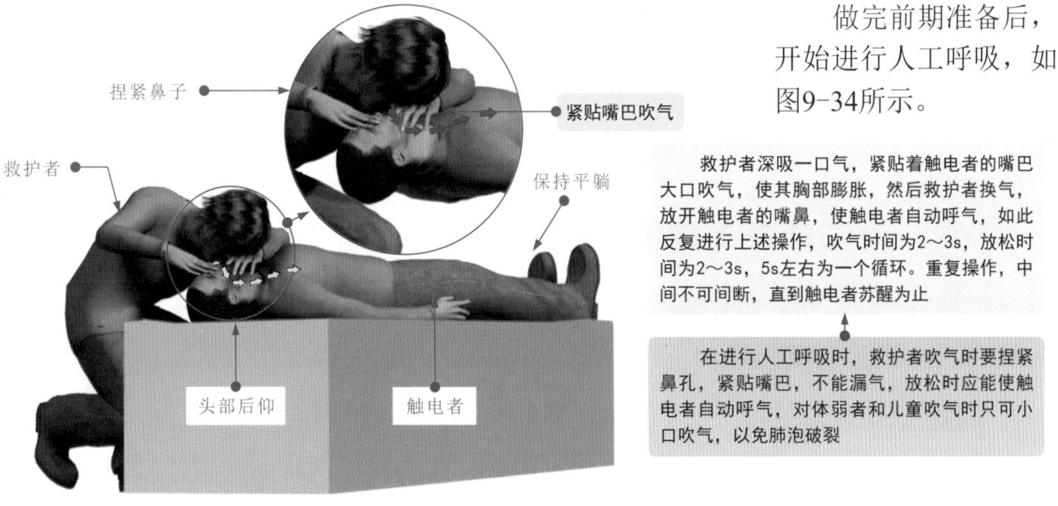

捏紧鼻子
紧贴嘴巴吹气
救护者
保持平躺
头部后仰
触电者
救护者深吸一口气，紧贴着触电者的嘴巴大口吹气，使其胸部膨胀，然后救护者换气，放开触电者的嘴鼻，使触电者自动呼气，如此反复进行上述操作，吹气时间为2～3s，放松时间为2～3s，5s左右为一个循环。重复操作，中间不可间断，直到触电者苏醒为止
在进行人工呼吸时，救护者吹气时要捏紧鼻孔，紧贴嘴巴，不能漏气，放松时应能使触电者自动呼气，对体弱者和儿童吹气时只可小口吹气，以免肺泡破裂

图9-34 人工呼吸急救措施

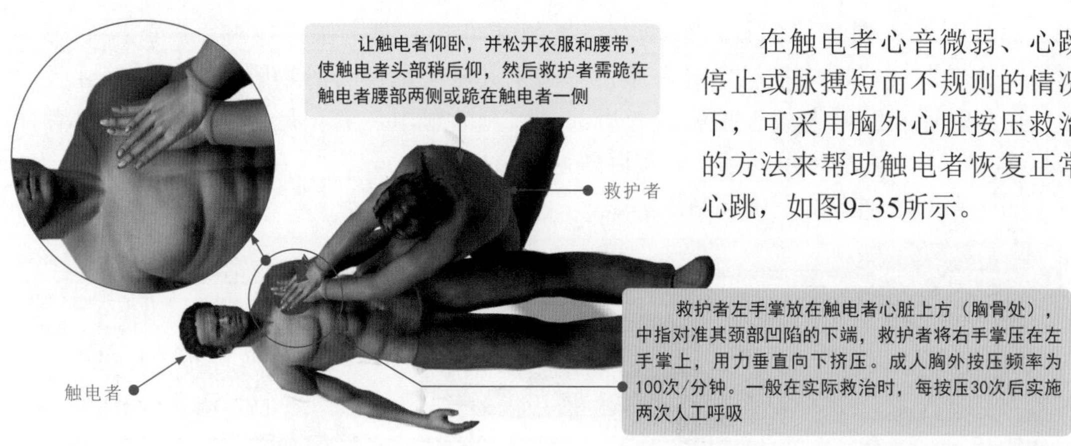

让触电者仰卧，并松开衣服和腰带，使触电者头部稍后仰，然后救护者需跪在触电者腰部两侧或跪在触电者一侧
救护者
救护者左手掌放在触电者心脏上方（胸骨处），中指对准其颈部凹陷的下端，救护者将右手掌压在左手掌上，用力垂直向下挤压。成人胸外按压频率为100次/分钟。一般在实际救治时，每按压30次后实施两次人工呼吸
触电者

在触电者心音微弱、心跳停止或脉搏短而不规则的情况下，可采用胸外心脏按压救治的方法来帮助触电者恢复正常心跳，如图9-35所示。

图9-35 胸外心脏按压急救

寻找按压点位时，可将右手食指和中指沿着触电者的右侧肋骨下缘向上，找到肋骨和胸骨结合处的中点，如图9-36所示。将两根手指并齐，中指放在胸骨与肋骨结合处的中点位置，食指平放在胸骨下部（按压区），将左手的手掌根紧挨着食指上缘，置于胸骨上；然后将定位的右手移开，并将掌根重叠放于左手背上，有规律按压即可。

在抢救过程中，要不断观察触电者面部动作，若嘴唇稍有开合，眼皮微微活动，喉部有吞咽动作，则说明触电者已有呼吸，可停止救助。如果触电者仍没有呼吸，需要同时利用人工呼吸和胸外心脏按压法进行治疗。

在抢救的过程中，如果触电者身体僵冷，医生也证明无法救治时，才可以放弃治疗。反之，如果触电者瞳孔变小，皮肤变红，则说明抢救收到了效果，应继续救治。

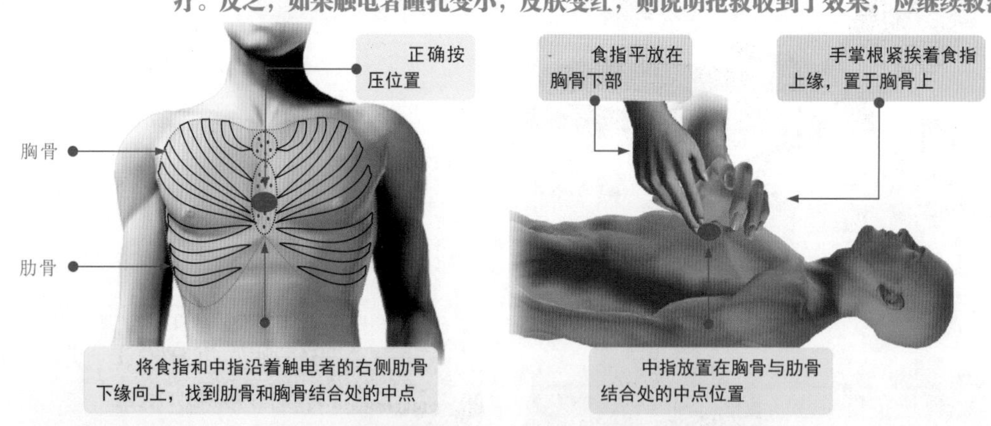

图9-36 胸外心脏按压救治的按压点

9.5 外伤急救与电气灭火

9.5.1 外伤急救

1 割伤应急处理

如图9-37所示，伤者割伤出血时，需要在割伤的部位用棉球蘸取少量的酒精或盐水将伤口清洗干净，另外，为了保护伤口，用纱布（或干净的毛巾等）包扎。

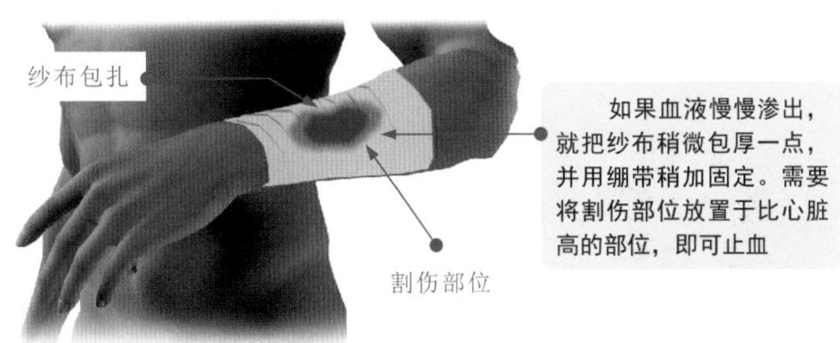

图9-37 割伤的应急处理

若经初步救护还不能止血或是血液大量渗出时，则需要赶快请救护车来。在救护车到来以前，要压住患处接近心脏的血管，接着可用下列方法进行急救：

（1）手指割伤出血：受伤者可用另一只手用力压住受伤处两侧。

（2）手、手肘割伤出血：受伤者需要用四个手指，用力压住上臂内侧隆起的肌肉，若压住后仍然出血不止，则说明没有压住出血的血管，需要重新改变手指的位置。

（3）上臂、腋下割伤出血：这种情形必须借助救护者来完成。救护者拇指向下、向内用力压住伤者锁骨下凹处的位置即可。

（4）脚、胫部割伤出血：这种情形也需要借助救护者来完成。首先让受伤者仰躺，将其脚部微微垫高，救护者用两只拇指压住受伤者的股沟、腰部、阴部间的血管即可。

2 摔伤应急处理

在电工作业过程中，摔伤主要发生在一些登高作业中。摔伤应急处理的原则是先抢救、后固定。首先快速准确查看伤者的状态，应根据不同受伤程度和部位进行相应的应急救护措施，如图9-38所示。

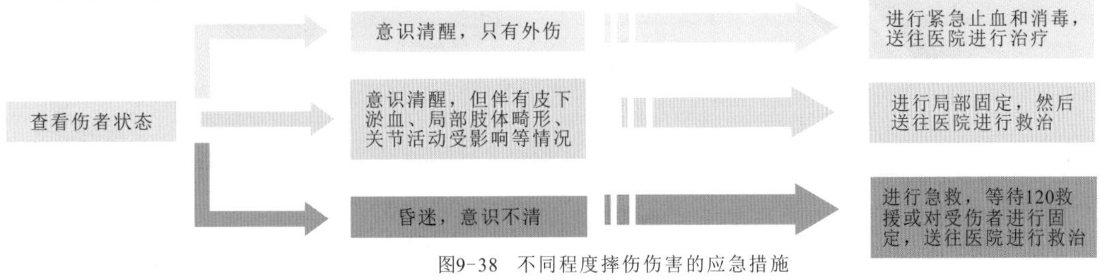

图9-38 不同程度摔伤伤害的应急措施

若伤者是从高处坠落、受挤压等，则可能有胸腹内脏破裂出血，需采取恰当的救治措施，如图9-39所示。

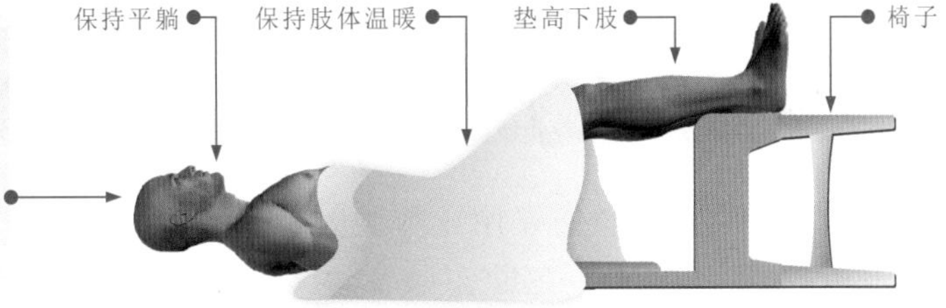

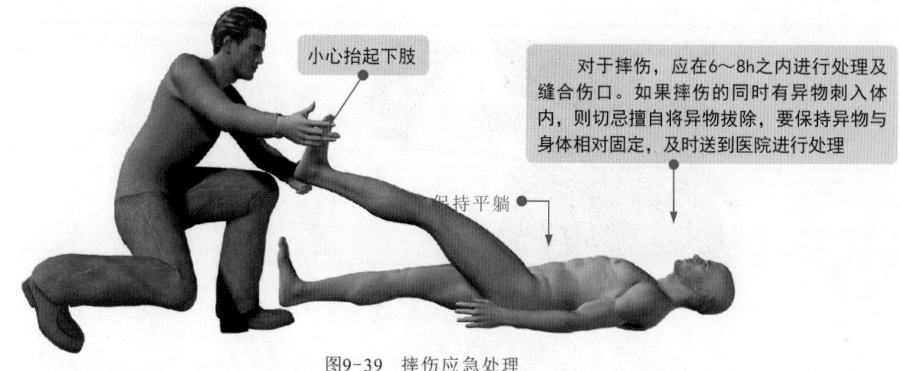

小心抬起下肢
对于摔伤，应在6～8h之内进行处理及缝合伤口。如果摔伤的同时有异物刺入体内，则切忌擅自将异物拔除，要保持异物与身体相对固定，及时送到医院进行处理
保持平躺

图9-39 摔伤应急处理

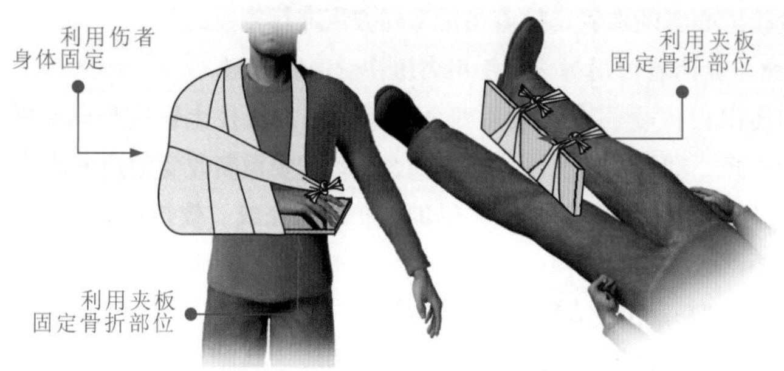

图9-40 肢体骨折的固定方法

如图9-40所示，肢体骨折时，一般用夹板、木棍、竹竿等将断骨上、下两个关节固定，也可将伤者的身体进行固定，以免骨折部位移动，减少伤者疼痛，防止伤者的伤势恶化。

图9-41为颈椎和腰椎骨折的急救方法。

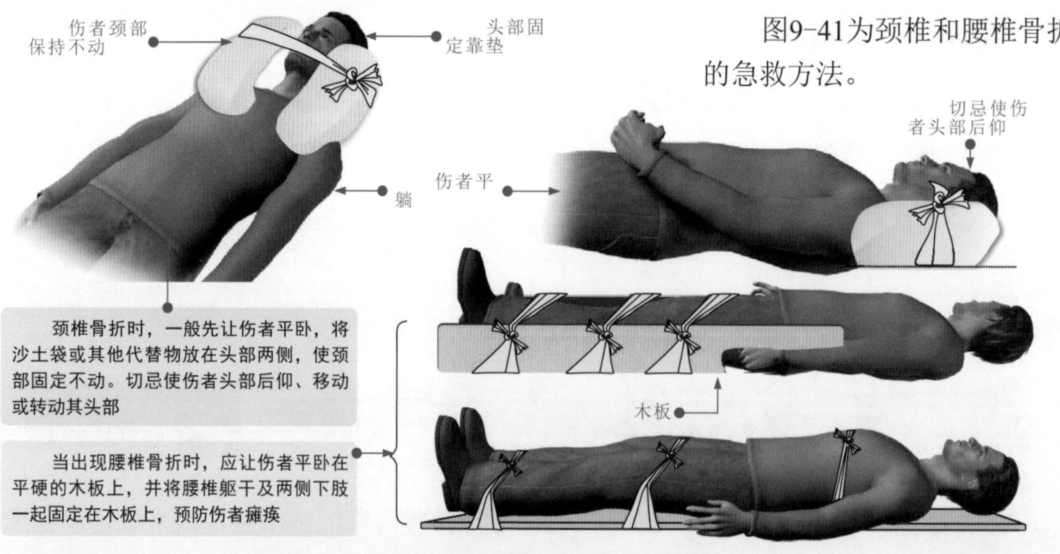

伤者颈部
保持不动
头部固
定靠垫
躺
伤者平
切忌使伤
者头部后仰
颈椎骨折时，一般先让伤者平卧，将沙土袋或其他代替物放在头部两侧，使颈部固定不动。切忌使伤者头部后仰、移动或转动其头部
木板
当出现腰椎骨折时，应让伤者平卧在平硬的木板上，并将腰椎躯干及两侧下肢一起固定在木板上，预防伤者瘫痪

图9-41 颈椎和腰椎骨折的急救方法

9.5.2 烧伤处理

如图9-42所示，烧伤多由于触电及火灾事故引起。一旦出现烧伤，应及时对烧伤部位进行降温处理，并在降温过程中小心除去衣物，降低可能的伤害，然后等待就医。

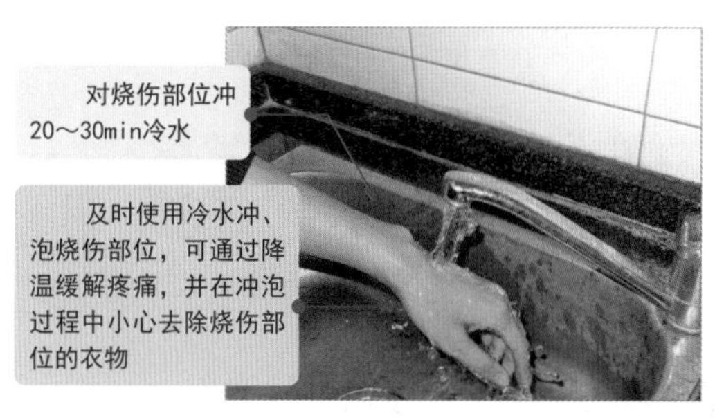

对烧伤部位冲20～30min冷水
及时使用冷水冲、泡烧伤部位，可通过降温缓解疼痛，并在冲泡过程中小心去除烧伤部位的衣物

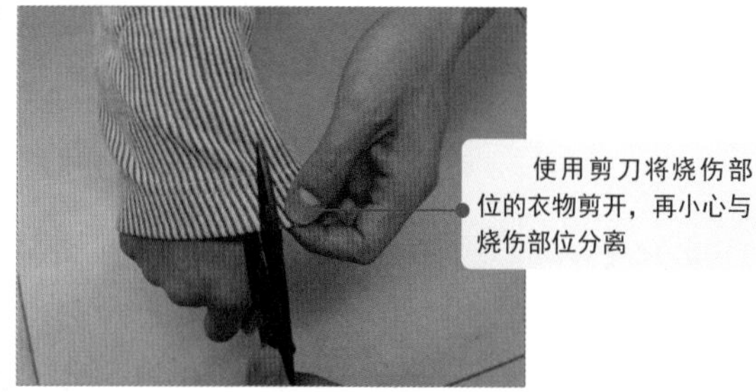

使用剪刀将烧伤部位的衣物剪开，再小心与烧伤部位分离

图9-42 烧伤的应急处理措施

9.5.3 电气灭火的操作

如图9-43所示，灭火时，应保持有效喷射距离和安全角度（不超过45°），对火点由远及近，猛烈喷射，并用手控制喷管（头）左右、上下来回扫射，与此同时，快速推进，保持灭火剂猛烈喷射的状态，直至将火扑灭。

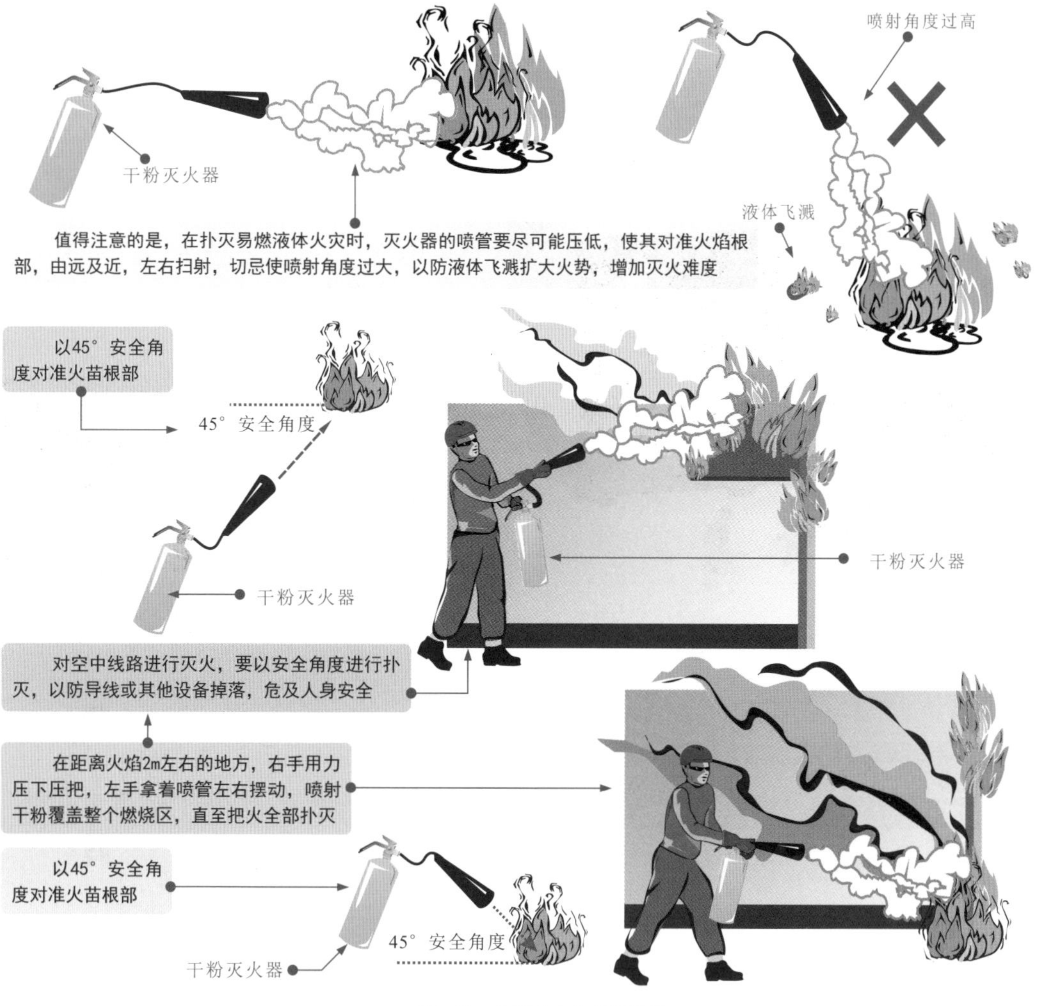

干粉灭火器

喷射角度过高

液体飞溅

值得注意的是，在扑灭易燃液体火灾时，灭火器的喷管要尽可能压低，使其对准火焰根部，由远及近，左右扫射，切忌使喷射角度过大，以防液体飞溅扩大火势，增加灭火难度

以45°安全角度对准火苗根部

45° 安全角度

干粉灭火器

干粉灭火器

对空中线路进行灭火，要以安全角度进行扑灭，以防导线或其他设备掉落，危及人身安全

在距离火焰2m左右的地方，右手用力压下压把，左手拿着喷管左右摆动，喷射干粉覆盖整个燃烧区，直至把火全部扑灭

以45°安全角度对准火苗根部

45° 安全角度

干粉灭火器

图9-43 电气灭火的规范操作

第10章

电工焊接技能

10.1 电焊管路

10.1.1 电焊设备

如图10-1所示，电焊设备是利用电能，通过加热加压，借助金属原子的结合与扩散作用，使两件或两件以上的焊件（材料）牢固地连接在一起的焊接设备。

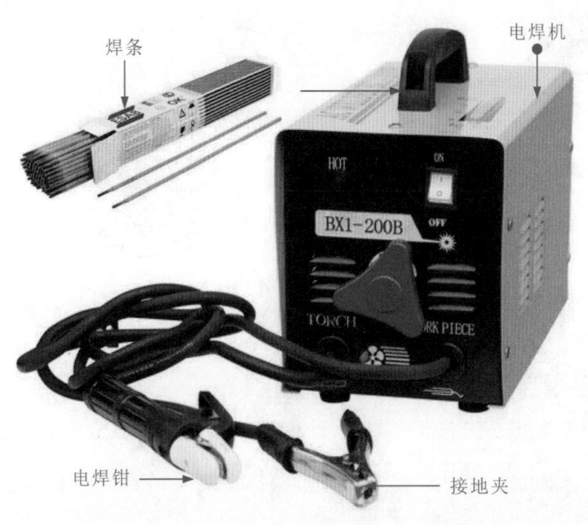

图10-1 电焊设备的实物

10.1.2 电焊焊接管路

在对管路进行焊接操作前，应做好焊接前的准备工作。焊接前的准备工作主要包括焊接环境的检查、操作工具的准备和焊接工具的连接。

图10-2为焊接的环境。在施焊操作周围10m范围内不应设有易燃、易爆物，并且保证电焊机放置在清洁、干燥的地方，并且应当在焊接区域中配置灭火器。

在电焊操作前应确保操作现场周围没有易燃、易爆物，电焊机放置在清洁、干燥的地方并准备灭火器

图10-2　电焊环境

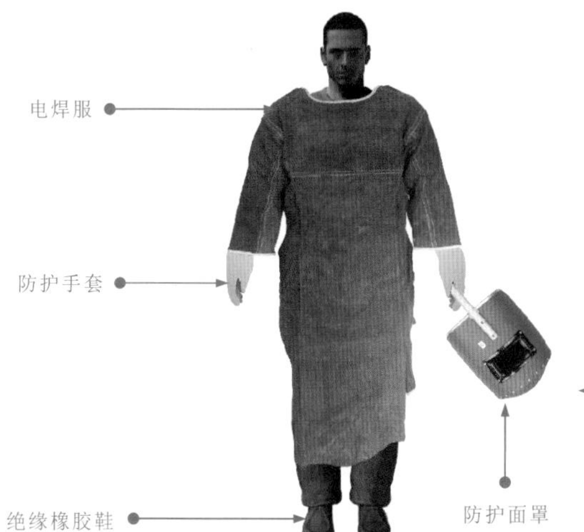

如图10-3所示，在进行电焊操作前，电焊操作人员应穿戴电焊服、绝缘橡胶鞋和防护手套、防护面罩等安全防护用具，这样可以保证操作人员的人身安全。

在穿戴防护工具前，可以使用专用的防护手套检测仪对防护手套的抗压性能进行检查；还应当使用专业的检测仪器对绝缘橡胶鞋进行耐高压等测试，检测合格方可进行使用

图10-3　穿戴好防护工具的操作人员

如图10-4所示，连接电焊钳与接地夹时，将电焊钳通过连接线与电焊机上电焊钳连接孔进行连接（通常带有标识），接地夹通过连接线与电焊机上的接地夹连接孔进行连接；将焊件放置到焊剂垫上，再将接地夹夹至焊件的一端；然后将焊条的加持端夹至电焊钳口即可。

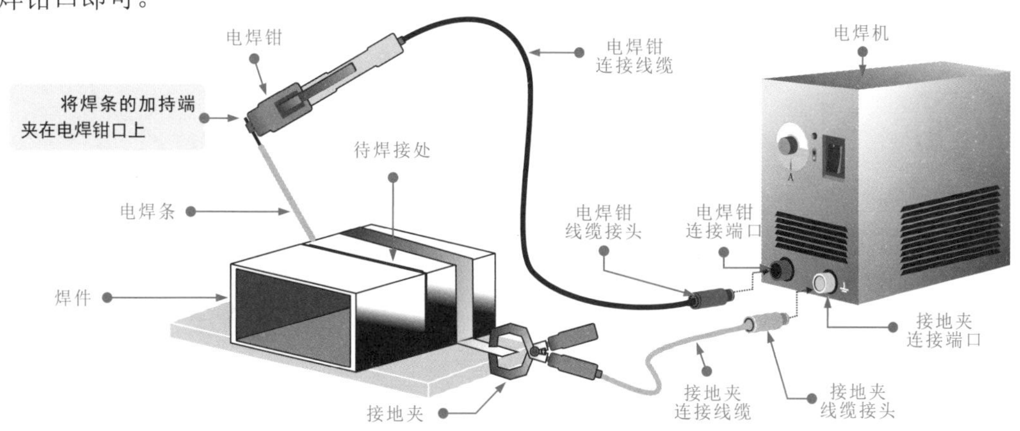

图10-4　连接电焊钳与接地夹

将电焊机的外壳进行保护性接地或接零，如图10-5所示，接地装置可以使用铜管或无缝钢管，将其埋入地下深度应当大于1m，接地电阻应当小于4 Ω；然后使用一根导线将一端连接在接地装置上，另一端连接在电焊机的外壳接地端上。

电焊钳
电焊机
电焊条
焊件
接地夹
接地线
接地棒
接地棒应当插入地面的长度应大于1m，接地电阻应当小于4Ω

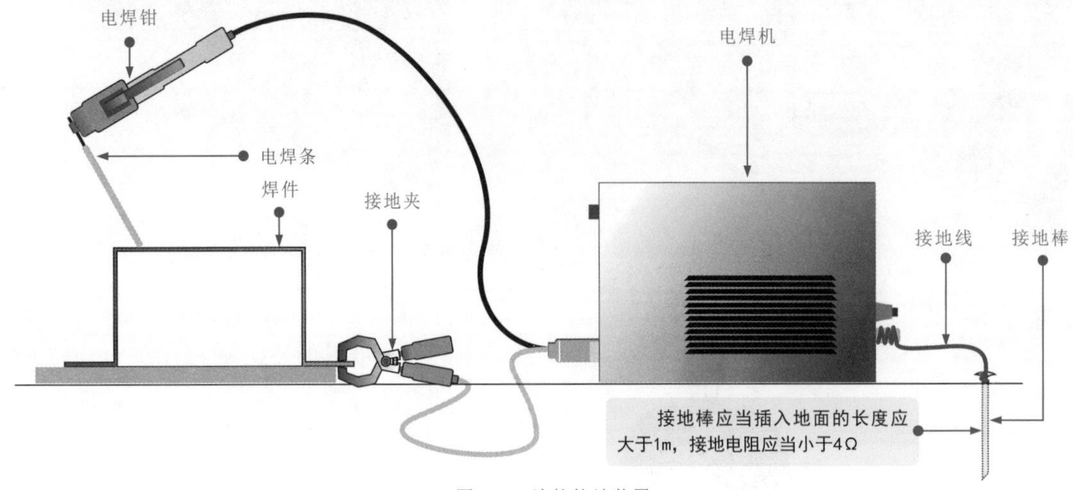

图10-5　连接接地装置

再将电焊机与配电箱通过连接线进行连接，并且保证连接线的长度在2～3m，在配电箱中应当设有过载保护装置以及刀闸开关等，可以对电焊机的供电进行单独控制，如图10-6所示。

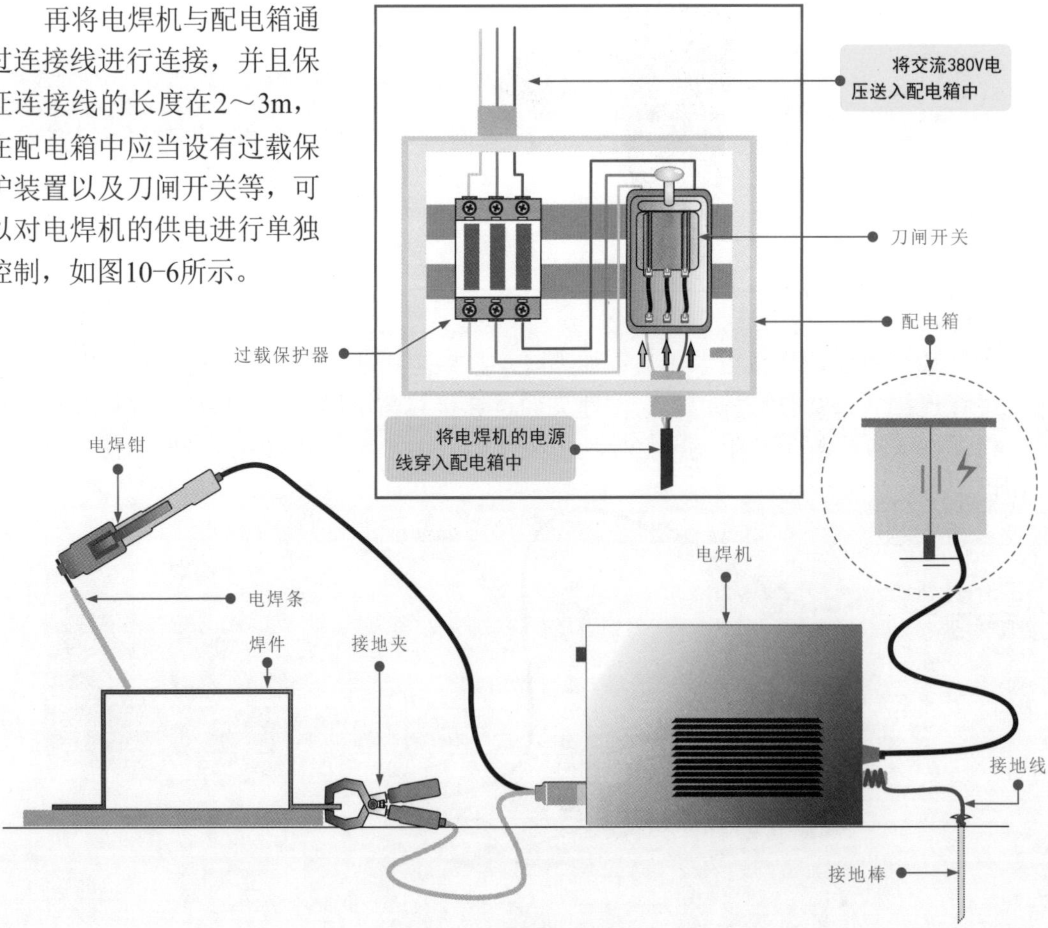

将交流380V电压送入配电箱中
刀闸开关
配电箱
过载保护器
将电焊机的电源线穿入配电箱中
电焊钳
电焊机
电焊条
焊件
接地夹
接地线
接地棒

图10-6　电焊机与配电箱进行连接

将焊接设备连接好以后，对焊件进行焊接。焊接时，一般采用平焊（蹲式）操作，并佩戴绝缘手套，以防发生触电危险。具体操作如图10-7所示。

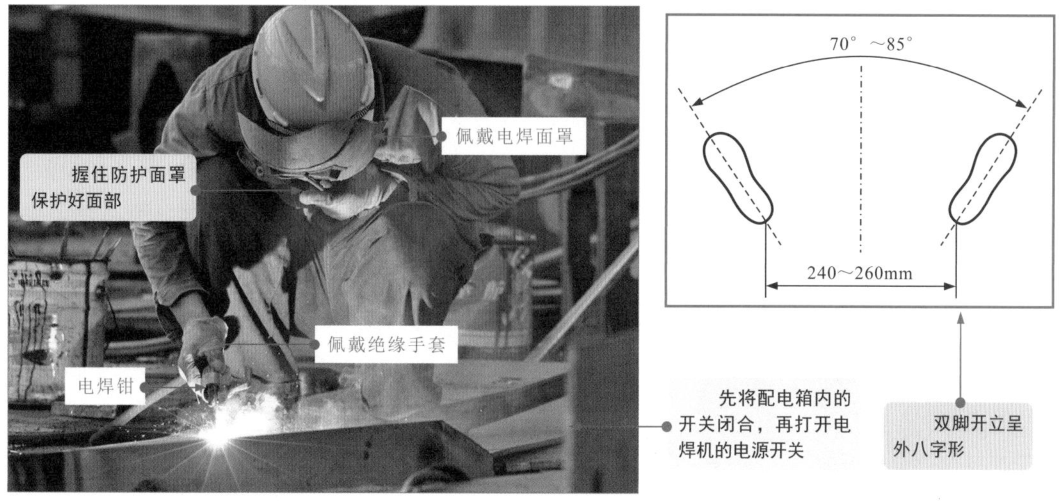

图10-7 电焊焊接管路操作

10.2 气焊管路

10.2.1 气焊设备

如图10-8所示，气焊设备是利用可燃气体与助燃气体混合燃烧生成的火焰作为热源，通过熔化焊条，将金属管路焊接在一起。

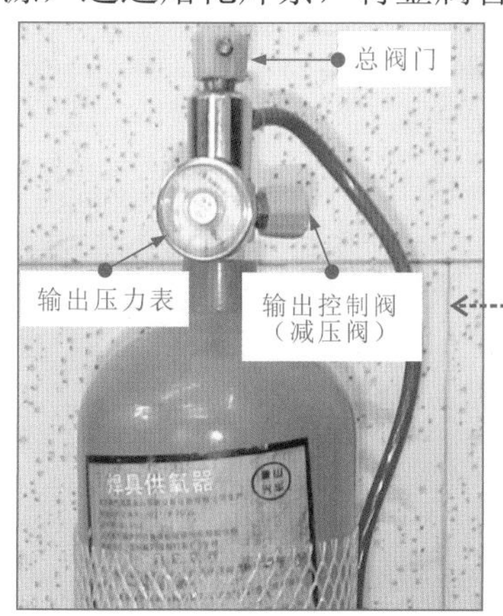

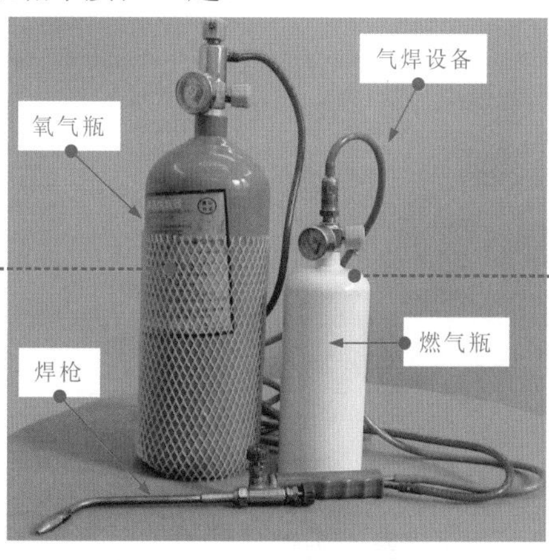

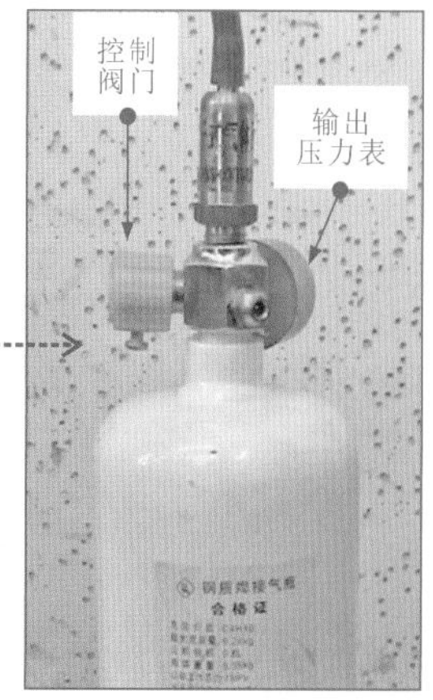

图10-8 气焊设备的特点

10.2.2 气焊焊接管路

在使用气焊设备焊接管路前，首先需要将气焊设备调整至最佳焊接状态。将氧气瓶和燃气瓶的阀门打开，氧气输出压力保持在0.3～0.5MPa，燃气输出压力保持在0.03～0.05 MPa，如图10-9所示。

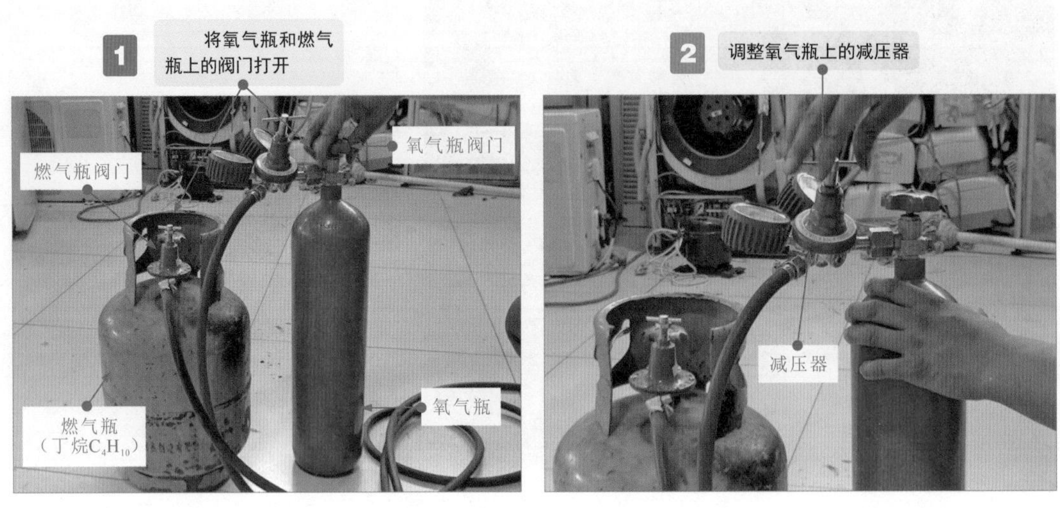

图10-9 准备并调整好气焊设备

在调整好气焊设备后，打开焊枪的燃气控制阀，将打火机置于焊枪口附近进行点火，点火后再打开氧气控制阀，将火焰调整到中性焰，如图10-10所示。

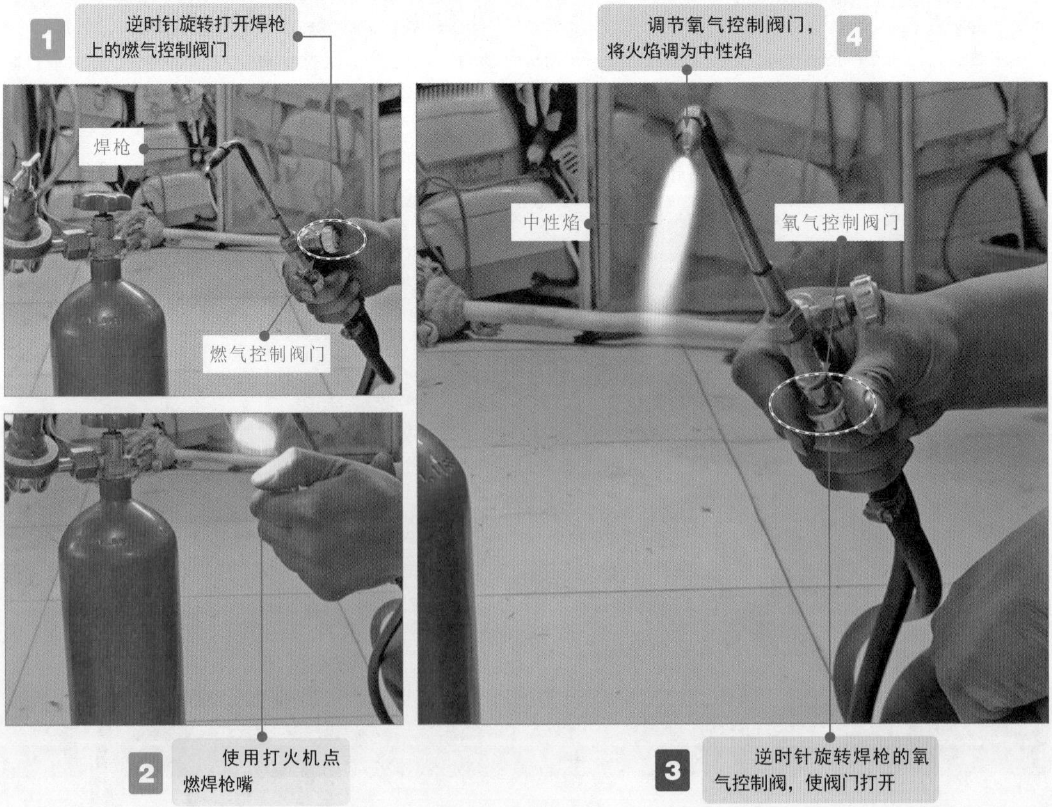

1 逆时针旋转打开焊枪上的燃气控制阀门

焊枪

燃气控制阀门

2 使用打火机点燃焊枪嘴

3 逆时针旋转焊枪的氧气控制阀，使阀门打开

4 调节氧气控制阀门，将火焰调为中性焰

中性焰

氧气控制阀门

图10-10 打开焊枪阀门并调整火焰

将焊枪对准管路的焊口均匀加热，当管路被加热到一定程度呈暗红色时，把焊条放到焊口处，待焊条熔化并均匀地包围在两根管路的焊接处时即可将焊条取下，如图10-11所示。

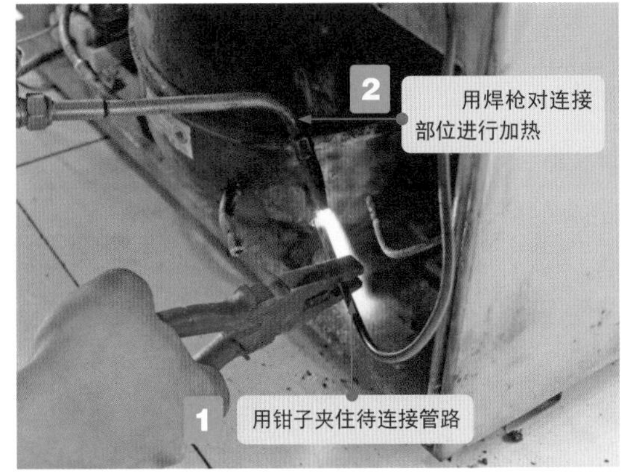

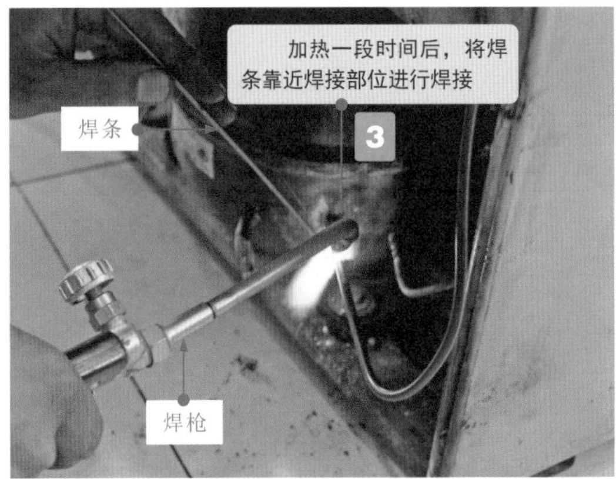

图10-11 焊接管路

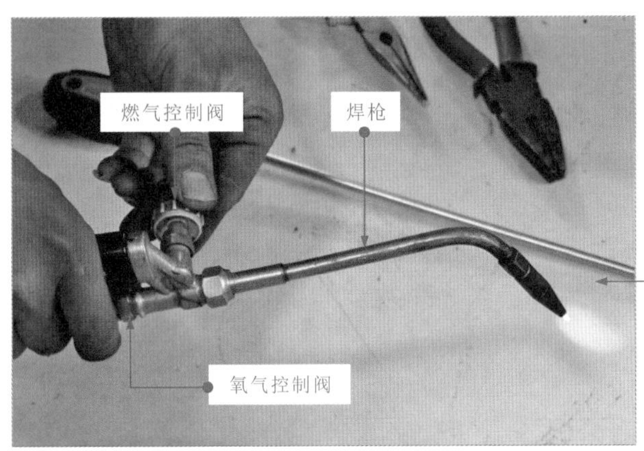

关闭阀门时，先关闭焊枪上的氧气控制阀门，然后关闭焊枪上的燃气控制阀门，若长时间不再使用，还应最后关闭氧气瓶和燃气瓶上的阀门，如图10-12所示。

先关闭氧气控制阀，再关闭燃气控制阀

关阀顺序不可颠倒，否则会引起回火现象，发出很大的“啪”声响

图10-12 关闭阀门

使用焊枪进行拆焊时，拆焊前首先找准拆焊部位，然后对焊接接口处进行加热，待加热一段时间后，用钳子适当用力向上提起管路，将两条管路分离，如图10-13所示。

图10-13 使用焊枪进行拆焊

10.3 焊接元器件

10.3.1 电烙铁与热风焊机

如图10-14所示，电烙铁和热风焊机是电工操作中常用的小型焊接工具，主要用于电子元器件、电气部件及电工线路的焊接作业。

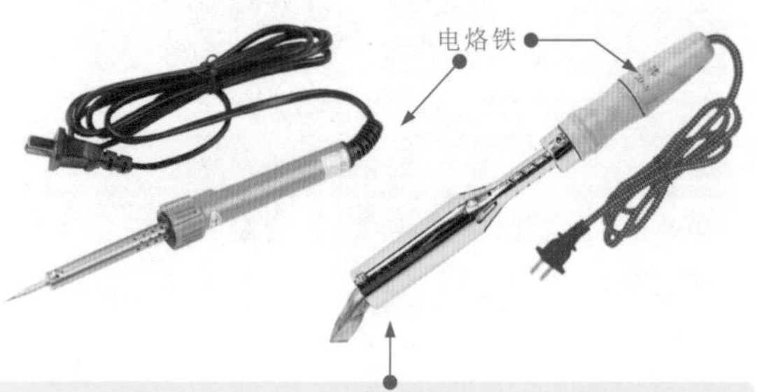

电烙铁是手工焊接、补焊、代换元器件的最常用工具之一。通常，焊接小型元器件时选择功率较小的电烙铁，如果需要大面积焊接或焊接尺寸较大的电气部件时，就要选择功率较大的电烙铁

热风焊机是专门用来拆焊贴片元器件的设备，焊枪嘴可以根据贴片元器件的大小和外形进行更换

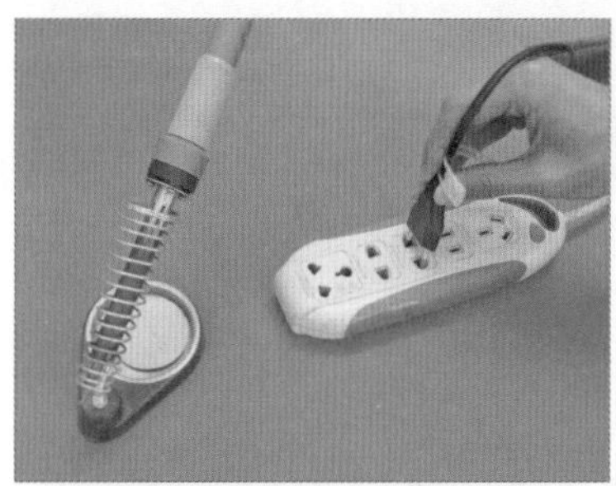

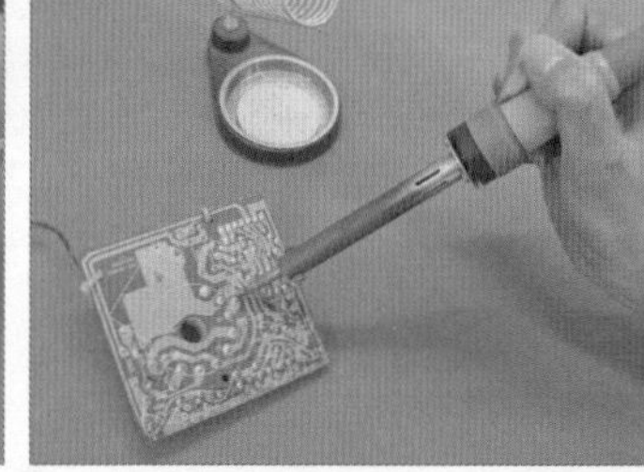

在使用电烙铁时，要先对电烙铁进行预加热，在此过程中，最好将电烙铁放置到烙铁架上，以防发生烫伤或火灾事故。当电烙铁达到工作温度后，用右手握住电烙铁的握柄处，对需要焊接的部位进行焊接。

电烙铁在使用过程中要严格遵循操作规范，使用完毕后要将电烙铁放置于专用放置架上散热，并及时切断电源。注意远离易燃物，避免因电烙铁的余温而造成烫伤或火灾等事故

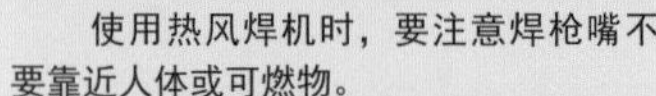

使用热风焊机时，要注意焊枪嘴不要靠近人体或可燃物。

打开热风焊机电源开关后，通过调整旋钮分别对风量和温度进行调节。风量和温度调节完毕，等待几秒，待热风焊机预热完成后，将焊枪口垂直悬空放置于元器件引脚上，并来回移动进行均匀加热，直到引脚焊锡熔化。

注意，风量和温度调节旋钮各有8个挡位，通常将温度旋钮调至5～6挡，风量调节旋钮调至1～2挡或4～5挡

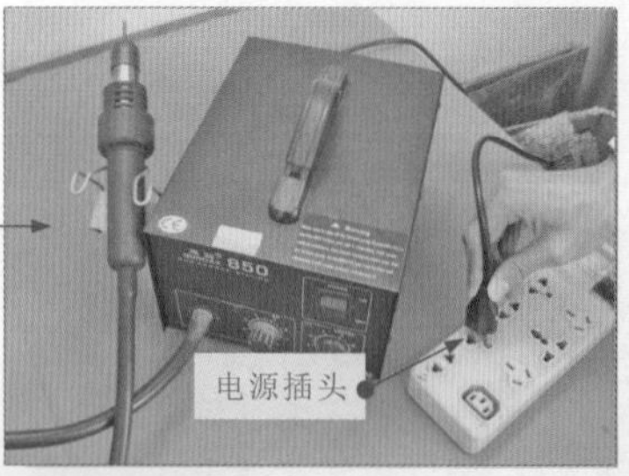

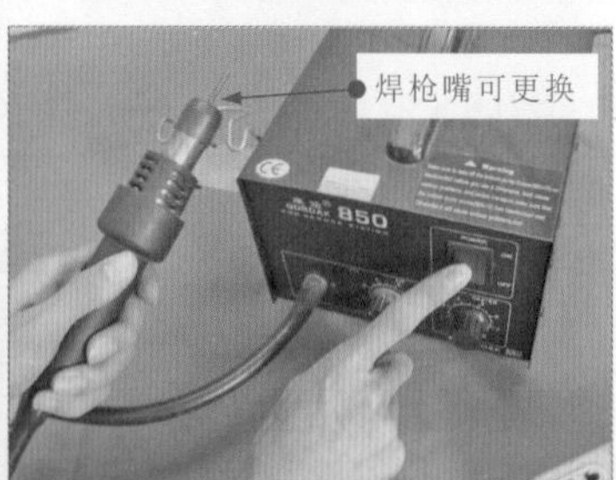

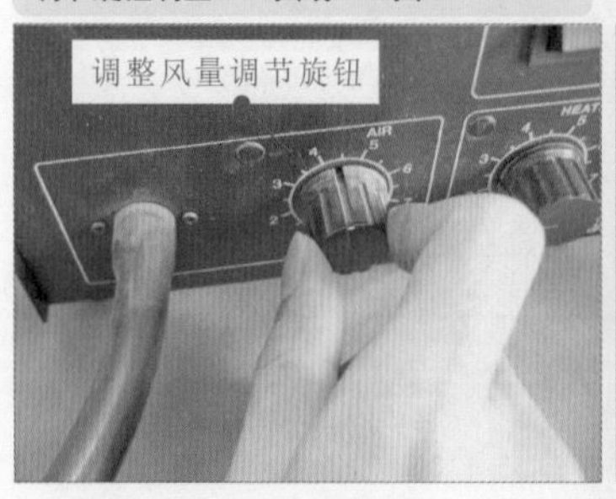

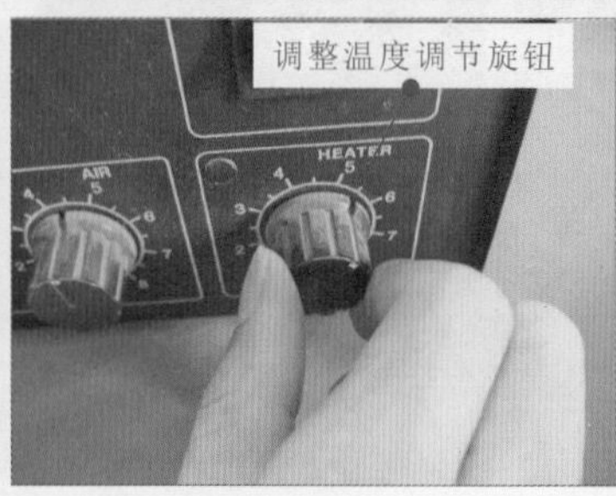

图10-14　电烙铁和热风焊机的特点及使用规范

热熔焊接的方式应用非常广泛，是电工必须掌握的基础技能之一。它主要是采用热熔锡焊的方式完成对小型分立元器件的焊接，这种焊接技术在元器件及电气部件的安装、代换作业中经常使用。

10.3.2 分立元器件的热熔焊

插接式电子元器件的引脚是焊接的关键部分，如图10-15所示，在焊接之前需要对引脚部分进行校直、清洁、弯折处理。

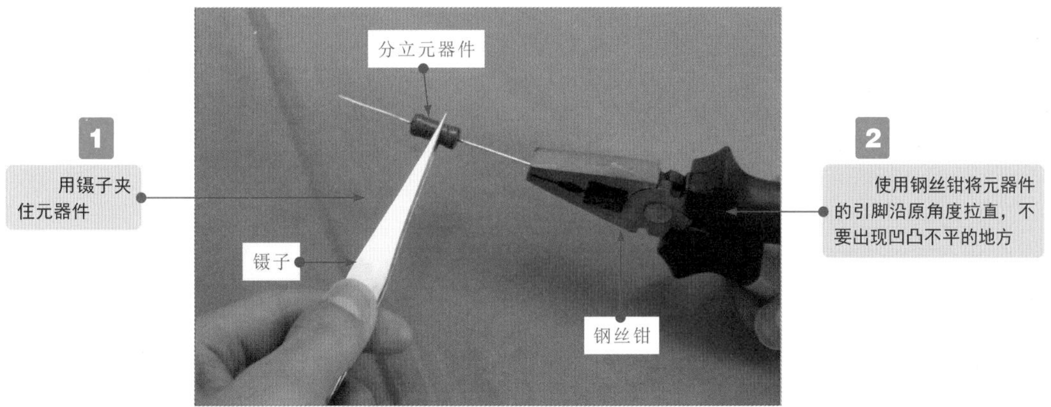

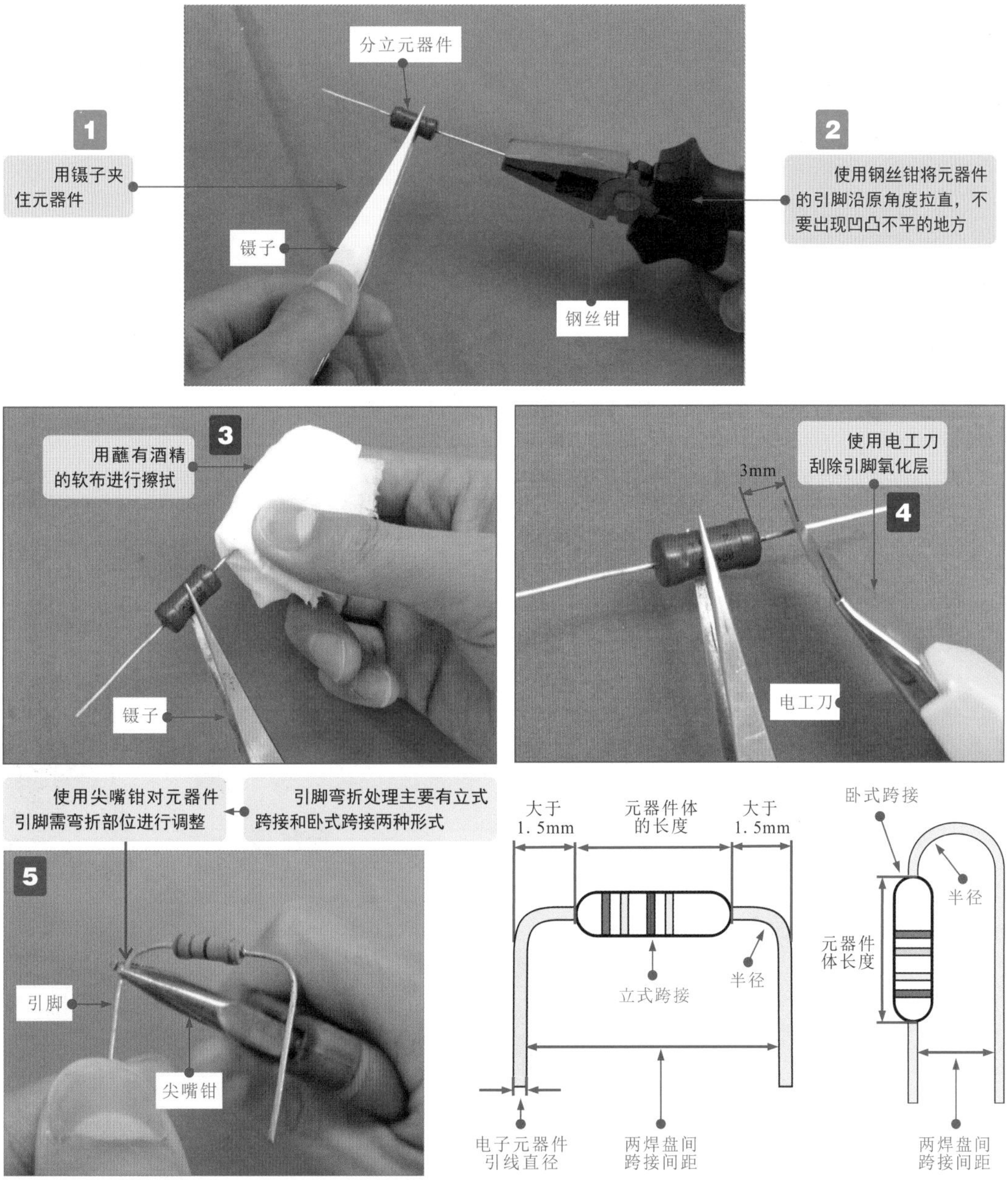

图10-15 元器件校正、清洁、弯曲处理

对元器件引脚处理完成后，使用镊子夹住元器件外壳，将引脚对应插到电路板的插孔中，如图10-16所示。

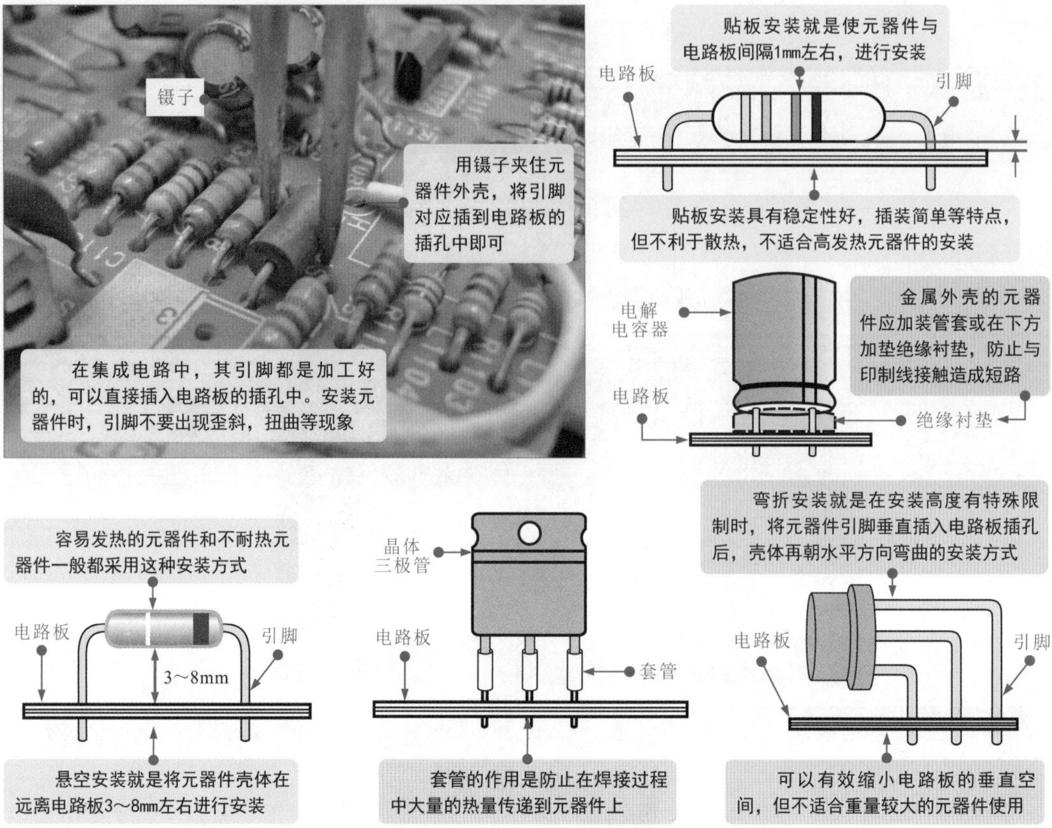

镊子
用镊子夹住元器件外壳，将引脚对应插到电路板的插孔中即可
在集成电路中，其引脚都是加工好的，可以直接插入电路板的插孔中。安装元器件时，引脚不要出现歪斜，扭曲等现象
贴板安装就是使元器件与电路板间隔1mm左右，进行安装
电路板
引脚
贴板安装具有稳定性好，插装简单等特点，但不利于散热，不适合高发热元器件的安装
电解电容器
金属外壳的元器件应加装管套或在下方加垫绝缘衬垫，防止与印制线接触造成短路
电路板
绝缘衬垫
容易发热的元器件和不耐热元器件一般都采用这种安装方式
电路板
引脚
3～8mm
悬空安装就是将元器件壳体在远离电路板3～8mm左右进行安装
晶体三极管
电路板
套管
套管的作用是防止在焊接过程中大量的热量传递到元器件上
弯折安装就是在安装高度有特殊限制时，将元器件引脚垂直插入电路板插孔后，壳体再朝水平方向弯曲的安装方式
电路板
引脚
可以有效缩小电路板的垂直空间，但不适合重量较大的元器件使用

图10-16　分立元器件的插装方法

由于焊接工具工作温度很高，并且所使用的助焊剂挥发气体对人是有害的，因此焊接操作姿势的正确与否是非常重要的。图10-17为焊接操作的正确姿势。

握笔法
反握法
正握法
右手握电烙铁
左手拿焊锡丝
面部距电路板30cm

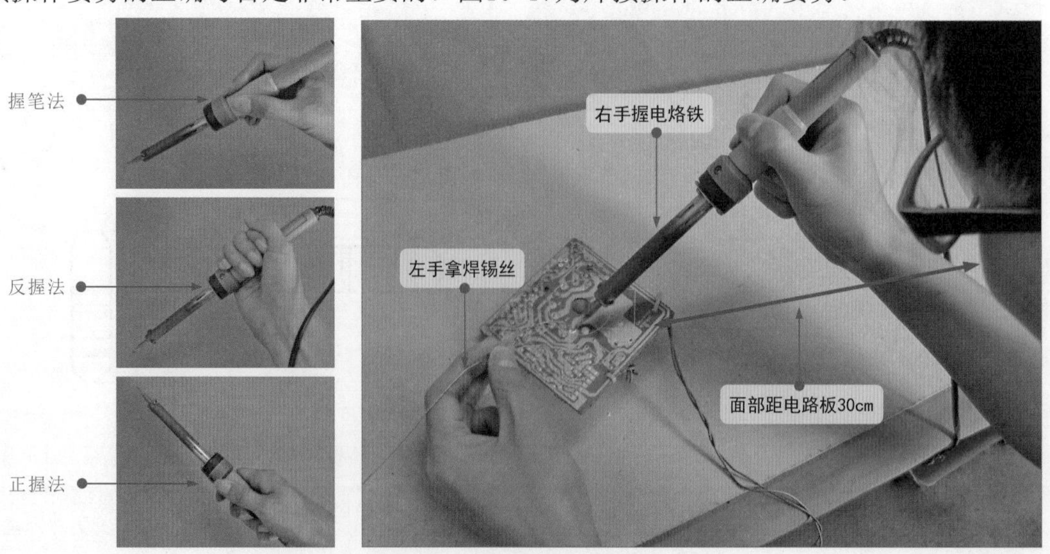

图10-17　焊接操作的正确姿势

如图10-18所示，对元器件进行焊接时，将烙铁头接触焊接点，使焊接部位均匀受热。当焊锡完全润湿焊点，覆盖范围达到要求后，即可移开电烙铁。

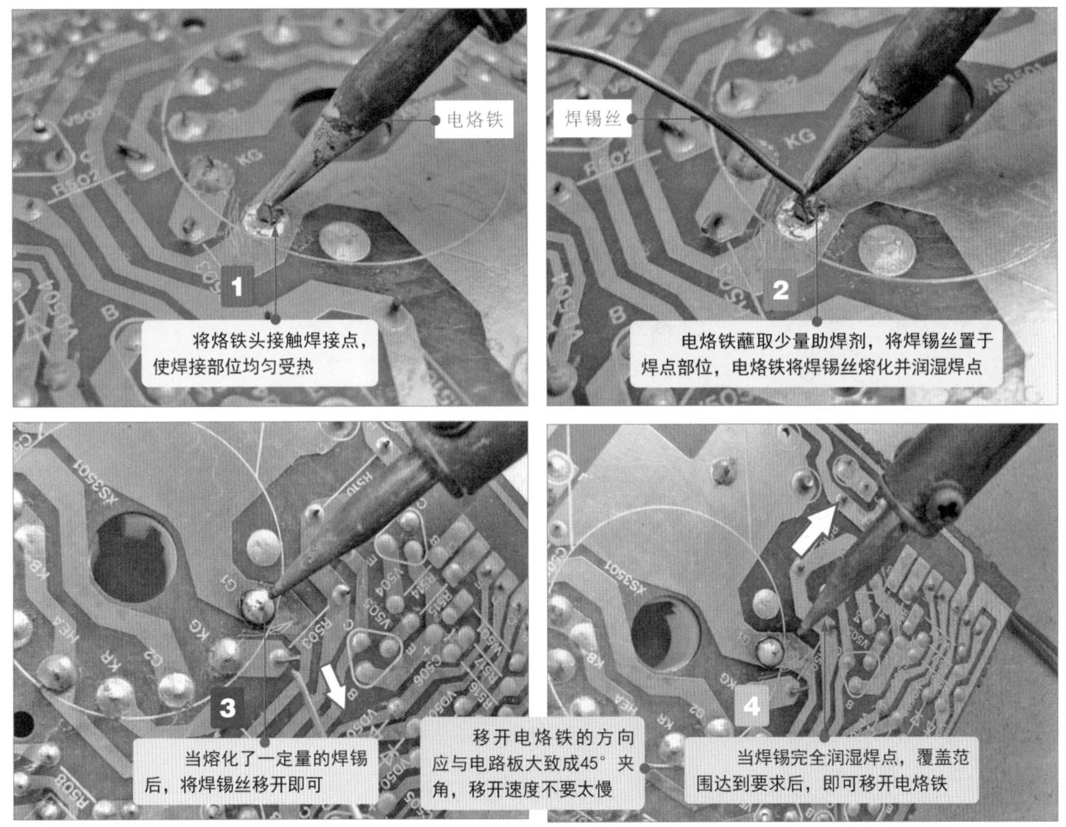

图10-18 元器件的焊接方法

对于良好的焊点，焊料与被焊接金属界面上应形成牢固的合金层，才能保证良好的导电性能，且焊点也具备一定的机械强度。如图10-19所示，焊点的表面应光亮、均匀且干净清洁，不应有毛刺、空隙等瑕疵。

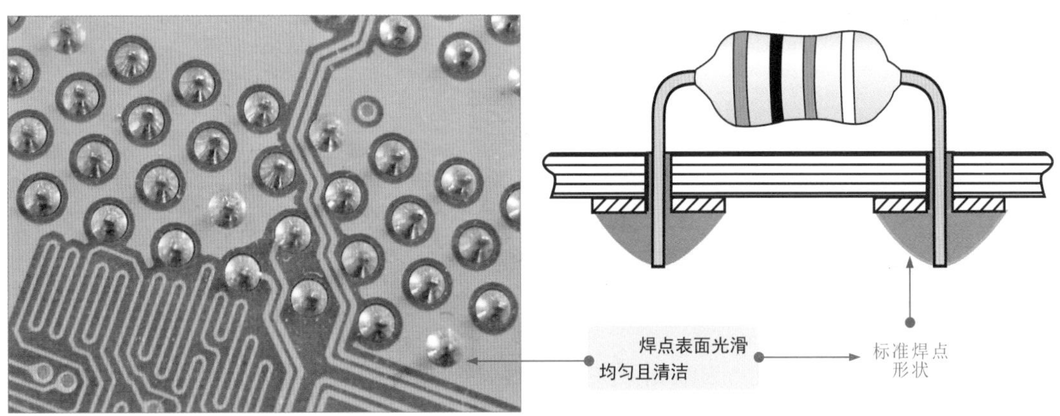

图10-19 焊接良好的焊点

10.3.3 贴片元器件的吹焊

贴片元器件与分立元器件的功能相同，但体积较小、集成度高。由于贴片元器件都采用自动化安装，因此其引脚都已标准化，焊接之前无需对引脚进行加工。普通贴片元器件多采用热风焊枪吹焊的方式。

根据贴片元器件引脚的大小和形状，选择合适的焊枪嘴进行更换，如图10-20所示，使用十字螺钉旋具拧松焊枪嘴上的螺钉，更换焊枪嘴。

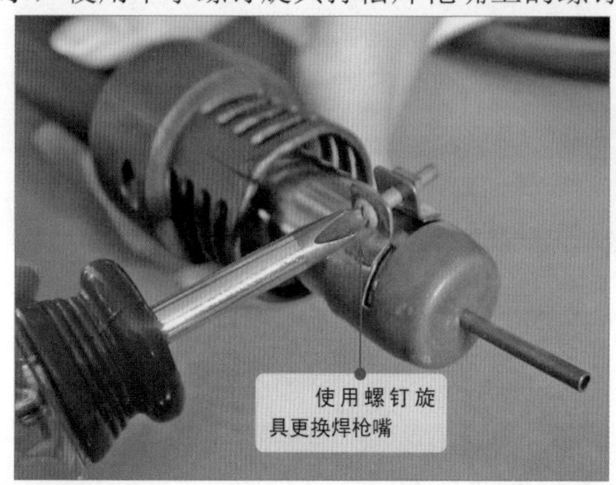

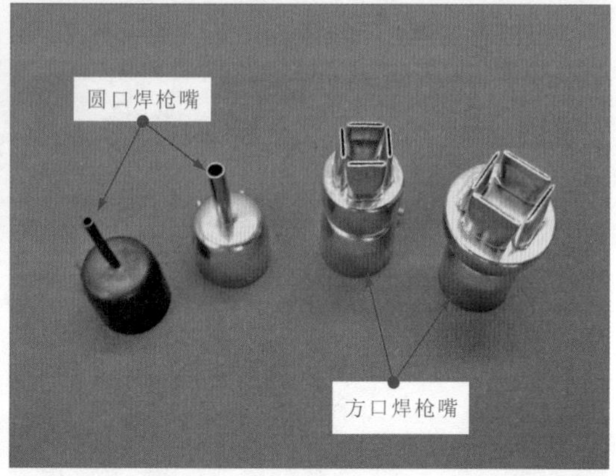

图10-20 更换焊枪嘴

针对不同封装的贴片元器件时，需要更换不同型号的专用焊枪嘴，例如，普通贴片元器件需要使用圆口焊枪嘴；贴片集成电路则需要使用方口焊枪嘴。

在焊接元器件的位置上涂上一层助焊剂，然后将元器件放置在规定位置上，可用镊子微调元器件的位置，如图10-21所示。若焊点的焊锡过少，可先溶化一些焊锡再涂抹助焊剂。

图10-21 涂抹助焊剂

接下来打开热风焊机上的电源开关，对热风焊枪的加热温度和送风量进行调整。对于贴片元器件，选择较高的温度和较小的风量即可满足焊接要求。将温度调节旋钮调至5～6挡，风量调节旋钮调至1～2挡，如图10-22所示。

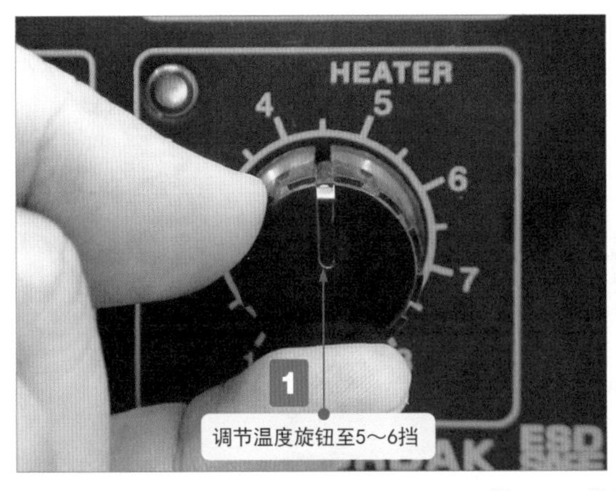
HEATER
4
5
6
7
1
调节温度旋钮至5～6挡

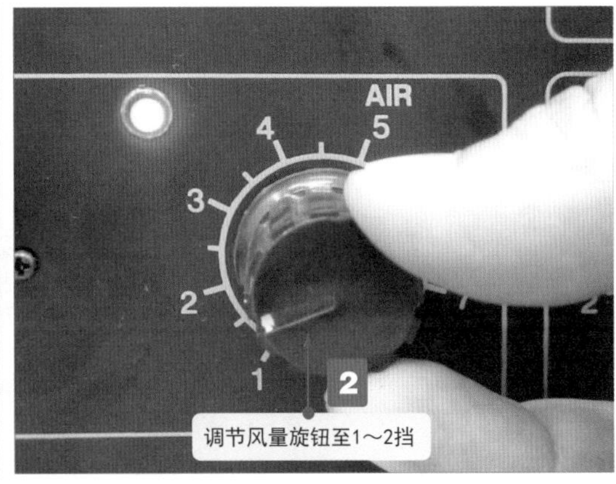
AIR
4
5
3
2
1
2
调节风量旋钮至1～2挡

图10-22 调节温度和风度

当热风焊机预热完成后，将焊枪垂直悬空置于元器件引脚上方，对引脚进行加热，加热过程中，焊枪嘴在各引脚间作往复移动，均匀加热各引脚，如图10-23所示。当引脚焊料溶化后，先移开热风焊枪，待焊料凝固后，再移开镊子。

焊枪垂直悬空，与元器件保持一定距离
镊子
往复移动焊枪嘴，均匀加热各引脚

图10-23 焊接贴片元器件

提示说明

对于贴片元器件，焊点要保证平整，焊锡要适量，不要太多，以免出现连焊，如图10-24所示。

焊点有虚焊现象
焊点有连焊现象
焊点平整牢固，不应有连焊

图10-24 虚焊和连焊现象

第11章

电工布线与设备安装技能

11.1 明敷线缆

11.1.1 瓷夹配线的明敷

瓷夹配线也称为夹板配线，是指用瓷夹板来支持导线，使导线固定并与建筑物绝缘的一种配线方式。

如图11-1所示，固定瓷夹时，可将其埋设在固件上，也可使用胀管螺钉固定。用胀管螺钉固定时，应先在需要固定的位置上进行钻孔，孔的大小应与胀管粗细相同，其深度略长于胀管螺钉的长度，然后将胀管螺钉放入瓷夹底座的固定孔内，进行固定，接着将导线固定在瓷夹的线槽内，最后使用螺钉固定好瓷夹的上盖即可。

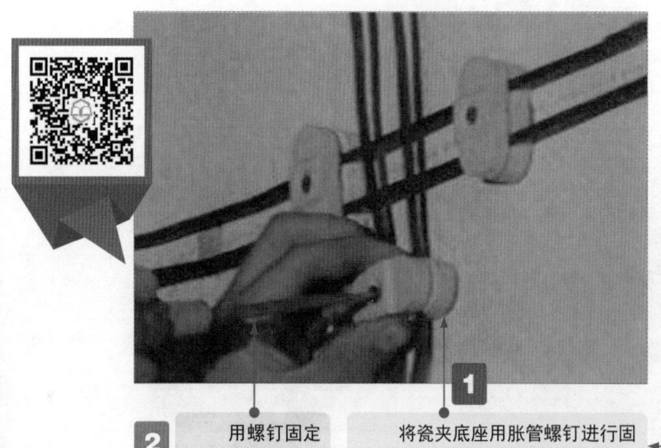

1
2
用螺钉固定好瓷夹的上盖
将瓷夹底座用胀管螺钉进行固定，并将导线固定在瓷夹的线槽内

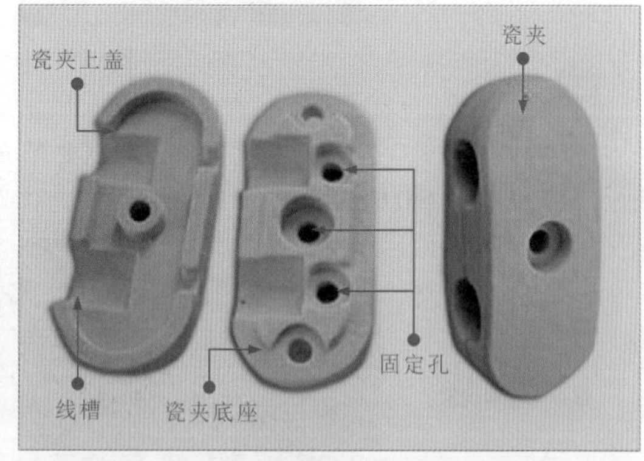

瓷夹上盖
瓷夹
固定孔
线槽
瓷夹底座

用胀管螺钉固定时，应先在需要固定的位置上钻孔，孔的大小应与胀管粗细相同，其深度略长于胀管螺钉的长度

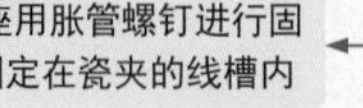

图11-1 瓷夹的固定

瓷夹配线时，通常会遇到一些障碍，如水管、蒸汽管或转角等。对于该类情况在操作时，应进行相应的保护，如图11-2所示。

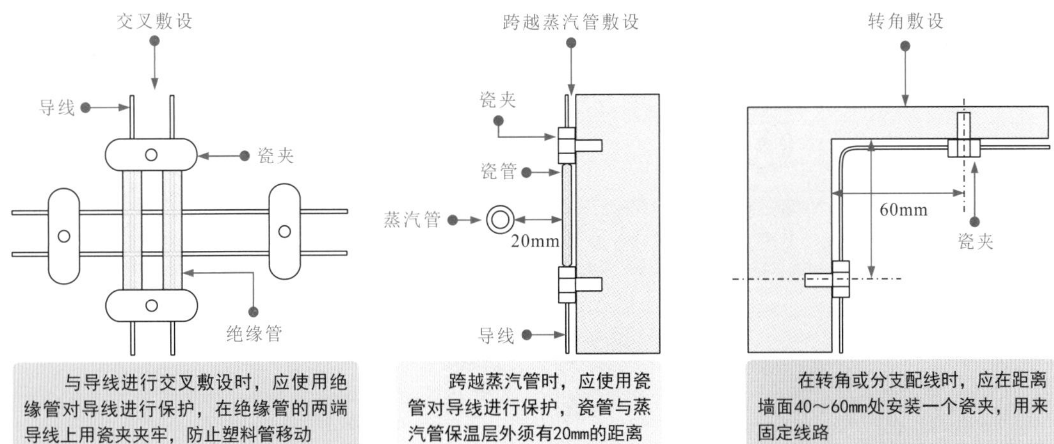

交叉敷设
导线
瓷夹
绝缘管
与导线进行交叉敷设时，应使用绝缘管对导线进行保护，在绝缘管的两端导线上用瓷夹夹牢，防止塑料管移动
跨越蒸汽管敷设
瓷夹
瓷管
蒸汽管
20mm
导线
跨越蒸汽管时，应使用瓷管对导线进行保护，瓷管与蒸汽管保温层外须有20mm的距离
转角敷设
60mm
瓷夹
在转角或分支配线时，应在距离墙面40～60mm处安装一个瓷夹，用来固定线路

图11-2 瓷夹配线

使用瓷夹配线时，若是需要连接导线时，需要将其连接头尽量安装在两瓷夹的中间，避免将导线的接头压在瓷夹内。而且使用瓷夹在室内配线时，绝缘导线与建筑物表面的最小距离不应小于5mm；使用瓷夹在室外配线时，不能应用在雨雪能够落到导线上的地方进行敷设。

若线路穿墙进户时，一根瓷管内只能穿一根导线，并应有一定的倾斜度，若在穿过楼板时，应使用保护钢管，并且在楼上距离地面的钢管高度应为1.8m。

11.1.2 瓷瓶配线的明敷

瓷瓶配线也称为绝缘子配线，是利用瓷瓶支撑并固定导线的一种配线方法，常用于线路的明敷。瓷瓶配线绝缘效果好，机械强度大，主要适用于用电量较大而且较潮湿的场合，允许导线截面积较大，通常情况下，当导线截面积在25mm²以上时，可以使用瓷瓶进行配线。

使用瓷瓶配线时，需要将导线与瓷瓶进行绑扎，在绑扎时通常会采用双绑、单绑以及绑回头几种方式，如图11-3所示，

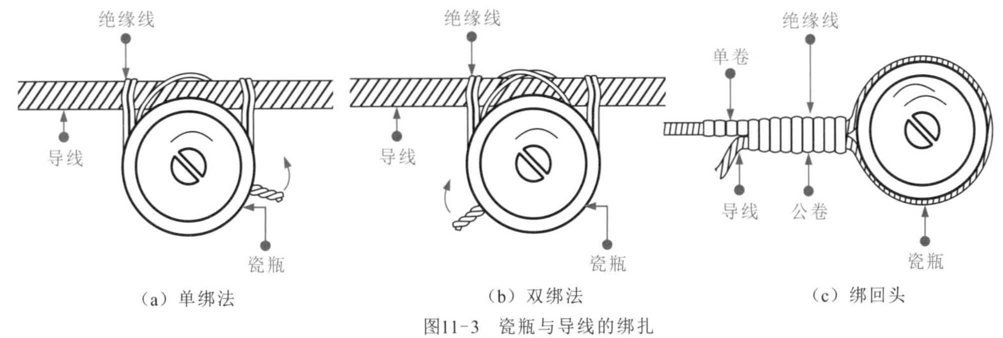

图11-3 瓷瓶与导线的绑扎

单绑方式通常用于不受力瓷瓶或导线截面积在6mm²及以下的绑扎；双绑方式通常用于受力瓷瓶的绑扎，或导线的截面积在10mm²以上的绑扎；绑回头的方式通常是用于终端导线与瓷瓶的绑扎。

瓷瓶配线的过程中，难免会遇到导线之间的分支、交叉或是拐角等操作，对于该类情况进行配线时，应按照相关的规范进行操作，如图11-4所示。

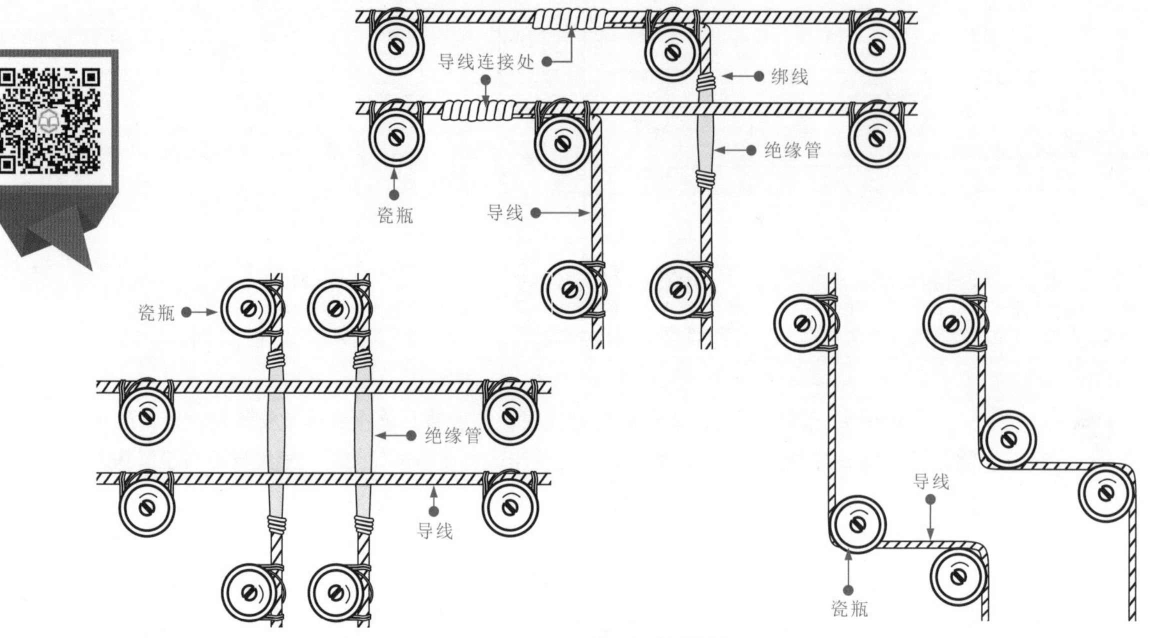

图11-4　瓷夹配线

导线在分支操作时，需要在分支点处设置瓷瓶，以支撑导线，不使导线受到其他张力。导线相互交叉时，应在距建筑物较近的导线上套绝缘保护管；导线在同一平面内进行敷设时，若遇到有弯曲的情况，瓷瓶需要装设在导线曲折角的内侧。

11.1.3 金属管配线的明敷

金属管配线是指使用金属材质的管制品，将线路敷设于相应的场所，是一种常见的配线方式，室内和室外都适用。采用金属管配线可以使导线能够很好地受到保护，并且能减少因线路短路而发生火灾的可能性。

金属管明敷配线时，有时要根据敷设现场的环境要求对金属管进行弯管操作，使其能够适应当前的需要，如图11-5所示。

对于金属管的弯管操作要使用专业的弯管器以避免出现裂缝、明显凹瘪等弯制不良的现象。另外，金属管弯曲半径不得小于金属管外径的6倍，若在明敷且只有一个弯时，可将金属管的弯曲半径减少为管子外径的4倍。

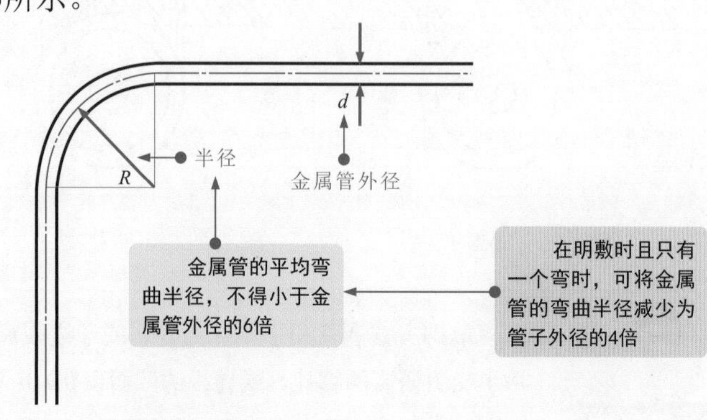

图11-5　金属管弯头的操作

金属管配线明敷中，若管路较长或有较多弯头时，则需要适当加装接线盒，通常对于无弯头情况，金属管的长度不应超过30m；对于有一个弯头情况，金属管的长度不应超过20m；对于有两个弯头情况，金属管的长度不应超过15m；对于有三个弯头情况，金属管的长度不应超过8m，如图11-6所示。

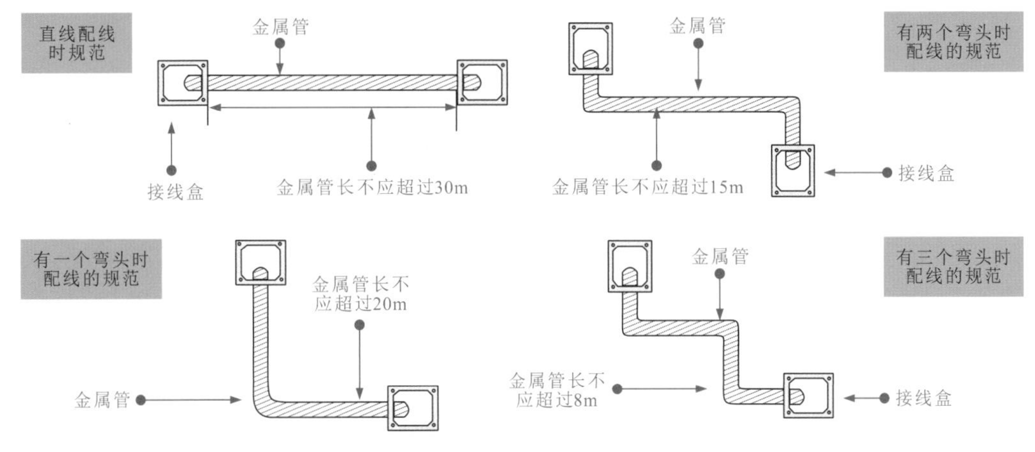

图11-6 金属管的长度要求

11.1.4 塑料线槽配线的明敷

塑料线槽明敷配线时，其内部的导线填充率及载流导线的根数，应满足导线的安全散热要求，并且在塑料线槽的内部不可以有接头、分支接头等，若有接头的情况，可以使用接线盒进行连接，如图11-7所示。

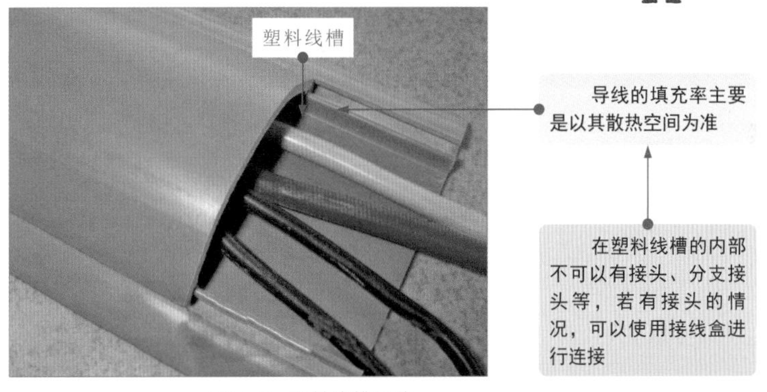

图11-7 塑料线槽配线

如图11-8所示，线缆水平敷设在塑料线槽中可以不绑扎，其槽内的缆线应顺直，尽量不要交叉，在导线进出线槽的部位以及拐弯处应绑扎固定。

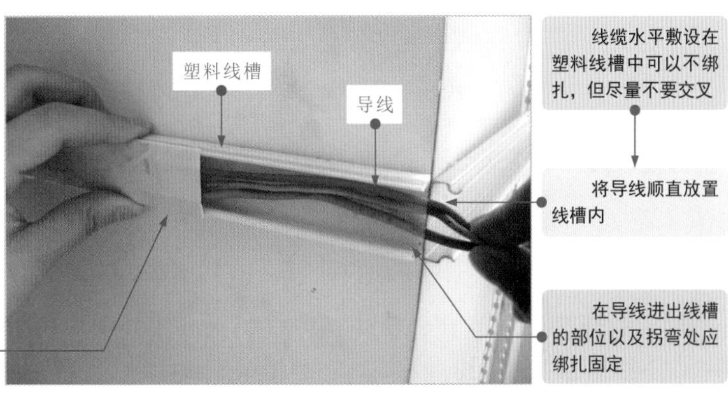

图11-8 金属管弯头的操作

有些电工为了节省成本和劳动，将强电导线和弱电导线放置在同一线槽内进行敷设，这样会对弱电设备的通信传输造成影响，是非常错误的行为。另外线槽内的线缆也不宜过多，通常规定在线槽内的导线或是电缆的总截面积不应超过线槽内总截面积的20%。

如图11-9所示，固定线槽时，其固定点之间的距离应根据线槽的规格而定。

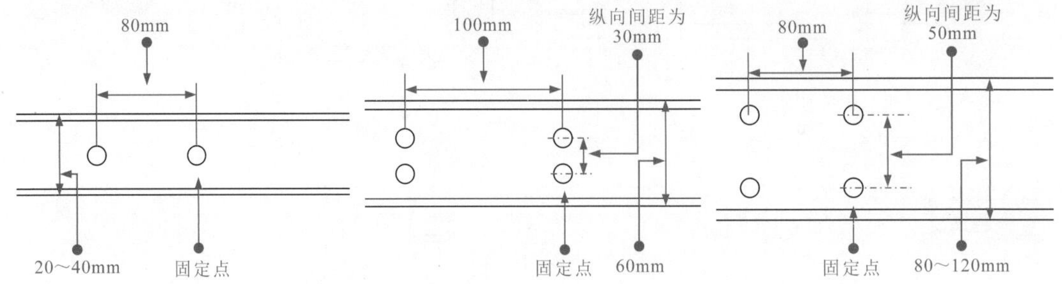

图11-9 塑料线槽的固定

塑料线槽的宽度为20～40mm时，其两固定点间的最大距离应为80mm，可采用单排固定法；若塑料线槽的宽度为60mm时，其两固定点的最大距离应为100mm，可采用双排固定法并且固定点纵向间距为30mm；若塑料线槽的宽度为80～120mm时，其固定点之间的距离应为80mm，可采用双排固定法并且固定点纵向间距为50mm。

11.1.5 钢索配线的明敷

钢索配线方式就是指钢索上吊瓷柱配线、吊钢管配线或是塑料护套线配线，同时灯具也可以吊装在钢索上，通常应用于房顶较高的的生产厂房内，可以降低灯具安装的高度，提高被照面的亮度，也方便照明灯的布置。

在钢索配线过程中，若钢索的长度不超过50m，可在钢索的一端使用花篮螺栓进行连接；若钢索的长度超过50m时，钢索的两端应均安装花篮螺栓；且钢索的长度每超过50m时，应在中间加装一个花篮螺栓进行连接。图11-10为钢索配线的连接操作。

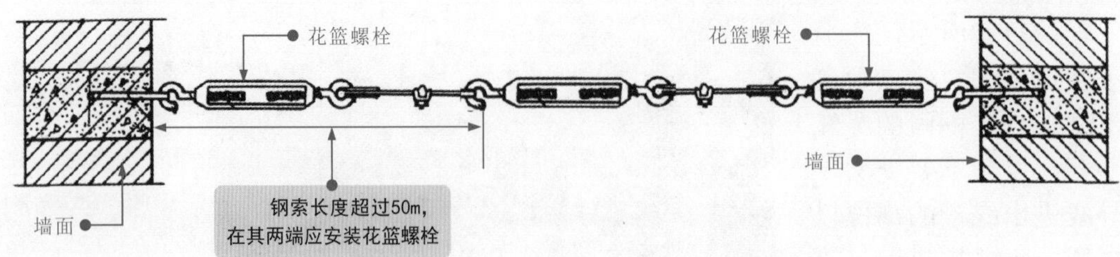

图11-10 钢索配线的连接操作

钢索配线敷设后，其导线的弧度（弧垂）不应大于0.1m，如不能达到时，应增加吊钩， 并且钢索吊钩间的最大间距不超过12m，导线或灯具在钢索上安装时，钢索应能承受全部负载。图11-11为钢索配线时导线的固定。

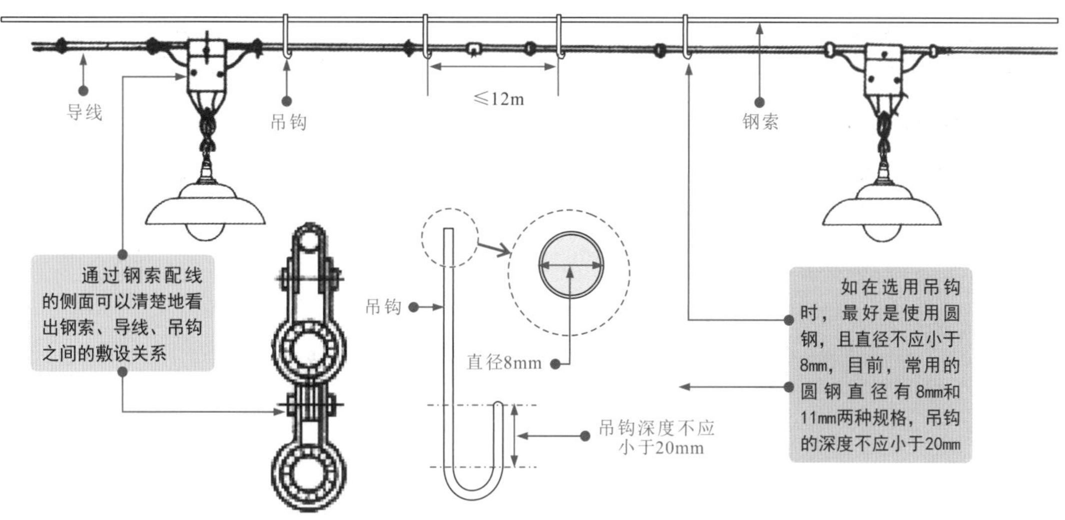

图11-11 钢索配线时导线的固定

11.2 暗敷线缆

11.2.1 金属管配线的暗敷

暗敷是指将导线穿管并埋设在墙内、地板下或顶棚内进行配线。金属管配线暗敷主要是指将导线穿于金属管内，然后埋设在墙内或是地板下的一种配线敷设方式。

金属管暗敷通常采用直埋操作，为了减小直埋管在沉陷时连接管口处对导线的剪切力，在加工金属管管口时可以将其做成喇叭形，如图11-12所示，若是将金属管口伸出地面时，应距离地面25～50mm。

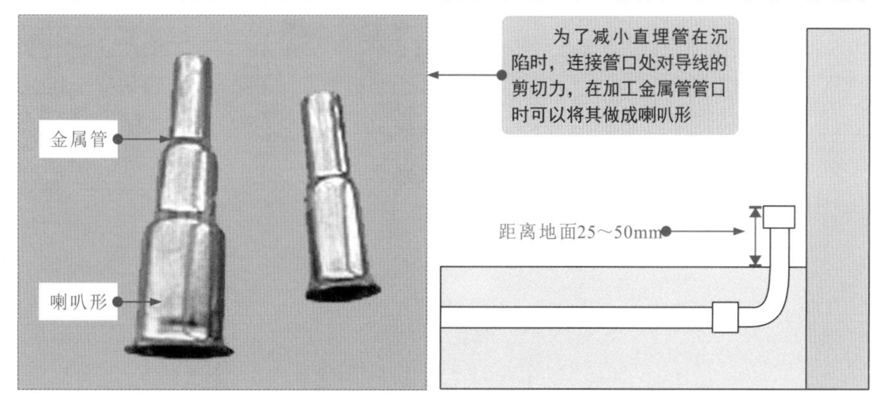

图11-12 金属管管口的操作

金属管暗敷配线若遇到弯头情况，金属管弯头弯曲的半径不应小于管外径的6倍；敷设于地下或是混凝土的楼板时，金属管的弯曲半径不应小于管外径的10倍。

金属管暗敷转角应大于90°，为了便于导线的穿过，敷设金属管时，每根金属管的转弯点不应多于两个，并且不可以有S形拐角。

由于金属管暗敷配线内部穿线的难度较大，所以选用的管径要大一点，一般管内填充物最多为总空间的30%左右。

在连接金属管时，可使用管箍连接，也可以使用接线盒进行连接，如图11-13所示。

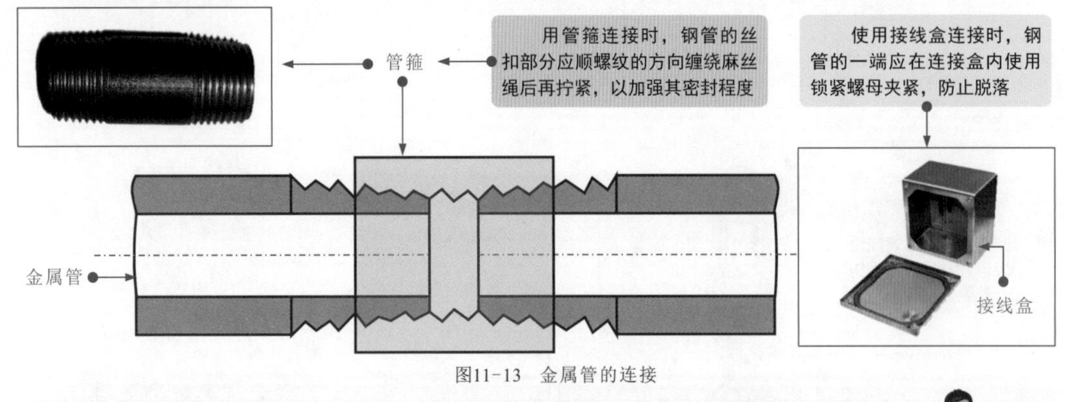

管箍
用管箍连接时，钢管的丝扣部分应顺螺纹的方向缠绕麻丝绳后再拧紧，以加强其密封程度
使用接线盒连接时，钢管的一端应在连接盒内使用锁紧螺母夹紧，防止脱落
金属管
接线盒

图11-13　金属管的连接

11.2.2 塑料线管配线的暗敷

塑料线管暗敷设是指将塑料线管埋入墙壁内的一种配线方式。塑料线管暗敷配线时，一般在土建砌砖时预埋，否则应先在砖墙上留槽或开槽，然后在砖缝里打入木榫并钉上钉子，再用铁丝将线管绑扎在钉子上，并进一步将钉子钉入墙中加以固定。另外，暗敷线管管壁的厚度应不小于3mm。如图11-14所示，为了便于导线的穿越，塑料线管的弯头部分要有明显的圆弧，角度一般不应小于90°，不可以出现管内弯瘪的现象。

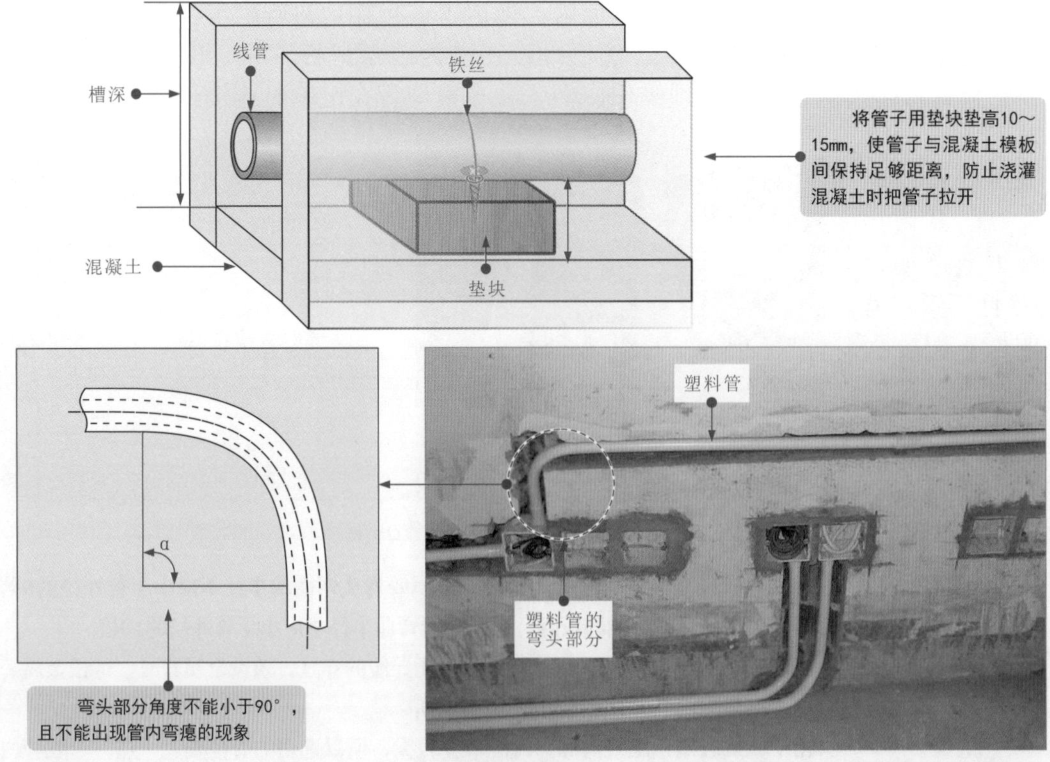

将管子用垫块垫高10～15mm，使管子与混凝土模板间保持足够距离，防止浇灌混凝土时把管子拉开

图11-14　塑料线管暗敷配线

11.2.3 金属线槽配线的暗敷

金属线槽暗敷配线通常适用于正常环境下大空间且隔断变化多、用电设备移动性大或敷设有多种功能的场所，主要是敷设于现浇混凝土地面、楼板或楼板垫层内。

如图11-15所示，金属线槽暗敷配线时，为便于穿线，金属线槽在交叉/转弯或是分支处配线时应设置分线盒；若线路长度超过6m时，应采用分线盒进行连接。

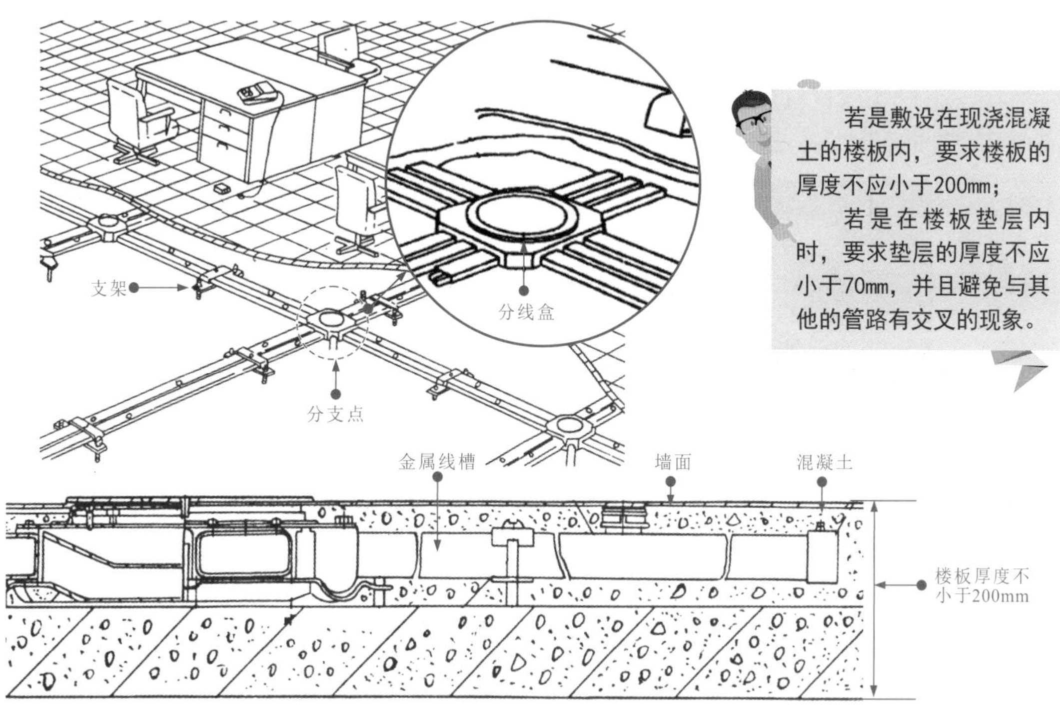
支架
分线盒
分支点
金属线槽
墙面
混凝土
楼板厚度不小于200mm
若是敷设在现浇混凝土的楼板内，要求楼板的厚度不应小于200mm；
若是在楼板垫层内时，要求垫层的厚度不应小于70mm，并且避免与其他的管路有交叉的现象。

图11-15 金属线槽暗敷配线

11.3 安装照明灯具

照明灯具的安装是电工的一项基础技能。常见的有照明灯泡的安装、日光灯的安装及节能灯的安装等。

11.3.1 普通照明灯泡的安装

采用普通照明灯泡照明是最常见的一种照明方式，这种照明灯具的安装操作比较简单，如图11-16所示，在照明灯座的顶端，有两个接线柱，其中与灯口内顶部铜片连接的接线柱是灯座的相线接线柱；与灯口内螺纹金属套连接的接线柱是灯座的零线接线柱。这两个接线柱分别用以连接供电线的相线和零线。

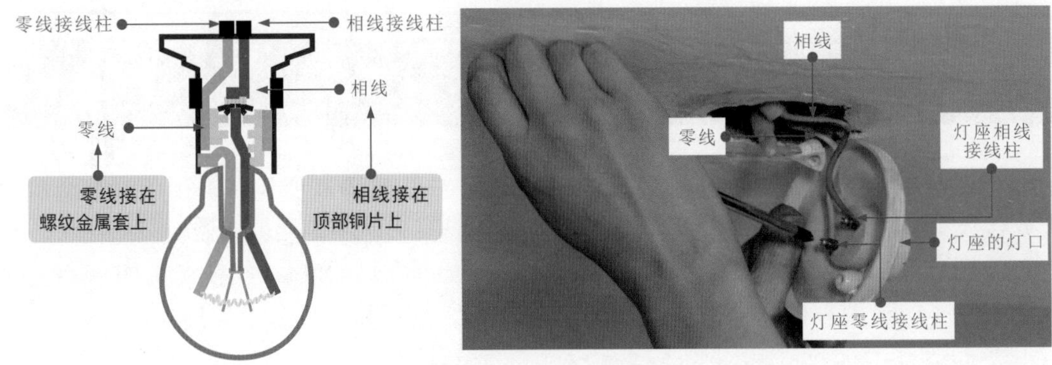

图11-16 照明灯座的安装连接

接下来，如图11-17所示，拧紧灯座两侧的固定螺钉，使灯座固定牢固，然后将灯泡由灯口顺时针旋入，直至旋紧在灯座的灯口中，照明灯具安装完毕。

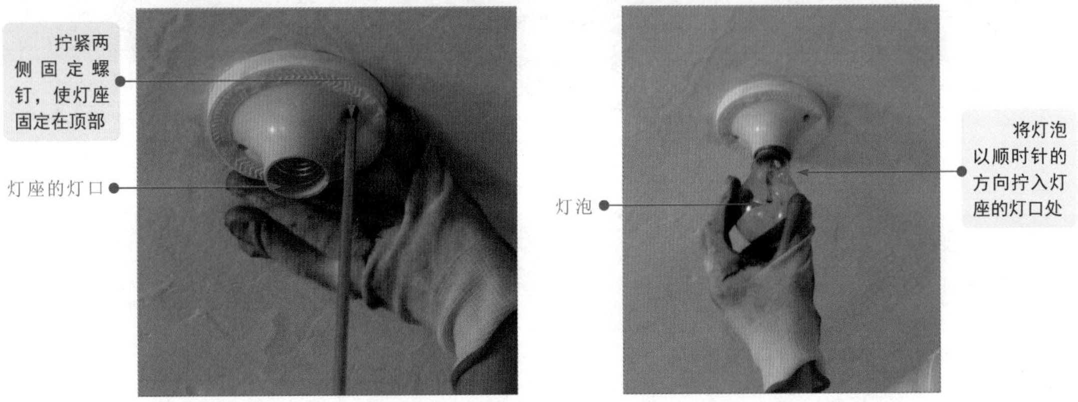

图11-17 普通照明灯泡的安装

11.3.2 日光灯的安装

日光灯是室内常用的照明工具，可满足家庭、办公、商场、超市等场所的照明需要，应用范围十分广泛。图11-18为日光灯的安装示意图。

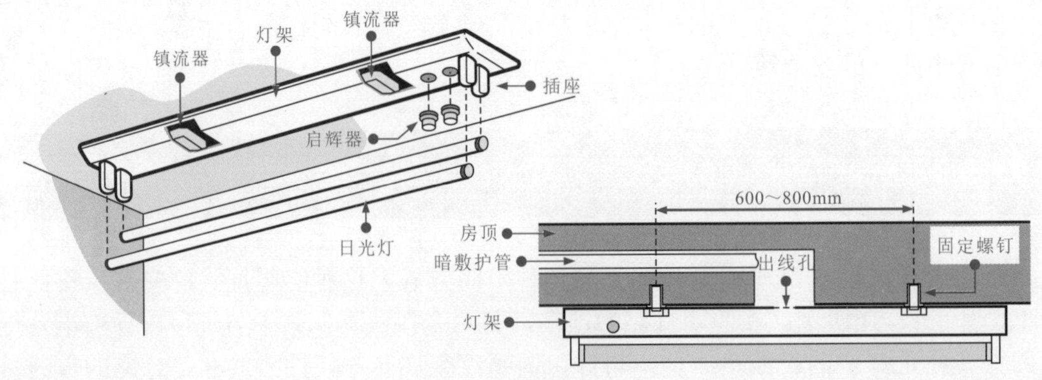

图11-18 日光灯的安装示意图

日光灯的线路连接如图11-19所示。将布线时预留的照明支路线缆与灯架内的电线相连；将相线与镇流器连接线进行连接；零线与日光灯灯架连接线进行连接。

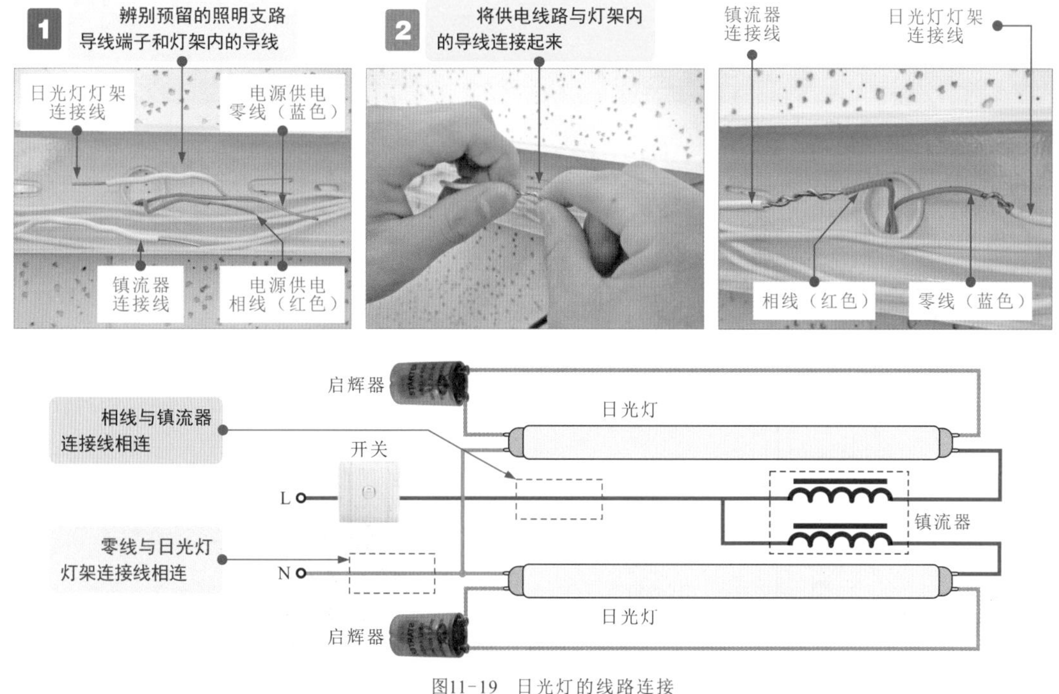

图11-19 日光灯的线路连接

11.3.3 节能灯的安装

节能灯的安装方式与照明灯泡的安装类似。图11-20为节能灯的安装。

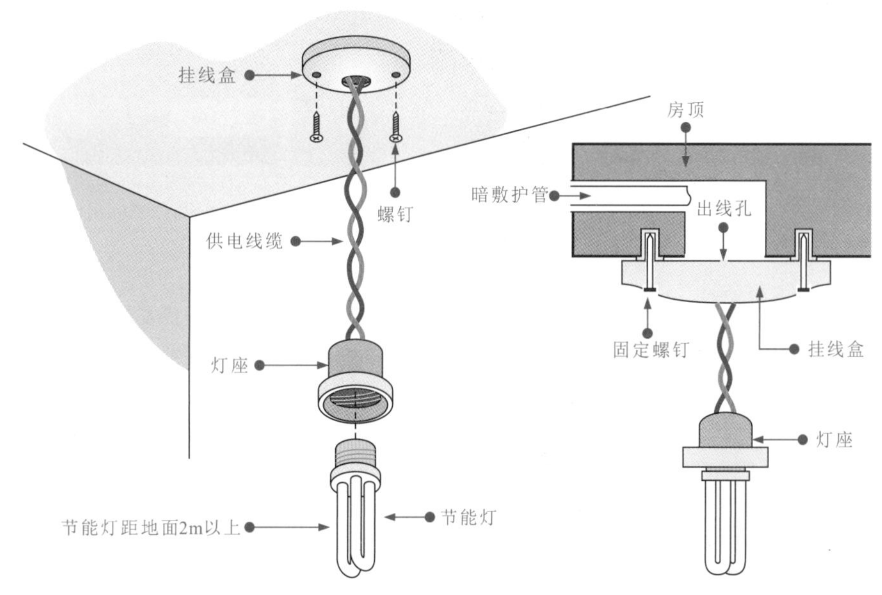

图11-20 节能灯的安装

11.4 安装插座

11.4.1 电源插座的安装

电源插座的安装是将入户的供电线引入接线盒中与电源插座进行连接，并将电源插座固定在接线盒上。以常用五孔电源插座为例，图11-21为其接线关系图。

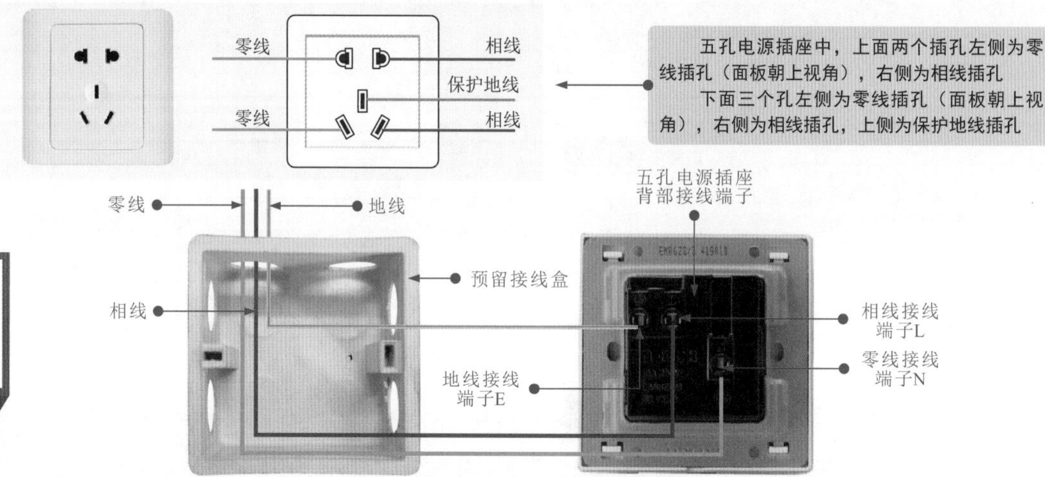

五孔电源插座中，上面两个插孔左侧为零线插孔（面板朝上视角），右侧为相线插孔
下面三个孔左侧为零线插孔（面板朝上视角），右侧为相线插孔，上侧为保护地线插孔

相线接线端子L
零线接线端子N
地线接线端子E

图11-21　五孔电源插座的接线关系

图11-22为五孔电源插座的安装方法。

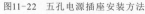

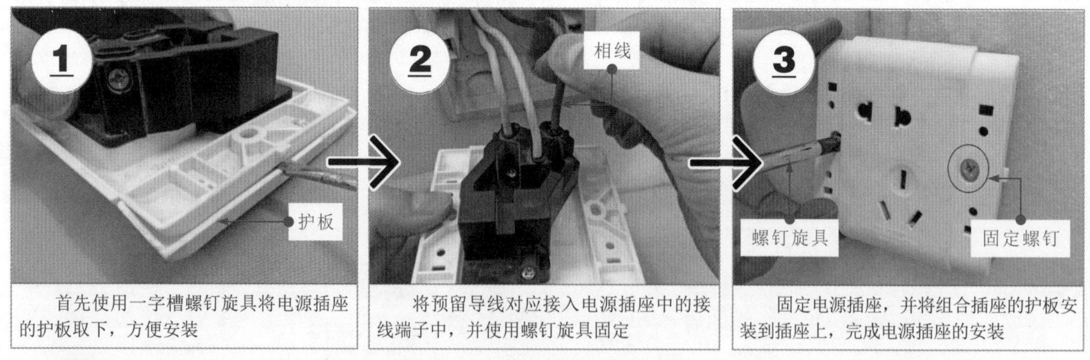

1
护板
首先使用一字槽螺钉旋具将电源插座的护板取下，方便安装
2
相线
将预留导线对应接入电源插座中的接线端子中，并使用螺钉旋具固定
3
螺钉旋具
固定螺钉
固定电源插座，并将组合插座的护板安装到插座上，完成电源插座的安装

图11-22　五孔电源插座安装方法

提示说明

常见的电源插座还有三孔电源插座、带开关的电源插座，其安装方法与五孔电源插座相同，不同的是接线的具体关系，如图11-23所示。

（a）三孔电源插座的接线关系

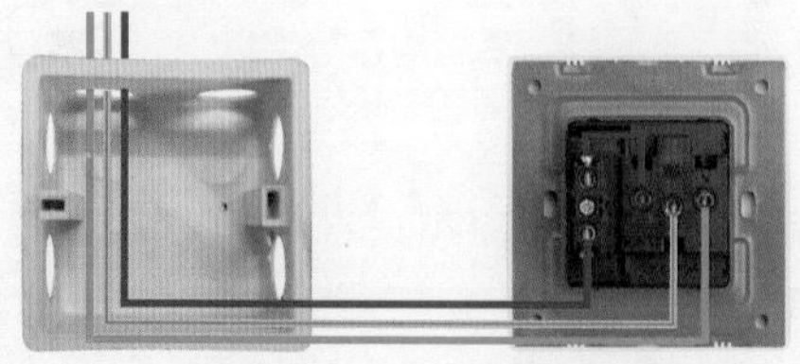

（b）带开关电源插座的接线关系

图11-23　三孔电源插座和带开关电源插座的接线关系

11.4.2 网络插座的安装

图11-24为网络插座的安装连接。

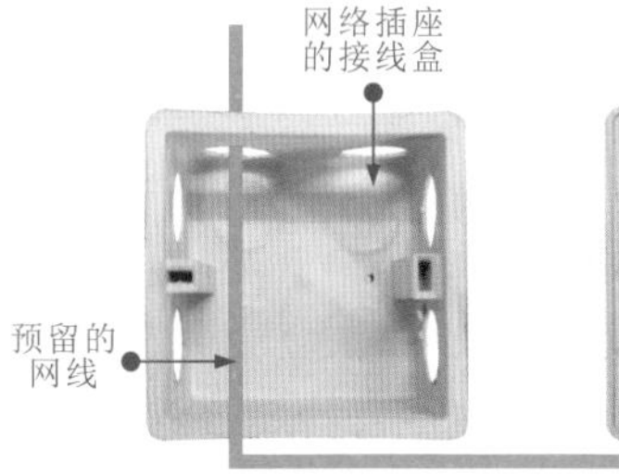

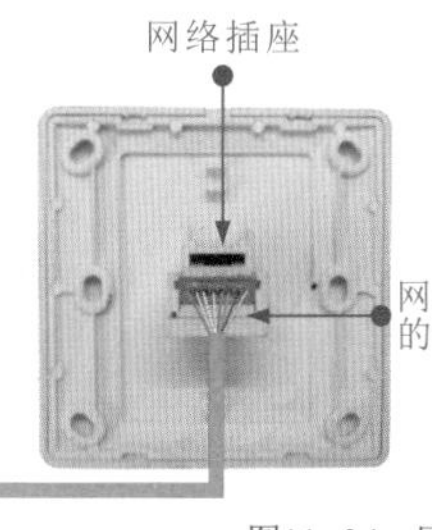

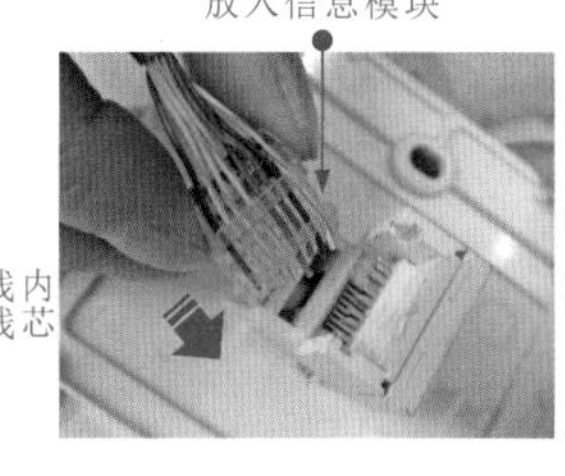

图11-24 网络插座的安装连接

11.4.3 有线电视插座的安装

图11-25为有线电视插座的安装连接。

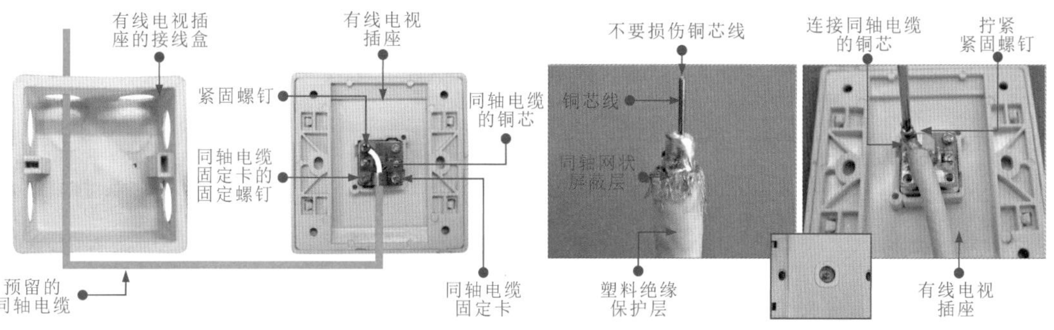

图11-25 有线电视插座的安装连接

11.4.4 电话插座的安装

图11-26为电话插座的安装连接。

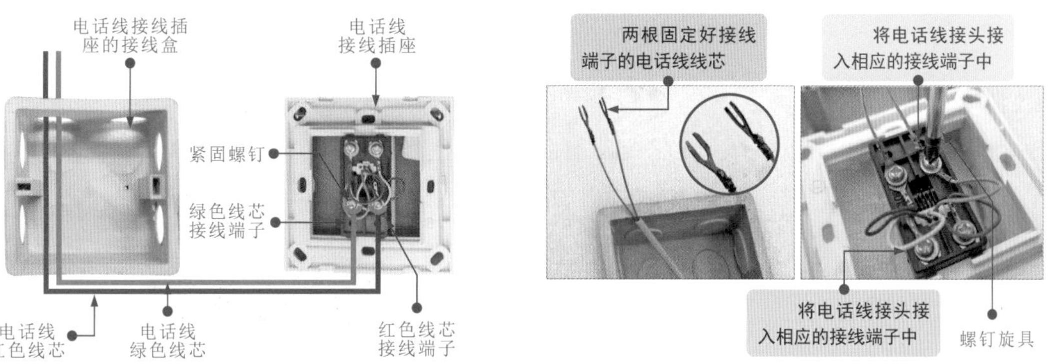

图11-26 电话插座的安装连接

11.5 安装开关

11.5.1 单控开关的安装

一般来说，单控开关就是用单个开关实现对电气设备（如照明灯具）的简单控制。图11-27为单控开关的安装连接关系。

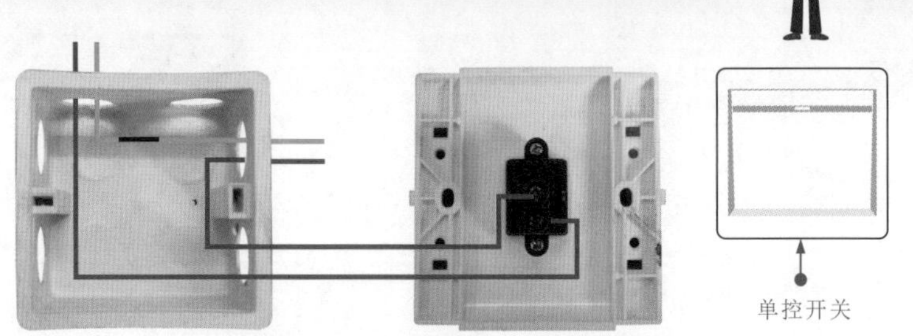

图11-27　单控开关的安装连接关系

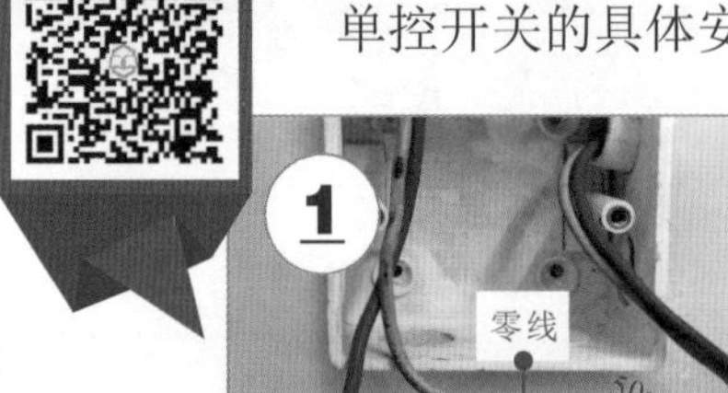

单控开关的具体安装和接线施工操作如图11-28所示。

剥除预留线盒中导线接线端绝缘层，并头连接导线

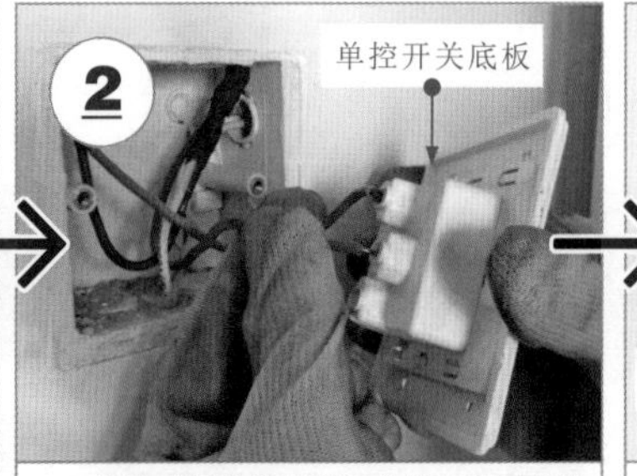

将处理好的接线端与单控开关对应的接线孔连接（相线进线和相线出线）

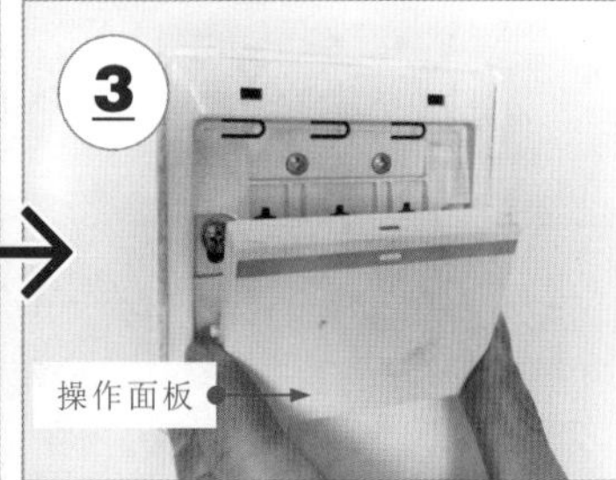

调整预留接线盒中的导线，固定单控开关面板，完成单控开关的安装

图11-28　单控开关的安装方法

11.5.2 多控开关的安装

多控开关是指一个开关有多种控制功能。以常见的双控开关为例，双控开关用于对同一照明灯进行两地联控，操作两地任一处的开关都可以控制照明灯的点亮与熄灭。图11-29为双控开关的接线关系。

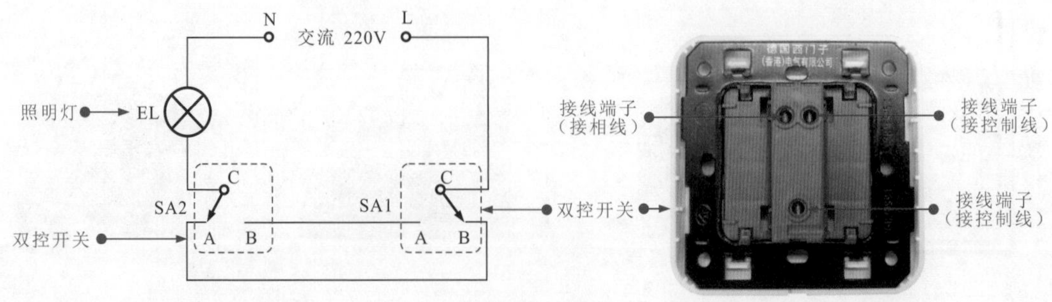

图11-29　双控开关的接线关系

双控开关的具体安装和接线施工操作如图11-30所示。

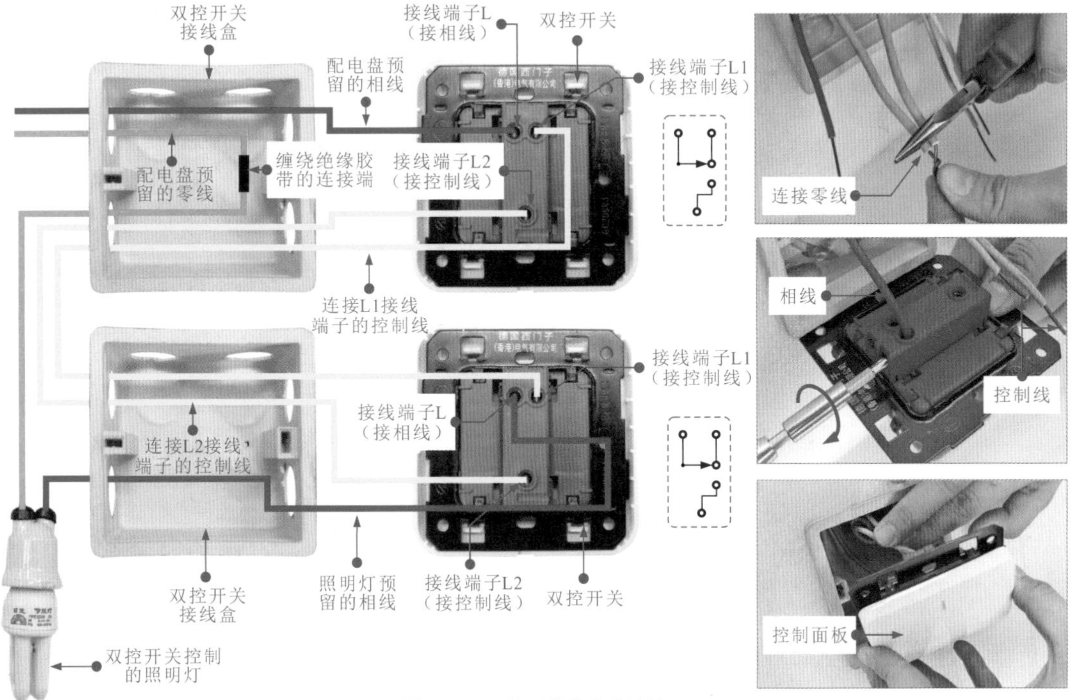

图11-30 双控开关的安装连接

11.6 安装电动机

11.6.1 电动机的安装

电动机作为一种动力拖动设备，通常与被拖动设备配合工作实现动能的传递。为确保电动机正常工作，需要将电动机安装固定到指定的工作位置，并与被拖动设备连接，如图11-31所示。

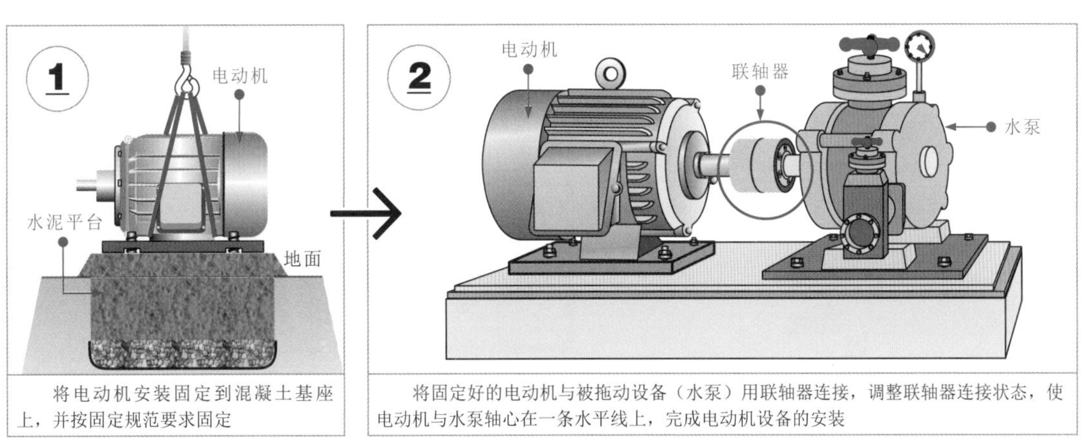

1
电动机
水泥平台
地面
将电动机安装固定到混凝土基座上，并按固定规范要求固定
2
电动机
联轴器
水泵
将固定好的电动机与被拖动设备（水泵）用联轴器连接，调整联轴器连接状态，使电动机与水泵轴心在一条水平线上，完成电动机设备的安装

图11-31 电动机的安装方法

11.6.2 电动机的接线

电动机的接线包括电动机绕组接线和电动机与控制线路接线两部分。

1 电动机绕组接线

将电动机固定好以后，就需要将供电线缆的三根相线连接到三相异步电动机的接线柱上。

普通电动机一般将三相端子共6根导线引出到接线盒内。电动机的接线方法一般有两种，星形（Y）和三角形（△）接法。如图11-32所示，将三相异步电动机的接线盖打开，在接线盖内测标有该电动机的接线方式，根据控制要求按照接线图接线即可。

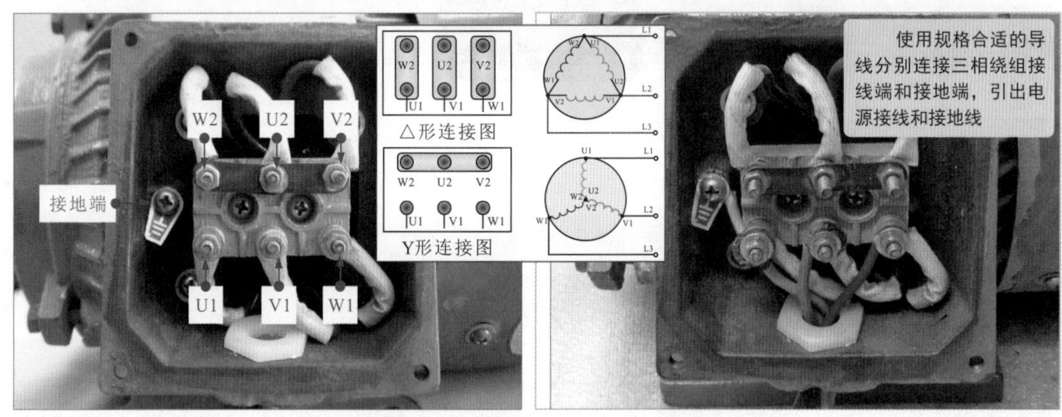

图11-32 电动机绕组的接线方法

2 电动机与控制电路接线

控制电路的接线需要先在控制箱内合理布置电气部件，然后根据实际拖动控制要求连接电气部件和电动机，确保接线无误后固定控制箱即可，如图11-33所示。

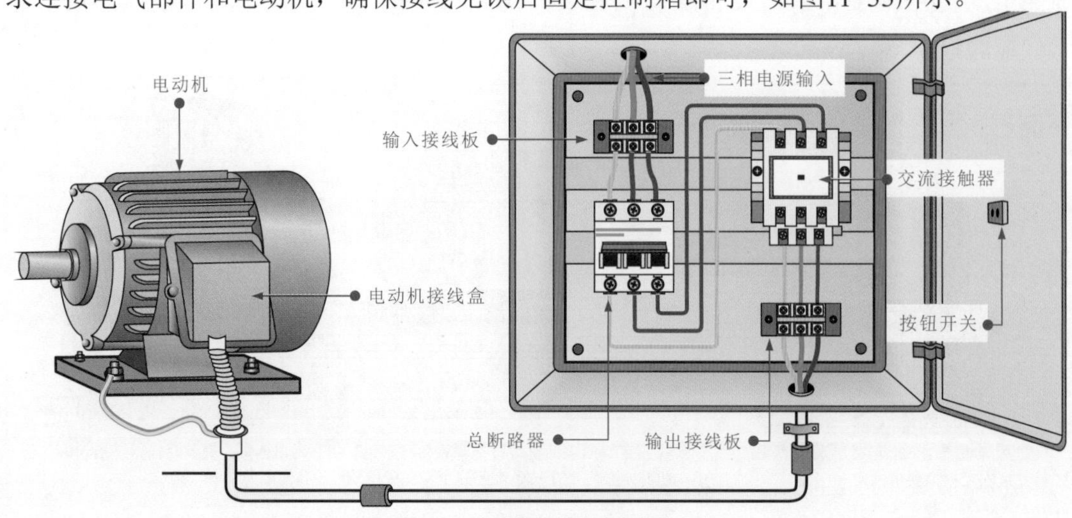

图11-33 电动机控制电路的接线方法

11.7 安装配电设备

11.7.1 配电箱的安装

如图11-34所示，安装配电箱时，一般可先将总断路器、分支断路器安装到配电箱指定位置，然后根据接线原则布线，预留出电能表接线端子后，装入电能表并与预留接线端子连接。

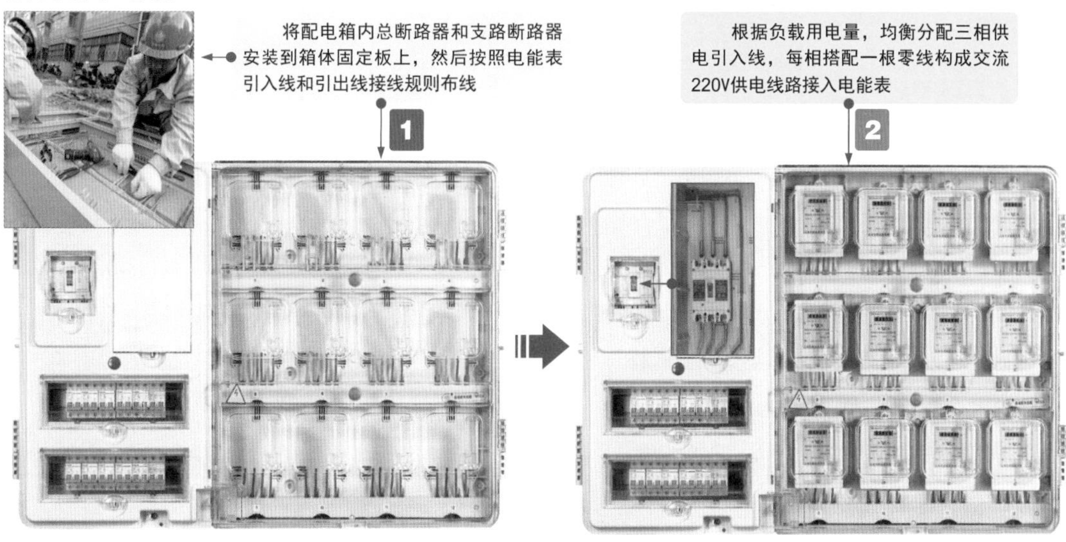

将配电箱内总断路器和支路断路器安装到箱体固定板上，然后按照电能表引入线和引出线接线规则布线
1
根据负载用电量，均衡分配三相供电引入线，每相搭配一根零线构成交流220V供电线路接入电能表
2

图11-34 配电箱的安装与接线

配电箱的安装连接过程中应注意以下几点。

◆ 将电度表的输入相线和零线与楼道的相线和零线接线端连接，图11-35为连接关系。连接时，将接线端上的固定螺钉拧松，再将相线、零线、接地线的线头弯成U形，连接到相应的接线端上，拧紧螺钉。

◆ 配电箱与进户线接线柱连接时应先连接地线和零线，再连接相线。同时应注意，在线路连接时，不要触及到接线柱的触片及导线的裸露处，避免触电。

◆ 将进户线送入的或建筑物设定的供配电专用接地线固定在配电箱的外壳上。

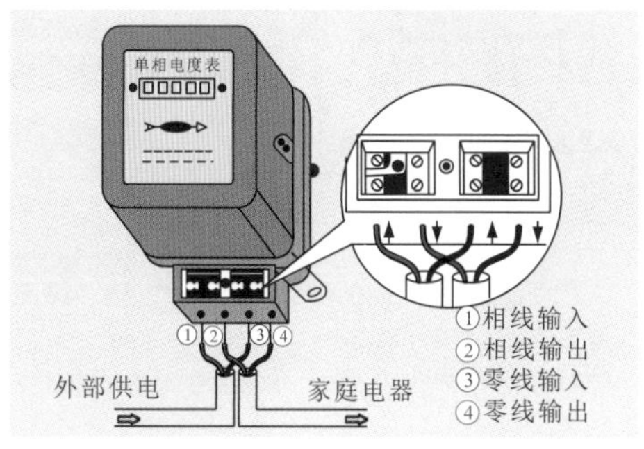

图11-35 配电箱中电能表的接线关系

11.7.2 配电盘的安装

明确配电盘的安装位置及安装方式，先将配电盘的整体安装在对应的槽内（采用嵌入式安装），再安装对应的支路断路器，最后将配电箱送来的线缆与配电盘中的断路器连接，即可完成配电盘的安装，如图11-36所示。

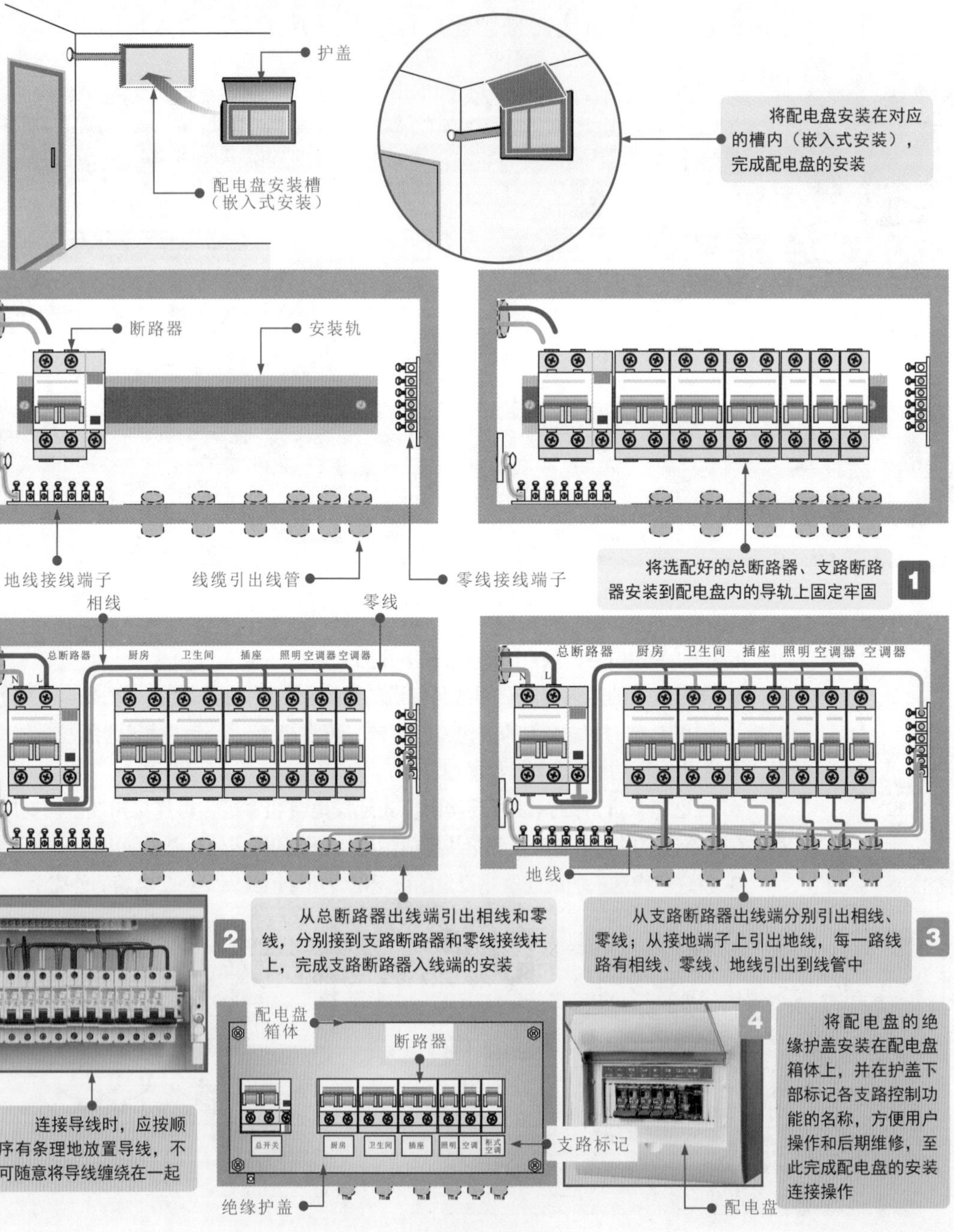

护盖

配电盘安装槽（嵌入式安装）

将配电盘安装在对应的槽内（嵌入式安装），完成配电盘的安装

断路器

安装轨

地线接线端子

线缆引出线管

零线接线端子

1 将选配好的总断路器、支路断路器安装到配电盘内的导轨上固定牢固

相线

零线

总断路器 厨房 卫生间 插座 照明 空调器 空调器

地线

2 从总断路器出线端引出相线和零线，分别接到支路断路器和零线接线柱上，完成支路断路器入线端的安装

3 从支路断路器出线端分别引出相线、零线；从接地端子上引出地线，每一路线路有相线、零线、地线引出到线管中

连接导线时，应按顺序有条理地放置导线，不可随意将导线缠绕在一起

配电盘箱体

断路器

总开关 厨房 卫生间 插座 照明 空调 柜式空调

支路标记

绝缘护盖

4 将配电盘的绝缘护盖安装在配电盘箱体上，并在护盖下部标记各支路控制功能的名称，方便用户操作和后期维修，至此完成配电盘的安装连接操作

配电盘

图11-36 配电盘的安装方法

第12章 电工检测技能

12.1 电阻器的检测

12.1.1 普通电阻器的检测

普通电阻器的检测方法比较简单，一般借助万用表检测阻值即可。图12-1为普通电阻器的检测方法。

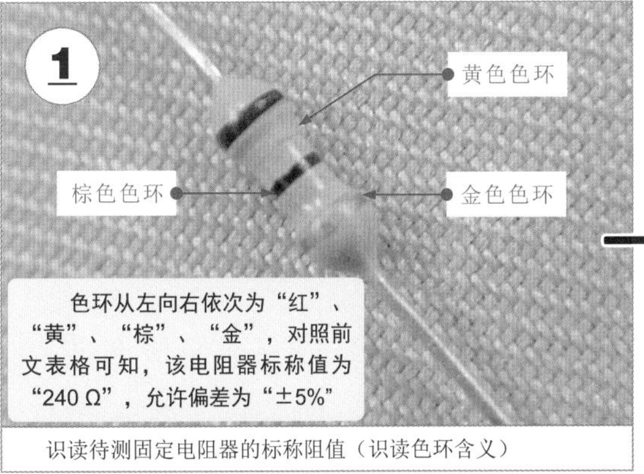

1
黄色色环
棕色色环
金色色环
色环从左向右依次为“红”、“黄”、“棕”、“金”，对照前文表格可知，该电阻器标称值为“240 Ω”，允许偏差为“±5%”

识读待测固定电阻器的标称阻值（识读色环含义）

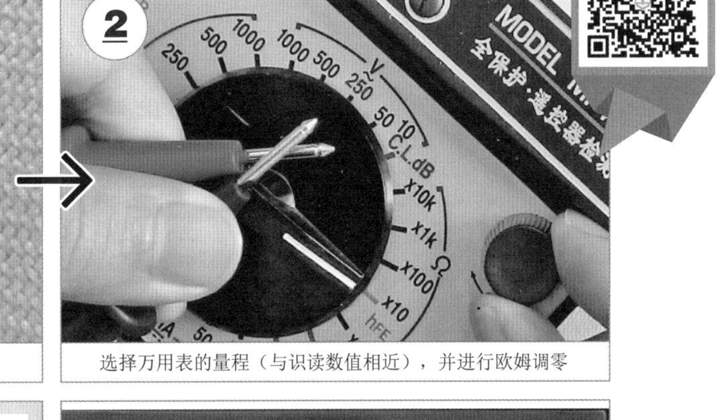

选择万用表的量程（与识读数值相近），并进行欧姆调零

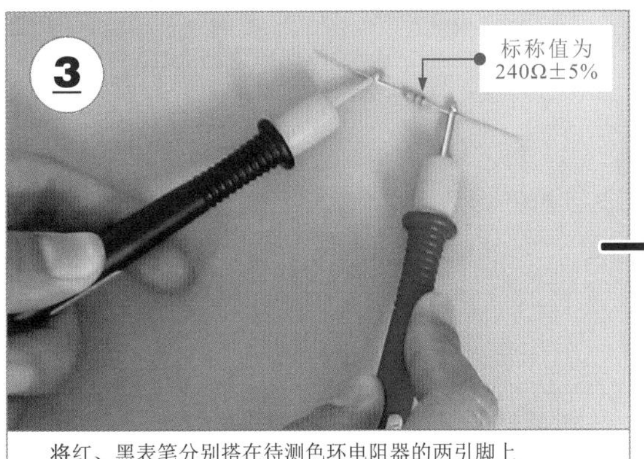

将红、黑表笔分别搭在待测色环电阻器的两引脚上

识读当前测量值为24×10Ω=240Ω，正常

图12-1 普通电阻器的检测方法

12.1.2 敏感电阻器的检测

1 热敏电阻器的检测方法

检测热敏电阻器，可以使用万用表检测不同温度下的热敏电阻器阻值，根据检测结果判断热敏电阻器是否正常，如图12-2所示。

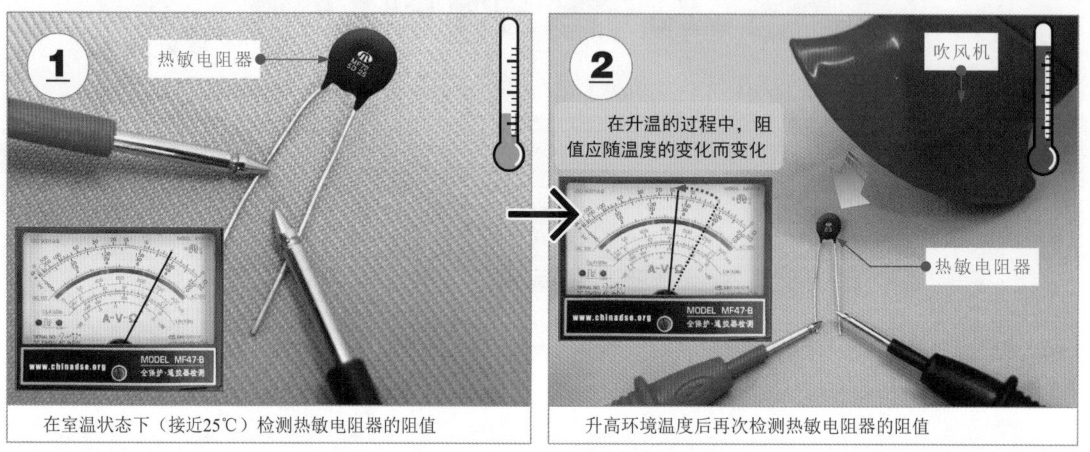

图12-2 热敏电阻器的检测方法

实测常温下热敏电阻器的阻值若为350Ω，接近标称值或与标称值相同，则表明该热敏电阻在常温下正常。使用吹风机升高环境温度时，万用表的指针随温度的变化而摆动，表明热敏电阻器基本正常；若温度变化阻值不变，则说明该热敏电阻器性能不良。

若热敏电阻器的阻值随温度的升高而增大，则为正温度系数热敏电阻器（FTC）；若热敏电阻器的阻值随温度的升高而降低，则为负温度系数热敏电阻器（NTC）。

2 光敏电阻器的检测方法

检测光敏电阻器时，可使用万用表通过测量待测光敏电阻器在不同光线下的阻值来判断光敏电阻器是否损坏，如图12-3所示。

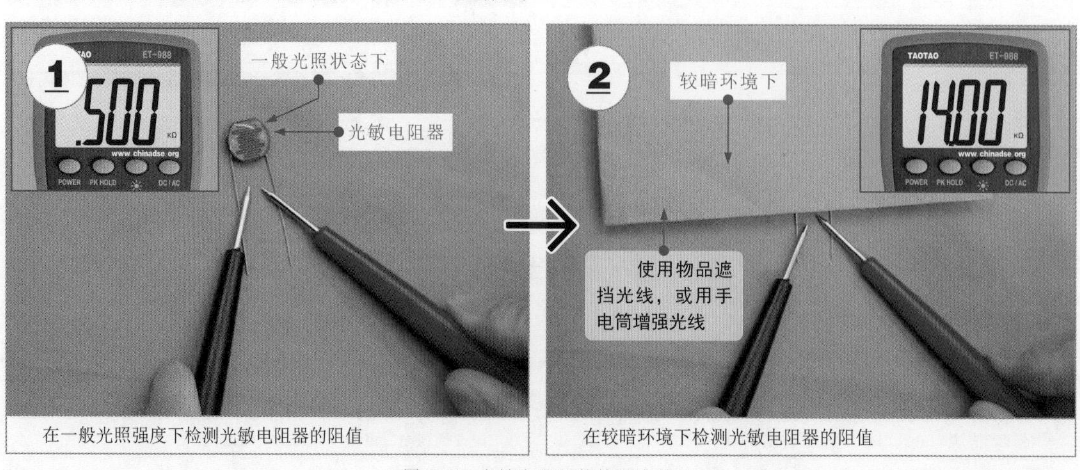

图12-3 光敏电阻器的检测方法

使用万用表的电阻测量挡，分别在明亮条件下和暗淡条件下检测光敏电阻器阻值的变化。若光敏电阻器的电阻值随着光照强度的变化而发生变化，表明待测光敏电阻器性能正常；

若光照强度变化时，光敏电阻器的电阻值无变化或变化不明显，则多为光敏电阻器感应光线变化的灵敏度低或本身性能不良。

3 湿敏电阻器的检测方法

检测湿敏电阻器时，可通过改变湿度条件，用万用表检测湿敏电阻器的阻值变化情况来判别好坏，如图12-4所示。

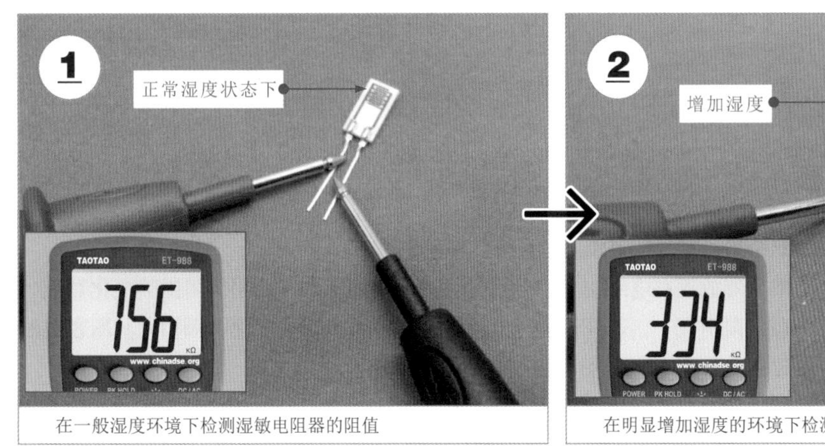

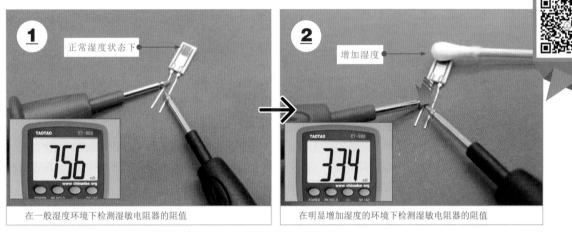

图12-4 湿敏电阻器的检测方法

在正常情况下，湿敏电阻器的电阻值应随湿度的变化而发生变化；若湿度发生变化，湿敏电阻器的阻值无变化或变化不明显，多为湿敏电阻器感应湿度变化的灵敏度低或性能异常；若湿敏电阻器的阻值趋近于零或无穷大，则该湿敏电阻器已经损坏。

若湿敏电阻器的阻值随湿度的升高而增大，则为正湿度系数湿敏电阻器；

若湿敏电阻器的阻值随湿度的升高而减小，则为负湿度系数湿敏电阻器。

4 气敏电阻器的检测方法

不同类型气敏电阻器可检测的气体类别不同。检测时，应根据气敏电阻器的具体功能改变其周围可测气体的浓度，同时用万用表检测气敏电阻器本身或所在电路，根据数据变化的情况来判断好坏。

气敏电阻器正常工作需要一定的工作环境，判断气敏电阻器的好坏需要将其置于电路环境中，满足其对气体的检测条件，再进行检测。例如，分别在普通环境下和丁烷气体浓度较大环境下检测气敏电阻器的阻值，如图12-5所示。

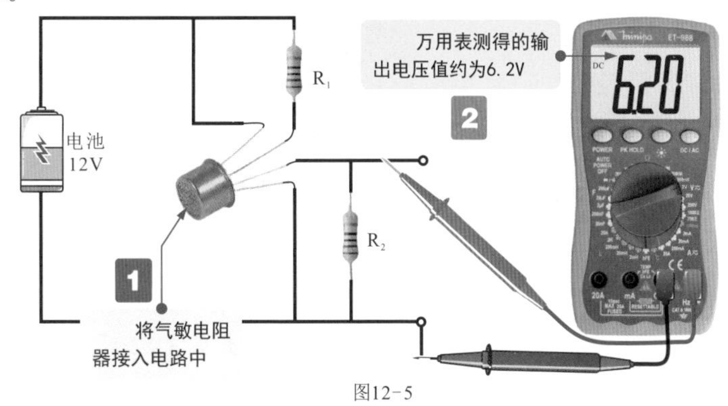

图12-5

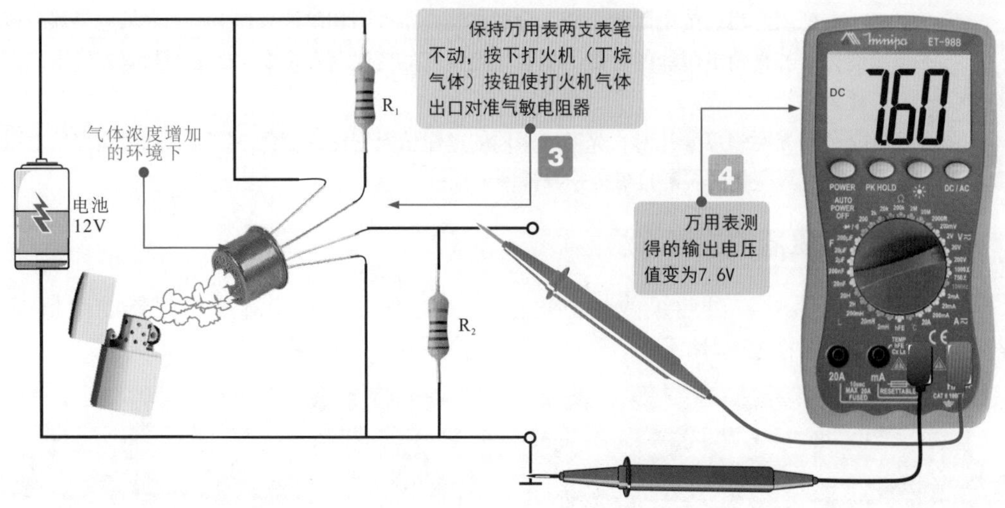

图12-5　气敏电阻器的检测方法

根据实测结果可对气敏电阻器的好坏作出判断：

将气敏电阻器放置在电路中（单独检测气敏电阻器不容易测出其阻值的变化特点，在其工作状态下很明显），若气敏电阻器所检测气体浓度发生变化，则相应其所在电路中的电压参数也应发生变化，否则多为气敏电阻器损坏。

5 压敏电阻器的检测方法

如图12-6所示，检测压敏电阻器，可以使用数字万用表对开路状态下的压敏电阻器阻值进行检测，根据检测结果判断压敏电阻器是否正常。

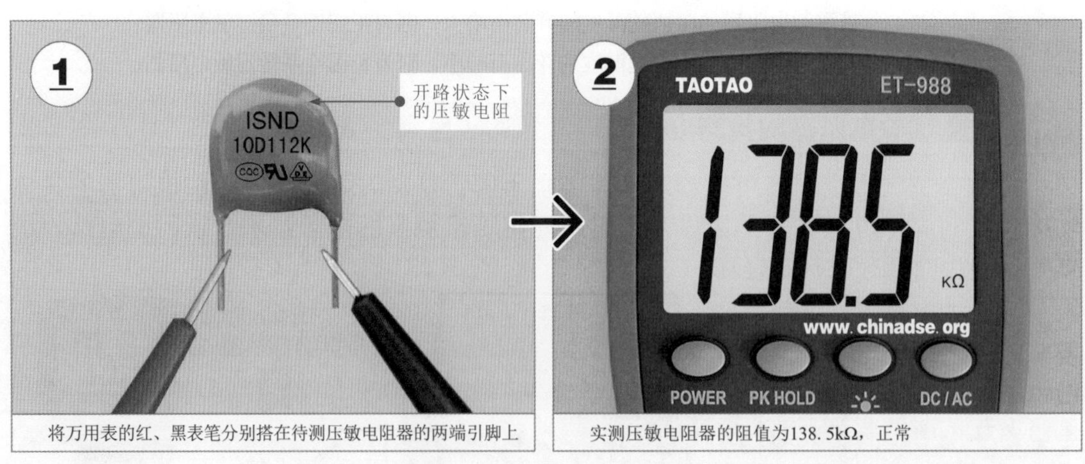

图12-6　压敏电阻器的检测方法

在正常情况下，压敏电阻器的电阻值很大（一般大于10kΩ），若出现阻值偏小的现象多是压敏电阻器已损坏。但应注意的是，在彩色电视机消磁电路中的压敏电阻器为负阻特性，其常态下的阻值只有100Ω左右。

12.2 电容器的检测

12.2.1 普通电容器的检测

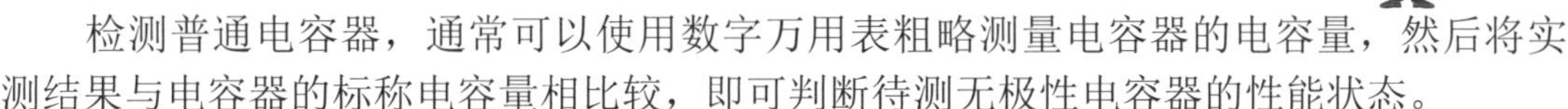

检测普通电容器，通常可以使用数字万用表粗略测量电容器的电容量，然后将实测结果与电容器的标称电容量相比较，即可判断待测无极性电容器的性能状态。

如图12-7所示，识读待测电容器的标称电容量，并根据识读数值设定数字万用表的电容测量挡位，然后用数字万用表检测待测电容器的电容量。

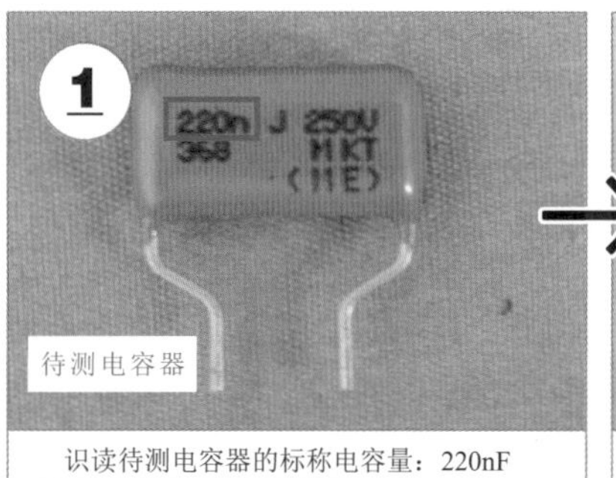

识读待测电容器的标称电容量：220nF

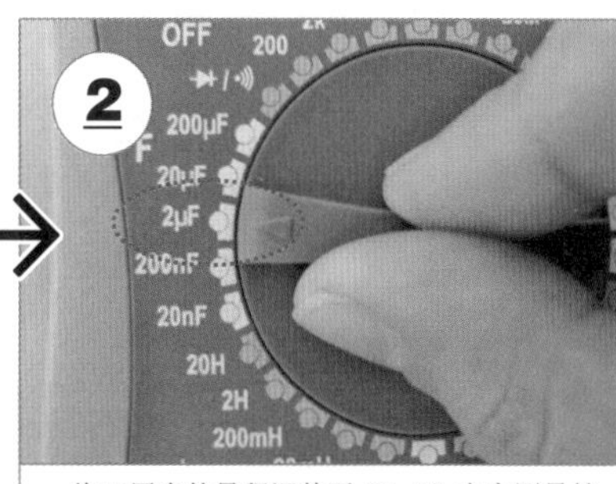

将万用表的量程调整至“2μF”电容测量挡

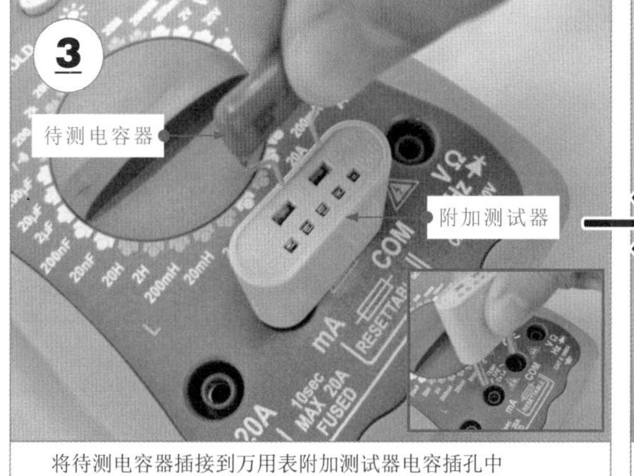

将待测电容器插接到万用表附加测试器电容插孔中

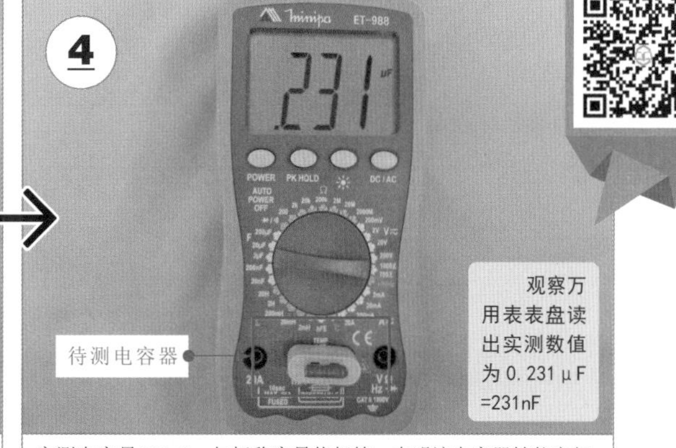

实测电容量231nF，与标称容量值相符，表明该电容器性能良好

图12-7 普通电容器的检测方法

在检测无极性电容器时，根据电容器不同的电容量范围，可采取不同的检测方式。

◆ 电容量小于10pF电容器的检测

由于这类电容器电容量太小，万用表进行检测时，只能大致检测其是否存在漏电、内部短路或击穿现象。检测时，可用万用表的“×10k”欧姆挡检测其阻值，正常情况下应为无穷大。若检测阻值为零，则说明所测电容器漏电损坏或内部击穿。

◆ 电容量为10pF～0.01μF电容器的检测

这类电容器可在连接晶体管放大元件的基础上，检测其充放电现象，即将电容器的充放电过程予以放大，然后再用万用表的“×1k”欧姆挡检测，正常情况下，万用表指针应有明显摆动，说明其充放电性能正常。

◆ 电容量0.01μF以上电容器的检测

检测该类电容器，可直接用万用表的“×10k”欧姆挡检测电容器有无充放电过程，以及内部有无短路或漏电现象。

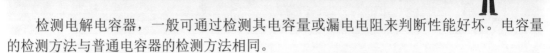

12.2.2 电解电容器的检测

检测电解电容器，一般可通过检测其电容量或漏电电阻来判断性能好坏。电容量的检测方法与普通电容器的检测方法相同。

漏电电阻一般可借助指针万用表进行检测，如图12-8所示。

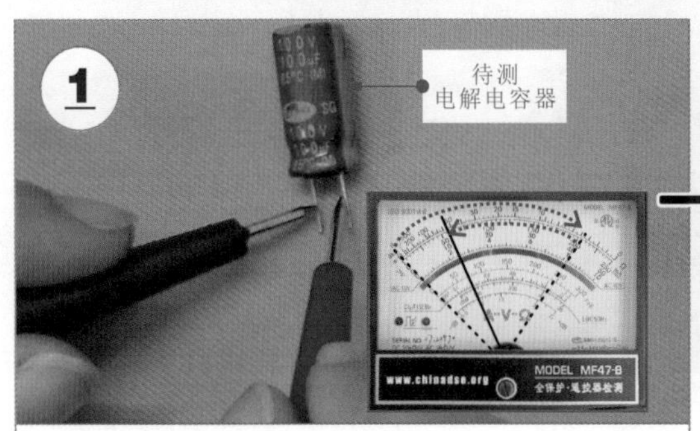

将万用表的黑表笔搭在电解电容器正极，红表笔搭在负极，检测电解电容器的正向漏电电阻

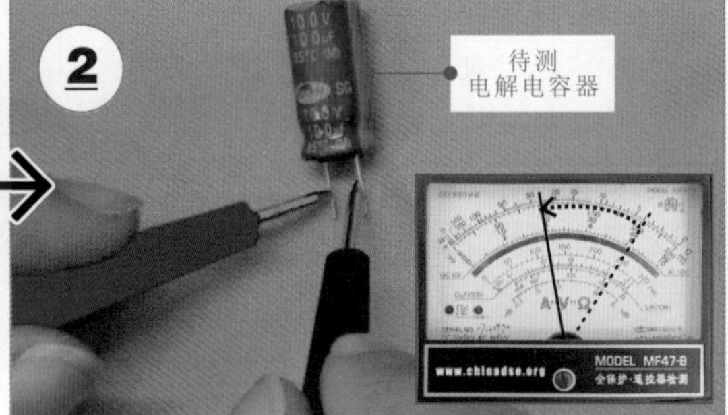

调换表笔位置，检测电解电容器的反向漏电电阻（检测时，万用表挡位旋钮设置在“×10k”欧姆挡）

图12-8 电解电容器漏电电阻的检测方法

在正常情况下，在刚接通的瞬间，万用表的指针会向右（电阻小的方向）摆动一个较大的角度。当表针摆动到最大角度后，接着表针又会逐渐向左摆回，直至表针停止在一个固定位置（一般为几百千欧姆），这说明该电解电容器有明显的充放电过程，所测得的阻值即为该电解电容器的正向漏电阻值，正向漏电电阻越大，说明电容器的性能越好，漏电流也越小。

反向漏电电阻一般小于正向漏电电阻。若测得的电解电容器正反向漏电电阻值很小（几百千欧以下），则表明电解电容器的性能不良，不能使用。

若指针不摆动或摆动到电阻为零的位置后不返回，以及刚开始摆动时摆动到一定的位置后不返回，均表示电解电容器性能不良。

若检测大容量电解电容器，检测前需要对电解电容器进行放电操作,这是因为大容量电解电容器在工作中可能会有很多电荷，如短路会产生很强的电流，为防止损坏万用表或引发电击事故，应先用电阻对其放电。

通常，对电解电容器漏电电阻进行检测时，会遇各种情况，通过对不同的检测结果的分析可以大致判断电解电容器的损坏原因，如图12-9所示。

使用万用表检测时，若表笔接触到电解电容器的引脚后，表针摆动到一个角度后随即向回稍微摆动一点，即未摆回到较大的阻值，此时可以说明该电解电容器漏电严重

若万用表的表笔接触到电解电容器的引脚后，表针即向右摆动，并无回摆现象，指针指示一个很小的阻值或阻值趋近于零欧姆，则说明当前所测电解电容器已被击穿短路

若万用表的表笔接触到电解电容器的引脚后，表针并未摆动，仍指示阻值很大或趋于无穷大，则说明该电解电容器中的电解质已干涸，失去电容量

图12-9 根据结果判断电解电容器的损坏原因

12.3 电感器的检测

12.3.1 普通电感器的检测

在实际应用中，普通电感器通常以电感量和直流电阻等性能参数体现其电路功能，因此，检测普通电感器，一般使用万用表粗略测量其直流电阻和电感量即可。

如图12-10所示，借助指针万用表的电阻测量挡位检测色环电感器的直流电阻，然后根据实测结果大致判断电感器的基本性能。

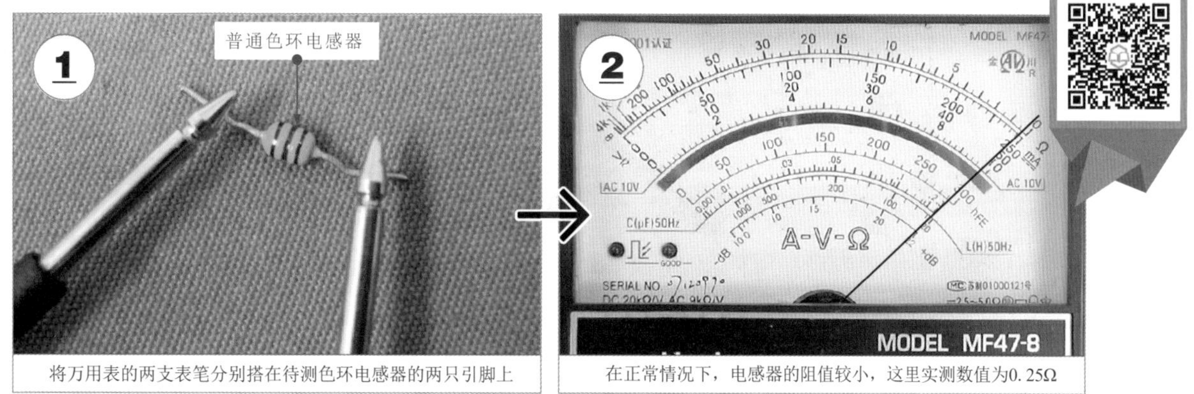

1
普通色环电感器
2
MODEL MF47-8
A-V-Ω
将万用表的两支表笔分别搭在待测色环电感器的两只引脚上
在正常情况下，电感器的阻值较小，这里实测数值为0.25Ω

图12-10 普通电感器电阻值的检测方法

提示说明

一般情况下，色环电感器的直流电阻值偏小，为几欧姆左右。若实测电感器直流电阻为无穷大，表明电感器内部线圈或引出端已断路。

图12-11为普通电感器电感量的检测方法。

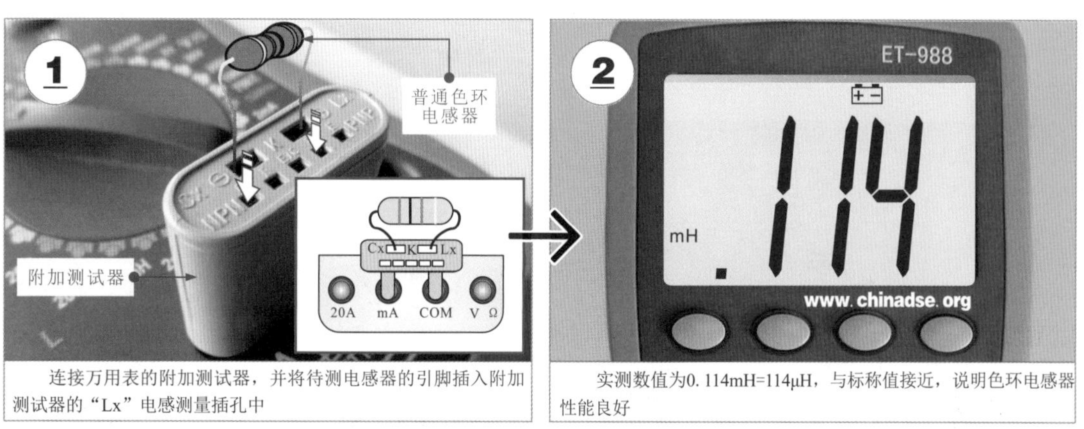

连接万用表的附加测试器，并将待测电感器的引脚插入附加测试器的“Lx”电感测量插孔中

图12-11 普通电感器电感量的检测方法

提示说明

在正常情况下，检测色环电感的电感量为“0.114mH”，根据单位换算公式1μH=10^{-3}mH，即0.114mH×10^{3}=114μH，与该色环电感的标称容量值基本相符。若测得的电感量与电感器的标称电感量相差较大，则说明电感器性能不良，可能已损坏。

12.3.2 电感线圈的检测

由于电感线圈电感量的可调性，在一些电路设计、调整或测试环节，通常需要了解其当前精确的电感量值，需借助专用的电感电容测量仪测量，如图12-12所示。

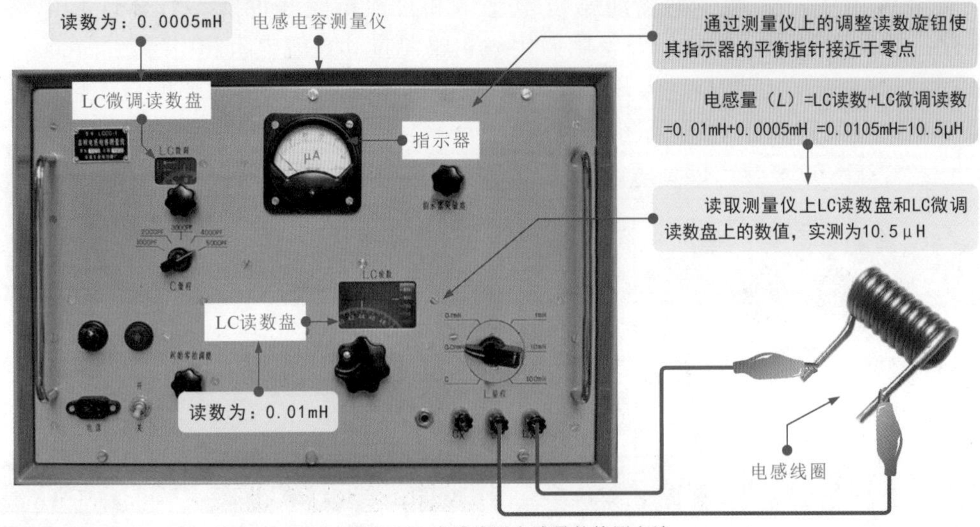

读数为：0.0005mH

通过测量仪上的调整读数旋钮使其指示器的平衡指针接近于零点
LC微调读数盘

电感量（L）=LC读数+LC微调读数=0.01mH+0.0005mH =0.0105mH=10.5μH
读取测量仪上LC读数盘和LC微调读数盘上的数值，实测为10.5μH
LC读数盘
读数为：0.01mH

图12-12　电感线圈电感量的检测方法

12.4 二极管的检测

12.4.1 整流二极管的检测

如图12-13所示，整流二极管主要利用二极管的单向导电特性实现整流功能，判断整流二极管好坏可利用这一特性，用万用表检测整流二极管正、反向导通电压。

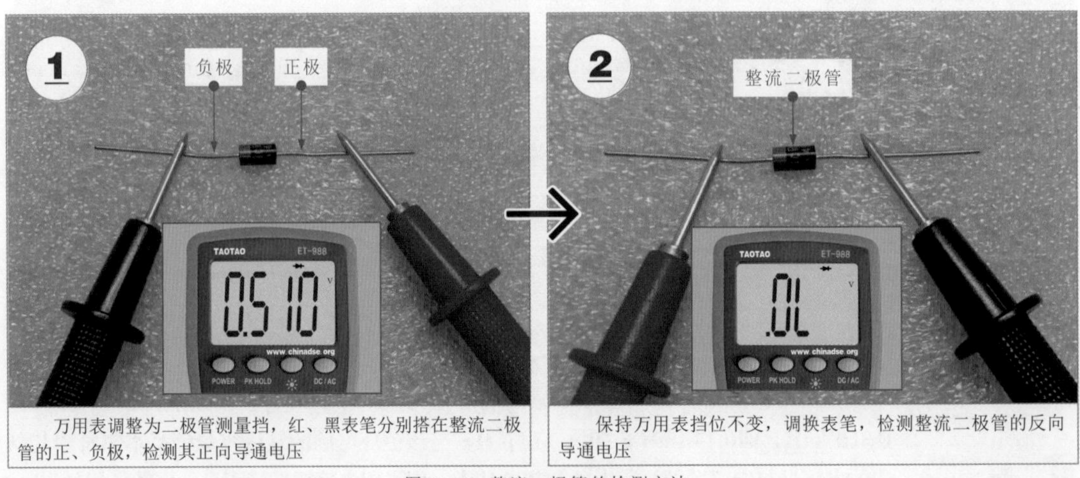

1
负极
正极
TAOTAO
ET-988
0.510
2
整流二极管
.0L
万用表调整为二极管测量挡，红、黑表笔分别搭在整流二极管的正、负极，检测其正向导通电压
保持万用表挡位不变，调换表笔，检测整流二极管的反向导通电压

图12-13　整流二极管的检测方法

在正常情况下，整流二极管有一定的正向导通电压，但没有反向导通电压。若实测整流二极管的正向导通电压在0.2～0.3V内，则说明该整流二极管为锗材料制作；若实测在0.6～0.7V范围内，则说明所测整流二极管为硅材料；若测得电压不正常，说明整流二极管不良。

12.4.2 发光二极管的检测

如图12-14所示，检测发光二极管的性能，可借助万用表电阻挡粗略测量其正、反向阻值判断性能好坏。

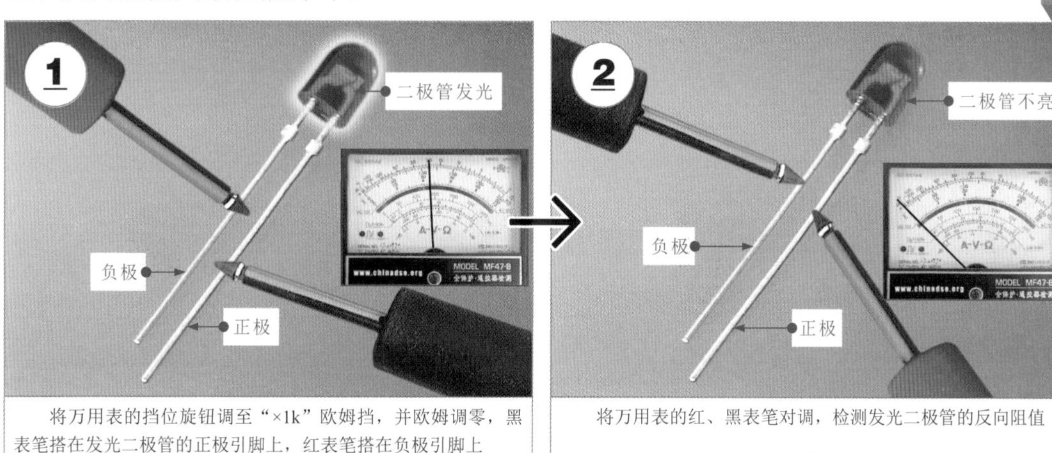

1
二极管发光
负极
正极
www.chinadse.org
MODEL MF47-8
将万用表的挡位旋钮调至“×1k”欧姆挡，并欧姆调零，黑表笔搭在发光二极管的正极引脚上，红表笔搭在负极引脚上
2
二极管不亮
负极
正极
将万用表的红、黑表笔对调，检测发光二极管的反向阻值

图12-14 发光二极管的检测方法

由于万用表内压作用，检测正向阻值时，发光二极管发光，且测得正向阻值为20kΩ；检测反向阻值时，二极管不发光，测得反向阻值为无穷大，发光二极管良好。

若正向阻值和反向电阻都趋于无穷大，则发光二极管存在断路故障；

若正向阻值和反向电阻都趋于0，则发光二极管存在击穿短路；

若正向电阻和反向电阻数值都很小，可以断定该发光二极管已被击穿。

提示说明

12.4.3 光敏二极管的检测

光敏二极管通常作为光电传感器检测环境光线信息。检测光敏二极管一般需要搭建测试电路，检测光照与电流的关系或性能，如图12-15所示。

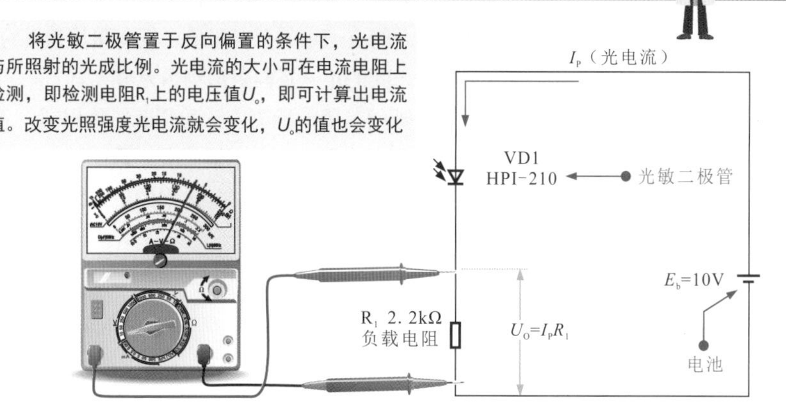

将光敏二极管置于反向偏置的条件下，光电流与所照射的光成比例。光电流的大小可在电流电阻上检测，即检测电阻R_1上的电压值U_o，即可计算出电流值。改变光照强度光电流就会变化，U_o的值也会变化
I_P（光电流）
VD1
HPI-210
光敏二极管
E_b=10V
R_1 2.2kΩ
负载电阻
$U_O=I_PR_1$
电池

图12-15 搭建电路检测光敏二极管

12.5 三极管与晶闸管的检测

12.5.1 三极管的检测

对三极管的检测是电子产品设计、生产、调试、维修中非常基础的操作技能。判断三极管好坏一般可通过检测其引脚间阻值、放大倍数和特性曲线来判断。

1 检测三极管引脚间阻值判断性能好坏

以NPN型三极管为例，借助万用表分别检测NPN型三极管三个引脚中两两之间的电阻值，根据检测结果判断出NPN型三极管的好坏，如图12-16所示。

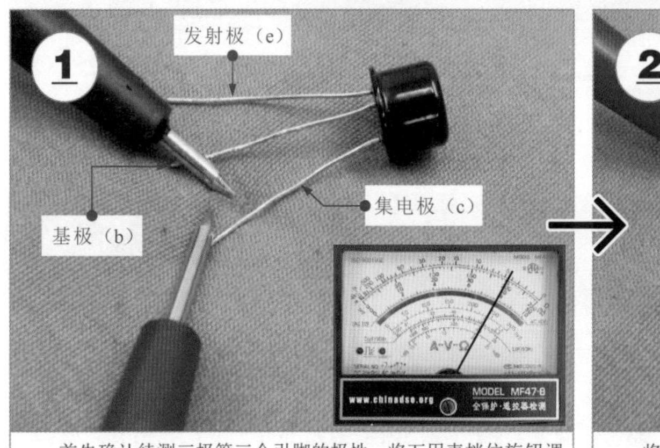

首先确认待测三极管三个引脚的极性，将万用表挡位旋钮调至“×1k”欧姆挡，并进行欧姆调零。然后将万用表黑表笔搭在基极，红表笔搭在集电极，检测基极与集电极之间的正向阻值

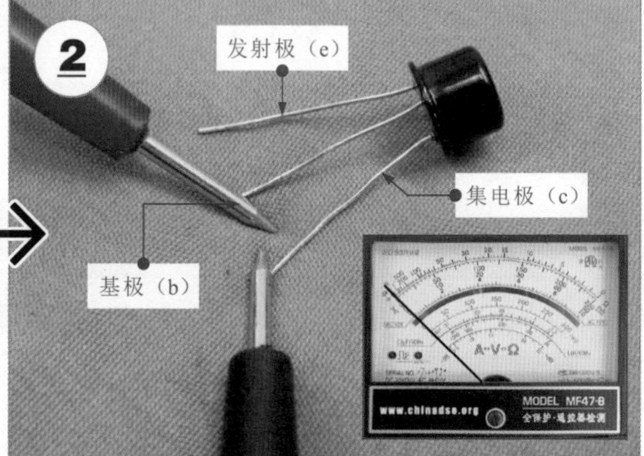

将万用表的红、黑表笔对调，即红表笔搭在NPN型三极管的基极，黑表笔搭在三极管的集电极上，检测三极管基极和集电极之间的反向阻值

图12-16 NPN型三极管引脚间阻值的检测方法

NPN型三极管另外两组引脚间的正、反向阻值检测方法与上述操作相同。

在正常情况下，NPN型三极管引脚间阻值应为：

基极与集电极之间有一定的正向阻值，反向阻抗为无穷大；

基极与发射极极之间有一定的正向阻值，反向阻抗为无穷大；

集电极与发射极之间的正、反向阻值均为无穷大。

PNP型三极管引脚间阻值的检测方法和判断结构相同。不同的是，用指针万用表检测PNP型三极管时正、反向阻值方向不同。在正常情况下，红表笔搭在基极上，黑表笔搭在PNP型三极管的集电极上，检测b与c之间的正向阻值，调换表笔检测反向阻值。

2 检测三极管的放大倍数判断其性能

三极管的放大能力是其最基本的性能之一。一般可使用数字万用表上的晶体管放大倍数检测插孔粗略测量三极管的放大倍数。

图12-17为三极管放大倍数的检测方法。

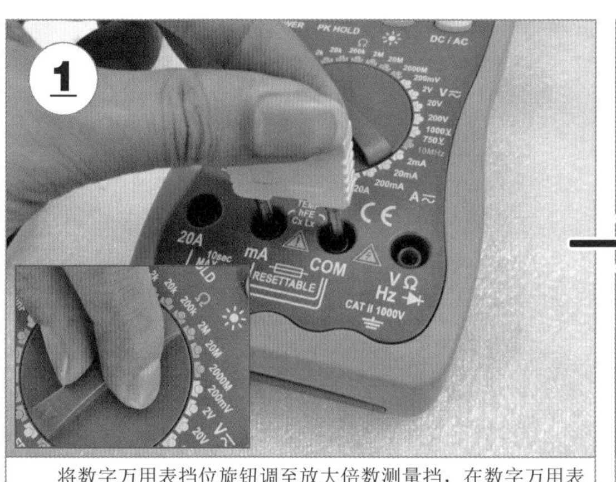

将数字万用表挡位旋钮调至放大倍数测量挡，在数字万用表相应插孔中安装附加测试器

将待测NPN型三极管，按附加测试器NPN一侧标识的引脚插孔对应插入，实测该三极管放大倍数h_{EF}为80，正常

图12-17 三极管放大倍数的检测方法

3 三极管特性曲线的检测方法

使用万用表检测三极管引脚间的阻值，只能用于大致判断三极管的好坏，若要了解一些具体特性参数，需要使用专用的半导体特性图示仪测试其特性曲线。

如图12-18所示，根据待测三极管确定半导体特性图示仪旋钮的设定范围，将待测三极管插接到半导体特性图示仪检测插孔中，屏幕上即可显示相应的特性曲线。

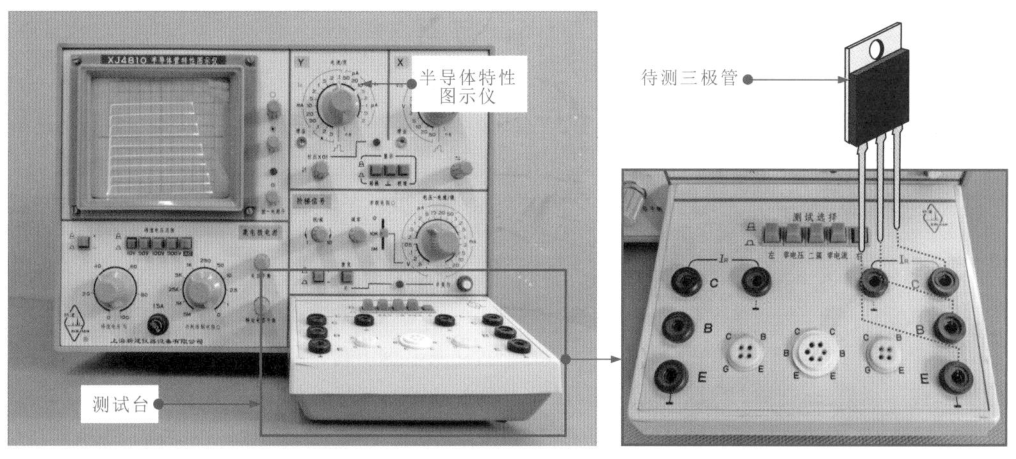

图12-18 三极管特性曲线的检测方法

NPN型三极管与PNP型三极管性能（特性曲线）的检测方法相同，只是两种类型三极管的特性曲线正好相反，如图12-19所示。

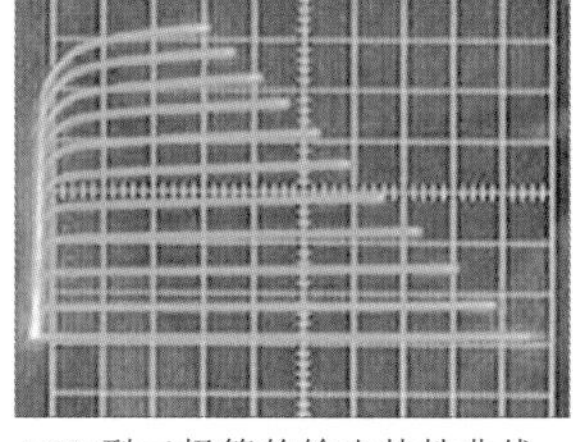

NPN型三极管的输出特性曲线

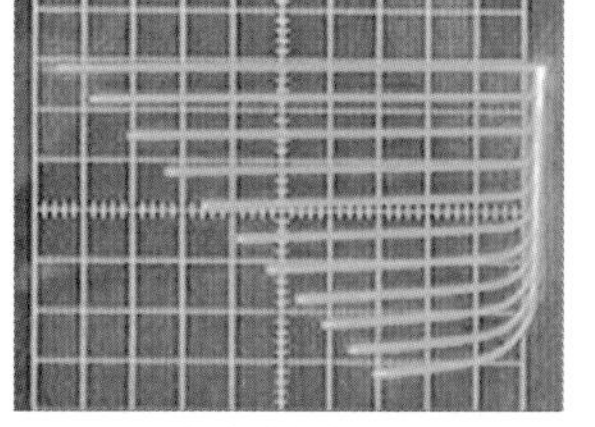

PNP型三极管的输出特性曲线

图12-19 NPN型和PNP型三极管的特性曲线

12.5.2 晶闸管的检测

晶闸管作为一种可控整流器件，采用阻值检测方法无法判断内部开路状态。因此一般不直接用万用表检测阻值判断，但可借助万用表检测其触发能力。

图12-20为单向晶闸管触发能力的具体检测方法。

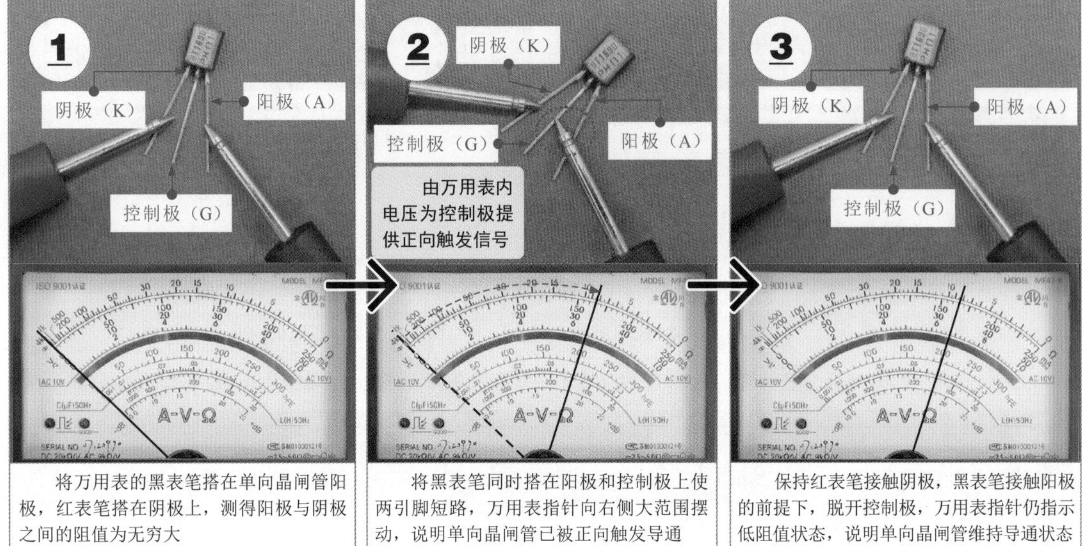

1
阴极（K）
阳极（A）
控制极（G）
2
阴极（K）
控制极（G）
阳极（A）
由万用表内电压为控制极提供正向触发信号
3
阴极（K）
阳极（A）
控制极（G）
A-V-Ω
将万用表的黑表笔搭在单向晶闸管阳极，红表笔搭在阴极上，测得阳极与阴极之间的阻值为无穷大
将黑表笔同时搭在阳极和控制极上使两引脚短路，万用表指针向右侧大范围摆动，说明单向晶闸管已被正向触发导通
保持红表笔接触阴极，黑表笔接触阳极的前提下，脱开控制极，万用表指针仍指示低阻值状态，说明单向晶闸管维持导通状态

图12-20　单向晶闸管触发能力的具体检测方法

双向晶闸管触发能力的检测方法与单向晶闸管触发能力的检测方法基本相同，只是所测晶闸管引脚极性不同，如图12-21所示。在正常情况下，用万用表检测【选择“×1”欧姆挡（输出电流大）】双向晶闸管的触发能力应满足以下规律。

◆ 万用表的红表笔搭在双向晶闸管的第一电极（T1）上，黑表笔搭在第二电极（T2）上，测得阻值应为无穷大。

◆ 将黑表笔同时搭在T2和G上，使两引脚短路，即加上触发信号，这时万用表指针会向右侧大范围摆动，说明双向晶闸管已导通（导通方向：T2→T1）。

◆ 若将表笔对换后进行检测，发现万用表指针向右侧大范围摆动，说明双向晶闸管另一方向也导通（导通方向：T1→T2）。

◆ 黑表笔脱开G极，只接触第一电极（T1），万用表指针仍指示低阻值状态，说明双向晶闸管维持通态，即被测双向晶闸管具有触发能力。

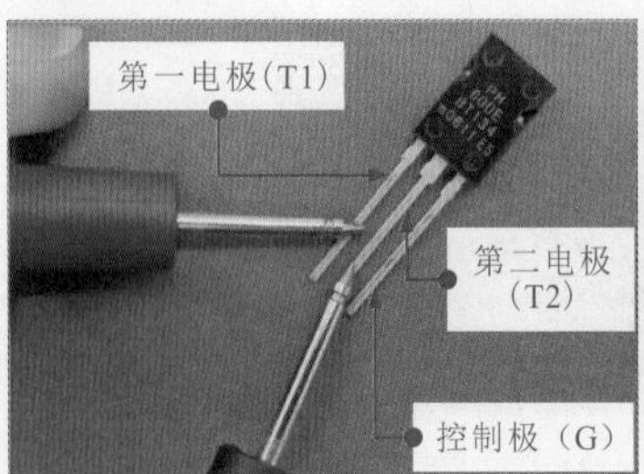

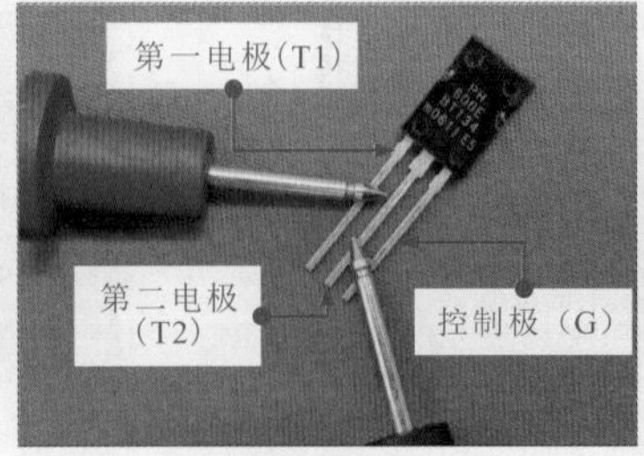

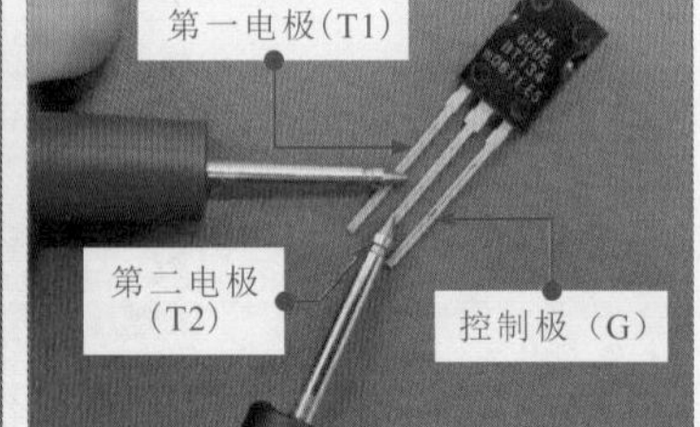

图12-21　双向晶闸管触发能力的检测方法

12.6 开关与保护器的检测

12.6.1 开关的检测

结合开关的功能特点，检测开关时，可先通过外观直接判断开关性能是否正常，然后借助万用表对其本身的性能进行检测。

下面以常见的常开按钮开关为例介绍检测的基本方法。图12-22为常开按钮开关的检测和性能好坏判断方法。

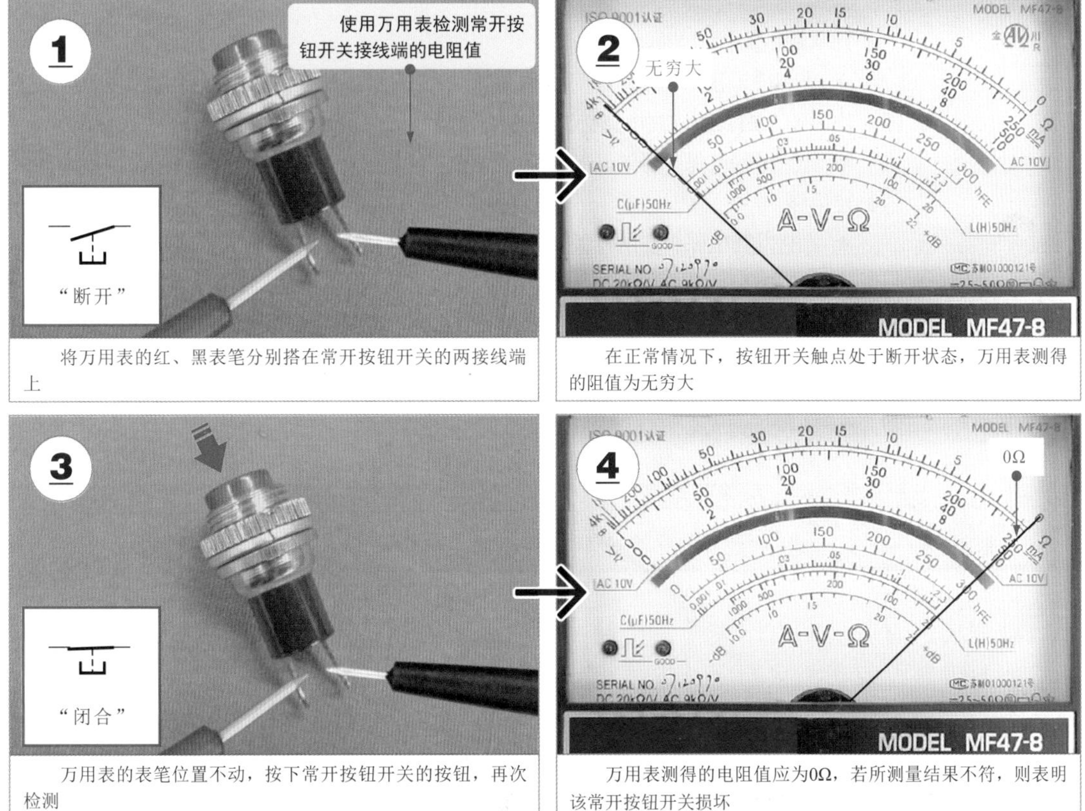

使用万用表检测常开按钮开关接线端的电阻值
"断开"
将万用表的红、黑表笔分别搭在常开按钮开关的两接线端上
无穷大
MODEL MF47-8
在正常情况下，按钮开关触点处于断开状态，万用表测得的阻值为无穷大
"闭合"
万用表的表笔位置不动，按下常开按钮开关的按钮，再次检测
0Ω
万用表测得的电阻值应为0Ω，若所测量结果不符，则表明该常开按钮开关损坏

图12-22 典型常开按钮开关的检测方法

12.6.2 保护器的检测

结合保护器的功能特点，检测保护器主要是在保护器件的初始状态和保护状态下，检测保护器件的动作情况，以此判断保护器件的性能状态。

下面以常见的漏电保护器为例介绍检测的基本方法。图12-23为漏电保护器的检测和性能好坏判断方法。

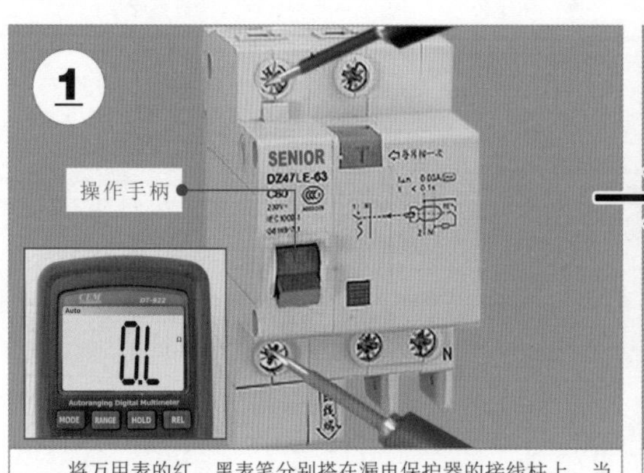

将万用表的红、黑表笔分别搭在漏电保护器的接线柱上。当漏电保护器开关断开时，测得的电阻值为正无穷大

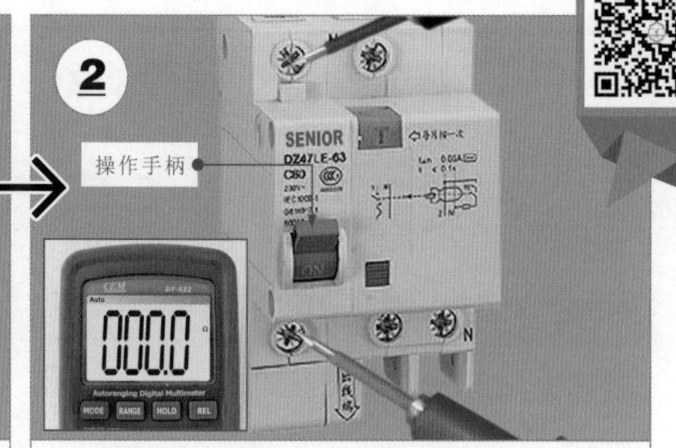

万用表表笔保持不动，拨动漏电保护器的操作手柄，使其处于闭合状态，两接线端间的阻值应趋于零

图12-23　漏电保护器的检测方法

判断漏电保护器的好坏：

◆ **若测得低压熔断器的各组开关在断开状态下，其阻值均为无穷大，在闭合状态下，均为零，则表明该漏电保护器正常。**

◆ **若测得漏电保护器的开关在断开状态下，其阻值为零，则表明漏电保护器内部触点粘连损坏。**

◆ **若测得漏电保护器的开关在闭合状态下，其阻值为无穷大，则表明漏电保护器内部触点断路损坏。**

◆ **若测得漏电保护器内部的各组开关有任何一组损坏，均说明该漏电保护器损坏。**

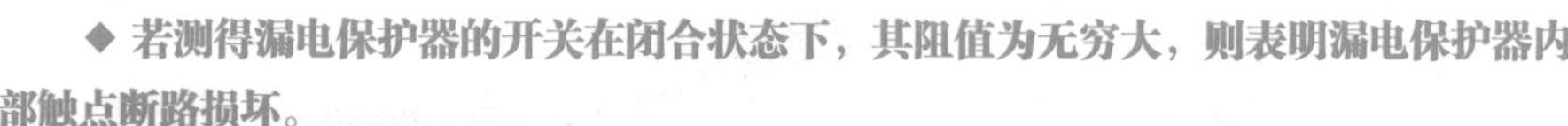

12.7 接触器与变压器的检测

12.7.1 接触器的检测

检测接触器可借助万用表检测接触器各引脚间（包括线圈间、常开触点间、常闭触点间）阻值；或在路状态下，检测线圈未得电或得电状态下，触点所控制电路的通断状态来判断性能好坏。

如图12-24所示，以典型交流接触器为例介绍接触器的检测方法。

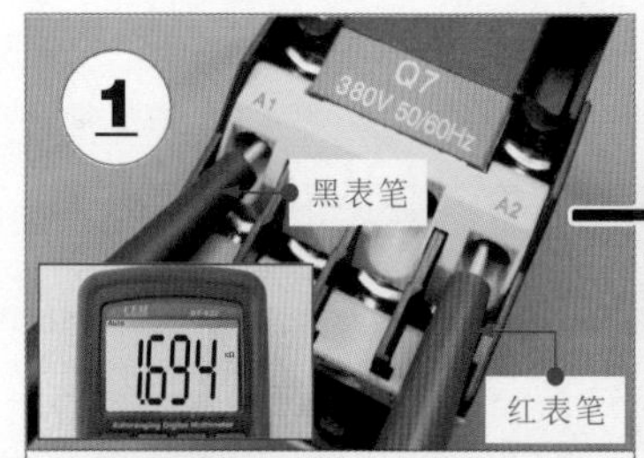

了解待测交流接触器各功能。先检测交流接触器内部线圈阻值，即将万用表的两支表笔分别搭在交流接触器的A1和A2引脚处，实测线圈的阻值为1.694kΩ

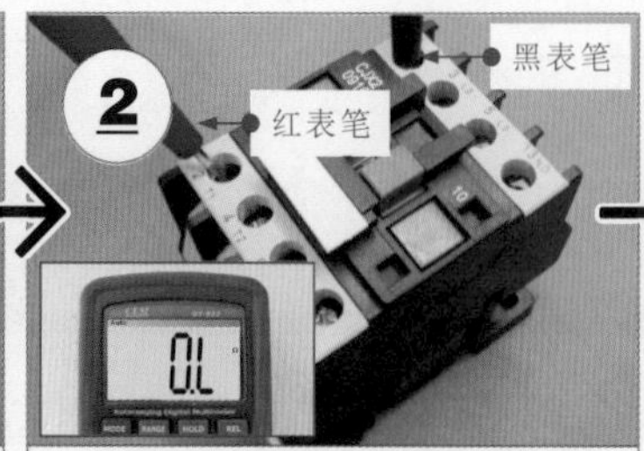

检测交流接触器内部的常开触点的阻值。将万用表的红、黑表笔分别搭在交流接触器的L1和T1引脚处，实测阻值为无穷大

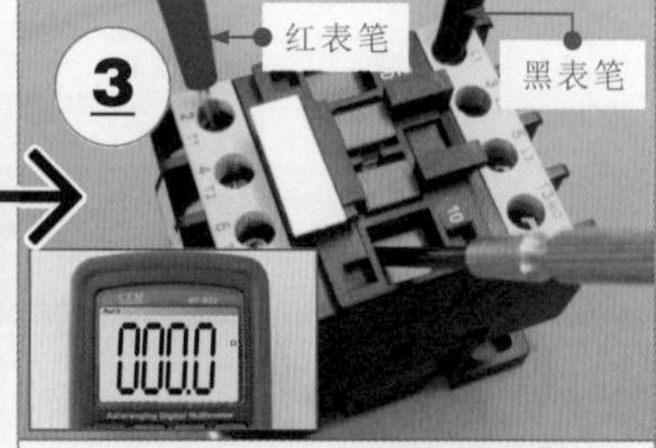

将万用表的红、黑表笔保持不变，手动按动交流接触器上端的开关触点按键，使内部开关处于闭合状态，实测阻值为零欧姆

图12-24　接触器的检测方法

使用同样的方法将万用表的两表笔分别搭在L2和T2、L3和T3、NO端引脚处，对触点的接通与断开状态进行检测。当交流接触器内部线圈通电时，会使内部开关触点吸合；当内部线圈断电时，内部触点断开。因此，对该交流接触器进行检测时，需依次对其内部线圈阻值及内部开关在开启与闭合状态时的阻值进行检测。由于是断电检测交流接触器的好坏，因此需要按动交流接触器上端的开关触点按键，强制将触点闭合检测。

12.7.2 电力变压器的检测

电力变压器的体积一般较大，且附件较多，检测电力变压器时，检测其绝缘电阻和绕组直流电阻是两种有效的检测手段。

1 电力变压器绝缘电阻的检测方法

如图12-25所示，使用兆欧表测量电力变压器的绝缘电阻是检测设备绝缘状态最基本的方法。这种测量手段能有效的发现设备受潮、部件局部脏污、绝缘击穿、瓷件破裂、引线接外壳以及老化等问题。

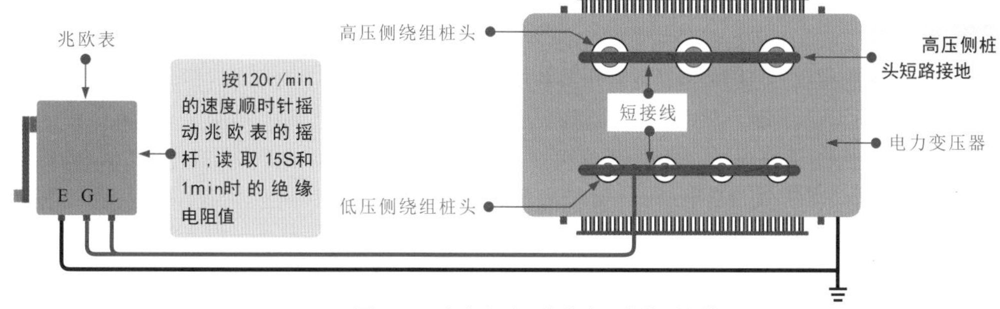

图12-25 电力变压器绝缘电阻的检测方法

检测电力变压器的绝缘电阻主要分低压绕组对外壳的绝缘电阻测量、高压绕组对外壳的绝缘电阻测量和高压绕组对低压绕组的绝缘电阻测量。以低压绕组对外壳的绝缘电阻测量为例。将高、低压侧的绕组桩头用短接线连接。接好兆欧表，按120r/min的速度顺时针摇动兆欧表的摇杆,读取15S和1min时的绝缘电阻值。将实测数据与标准值进行比对，即可完成测量。

高压绕组对外壳的绝缘电阻测量则是将“线路”端子接三相变压器高压侧绕组桩头，“接地”端子与三相变压器接地连接即可。

若检测高压绕组对低压绕组的绝缘电阻时，将“线路”端子接三相变压器高压侧绕组桩头，“接地”端子接低压侧绕组桩头，并将“屏蔽”端子接三相变压器外壳。

另外需要注意的是，使用兆欧表测量三相变压器绝缘电阻前，要断开电源，并拆除或断开设备外接的连接线缆，使用绝缘棒等工具对三相变压器充分放电（约5min为宜）。

接线测量时，要确保测试线的接线准确无误。测量完毕，断开兆欧表时要先将“电路”端测试引线与测试桩头分开后，再降低兆欧表摇速，否则会烧坏兆欧表。测量完毕，在对三相变压器测试桩头充分放电后，方可允许拆线。

2 电力变压器绕组阻值的检测方法

电力变压器绕组阻值的测量主要是用来检查变压器绕组接头的焊接质量是否良好、绕组层匝间有无短路、分接开关各个位置接触是否良好以及绕组或引出线有无折断等情况。

如图12-26所示，借助直流电桥可精确测量电力变压器绕组的阻值。

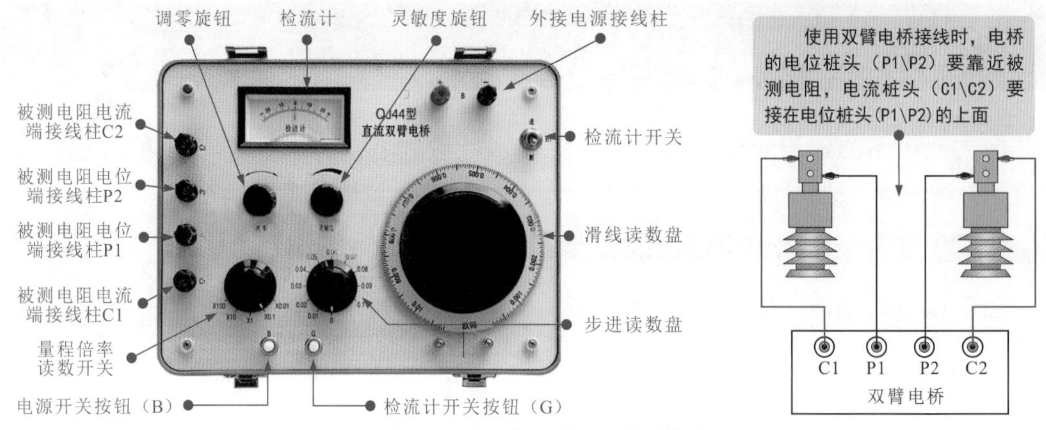

图12-26　电力变压器绕组阻值的检测方法

在测量前，将待测变压器的绕组与接地装置连接，进行放电操作。放电完成后拆除一切连接线。连接好电桥对变压器各相绕组（线圈）的直流电阻值进行测量。估计被测变压器绕组的阻值，将电桥倍率旋钮置于适当位置，检流计灵敏度旋钮调至最低位置，将非被测线圈短路接地。先打开电源开关按钮（B）充电，充足电后按下检流计开关按钮（G），迅速调节测量臂，使检流计指针向检流计刻度中间的零位线方向移动，增大灵敏度微调，待指针平稳停在零位上时记录被测线圈电阻值（被测线圈电阻值＝倍率数×测量臂电阻值）。测量完毕，为防止在测量具有电感的直流电阻时其自感电动势损坏检流计，应先按检流计开关按钮（G），再放开电源开关按钮（B）。

12.7.3 电源变压器的检测

变压器的主要功能是实现电压的传输和变换。因此，检测电源变压器时，除检测绕组阻值外，还可在通电条件下检测其输入和输出的电压值，来判断变压器的性能。

检测前，需要首先确认电源变压器的一次、二次绕组引脚功能或相关参数值，如图12-27所示，为通电检测做好准备。

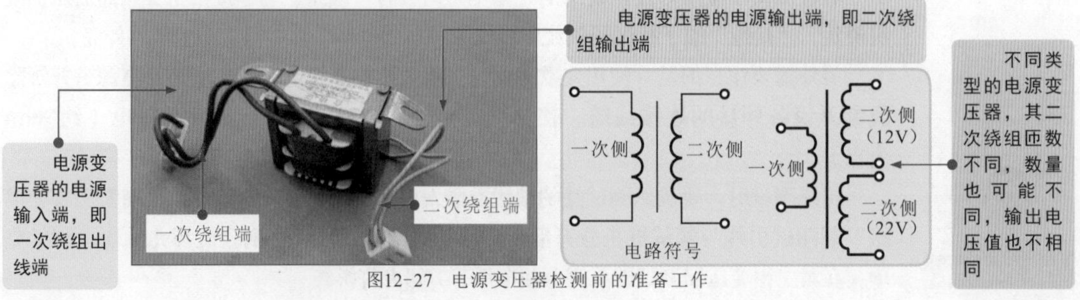

图12-27　电源变压器检测前的准备工作

如图12-28所示，在通电的情况下，检测电源变压器输入电压值和输出电压值，正常情况下输出端应有变换后的电压输出。

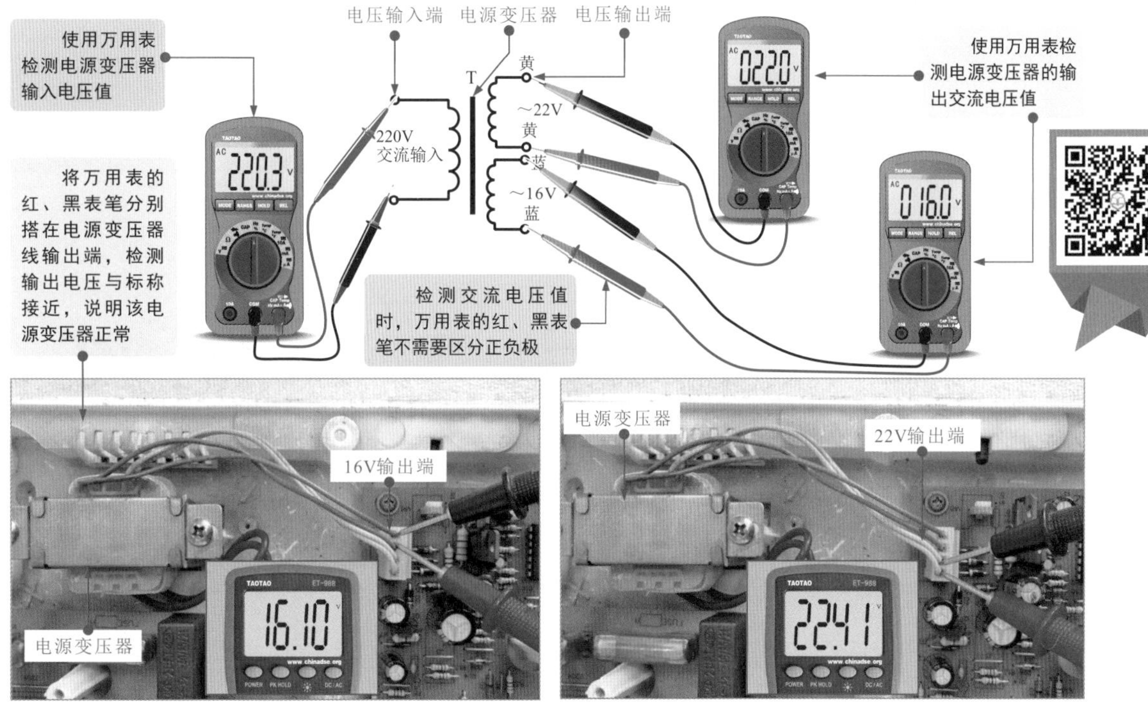

图12-28 电源变压器的检测方法

12.7.4 开关变压器的检测

判断开关变压器是否正常时，通常可以在开路状态下检测开关变压器的一次绕组和二次绕组的电阻值，再根据检测的结果进行判断，如图12-29所示。

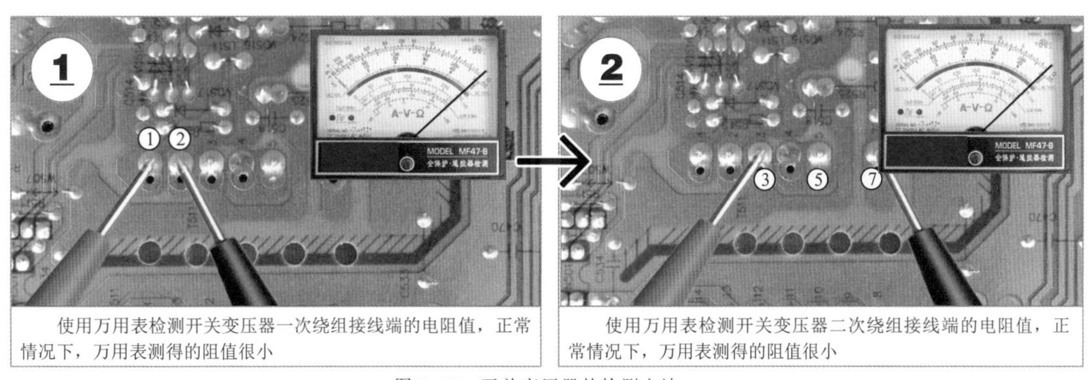

使用万用表检测开关变压器一次绕组接线端的电阻值，正常情况下，万用表测得的阻值很小

使用万用表检测开关变压器二次绕组接线端的电阻值，正常情况下，万用表测得的阻值很小

图12-29 开关变压器的检测方法

在检测开关变压器的一次、二次绕组时，不同的开关变压器的电阻值差别很大，必须参照相关数据资料，若出现偏差较大的情况，则说明开关变压器损坏。开关变压器的一次绕组和二次绕组之间的绝缘电阻值应为1MΩ以上，若出现0Ω或有远小于1MΩ的情况，则开关变压器绕组间可能有短路故障或绝缘性能不良。

第3篇

电工精通篇

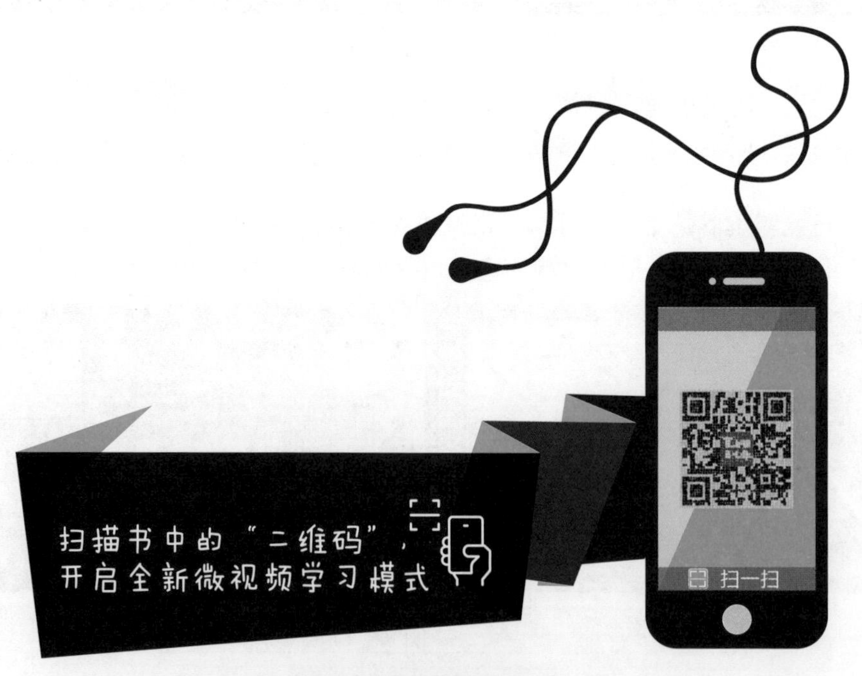

扫描书中的"二维码"，
开启全新微视频学习模式
扫一扫

第13章

电动机的拆卸与检修技能

13.1 直流电动机的拆卸

在检修电动机时，无论是对内部电气部件的检修，还是对机械部件连接状态以及磨损情况进行核查，都需要掌握电动机的拆卸技能。

13.1.1 有刷直流电动机的拆卸

如图13-1所示，以电动自行车中的有刷直流电动机为例，拆卸有刷直流电动机主要分为拆卸端盖、分离有刷直流电动机的定子和转子、拆卸电刷及电刷架等环节。

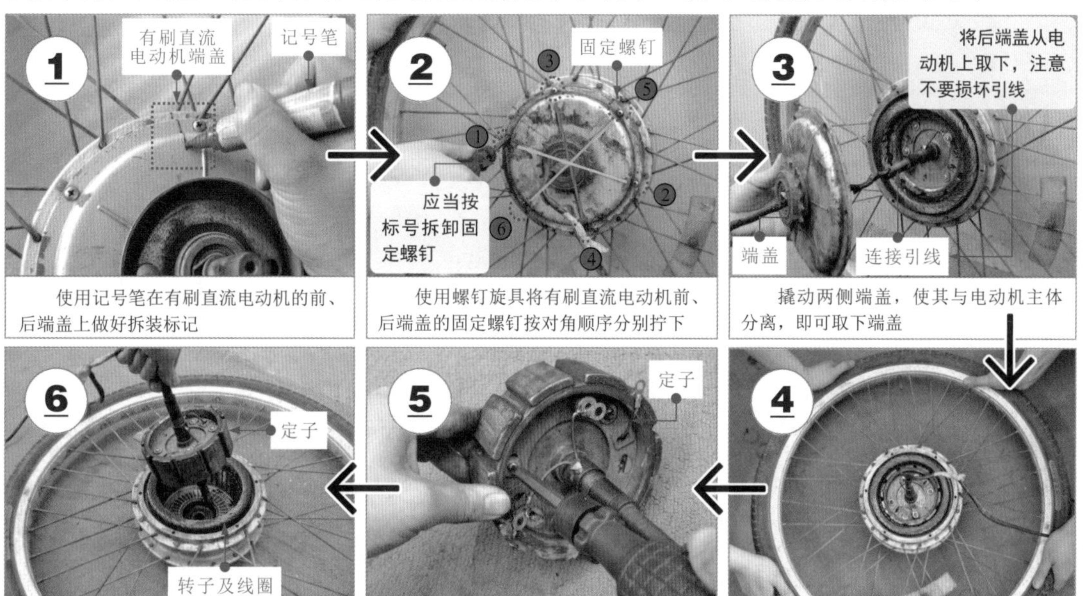

1
有刷直流电动机端盖
记号笔
使用记号笔在有刷直流电动机的前、后端盖上做好拆装标记
2
固定螺钉
应当按标号拆卸固定螺钉
使用螺钉旋具将有刷直流电动机前、后端盖的固定螺钉按对角顺序分别拧下
3
将后端盖从电动机上取下，注意不要损坏引线
端盖
连接引线
撬动两侧端盖，使其与电动机主体分离，即可取下端盖
4
将后轮带有连接引线的一端朝上，用力向下压，使定子与转子分离
5
定子
将定子从转子中取出，即可使定子与转子部分分离
6
定子
转子及线圈
观察定子中电刷架的固定方式，用螺钉旋具拧下固定螺钉

图13-1

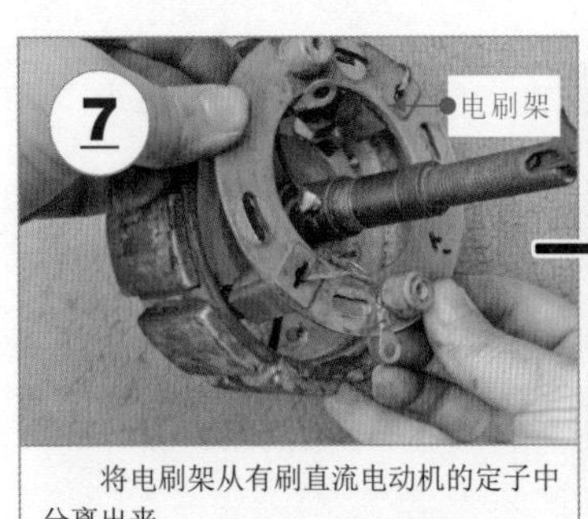

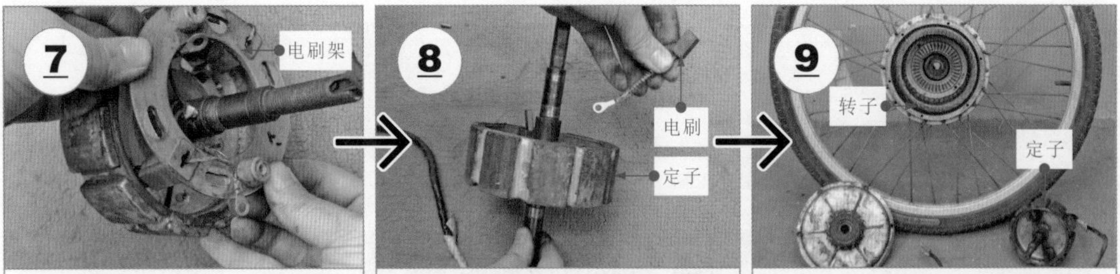

将电刷架从有刷直流电动机的定子中分离出来

将电刷从电刷架和定子中抽出，即可取下电刷

至此，有刷直流电动机的拆卸基本完成，可对相关部件进行检查或检修

图13-1 有刷直流电动机的拆卸方法

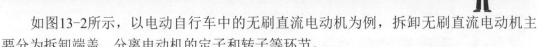

13.1.2 无刷直流电动机的拆卸

如图13-2所示，以电动自行车中的无刷直流电动机为例，拆卸无刷直流电动机主要分为拆卸端盖、分离电动机的定子和转子等环节。

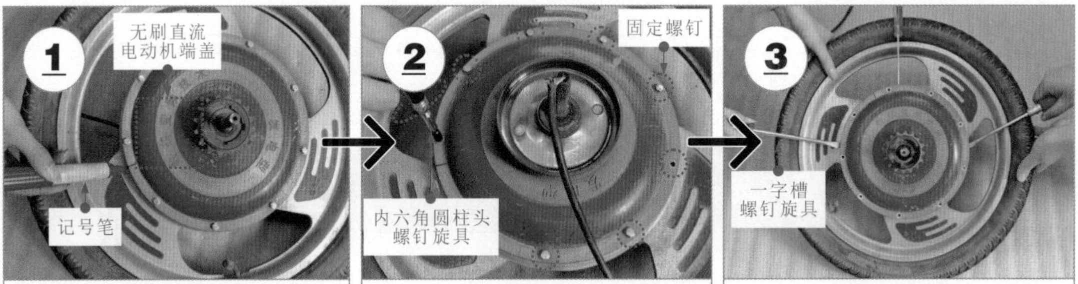

①使用记号笔在无刷直流电动机的前、后端盖上做好拆装标记

②使用螺钉旋具将无刷直流电动机前后端盖的固定螺钉按对角顺序分别拧下

③将后端盖缝隙处分别插入一字槽螺钉旋具，轻轻向外侧撬动

④从无刷直流电动机上取下松动的后端盖

⑤此时，另外一侧的前端盖也可以与电动机分离了，将其取下完成端盖的拆卸

⑥适当向下用力按压无刷直流电动机的转子部分（电动自行车车轮部分）

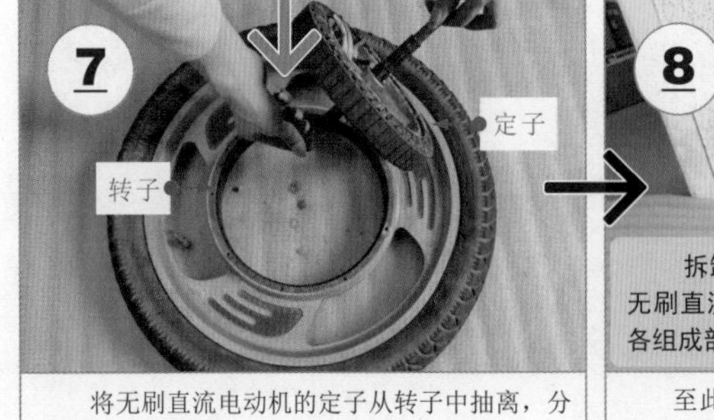

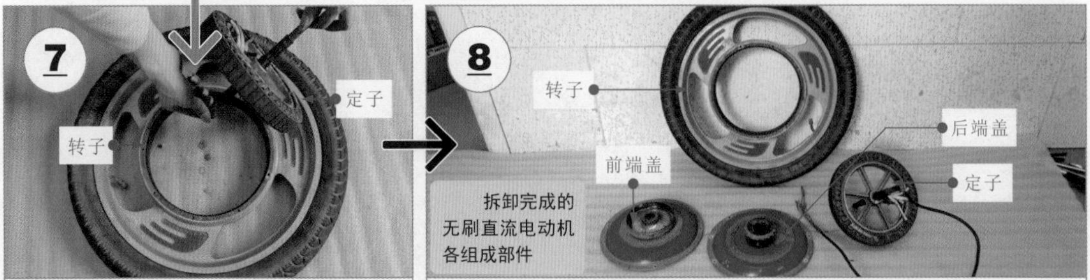

⑦将无刷直流电动机的定子从转子中抽离，分离转子与定子

⑧至此，直流无刷电动机拆卸完成。此时便可根据实际需要，对相应的定子、转子、端盖等相关部分进行检查或养护

图13-2 无刷直流电动机的拆卸方法

13.2 交流电动机的拆卸

13.2.1 单相交流电动机的拆卸

如图13-3所示，单相交流电动机的结构多种多样，但其基本的拆卸方法大致相同，这里我们以常见的电风扇中的单相交流电动机为例，了解一下这种类型电动机的具体拆卸方法。

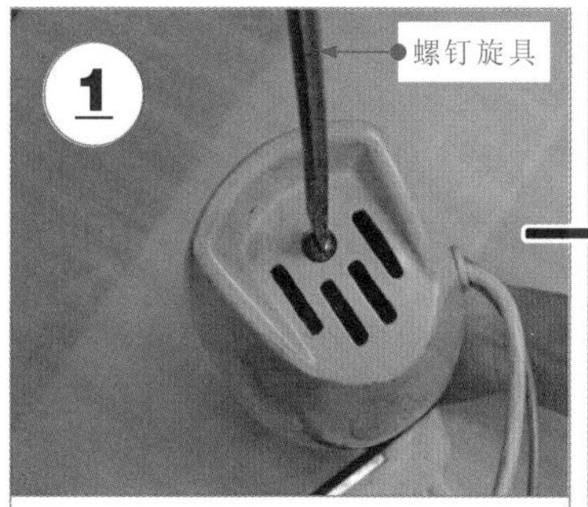

使用一字槽螺钉旋具拧下端盖后部（后壳）上的固定螺钉

取下后端盖时应注意由端盖侧面引出的电源线及控制线部分，应避免用力过猛拉断引线或将引线连接断开

取下螺钉后，即可向上提起电动机后端盖，将其分离

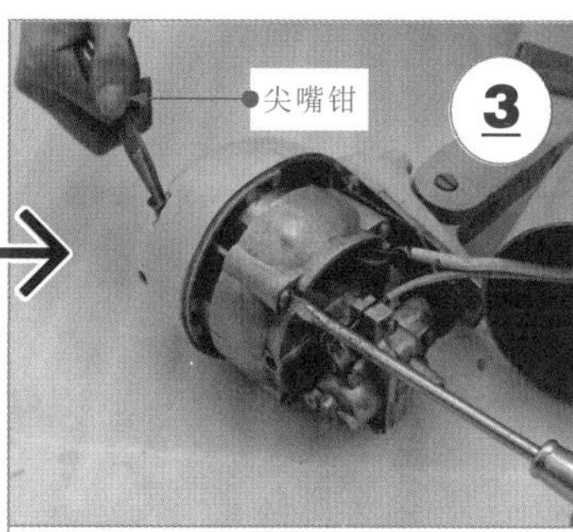

使用一字槽螺钉旋具顶住端盖固定螺栓，拧动螺杆将其拆下

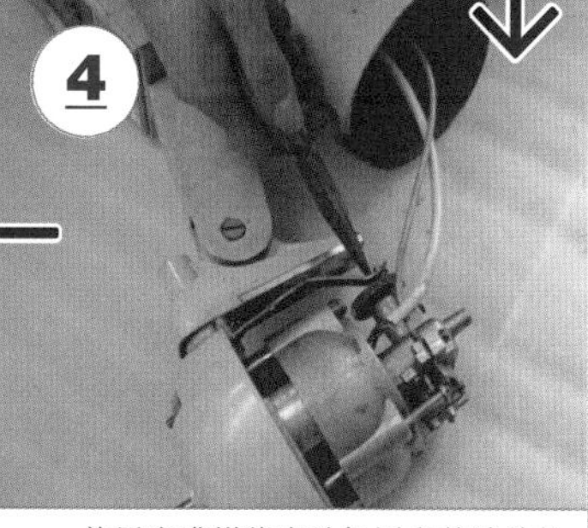

使用尖嘴钳将电动机固定前端盖拉杆的销子夹直抽出，并将拉杆取下

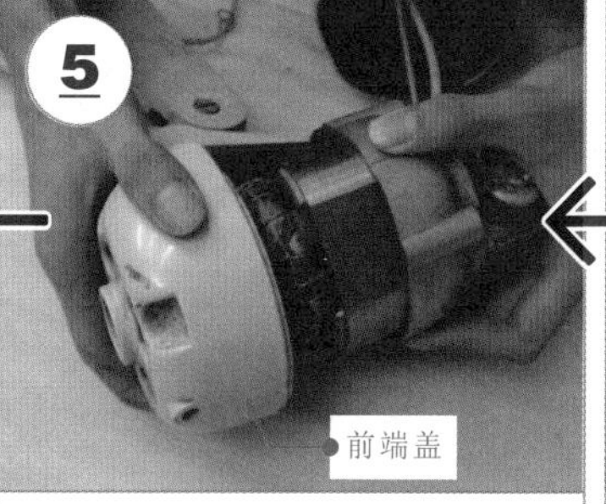

用双手握住电动机的前端盖及定子和转子，用力均匀晃动，取下电动机前端盖

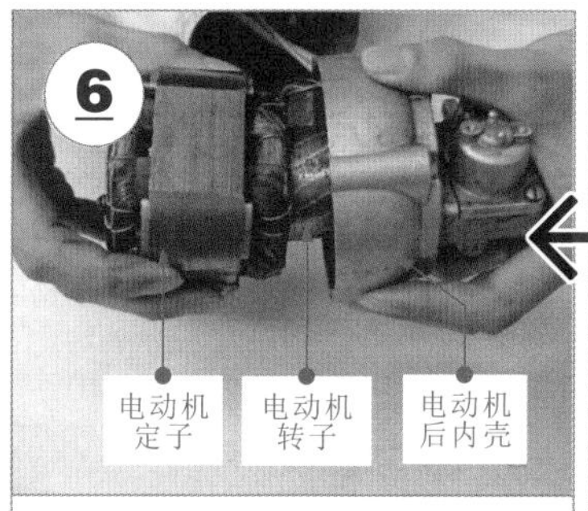

同样分别握住电动机的定子和转子，将定子与转子及后内壳分离开

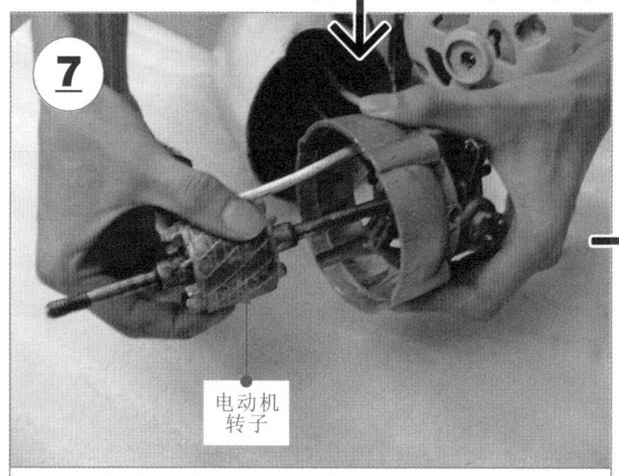

双手握住电动机的后内壳和转子，用力均匀地向外轻轻晃动，将转子从后内壳抽出

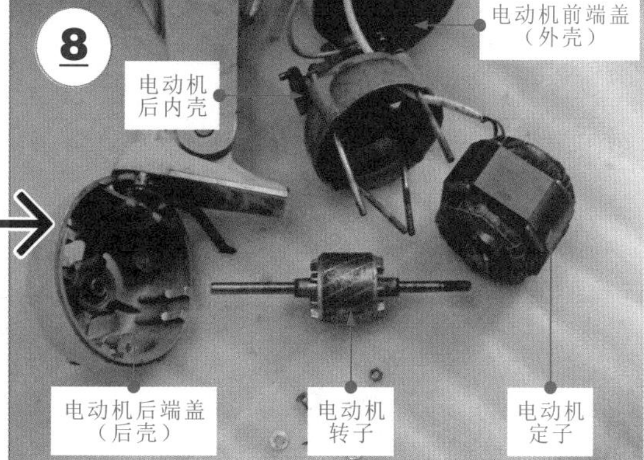

至此，单相交流电动机的定子与转子分离开来，完成单相交流电动机的拆卸

图13-3 单相交流电动机的拆卸方法

13.2.2 三相交流电动机的拆卸

如图13-4所示，三相交流电动机的结构也是多种多样的，但其基本的拆卸方法大致相同，这里我们以常见的三相交流电动机为例，了解一下这种类型电动机的具体拆卸方法。

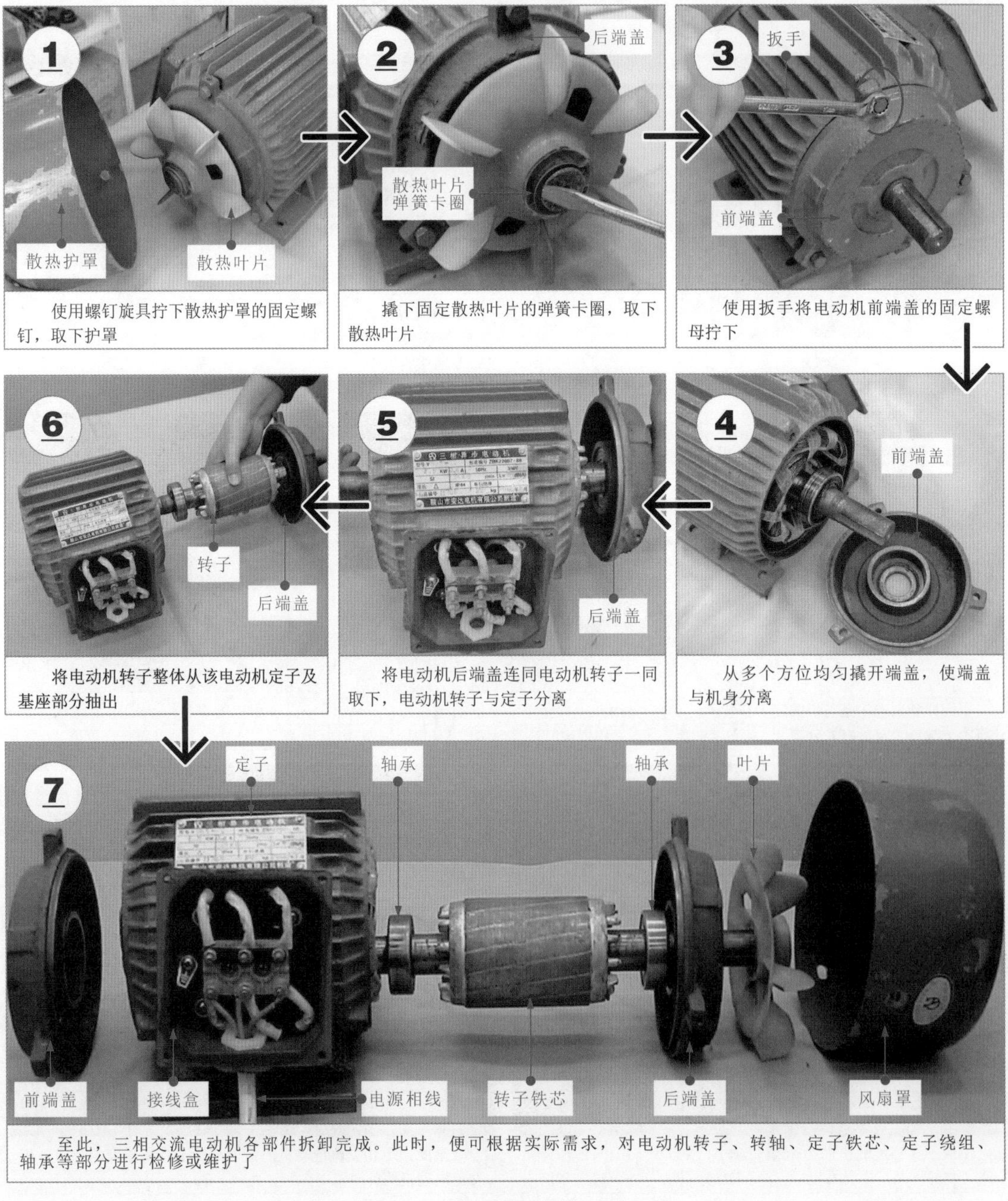

1
散热护罩
散热叶片

使用螺钉旋具拧下散热护罩的固定螺钉，取下护罩

2
后端盖
散热叶片
弹簧卡圈

撬下固定散热叶片的弹簧卡圈，取下散热叶片

3
扳手
前端盖

使用扳手将电动机前端盖的固定螺母拧下

4
前端盖

从多个方位均匀撬开端盖，使端盖与机身分离

5
后端盖

将电动机后端盖连同电动机转子一同取下，电动机转子与定子分离

6
转子
后端盖

将电动机转子整体从该电动机定子及基座部分抽出

7
定子
轴承
轴承
叶片
前端盖
接线盒
电源相线
转子铁芯
后端盖
风扇罩

至此，三相交流电动机各部件拆卸完成。此时，便可根据实际需求，对电动机转子、转轴、定子铁芯、定子绕组、轴承等部分进行检修或维护了

图13-4 三相交流电动机的拆卸方法

13.3 电动机的常用检测方法

电动机作为一种以绕组（线圈）为主要电气部件的动力设备，在检测时，主要是对绕组及传动状态进行检测，包括绕组阻值、绝缘电阻值、空载电流及转速等方面。

13.3.1 电动机绕组阻值的检测

绕组是电动机的主要组成部件，在电动机的实际应用中，其损坏的概率相对较高。检测时，一般可用万用表的电阻挡进行粗略检测，也可以使用万用电桥进行精确检测，进而判断绕组有无短路或断路故障。

如图13-5所示，用万用表检测电动机绕组的阻值是一种比较常用、简单易操作的测试方法，该方法可粗略检测出电动机内各相绕组的阻值，根据检测结果可大致判断出电动机绕组有无短路或断路故障。

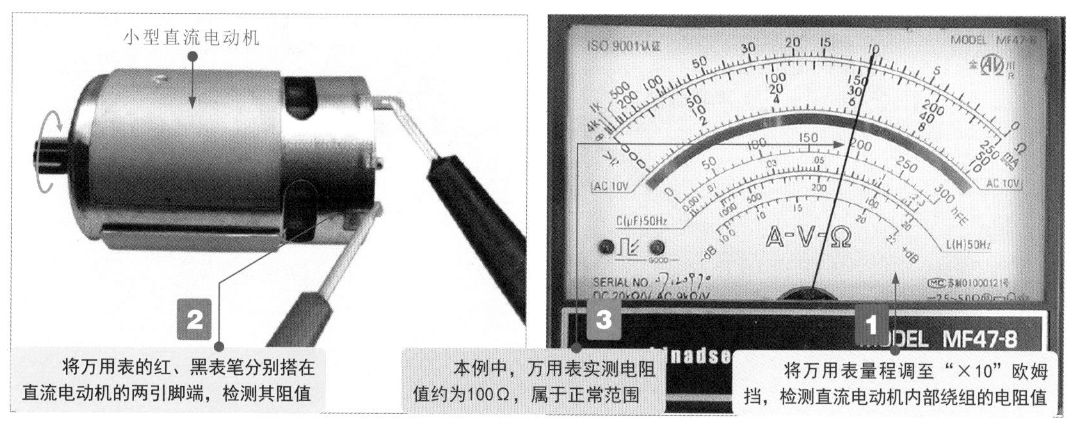

小型直流电动机
2
将万用表的红、黑表笔分别搭在直流电动机的两引脚端，检测其阻值
3
本例中，万用表实测电阻值约为100Ω，属于正常范围
1
将万用表量程调至“×10”欧姆挡，检测直流电动机内部绕组的电阻值
ISO 9001认证
MODEL MF47-8
A-V-Ω
SERIAL NO.
AC 10V
C(μF)50Hz
L(H)50Hz
MODEL MF47-8

图13-5 借助万用表粗略测量电动机绕组的阻值

如图13-6所示，普通直流电动机是通过电源和换向器为绕组供电，这种电动机有两根引线。检测直流电动机绕组阻值时，相当于检测一个电感线圈的电阻值，因此应能检测到一个固定的数值，当检测一些小功率直流电动机时，其因受万用表内电流的驱动而会旋转。

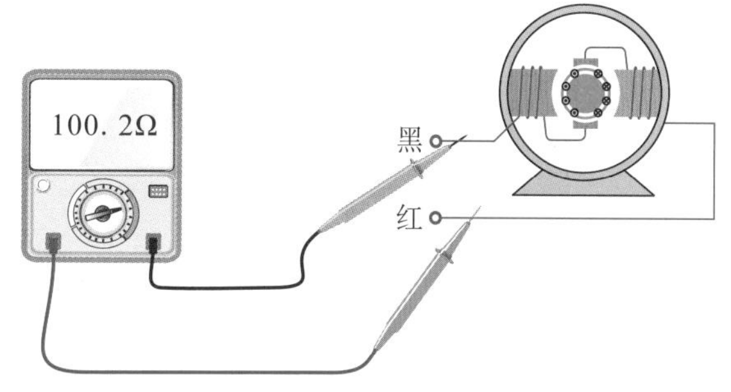

图13-6 直流电动机绕组检测原理示意图

判断直流电动机本身的性能时，除检测绕组的电阻值外，还需要对绝缘电阻值进行检测，检测方法可参考前文的操作步骤。正常情况下，电阻值应为无穷大，若测得的电阻值很小或为0Ω，则说明直流电动机的绝缘性能不良，内部导电部分可能与外壳相连。

如图13-7所示，用万用表分别检测单相交流电动机绕组的阻值，根据检测结果可大致判断该类电动机内部绕组有无短路或断路情况。

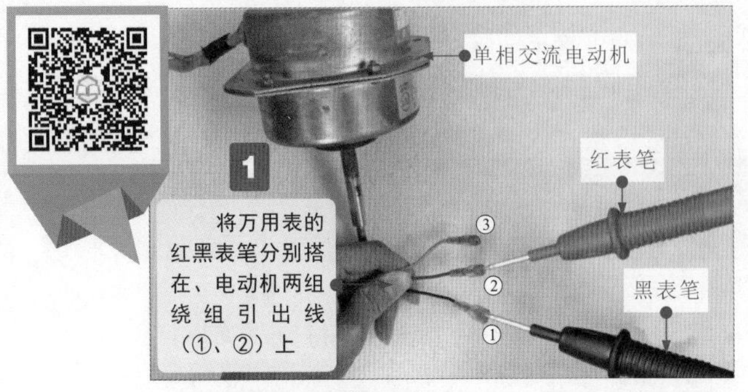

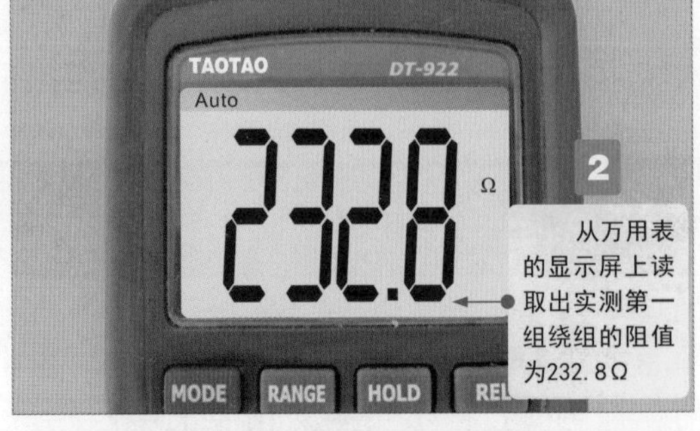

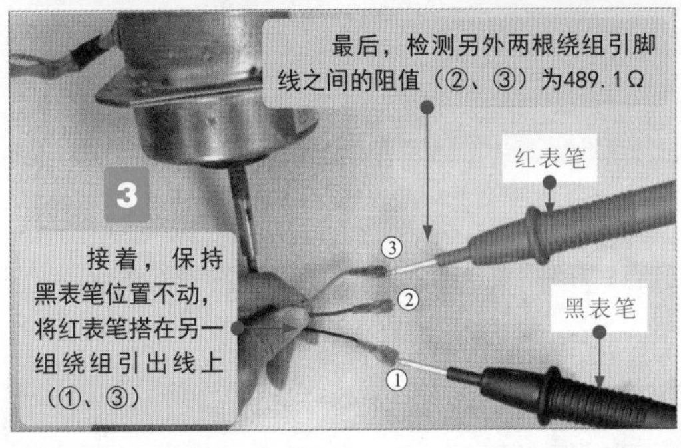

图3-17　单相交流电动机绕组阻值的检测

如图13-8所示，若所测电动机为单相电动机，则检测两两引线之间阻值，得到的三个数值R_1、R_2、R_3应满足其中两个数值之和等于第三个值（$R_1+R_2=R_3$）。若R_1、R_2、R_3任意一阻值为无穷大，则说明绕组内部存在断路故障。

若所测电动机为三相电动机，则检测两两引线之间阻值，得到的三个数值R_1、R_2、R_3应满足三个数值相等（$R_1=R_2=R_3$）。若R_1、R_2、R_3任意一阻值为无穷大，则说明绕组内部存在断路故障。

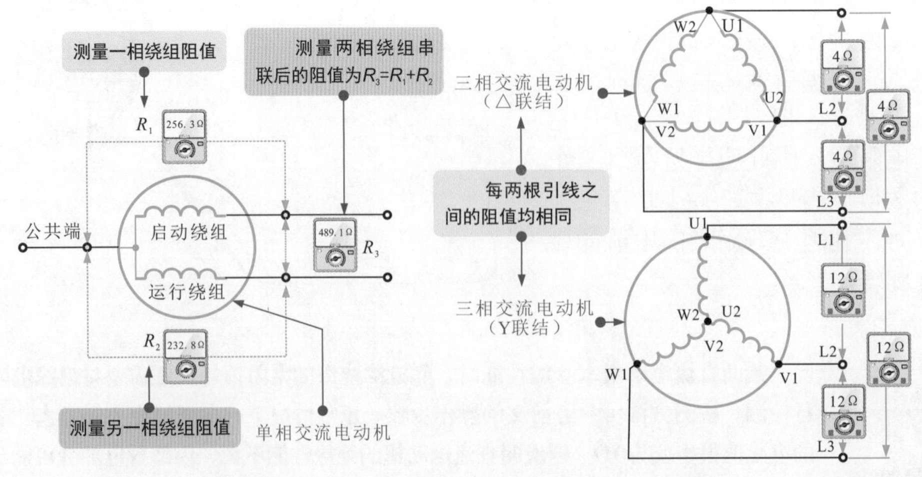

图13-8　单相交流电动机与三相交流电动机绕组阻值关系

除使用万用表粗略测量电动机绕组阻值外，还可借助万用电桥精确测量电动机绕组的直流电阻，即使微小偏差也能够发现，这是判断电动机的制造工艺和性能是否良好的有效测试方法。

图13-9为以典型三相交流电动机为例，了解电动机绕组阻值的精确检测方法。

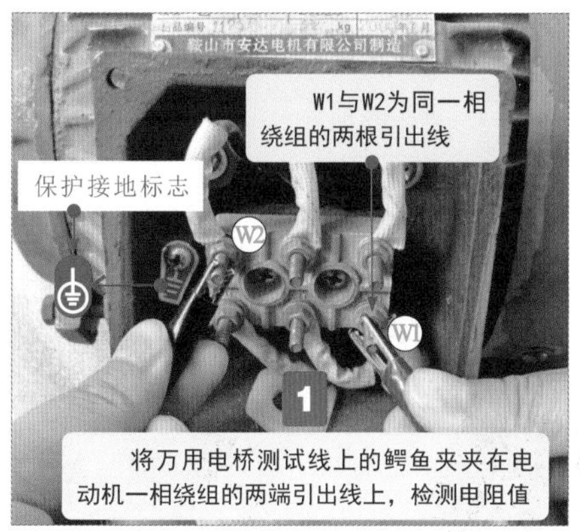

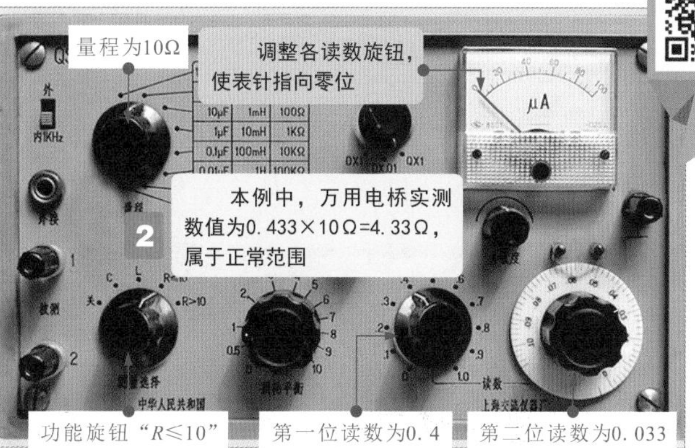

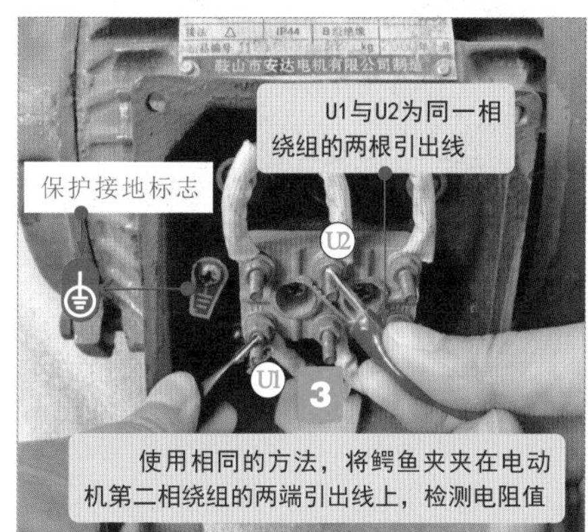

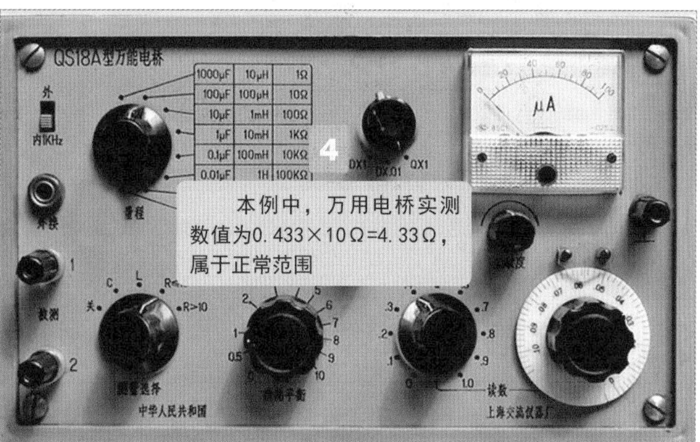

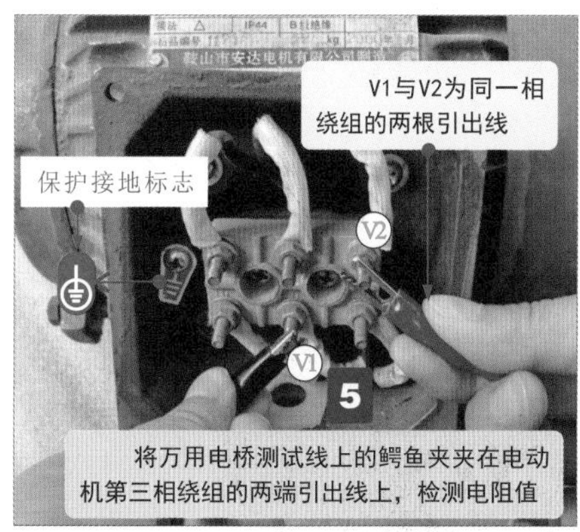

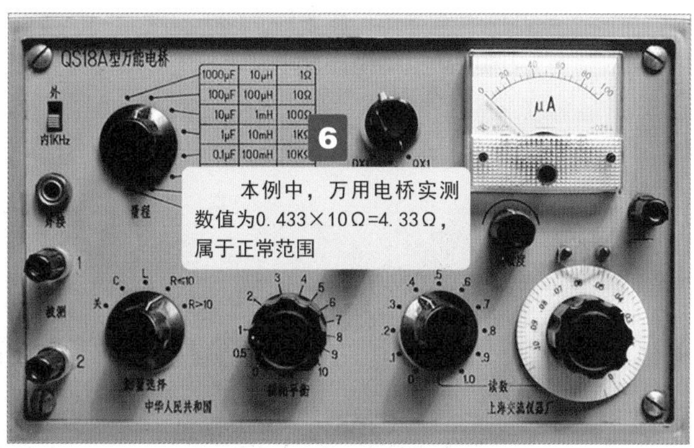

图13-9　借助万用电桥精确测量电动机绕组的阻值

若测得三组绕组的电阻值不同，则绕组内可能有短路或断路情况。若通过检测发现电阻值出现较大的偏差，则表明电动机的绕组已损坏。

13.3.2 电动机绝缘电阻的检测

电动机绝缘电阻的检测是指检测电动机绕组与外壳之间、绕组与绕组之间的绝缘性，以此来判断电动机是否存在漏电（对外壳短路）、绕组间短路的现象。测量绝缘电阻一般使用绝缘电阻表进行测试。

如图13-10所示，将兆欧表分别与待测电动机绕组接线端子和接地端连接，转动兆欧表手柄，检测电动机绕组与外壳之间的绝缘电阻。

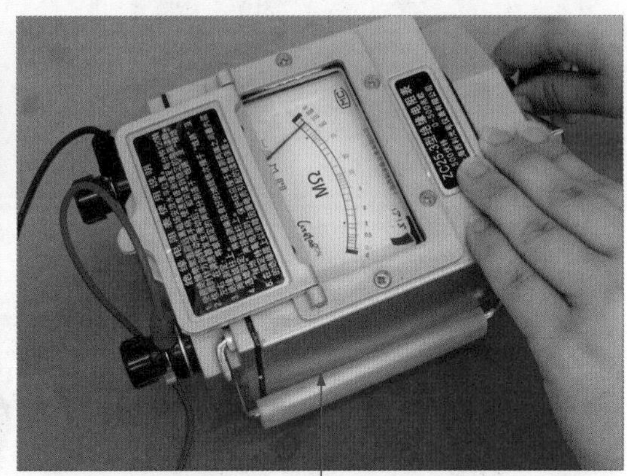

黑色测试线
红色测试线
将兆欧表的黑色测试线接在交流电动机的接地端上，红色测试线接在其中一相绕组的出线端子上

MΩ
顺时针匀速转动兆欧表的手柄，观察兆欧表指针的摆动变化，兆欧表实测兆欧值大于1MΩ，正常

图13-10 电动机绕组与外壳之间绝缘电阻的检测方法

使用兆欧表检测交流电动机绕组与外壳间的绝缘电阻值时，应匀速转动兆欧表的手柄，并观察指针的摆动情况，本例中，实测绝缘电阻值均大于1MΩ。

为确保测量值的准确度，需要待兆欧表的指针慢慢回到初始位置，然后再顺时针摇动兆欧表的手柄，检测其他绕组与外壳的绝缘电阻值是否正常，若检测结果远小于1MΩ，则说明电动机绝缘性能不良或内部导电部分与外壳之间有漏电情况。

如图13-11所示，借助兆欧表检测电动机绕组与绕组之间的绝缘电阻。

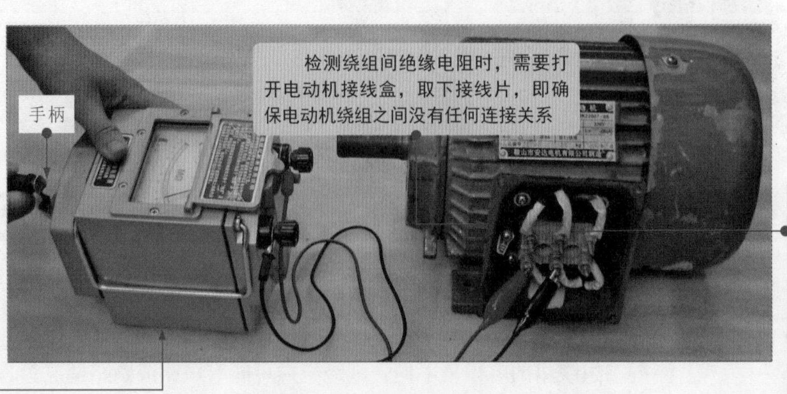

检测绕组间绝缘电阻时，需要打开电动机接线盒，取下接线片，即确保电动机绕组之间没有任何连接关系

图13-11 电动机绕组与绕组之间绝缘电阻的检测方法

13.3.3 电动机空载电流的检测

检测电动机的空载电流就是在电动机未带任何负载的情况下检测绕组中的运行电流，多用于单相交流电动机和三相交流电动机的检测。

如图13-12所示，借助钳形表检测电动机的空载电流。

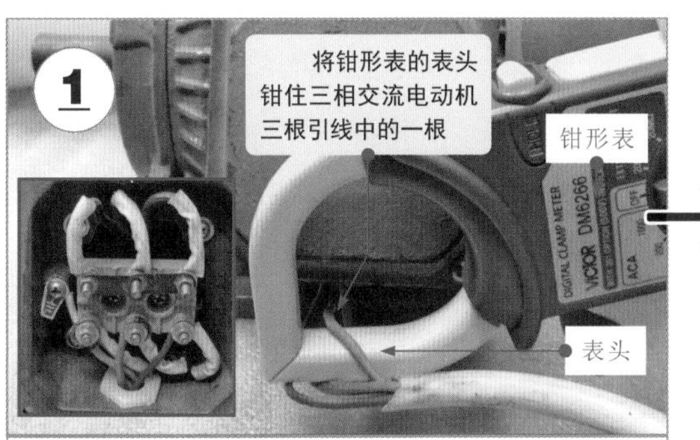

使用钳形表检测三相交流电动机中一根引线的空载电流值

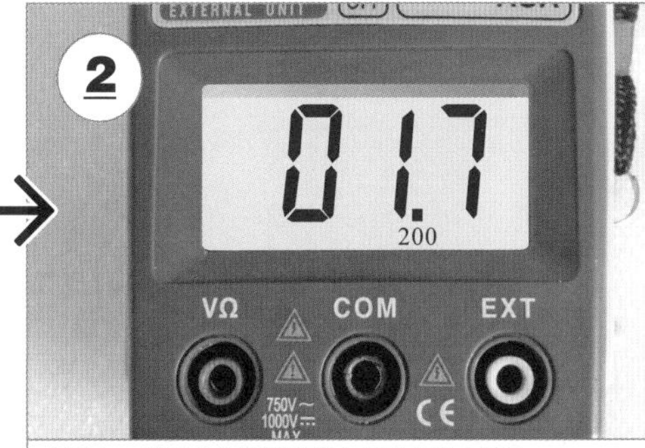

本例中，钳形表实际测得稳定后的空载电流为1.7A

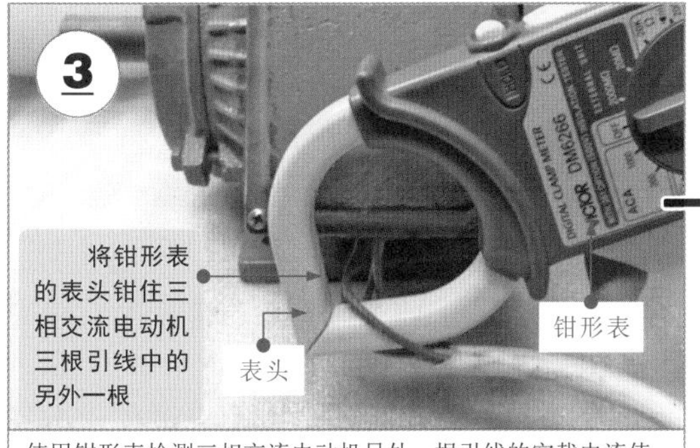

使用钳形表检测三相交流电动机另外一根引线的空载电流值

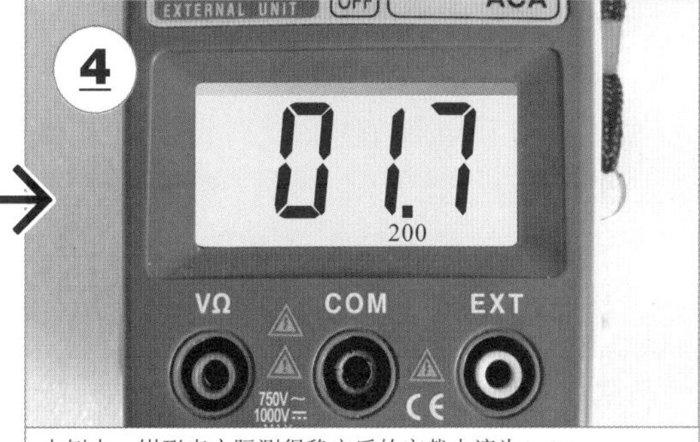

本例中，钳形表实际测得稳定后的空载电流为1.7A

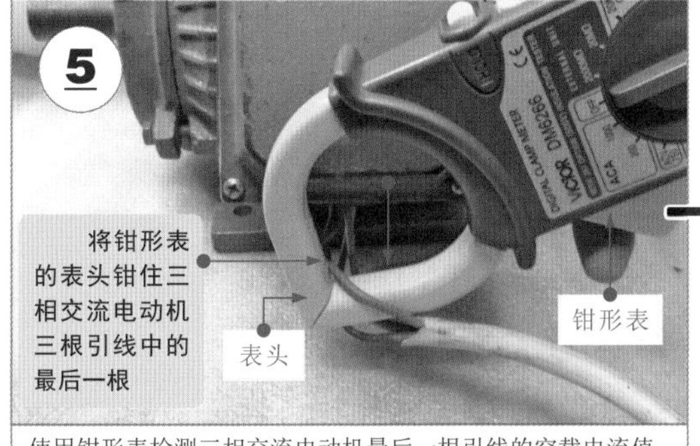

使用钳形表检测三相交流电动机最后一根引线的空载电流值

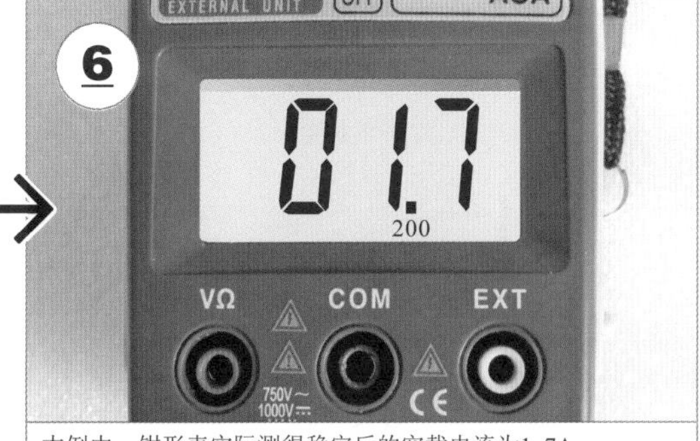

本例中，钳形表实际测得稳定后的空载电流为1.7A

图13-12 电动机空载电流的检测方法

若测得的空载电流过大或三相空载电流不均衡，则说明电动机存在异常。一般情况下，空载电流过大的原因主要是电动机内部铁芯不良、电动机转子与定子之间的间隙过大、电动机线圈的匝数过少、电动机绕组连接错误。所测电动机为2极1.5kW容量的电动机，其空载电流约为额定电流的40%～55%。

13.3.4 电动机转速的检测

电动机的转速是指电动机运行时每分钟旋转的转数。测试电动机的实际转速，并与铭牌上的额定转速进行比较，可检查电动机是否存在超速或堵转现象。

如图13-13所示，检测电动机的转速一般使用专用的电动机转速表。

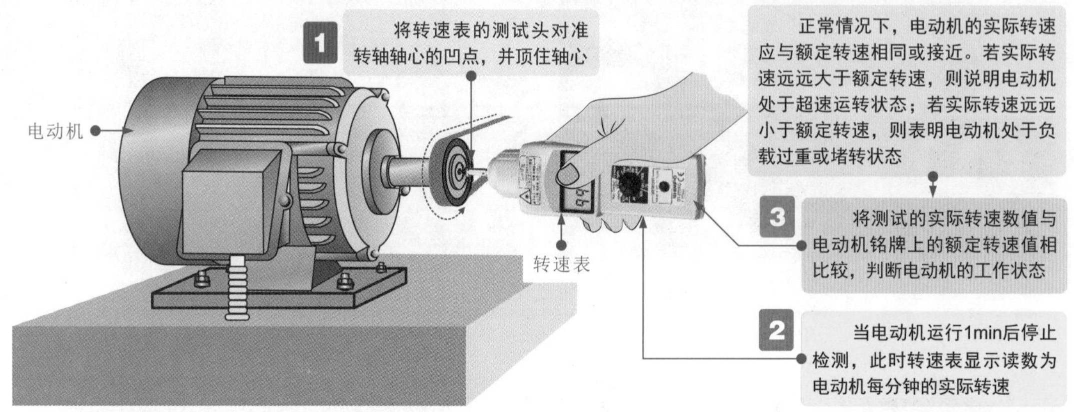

1
将转速表的测试头对准转轴轴心的凹点，并顶住轴心
电动机
转速表
正常情况下，电动机的实际转速应与额定转速相同或接近。若实际转速远远大于额定转速，则说明电动机处于超速运转状态；若实际转速远远小于额定转速，则表明电动机处于负载过重或堵转状态
3
将测试的实际转速数值与电动机铭牌上的额定转速值相比较，判断电动机的工作状态
2
当电动机运行1min后停止检测，此时转速表显示读数为电动机每分钟的实际转速

图13-13 电动机转速的检测方法

如图13-14所示，对于没有铭牌的电动机，在进行转速检测时，应先确定其额定转速，通常可用指针万用表进行简单的判断。

首先将电动机各绕组之间的连接金属片取下，使各绕组之间保持绝缘，然后再将万用表的量程调至0. 05mA挡，将红、黑表笔分别接在某一绕组的两端，匀速转动电动机主轴一周，观测一周内万用表指针左右摆动的次数。当万用表指针摆动一次时，表明电流正负变化一个周期，为2极电动机；当万用表指针摆动两次时，则为4极电动机，依此类推，三次则为6极电动机。

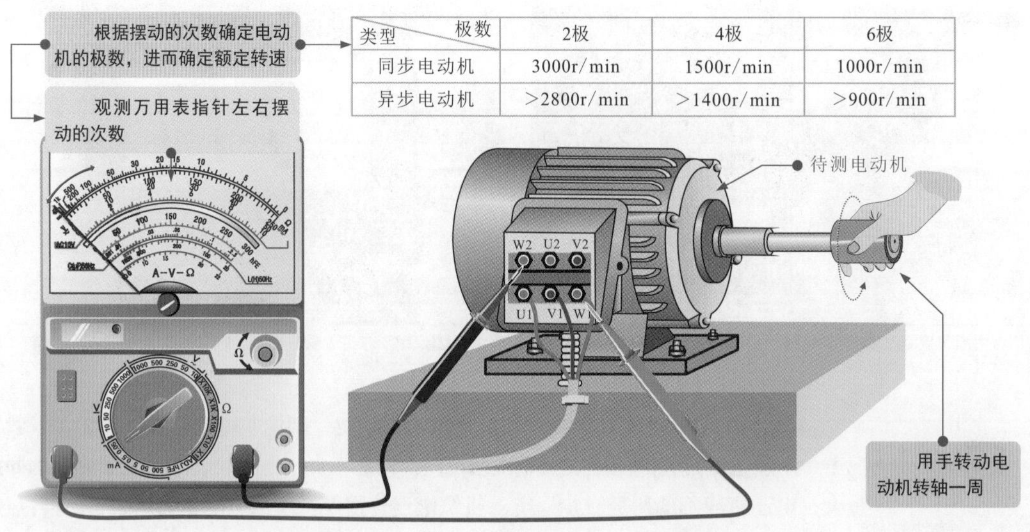

类型 \ 极数	2极	4极	6极
同步电动机	3000r/min	1500r/min	1000r/min
异步电动机	>2800r/min	>1400r/min	>900r/min

根据摆动的次数确定电动机的极数，进而确定额定转速

用手转动电动机转轴一周

图13-14 电动机额定转速的确定

13.4 电动机主要部件的检修

电动机的铁芯、转轴、电刷、集电环（换向器）等都是容易磨损的部件，检修电动机时应重点对上述部件进行检修。

13.4.1 电动机铁芯的检修

铁芯通常包含定子铁芯和转子铁芯两个部分。铁芯检修主要应从铁芯锈蚀、铁芯松弛、铁芯烧损、铁芯扫膛及槽齿弯曲等方面进行检查修复。

1 铁芯表面锈蚀的检修

图13-15为铁芯表面锈蚀的检修处理。当电动机长期处于潮湿、有腐蚀气体的环境中时，电动机铁芯表面容易出现锈迹腐蚀情况。可通过打磨和重新绝缘等手段修复。

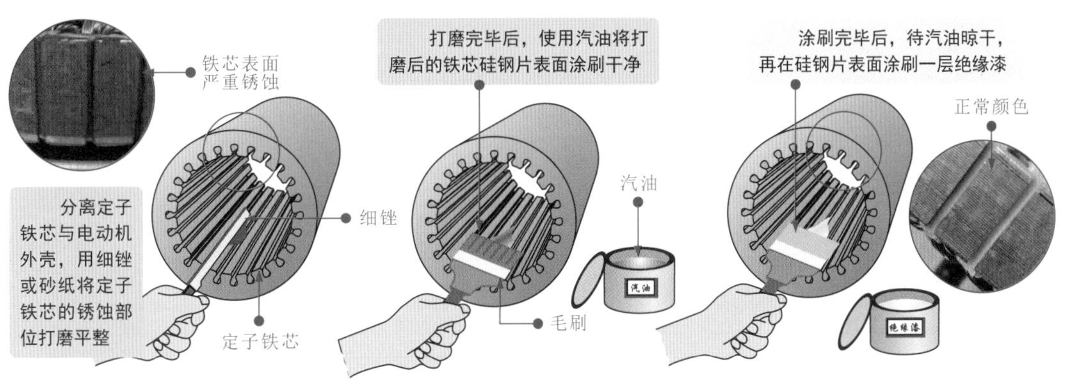

图13-15 铁芯表面锈蚀的修复处理

2 定子铁芯松弛的检修

图13-16为定子铁芯松弛的检修方法。电动机在运行时，铁芯由于受热膨胀会受到附加压力，使绝缘漆膜压平，硅钢片间密合度降低，从而易出现松动现象。

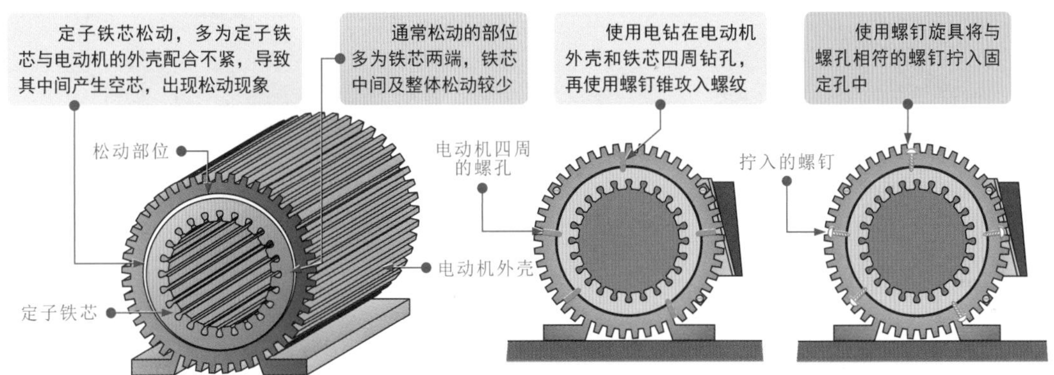

图13-16 定子铁芯松弛的检修方法

3 转子铁芯松弛的检修

当电动机转子铁芯出现松动现象时，其松动部位多为转子铁芯与转轴之间的连接部位。对于该类故障可采用螺母紧固的方法进行修复。图13-17为转子铁芯松弛的修复方法。

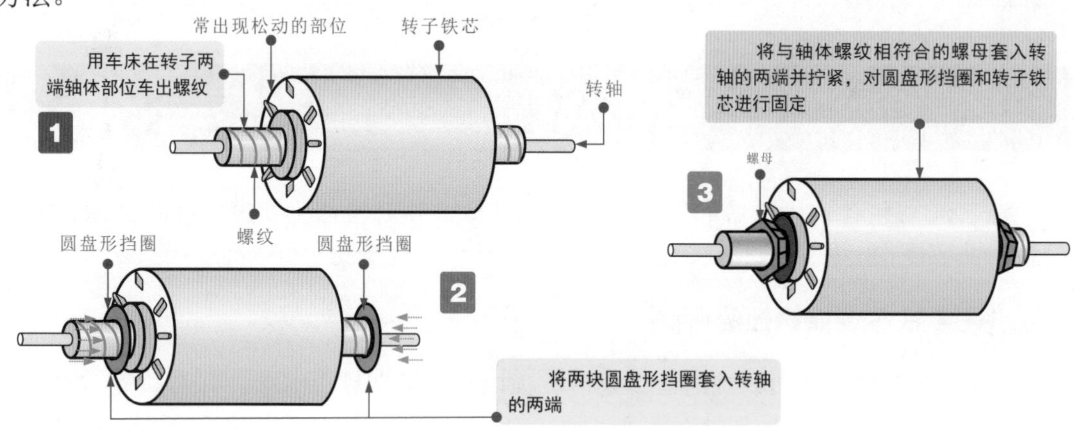

图13-17 转子铁芯松弛的检修方法

4 铁芯槽齿弯曲的检测

电动机铁芯槽齿弯曲、变形会导致电动机工作异常。如绕组受挤压破坏绝缘、绕制绕组无法嵌入铁芯槽中等。图13-18为铁芯槽齿弯曲的检修方法。

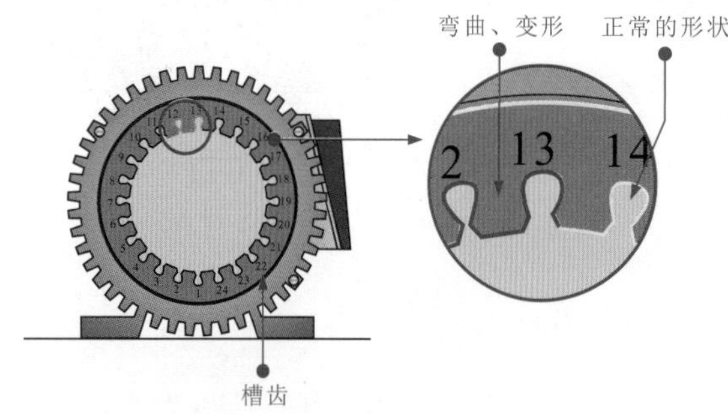

通常，造成铁芯槽齿出现弯曲、变形的原因主要有以下几点：

◆电动机发生扫膛时，与铁芯槽齿发生碰撞，引起槽齿弯曲、变形。

◆拆卸绕组时，由于用力过猛，将铁芯撬弯变形，从而损伤槽齿压板，使槽口宽度产生变化。

◆当铁芯出现松动时，由于电磁力的作用，也会使铁芯槽齿出现弯曲、变形的故障现象。

◆当铁芯冲片出现凹凸不平现象时，将会造成铁芯槽内不平。

◆当使用喷灯烧除旧线圈的绝缘层时，使槽齿过热而产生变形，导致冲片向外翘或弹开

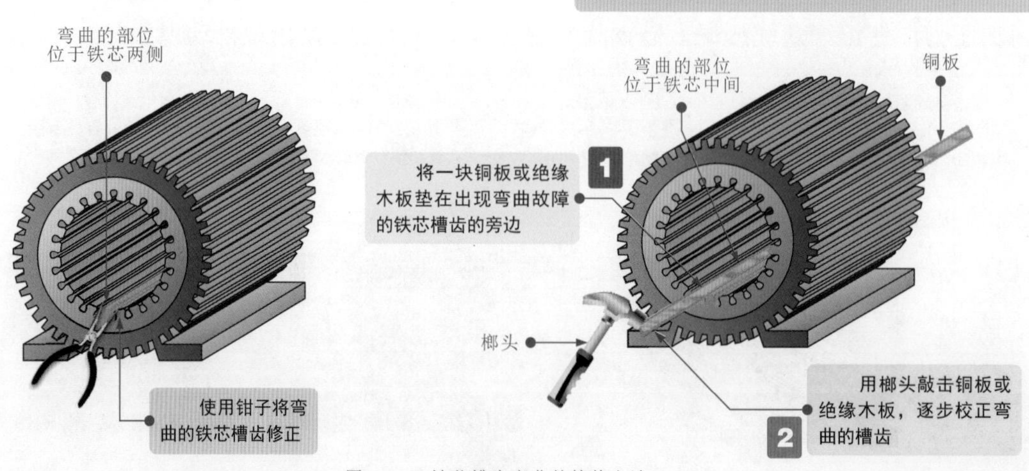

图13-18 铁芯槽齿弯曲的检修方法

13.4.2 电动机转轴的检修

图13-19为电动机转轴的常规检修方法。转轴是电动机输出机械能的主要部件。它穿插在电动机转子铁芯的中芯部位，支撑转子铁芯旋转。由于转轴材质不好或强度不够、转轴与关联部件配合异常、正反冲击作用、拆装操作不当等造成转轴损坏。其中，电动机转轴常见的故障主要有转轴弯曲、轴颈磨损、出现裂纹、槽键磨损等。若电动机转轴损坏严重，则只能进行更换。

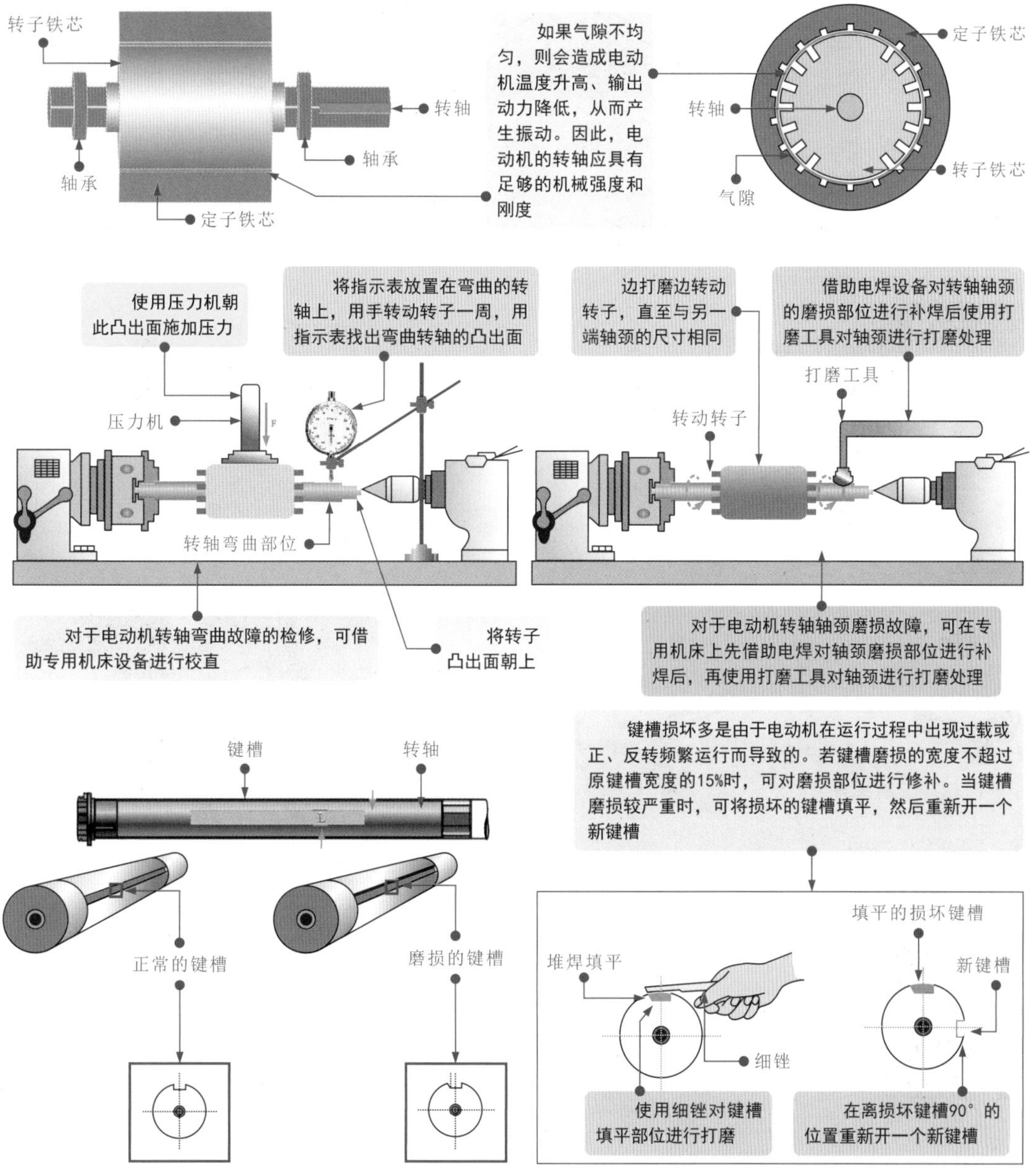

转子铁芯
转轴
轴承
轴承
定子铁芯
如果气隙不均匀，则会造成电动机温度升高、输出动力降低，从而产生振动。因此，电动机的转轴应具有足够的机械强度和刚度
定子铁芯
转轴
转子铁芯
气隙

使用压力机朝此凸出面施加压力
将指示表放置在弯曲的转轴上，用手转动转子一周，用指示表找出弯曲转轴的凸出面
压力机
转轴弯曲部位
对于电动机转轴弯曲故障的检修，可借助专用机床设备进行校直
将转子凸出面朝上

边打磨边转动转子，直至与另一端轴颈的尺寸相同
借助电焊设备对转轴轴颈的磨损部位进行补焊后使用打磨工具对轴颈进行打磨处理
打磨工具
转动转子
对于电动机转轴轴颈磨损故障，可在专用机床上先借助电焊对轴颈磨损部位进行补焊后，再使用打磨工具对轴颈进行打磨处理

键槽
转轴
正常的键槽
磨损的键槽

键槽损坏多是由于电动机在运行过程中出现过载或正、反转频繁运行而导致的。若键槽磨损的宽度不超过原键槽宽度的15%时，可对磨损部位进行修补。当键槽磨损较严重时，可将损坏的键槽填平，然后重新开一个新键槽

填平的损坏键槽
堆焊填平
新键槽
细锉
使用细锉对键槽填平部位进行打磨
在离损坏键槽90°的位置重新开一个新键槽

图13-19 电动机转轴的常规检修方法

13.4.3 电动机电刷的检修

图13-20为电动机电刷的故障特点和检修代换方法。电刷是有刷直流电动机中的关键部件。它与集电环（或换向器）配合向转子绕组传递电流。在直流电动机中，电刷还担负着对转子绕组中的电流进行换向的任务。由于电刷的工作特点，机械磨损是电刷的主要故障表现，若发现电刷磨损严重，应选择同规格的电刷进行代换。

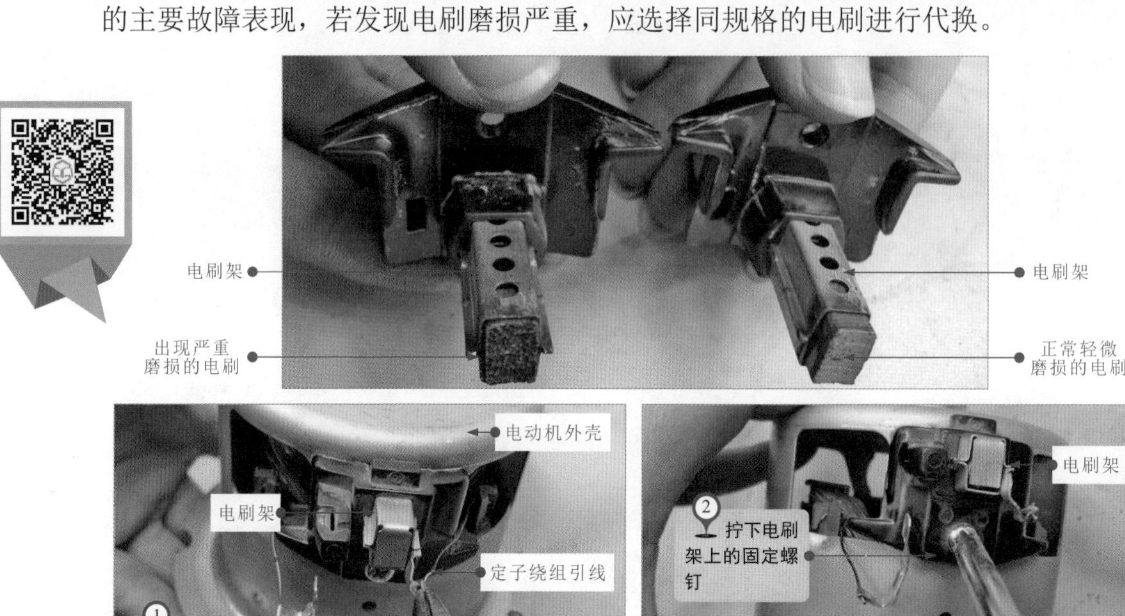

出现严重磨损的电刷

正常轻微磨损的电刷

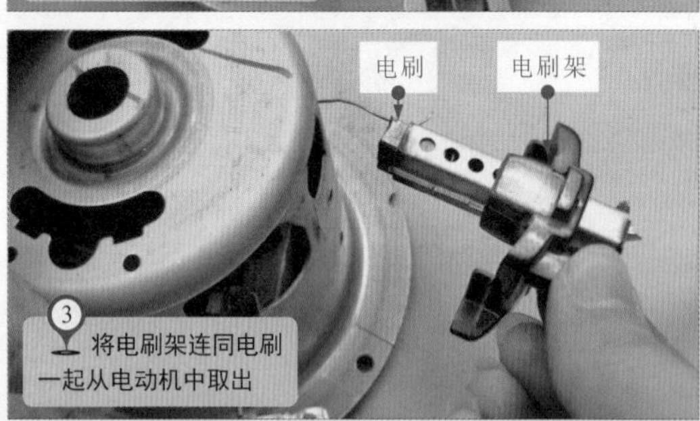

定子绕组引线

① 将电刷与电源、定子绕组之间的连接引线分离

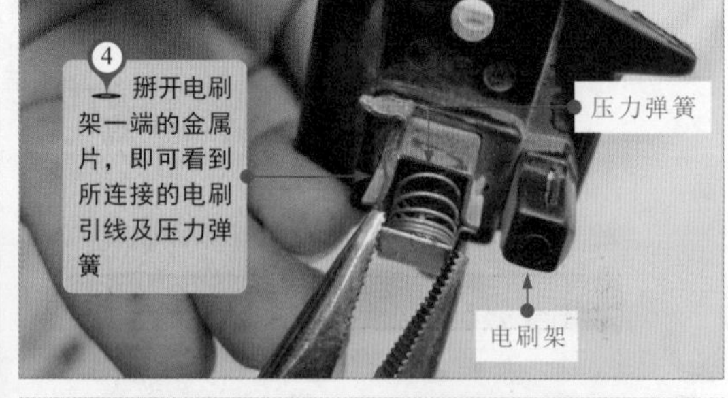

② 拧下电刷架上的固定螺钉

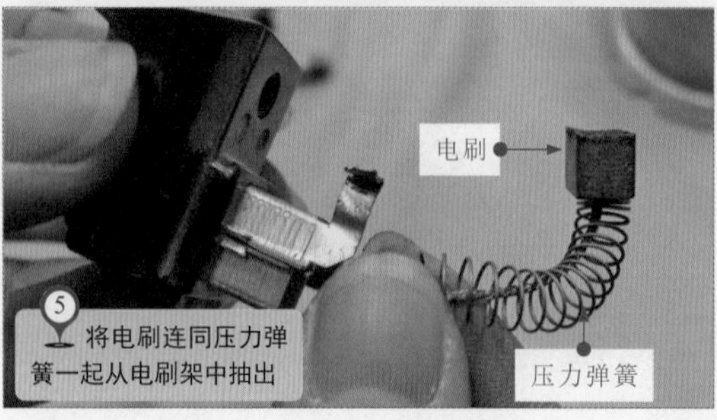

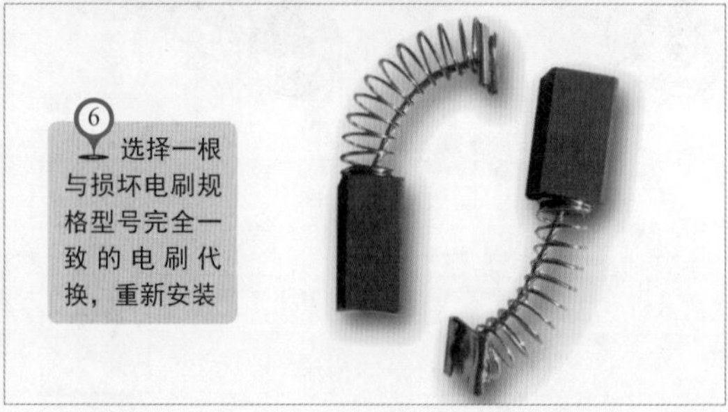

③ 将电刷架连同电刷一起从电动机中取出

④ 掰开电刷架一端的金属片，即可看到所连接的电刷引线及压力弹簧
压力弹簧
电刷架
电刷
⑤ 将电刷连同压力弹簧一起从电刷架中抽出
压力弹簧
⑥ 选择一根与损坏电刷规格型号完全一致的电刷代换，重新安装

图13-20 电动机电刷的故障特点和检修代换方法

13.4.4 电动机集电环（换向器）的检修

电动机的集电环（或换向器）通常安装在电动机转子上，通过铜条导体直接与转子绕组连接，用于与电刷配合为转子绕组供电。

1 换向器氧化磨损的检修

图13-21为换向器氧化磨损的检修方法。换向器在长期的使用过程中，由于长期磨损、磕碰或频繁拆卸等，经常会引起换向器导体表面、壳体等部位出现氧化、磨损、裂痕、烧伤等故障。

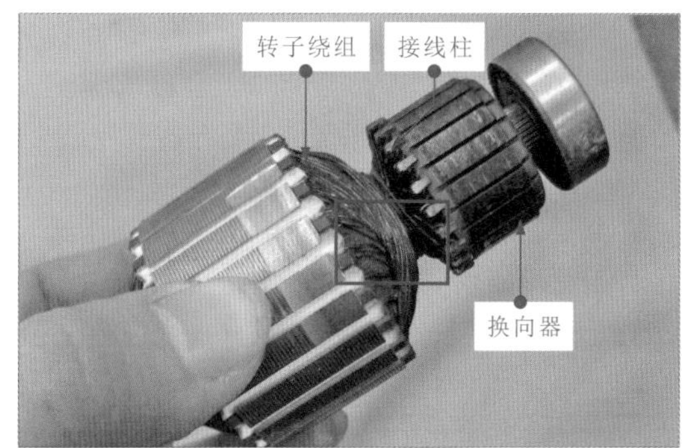

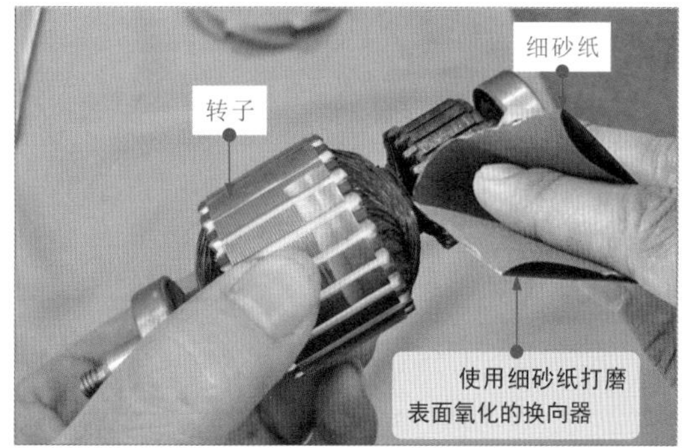

图13-21 换向器氧化磨损的检修方法

2 集电环铜环松动的检修

图13-22为集电环铜环松动的检修方法。 集电环上的铜环松动，通常会造成集电环与电刷因接触不稳定产生打火现象，使集电环表面出现磨损或过热现象。

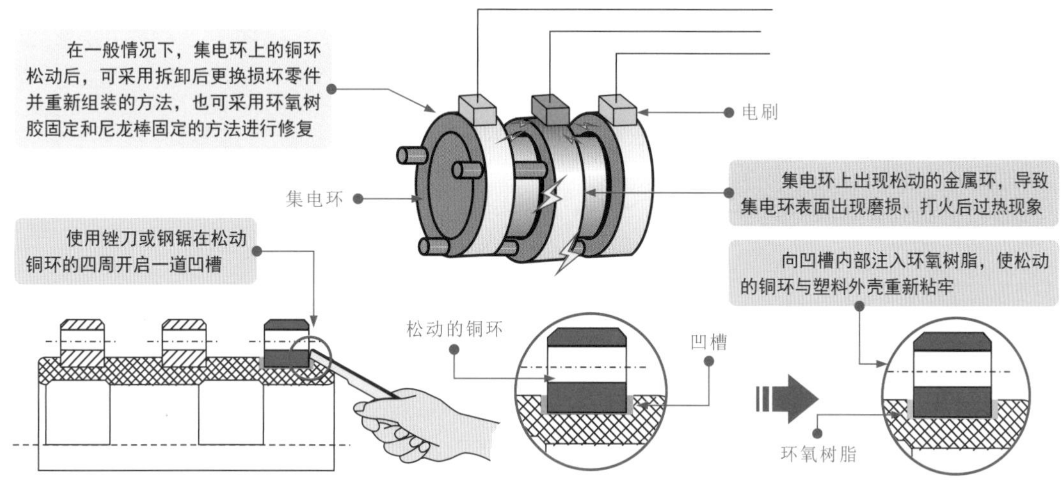

图13-22 集电环铜环松动的检修方法

第14章 供配电线路及检修调试技能

14.1 供配电线路的结构特征

供配电线路是指用于提供、分配和传输电能的线路，按其所承载电能类型的不同可分为高压供配电线路和低压供配电线路两种，如图14-1所示。

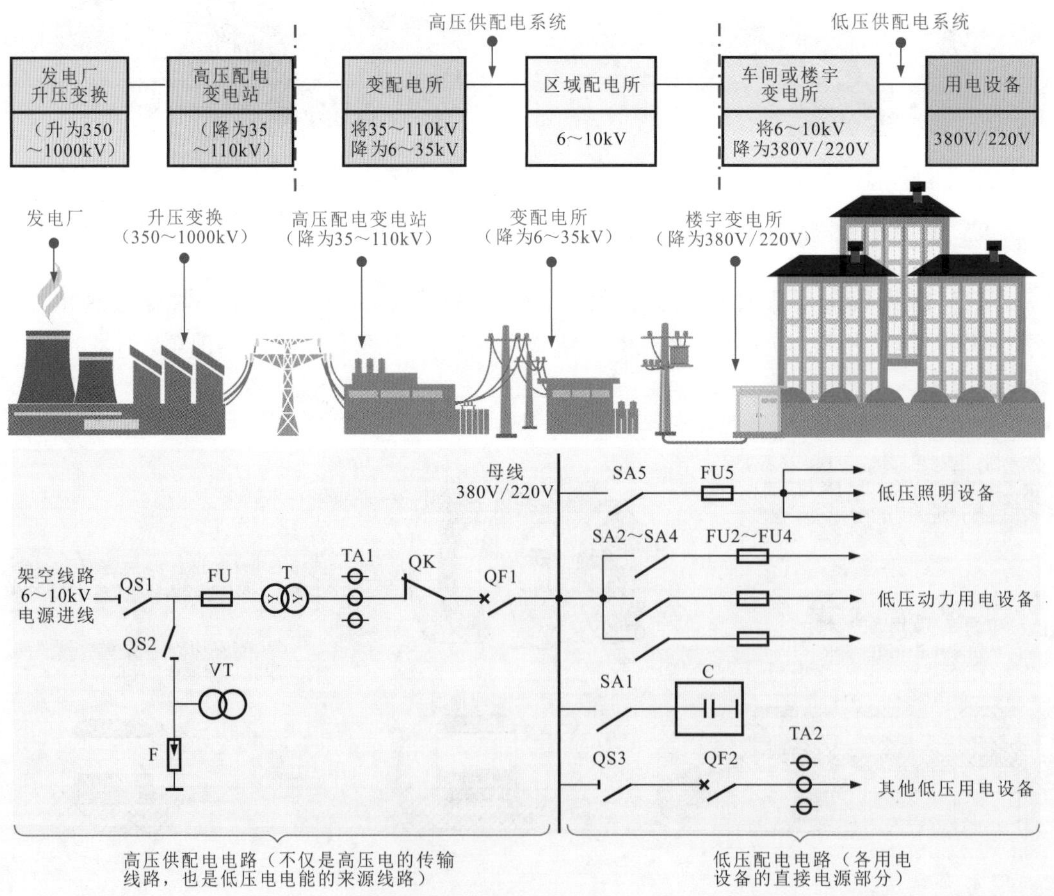

图14-1　供配电电路的特点

14.1.1 高压供配电线路的结构特征

高压供配电线路是由各种高压供配电器件和设备组合连接形成的。该线路中，电气设备的接线方式和连接关系都可以利用电路图表示，电气设备的数量、接线方式不同可构成不同的高压供配电线路。例如，图14-2为典型高压供配电线路的结构。

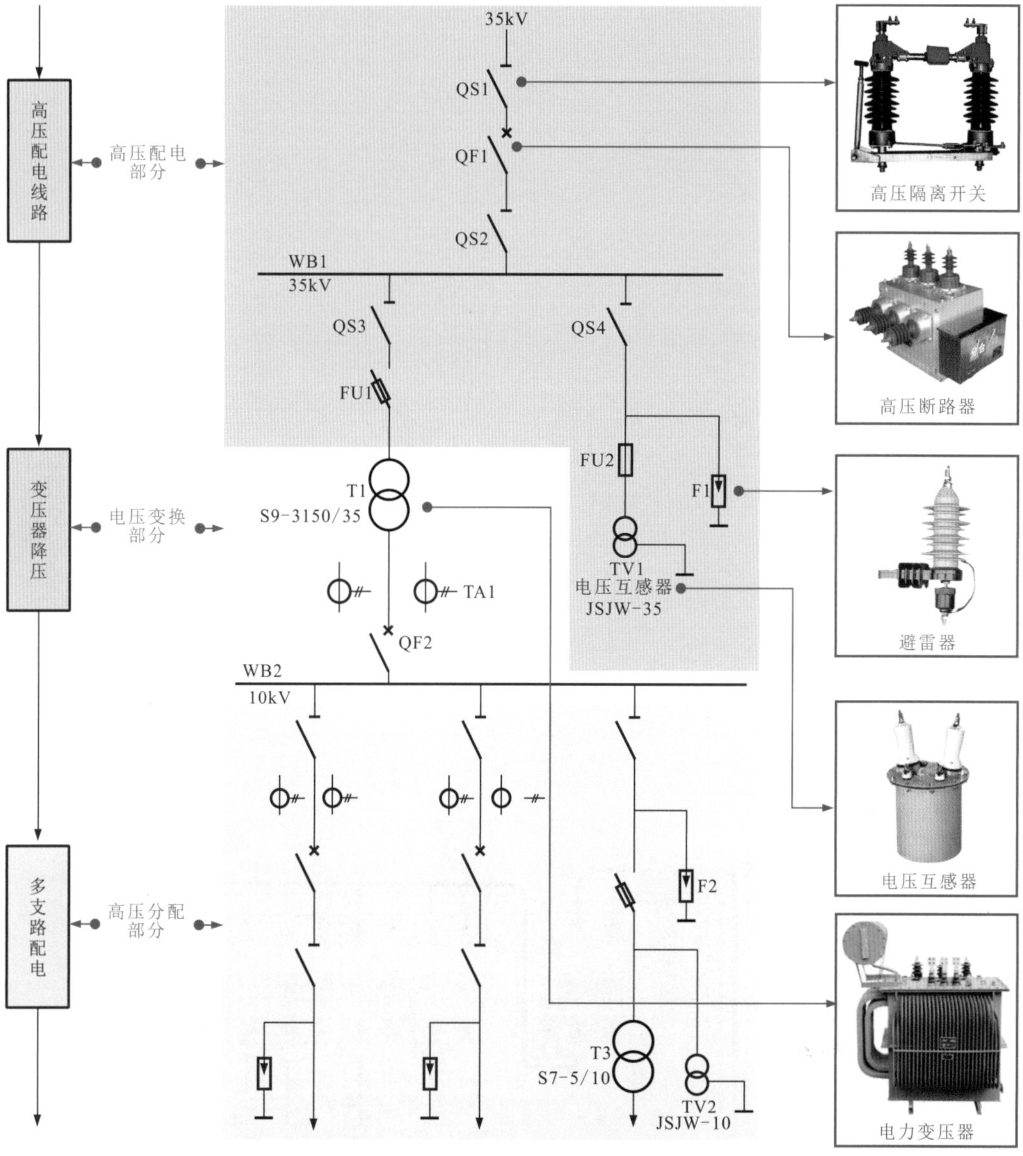

图14-2 典型高压供配电线路的结构

高压供配电电路主要由高压供电部分、电压变换部分和高压分配部分构成。不同图形符号代表不同的组成部件，部件间的连接线体现出连接关系。当线路中开关类器件断开时，后级所有线路无供电；当逐一闭合各开关类部件时，电源逐级向后级电路传输，后级不同的分支线路即完成对前级线路的分配。

14.1.2 低压供配电线路的结构特征

低压供配电线路是指传输和分配380V/220V低压的线路，通常可直接作为各用电设备或用电场所的电源。

图14-3为典型低压供配电线路的结构和连接关系示意图。低压供配电系统是由各种低压供配电器件和设备组合连接形成的。

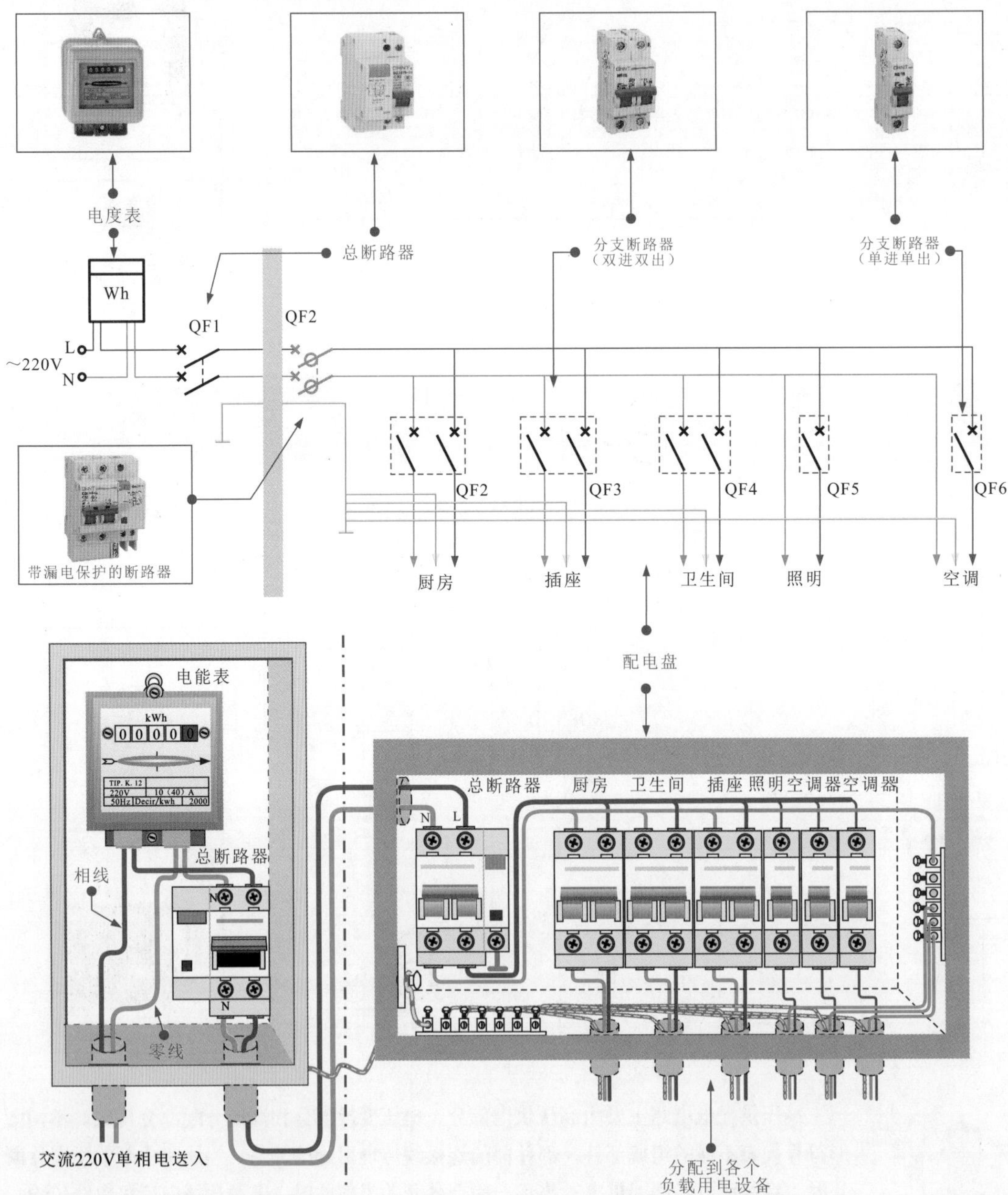

图14-3 典型低压供配电线路的结构和连接关系示意图

14.2 供配电线路的检修调试

14.2.1 高压供配电线路的检修调试

如图14-4所示，当高压供配电线路出现故障时，需要先通过故障现象，分析整个高压供配电线路，缩小故障范围，锁定故障器件。

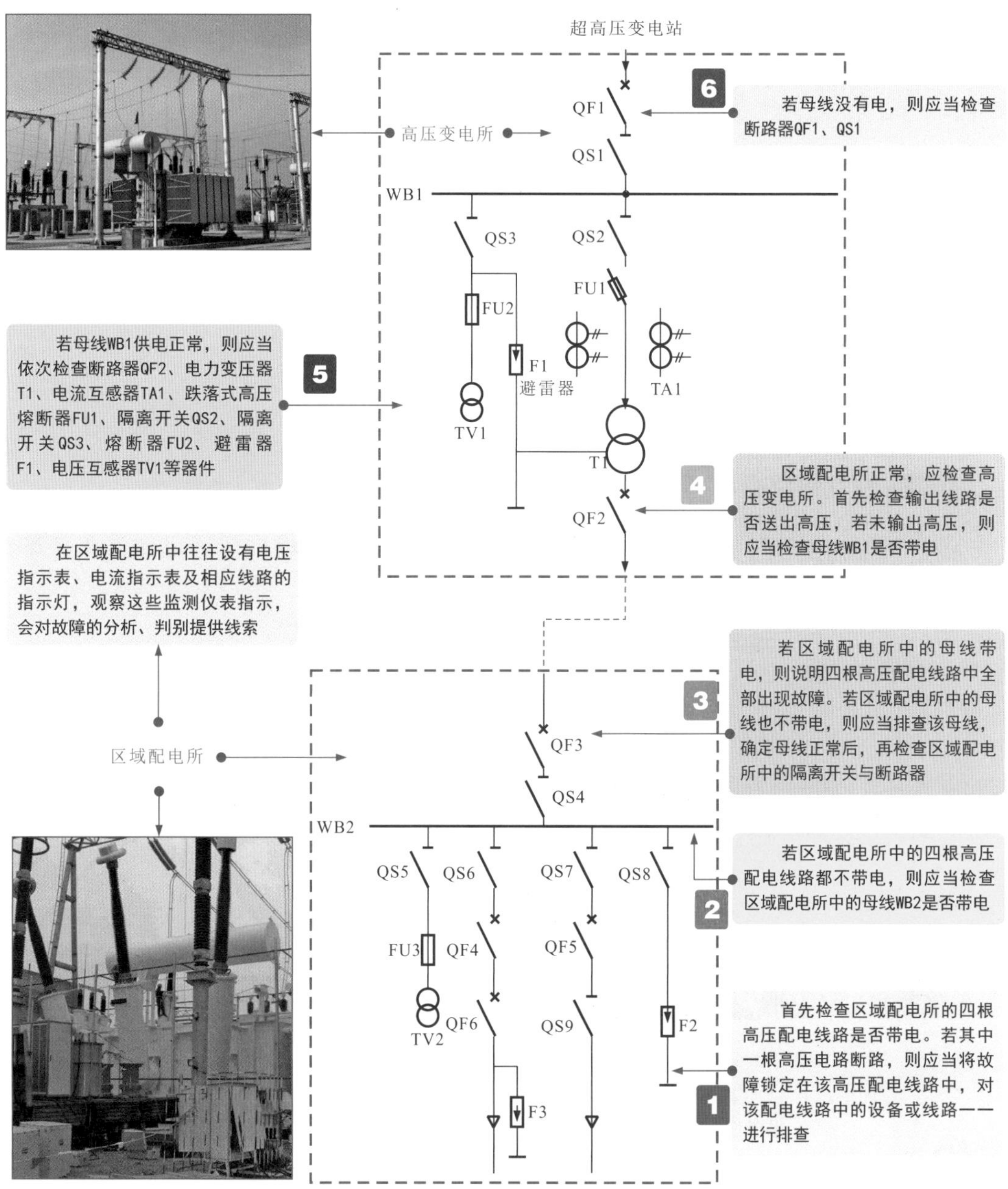

超高压变电站
6
若母线没有电，则应当检查断路器QF1、QS1
高压变电所
QF1
QS1
WB1
QS3
QS2
FU1
FU2
F1
避雷器
TV1
TA1
T1
QF2
5
若母线WB1供电正常，则应当依次检查断路器QF2、电力变压器T1、电流互感器TA1、跌落式高压熔断器FU1、隔离开关QS2、隔离开关QS3、熔断器FU2、避雷器F1、电压互感器TV1等器件
4
区域配电所正常，应检查高压变电所。首先检查输出线路是否送出高压，若未输出高压，则应当检查母线WB1是否带电
在区域配电所中往往设有电压指示表、电流指示表及相应线路的指示灯，观察这些监测仪表指示，会对故障的分析、判别提供线索
3
若区域配电所中的母线带电，则说明四根高压配电线路中全部出现故障。若区域配电所中的母线也不带电，则应当排查该母线，确定母线正常后，再检查区域配电所中的隔离开关与断路器
区域配电所
QF3
QS4
WB2
QS5
QS6
QS7
QS8
2
若区域配电所中的四根高压配电线路都不带电，则应当检查区域配电所中的母线WB2是否带电
FU3
QF4
QF5
TV2
QF6
QS9
F2
F3
1
首先检查区域配电所的四根高压配电线路是否带电。若其中一根高压电路断路，则应当将故障锁定在该高压配电线路中，对该配电线路中的设备或线路一一进行排查

图14-4 典型高压供配电线路的故障分析

当高压供配电线路的某一配电支路中出现停电现象时，可以参考下面的高压供配电线路的检修流程具体检修，查找故障部位，如图14-5所示。

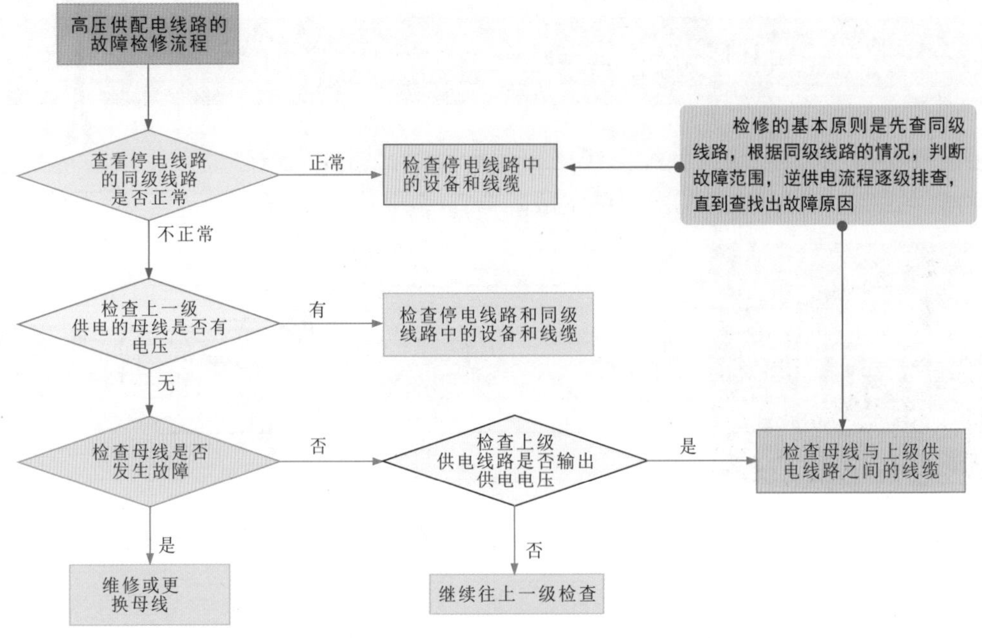

图14-5　典型高压供配电线路的检修流程

1 检查同级高压线路

检查同级高压线路时，可以使用高压钳形表检测与该线路同级的高压线路是否有电流通过，如图14-6所示。

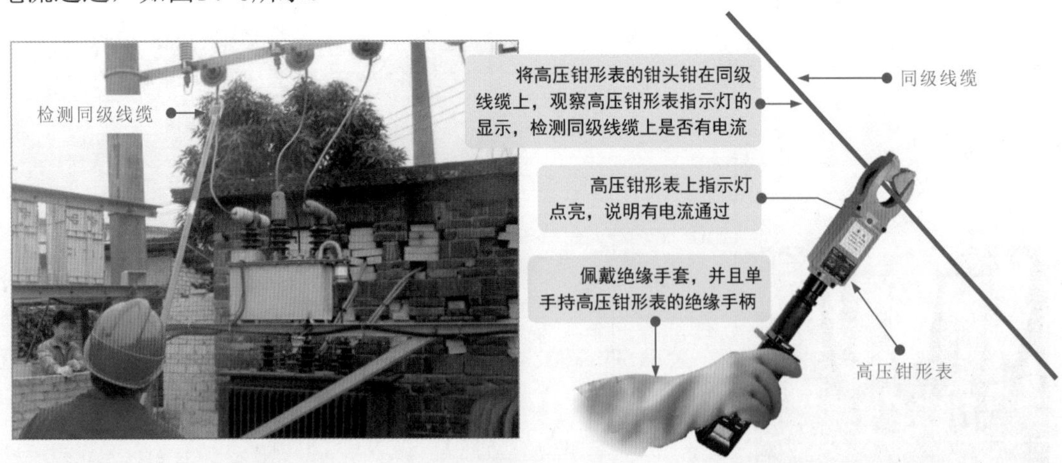

图14-6　检查同级高压线路

供电线路的故障判别主要是借助设在配电柜面板上的电压表、电流表及各种功能指示灯。如判别是否有缺相的情况，也可通过继电器和保护器的动作来判断。如需要检测线路电流时，可使用高压钳形表。若高压钳形表上指示灯无反应，则说明该停电线路上无电流通过，应检查该停电线路与母线连接端。

2 检查母线

检查母线时，必须使整个维修环境处在断路的条件下，应先清除母线上的杂物、锈蚀，检查外套绝缘管上是否有破损。检查母线连接处，清除连接端的锈蚀，使用扳手重新固定母线的连接螺栓，如图14-7所示。

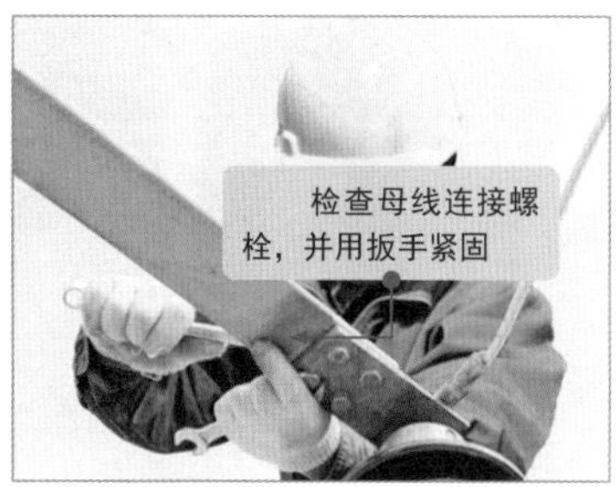

图14-7 检查母线

3 检查上一级供电线路

确定母线正常时，应检查上一级供电线路。使用高压钳形表检测上一级高压供电线路上是否有电，若上一级电路无供电电压，则应当检查该供电端上的母线。若该母线上的电压正常，则应当检查该供电线路中的设备。

4 检查高压熔断器

在高压供配电线路的检修过程中，若供电线路正常，则可进一步检查线路中的高压电气部件。检查时，先使用接地棒释放高压线缆中的电荷，然后先从高压熔断器开始检查，如图14-8所示。

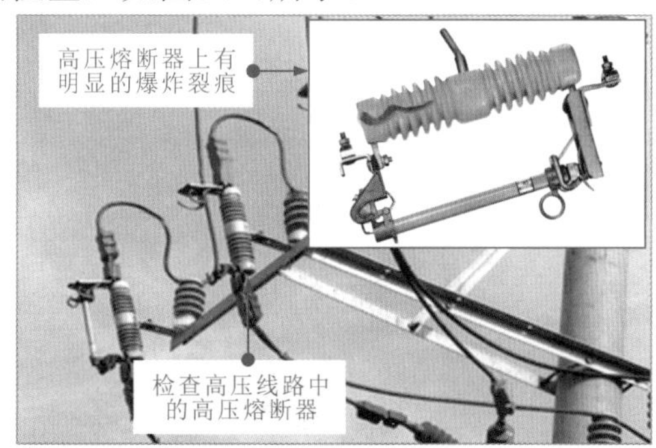

查看线路中的高压熔断器，经检查后，发现有两个高压熔断器已熔断并自动脱落，在绝缘支架上还有明显的击穿现象。高压熔断器支架出现故障就需要更换。断开电路后，维修人员将损坏的高压熔断器支架拆下，检查相同型号的新高压熔断器及其支架，然后将新高压熔断器安装回线路中

图14-8 检查高压熔断器

5 检查高压电流互感器

如果发现高压熔断器损坏，说明该线路中曾发生过流雷击等意外情况。如果电流指示失常，应检查高压电流互感器等部件，如图14-9所示。

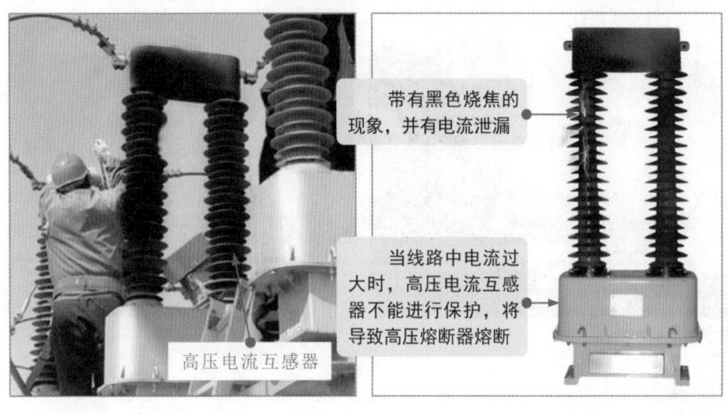

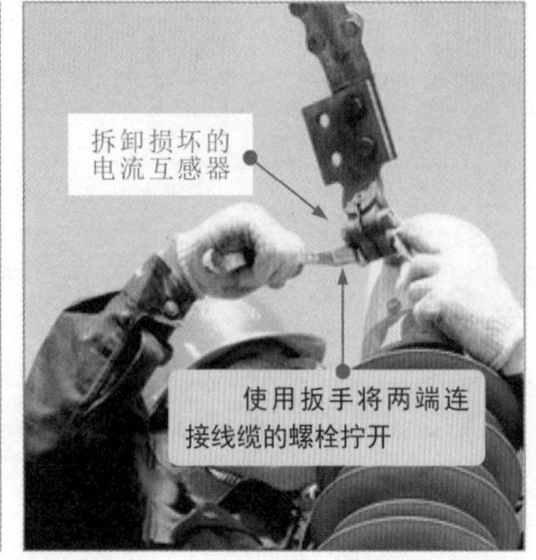

图14-9　检查高压电流互感器

经检查，发现高压电流互感器上带有黑色烧焦痕迹，并有电流泄漏现象，表明该器件损坏，失去电流检测与保护作用。使用扳手将高压电流互感器两端连接高压线缆的螺栓拧下，即可使用吊车将损坏的电流互感器取下，然后将相同型号的新电流互感器重新安装即可。

6 检查高压隔离开关

高压隔离开关是高压线路的供电开关，如损坏，则会引起供电失常，如图14-10所示。

高压隔离开关上有黑
色烧焦的痕迹并带有电弧
使用扳手拧下高压隔
离开关底部的固定螺栓
将高压隔离开关上端
的固定螺栓拧开

图14-10　检查高压隔离开关

经检查，高压隔离开关出现黑色烧焦的迹象，说明该高压隔离开关损坏。使用扳手将高压隔离开关连接的线缆拆卸下来，拧下螺栓后，可使用吊车将高压隔离开关吊起，更换相同型号的高压隔离开关即可。

14.2.2 低压供配电线路的检修调试

如图14-11所示，低压供配电线路出现故障时，需要通过故障现象分析整个低压供配电线路，缩小故障范围，锁定故障器件。下面以典型楼宇配电系统的线路图为例进行故障分析。

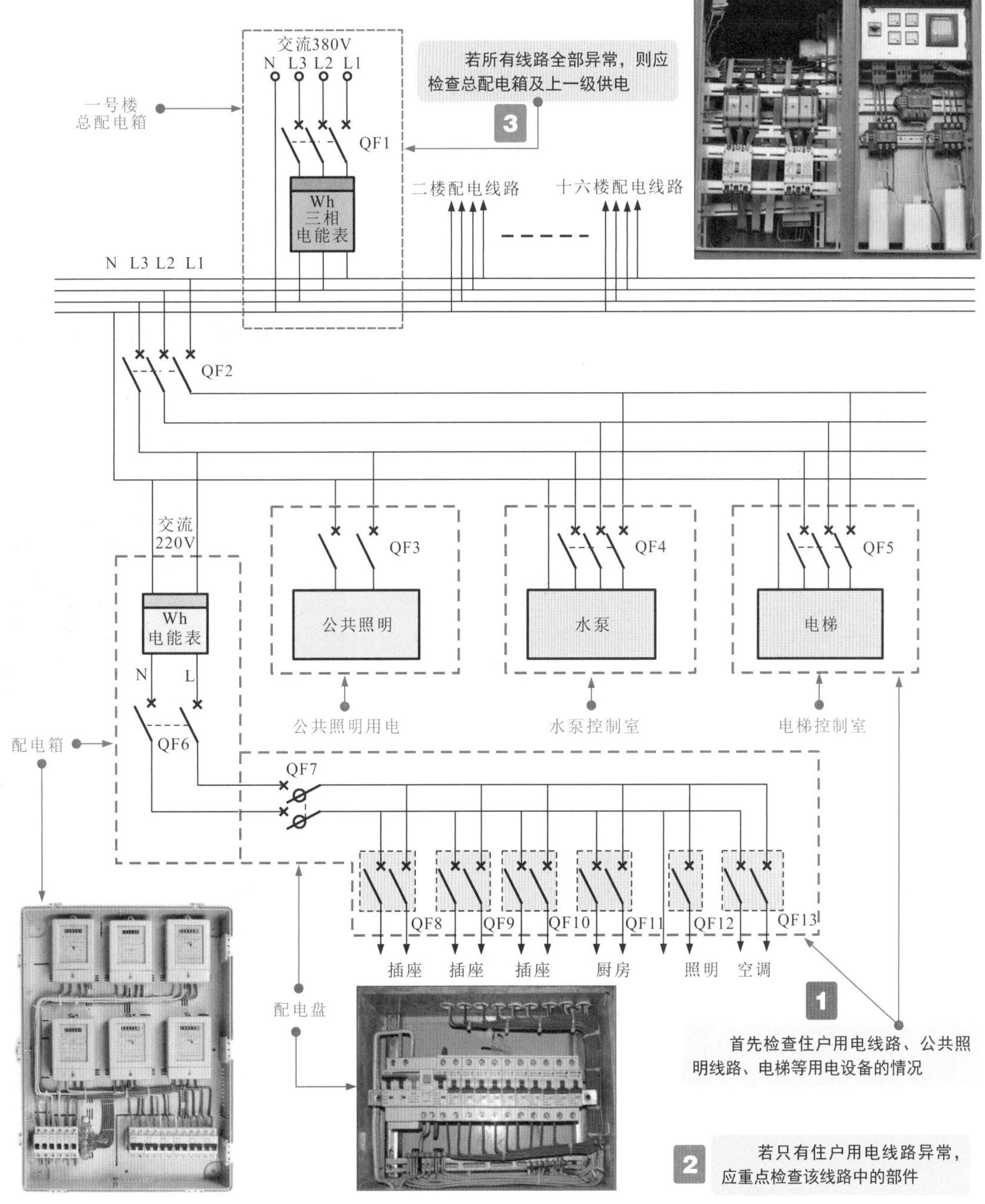

图14-11 典型低压供配电线路的故障分析

当低压供配电系统中的某一配电支路出现停电现象时，可以参考如图14-12所示的低压供配电线路的检修流程进行具体检修，查找故障部位。

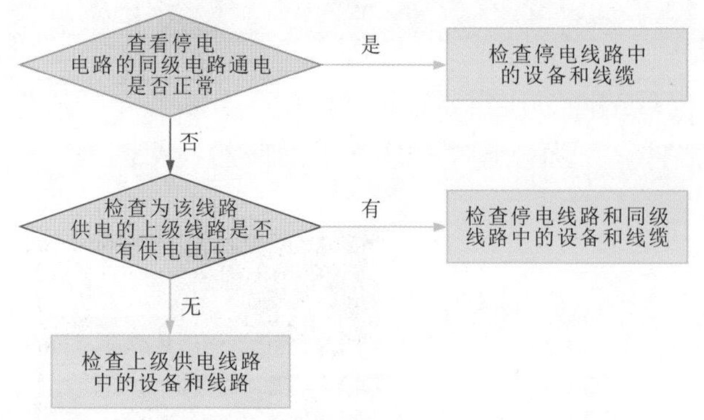

检修的基本原则是先查同级线路，若同级线路未发生故障，则应当检查停电线路中的设备和线缆；若同级线路也发生停电故障，则应当检查为其供电的上级线路是否正常

若上级供电线路同样发生故障，则应当检查上级供电线路中的设备和线缆

若上级供电线路正常，则应当检查故障线路与同级线路中的设备和线缆，依次检查主要部件，即可找到故障设备或故障线缆

图14-12　典型低压供配电线路的检修流程

1 检查同级低压线路

若住户用电线路发生故障，则应先检查同级低压线路，如查看楼道照明线路和电梯供电电路是否正常，如图14-13所示。

进入楼道，按下楼内的照明灯开关，查看照明灯的状态，再查看电梯是否正常运行

图14-13　检查同级低压线路

2 检查电能表的输出

若发现楼内照明灯可正常点亮，并且电梯也可以正常运行，说明用户的供配电线路有故障，如图14-14所示，应当使用钳形表检查该用户配电箱中的线路是否有电流通过，观察电能表是否正常运转。

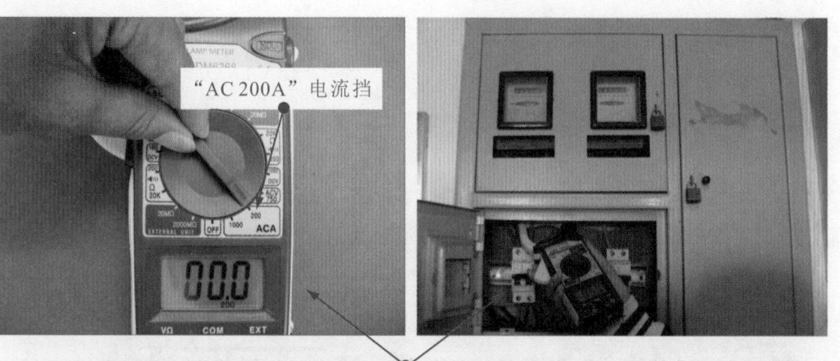

图14-14　检查电能表的输出

3 检查配电箱的输出

电能表有电流通过，说明该用户的电能表正常，继续使用钳形表检查配电箱中的断路器是否有电流输出，如图14-15所示。

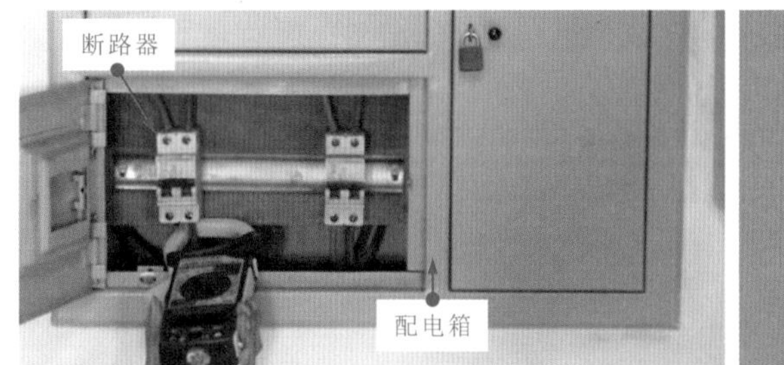

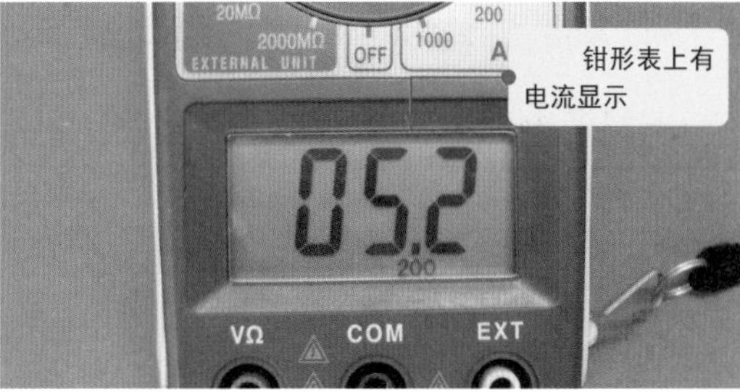

图14-15 检查配电箱的输出

4 检查总断路器

当用户配电箱输出的供电电压正常时，应当继续检查用户配电盘中的总断路器，可以使用电子试电笔检查，如图14-16所示。

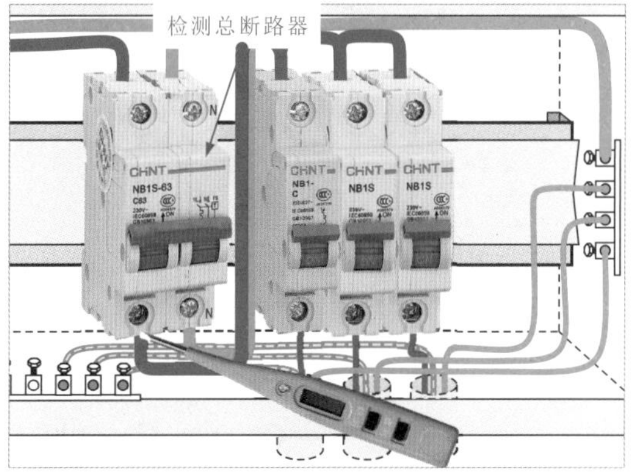

图14-16 检查总断路器

5 检查进入配电盘的线路

若配电盘内的总断路器无电压，可使用电子试电笔检测进入配电盘的供电线路是否正常，如图14-17所示，找到损坏的线路或部件，修复或更换，从而排除故障。

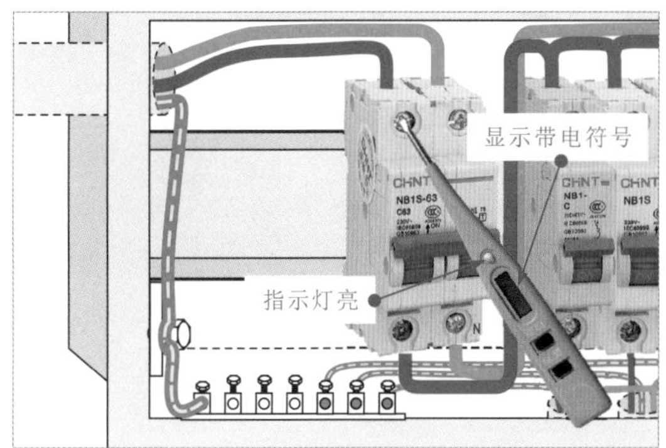

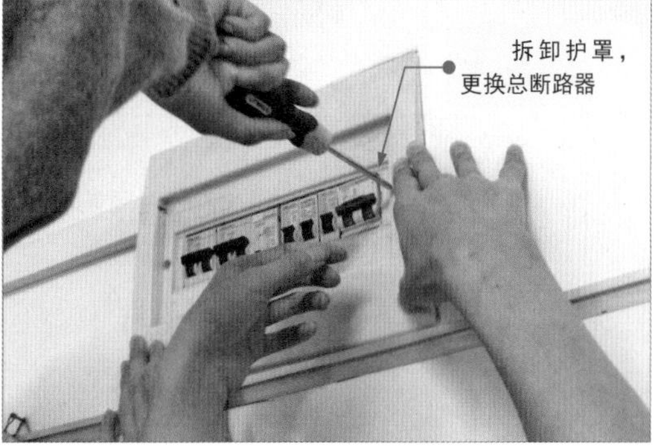

图14-17 检查进入配电盘的电路

14.3 常见高压供配电线路

14.3.1 小型变电所配电线路

小型变电所配电线路是一种可将6～10kV高压变为220/380V低压的配电线路，主要由两个供配电线路组成。这种接线方式的变电所可靠性较高，任意一条供电线路或线路中的部件有问题时，通过低压处的开关，可迅速恢复整个变电所的供电，实际应用过程如图14-18所示。

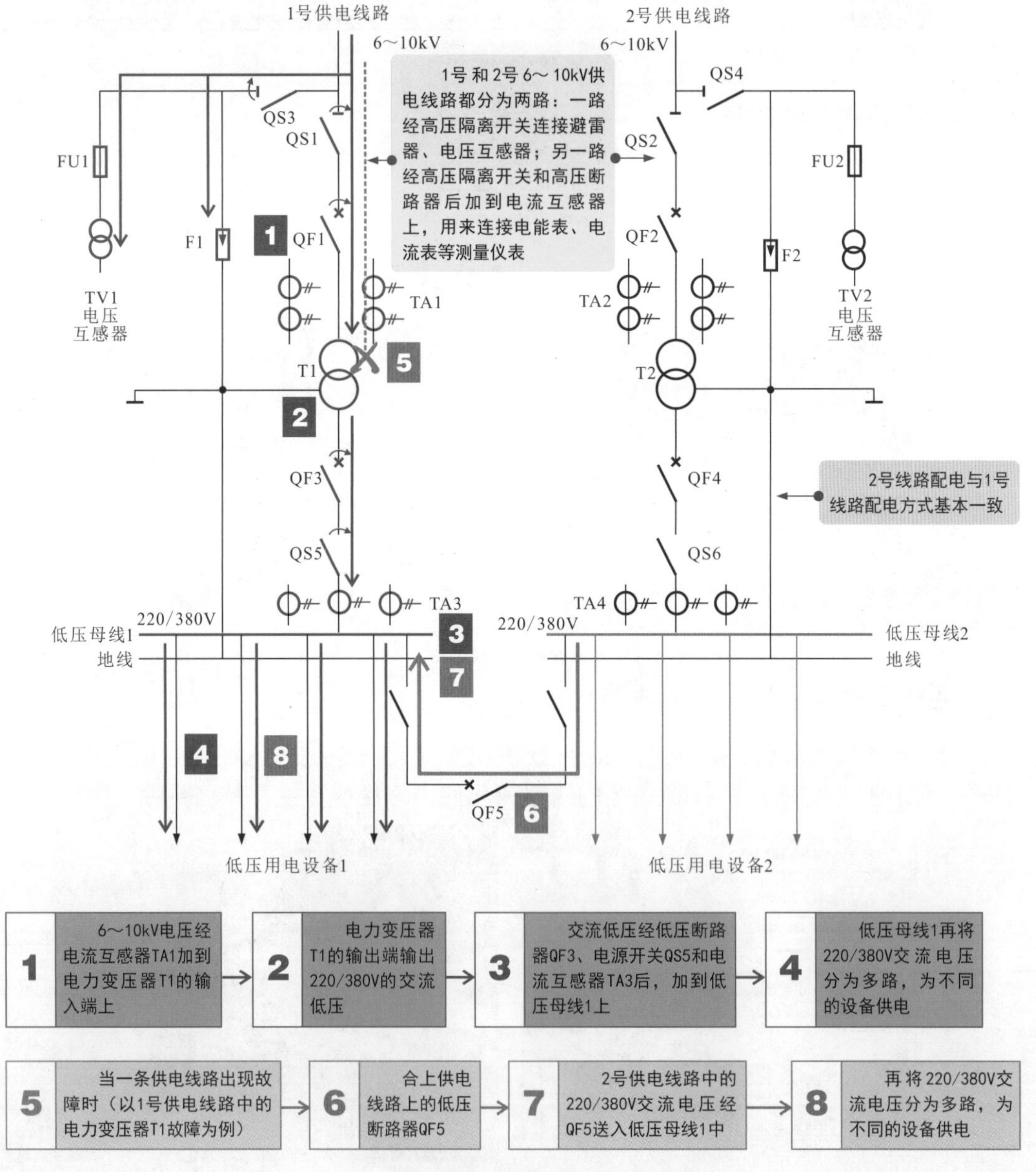

图14-18 小型变电所配电线路的实际应用过程

14.3.2 6～10/0.4kV高压配电所供配电线路

6～10/0.4kV高压配电所供配电线路是一种比较常见的配电线路。该配电线路先将来自架空线的6～10kV三相交流高压经变压器降为400V的交流低压后，再分配，实际应用过程如图14-19所示。

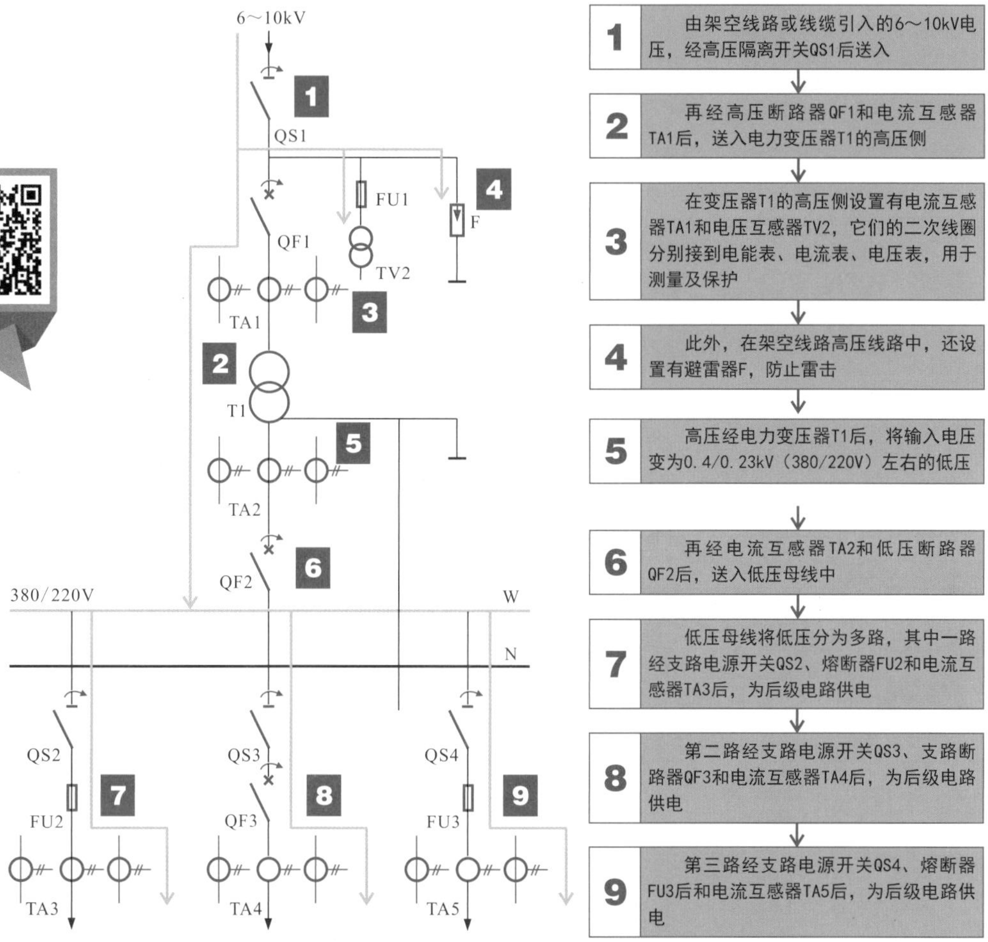

6～10kV
QS1
FU1
TV2
F
QF1
TA1
T1
TA2
QF2
380/220V
W
N
QS2
FU2
TA3
QS3
QF3
TA4
QS4
FU3
TA5
1 由架空线路或线缆引入的6～10kV电压，经高压隔离开关QS1后送入
2 再经高压断路器QF1和电流互感器TA1后，送入电力变压器T1的高压侧
3 在变压器T1的高压侧设置有电流互感器TA1和电压互感器TV2，它们的二次线圈分别接到电能表、电流表、电压表，用于测量及保护
4 此外，在架空线路高压线路中，还设置有避雷器F，防止雷击
5 高压经电力变压器T1后，将输入电压变为0.4/0.23kV（380/220V）左右的低压
6 再经电流互感器TA2和低压断路器QF2后，送入低压母线中
7 低压母线将低压分为多路，其中一路经支路电源开关QS2、熔断器FU2和电流互感器TA3后，为后级电路供电
8 第二路经支路电源开关QS3、支路断路器QF3和电流互感器TA4后，为后级电路供电
9 第三路经支路电源开关QS4、熔断器FU3后和电流互感器TA5后，为后级电路供电

图14-19 6～10/0.4kV高压配电所供配电线路的实际应用过程

如图14-20所示，当负荷小于315kV·A时，还可以在高压端采用跌落式熔断器、隔离开关+熔断器、负荷开关+熔断器三种控制线路对变压器实施高压控制。

6～10kV
跌落式
熔断器
FU
FU1
6～10kV
隔离开关
+
熔断器
QS
FU
FU1
6～10kV
负荷开关
+
熔断器
QL
FU
FU1

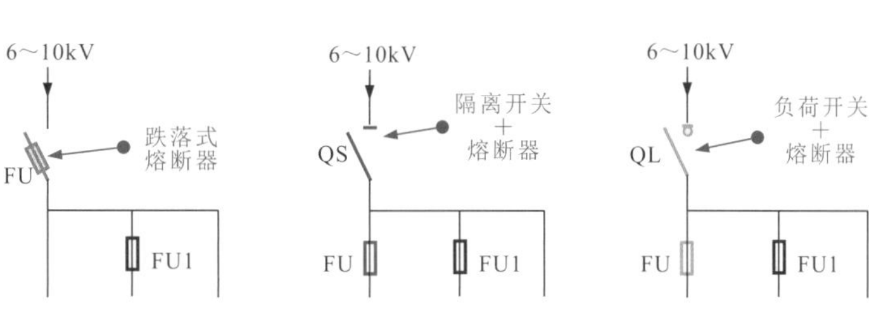

图14-20 其他三种控制方式

14.3.3 总降压变电所供配电线路

总降压变电所供配电线路是高压供配电系统的重要组成部分，可实现将电力系统中的35～110kV电源电压降为6～10kV高压配电电压，并供给后级配电线路，实际应用过程如图14-21所示。

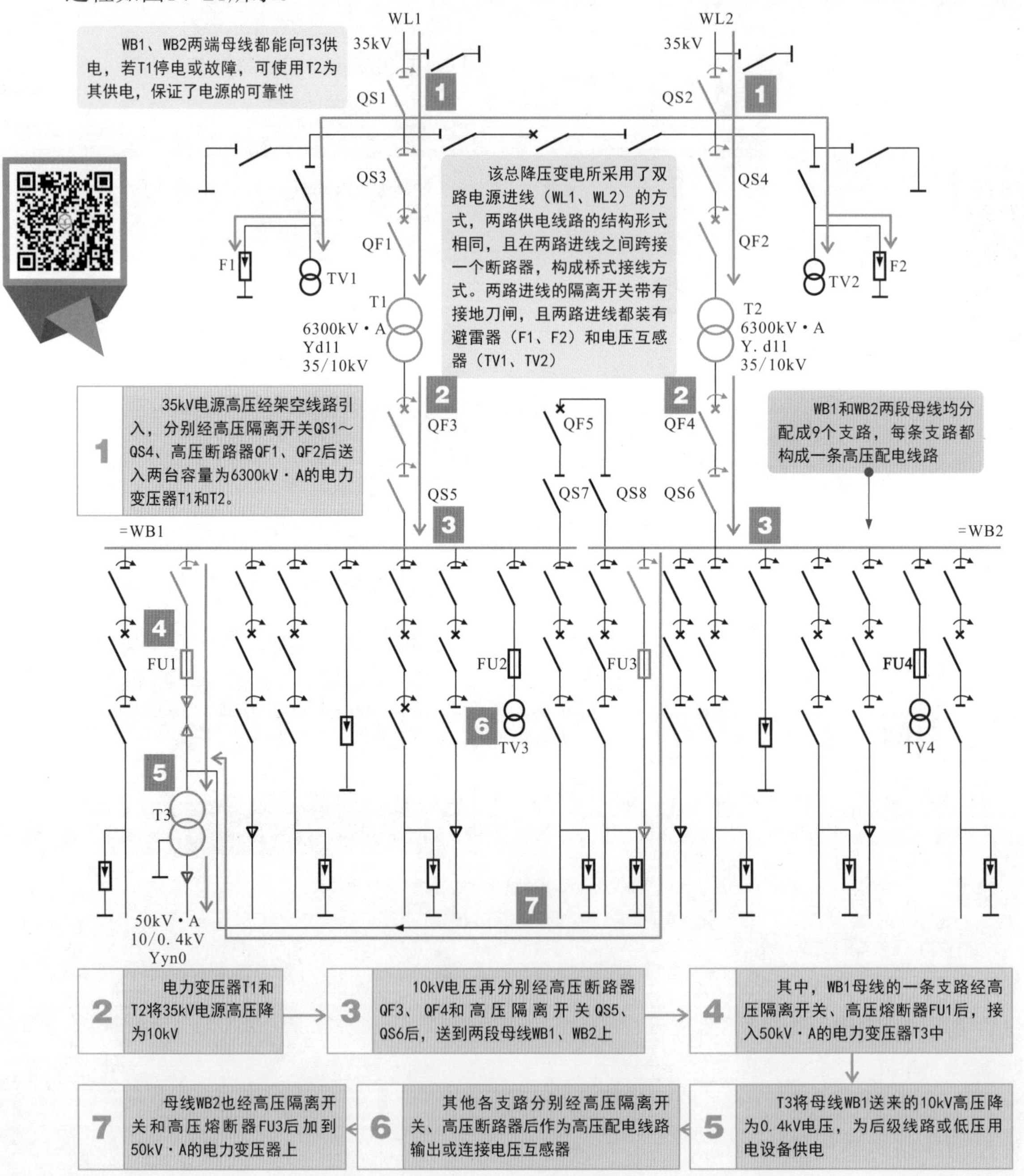

WB1、WB2两端母线都能向T3供电，若T1停电或故障，可使用T2为其供电，保证了电源的可靠性
该总降压变电所采用了双路电源进线（WL1、WL2）的方式，两路供电线路的结构形式相同，且在两路进线之间跨接一个断路器，构成桥式接线方式。两路进线的隔离开关带有接地刀闸，且两路进线都装有避雷器（F1、F2）和电压互感器（TV1、TV2）
1 35kV电源高压经架空线路引入，分别经高压隔离开关QS1～QS4、高压断路器QF1、QF2后送入两台容量为6300kV・A的电力变压器T1和T2。
WB1和WB2两段母线均分配成9个支路，每条支路都构成一条高压配电线路
WL1
WL2
35kV
QS1
QS2
QS3
QS4
QF1
QF2
F1
F2
TV1
TV2
T1
6300kV・A
Yd11
35/10kV
T2
6300kV・A
Y. d11
35/10kV
QF3
QF4
QF5
QS5
QS6
QS7
QS8
=WB1
=WB2
FU1
FU2
FU3
FU4
TV3
TV4
T3
50kV・A
10/0. 4kV
Yyn0
2 电力变压器T1和T2将35kV电源高压降为10kV
3 10kV电压再分别经高压断路器QF3、QF4和高压隔离开关QS5、QS6后，送到两段母线WB1、WB2上
4 其中，WB1母线的一条支路经高压隔离开关、高压熔断器FU1后，接入50kV・A的电力变压器T3中
5 T3将母线WB1送来的10kV高压降为0.4kV电压，为后级线路或低压用电设备供电
6 其他各支路分别经高压隔离开关、高压断路器后作为高压配电线路输出或连接电压互感器
7 母线WB2也经高压隔离开关和高压熔断器FU3后加到50kV・A的电力变压器上

图14-21 总降压变电所供配电线路的实际应用过程

14.3.4 工厂35kV变电所配电线路

工厂35kV变电所配电线路适用于城市内高压电力传输，可将35kV的高压经变压器后变为10kV电压，送往各个车间的10kV变电室中，提供车间动力、照明及电气设备用电；再将10kV电源降到0.4kV（380V），送往办公室、食堂、宿舍等公共用电场所。线路实际应用过程如图14-22所示。

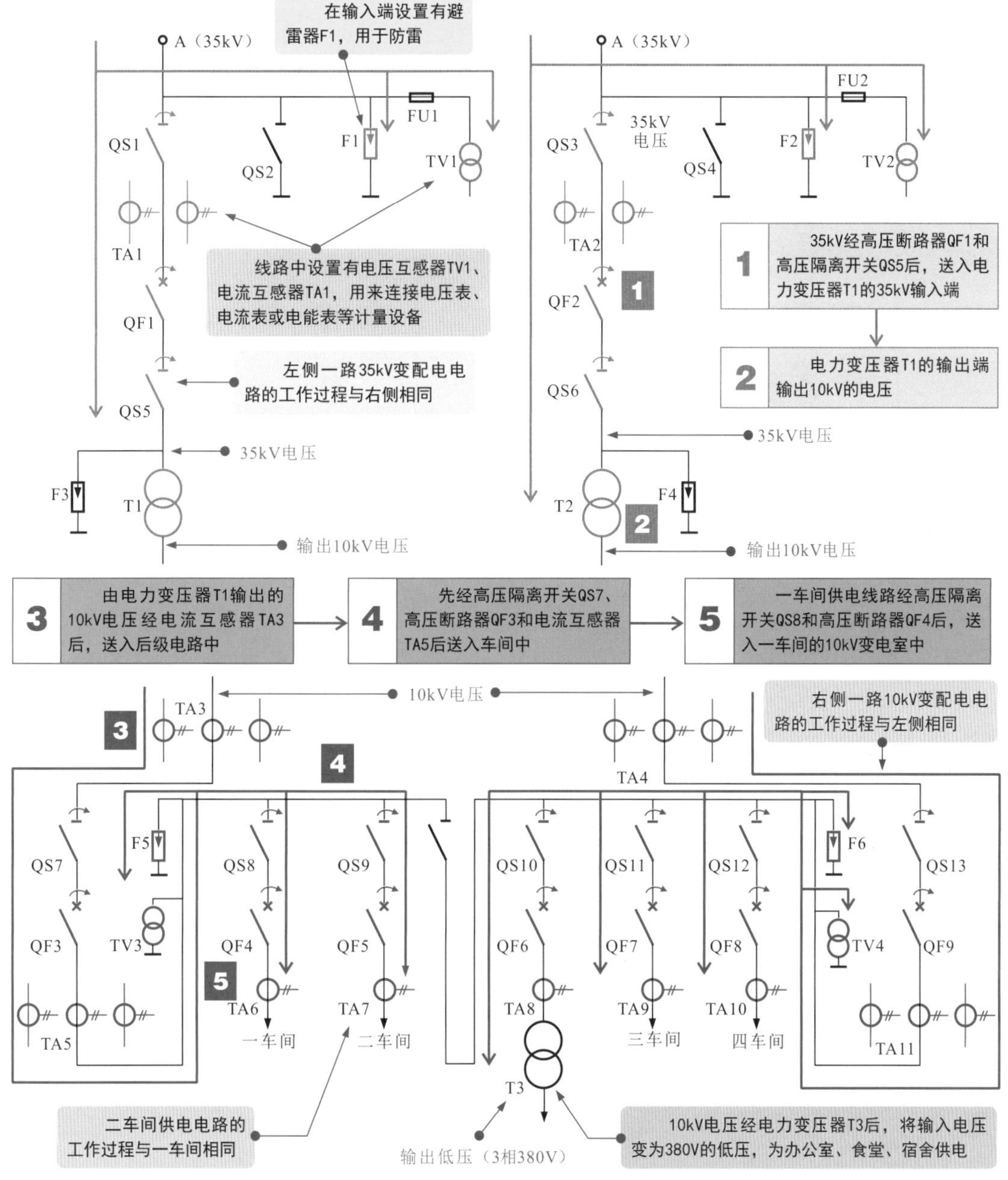

图14-22 工厂35kV变电所配电线路的实际应用过程

14.3.5 工厂高压变电所配电线路

工厂高压变电所配电线路是一种由工厂将高压输电线送来的高压进行降压和分配，分为高压和低压部分，10 kV高压经车间内的变电所后变为低压，为用电设备供电。线路实际应用过程如图14-23所示。

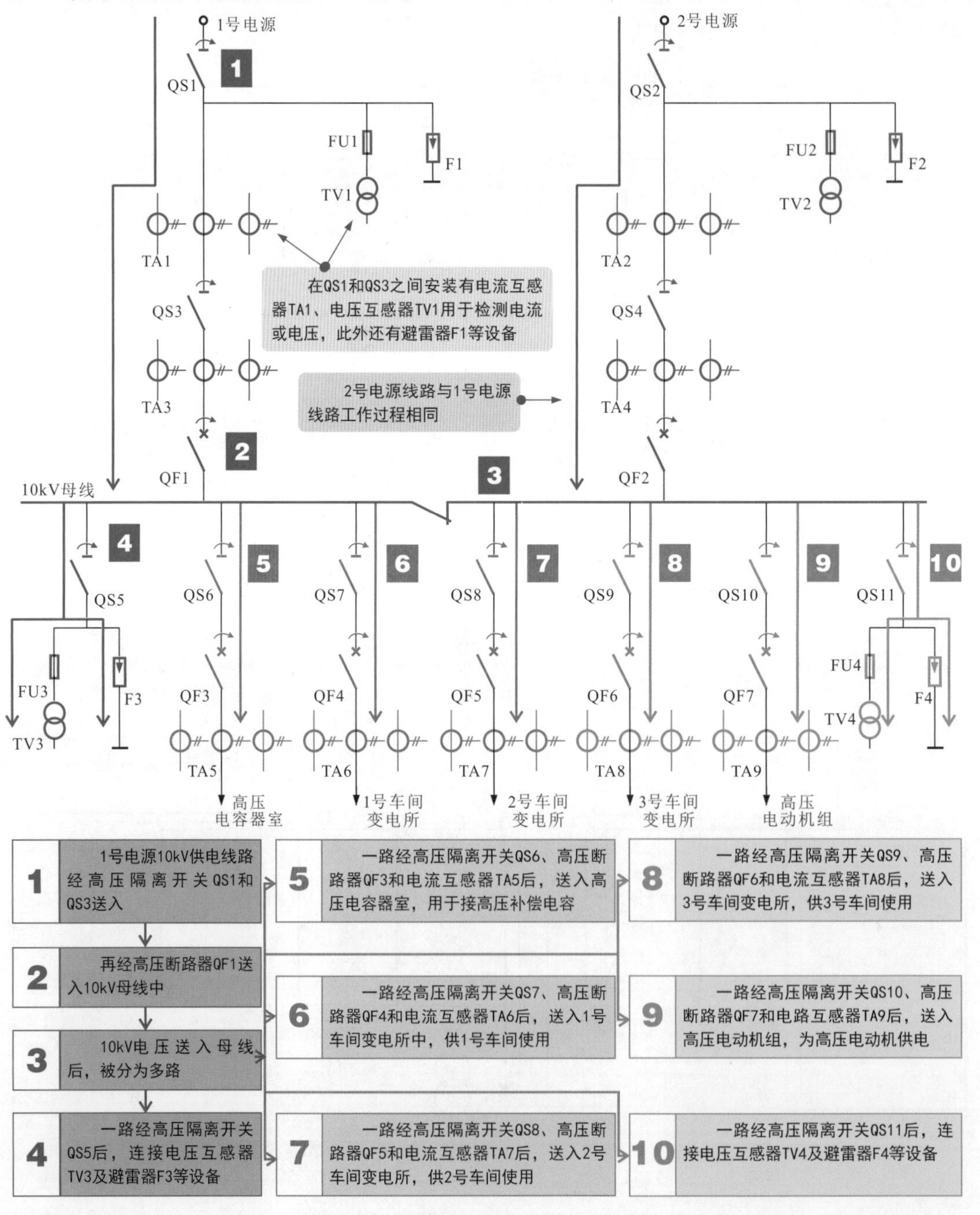

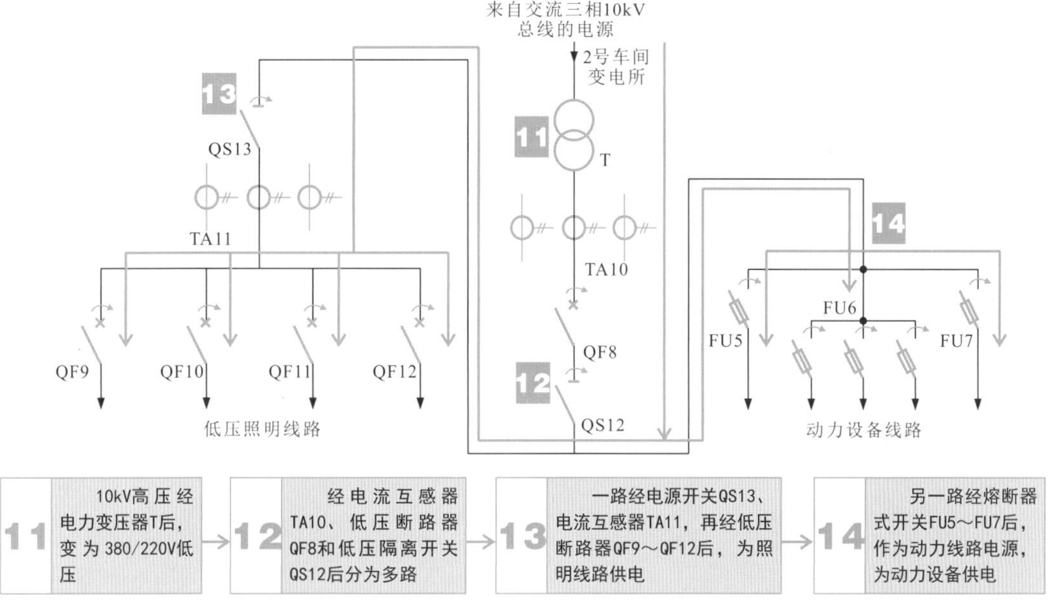

图14-23 工厂高压变电所配电线路的实际应用过程

14.3.6 高压配电所的一次变压供配电线路

高压配电所的一次变压供电线路有两路独立的供电线路，采用单母线分段接线形式，当一路有故障时，可由另一路为设备供电。线路实际应用过程如图14-24所示。

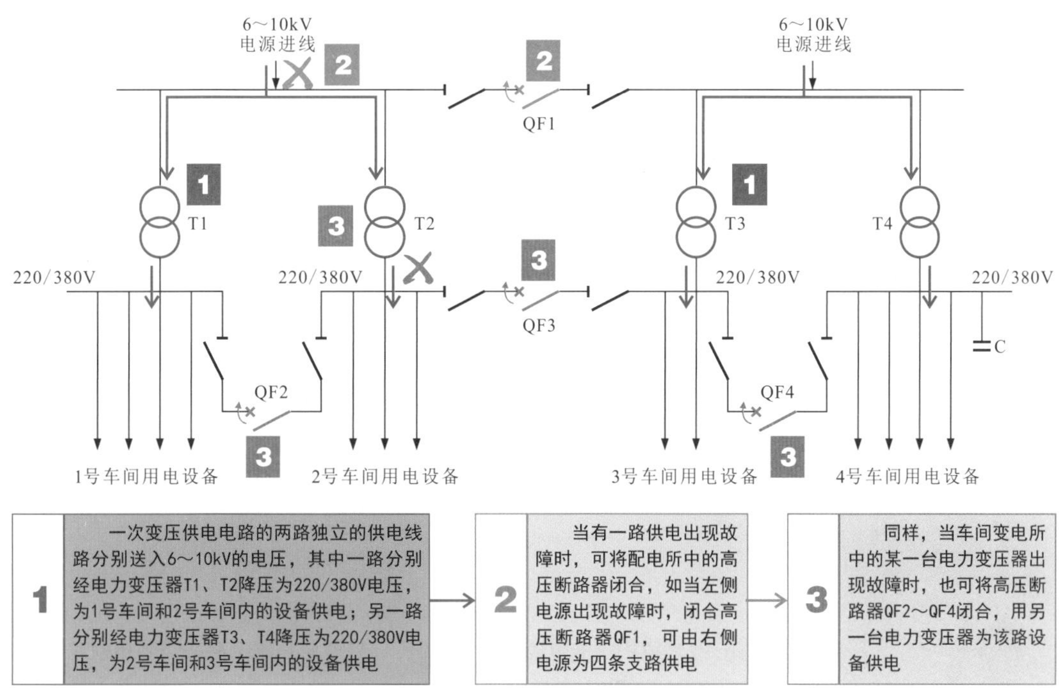

图14-24 高压配电所的一次变压供配电线路的实际应用过程

14.4 常见低压供配电线路

14.4.1 单相电源双路互备自动供电线路

单相电源双路互备自动供电线路是为了防止电源出现故障时造成照明或用电设备停止工作的电路。电路工作时，先后按下两路电源供电线路的控制开关（先按下开关的一路即为主电源，后按下开关的一路为备用电源）。用电设备便会在主电源供电的情况下供电，一旦主电源供电出现故障，供电电路便会自动启动备用电源供电，确保用电设备的正常运行。线路实际应用过程如图14-25所示。

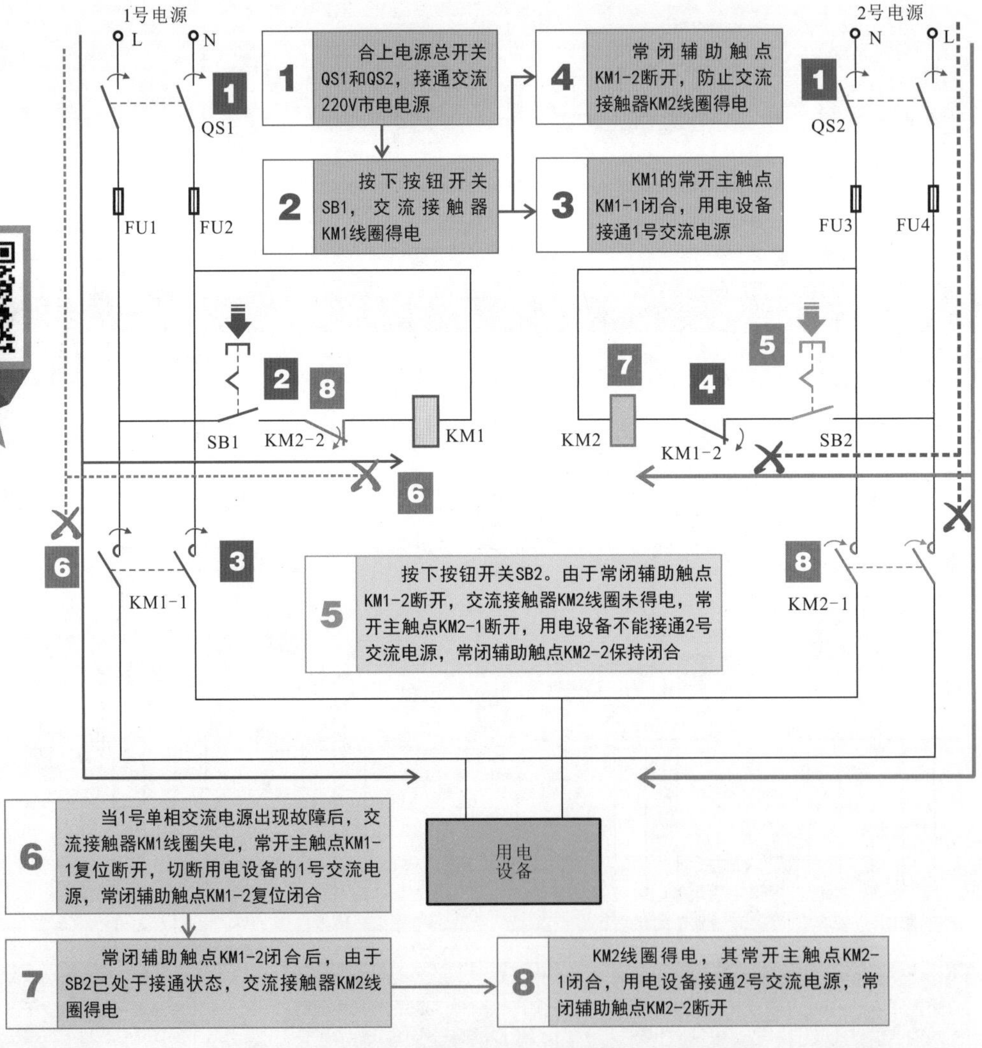

1号电源 L N QS1 FU1 FU2 SB1 KM2-2 KM1 KM1-1

2号电源 N L QS2 FU3 FU4 KM2 KM1-2 SB2 KM2-1

用电设备

1 合上电源总开关QS1和QS2，接通交流220V市电电源

2 按下按钮开关SB1，交流接触器KM1线圈得电

3 KM1的常开主触点KM1-1闭合，用电设备接通1号交流电源

4 常闭辅助触点KM1-2断开，防止交流接触器KM2线圈得电

5 按下按钮开关SB2。由于常闭辅助触点KM1-2断开，交流接触器KM2线圈未得电，常开主触点KM2-1断开，用电设备不能接通2号交流电源，常闭辅助触点KM2-2保持闭合

6 当1号单相交流电源出现故障后，交流接触器KM1线圈失电，常开主触点KM1-1复位断开，切断用电设备的1号交流电源，常闭辅助触点KM1-2复位闭合

7 常闭辅助触点KM1-2闭合后，由于SB2已处于接通状态，交流接触器KM2线圈得电

8 KM2线圈得电，其常开主触点KM2-1闭合，用电设备接通2号交流电源，常闭辅助触点KM2-2断开

图14-25 单相电源双路互备自动供电线路的实际应用过程

此外，若想让2号单相交流电源作为主电源，1号单相交流电源作为备用电源，则应首先按下按钮开关SB2，使交流接触器KM2线圈首先得电，再按下按钮开关SB1，将1号作为备用电源。

14.4.2 低层楼宇供配电线路

低层楼宇供配电线路是一种适用于六层楼以下的供配电线路，主要是由低压配电室、楼层配线间及室内配电盘等部分构成的。

该配电线路中的电源引入线（380/220V架空线）选用三相四线制，有三根相线和一根零线。进户线有三条，分别为一根相线、一根零线和一根地线。线路实际应用过程如图14-26所示。

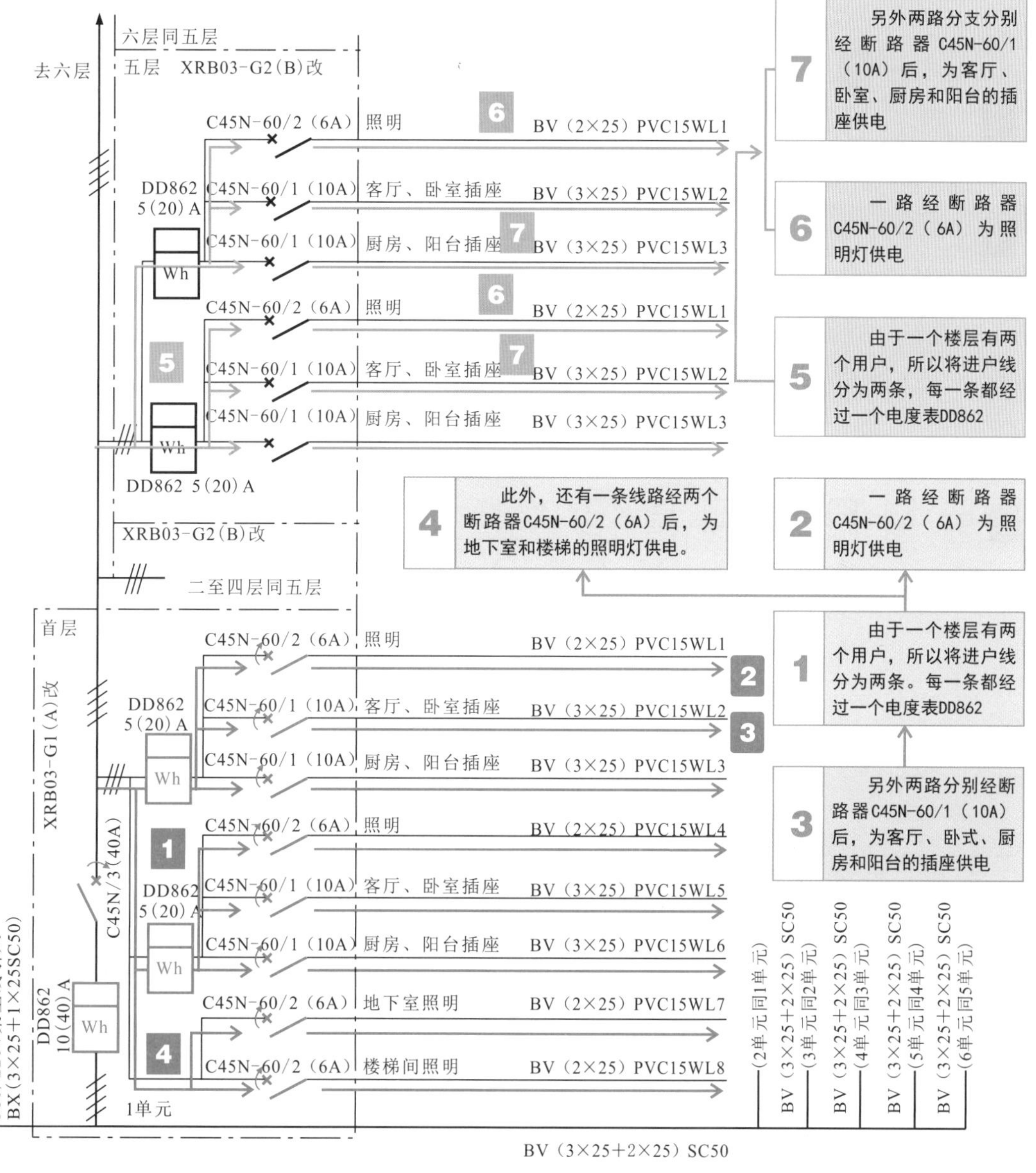

图14-26 低层楼宇供配电线路的实际应用过程

14.4.3 住宅小区低压配电线路

如图14-27所示，住宅小区低压配电线路是一种典型的低压供配电线路，一般由高压供配电线路变压后引入，经小区中的配电柜初步分配后，送到各个住宅楼单元中为住户供电，同时为整个小区内的公共照明、电梯、水泵等设备供电。

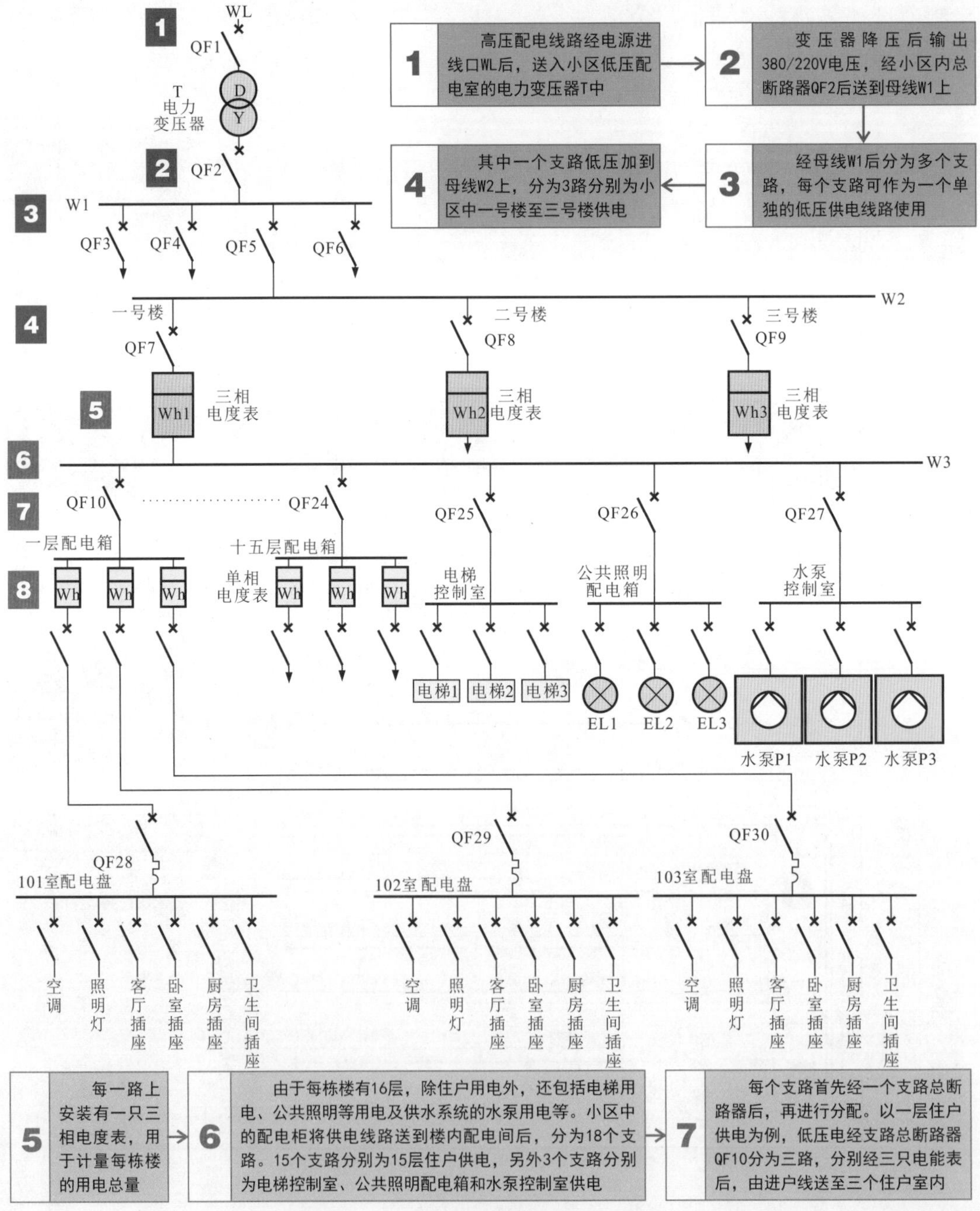

图14-27 住宅小区低压配电线路的实际应用过程

14.4.4 低压配电柜供配电线路

如图14-28所示，低压配电柜供配电线路主要用来传输和分配低电压，为低压用电设备供电。该线路中，一路作为常用电源，另一路作为备用电源，当两路电源均正常时，黄色指示灯HL1、HL2均点亮，若指示灯HL1不能正常点亮，则说明常用电源出现故障或停电，此时需使用备用电源供电，使该低压配电柜能够维持正常工作。

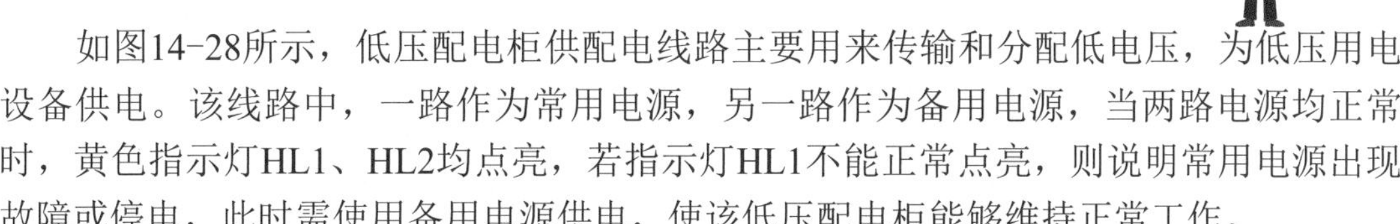

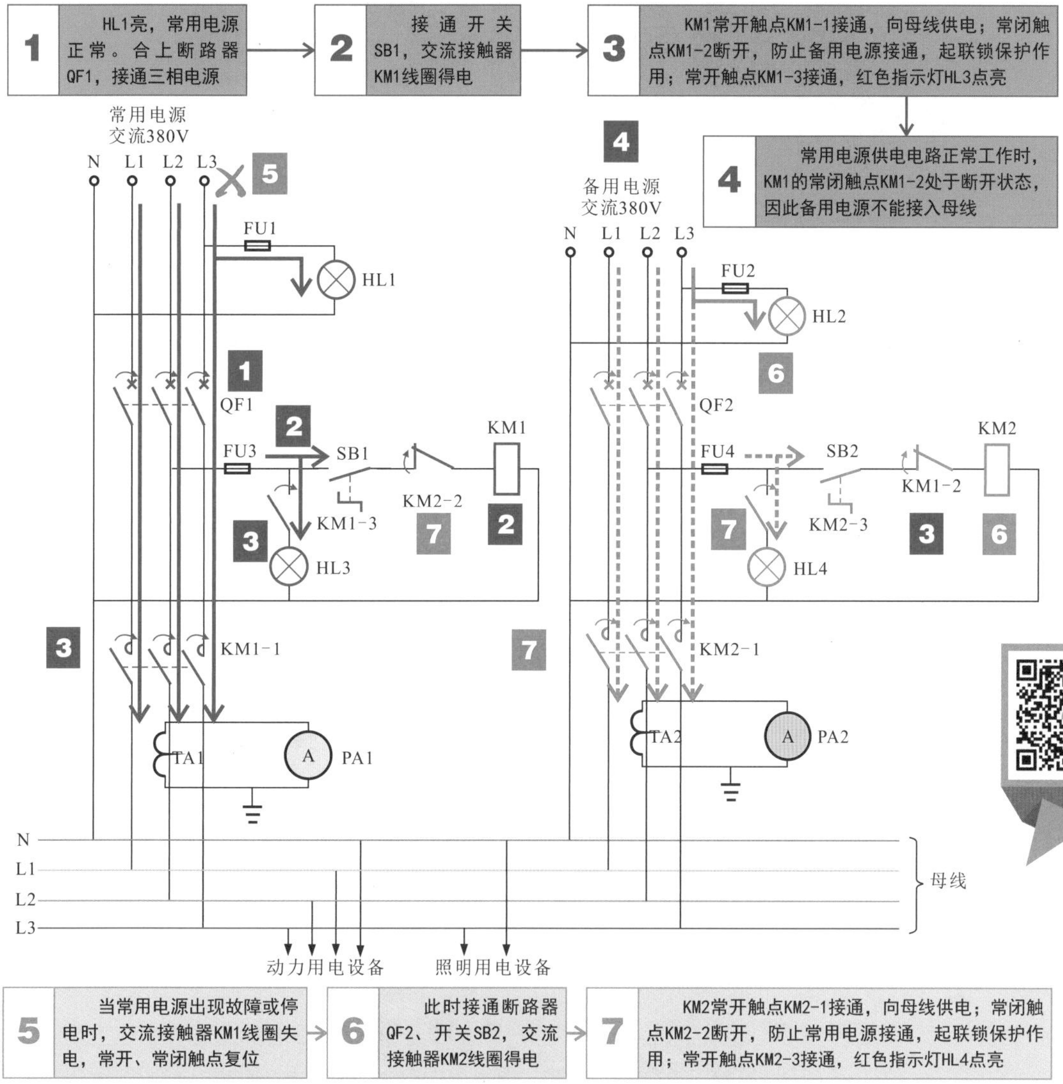

1 HL1亮，常用电源正常。合上断路器QF1，接通三相电源

2 接通开关SB1，交流接触器KM1线圈得电

3 KM1常开触点KM1-1接通，向母线供电；常闭触点KM1-2断开，防止备用电源接通，起联锁保护作用；常开触点KM1-3接通，红色指示灯HL3点亮

4 常用电源供电电路正常工作时，KM1的常闭触点KM1-2处于断开状态，因此备用电源不能接入母线

常用电源 交流380V

N L1 L2 L3 FU1 HL1 QF1 SB1 FU3 KM1 KM1-3 KM2-2 HL3 KM1-1 TA1 PA1

备用电源 交流380V

N L1 L2 L3 FU2 HL2 QF2 FU4 SB2 KM2 KM1-2 KM2-3 HL4 KM2-1 TA2 PA2

N L1 L2 L3 母线

动力用电设备 照明用电设备

5 当常用电源出现故障或停电时，交流接触器KM1线圈失电，常开、常闭触点复位

6 此时接通断路器QF2、开关SB2，交流接触器KM2线圈得电

7 KM2常开触点KM2-1接通，向母线供电；常闭触点KM2-2断开，防止常用电源接通，起联锁保护作用；常开触点KM2-3接通，红色指示灯HL4点亮

图14-28 低压配电柜供配电线路的实际应用过程

当常用电源恢复正常后，由于交流接触器KM2的常闭触点KM2-2处于断开状态，因此交流接触器KM1不能得电，常开触点KM1-1不能自动接通，此时需要断开开关SB2使交流接触器KM2线圈失电，常开、常闭触点复位，为交流接触器KM1线圈再次工作提供条件，此时再操作SB1才起作用。

第15章 照明控制线路及检修调试技能

15.1 照明控制线路的结构特征

15.1.1 室内照明控制线路的结构特征

如图15-1所示，室内照明控制线路是指应用在室内场合，当室内光线不足的情况下用来创造明亮环境的照明线路。

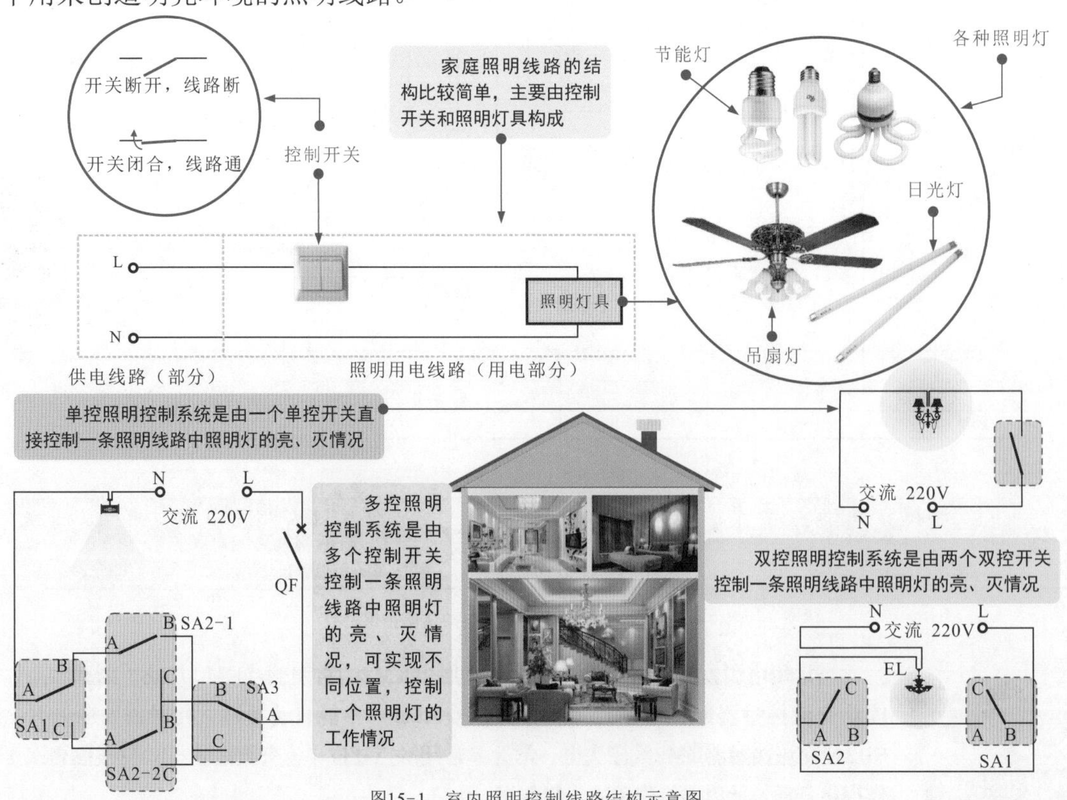

图15-1　室内照明控制线路结构示意图

照明电路依靠开关、电子元件等控制部件来控制照明灯具，进而完成对照明灯具数量、亮度、开关状态及时间的控制。图15-2为典型三个开关控制一盏灯的照明控制线路的结构。

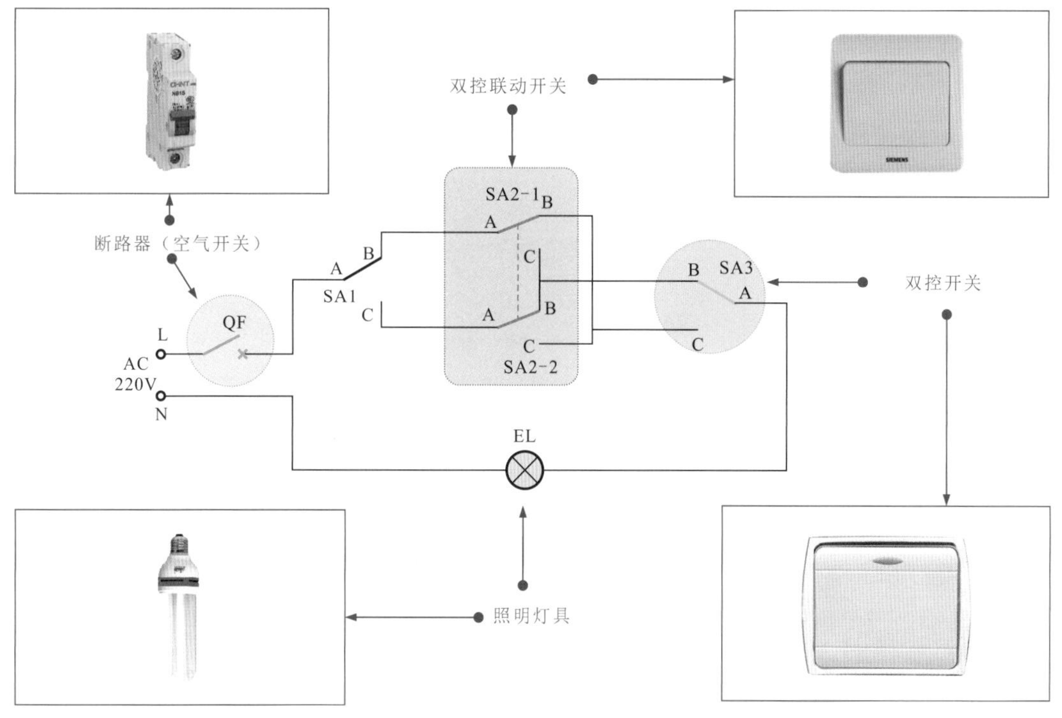

图15-2 典型室内照明控制线路的结构

图15-3为典型三个开关控制一盏灯的连接关系示意图。

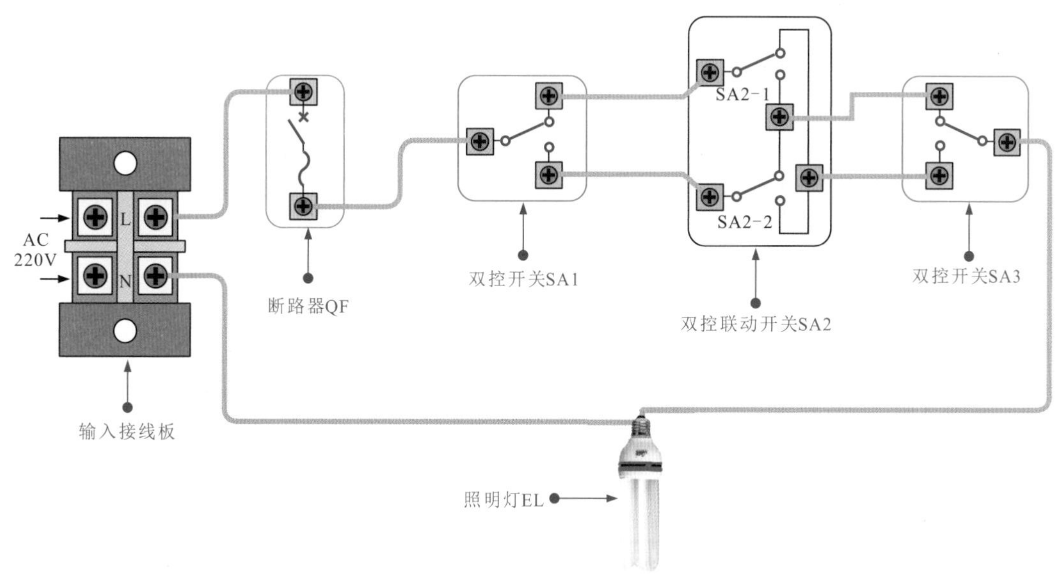

图15-3 典型三个开关控制一盏灯的连接关系示意图

15.1.2 公共照明控制线路的结构特征

公共照明控制线路是指在公共场所，当自然光线不足的情况下，用来创造明亮环境的照明控制线路。图15-4为典型公共照明控制线路的结构。

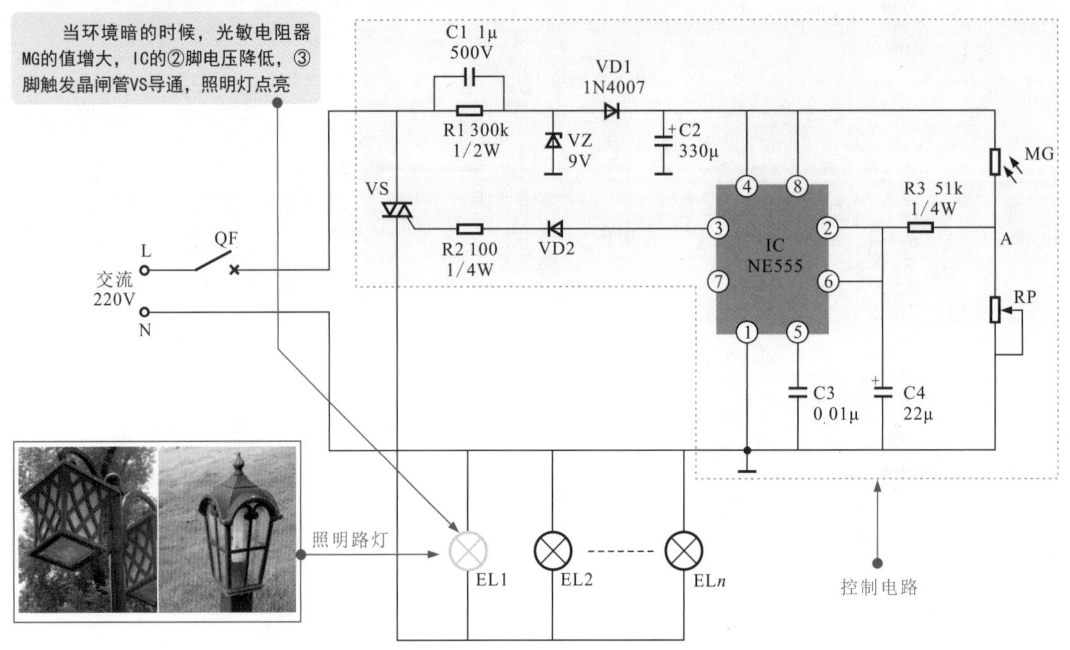

图15-4 典型公共照明控制线路的结构

图15-5为典型公共照明控制线路的连接关系示意图。

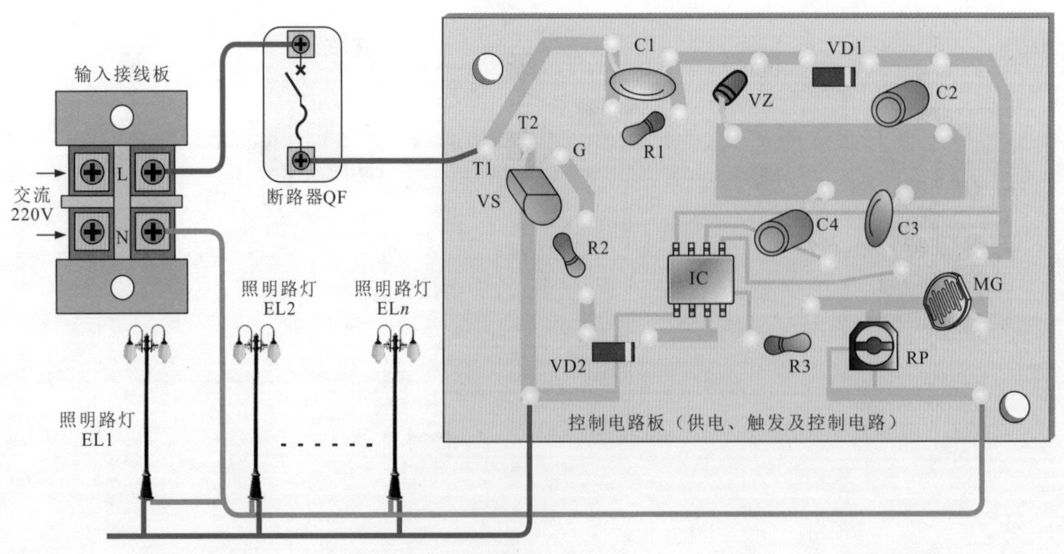

图15-5 典型公共照明控制线路的连接关系示意图

15.2 照明控制线路的检修调试

15.2.1 室内照明控制线路的检修调试

当室内照明控制线路出现故障时，可以通过故障现象，分析整个照明控制线路，如图15-6所示，缩小故障范围，锁定故障器件。

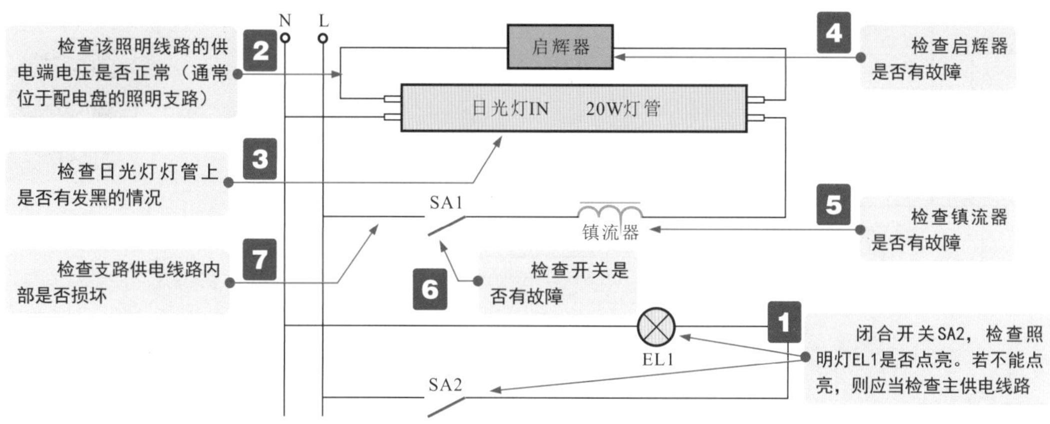

图15-6 典型室内照明控制线路的故障分析

当楼道照明控制线路出现故障时，可以通过故障现象，分析整个照明控制线路，如图15-7所示，缩小故障范围，锁定故障器件。

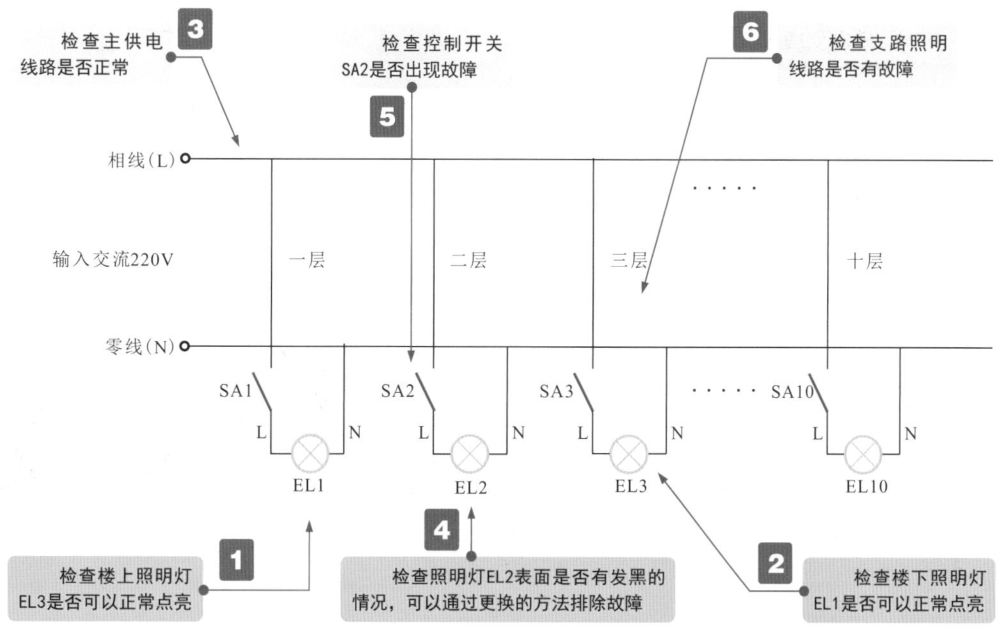

图15-7 典型楼道照明控制线路的故障分析

1 室内照明控制线路的检修调试

当室内照明线路出现故障时，应先了解该照明线路的控制方式，然后根据该线路的控制方式，按照检修流程对照明线路进行检修，如图15-8所示。

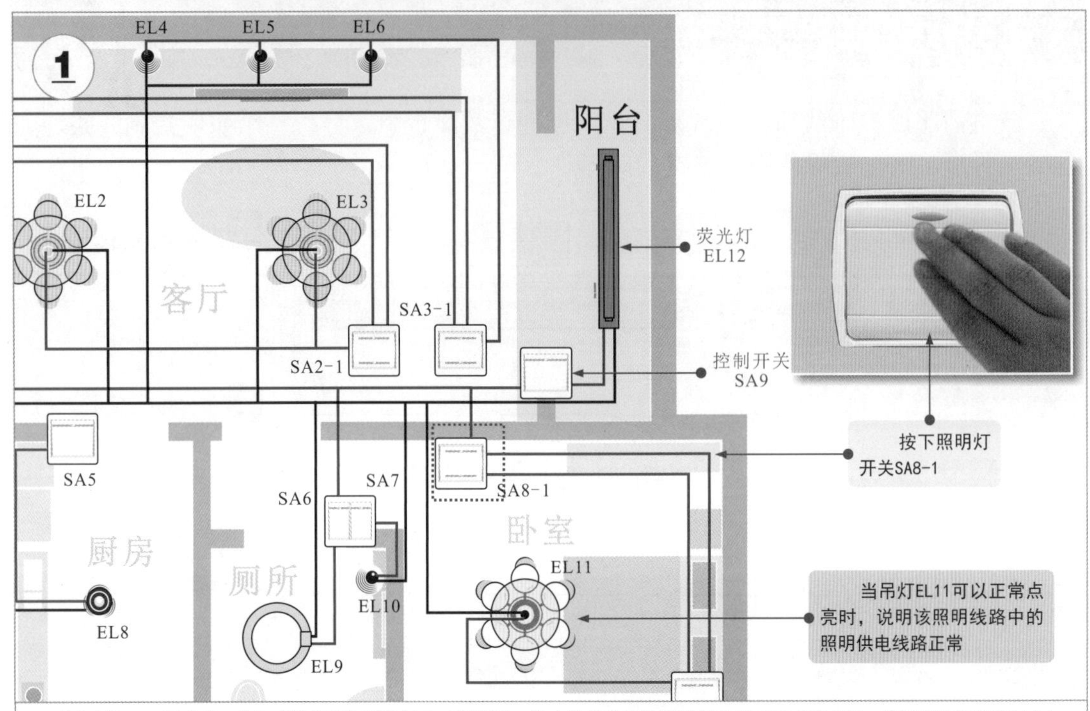

当荧光灯EL12不亮时，首先应当检查与荧光灯EL12使用同一供电线缆的其他照明灯是否可以正常点亮，按下照明灯开关SA8-1，检查其控制的吊灯EL11是否可以正常点亮。当吊灯EL11可以正常点亮时，说明该照明线路中的照明供电线路正常。

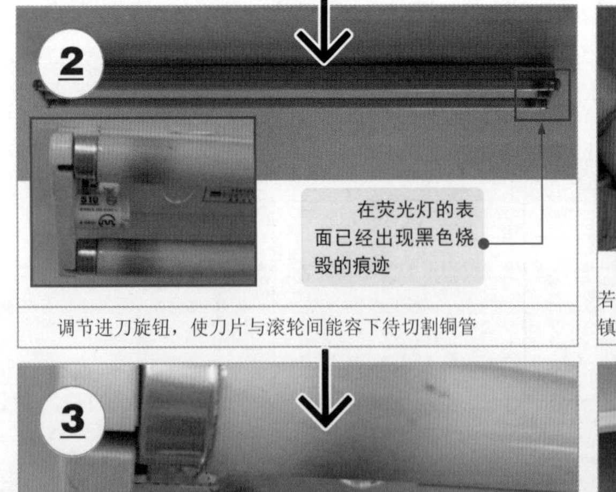

调节进刀旋钮，使刀片与滚轮间能容下待切割铜管

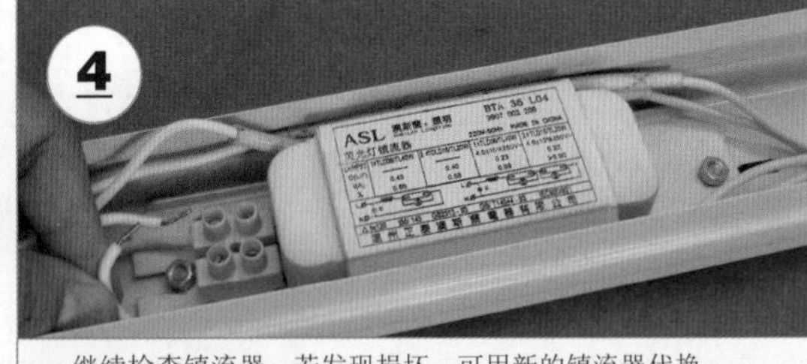

继续检查镇流器，若发现损坏，可用新的镇流器代换，若荧光灯正常点亮，则说明故障排除；否则说明故障不是由镇流器引起的

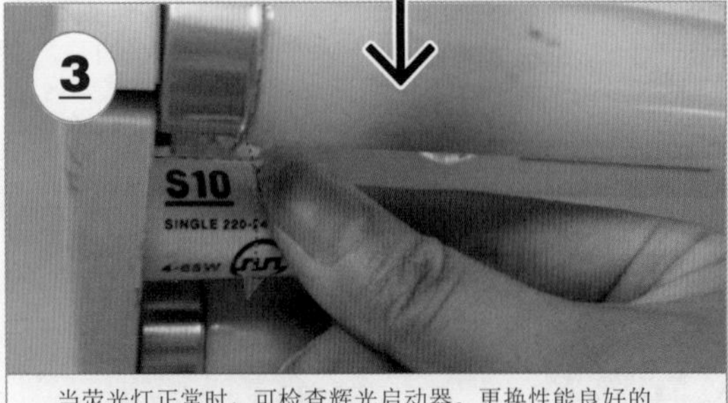

当荧光灯正常时，可检查辉光启动器。更换性能良好的辉光启动器。若荧光灯同样无法点亮，则辉光启动器正常

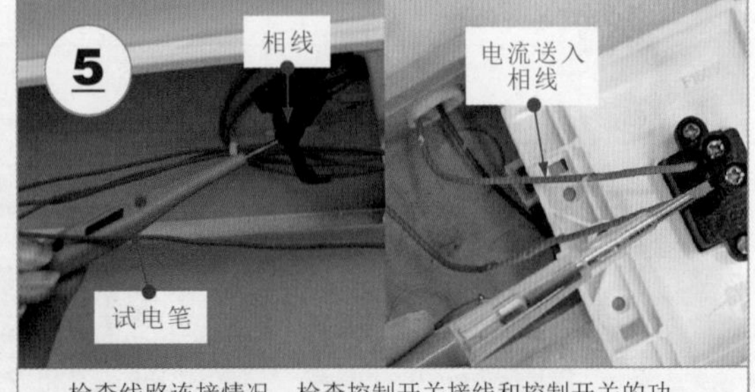

检查线路连接情况，检查控制开关接线和控制开关的功能状态，找到故障部位，排除故障

图15-8 室内照明控制线路的检修方法

2 楼道照明控制线路的检修调试

当楼道照明线路中出现故障时，应当查看该楼道照明控制系统的控制方式。由楼道配电箱中引出的相线连接触摸延时开关，经触摸延时开关连接至节能灯的灯口上，零线由楼道配电箱送出后连接至节能灯灯口。当楼道照明线路中某一层的节能灯不亮时，应当根据检修流程进行检查。图15-9为楼道照明控制线路的检修方法。

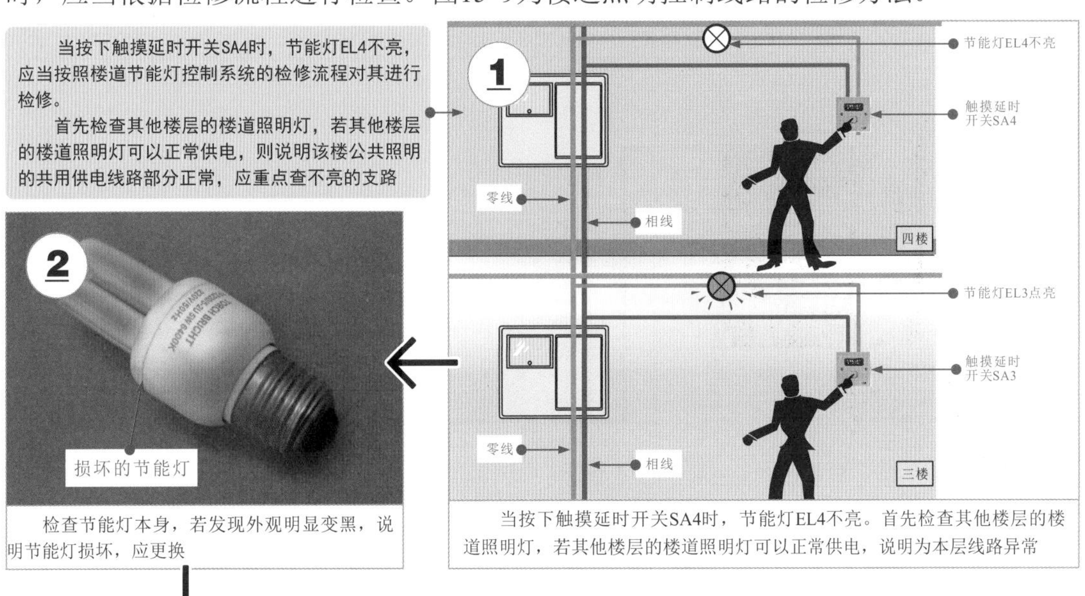

当按下触摸延时开关SA4时，节能灯EL4不亮，应当按照楼道节能灯控制系统的检修流程对其进行检修。
首先检查其他楼层的楼道照明灯，若其他楼层的楼道照明灯可以正常供电，则说明该楼公共照明的共用供电线路部分正常，应重点查不亮的支路
1
节能灯EL4不亮
触摸延时开关SA4
零线
相线
四楼
节能灯EL3点亮
触摸延时开关SA3
零线
相线
三楼
2
损坏的节能灯

检查节能灯本身，若发现外观明显变黑，说明节能灯损坏，应更换

当按下触摸延时开关SA4时，节能灯EL4不亮。首先检查其他楼层的楼道照明灯，若其他楼层的楼道照明灯可以正常供电，说明为本层线路异常

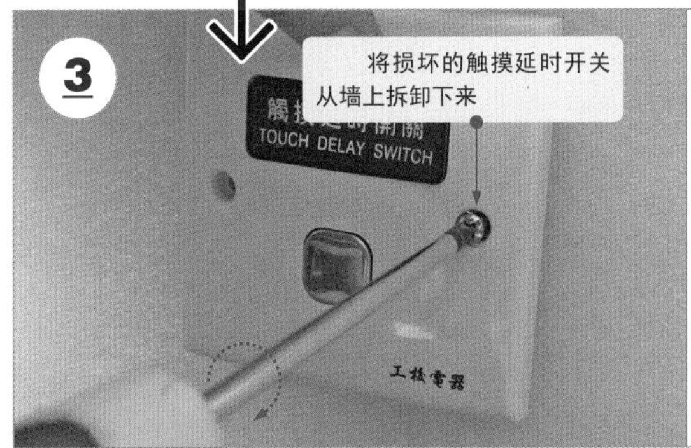

将损坏的触摸延时开关从墙上拆卸下来

将性能良好的触摸开关安装到原来的位置，并将连接线重新连接

当灯座正常时，应当继续对控制开关进行检查。楼道照明控制线路中使用的控制开关多为触摸式延时开关、声光控延时开关等，可以采用替换的方法对故障进行排除

图15-9 楼道照明控制系统的检修方法

触摸式延时开关的内部由多个电子元器件与集成电路构成，因此不能使用单控开关的检测方法对其进行检测。当需要判断其是否正常时，可以将其连接在220V供电线路中，并在电路中连接一只照明灯，在确定供电线路与照明灯都正常的情况下，触摸该开关，若可以控制照明灯点亮，则说明正常；若仍无法控制照明灯点亮，则说明已经损坏。

另外需要注意的是，楼道照明线路中，灯座的检查也不可忽略，若节能灯、控制开关均正常，则应查看灯座中的金属导体是否锈蚀，然后使用万用表检查供电电压，将两支表笔分别搭在灯座金属导体的相线和零线上，应当检测到交流220V左右的供电电压，否则说明灯座异常。

15.2.2 公共照明控制线路的检修调试

当公共照明控制线路出现故障时，可以通过故障现象，分析整个照明线路，如图15-10所示，缩小故障范围，锁定故障器件。

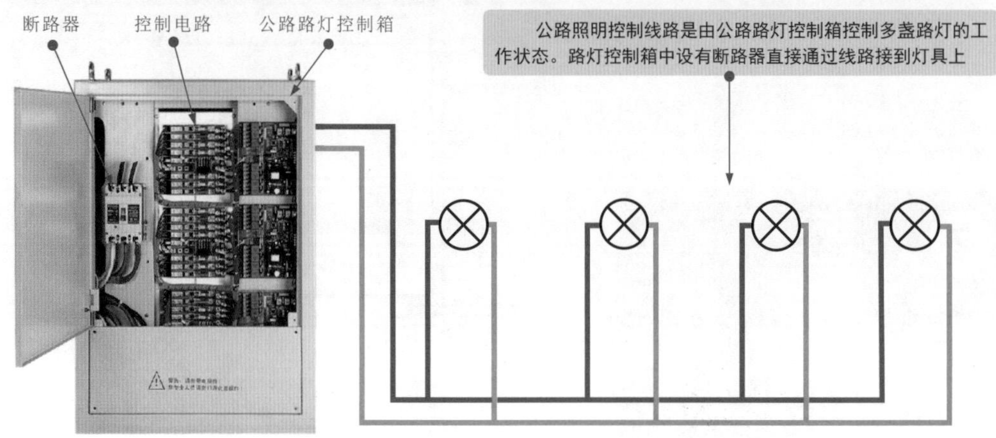

断路器
控制电路
公路路灯控制箱
公路照明控制线路是由公路路灯控制箱控制多盏路灯的工作状态。路灯控制箱中设有断路器直接通过线路接到灯具上

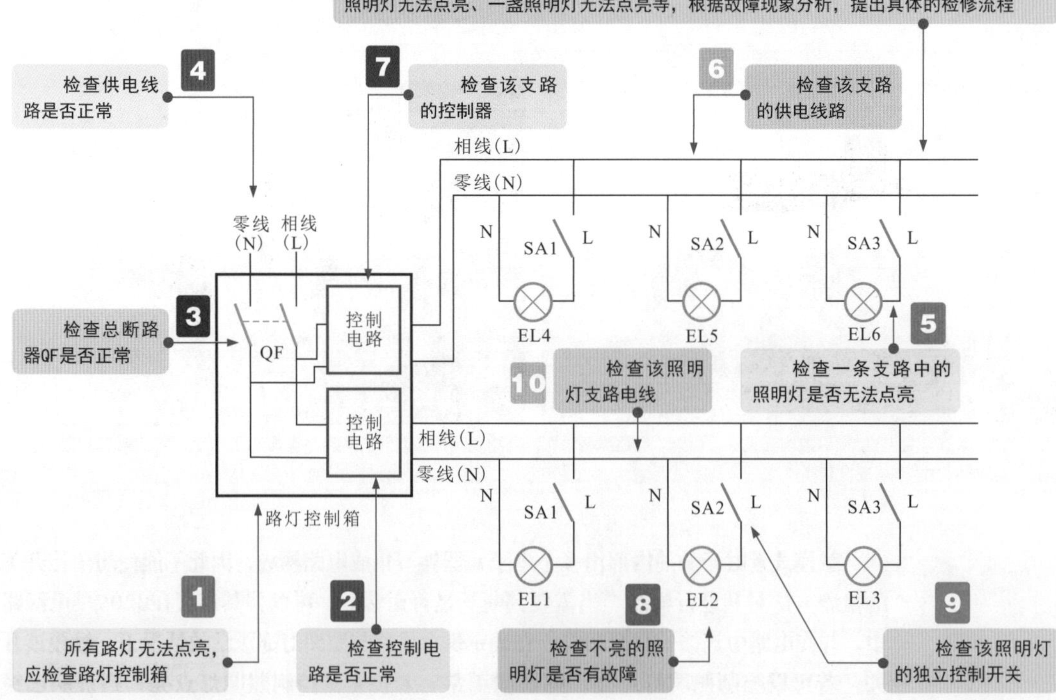

图15-10 典型公共照明控制线路的故障分析

当公路路灯出现白天点亮、黑夜熄灭的故障时，应当查看该线路的控制方式。若控制方式为控制器自动控制时，则可能是由于控制器的设置出现故障；若当控制方式为人为控制时，则可能是由于控制室操作失误导致的。

典型公共照明线路中多用一个控制器控制多盏照明路灯。该电路可分为供电线路、触发及控制线路和照明路灯三个部分。图15-11为典型公共照明控制线路的检修调试。

触发及控制线路

供电线路

L QF

交流 220V

N

R1 300k 1/2W

VD1 1N4007

VS 9V

C2 330μ

MG

C1 1μ 500V

VT

R2 100 1/4W

VD2

IC NE555

R3 51k 1/4W

RP

C4 22μ

C3 0.01μ

EL1 EL2 …… ELn 小区路灯

交流220V电压经断路器QF后，送入控制线路

检查供电线路是否发生故障

控制线路一般被制作为一个整体的控制器。供电电源进入小区路灯控制箱中，控制箱内设有控制线路，交流电源经控制线路后为照明灯供电

控制线路中由光敏电阻器MG检测环境光的亮度，然后由时基集成电路产生触发信号，控制路灯的点亮和熄灭

6

7 检查不亮的照明路灯EL2是否发生故障

5 检查断路器是否发生故障

1 观察该照明线路中的照明路灯是否全部无法点亮

控制器

检查主供电线路是否发生故障 2

检查支路供电线路是否发生故障 3

支路线路

4 检查控制器是否发生故障

路灯控制箱

主供电线缆

照明路灯 EL1

照明路灯 EL2

照明路灯 EL*n*

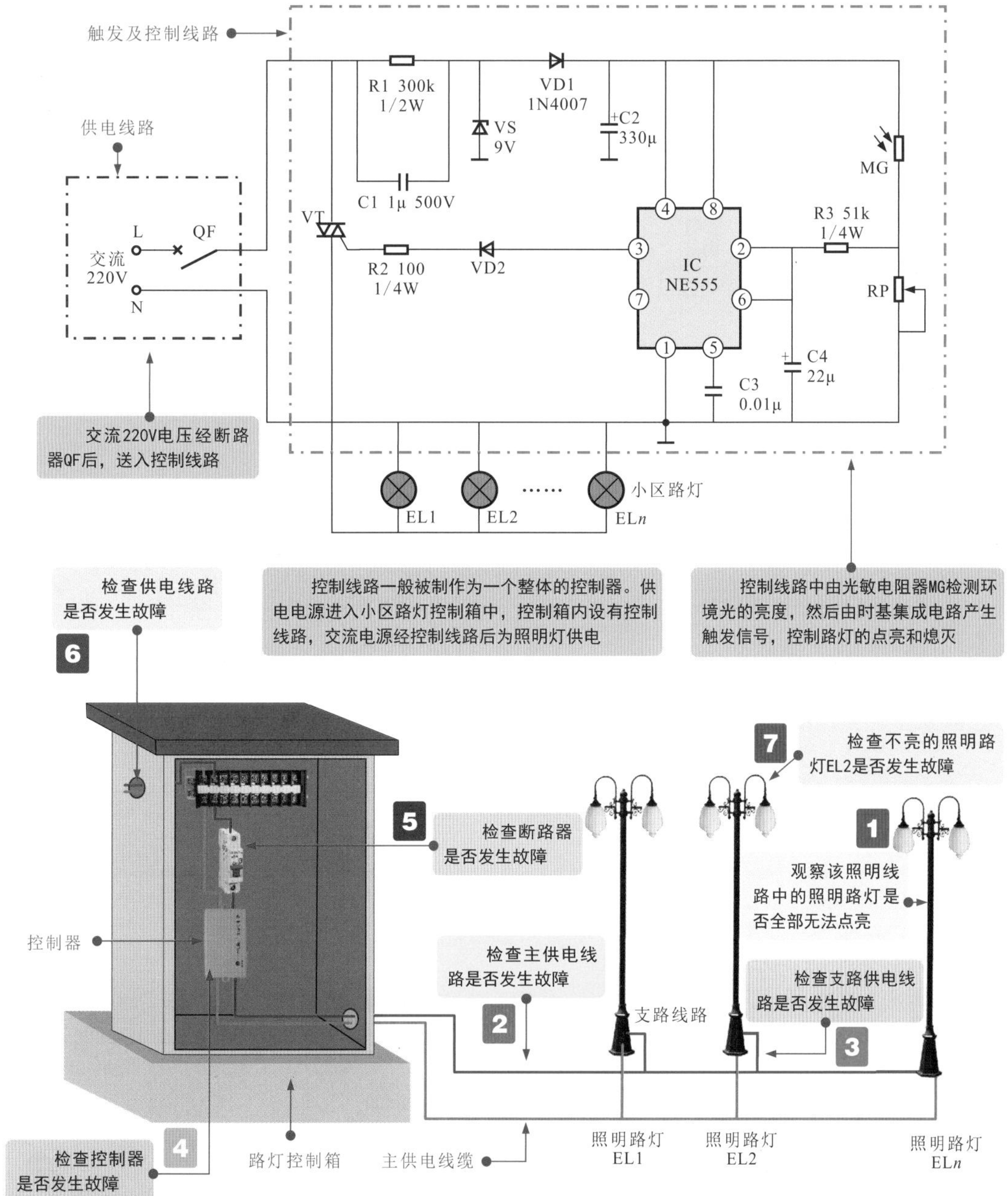

图15-11 典型公共照明控制线路的检修调试

首先应当检查小区照明线路中照明路灯是否全部无法点亮，若全部无法点亮，则应当检查主供电线路是否存在故障。当主供电线路正常时，应当查看路灯控制器是否存在故障，若路灯控制器正常，则应当检查断路器是否正常。当路灯控制器和断路器都正常时，应检查供电线路是否存在故障。若照明支路中的一盏照明路灯无法点亮，则应当查看该照明路灯是否存在故障。若照明路灯正常，则检查支路供电线路是否正常。若支路供电线路存在故障，则应对其进行更换。

15.3 常见照明控制线路

15.3.1 一个单控开关控制一盏照明灯线路

如图15-12所示，一个单控开关控制一盏照明灯的线路在室内照明系统中最为常用，其控制过程也十分简单。

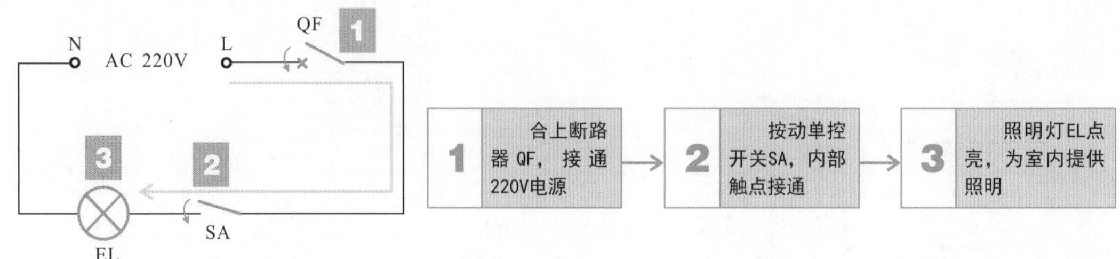

图15-12　一个单控开关控制一盏照明灯的控制线路

15.3.2 两个单控开关分别控制两盏照明灯线路

如图15-13所示，两个单控开关分别控制两盏照明灯控制线路也是室内照明系统中较为常用的，其控制过程也十分简单。

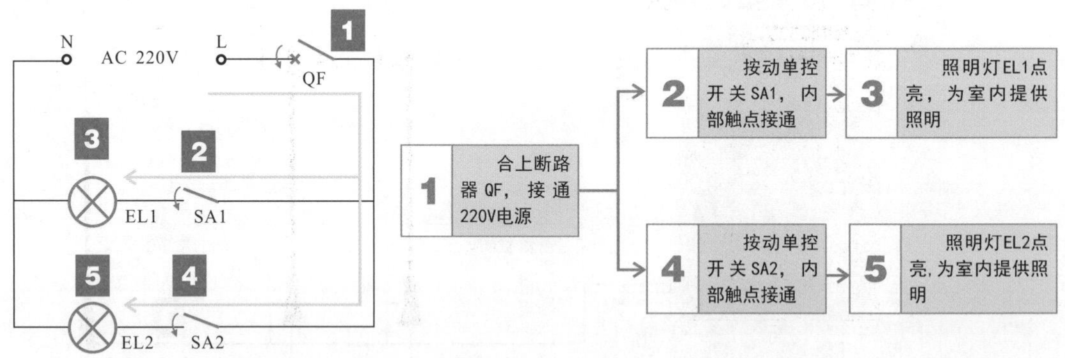

图15-13　两个单控开关分别控制两盏照明灯线路的工作过程

15.3.3 两个双控开关共同控制一盏照明灯线路

两个双控开关共同控制一盏照明灯控制线路可实现两地控制一盏照明灯，常用于控制家居卧室或客厅中的照明灯，一般可在床头安一只开关，在进入房间门处安装一只开关，实现两处都可对卧式照明灯进行点亮和熄灭控制，其控制过程较为简单。线路实际应用过程如图15-14所示。

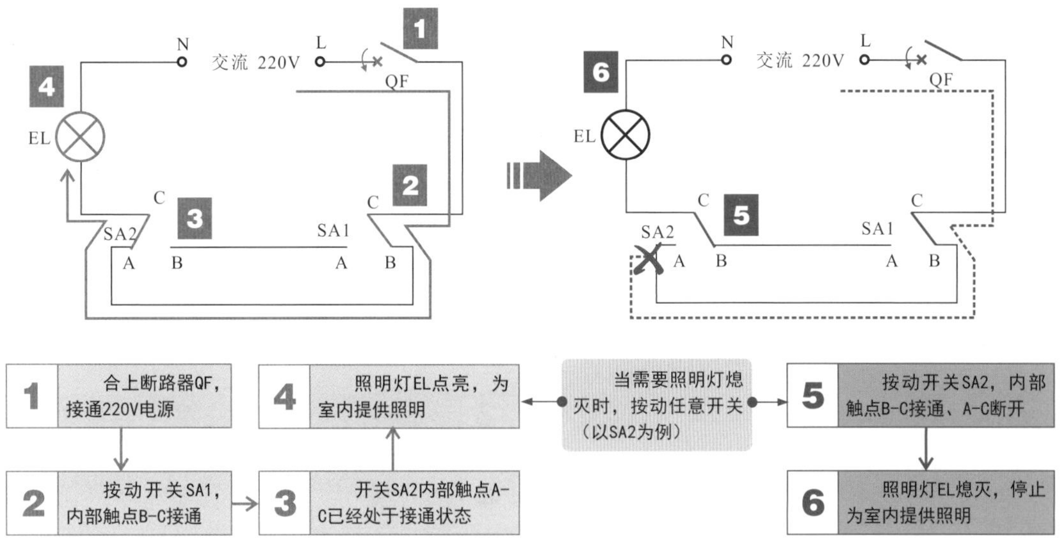

N
交流 220V
L
QF
EL
C
SA2
A
B
SA1
A
B
C
1 合上断路器QF，接通220V电源
2 按动开关SA1，内部触点B-C接通
3 开关SA2内部触点A-C已经处于接通状态
4 照明灯EL点亮，为室内提供照明
当需要照明灯熄灭时，按动任意开关（以SA2为例）
5 按动开关SA2，内部触点B-C接通、A-C断开
6 照明灯EL熄灭，停止为室内提供照明

图15-14 两个双控开关共同控制一盏照明灯线路的实际应用过程

15.3.4 两室一厅室内照明灯线路

如图15-15所示，两室一厅室内照明灯线路包括客厅、卧室、书房以及厨房、厕所、玄关等部分的吊灯、顶灯、射灯等控制线路，用于为室内各部分提供照明控制。

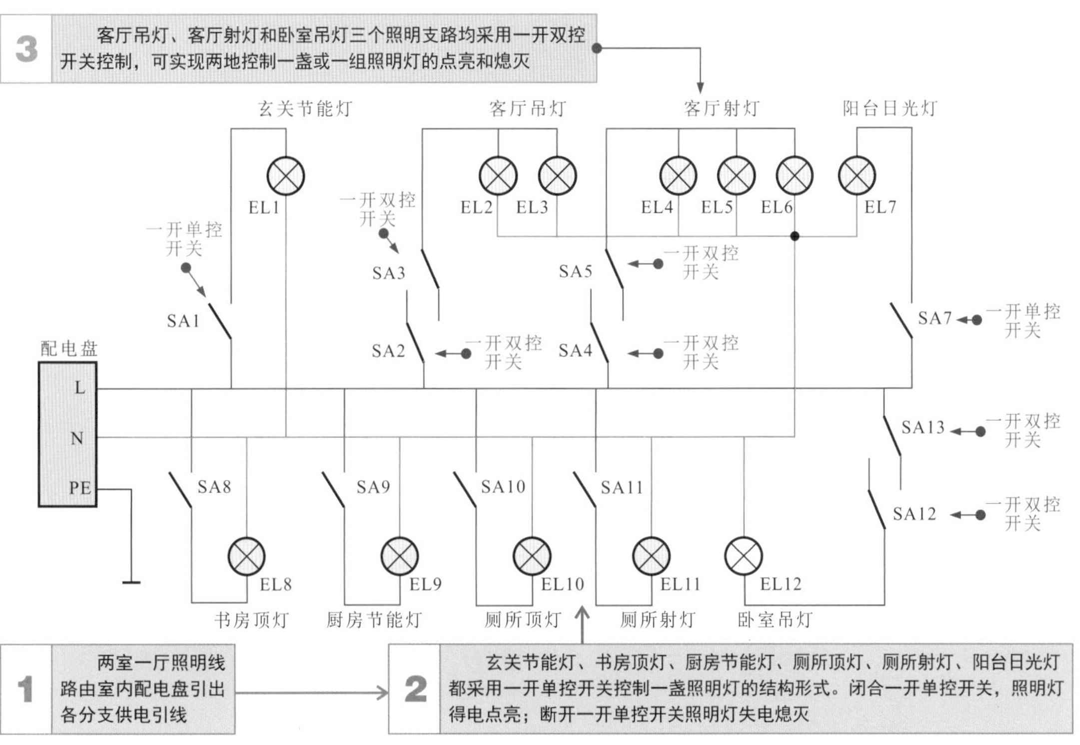

3 客厅吊灯、客厅射灯和卧室吊灯三个照明支路均采用一开双控开关控制，可实现两地控制一盏或一组照明灯的点亮和熄灭
玄关节能灯

阳台日光灯

一开单控开关
一开双控开关

厨房节能灯

1 两室一厅照明线路由室内配电盘引出各分支供电引线
2 玄关节能灯、书房顶灯、厨房节能灯、厕所顶灯、厕所射灯、阳台日光灯都采用一开单控开关控制一盏照明灯的结构形式。闭合一开单控开关，照明灯得电点亮；断开一开单控开关照明灯失电熄灭

图15-15 两室一厅室内照明灯线路

15.3.5 日光灯调光控制线路

如图15-16所示，日光灯调光控制线路是利用电容器与控制开关组合控制日光灯的亮度，当控制开关的挡位不同时，日光灯的发光程度也随之变化。

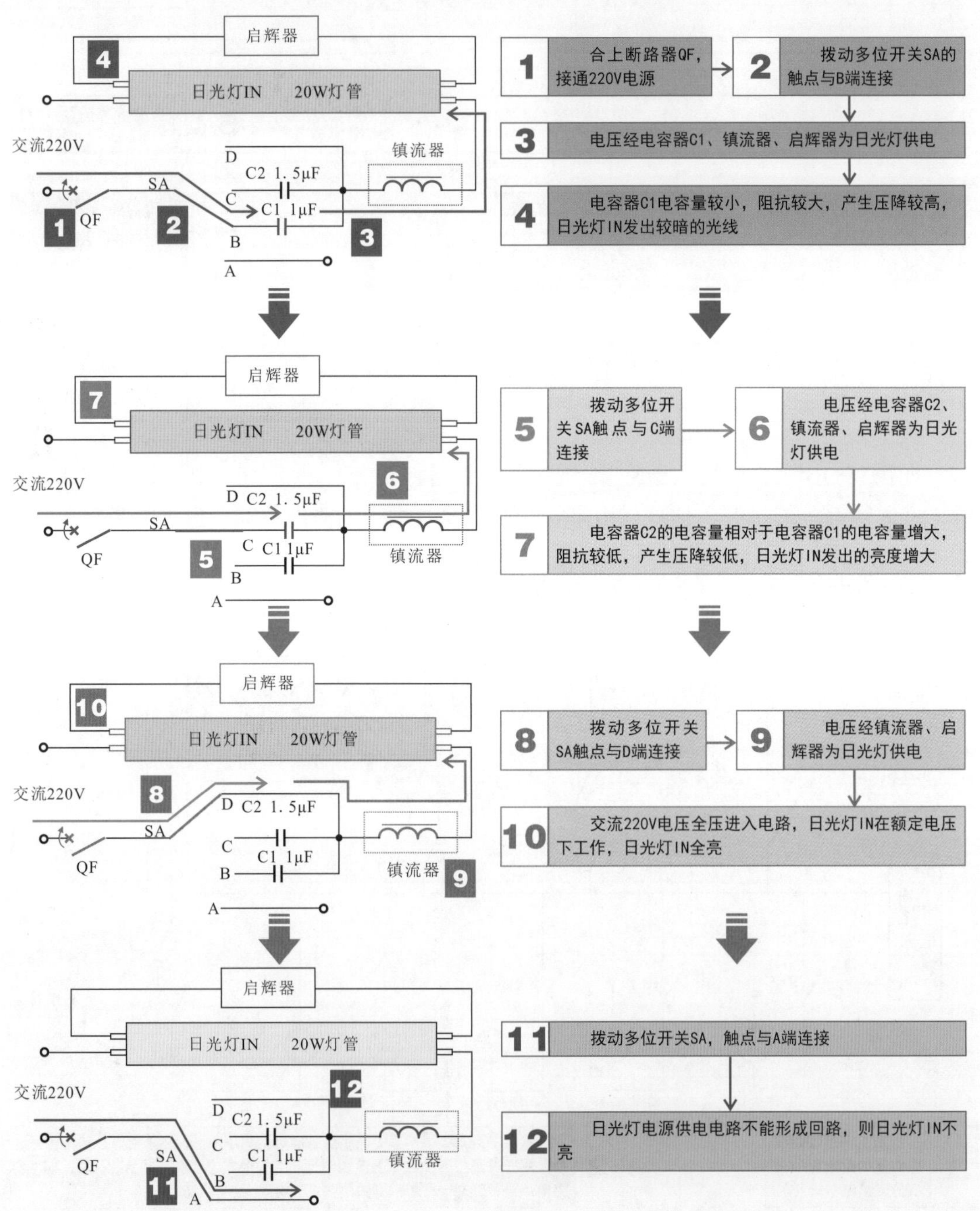

图15-16 日光灯调光控制线路的工作过程

15.3.6 卫生间门控照明灯控制线路

如图15-17所示，卫生间门控照明灯控制线路是一种自动控制照明灯工作的电路，在有人开门进入卫生间时，照明灯自动点亮，当人走出卫生间时，照明灯自动熄灭。

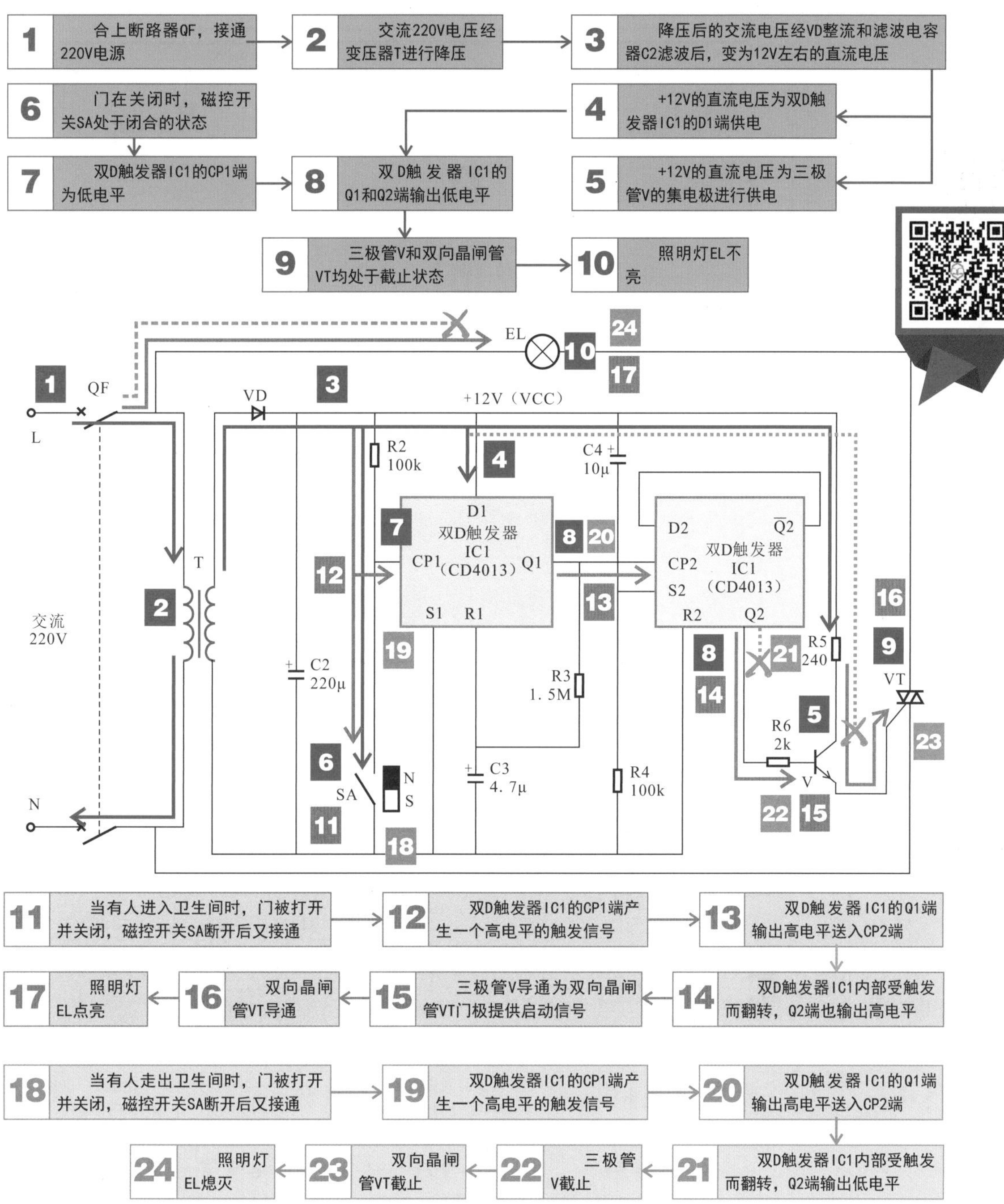

图15-17 卫生间门控照明灯控制线路的工作过程

15.3.7 声控照明灯控制线路

如图15-18所示，在一些公共场合光线较暗的环境下，通常会设置一种声控照明灯电路，在无声音时，照明灯不亮，有声音时，照明灯便会点亮，经过一段时间后，自动熄灭。

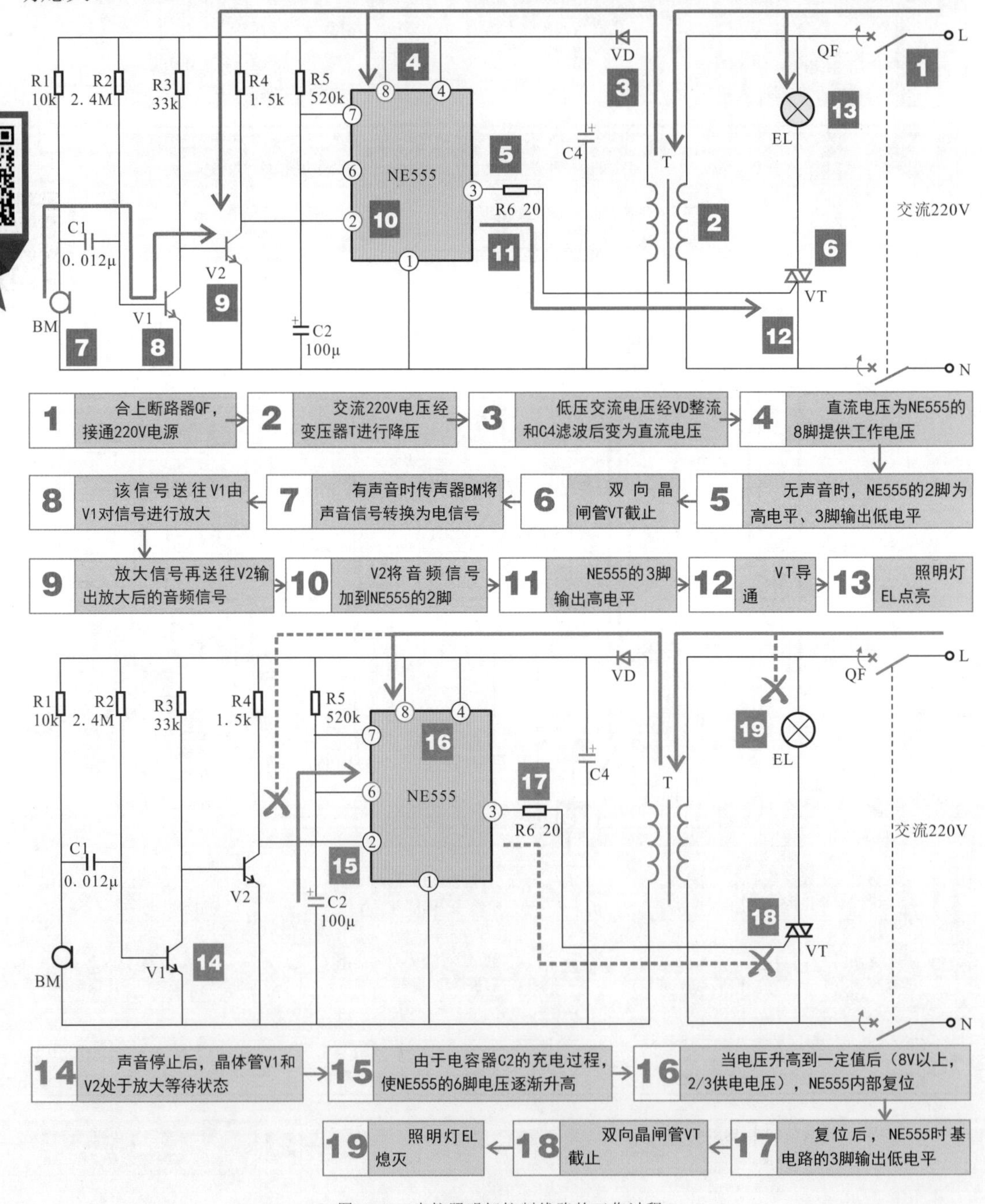

R1 10k
R2 2.4M
R3 33k
R4 1.5k
R5 520k
NE555
R6 20
VD
C4
T
QF
L
N
EL
VT
交流220V
C1 0.012μ
BM
V1
V2
C2 100μ
1 合上断路器QF，接通220V电源
2 交流220V电压经变压器T进行降压
3 低压交流电压经VD整流和C4滤波后变为直流电压
4 直流电压为NE555的8脚提供工作电压
5 无声音时，NE555的2脚为高电平、3脚输出低电平
6 双向晶闸管VT截止
7 有声音时传声器BM将声音信号转换为电信号
8 该信号送往V1由V1对信号进行放大
9 放大信号再送往V2输出放大后的音频信号
10 V2将音频信号加到NE555的2脚
11 NE555的3脚输出高电平
12 VT导通
13 照明灯EL点亮
14 声音停止后，晶体管V1和V2处于放大等待状态
15 由于电容器C2的充电过程，使NE555的6脚电压逐渐升高
16 当电压升高到一定值后（8V以上，2/3供电电压），NE555内部复位
17 复位后，NE555时基电路的3脚输出低电平
18 双向晶闸管VT截止
19 照明灯EL熄灭

图15-18 声控照明灯控制线路的工作过程

15.3.8 光控楼道照明灯控制线路

如图15-19所示，光控楼道照明灯控制线路主要由光敏电阻器及外围电子元器件构成的控制电路和照明灯构成。该电路可自动控制照明灯的工作状态。白天，光照较强，照明灯不工作；夜晚降临或光照较弱时，照明灯自动点亮。

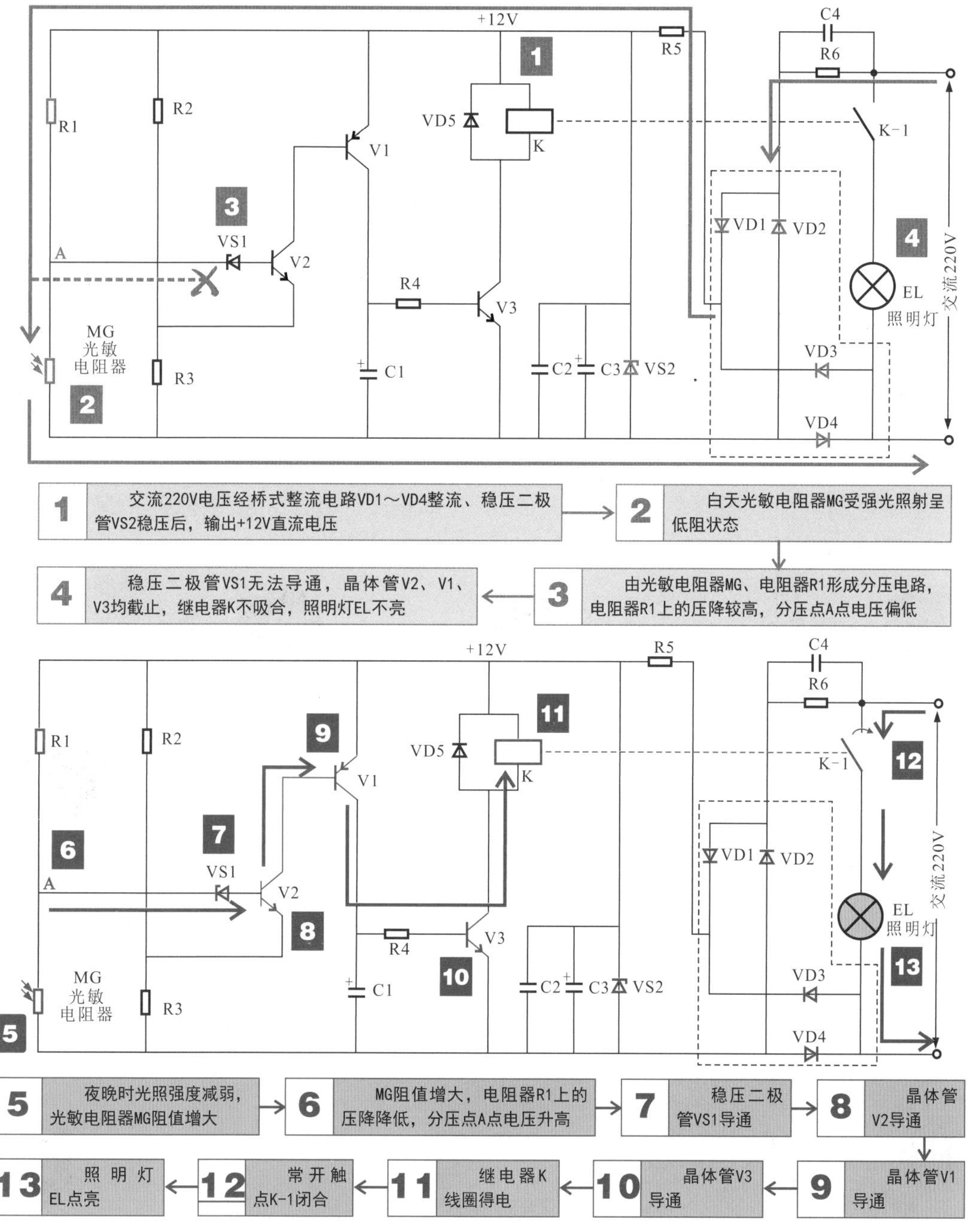

1 交流220V电压经桥式整流电路VD1～VD4整流、稳压二极管VS2稳压后，输出+12V直流电压
2 白天光敏电阻器MG受强光照射呈低阻状态
3 由光敏电阻器MG、电阻器R1形成分压电路，电阻器R1上的压降较高，分压点A点电压偏低
4 稳压二极管VS1无法导通，晶体管V2、V1、V3均截止，继电器K不吸合，照明灯EL不亮
5 夜晚时光照强度减弱，光敏电阻器MG阻值增大
6 MG阻值增大，电阻器R1上的压降降低，分压点A点电压升高
7 稳压二极管VS1导通
8 晶体管V2导通
9 晶体管V1导通
10 晶体管V3导通
11 继电器K线圈得电
12 常开触点K-1闭合
13 照明灯EL点亮

图15-19 声光双控楼道照明灯控制线路的工作过程

第16章 电动机控制线路及检修调试技能

16.1 电动机控制线路的结构特征

16.1.1 交流电动机控制线路的结构特征

交流电动机控制线路是指对交流电动机进行控制的线路，根据选用控制部件数量的不同及对不同部件间的不同组合，加上电路的连接差异，可实现多种控制功能。

交流电动机控制线路主要由交流电动机（单相或三相）、控制部件和保护部件构成，如图16-1所示。

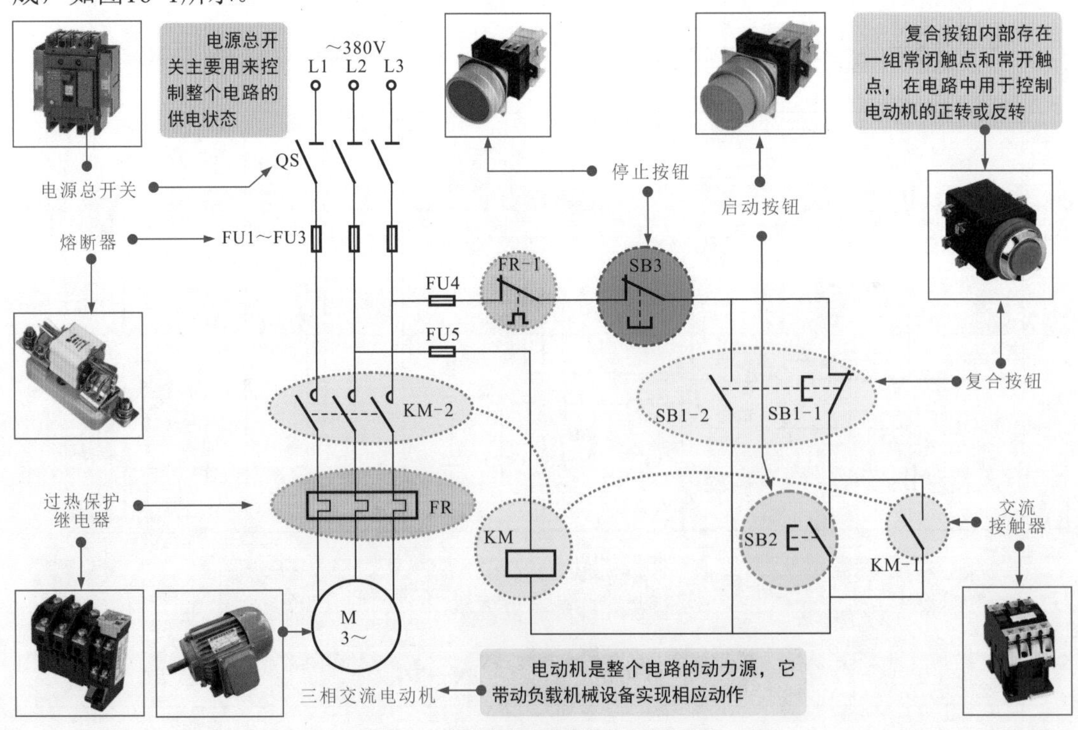

图16-1 典型交流电动机控制电路的结构

图16-2为典型交流电动机控制线路的连接关系示意图。

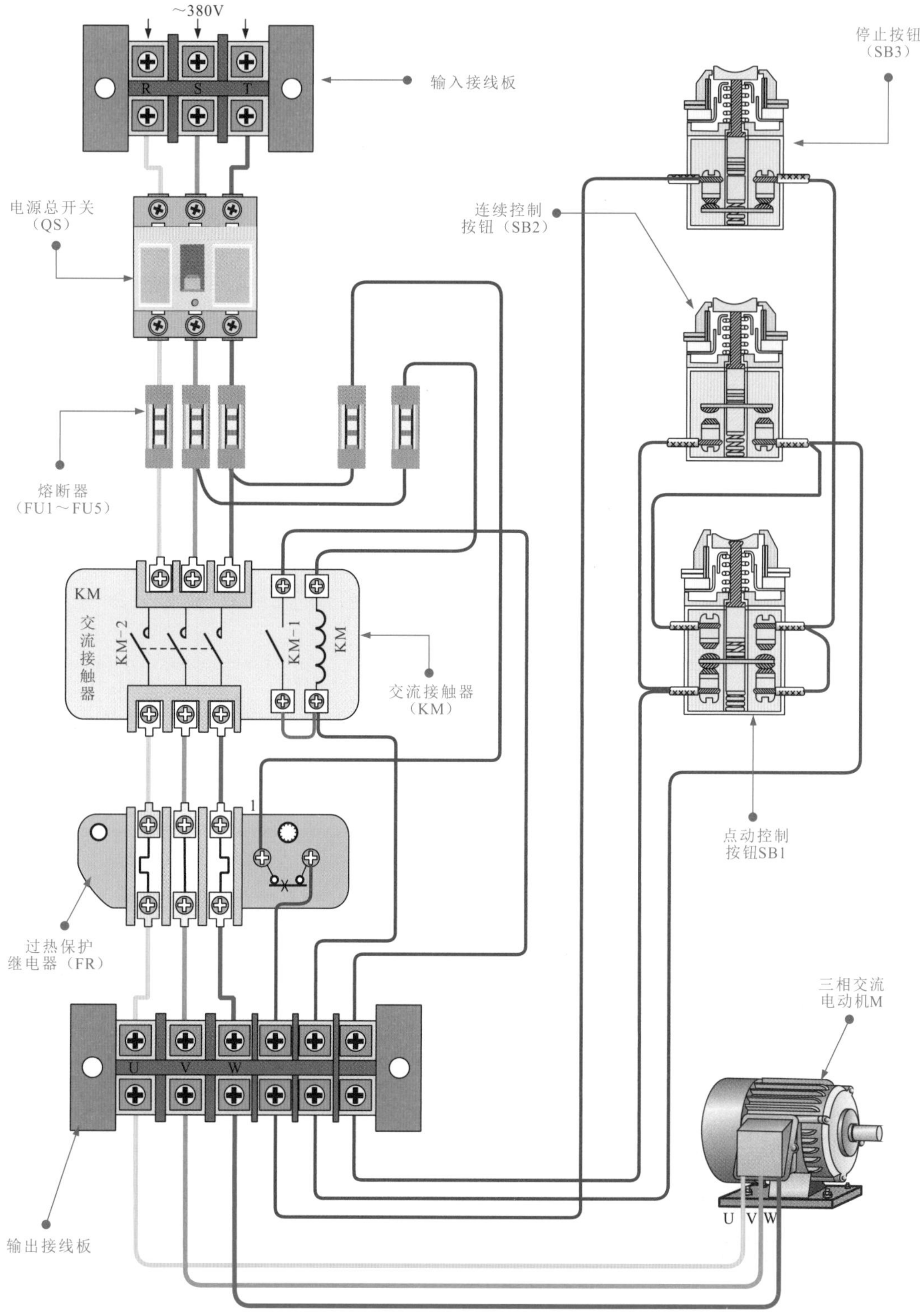

图16-2 典型交流电动机控制电路的连接关系示意图

16.1.2 直流电动机控制线路的结构特征

直流电动机控制线路主要是指对直流电动机进行控制的线路，根据选用控制部件数量的不同及对不同部件间的不同组合，可实现多种控制功能。

直流电动机控制线路主要特点是由直流电源为直流电动机供电。图16-3为典型直流电动机控制线路的结构。

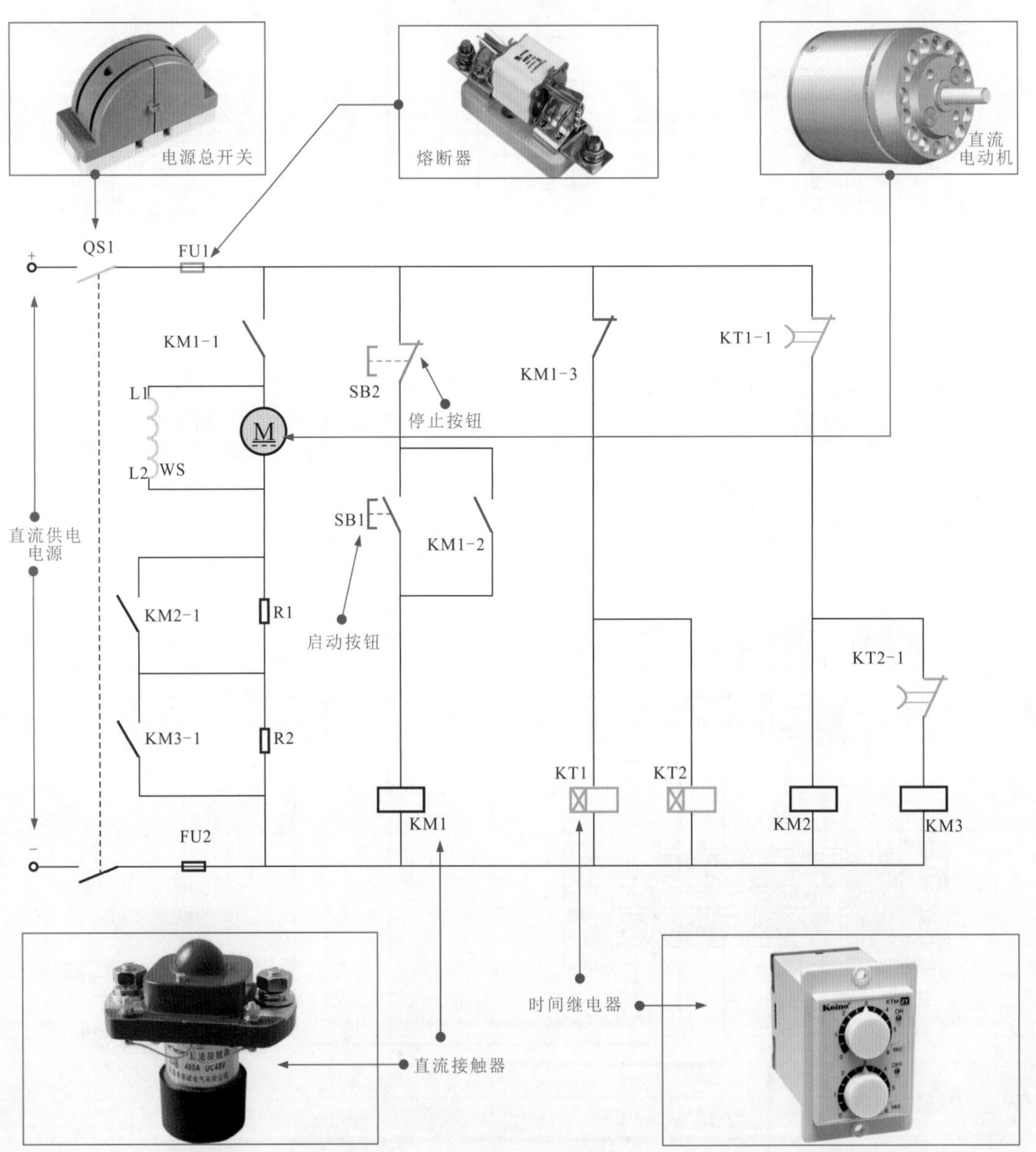

图16-3　典型直流电动机控制线路的结构

图16-4为典型直流电动机控制线路的连接关系示意图。

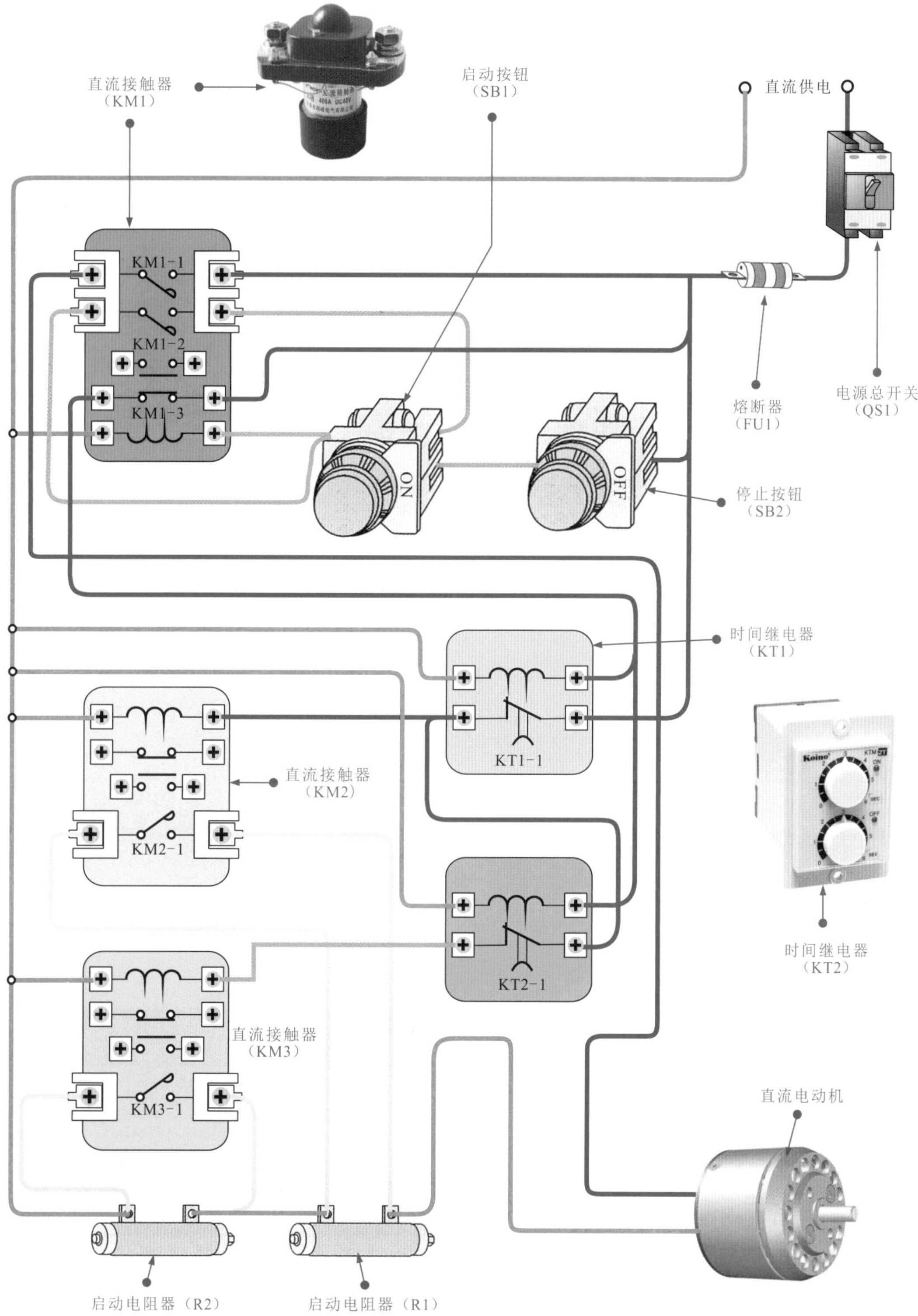

图16-4　典型直流电动机控制线路的连接关系示意图

16.2 电动机控制线路的检修调试

当电动机控制线路出现异常时，会影响到电动机的工作，检修调试之前，先要做好线路的故障分析，为检修调试做好铺垫。

16.2.1 交流电动机控制线路的故障分析及检修流程

如图16-5所示，当交流电动机控制线路出现故障时，可以通过故障现象，分析整个控制线路，缩小故障范围，锁定故障器件。

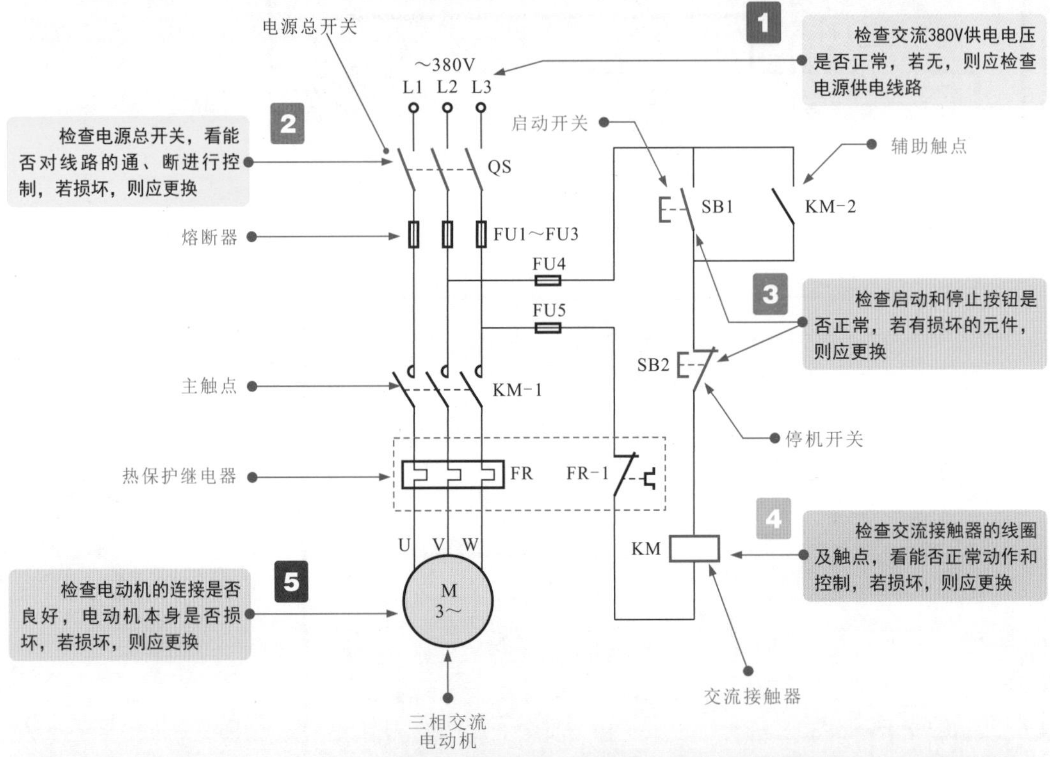

交流电动机控制线路的常见故障分析		
通电跳闸	闭合总开关后跳闸。 按下启动按钮后跳闸	电路中存在短路性故障 热保护继电器或电动机短路、接线间短路
电动机不启动	按下启动按钮后电动机不启动 电动机通电不启动并伴有“嗡嗡”声	电源供电异常、电动机损坏、接线松脱（至少有两相）、控制器件损坏、保护器件损坏 电源供电异常、电动机损坏、接线松脱（一相）、控制器件损坏、保护器件损坏
运行停机	运行过程中无故停机。 电动机运行过程中，热保护器断开	熔断器烧断、控制器件损坏、保护器件损坏 电流异常、过热保护继电器损坏、负载过大
电动机过热	电动机运行正常，但温度过高	电流异常、负载过大

图16-5　典型交流电动机控制线路的故障分析及检修流程

16.2.2 直流电动机控制线路的故障分析及检修流程

如图16-6所示，当直流电动机控制线路出现故障时，可以通过故障现象，分析整个控制线路，缩小故障范围，锁定故障器件。

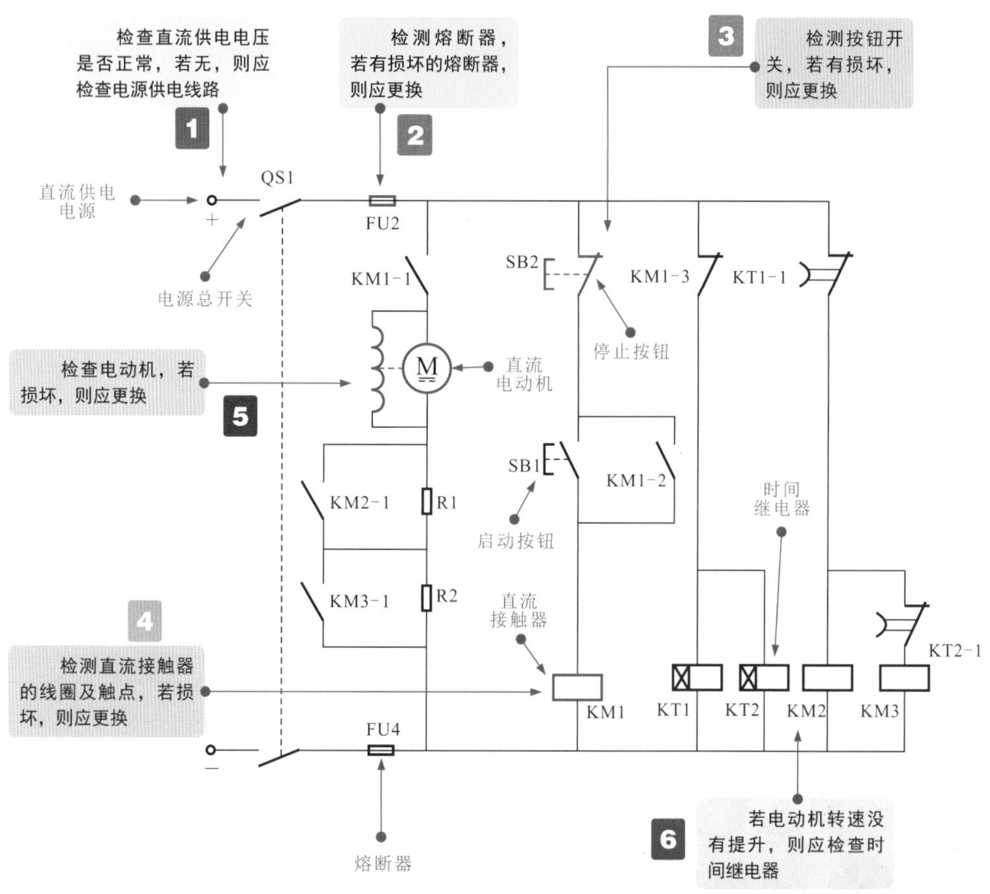

直流电动机控制线路的常见故障分析		
电动机不启动	按下启动按钮后电动机不启动	电源供电异常、电动机损坏、接线松脱（至少有两相）、控制器件损坏、保护器件损坏。
	电动机通电不启动并伴有“嗡嗡”声	电动机损坏、启动电流过小、线路电压过低
电动机转速异常	转速过快、过慢或不稳定	接线松脱、接线错误、电动机损坏、电源电压异常
电动机过热	电动机运行正常，但温度过高	电流异常、负载过大，电动机损坏
电动机异常振动	电动机运行时，振动频率过高	电动机损坏、安装不稳
电动机漏电	电动机停机或运行时，外壳带电	引出线碰壳、绝缘电阻下降、绝缘老化

图16-6 典型直流电动机控制线路的故障分析及检修流程

16.2.3 常见电动机控制线路故障的检修操作

1 交流电动机控制线路通电后电动机不启动的检修调试方法

图16-7为三相交流电动机点动控制线路。接通交流电动机控制线路的电源开关后，按下点动按钮，发现电动机不动作，经检查，该电动机控制线路的供电电源正常，线路内接线牢固，无松动现象，说明线路内部或电动机损坏。

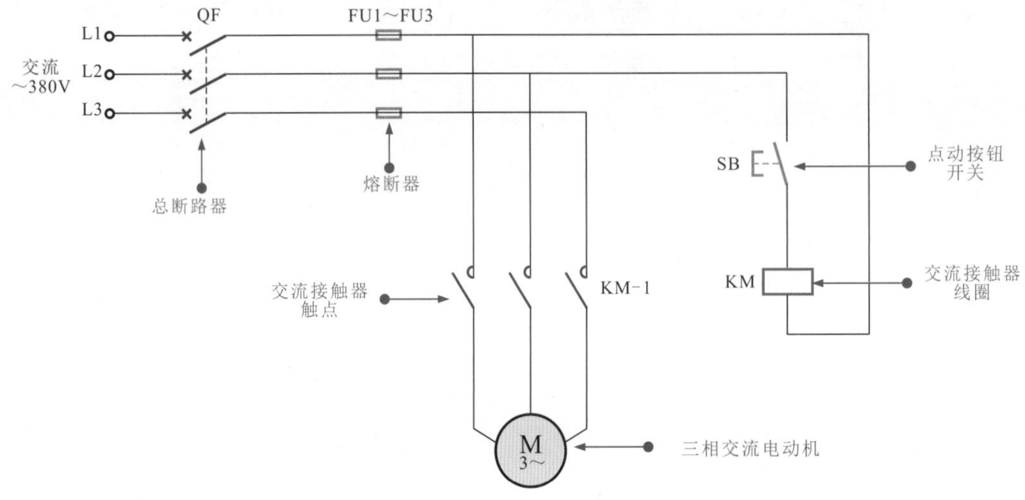

图16-7 三相交流电动机点动控制线路

结合故障表现，可首先检测电路中电动机的供电电压是否正常，根据检测结果确定检测范围或部位，如图16-8所示。

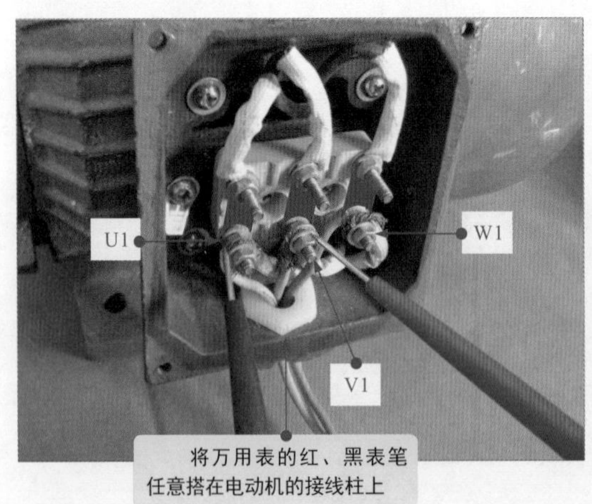

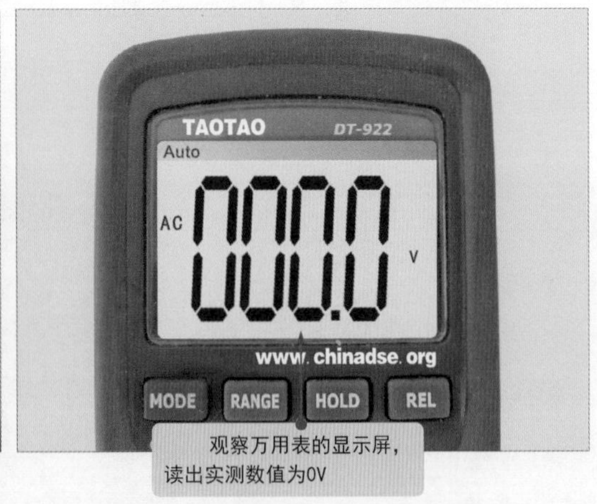

图16-8 检测电动机的供电电压

接通电源后，按下点动按钮，使用万用表检测电动机接线柱是否有电压，任意两接线柱之间的电压应为380V。经检测，发现电动机没有供电电压，说明控制电路中有器件发生断路故障。

接下来，依次检测电路中的总断路器、熔断器、按钮开关和交流接触器等器件，找到故障部件，排除故障，如图16-9所示。

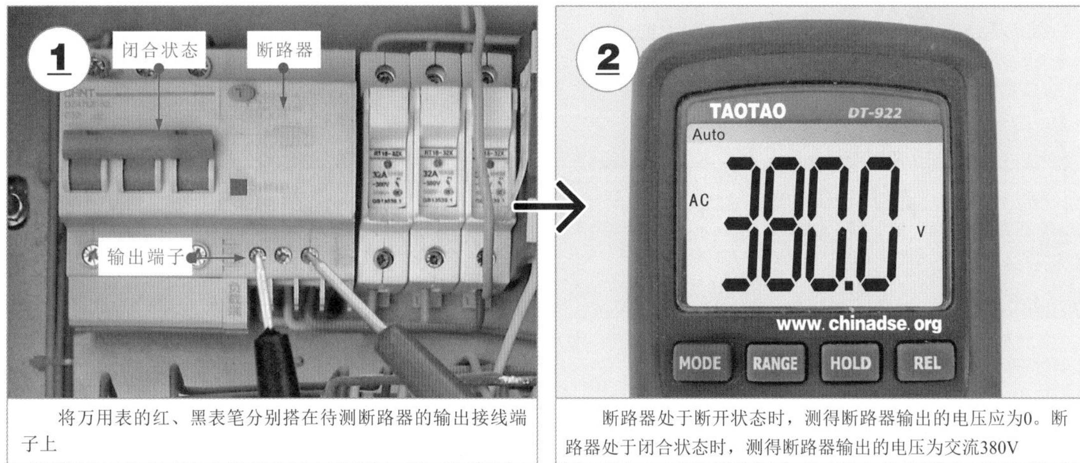

将万用表的红、黑表笔分别搭在待测断路器的输出接线端子上

断路器处于断开状态时，测得断路器输出的电压应为0。断路器处于闭合状态时，测得断路器输出的电压为交流380V

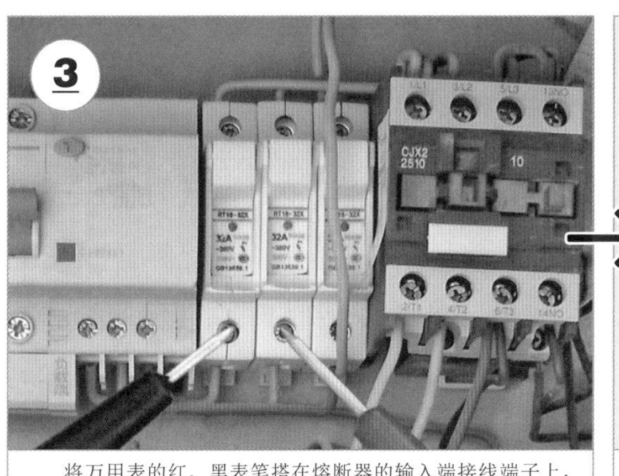

将万用表的红、黑表笔搭在熔断器的输入端接线端子上，检测输入电压；搭在输出端接线端子上检测输出电压

经检测，熔断器的输入端有电压，输出端也有电压，说明熔断器良好

断开按钮开关的连接引线，将万用表的表笔搭在按钮的两个接线柱上，用手按压开关

用手按压按钮开关时，可测得阻值为零；松开按钮开关时，可测得阻值为无穷大，说明点动开关正常

图16-9

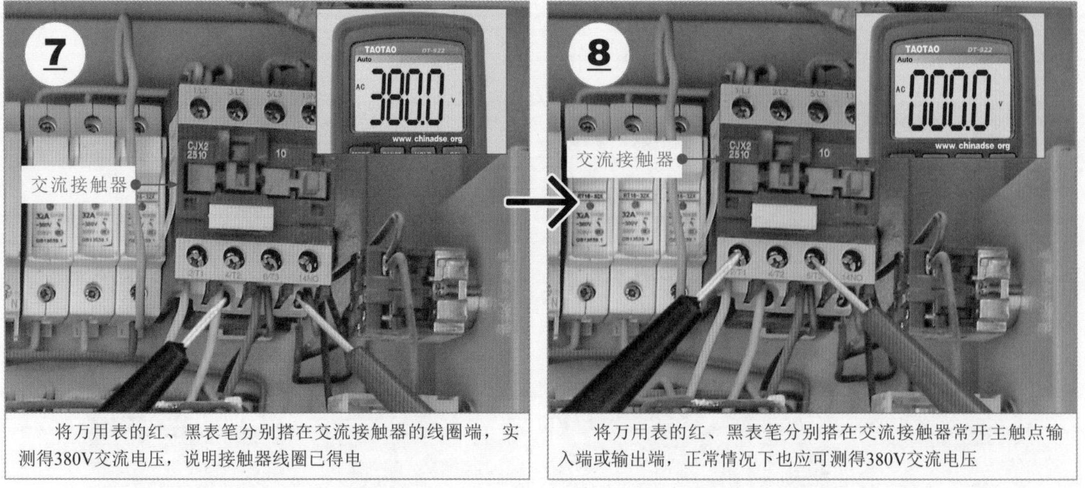

将万用表的红、黑表笔分别搭在交流接触器的线圈端，实测得380V交流电压，说明接触器线圈已得电

将万用表的红、黑表笔分别搭在交流接触器常开主触点输入端或输出端，正常情况下也应可测得380V交流电压

图16-9　电动机控制电路中主要功能部件的检测

经检测，断路器、熔断器和按钮开关均正常，但实测时，交流接触器线圈得电后，其主触点闭合，但触点无法接通电路供电（检测触点出线端无任何电压），说明接触器已损坏，需要更换。使用相同规格参数的接触器代换，接通电源，电动机可正常启动运行，排除故障。

2 交流电动机控制线路运行一段时间后电动机过热的检修调试方法

交流电动机控制线路运行一段时间后，控制线路中的电动机外壳温度过高，由于交流电动机控制线路中的电动机经常出现这种现象，因此先检测控制线路中的电流量大小，查找故障原因，如图16-10所示。

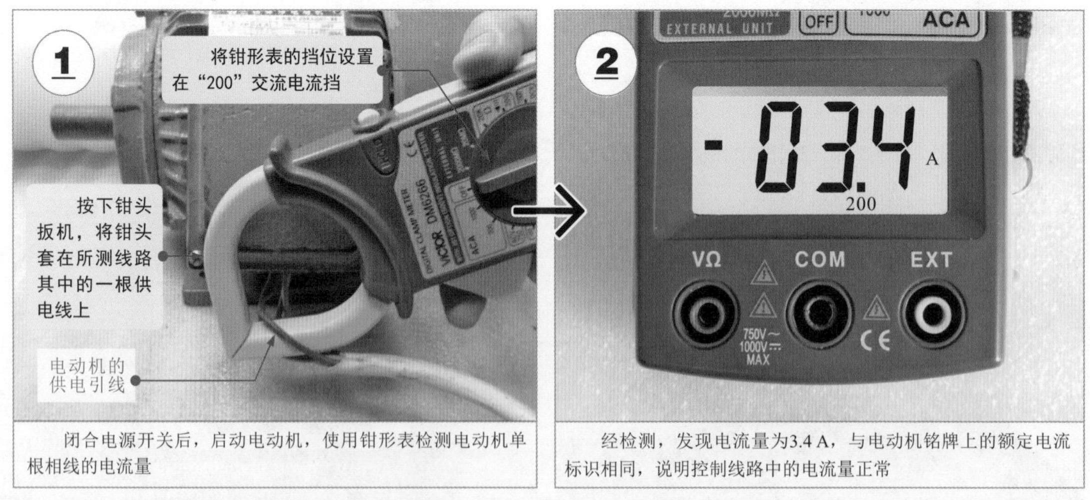

闭合电源开关后，启动电动机，使用钳形表检测电动机单根相线的电流量

经检测，发现电流量为3.4 A，与电动机铭牌上的额定电流标识相同，说明控制线路中的电流量正常

图16-10　检测电动机的工作电流

控制线路中的电流正常，此时怀疑交流电动机内部出现部件摩擦、老化的情况，致使电动机温度过高。将电动机外壳拆开后，仔细检查电动机的轴承及轴承的连接等部位，如图16-11所示。

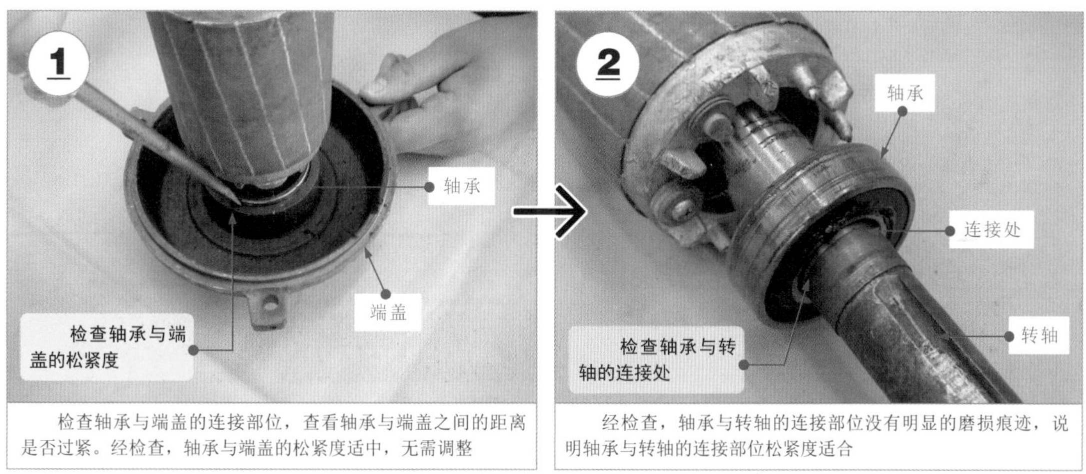

检查轴承与端盖的连接部位，查看轴承与端盖之间的距离是否过紧。经检查，轴承与端盖的松紧度适中，无需调整

经检查，轴承与转轴的连接部位没有明显的磨损痕迹，说明轴承与转轴的连接部位松紧度适合

图16-11 电动机控制电路中主要功能部件的检测

将轴承从电动机上拆下，检测轴承内的钢珠是否磨损，如图16-12所示。经检查，轴承内的钢珠有明显的磨损痕迹，并且润滑脂已经干涸。使用新的钢珠代换后，在轴承内涂抹润滑脂，润滑脂涂抹应适量，最好不超过轴承内容积的70%。

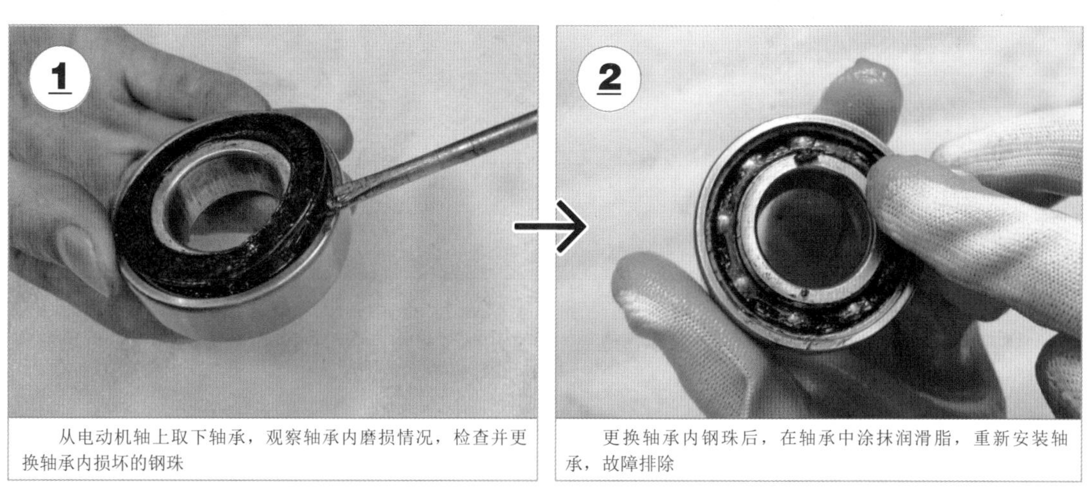

从电动机轴上取下轴承，观察轴承内磨损情况，检查并更换轴承内损坏的钢珠

更换轴承内钢珠后，在轴承中涂抹润滑脂，重新安装轴承，故障排除

图16-12 检查并修复轴承

若皮带过紧或联轴器安装不当，会引起轴承发热，需要调整皮带的松紧度，并校正联轴器等传动装置。若是因为电动机转轴的弯曲而引起轴承过热，则可校正转轴或更换转子。轴承内有杂物时，轴承转动不灵活，可造成发热，应清洗，并更换润滑油。轴承间隙不均匀，过大或过小，都会造成轴承不正常转动，可更换新轴承，以排除故障。

3 交流电动机控制线路启动后跳闸的检修调试方法

交流电动机控制线路通电后，启动电动机时，电源供电箱出现跳闸现象，经过检查，控制线路内的接线正常，此时应重点检测热继电器和电动机。

热继电器的检测如图16-13所示。

将万用表的表笔分别搭在三组触点的接线柱上（L1和T1、L2和T2、L3和T3）

观察万用表表盘指针的指示，结合挡位设置读出实测阻值极小，说明热继电器正常

图16-13　热继电器的检测方法

检测电动机绕组间的绝缘阻值，如图16-14所示。

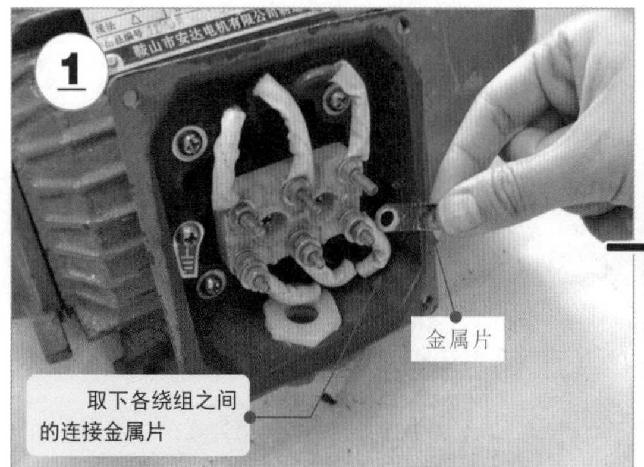

检测前，先将接线盒中绕组接线端的金属片取下，使电动机绕组无连接关系，为独立的三个绕组，为检测绕组间绝缘阻值和绕组本身阻值做好准备

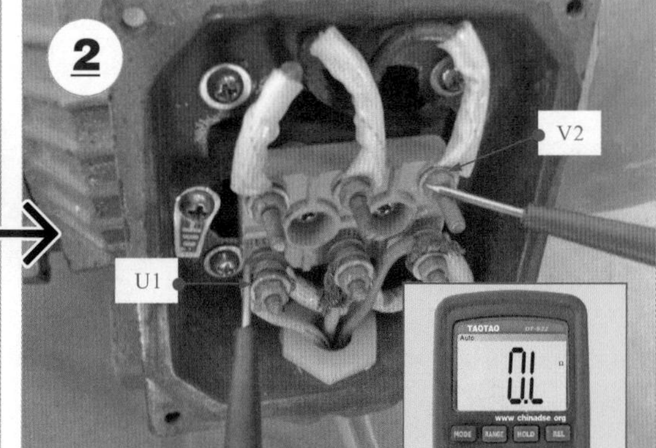

电动机绕组间的绝缘性能不好，会使电动机内部出现短路现象，严重时可能将电动机烧坏，将表笔分别搭在绕组的接线端上，测量结果均为无穷大，说明电动机绕组间绝缘性能良好

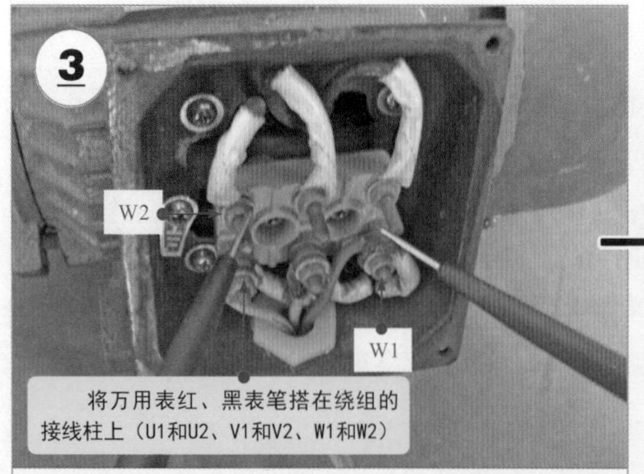

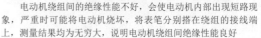

继续使用万用表检测电动机绕组阻值，查看电动机绕组是否存在断路故障。将万用表表笔搭在同一组绕组的两个接线柱上（U1和U2、V1和V2、W1和W2）

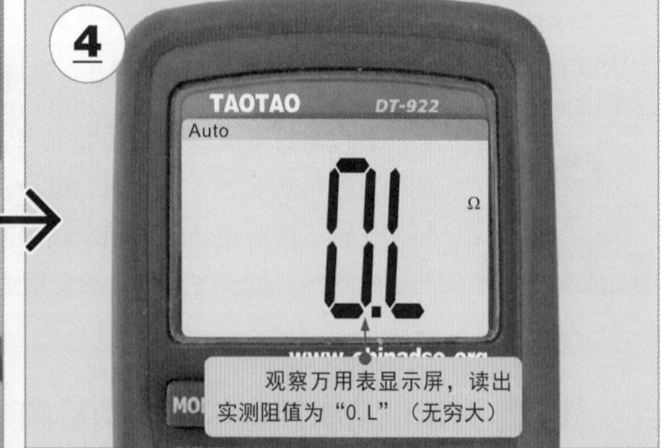

经检测，发现电动机U相和V相绕组有一个固定值，说明这两相绕组正常，而W相绕组阻值为无穷大，说明该电动机已损坏，重新绕制绕组或更换电动机，故障排除

图16-14　检测绕组间绝缘阻值和绕组阻值排查故障

16.3 常见电动机控制线路

16.3.1 直流电动机调速控制线路

如图16-15所示，直流电动机调速控制线路是一种可在负载不变的条件下，控制直流电动机稳速旋转和旋转速度的线路。

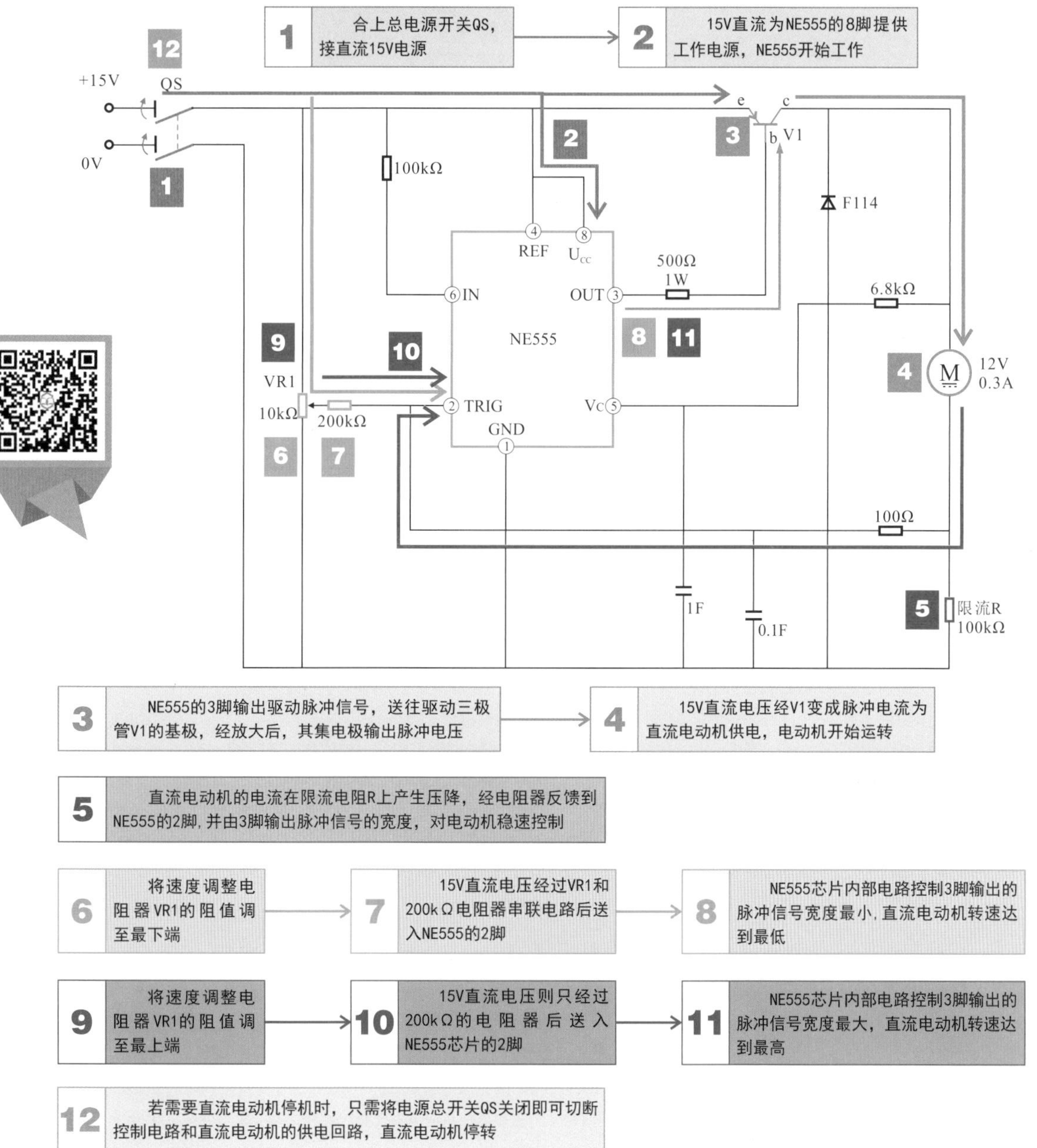

1 合上总电源开关QS，接直流15V电源
2 15V直流为NE555的8脚提供工作电源，NE555开始工作
+15V
QS
0V
e
c
b V1
100kΩ
F114
REF
Ucc
IN
OUT
NE555
500Ω
1W
6.8kΩ
12V
0.3A
VR1
10kΩ
200kΩ
TRIG
GND
Vc
100Ω
1F
0.1F
限流R
100kΩ
3 NE555的3脚输出驱动脉冲信号，送往驱动三极管V1的基极，经放大后，其集电极输出脉冲电压
4 15V直流电压经V1变成脉冲电流为直流电动机供电，电动机开始运转
5 直流电动机的电流在限流电阻R上产生压降，经电阻器反馈到NE555的2脚，并由3脚输出脉冲信号的宽度，对电动机稳速控制
6 将速度调整电阻器VR1的阻值调至最下端
7 15V直流电压经过VR1和200kΩ电阻器串联电路后送入NE555的2脚
8 NE555芯片内部电路控制3脚输出的脉冲信号宽度最小，直流电动机转速达到最低
9 将速度调整电阻器VR1的阻值调至最上端
10 15V直流电压则只经过200kΩ的电阻器后送入NE555芯片的2脚
11 NE555芯片内部电路控制3脚输出的脉冲信号宽度最大，直流电动机转速达到最高
12 若需要直流电动机停机时，只需将电源总开关QS关闭即可切断控制电路和直流电动机的供电回路，直流电动机停转

图16-15 直流电动机调速控制线路的实际应用过程

16.3.2 直流电动机降压启动控制线路

如图16-16所示，降压启动的直流电动机控制电路是指直流电动机启动时，将启动电阻RP串入直流电动机中，限制启动电流，当直流电动机低速旋转一段时间后，再把启动变阻器从电路中消除（使之短路），使直流电动机正常运转。

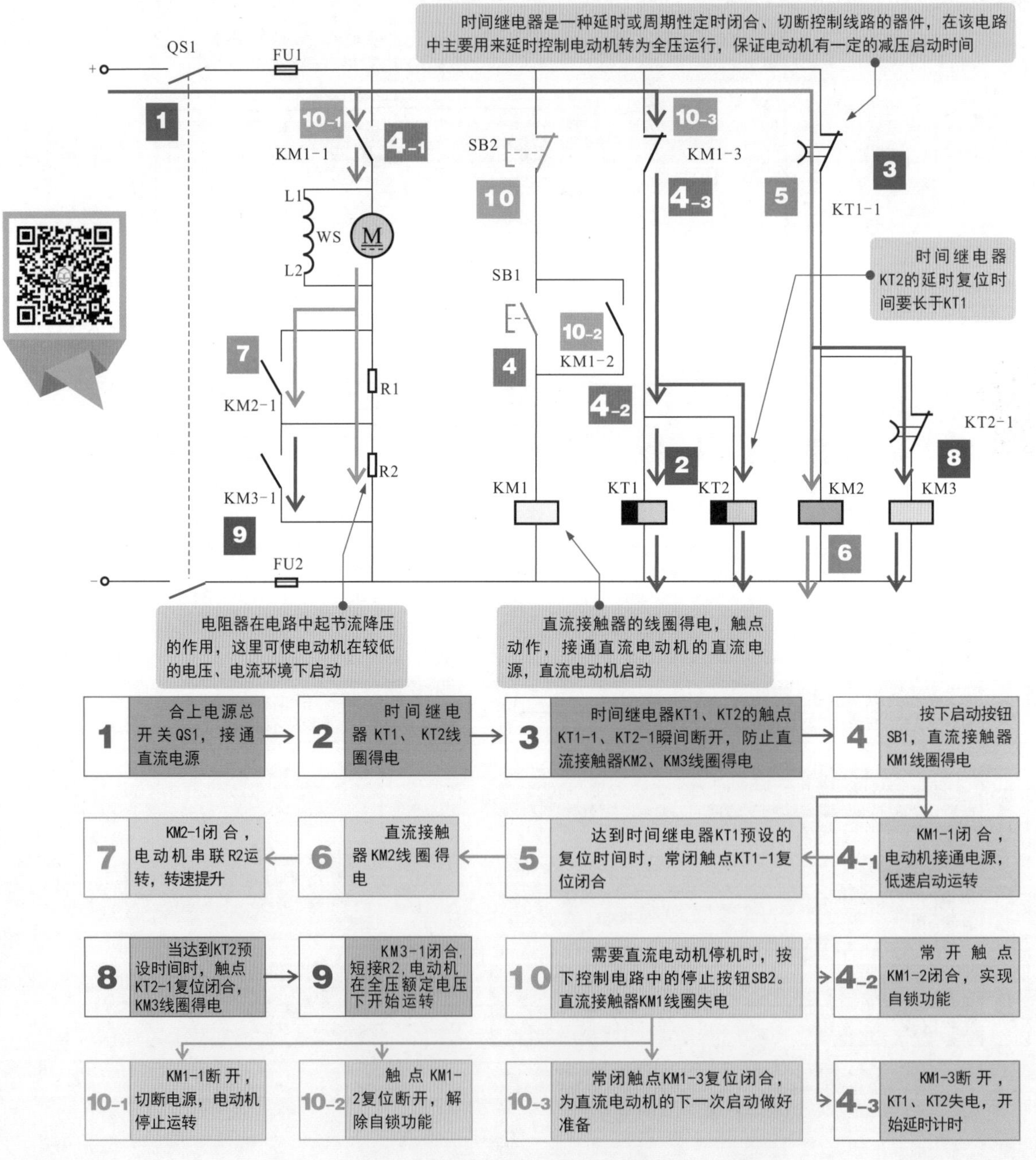

图16-16　直流电动机降压启动控制线路的实际应用过程

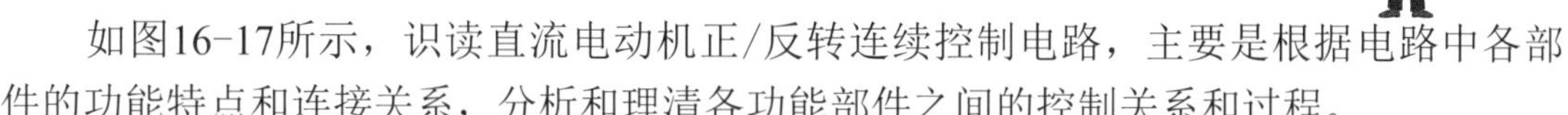

16.3.3 直流电动机正/反转连续控制线路

如图16-17所示，识读直流电动机正/反转连续控制电路，主要是根据电路中各部件的功能特点和连接关系，分析和理清各功能部件之间的控制关系和过程。

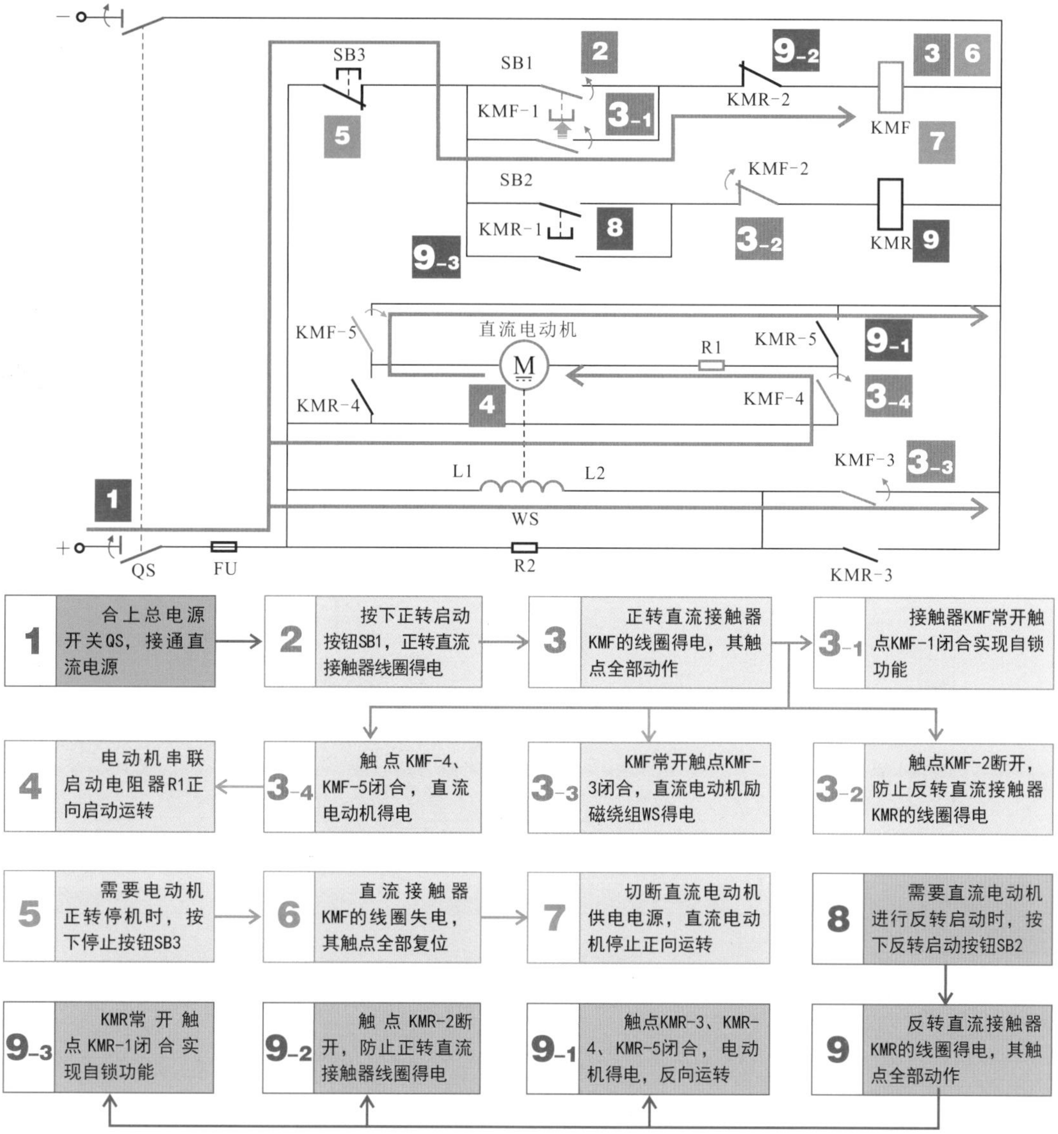

1 合上总电源开关QS，接通直流电源 → 2 按下正转启动按钮SB1，正转直流接触器线圈得电 → 3 正转直流接触器KMF的线圈得电，其触点全部动作 → 3-1 接触器KMF常开触点KMF-1闭合实现自锁功能

3-2 触点KMF-2断开，防止反转直流接触器KMR的线圈得电

3-3 KMF常开触点KMF-3闭合，直流电动机励磁绕组WS得电

3-4 触点KMF-4、KMF-5闭合，直流电动机得电 → 4 电动机串联启动电阻器R1正向启动运转

5 需要电动机正转停机时，按下停止按钮SB3 → 6 直流接触器KMF的线圈失电，其触点全部复位 → 7 切断直流电动机供电电源，直流电动机停止正向运转

8 需要直流电动机进行反转启动时，按下反转启动按钮SB2 → 9 反转直流接触器KMR的线圈得电，其触点全部动作

9-1 触点KMR-3、KMR-4、KMR-5闭合，电动机得电，反向运转

9-2 触点KMR-2断开，防止正转直流接触器线圈得电

9-3 KMR常开触点KMR-1闭合实现自锁功能

图16-17 直流电动机正/反转控制电路的识读分析

当需要直流电动机反转停机时，按下停止按钮SB3。反转直流接触器KMR线圈失电，其常开触点KMR-1复位断开，解除自锁功能；常闭触点KMR-2复位闭合，为直流电动机正转启动做好准备；常开触点KMR-3复位断开，直流电动机励磁绕组WS失电；常开触点KMR-4、KMR-5复位断开，切断直流电动机供电电源，直流电动机停止反向运转。

16.3.4 单相交流电动机连续控制线路

如图16-18所示，单相交流电动机连续控制线路是依靠启动按钮、停止按钮、交流接触器等控制部件对单相交流电动机进行控制的，控制过程十分简单。

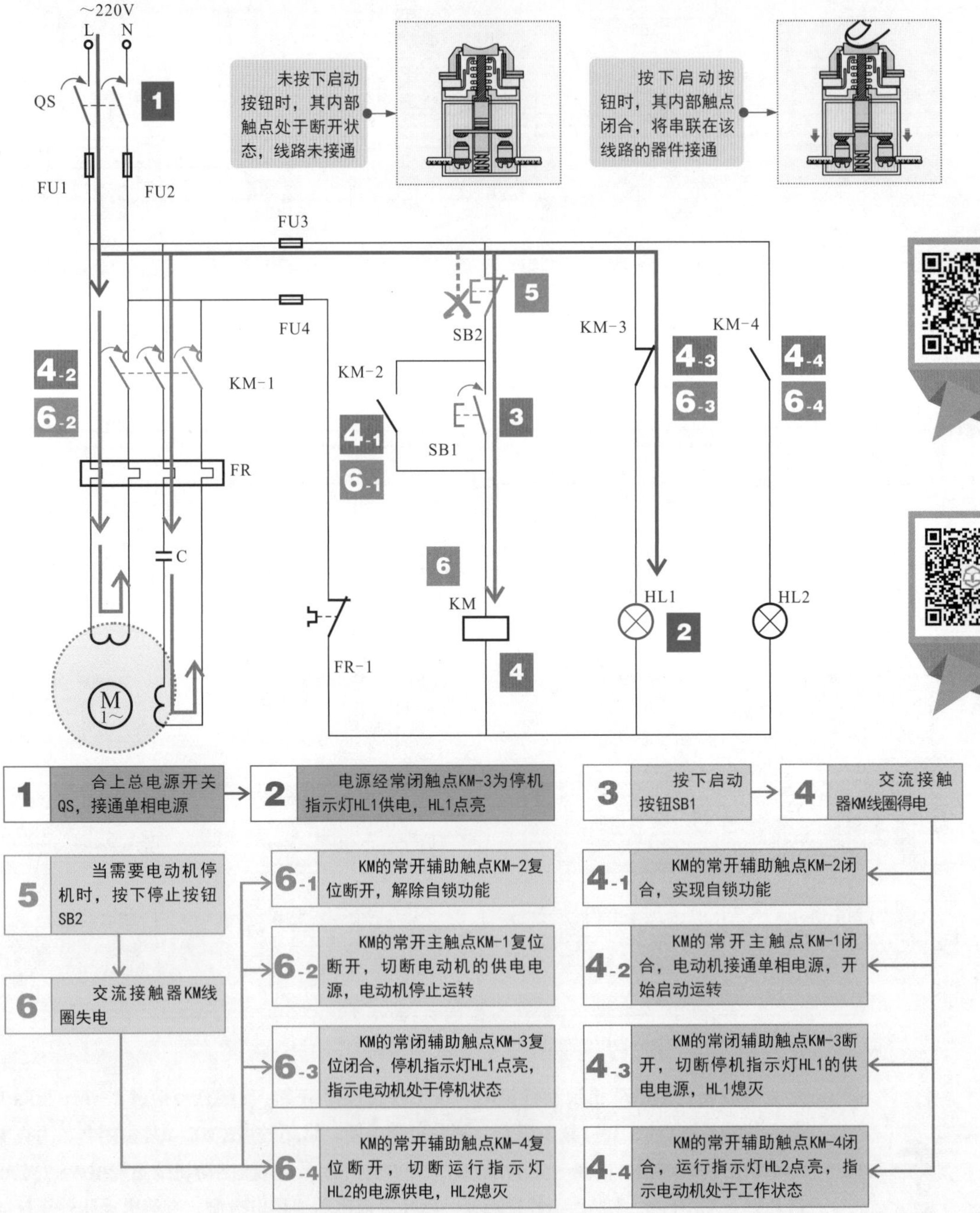

未按下启动按钮时，其内部触点处于断开状态，线路未接通

按下启动按钮时，其内部触点闭合，将串联在该线路的器件接通

~220V L N QS FU1 FU2 FU3 FU4 SB2 KM-1 KM-2 SB1 FR FR-1 C M 1~ KM KM-3 KM-4 HL1 HL2

1 合上总电源开关QS，接通单相电源

2 电源经常闭触点KM-3为停机指示灯HL1供电，HL1点亮

3 按下启动按钮SB1

4 交流接触器KM线圈得电

4-1 KM的常开辅助触点KM-2闭合，实现自锁功能

4-2 KM的常开主触点KM-1闭合，电动机接通单相电源，开始启动运转

4-3 KM的常闭辅助触点KM-3断开，切断停机指示灯HL1的供电电源，HL1熄灭

4-4 KM的常开辅助触点KM-4闭合，运行指示灯HL2点亮，指示电动机处于工作状态

5 当需要电动机停机时，按下停止按钮SB2

6 交流接触器KM线圈失电

6-1 KM的常开辅助触点KM-2复位断开，解除自锁功能

6-2 KM的常开主触点KM-1复位断开，切断电动机的供电电源，电动机停止运转

6-3 KM的常闭辅助触点KM-3复位闭合，停机指示灯HL1点亮，指示电动机处于停机状态

6-4 KM的常开辅助触点KM-4复位断开，切断运行指示灯HL2的电源供电，HL2熄灭

图16-18 单相交流电动机连续控制线路的实际应用过程

16.3.5 限位开关控制单相交流电动机正/反转控制线路

图16-19为单相交流电动机正/反转控制电路的识读分析过程。

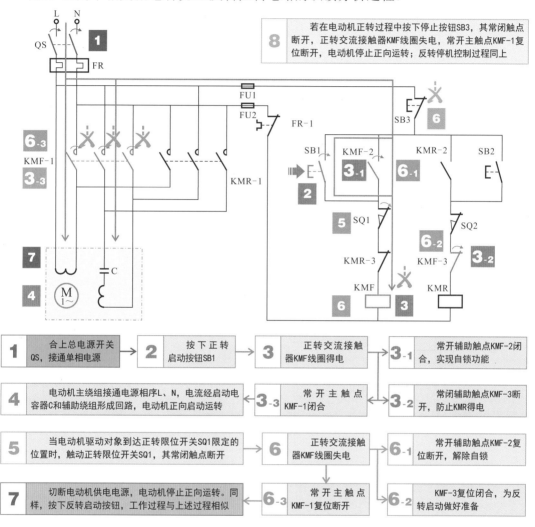

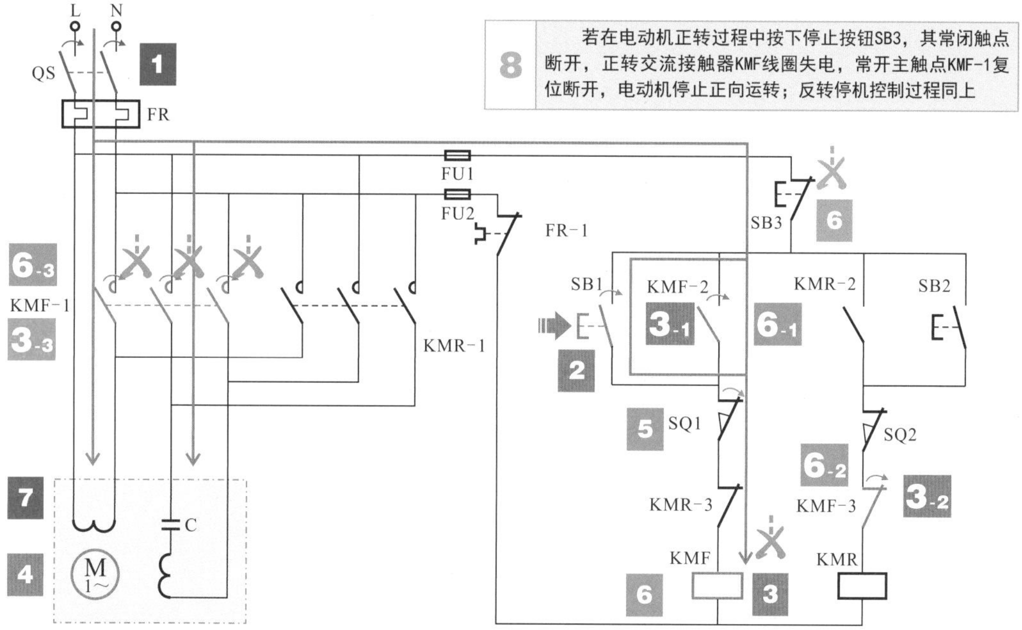

8 若在电动机正转过程中按下停止按钮SB3，其常闭触点断开，正转交流接触器KMF线圈失电，常开主触点KMF-1复位断开，电动机停止正向运转；反转停机控制过程同上

1 合上总电源开关QS，接通单相电源 → 2 按下正转启动按钮SB1 → 3 正转交流接触器KMF线圈得电 → 3-1 常开辅助触点KMF-2闭合，实现自锁功能；3-2 常闭辅助触点KMF-3断开，防止KMR得电；3-3 常开主触点KMF-1闭合 → 4 电动机主绕组接通电源相序L、N，电流经启动电容器C和辅助绕组形成回路，电动机正向启动运转

5 当电动机驱动对象到达正转限位开关SQ1限定的位置时，触动正转限位开关SQ1，其常闭触点断开 → 6 正转交流接触器KMF线圈失电 → 6-1 常开辅助触点KMF-2复位断开，解除自锁；6-2 KMF-3复位闭合，为反转启动做好准备；6-3 常开主触点KMF-1复位断开 → 7 切断电动机供电电源，电动机停止正向运转。同样，按下反转启动按钮，工作过程与上述过程相似

图16-19 单相交流电动机正/反转控制电路的识读分析

如图16-20所示，在上述电动机控制电路中，单相交流电动机在控制电路作用下，流经辅助绕组的电流方向发生变化，从而引启电动机转动方向的改变。

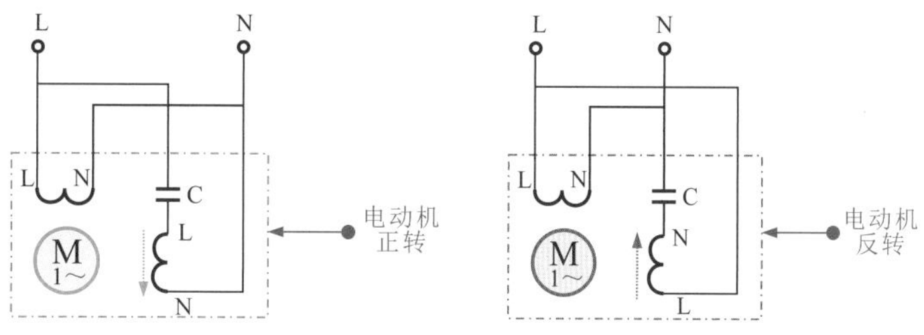

图16-20 单相交流电动机的正/反转工作状态

16.3.6 三相交流电动机电阻器降压启动控制线路

如图16-21所示，三相交流电动机电阻器降压启动控制线路是依靠电阻器、启动按钮、停止按钮、交流接触器等控制部件控制三相交流电动机。

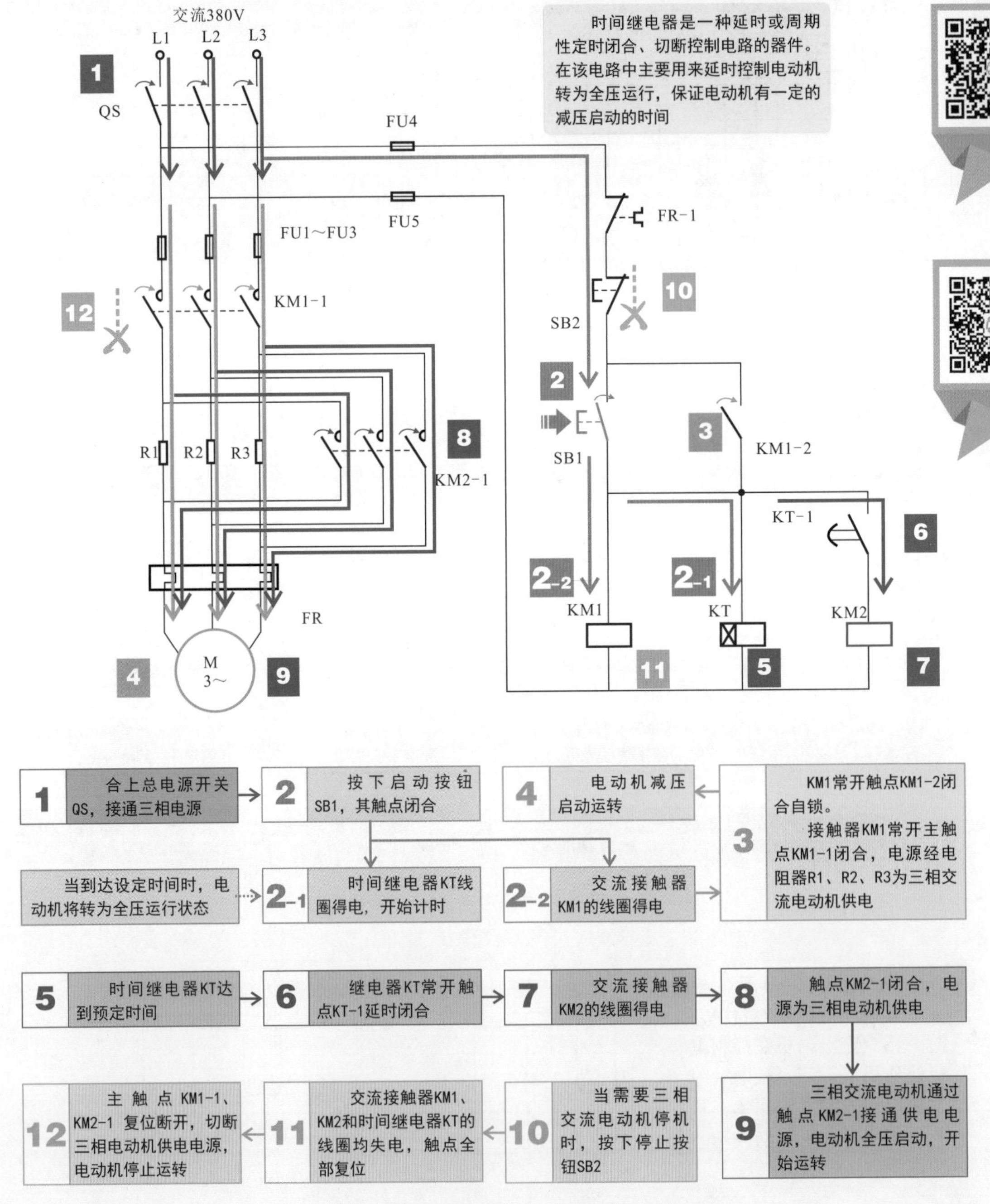

图16-21 三相交流电动机电阻器降压启动控制线路的实际应用过程

16.3.7 三相交流电动机Y-Δ降压启动控制线路

如图16-22所示，三相交流电动机Y-△降压启动控制电路是指三相交流电动机启动时，由电路控制三相交流电动机定子绕组先连接成Y形方式，进入降压启动状态，待转速达到一定值后，再由电路控制将三相交流电动机的定子绕组换接成△形，此后三相交流电动机进入全压正常运行状态。

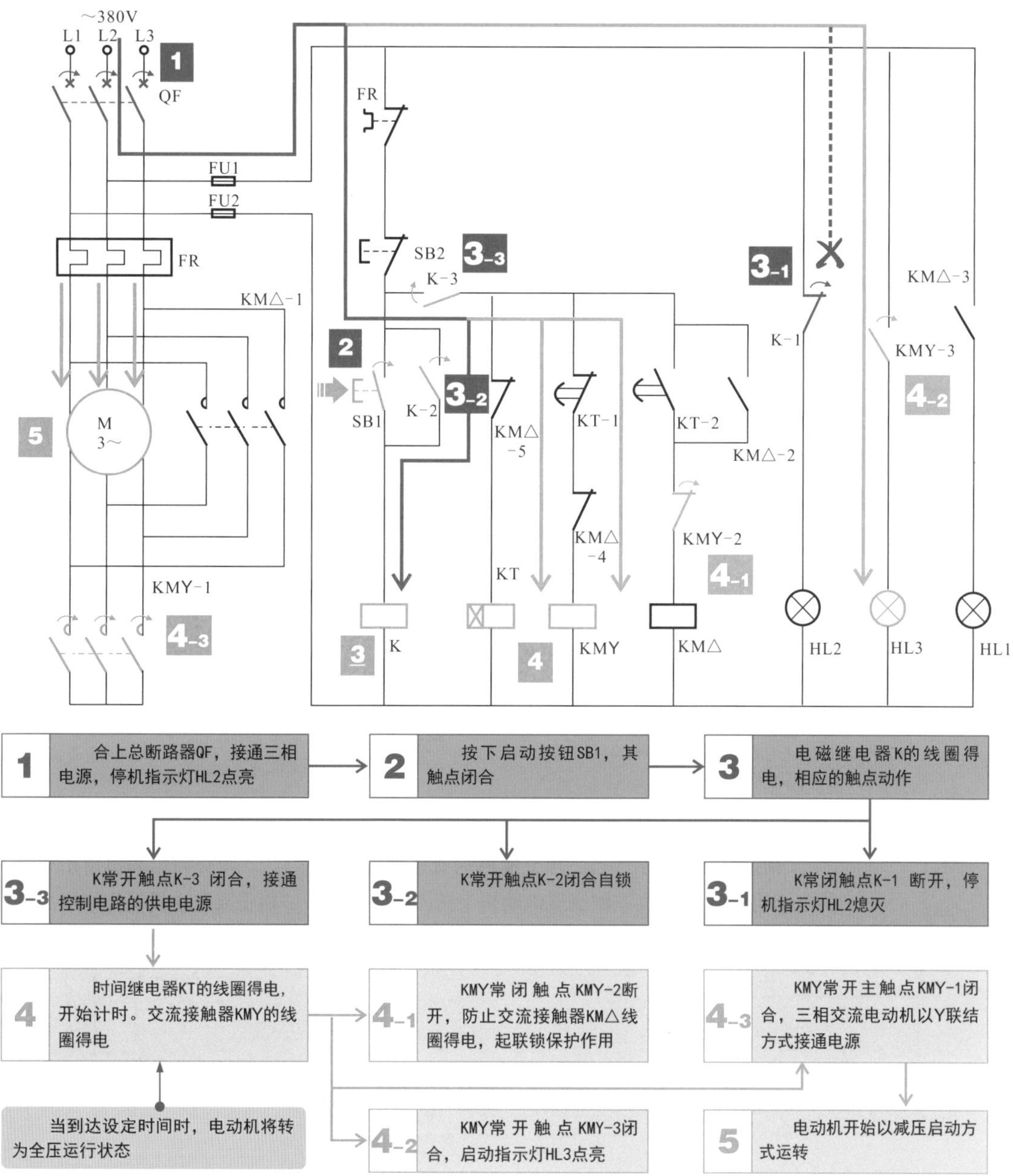

图16-22 三相交流电动机Y—Δ降压启动控制线路的实际应用过程

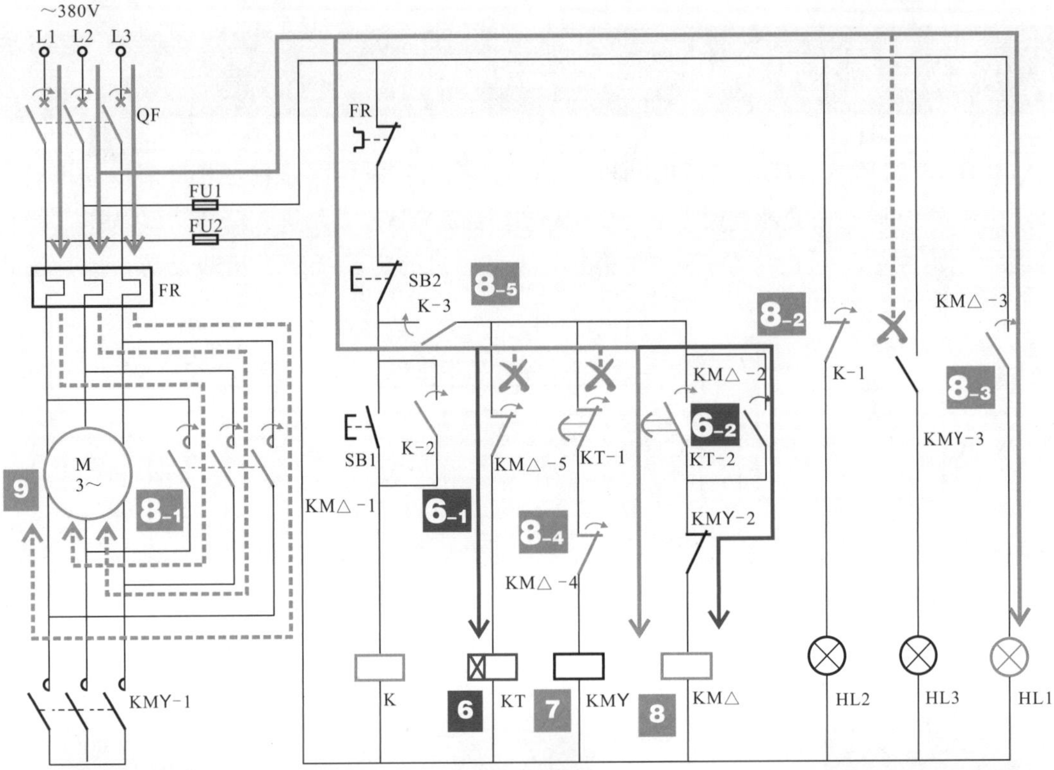

6 时间继电器KT到达预定时间

6-1 KT常闭触点KT-1延时断开

7 断开交流接触器KMY的供电，KMY触点全部复位

6-2 KT常开触点KT-2延时闭合

8 交流接触器KM△的线圈得电，对应的触点动作

8-1 KM△常开触点KM△-2闭合自锁，即可实现触点KT-2断开后，还可以使交流接触器KM△的线圈处于得电状态

8-2 KM△常开触点KM△-3闭合，运行指示灯HL1点亮

8-3 KM△常闭触点KM△-4断开，防止KMY的线圈得电，起联锁保护作用。

8-4 KM△常闭触点KM△-5断开，切断时间继电器KT线圈的供电，时间继电器KT的相关触点全部复位

8-5 KM△常开主触点KM△-1闭合，三相交流电动机以△连接方式接通电源

9 电动机开始全压运行

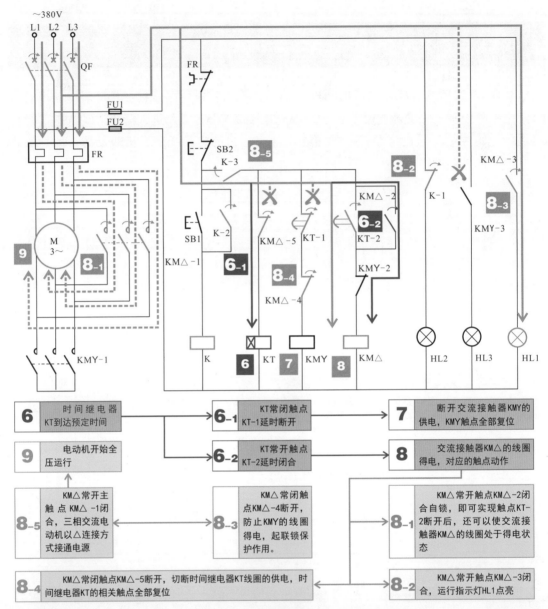

图16-22 三相交流电动机Y-△降压启动控制线路的实际应用过程

提示说明

如图16-23所示，当三相交流电动机采用Y形连接时，三相交流电动机每相承受的电压均为220V，当三相交流电动机采用△形连接时，三相交流电动机每相绕组承受的电压为380V。

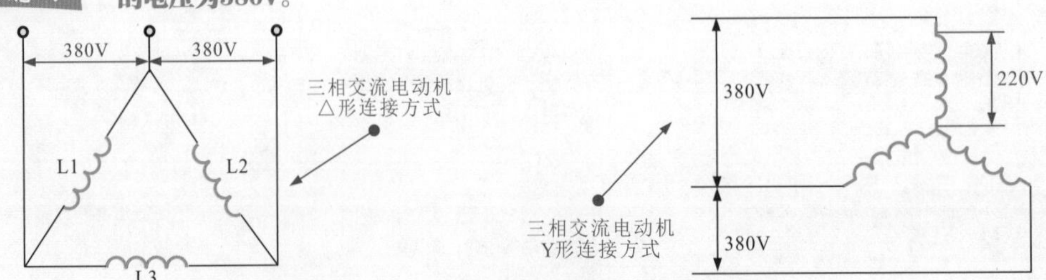

图16-23 三相交流电动机Y形和△形绕组连接方式

16.3.8 三相交流电动机限位点动正/反转控制线路

由限位点动开关控制的三相交流电动机点动正/反转控制线路是通过控制点动控制按钮完成对三相交流电动机的限位点动正/反转控制。实际应用过程如图16-24所示。

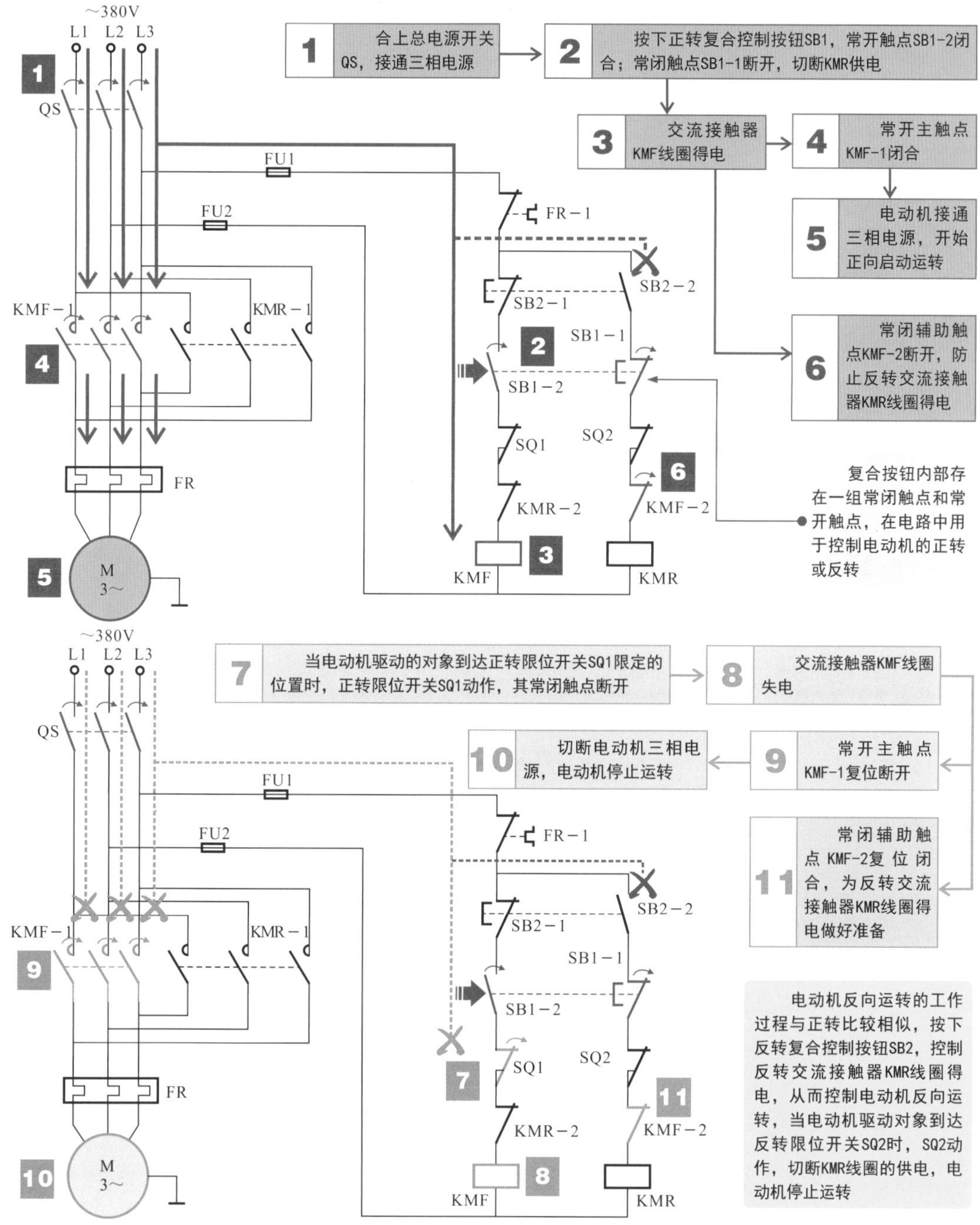

1 合上总电源开关QS，接通三相电源

2 按下正转复合控制按钮SB1，常开触点SB1-2闭合；常闭触点SB1-1断开，切断KMR供电

3 交流接触器KMF线圈得电

4 常开主触点KMF-1闭合

5 电动机接通三相电源，开始正向启动运转

6 常闭辅助触点KMF-2断开，防止反转交流接触器KMR线圈得电

复合按钮内部存在一组常闭触点和常开触点，在电路中用于控制电动机的正转或反转

7 当电动机驱动的对象到达正转限位开关SQ1限定的位置时，正转限位开关SQ1动作，其常闭触点断开

8 交流接触器KMF线圈失电

9 常开主触点KMF-1复位断开

10 切断电动机三相电源，电动机停止运转

11 常闭辅助触点KMF-2复位闭合，为反转交流接触器KMR线圈得电做好准备

电动机反向运转的工作过程与正转比较相似，按下反转复合控制按钮SB2，控制反转交流接触器KMR线圈得电，从而控制电动机反向运转，当电动机驱动对象到达反转限位开关SQ2时，SQ2动作，切断KMR线圈的供电，电动机停止运转

图16-24 三相交流电动机限位点动正/反转控制线路的实际应用过程

16.3.9 三相交流电动机间歇控制线路

如图16-25所示，三相交流电动机间歇控制电路是指控制电动机运行一段时间，自动停止，然后自动启动，这样反复控制，来实现电动机的间歇运行。

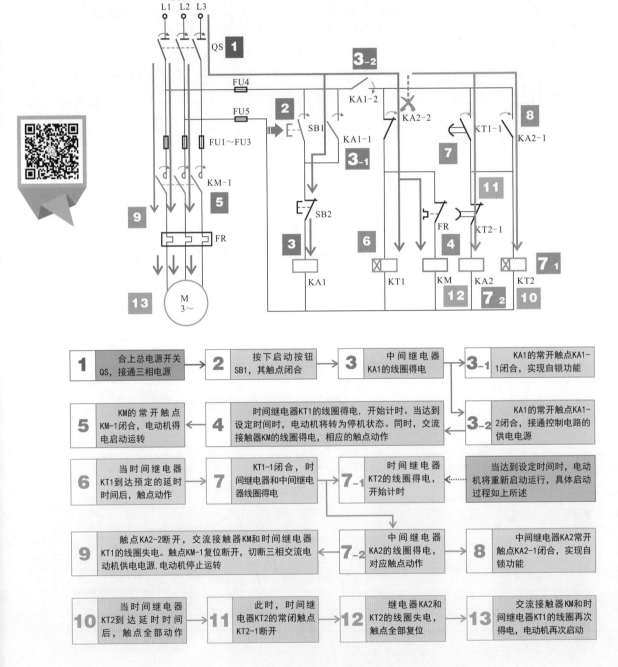

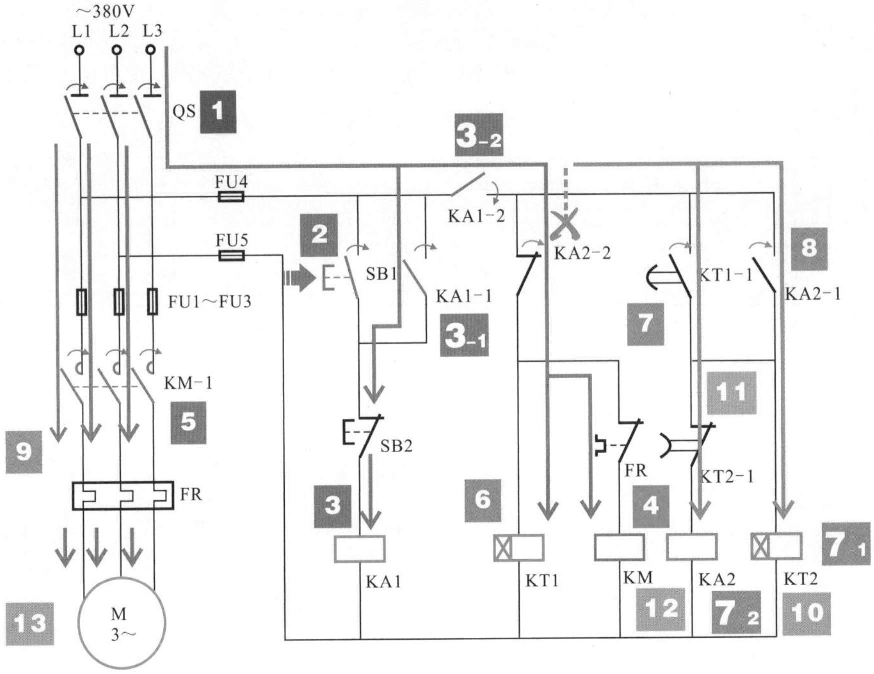

1 合上总电源开关QS，接通三相电源

2 按下启动按钮SB1，其触点闭合

3 中间继电器KA1的线圈得电

3-1 KA1的常开触点KA1-1闭合，实现自锁功能

3-2 KA1的常开触点KA1-2闭合，接通控制电路的供电电源

4 时间继电器KT1的线圈得电，开始计时。当达到设定时间时，电动机将转为停机状态。同时，交流接触器KM的线圈得电，相应的触点动作

5 KM的常开触点KM-1闭合，电动机得电启动运转

6 当时间继电器KT1到达预定的延时时间后，触点动作

7 KT1-1闭合，时间继电器和中间继电器线圈得电

7-1 时间继电器KT2的线圈得电，开始计时

当达到设定时间时，电动机将重新启动运行，具体启动过程如上所述

7-2 中间继电器KA2的线圈得电，对应触点动作

8 中间继电器KA2常开触点KA2-1闭合，实现自锁功能

9 触点KA2-2断开，交流接触器KM和时间继电器KT1的线圈失电。触点KM-1复位断开，切断三相交流电动机供电电源，电动机停止运转

10 当时间继电器KT2到达延时时间后，触点全部动作

11 此时，时间继电器KT2的常闭触点KT2-1断开

12 继电器KA2和KT2的线圈失电，触点全部复位

13 交流接触器KM和时间继电器KT1的线圈再次得电，电动机再次启动

图16-25 三相交流电动机间歇控制线路的实际应用过程

16.3.10 三相交流电动机调速控制线路

如图16-26所示，三相交流电动机调速控制电路指利用时间继电器控制电动机的低速或高速运转，用户可对电动机低速和高速运转进行切换控制。

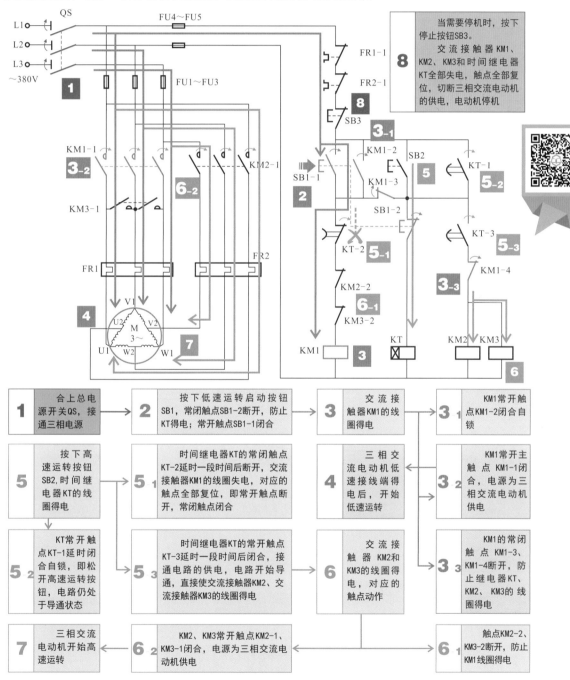

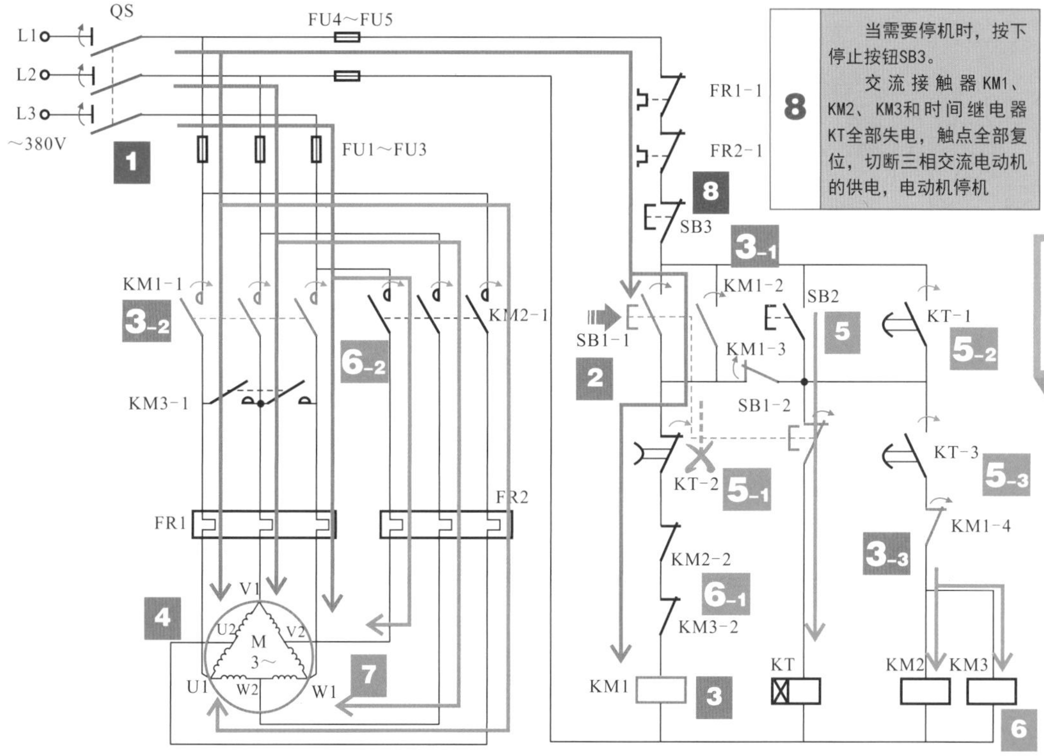

8 当需要停机时，按下停止按钮SB3。交流接触器KM1、KM2、KM3和时间继电器KT全部失电，触点全部复位，切断三相交流电动机的供电，电动机停机

1 合上总电源开关QS，接通三相电源

2 按下低速运转启动按钮SB1，常闭触点SB1-2断开，防止KT得电；常开触点SB1-1闭合

3 交流接触器KM1的线圈得电

3-1 KM1常开触点KM1-2闭合自锁

3-2 KM1常开主触点KM1-1闭合，电源为三相交流电动机供电

3-3 KM1的常闭触点KM1-3、KM1-4断开，防止继电器KT、KM2、KM3的线圈得电

4 三相交流电动机低速接线端得电后，开始低速运转

5 按下高速运转按钮SB2，时间继电器KT的线圈得电

5-1 时间继电器KT的常闭触点KT-2延时一段时间后断开，交流接触器KM1的线圈失电，对应的触点全部复位，即常开触点断开，常闭触点闭合

5-2 KT常开触点KT-1延时闭合自锁，即松开高速运转按钮，电路仍处于导通状态

5-3 时间继电器KT的常开触点KT-3延时一段时间后闭合，接通电路的供电，电路开始导通，直接使交流接触器KM2、交流接触器KM3的线圈得电

6 交流接触器KM2和KM3的线圈得电，对应的触点动作

6-1 触点KM2-2、KM3-2断开，防止KM1线圈得电

6-2 KM2、KM3常开触点KM2-1、KM3-1闭合，电源为三相交流电动机供电

7 三相交流电动机开始高速运转

图16-26 三相交流电动机调速控制线路的实际应用过程

16.3.11 三相交流电动机反接制动控制线路

如图16-27所示，三相交流电动机反接制动控制线路是指通过反接电动机的供电相序来改变电动机的旋转方向，以此来降低电动机转速，最终达到停机的目的。

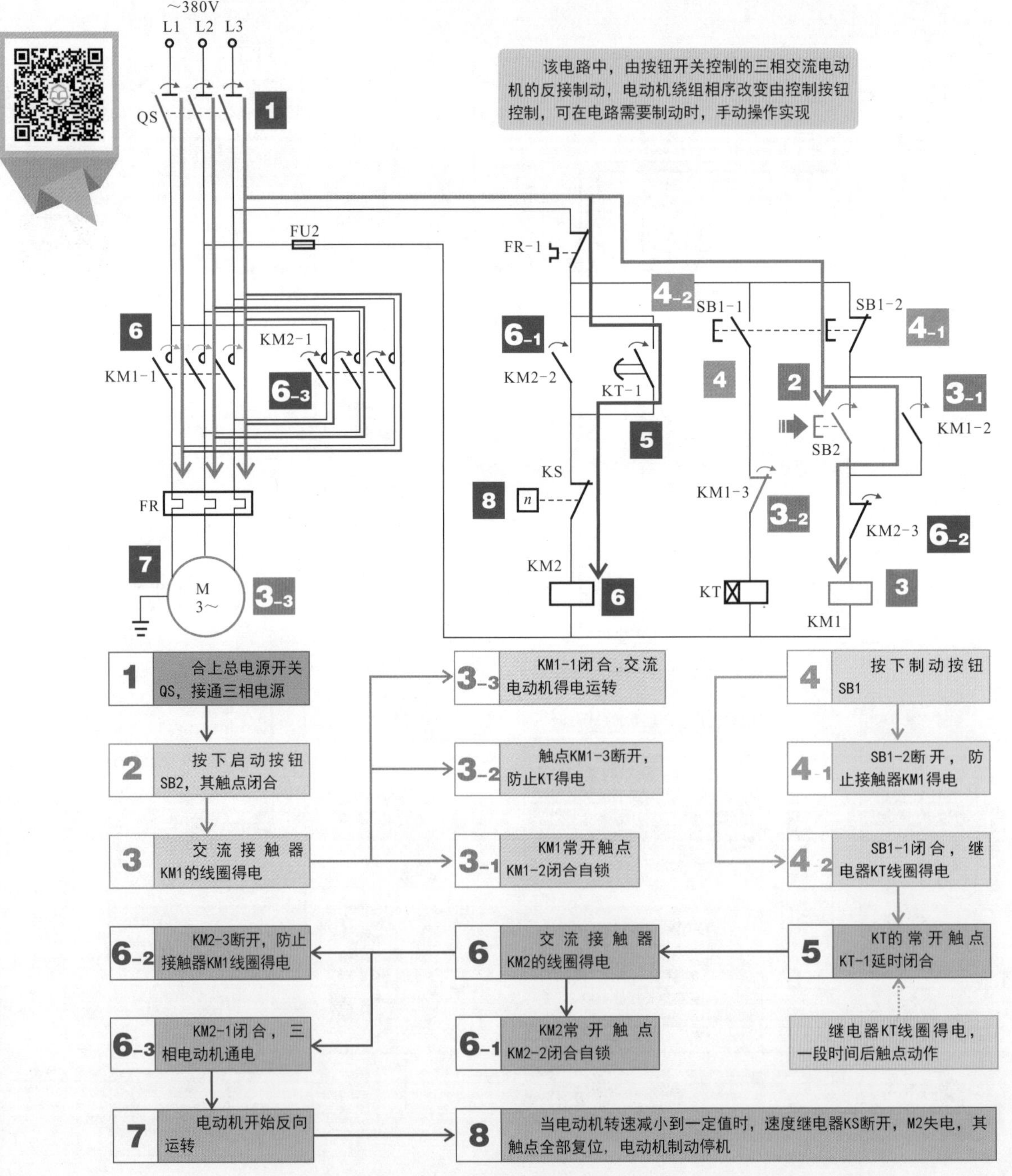

图16-27 三相交流电动机反接制动控制线路的实际应用过程

16.3.12 两台三相交流电动机交替工作控制线路

如图16-28所示，在两台电动机交替工作控制线路中，利用时间继电器延时动作的特点，间歇控制两台电动机的工作，达到电动机交替工作的目的。

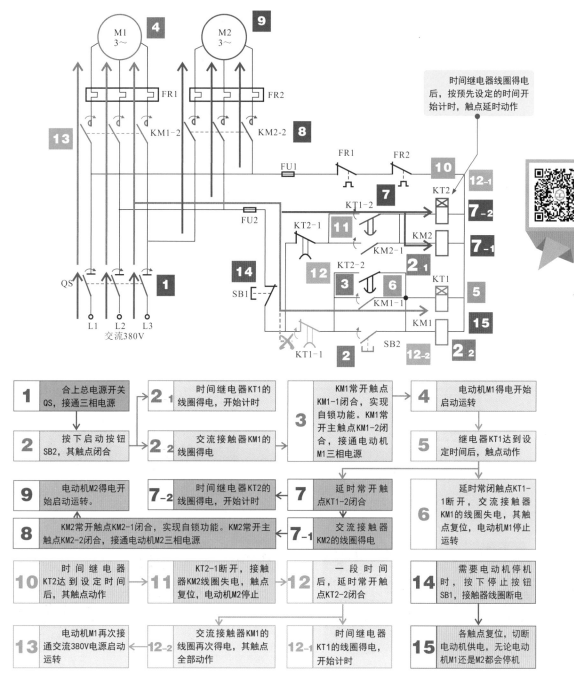

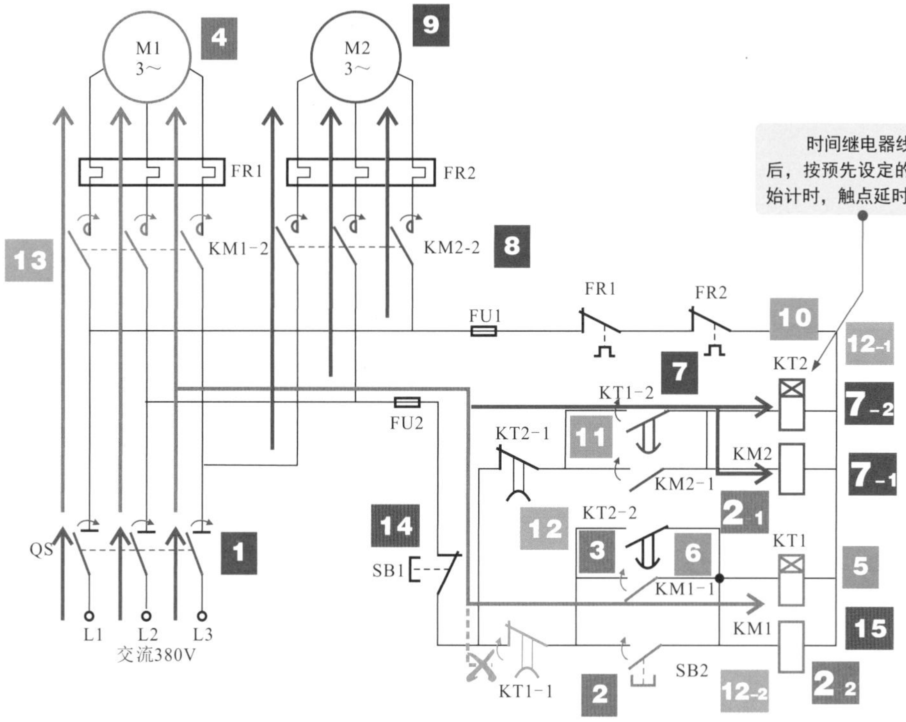

时间继电器线圈得电后，按预先设定的时间开始计时，触点延时动作

1 合上总电源开关QS，接通三相电源

2 按下启动按钮SB2，其触点闭合

2-1 时间继电器KT1的线圈得电，开始计时

2-2 交流接触器KM1的线圈得电

3 KM1常开触点KM1-1闭合，实现自锁功能。KM1常开主触点KM1-2闭合，接通电动机M1三相电源

4 电动机M1得电开始启动运转

5 继电器KT1达到设定时间后，触点动作

6 延时常闭触点KT1-1断开，交流接触器KM1的线圈失电，其触点复位，电动机M1停止运转

7 延时常开触点KT1-2闭合

7-1 交流接触器KM2的线圈得电

7-2 时间继电器KT2的线圈得电，开始计时

8 KM2常开触点KM2-1闭合，实现自锁功能。KM2常开主触点KM2-2闭合，接通电动机M2三相电源

9 电动机M2得电开始启动运转。

10 时间继电器KT2达到设定时间后，其触点动作

11 KT2-1断开，接触器KM2线圈失电，触点复位，电动机M2停止

12 一段时间后，延时常开触点KT2-2闭合

12-1 时间继电器KT1的线圈得电，开始计时

12-2 交流接触器KM1的线圈再次得电，其触点全部动作

13 电动机M1再次接通交流380V电源启动运转

14 需要电动机停机时，按下停止按钮SB1，接触器线圈断电

15 各触点复位，切断电动机供电，无论电动机M1还是M2都会停机

图16-28 两台三相交流电动机交替工作控制线路的识读分析

第17章

变频器技术

17.1 变频器的种类与功能特点

17.1.1 变频器的种类

变频器的英文名称为VFD或VVVF，它是一种利用逆变电路的方式将工频电源变成频率和电压可变的变频电源，进而对电动机进行调速控制的电气装置。

变频器种类很多，分类方式多种多样，可根据需求，按用途、按变换方式、按电源性质、变频控制、调压方法等多种方式分类。

1 按用途分类

变频器按用途可分为通用变频器和专用变频器两大类，如图17-1所示。

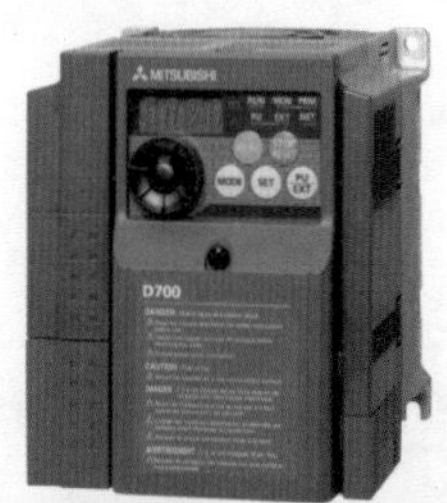

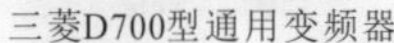

三菱D700型通用变频器

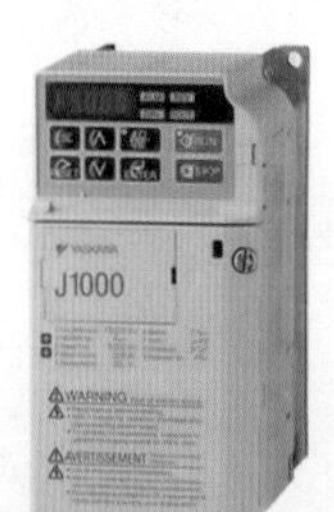

安川J1000型通用变频器

西门子MM420型通用变频器

西门子MM430型
水泵风机专用变频器

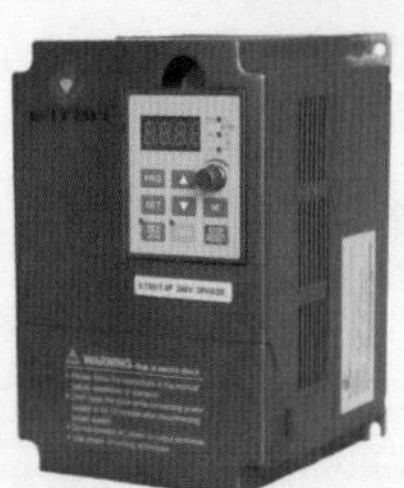

风机专用变频器

恒压供水（水泵）
专用变频器

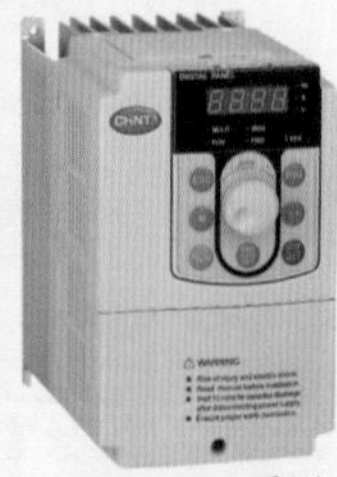

NVF1G-JR系列
卷绕专用变频器

LB-60GX系列线
切割专用变频器

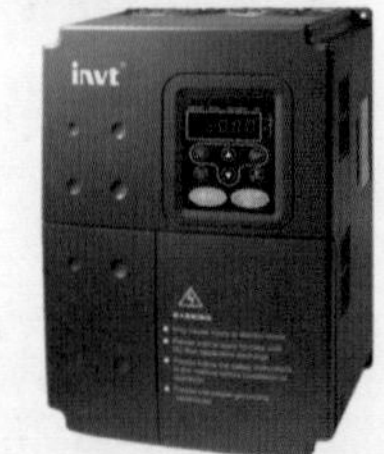

电梯专用变频器

图17-1　变频器按用途不同的分类

通用变频器是指在很多方面具有很强通用性的变频器，该类变频器简化了一些系统功能，并主要以节能为主要目的，多为中小容量变频器，一般应用于水泵、风扇、鼓风机等对于系统调速性能要求不高的场合。

专用变频器是指专门针对某一方面或某一领域而设计研发的变频器，该类变频器针对性较强，具有适用于其所针对领域独有的功能和优势，从而能够更好地发挥变频调速的作用，但通用性较差。

目前，较常见的专用变频器主要有风机类专用变频器、恒压供水（水泵）专用变频器、机床类专用变频器、重载专用变频器、注塑机专用变频器、纺织类专用变频器、电梯类专用变频器等。

2 按变换方式分类

变频器根据频率的变换方式主要分为两类：交-直-交变频器和交-交变频器，其特点如图17-2所示。

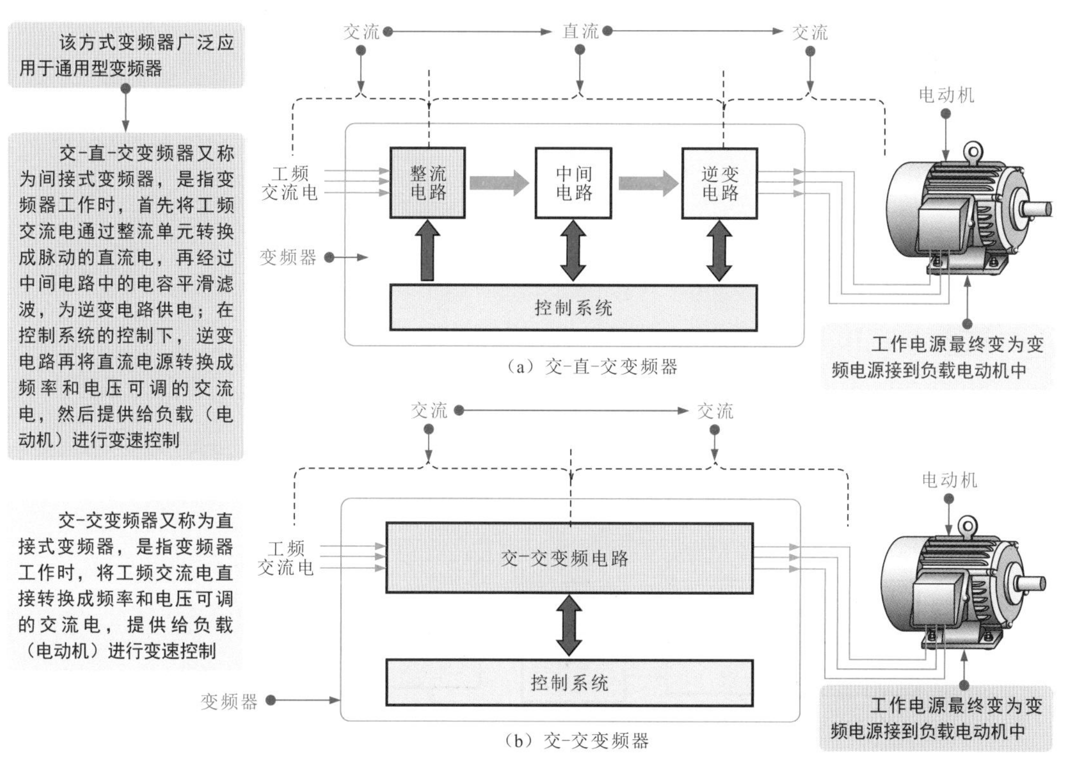

图17-2 变频器按变换方式不同的分类

3 按电源性质分类

在上述的交-直-交变频器中，因中间电路电源性质的不同，可将变频器分为两大类：电压型变频器和电流型变频器，如图17-3所示。

电压型变频器的特点是中间电路采用电容器作为直流储能元件，缓冲负载的无功功率。直流电压比较平稳，直流电源内阻较小，相当于电压源，故电压型变频器常用于负载电压变化较大的场合。

电流型变频器的特点是中间电路采用电感器作为直流储能元件，用以缓冲负载的无功功率，即扼制电流的变化，使电压接近正弦波，由于该直流内阻较大，可扼制负载电流频繁急剧的变化，故电流型变频器常用于负载电流变化较大的场合，适用于需要回馈制动和经常正、反转的生产机械。

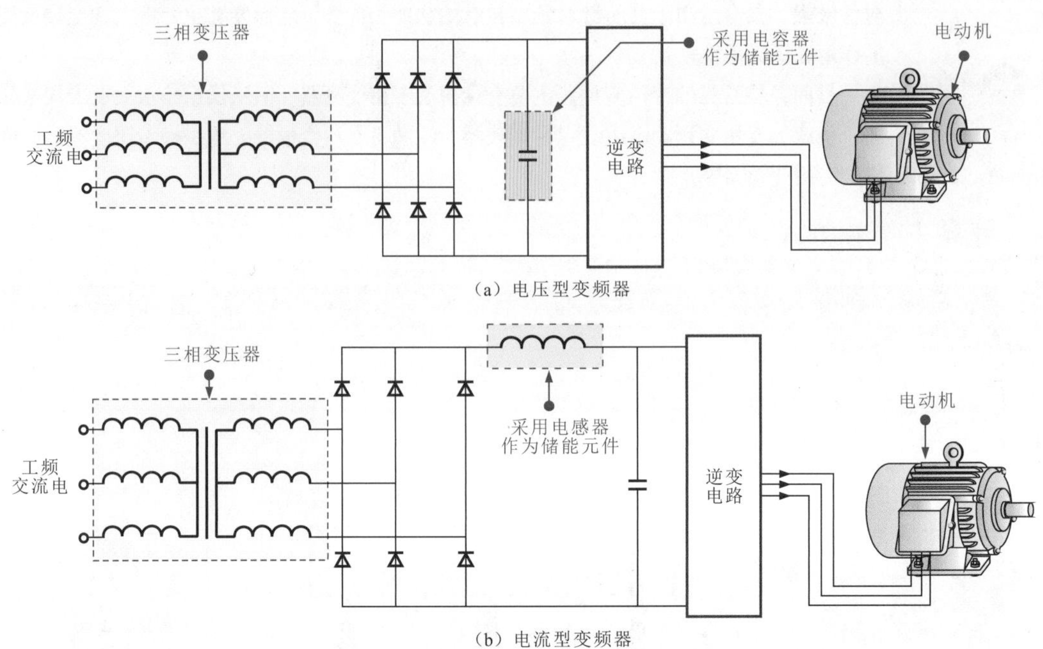

（a）电压型变频器

（b）电流型变频器

图17-3　变频器按中间电路电源性质不同分类

4 按调压方法分类

变频器按照调压方法主要分为两类：PAM变频器和PWM变频器，如图17-4所示。

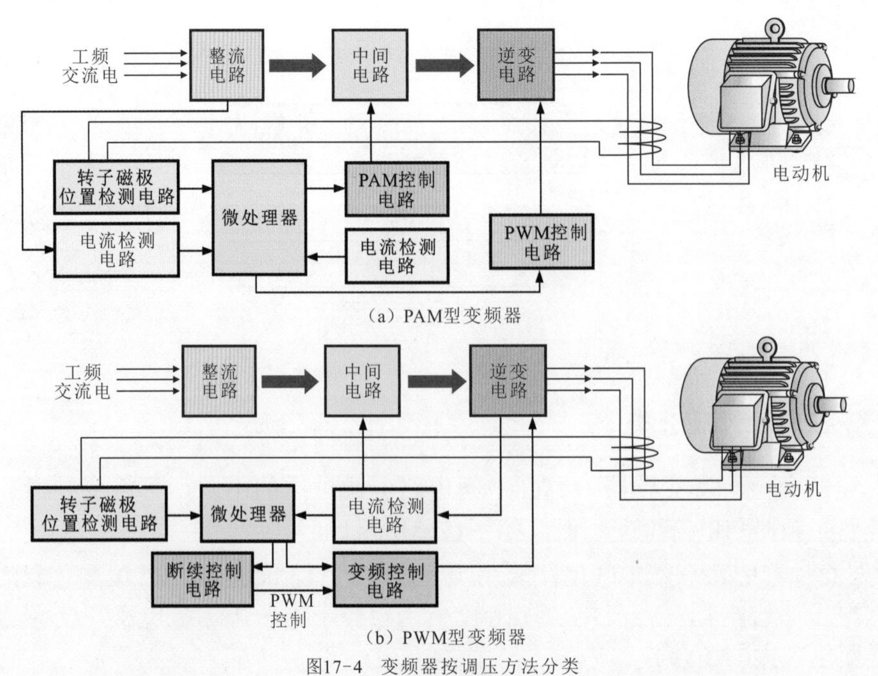

（a）PAM型变频器

（b）PWM型变频器

图17-4　变频器按调压方法分类

PAM是Pulse Amplitude Modulation（脉冲幅度调制）的缩写。PAM变频器是按照一定规律对脉冲列的脉冲幅度进行调制，控制其输出的量值和波形。实际上就是能量的大小用脉冲的幅度来表示，整流输出电路中增加绝缘删双极型晶体管（IGBT），通过对该IGBT的控制改变整流电路输出的直流电压幅度（140～390V），这样变频电路输出的脉冲电压不但宽度可变，而且幅度也可变。

PWM是Pulse Width Modulation（脉冲宽度调制）的缩写。PWM变频器同样是按照一定规律对脉冲列的脉冲宽度进行调制，控制其输出量和波形。实际上就是能量的大小用脉冲的宽度来表示，此种驱动方式，整流电路输出的直流供电电压基本不变，变频器功率模块的输出电压幅度恒定，控制脉冲的宽度受微处理器控制。

5 按变频控制分类

按照变频器的变频控制方式分为：压/频（*U*/*f*）控制变频器、转差频率控制变频器、矢量控制变频器、直接转矩控制变频器等。

17.1.2 变频器的功能特点

变频器是一种集启停控制、变频调速、显示及按键设置功能、保护功能等于一体的电动机控制装置，主要用于需要调整转速的设备中，既可以改变输出的电压又可以改变频率（即可改变电动机的转速）。

图17-5所示为变频器的功能原理。从图中可以看到，变频器用于将频率一定的交流电源，转换为频率可变的交流电源，从而实现对电动机的启动及对转速进行控制。

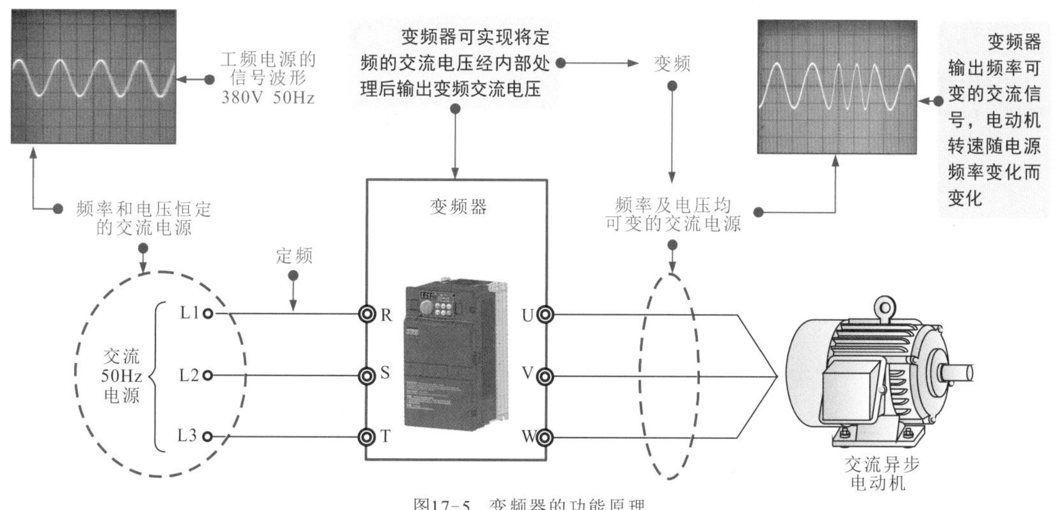

图17-5 变频器的功能原理

1 变频器具有软启动功能

如图17-6所示，变频器具备最基本的软启动功能，可实现被控负载电动机的启动电流从零开始，最大值也不超过额定电流的150%，减轻了对电网的冲击和对供电容量的要求。

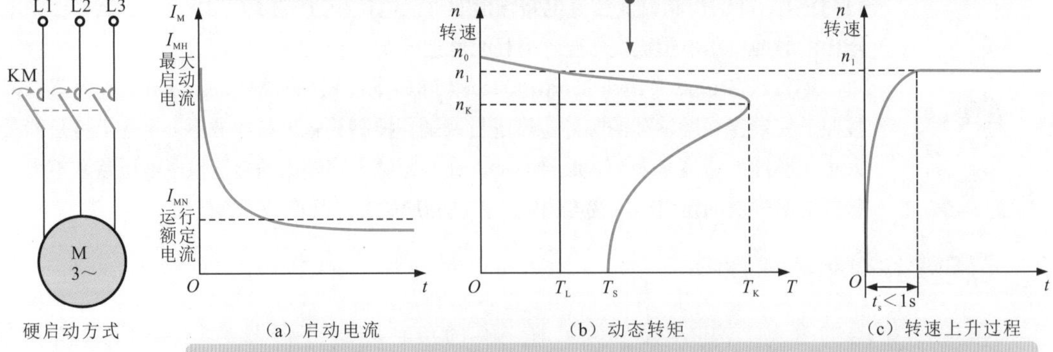
传统继电器控制电动机的控制电路采用硬启动方式，电源经开关直接为电动机供电。由于电动机处于停机状态，为了克服电动机转子的惯性，绕组中的电流很大，在大电流作用下，电动机转速迅速上升，在短时间内（小于1s）到达额定转速，在转速为n_K时转矩最大。这种情况转速不可调，其启动电流约为运行电流的6～7倍，因而启动时电流冲击很大，对机械设备和电气设备都有较大的冲击
交流50Hz电源
L1 L2 L3
KM
M
3～
硬启动方式
I_M
I_{MH}
最大启动电流
I_{MN}
运行额定电流
(a) 启动电流
转速
n_0
n_1
n_K
T_L T_S T_K T
(b) 动态转矩
(c) 转速上升过程
t_s＜1s

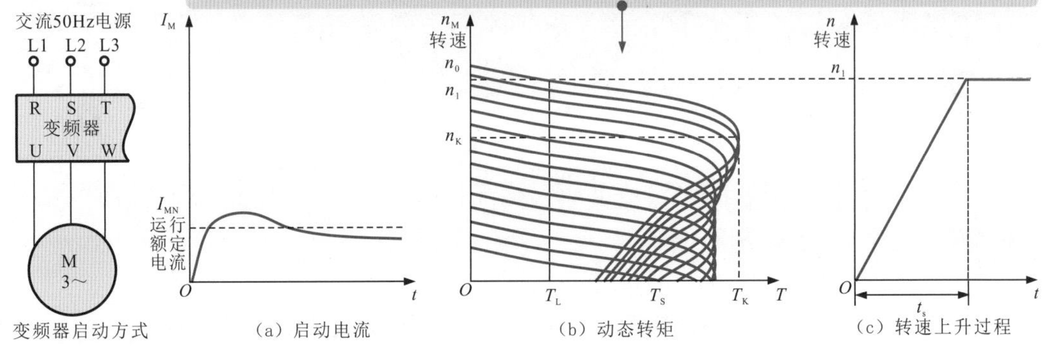
在变频器启动方式中，由于采用的是减压和降频的启动方式，使电动机启动过程为线性上升过程，因而启动电流只有额定电流的1.2～1.5倍，对电气设备几乎无冲击作用，进入运行状态后，会随负载的变化改变频率和电压，从而使转矩随之变化，达到节省能源的最佳效果，这也是变频驱动方式的优势
交流50Hz电源
L1 L2 L3
R S T
变频器
U V W
M
3～
变频器启动方式
I_M
I_{MN}
运行额定电流
(a) 启动电流
n_M
转速
n_0
n_1
n_K
T_L T_S T_K T
(b) 动态转矩
(c) 转速上升过程
t_s

图17-6 电动机在硬启动、变频器启动两种启动方式中其启动电流、转速上升状态的比较

2 变频器具有突出的变频调速功能

变频器具有调速控制功能。在由变频器控制的电动机电路中，变频器可以将工频电源通过一系列的转换使其输出频率可变，自动完成电动机的调速控制，如图17-7所示。

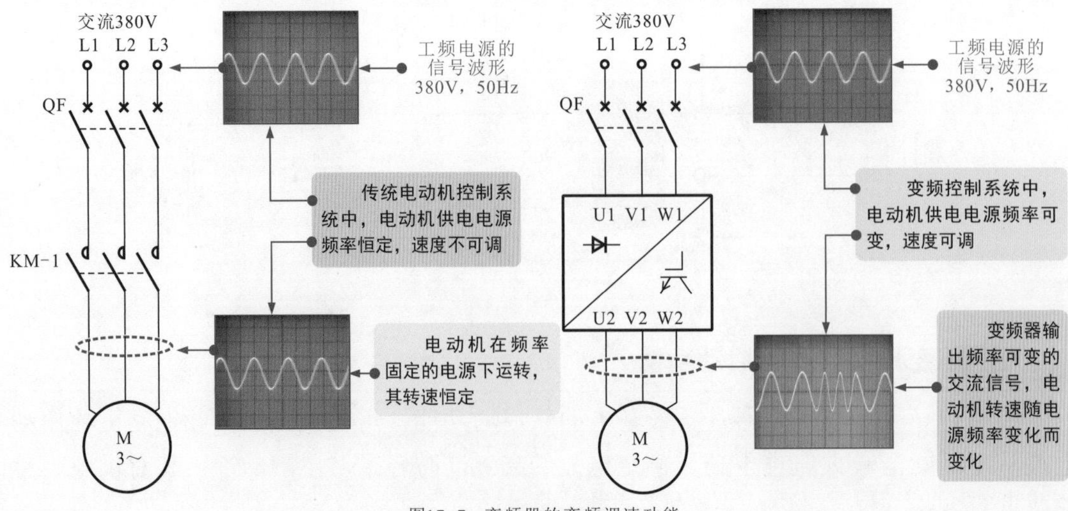
交流380V
L1 L2 L3
QF
KM-1
工频电源的信号波形
380V，50Hz
传统电动机控制系统中，电动机供电电源频率恒定，速度不可调
电动机在频率固定的电源下运转，其转速恒定
M
3～
U1 V1 W1
U2 V2 W2
变频控制系统中，电动机供电电源频率可变，速度可调
变频器输出频率可变的交流信号，电动机转速随电源频率变化而变化

图17-7 变频器的变频调速功能

3 变频器具有通信功能

为了便于通信以及人机交互，变频器上通常设有不同的通信接口，可用于与PLC自动控制系统以及远程操作器、通信模块、计算机等进行通信连接，如图17-8所示。

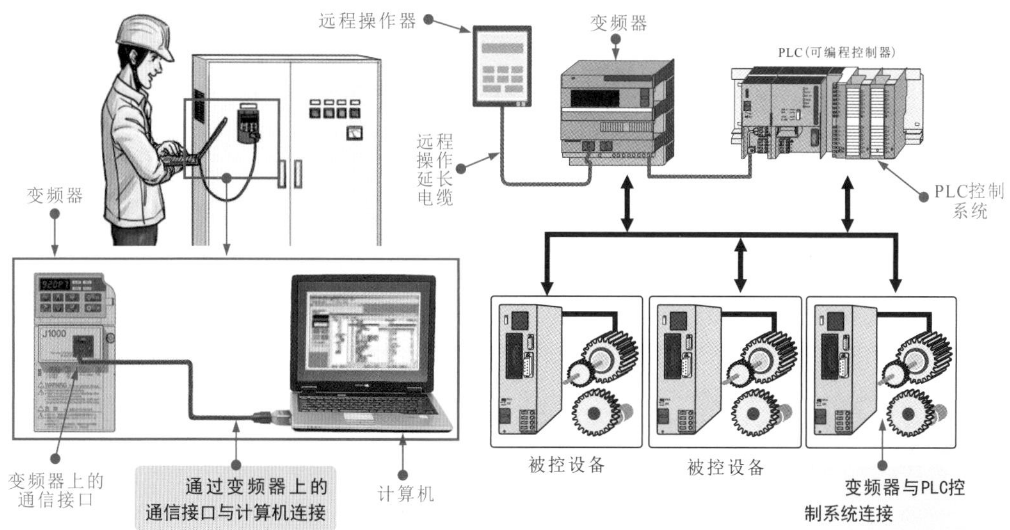

图17-8 变频器的通信功能

4 变频器的其他功能

变频器除了基本的软启动、调速和通信功能外，在制动停机、安全保护、监控和故障诊断方面也具有突出的优势，如图17-9所示。

可受控的停机及制动功能

▶▶ 在变频器控制中，停车及制动方式可以受控，而且一般变频器都具有多种停机方式及制动方式进行设定或选择，如减速停机、自由停机、减速停机+制动等。该功能可减少对机械部件和电动机的冲击，从而使整个系统更加可靠。

安全保护功能

变频器内部设有保护电路，可实现对其自身及负载电动机的各种异常保护功能，其中主要包括过热（过载）保护和防失速保护。

▶▶ 过热（过载）保护功能

变频器的过热（过载）保护即过电流保护或过热保护。在所有的变频器中都配置了电子热保护功能或采用热继电器进行保护。过热（过载）保护功能是通过监测负载电动机及变频器本身温度，当变频器所控制的负载惯性过大或因负载过大引起电动机堵转时，其输出电流超过额定值或交流电动机过热时，保护电路动作，使电动机停转，防止变频器及负载电动机损坏。

▶▶ 防失速保护

失速是指当给定的加速时间过短，电动机加速变化远远跟不上变频器的输出频率变化时，变频器将因电流过大而跳闸，运转停止。为了防止上述失速现象使电动机正常运转，变频器内部设有防失速保护电路，该电路可检出电流的大小进行频率控制。当加速电流过大时适当放慢加速速率，减速电流过大时也适当放慢减速速率，以防出现失速情况。

监控和故障诊断功能

▶▶ 变频器显示屏、状态指示灯及操作按键，可用于对变频器各项参数进行设定以及对设定值、运行状态等进行监控显示。且大多变频器内部设有故障诊断功能，该功能可对系统构成、硬件状态、指令的正确性等进行诊断，当发现异常时，会控制报警系统发出报警提示声，同时显示错误信息；故障严重时会发出控制指令停止运行，从而提高变频器控制系统的安全性。

图17-9 变频器的其他控制功能

17.2 变频器的应用

17.2.1 制冷设备中的变频电路

变频电路是变频制冷设备中特有的电路模块，制冷设备中的变频电路通过控制输出频率和电压可变的驱动电流，来驱动变频压缩机和电动机的启动、运转，从而实现制冷功能。

如图17-10所示，以变频空调器制冷设备为例，设有变频电路的空调器称为变频空调器。变频电路和变频压缩机位于空调器室外机机组中。变频电路在室外机控制电路控制及电源电路供电的条件下，输出驱动变频压缩机的变频驱动信号，使变频压缩机启动、运行，从而达到制冷或制热的效果。

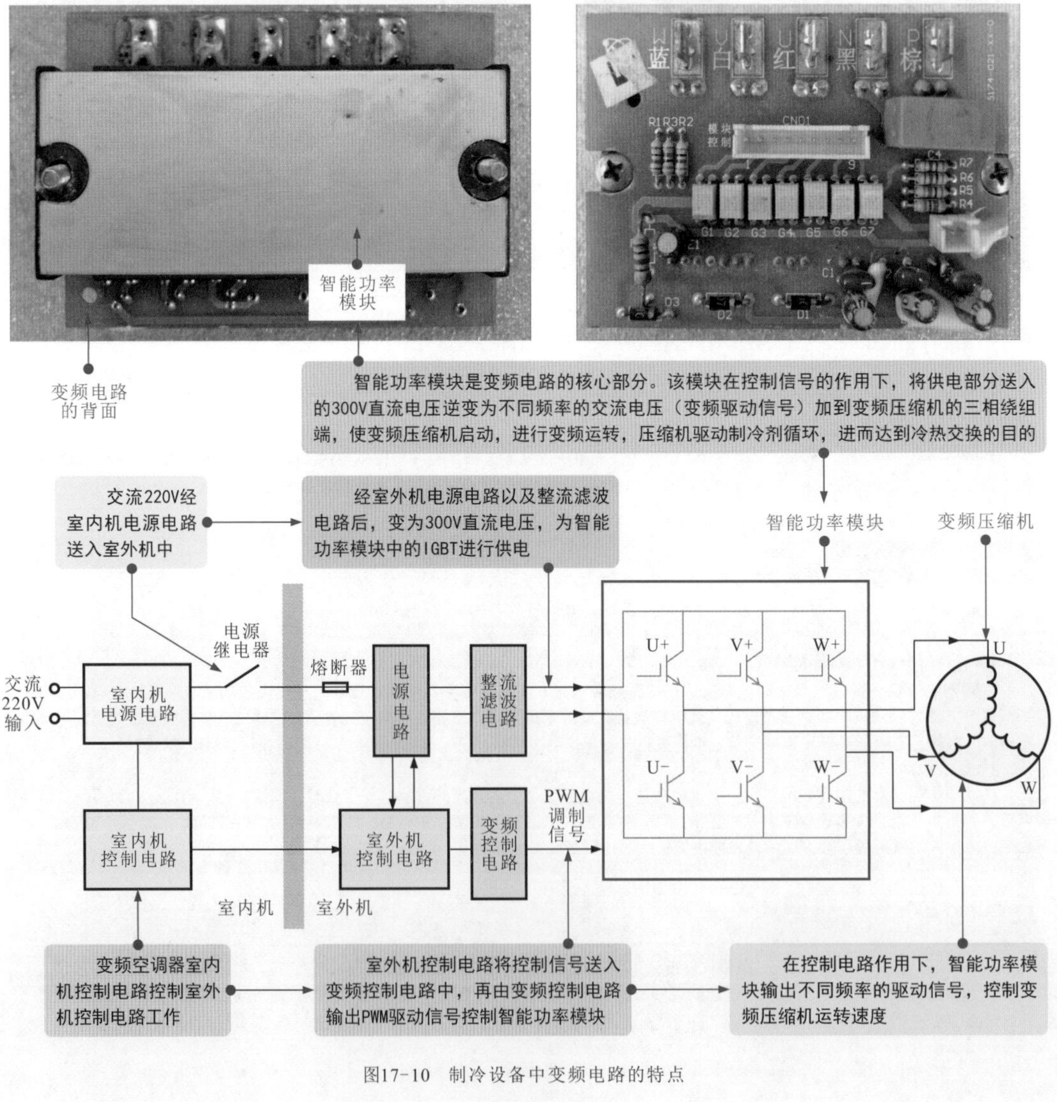

图17-10　制冷设备中变频电路的特点

17.2.2 机电设备中的变频电路

机电设备中的变频电路控制过程与传统工业设备控制电路基本类似，只是在电动机的启动、停机、调速、制动、正反转等运转方式上以及耗电量方面有明显的区别。采用变频器控制的设备，工作效率更高，更加节约能源。

图17-11为典型机电设备的点动及连续运行变频调速控制电路。

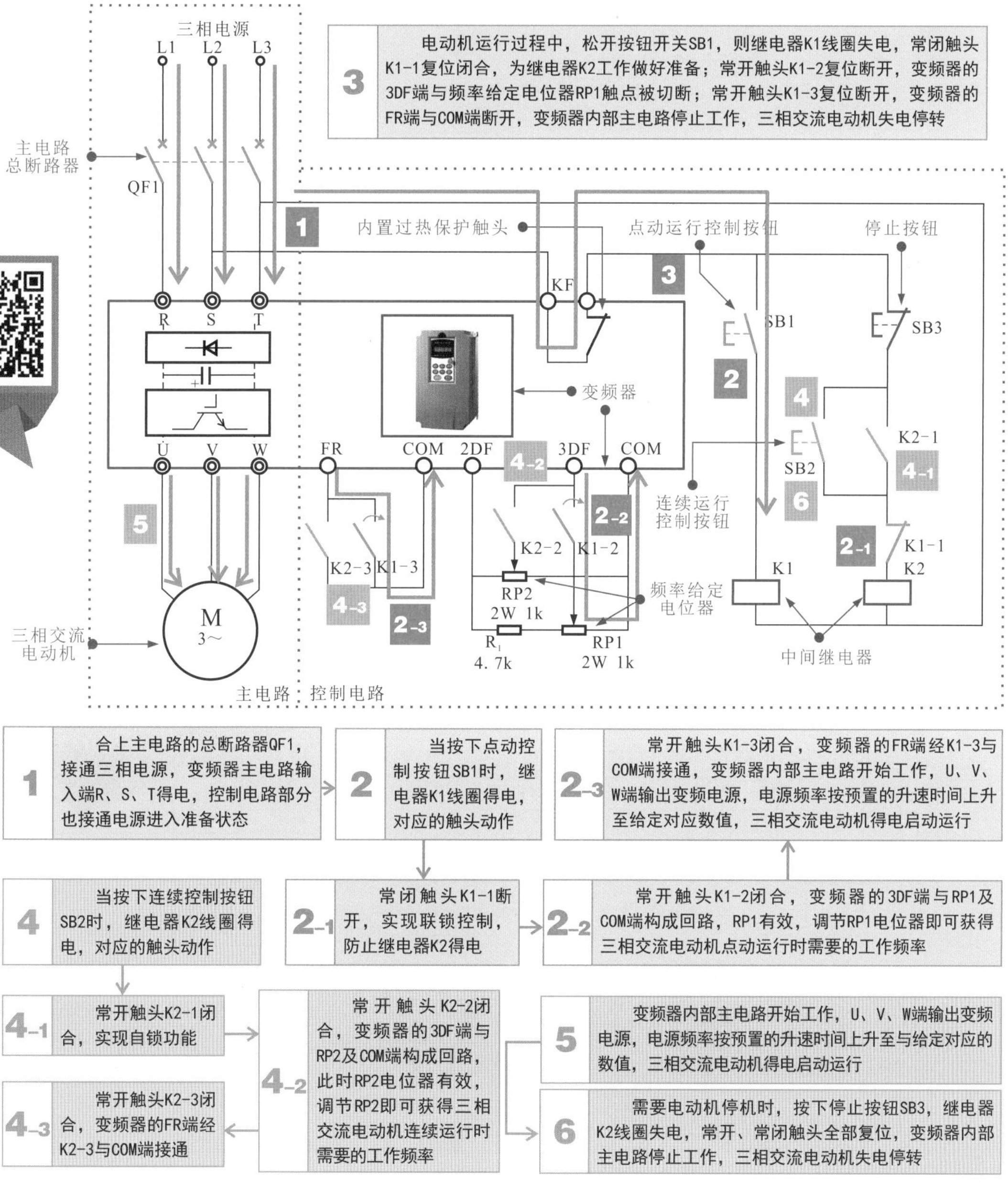

3 电动机运行过程中，松开按钮开关SB1，则继电器K1线圈失电，常闭触头K1-1复位闭合，为继电器K2工作做好准备；常开触头K1-2复位断开，变频器的3DF端与频率给定电位器RP1触点被切断；常开触头K1-3复位断开，变频器的FR端与COM端断开，变频器内部主电路停止工作，三相交流电动机失电停转

1 合上主电路的总断路器QF1，接通三相电源，变频器主电路输入端R、S、T得电，控制电路部分也接通电源进入准备状态

2 当按下点动控制按钮SB1时，继电器K1线圈得电，对应的触头动作

2-1 常闭触头K1-1断开，实现联锁控制，防止继电器K2得电

2-2 常开触头K1-2闭合，变频器的3DF端与RP1及COM端构成回路，RP1有效，调节RP1电位器即可获得三相交流电动机点动运行时需要的工作频率

2-3 常开触头K1-3闭合，变频器的FR端经K1-3与COM端接通，变频器内部主电路开始工作，U、V、W端输出变频电源，电源频率按预置的升速时间上升至给定对应数值，三相交流电动机得电启动运行

4 当按下连续控制按钮SB2时，继电器K2线圈得电，对应的触头动作

4-1 常开触头K2-1闭合，实现自锁功能

4-2 常开触头K2-2闭合，变频器的3DF端与RP2及COM端构成回路，此时RP2电位器有效，调节RP2即可获得三相交流电动机连续运行时需要的工作频率

4-3 常开触头K2-3闭合，变频器的FR端经K2-3与COM端接通

5 变频器内部主电路开始工作，U、V、W端输出变频电源，电源频率按预置的升速时间上升至与给定对应的数值，三相交流电动机得电启动运行

6 需要电动机停机时，按下停止按钮SB3，继电器K2线圈失电，常开、常闭触头全部复位，变频器内部主电路停止工作，三相交流电动机失电停转

图17-11 机电设备中变频电路的特点

17.3 变频器电路

17.3.1 海信KFR-4539（5039）LW/BP型变频空调器中的变频电路

图17-12为海信KFR-4539（5039）LW/BP型变频空调器的变频电路，该电路主要由控制电路、过电流检测电路、变频模块和变频压缩机构成。

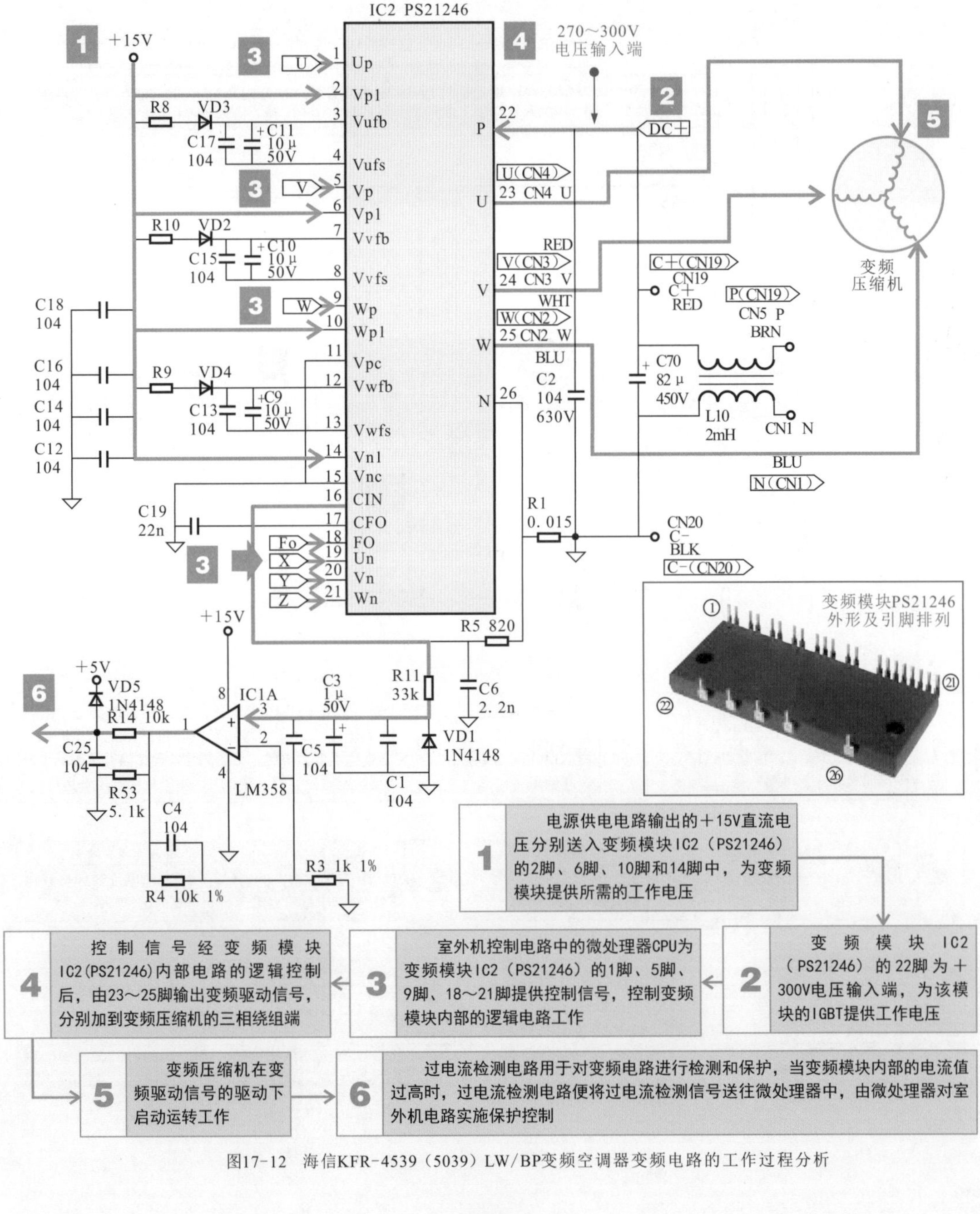

1. 电源供电电路输出的＋15V直流电压分别送入变频模块IC2（PS21246）的2脚、6脚、10脚和14脚中，为变频模块提供所需的工作电压
2. 变频模块IC2（PS21246）的22脚为＋300V电压输入端，为该模块的IGBT提供工作电压
3. 室外机控制电路中的微处理器CPU为变频模块IC2（PS21246）的1脚、5脚、9脚、18～21脚提供控制信号，控制变频模块内部的逻辑电路工作
4. 控制信号经变频模块IC2(PS21246)内部电路的逻辑控制后，由23～25脚输出变频驱动信号，分别加到变频压缩机的三相绕组端
5. 变频压缩机在变频驱动信号的驱动下启动运转工作
6. 过电流检测电路用于对变频电路进行检测和保护，当变频模块内部的电流值过高时，过电流检测电路便将过电流检测信号送往微处理器中，由微处理器对室外机电路实施保护控制

图17-12 海信KFR-4539（5039）LW/BP变频空调器变频电路的工作过程分析

变频模块PS21246的内部主要由HVIC1、HVIC2、HVIC3和LVIC 4个逻辑控制电路，6个功率输出IGBT（门控管）和6个阻尼二极管等部分构成的，如图17-13所示。+300V的P端为IGBT提供电源电压，由供电电路为其中的逻辑控制电路提供+5V的工作电压。由微处理器为PS21246输入控制信号，经功率模块内部的逻辑处理后为IGBT控制极提供驱动信号，U、V、W端为直流无刷电动机绕组提供驱动电流。

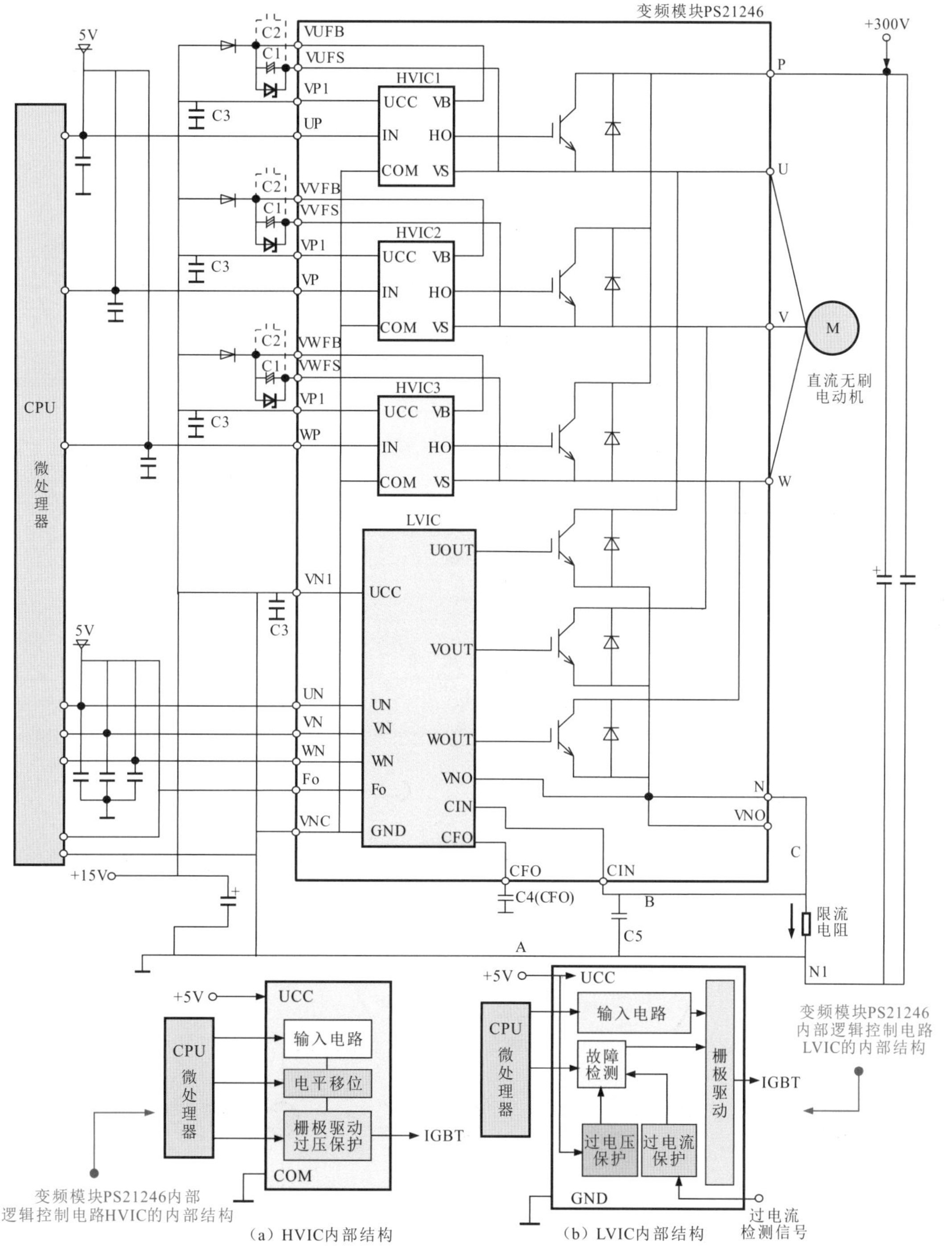

变频模块PS21246

直流无刷电动机

限流电阻

变频模块PS21246内部逻辑控制电路LVIC的内部结构

变频模块PS21246内部逻辑控制电路HVIC的内部结构

（a）HVIC内部结构

过电流检测信号

（b）LVIC内部结构

图17-13　变频模块PS21246的内部结构

17.3.2 单水泵恒压供水变频控制电路

典型单水泵恒压供水变频控制电路主要由变频主电路和控制电路两部分构成，如图17-14所示。其控制电路中采用康沃CVF-P2型风机水泵专用型变频器，具有变频-工频切换控制功能，可在变频电路发生故障或维护检修时，切换到工频状态维持供水系统工作。

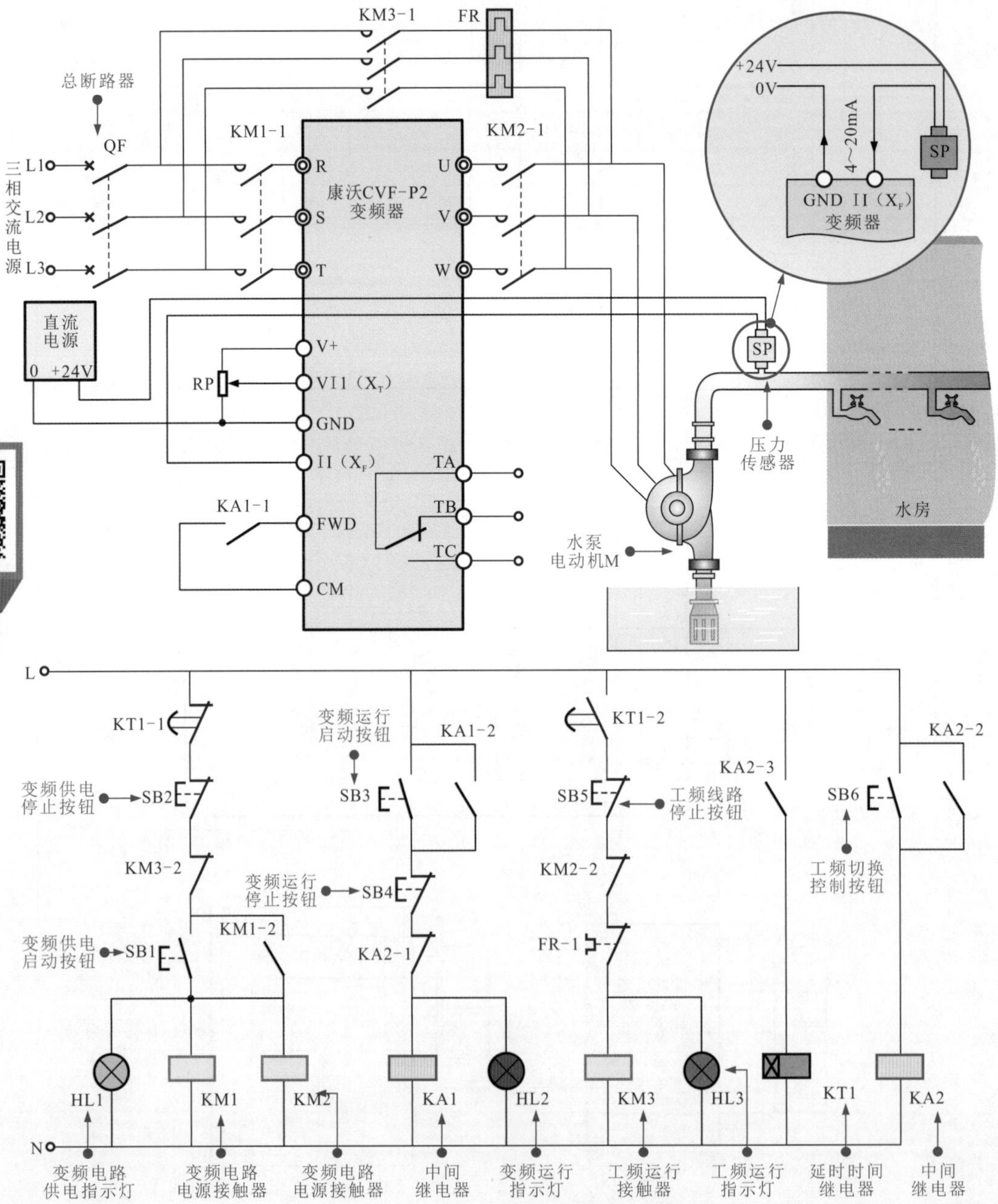

图17-14　单水泵恒压供水变频控制电路的结构

如图17-15所示，典型恒压供水控制电路中，由变频器与电气部件结合，通过对水泵电动机的控制实现自动启停控制，进而带动电动机水泵工作实现供水功能。

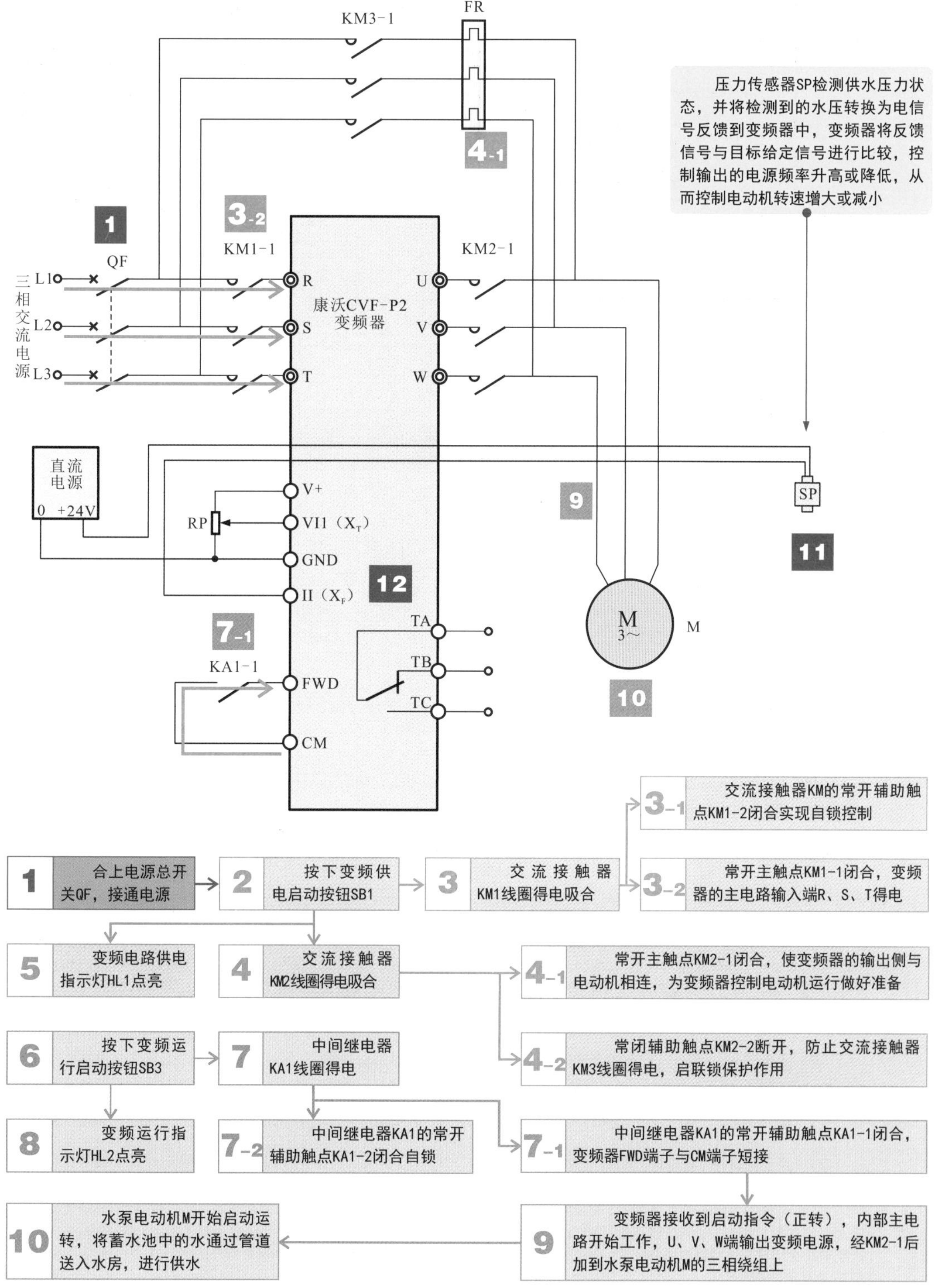

图17-15

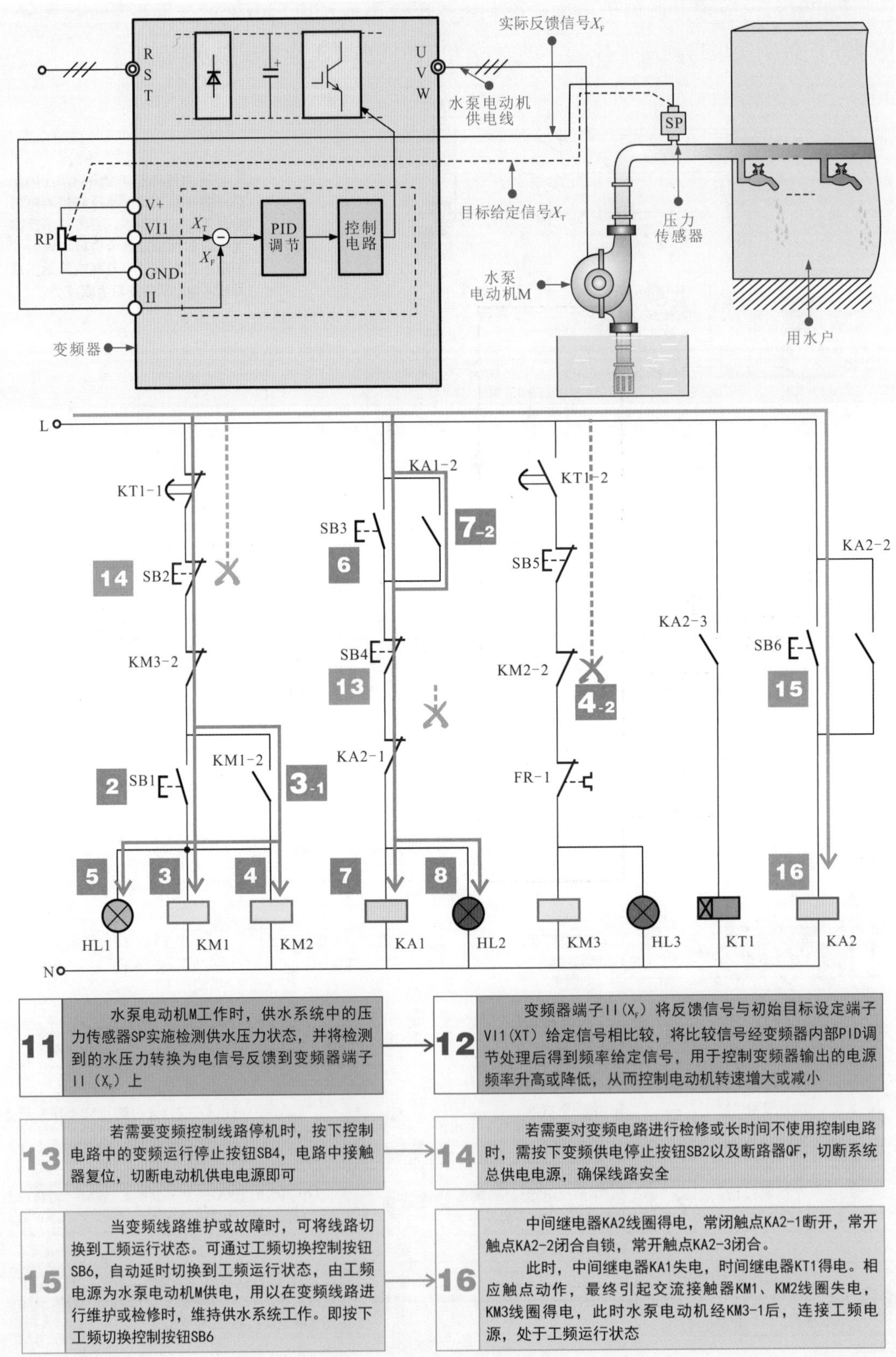

实际反馈信号X_F
R
S
T
U
V
W
水泵电动机供电线
SP
目标给定信号X_T
压力传感器
水泵电动机M
用水户
V+
VI1
GND
II
RP
X_T
X_F
PID调节
控制电路
变频器
L
N
KT1-1
SB2
KM3-2
SB1
KM1-2
KA1-2
SB3
SB4
KA2-1
KT1-2
SB5
KM2-2
FR-1
KA2-3
KA2-2
SB6
HL1
KM1
KM2
KA1
HL2
KM3
HL3
KT1
KA2
14
2
3-1
5
3
4
6
7-2
13
7
8
4-2
15
16
11 水泵电动机M工作时，供水系统中的压力传感器SP实施检测供水压力状态，并将检测到的水压力转换为电信号反馈到变频器端子II（X_F）上
12 变频器端子II（X_F）将反馈信号与初始目标设定端子VI1（XT）给定信号相比较，将比较信号经变频器内部PID调节处理后得到频率给定信号，用于控制变频器输出的电源频率升高或降低，从而控制电动机转速增大或减小
13 若需要变频控制线路停机时，按下控制电路中的变频运行停止按钮SB4，电路中接触器复位，切断电动机供电电源即可
14 若需要对变频电路进行检修或长时间不使用控制电路时，需按下变频供电停止按钮SB2以及断路器QF，切断系统总供电电源，确保线路安全
15 当变频线路维护或故障时，可将线路切换到工频运行状态。可通过工频切换控制按钮SB6，自动延时切换到工频运行状态，由工频电源为水泵电动机M供电，用以在变频线路进行维护或检修时，维持供水系统工作。即按下工频切换控制按钮SB6
16 中间继电器KA2线圈得电，常闭触点KA2-1断开，常开触点KA2-2闭合自锁，常开触点KA2-3闭合。
此时，中间继电器KA1失电，时间继电器KT1得电。相应触点动作，最终引起交流接触器KM1、KM2线圈失电，KM3线圈得电，此时水泵电动机经KM3-1后，连接工频电源，处于工频运行状态

图17-15 单水泵恒压供水变频控制电路的工作过程分析

17.3.3 恒压供气变频控制电路

恒压供气系统的控制对象为空气压缩机电动机，通过变频器对空气压缩机电动机的转速进行控制，可调节供气量，使其系统压力维持在设定值上，从而达到恒压供气的目的，如图17-16为采用三菱FR-A540型通用变频器的恒压供气变频控制电路。

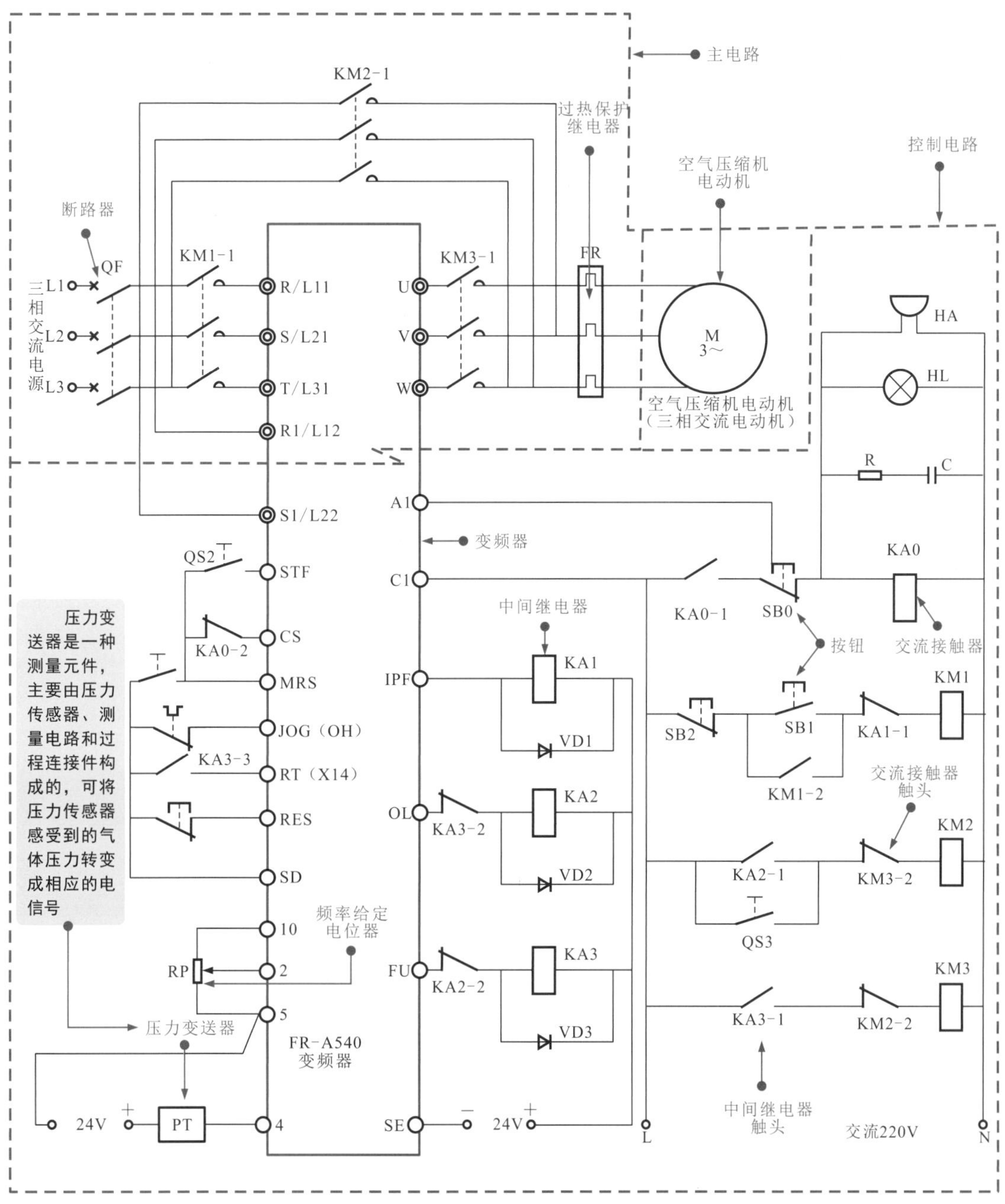

图17-16 典型恒压供气变频控制电路的结构

恒压供气系统中，通过变频器对空气压缩机电动机的转速进行控制，可调节供气量，使其系统压力维持在设定值上，其工作过程如图17-17所示。

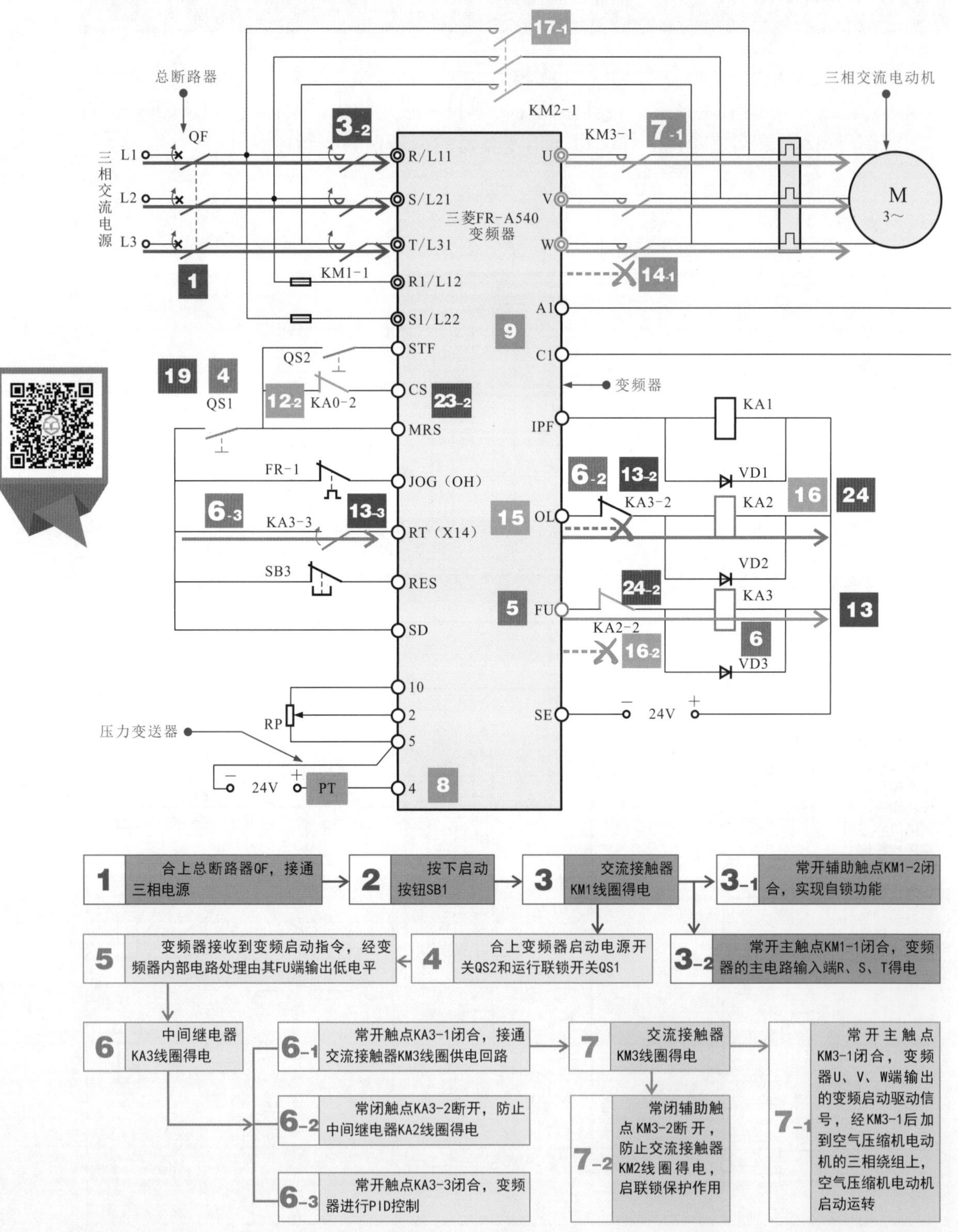

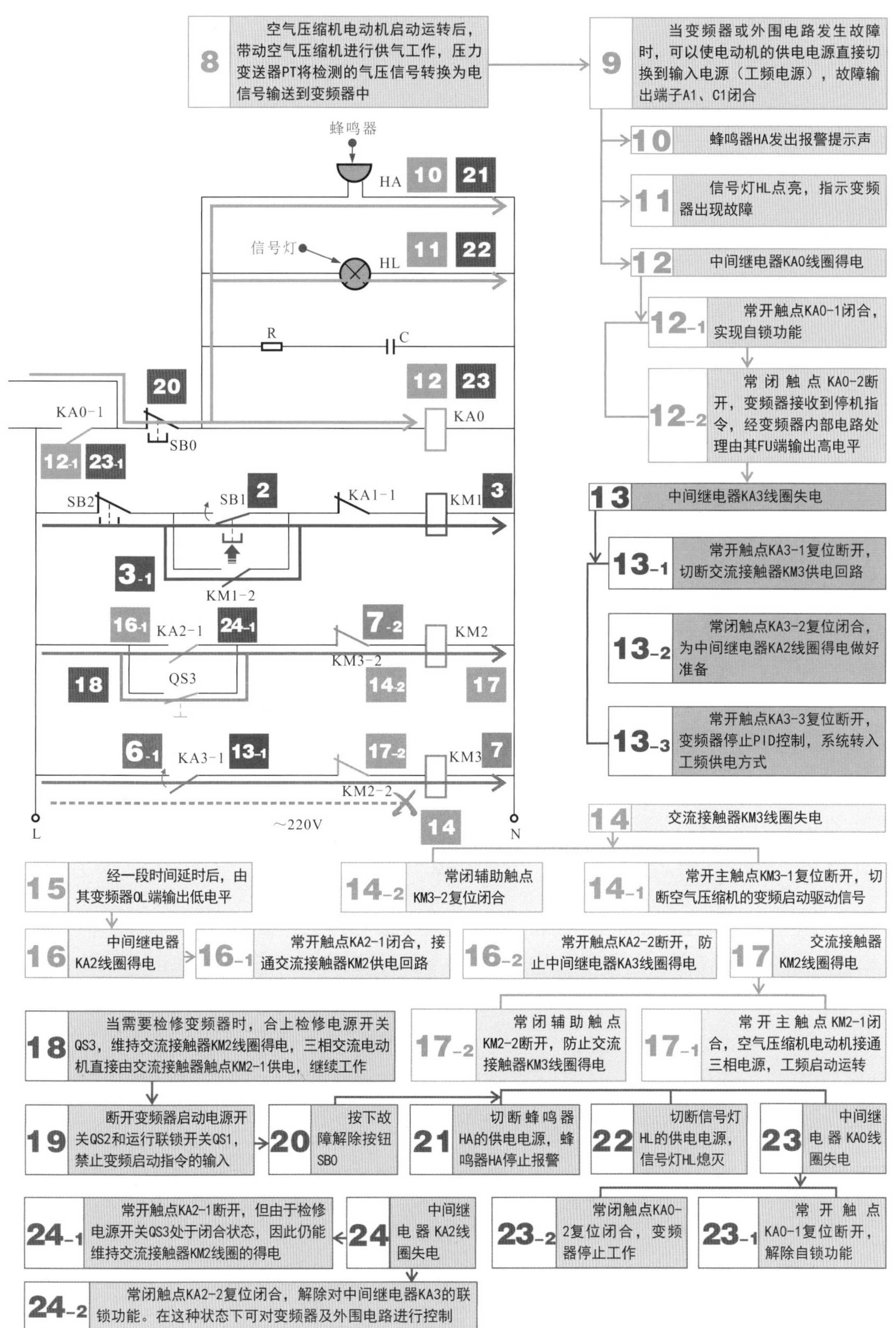

图17-17 典型恒压供气变频控制电路的工作过程分析

17.3.4 工业拉线机的变频控制电路

拉线机属于工业线缆行业的一种常用设备，该设备对收线速度的稳定性要求比较高，采用变频电路可很好地控制前后级的线速度同步，如图17-18所示，有效保证出线线径的质量。同时，变频器可有效控制主传动电动机的加/减速时间，实现平稳加/减速，不仅能避免启动时的负载波动，实现节能效果，还可保证系统的可靠性和稳定性。

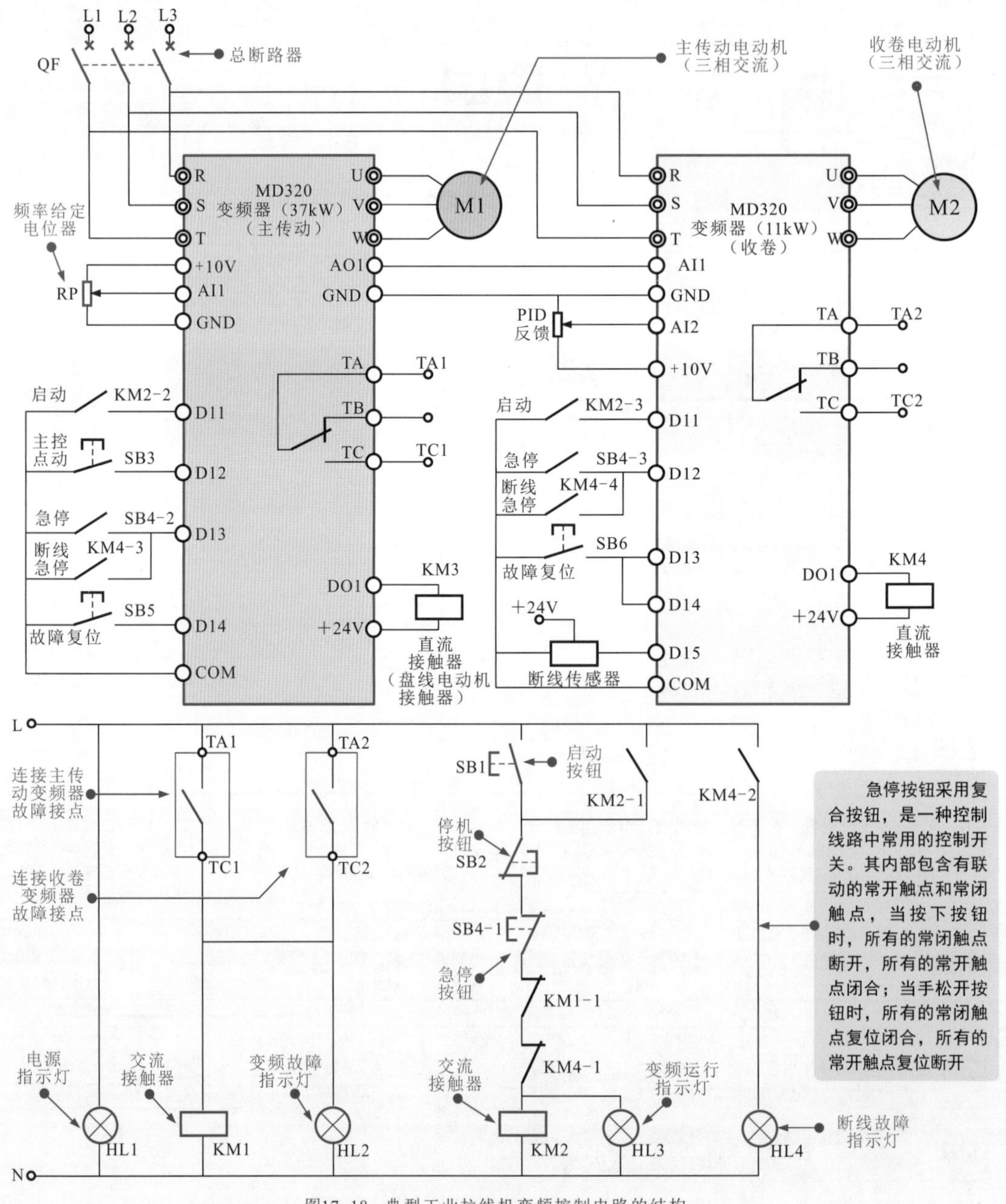

图17-18 典型工业拉线机变频控制电路的结构

结合变频电路中变频器与各电气部件的功能特点，分析典型工业拉线机变频控制电路的工作过程，如图17-19所示。

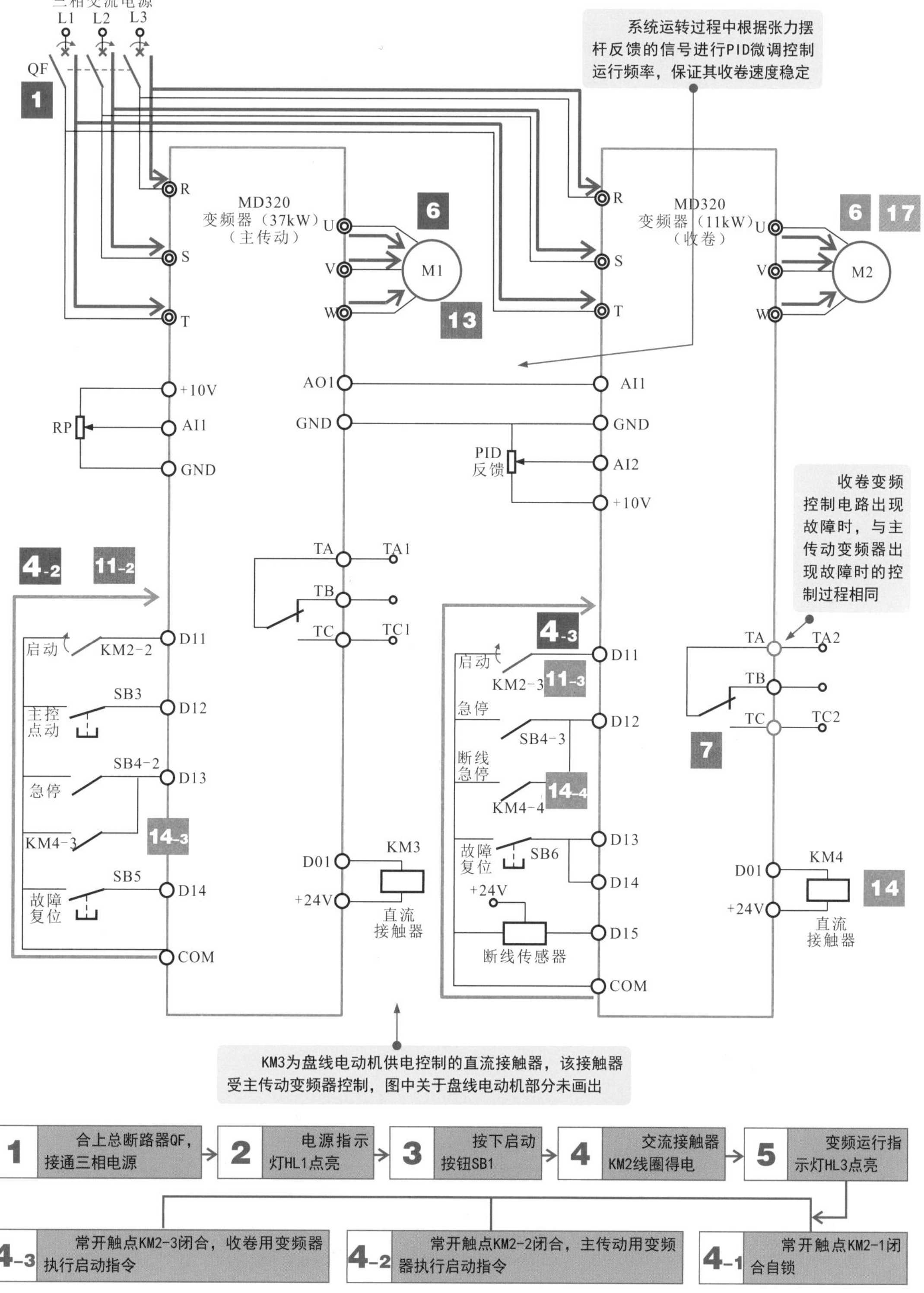

图17-19

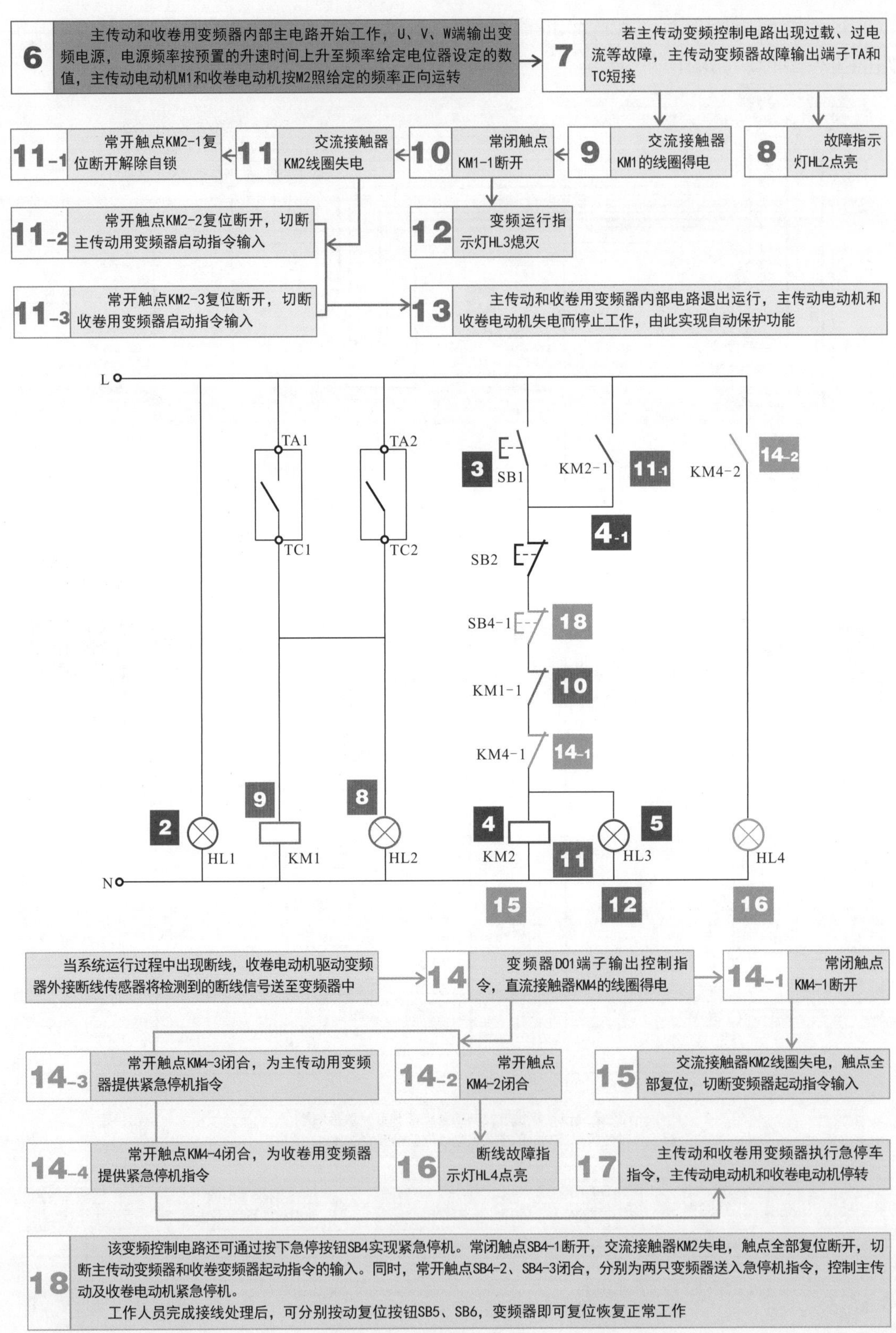

图17-19　典型工业拉线机变频控制电路的工作过程分析

第18章

变频器的使用与调试

18.1 轻松搞定变频器的使用

18.1.1 变频器的操作显示面板

操作显示面板是变频器与外界实现交互的关键部分，目前多数变频器都是通过操作显示面板上的显示屏、操作按键或键钮、指示灯等进行参数设定、状态监视和运行控制等操作。

下面以典型变频器操作面板为例，从操作面板的结构和工作状态入手，了解变频器操作面板的使用方法。图18-1为典型变频器的操作显示面板。

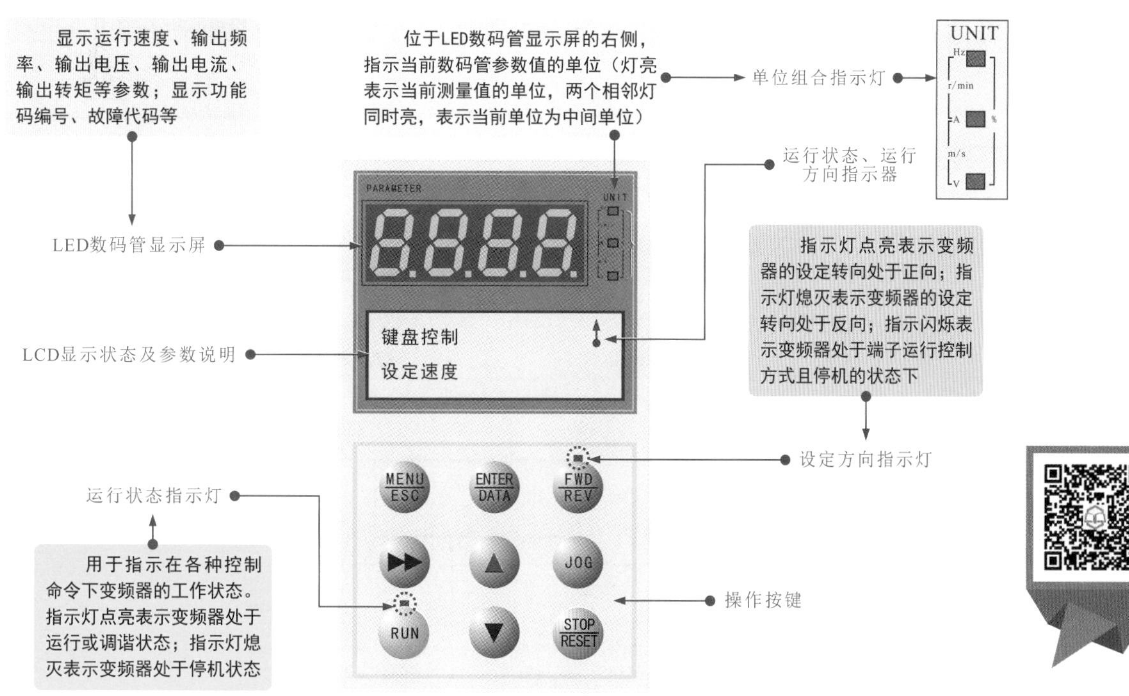

图18-1　典型变频器的操作显示面板（艾默生TD3000型变频器）

操作按键用于向变频器输入人工指令，包括参数设定指令、运行状态指令等。不同操作按键的控制功能不同，如图18-2所示。

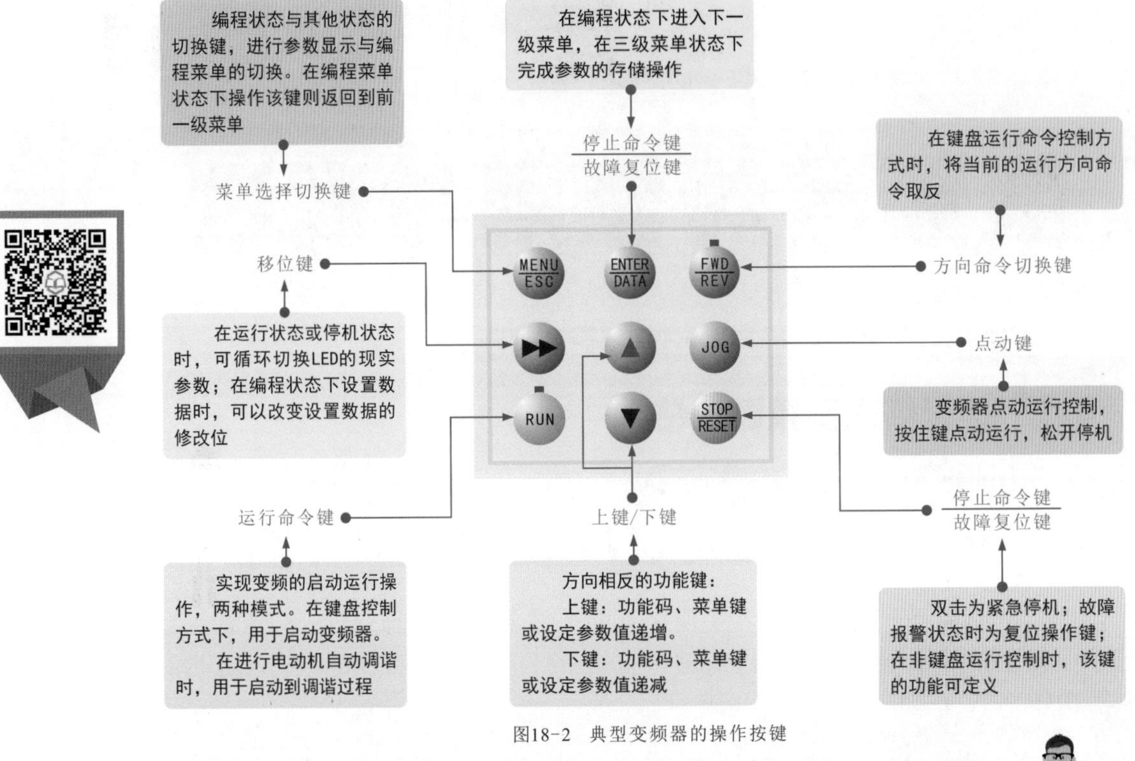

图18-2　典型变频器的操作按键

18.1.2 操作显示面板的使用

了解变频器操作面板的使用方法，即了解操作面板的参数设置方法。在这之前，需要首先弄清变频器操作面板下，菜单的级数，即包含几层菜单，以及每级菜单的功能含义，然后进行相应的操作和设置即可。

典型变频器的“MENU/ESC”（菜单）包含了三级菜单，分别为功能参数组（一级菜单）、功能码（二级菜单）和功能码设定值（三级菜单），如图18-3所示。

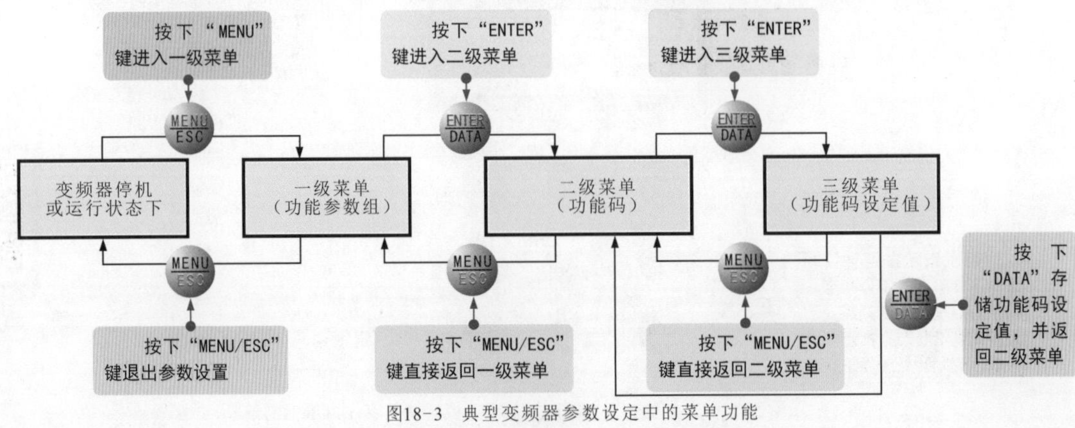

图18-3　典型变频器参数设定中的菜单功能

一级菜单下包含16个功能项（F0～F9、FA～FF）。二级菜单为16个功能项的子菜单项，每项中又分为多个功能码，分别代表不同功能的设定项。三级菜单为每个功能码的设定项，可在功能码设定范围内设定功能码的值，如图18-4所示。

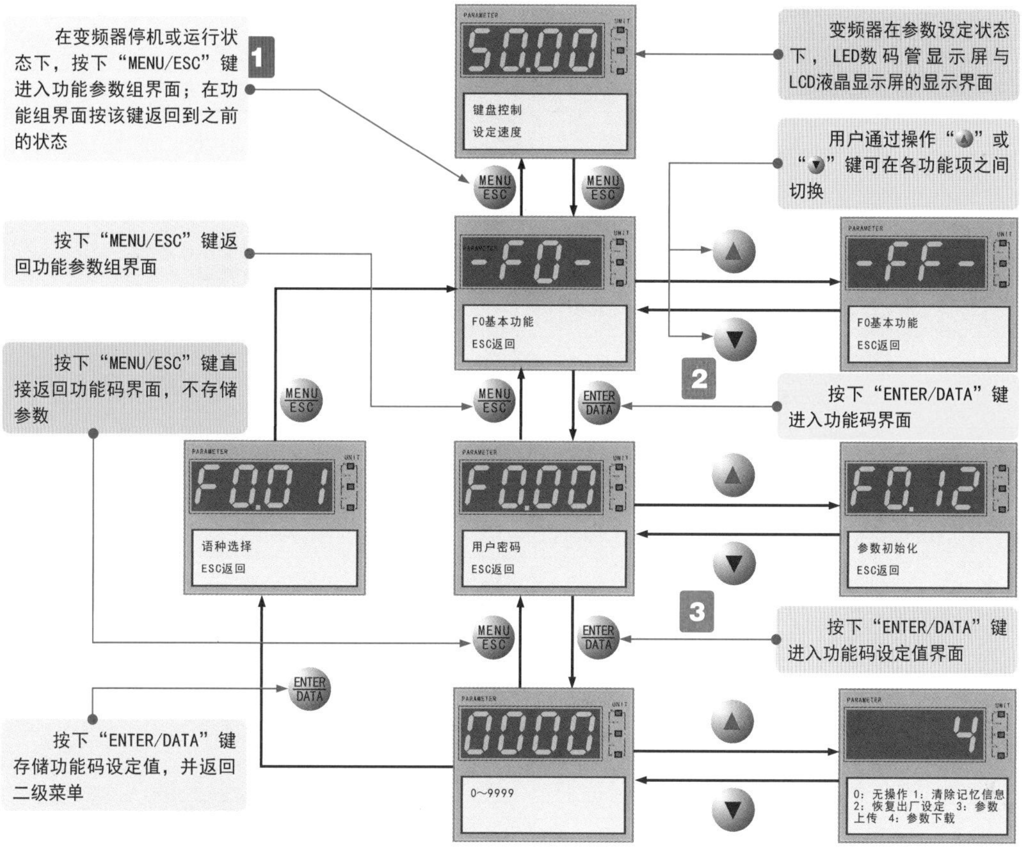

图18-4 典型（艾默生TD3000型）变频器三级菜单操作示意图

在第一级菜单中，包含了变频器的16个功能项（F0～F9、FA～FF），在变频器停机或运行状态下，按动一下“MENU/ESC”，即会进入第一级菜单，用户可选择所需要的参数组（功能项）。

选定了相应的参数组（功能项），再按“ENTER/DATA”，便会进入到第二级菜单，第二级菜单是第一级菜单的子选项菜单，这一级菜单主要提供针对16个功能项（第一级菜单）的功能码设定（如F0.00、F0.01……F0.12、F1.00、F1.01……F1.16……），功能码的含义见表18-1所列（由于篇幅限制，该表中只列出了较常用的几项，详细介绍可根据变频器自带的说明书查询）。

当设定好功能码，再按“ENTER/DATA”，便进入第三级菜单，第三级菜单是针对第二级菜单中功能码的参数设定项，这一级菜单又可看成是第二级菜单的子菜单。

由此，当使用操作面板对变频器进行参数设定时，可在变频器停机或运行状态下，通过按“MENU/ESC”键进入相应菜单级，选定相应参数项和功能码后，进行功能参数设定，设定完成后按“ENTER/DATA”存储键存储数据，或按“MENU/ESC”返回上一级菜单。

典型变频器中，第二级菜单是第一级菜单的子选项菜单，这级菜单针对第一级菜单的16个功能项进行功能码设定；第三级菜单是针对第二级菜单中功能码的参数设定项，这一级菜单又可看成是第二级菜单的子菜单。三级菜单中的各项功能参数组、功能码含义见表18-1所列。

表18-1 典型（艾默生TD3000型）变频器三级菜单中的各项功能参数组、功能码含义

功能参数组	功能码	名称	LCD显示	设定范围
F0基本功能	F0.00	用户密码设定	用户密码	0～9999
	F0.01	语种选择	语种选择	0：汉语 1：英语
	F0.02	控制方式	控制方式	0：开环矢量 1：闭环矢量 2：*U/f*控制
	F0.03	频率设定方式	设定方式	0：数字设定1 1：数字设定2 2：数字设定3 3：数字设定4 4：数字设定5 5：模拟给定 6：通信给定 7：复合给定1 8：复合给定2 9：开关频率给定
	F0.04	频率数字设定	频率设定	（F0.09）～（F0.08）
	F0.05	运行命令选择	运行选择	0：键盘控制 1：端子控制 2：通信控制
	F0.06	旋转方向	方向切换	0：方向一致 1：方向取反 2：禁止反转
	F0.07	最大输出频率	最大频率	MAX{50.00～（F 0.08）}～400.0 Hz
	F0.08	上限频率	上限频率	（F0.09）～（F0.07）
	F0.09	下限频率	下限频率	（F0.00）～（F0.08）
	F0.10	加速时间1	加速时间1	0.1～3600s
	F 0.11	减速时间1	减速时间1	0.1～3600s
	F0.12	参数初始化	参数更新	0：无操作 1：清除记忆信息 2：恢复出厂设定 3：参数上传 4：参数下载
F1电动机参数	F1.00	电动机类型选择	电机类型	0：异步电动机
	F1.01	电动机额定功率	额定功率	0.4～999.9kW
	F1.02	电动机额定电压	额定电压	0～变频器额定电压
	F1.03	电动机额定电流	额定电流	0.1～999.9A
	F1.04	电动机额定频率	额定频率	1.00～400.0Hz
	F1.05	电动机额定转速	额定转速	1～24000r/min
	F1.06	电动机过载保护方式选择	过载保护	0：不动作 1：普通电动机 2：变频电动机
	F1.07	电动机过载保护系数设定	保护系数	20.0%～110.0%
	F1.08	电动机预励磁选择	预励磁选择	0：条件有效 1：一直有效
	F1.09	电动机自动调谐保护	调谐保护	0：禁止调谐 1：允许调谐
	F1.10	电动机自动调谐进行	调谐进行	0：无操作 1：启动调谐 2：启动调谐宏
	F1.11	定子电阻	定子电阻	0.000～9.999Ω
	F1.12	定子电感	定子电感	0.0～999.9mH
	F1.13	转子电阻	转子电阻	0.000～9.999Ω
	F1.14	转子电感	转子电感	0.0～999.9mH
	F1.15	互感	互感	0.0～999.9mH
	F1.16	空载励磁电流	励磁电流	0.0～999.9A

续表

功能参数组		功能码	名称	LCD显示	设定范围
F2辅助参数（未全部列出）		F2.00	启动方式	启动方式	0：启动频率启动 1：先制动再启动 2：转速跟踪启动
		F 2.01	启动频率	启动频率	0.00～10.00Hz
		F2.02	启动频率保持时间	启动保持时间	0.0～10.0s
		F2.03	启动直流制动电流	启动制动电流	0.0%～150.0%（变频器额定电流）
		F2.05	加减速方式选择	加减速方式	0：直线加速 1：S曲线加速
		F2.09	停机方式	停机方式	0：减速停机1 1：自由停机 2：减速停机2
		F2.10	停机直流制动起始频率	制动起始频率	0.00～10.00Hz
		F 2.13	停电再启动功能选择	停电启动	0：禁止 1：允许
		F2.15	点动运行频率设定	点动频率	0.10～10.00Hz
		F2.38	复位间隔时间	复位间隔	2～20s
F3 矢量控制		F3.00	ASR比例增益1	ASR1-P	0.000～6.000
		F3.01	ASR积分时间1	ASR1-I	0（不作用），0.032～32.00s
		F3.02	ASR比例增益2	ASR2-P	0.000～6.000
		F3.03	ASR积分时间2	ASR2-I	0（不作用），0.032～32.00s
		F3.04	ASR切换频率	切换频率	0.00～400.0Hz
		F3.05	转差补偿增益	转差补偿增益	50.0%～250%
		F 3.06	转矩控制	转矩控制	0：条件有效 1：一直有效
		F3.07	电动转矩限定	电动转矩限定	0.0%～200.0%（变频器额定电流）
		F3.11	零伺服功能选择	零伺服功能	0：禁止 1：一直有效 2：条件有效
		F3.12	零伺服位置环比例增益	位置环增益	0.000～6.000
F4 *U/f*控制		F4.00	*U/f*曲线控制模式	*U/f*曲线	0：直线 1：平方曲线 2：自定义
		F4.01	转矩提升	转矩提升	0.0%～30.0%（手动转矩提升）
		F4.02	自动转矩补偿	转矩补偿	0.0（不动作），0.1%～30.0%
		F 4.03	正转差补偿	正转差补偿	0.00～10.00Hz
		F4.04	负转差补偿	负转差补偿	0.00～10.00Hz
		F4.05	AVR功能	AVR功能	0：不动作 1：动作
F5开关量端子	开关量输入端子	F5.00	FWD REV运转模式	控制模式	0：二线模式1 1：二线模式2 2：三线模式
		F5.01～F5.08	开关量输入端子X1～X8功能	X1端子功能～X8端子功能	0：无功能 1：多段速度端子1 2：多段速度端子2 3：多段速度端子3 4：多段加减速时间端子1 5：多段加减速度时间端子2 6：外部故障常开输入 7：外部故障常闭输入……（共33个设定功能）
	开关量输出端子	F5.09	开路集电极输出端子Y1功能选择	Y1功能选择	0：变频器运行准备就绪（READY） 1：变频器运行中1信号（RUN1） 2：变频器运行中2信号（RUN2） 3：变频器零速运行中 4：频率/速度到达信号 5：频率/速度一致信号 6：设定计数值到达 7：指定计数值到达 8：简易PLC阶段运转完成指示 9：欠电压封锁停止中（P.OFF） 10：变频器过载报警 11：外部故障停机 12：电动机过载预报警 13：转矩限定中
		F5.10	开路集电极输出端子Y2功能选择	Y2功能选择	
		F5.11	可编程继电器输出PA/B/C功能选择	继电器功能	

表续

功能参数组		功能码	名称	LCD显示	设定范围
F5 开关量端子	开关量输出端子	F5.12	设定计数值到达给定	设定计数值	0～9999
		F5.13	指定计数值到达给定	指定计数值	0～（F5.12）
		F5.14	速度到达检出宽度	频率等效范围	0.0%～20.0%（F0.07）
		F5.19	频率表输出倍频系数	倍频输出	100.0～999.9
F6模拟量端子	模拟量输入端子	F6.00	AI1电压输入选择	AI1选择	0：0～10V；1：0～5V；2：10～0V；3：5～0V； 4：2～10V；5：10～2V；6：-10～+10V
		F6.01	AI2电压电流输入选择	AI2选择	0：0～10V/0～20mA　1：0～5V/0～10mA 2：10～0V/20～0mA　3：5～0V/10～0mA 4：2～10V/4～20mA　5：10～2V/20～4mA
		F6.02	AI3电压输入选择	AI3选择	0：0～10V　1：0～5V　2：10～0V　3：5～0V 4：2～10V　5：10～2V　6：-10～+10V
		F6.04	主给定通道选择	主给定通道	0：AI1　1：AI2　2：AI3
		F6.05	辅助给定通道选择	辅助通道	0：无　1：AI2　2：AI3
	模拟量输出端子	F6.08	AO1多功能模拟量输出端子功能选择	AO1选择	0：运行频率/转速（0～MAX） 1：设定频率/转速（0～MAX） 2：ASR速度偏差量 3：输出电流（0～2倍额定值） 4：转矩指令电流 5：转矩估计电流 6：输出电压（0～1.2倍额定值） 7：反馈磁通电流 8：AI1设定输入 9：AI2设定输入 10：AI3设定输入
		F6.09	AO2多功能模拟量输出端子功能选择	AO2选择	
F7过程PID		F7.00	闭环控制功能选择	闭环控制	0：不选择PID 1：模拟闭环选择 2：PG速度闭环
		F7.01	给定量选择	给定选择	0：不动作 1：单循环 2：连续循环 3：保持最终值
		F7.03	反馈量输入通道选择	反馈选择	0：模拟端子给定
F8简易PLC		F8.00	PLC运行方式选择	PLC方式	0：不动作 1：单循环 2：连续循环 3：保持最终值
		F8.01	计时单位	计时单位	0：秒（s）1：分（min）
		F8.02～F8.15	阶段动作选择和阶段运行时间	STn选择 STn时间	0～7 0. 0～500m/s
F9通信及总线		F9.00	波特率选择	波特率选择	0：1200bit/s；1：2400bit/s；2：4800bit/s； 3：9600bit/s；4：19200bit/s；5：38400bit/s； 6：12500bit/s
		F9.04～F9.11	PZD2～PZD9的连接值	PZD2～PZD9连接值	0～20
		F9.12	通信延时	通信延时	0～20ms
FA增强功能		FA.00	故障自动复位重试中故障继电器动作选择	故障输出	0：不输出（故障接点不动作） 1：输出（故障接点动作）
		FA.01	POFF期间故障继电器动作选择	POFF输出	0：不输出（故障接点不动作） 1：输出（故障接点动作）
		FA.02	外部控制时STOP键的功能选择	STOP功能	0～15
		FA.03	冷却风扇控制选择	风扇控制	0：自动方式运行 1：一直运转
		FA.12	变频输入断相保护	输入断相	0：保护禁止 1：报警 2：保护动作
		FA.13	变频输出断相保护	输出断相	0：保护禁止 1：报警 2：保护动作

续表

功能参数组	功能码	名称	LCD显示	设定范围
Fb编码器功能	Fb.00	脉冲编码器每转脉冲数选择	脉冲数选择	1～9999
	Fb.01	PG方向选择	PG方向选择	0：正向 1：反向
	Fb.02	PG断线动作	PG断线动作	0：自由停机 1：继续运行（仅限于*U/f*闭环）
	Fb.03	PG断线检测时间	断线检测时间	2.0～10.0s
	Fb.04	零速检测值	零速检测值	0.0（禁止断线保护），0.1～999.9rpm
FC保留功能	FC.00～FC.08	保留功能	保留功能	0
Fd显示及检查	Fd.00	LED运行显示参数选择1	运行显示1	1～255
	Fd.01	LED运行显示参数选择2	运行显示2	0～255
	Fd.02	LED停机显示参数（闪烁）	停机显示	0：设定频率（Hz）/速度（r/min）； 1：外部计数值； 2：开关量输入； 3：开关量输出； 4：模拟输入AI1（V）； 5：模拟输入AI2（V）； 6：模拟输入AI3（V）； 7：直流母线电压（V-AVE）
	Fd.03	频率/转速显示切换	显示切换	0：频率（Hz）；1：转速（r/min）
	Fd.10	最后一次故障时刻母线电压	故障电压	0～999V
FE厂家保留	FE.00	厂家密码设定	厂家密码	****（注：正确输入密码，显示FE.01～FE.14）
FF通信参数	FF.00	运行频率	不显示	运行频率（Hz）
	FF.01	运行转速	不显示	运行转速（r/min）
	FF.02	设定频率	不显示	设定频率（Hz）
	FF.03	设定转速	不显示	设定转速（r/min）
	FF.04	输出电压	不显示	输出电压（V-RMS）
	FF.05	输出电流	不显示	输出电流（A-RMS）
	FF.06	输出功率	不显示	输出功率（%）
	FF.07	运行线速度	不显示	运行线速度（m/s）
	FF.08	设定线速度	不显示	设定线速度（m/s）
	FF.09	外部计数值	不显示	外部计数值（无单位）
	FF.10	电动机输出转矩	不显示	电动机输出转矩（%）
	FF.11	电动机磁通	不显示	电动机磁通（%）
	FF.12	开关量输入端子状态	不显示	0～1023
	FF.13	开关量输出端子状态	不显示	0～15
	FF.14	模拟输入AI1	不显示	模拟输入AI1值（V）
	FF.15	模拟输入AI2	不显示	模拟输入AI2值（V）
	FF.17	模拟输出AO1	不显示	模拟输出AO1值（V）
	FF.18	模拟输出AO2	不显示	模拟输出AO2值（V）
	FF.19	直流母线电压	不显示	母线电压（V）

了解了典型变频器操作显示面板的键钮分布及各键钮的功能特点后，接下来要依托实际操作案例，介绍典型变频器操作面板的使用方法。

1 设定参数的操作训练

正确地设置典型变频器（艾默生TD3000型）的参数，是确保该变频器正常工作，且充分发挥其性能的前提，掌握基本参数设定的操作方法是操作变频器的关键环节。

如图18-5所示，将额定功率为21.5 kW的电动机参数，更改为8.5kW电动机参数。

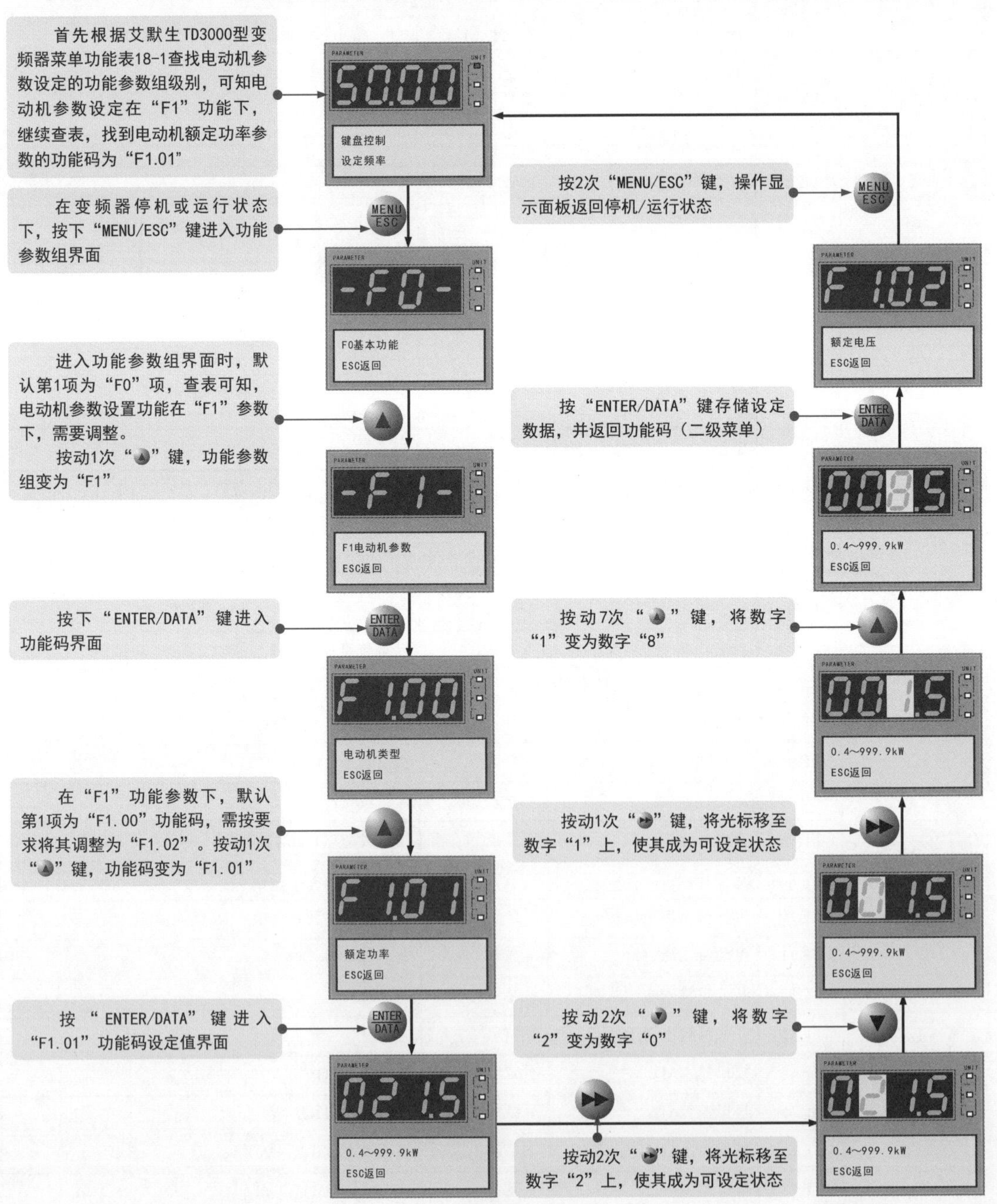

图18-5 典型变频器参数设置操作流程

2 状态参数的切换显示操作方法

典型变频器（艾默生TD3000型）在停机或运行状态下，可由LED数码管显示屏显示变频器的各种状态参数。具体显示参数内容可由功能码Fd.00～Fd. 02的设定值选择确定，再通过移位键可以切换显示停机或运行状态下的状态参数。

在停机状态下，该典型变频器共有8个停机状态参数（由功能码Fd. 02的设定值选择确定），可用“⏩”键循环切换显示。查前面功能码含义表可知，Fd.02设定范围为0～7，分别表示设定频率、外部计数值和模拟量输入AI1等（具体查表18-1）。

Fd.02的出厂默认设定值为“设定频率”，通过操作键盘将其改为“模拟量输入AI1”，即在变频器停机状态时，默认显示“模拟量输入AI1”，如图18-6所示。

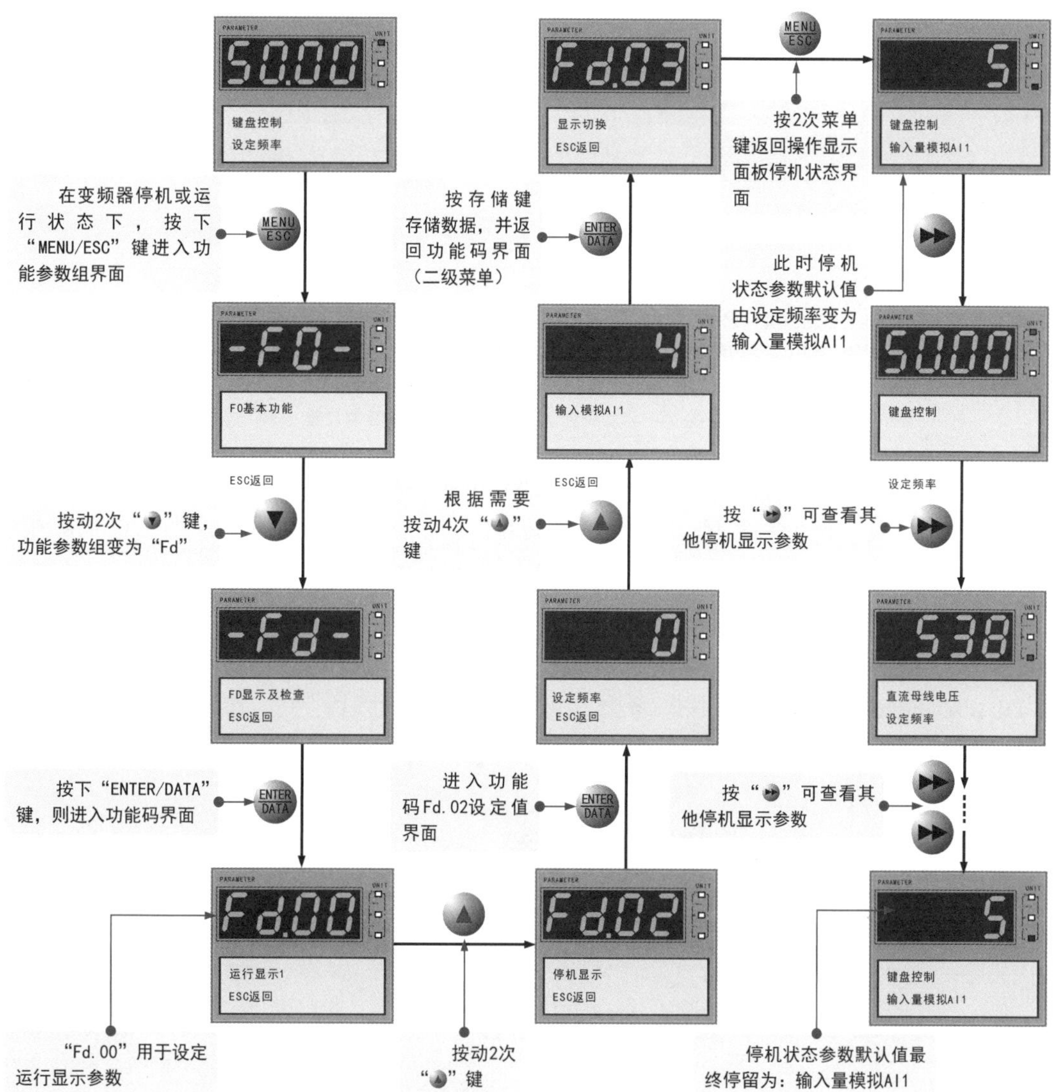

图18-6 典型变频器停机状态下显示参数的切换操作流程

在运行状态下，艾默生TD3000型变频器共有16个停机状态参数（由功能码Fd. 00、Fd. 01的设定值选择确定），可以用“⏩”键循环切换显示。

数码管显示屏默认运行显示参数由Fd. 00的值决定。操作时，变频器系统首先将Fd. 00、Fd. 01的设定值转换为二进制码，其中Fd. 00的二进制码中最低为1的位决定默认运行显示参数。Fd. 00、Fd. 01的二进制码中1的个数为当前可循环切换显示参数的个数。

如图18-7所示，将Fd. 00设定值设置为27，Fd. 01设定值设置为39。

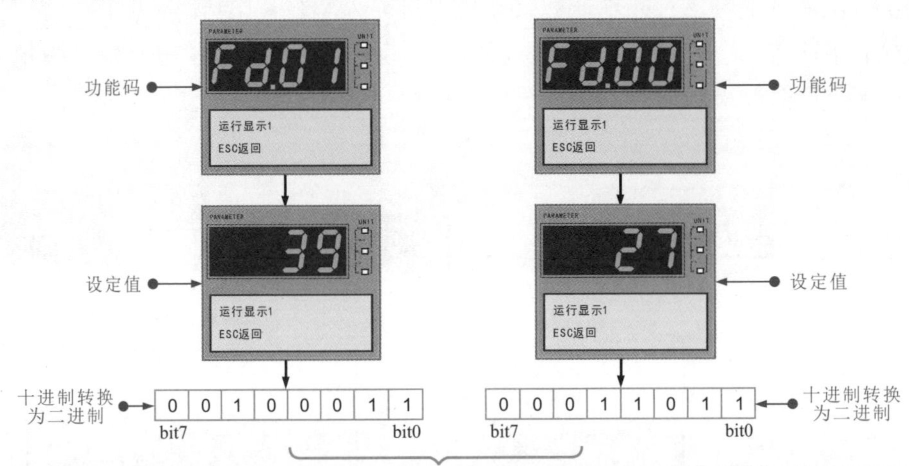

转换为二进制码后，1的最低位是bit0位，共有7个1，因此运行状态下，共有7个运行显示参数可用移位键进行循环切换显示。
默认显示为Fd. 00中bit0位对应的显示参数（查表可知，应位为运行频率）。
8个可切换显示参数分别为Fd. 00中bit0、bit1、bit3、bit4和Fd. 01中bit0、bit1、bit5。具体对应参数信息可查Fd功能码参数表

图18-7　典型变频器运行状态下显示参数的设置

典型变频器（艾默生TD3000型）功能码Fd. 00、Fd. 01分别显示8种（共16种）基本运行状态参数。每个参数的显示控制开关对应8位二进制码的一位。当二进制码相应为1时，表示显示该参数；为0时表示不显示该参数，如图18-8所示。

通过操作键盘设置Fd. 00、Fd. 01参数时，根据需要显示的状态参数，确定相应的二进制码，然后将二进制码转化为十进制数，然后再将此十进制数作为参数值进行设置。

Fd. 00、Fd. 01设置的运行状态参数，可在变频器运行过程中，通过移位键循环切换显示。

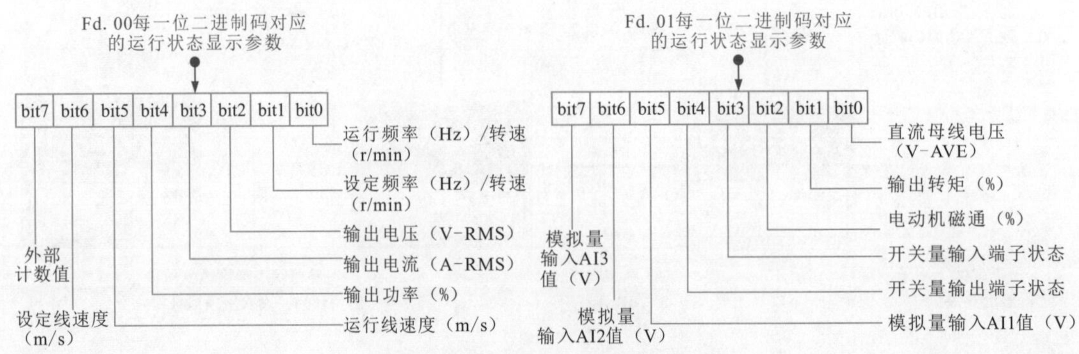

图18-8　典型变频器的基本运行状态参数

3 参数复制的操作训练

参数复制包括参数上传和参数下载两个步骤，其中参数上传是指将变频器控制板中的参数上传到操作显示面板的存储器（EEPROM）中进行保存；参数下载是指将操作显示面板中存储的参数下载到变频器的控制板中，并进行保存。

例如，进行变频器操作显示面板与变频器控制板之间的参数复制操作。首先根据功能码表查找变频器参数复制功能的参数组级别为“F0”下，功能码为“F0.12”，如图18-9所示。

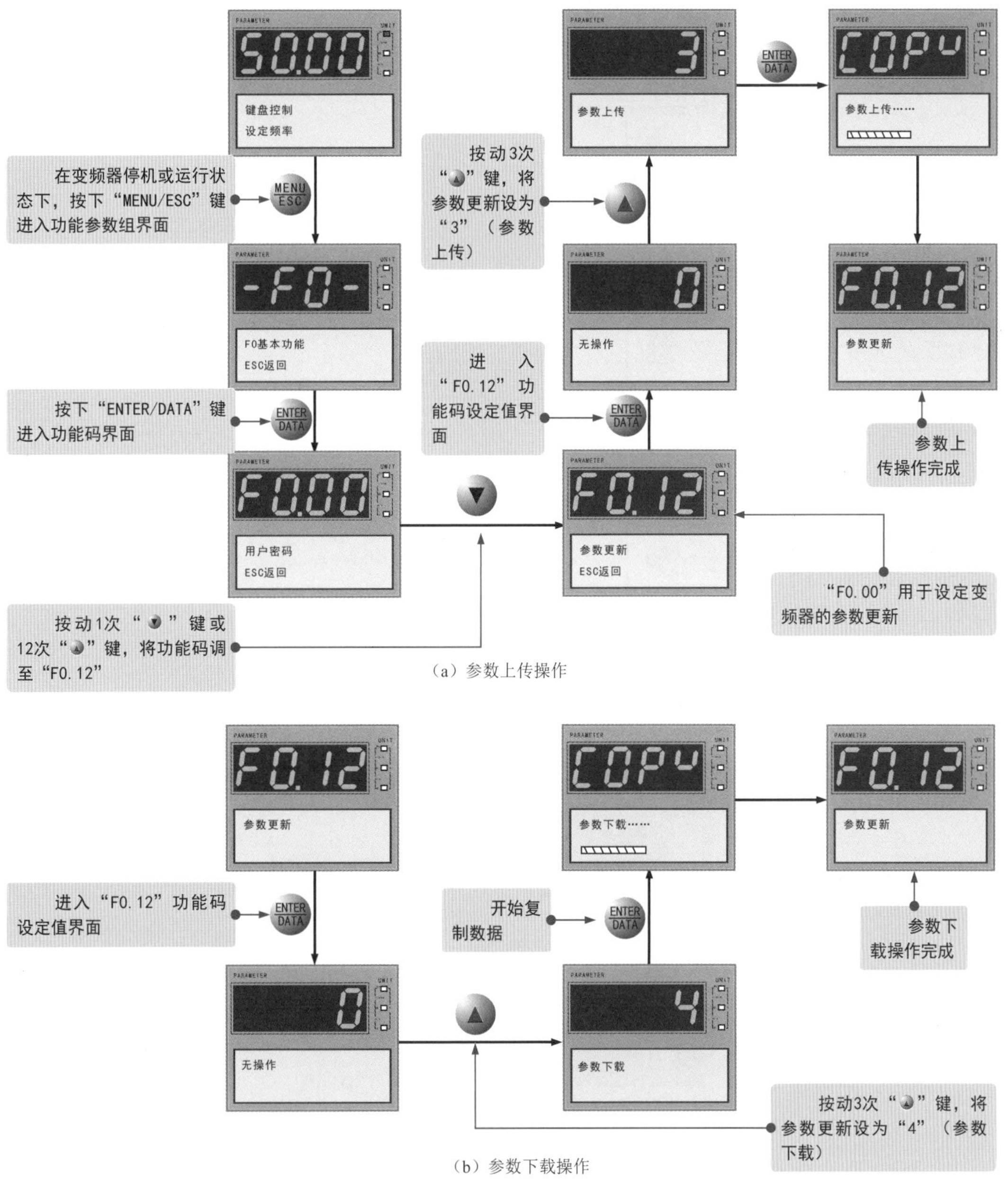

图18-9 典型变频器参数复制的操作方法

4 设置密码的操作方法

典型变频器（艾默生TD3000型）具有用户密码功能。通过设定密码，限制操作权限，可有效增加参数设置的可靠性和安全性。

例如，这里要求将用户密码设为“1206”。首先根据功能码表查找用户密码设定的功能参数组级别为“F0”（基本功能设定），功能码为“F0.00”，如图18-10所示。

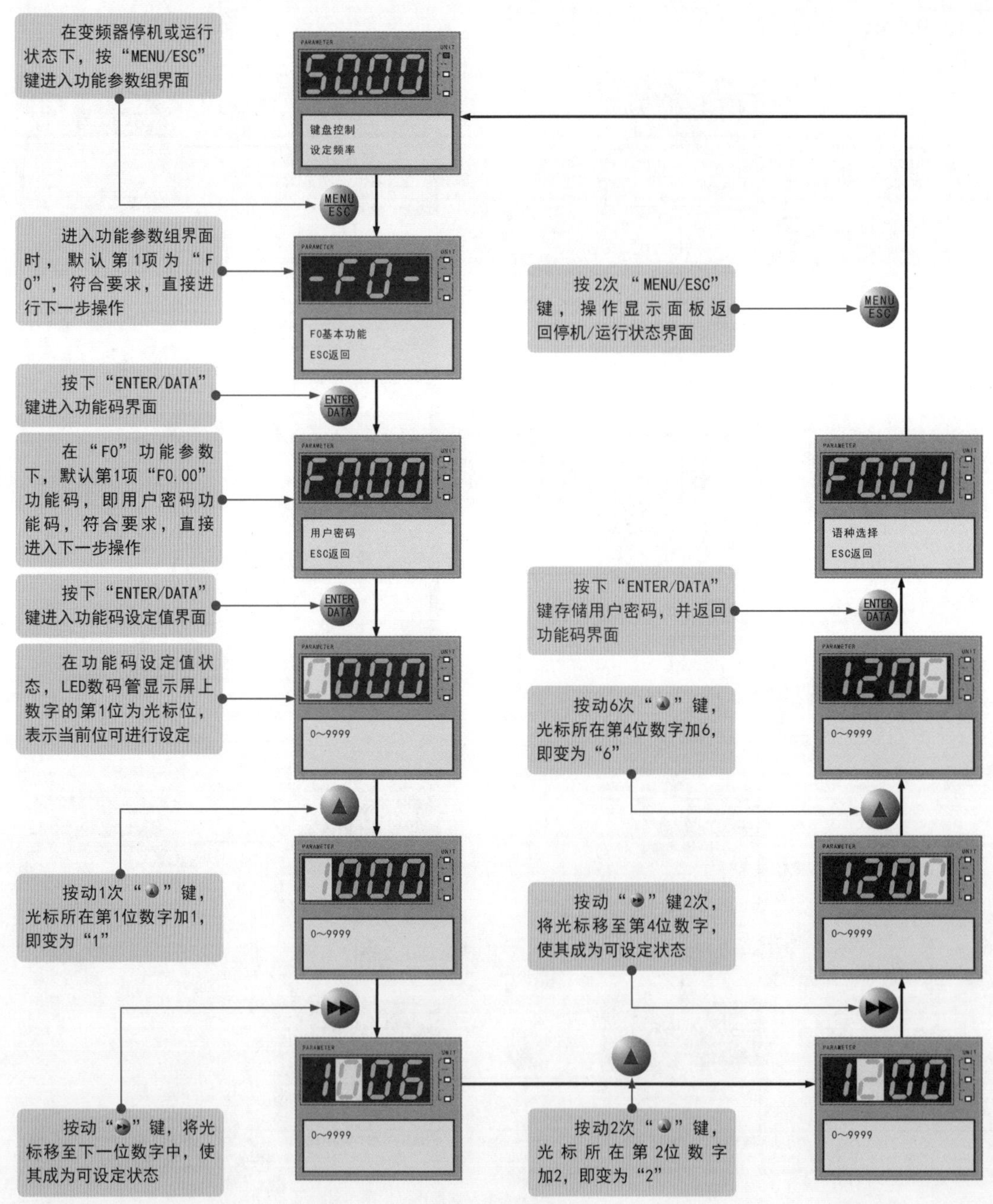

图18-10 典型变频器设置用户密码的操作方法

5 电动机自动调谐的操作方法

对艾默生TD3000型变频器操作中，选择矢量控制运行方式前，用户应先准确输入电动机的铭牌参数，变频器将根据此参数匹配标准电动机参数。此时若要获得更好的控制性能，可使用变频器对电动机进行自动调谐，以获取被控电动机的准确参数。

例如，被控电动机铭牌参数为：额定功率为3.5kW，额定电压为380V，额定电流为8A，额定转速为1400r/min。查表18-1，电动机自动调谐设定的功能参数组级别为“F1”（设置功能码有F1. 01、F1. 02、F1. 03、F1. 05、F1. 09和F1. 10），如图18-11所示。

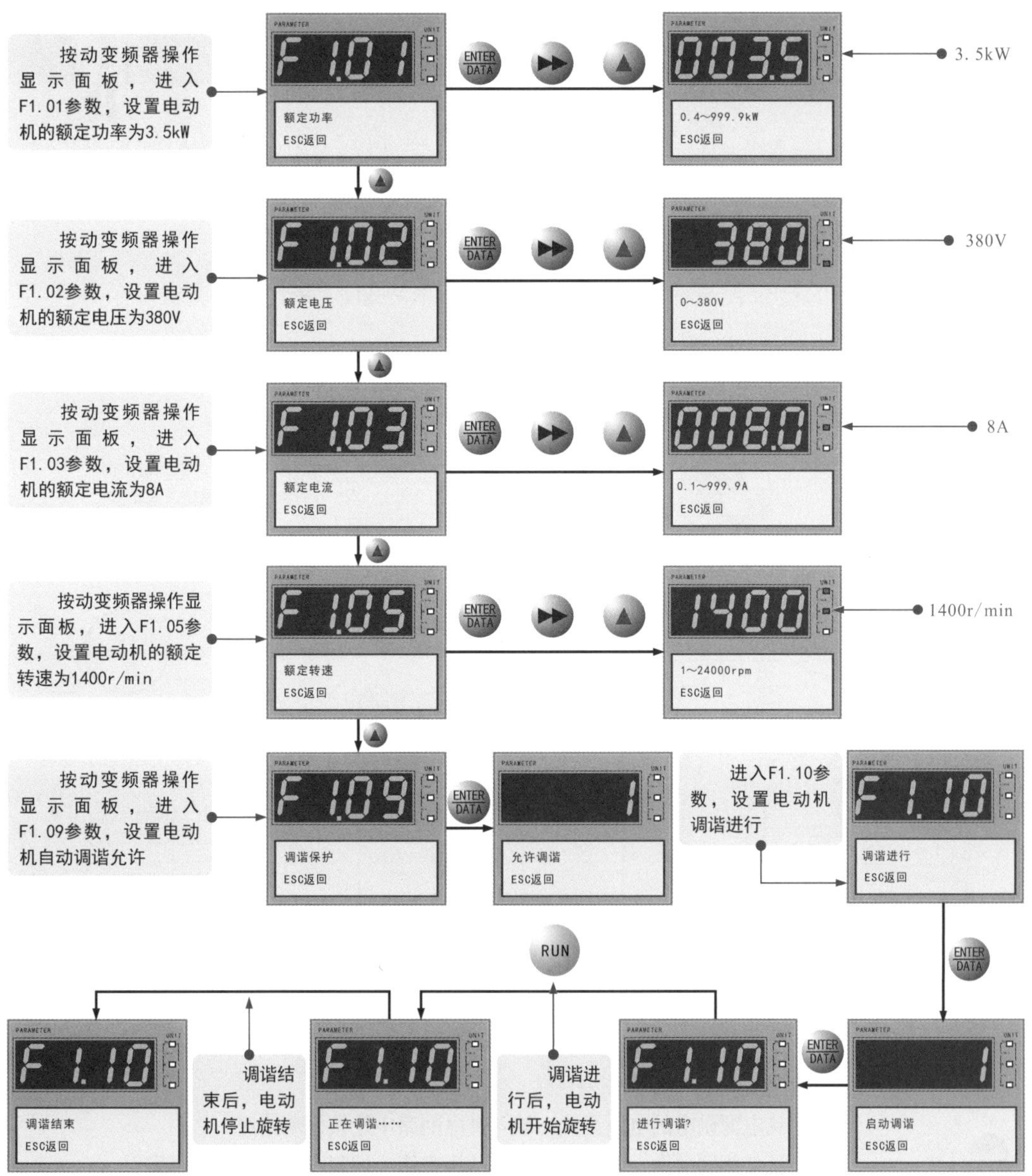

图18-11 典型变频器设置用户密码的操作方法

18.2 变频器的调试

变频器安装及接线完成后，必须对变频器进行细致的调试操作，确保变频器参数设置及其控制系统正确无误后才可投入使用。

不同类型、不同应用场合的变频器所适用的调试方法也有所不同，常见的主要有操作面板直接调试、输入端子控制调试和综合调试几种。下面仍以艾默生TD3000型变频器为例，学习变频器的调试方法。

18.2.1 操作显示面板直接调试

操作显示面板直接调试包括通电前的检查、通电检查、设置电动机参数及自动调谐、设置变频器参数及空载试运行调试等环节。

1 通电前的检查

变频器通电前的检查是变频器调试操作前的基本环节，属于简单调试环节，主要是对变频器及控制系统的接线及初始状态进行检查。

图18-12为待调试的电动机变频器控制系统接线图。

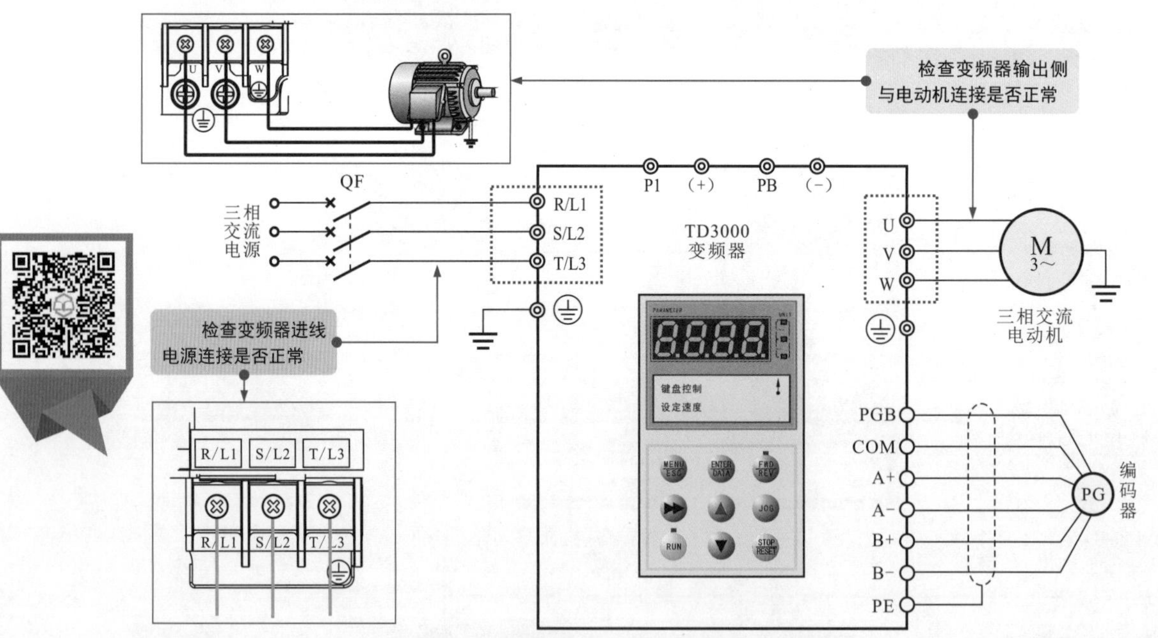

图18-12 待调试的电动机变频器控制系统接线图

变频器通电前的检查主要包括：

- **确认电源供电的电压正确，输入供电回路中连接好断路器；**
- **确认变频器接地、电源电缆、电动机电缆、控制电缆连接正确可靠；**
- **确认变频器冷却通风通畅；确认接线完成后变频器的盖子盖好；**
- **确定当前电动机处于空载状态（电动机与机械负载未连接）。**

2 通电检查

闭合断路器，使变频器通电，检查变频器是否有异常声响、冒烟、异味等情况；检查变频器操作显示面板有无故障报警信息，确认通电初始化状态正常。若有异常现象，应立即断开电源。

3 设置电动机参数及自动调谐

明确被控电动机的性能参数，也是调试前重要的准备工作。准确识读被控电动机的铭牌参数，该参数是变频器参数设置过程中的重要参考依据，如图18-13所示。

根据电动机铭牌参数，在变频器中设置电动机的参数，并进行电动机的自动调谐操作。具体操作方法和步骤与图18-11相同。

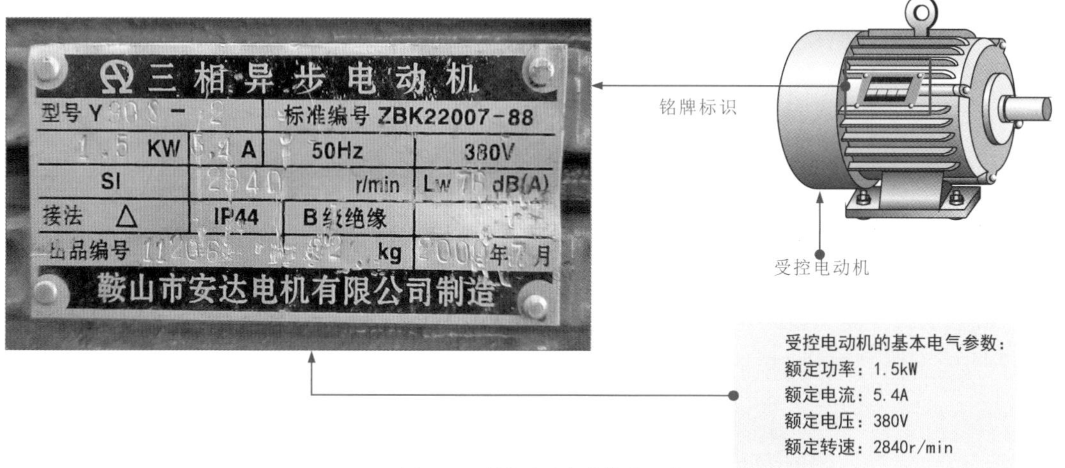

图18-13 被控电动机的铭牌参数

4 设置变频器参数

如图18-14所示，正确设置变频器的运行控制参数，即在“F0”参数组下，设定控制方式、频率设定方式、频率设定、运行选择等功能信息。待参数设置完成后，按变频器的“MENU/ESC”菜单键退出编程状态，返回停机状态。

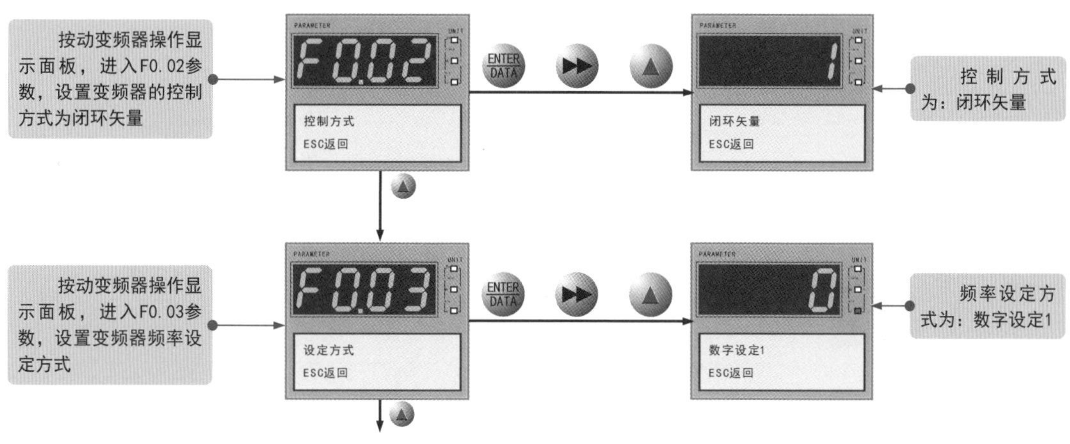

图18-14

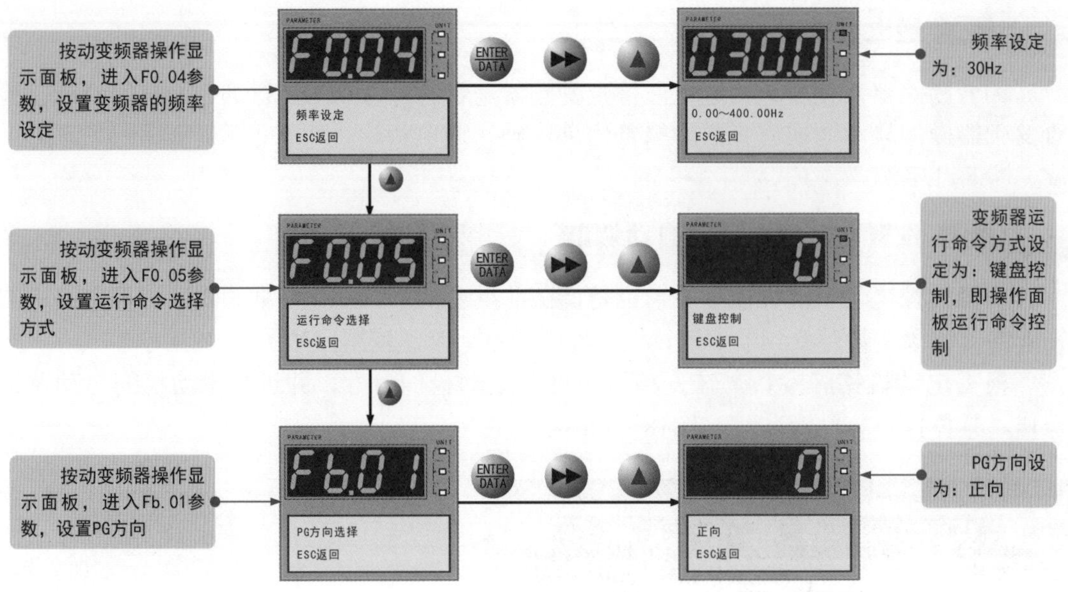

图18-14 设置变频器的参数

5 空载试运行调试

如图18-15所示，参数设置完成后，在电动机空载状态下，借助变频器的操作显示面板进行直接调试操作。

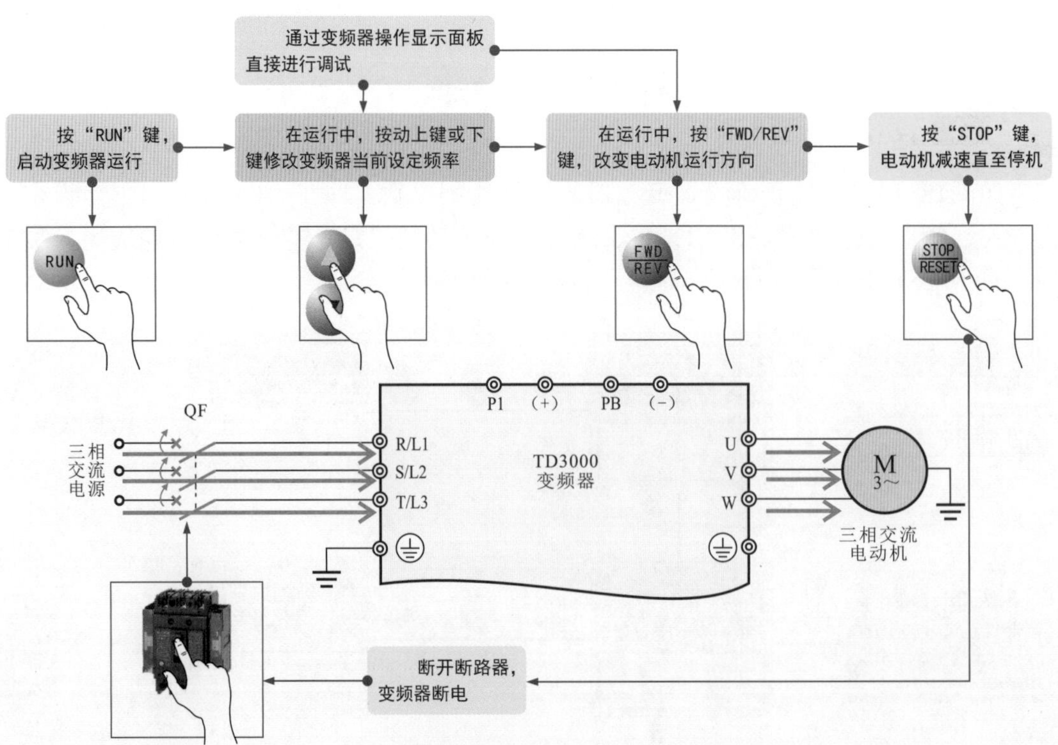

图18-15 借助变频器的操作显示面板进行直接调试

提示说明

在该变频器与电动机控制关系中，还可通过变频器的操作显示面板进行点动控制调试训练，调试过程中，通电前的检查、电动机参数设置均与上述训练相同，不同的是对变频器参数的设置，除了对变频器进行基本的参数设置外，还需对变频器辅助参数（F2）进行设置，如图18-16所示。

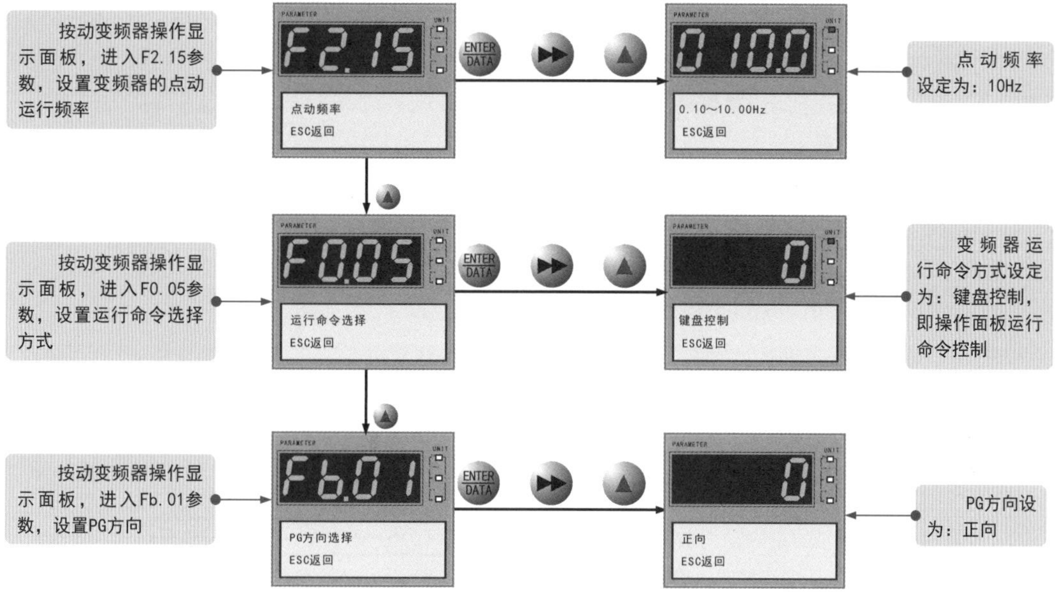
按动变频器操作显示面板，进入F2.15参数，设置变频器的点动运行频率
F2.15
点动频率
ESC返回
ENTER DATA
0 10.0
0.10～10.00Hz
ESC返回
点动频率设定为：10Hz
按动变频器操作显示面板，进入F0.05参数，设置运行命令选择方式
F0.05
运行命令选择
ESC返回
0
键盘控制
ESC返回
变频器运行命令方式设定为：键盘控制，即操作面板运行命令控制
按动变频器操作显示面板，进入Fb.01参数，设置PG方向
Fb.01
PG方向选择
ESC返回
0
正向
ESC返回
PG方向设为：正向

图18-16 借助操作显示面板直接进行点动调试的参数设置

参数设置完成后，在电动机空载状态下，借助变频器的操作显示面板进行点动控制调试操作，如图18-17所示。

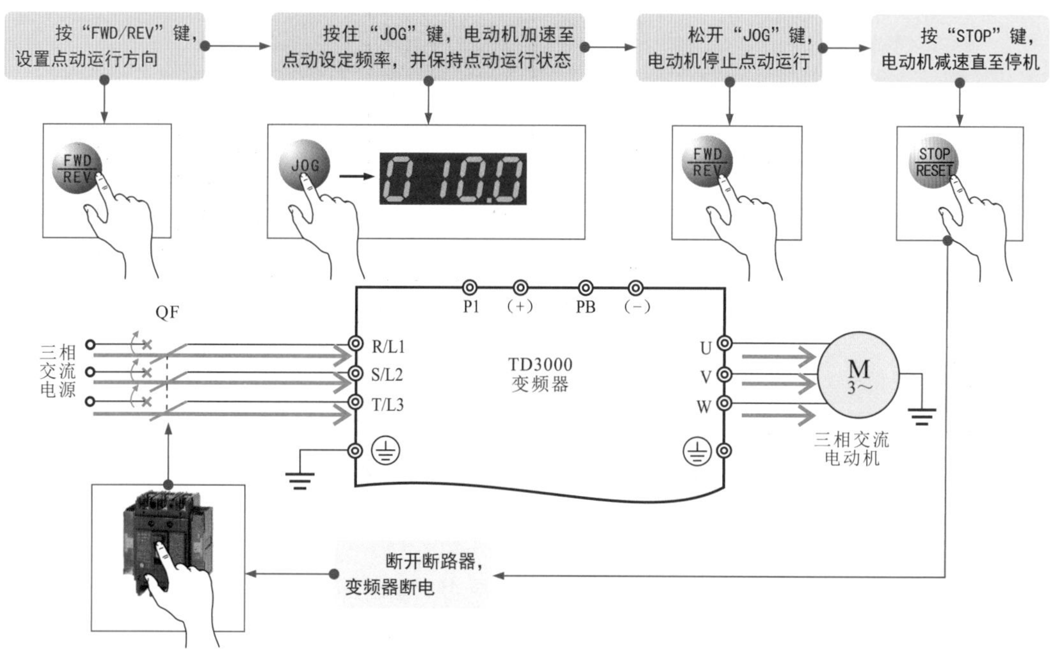
按“FWD/REV”键，设置点动运行方向
按住“JOG”键，电动机加速至点动设定频率，并保持点动运行状态
松开“JOG”键，电动机停止点动运行
按“STOP”键，电动机减速直至停机
FWD REV
JOG
0 10.0
FWD REV
STOP RESET
QF
三相交流电源
P1 (+) PB (−)
R/L1
S/L2
T/L3
TD3000 变频器
U
V
W
M 3～
三相交流电动机
断开断路器，变频器断电

图18-17 借助变频器的操作显示面板进行点动控制调试

18.2.2 输入端子控制调试

输入端子控制调试是指利用变频器输入端子连接的控制部件进行正、反转启动、停止等控制，并利用操作显示面板对变频器进行频率设定，达到对变频器运行状态的调整和测试目的。

1 通电前的检查

借助输入端子进行控制调试前，也需要在通电前对控制系统的接线和初始状态进行检查，完成调试中的基本调试环节。

图18-18为待调试的电动机变频器控制系统接线图。

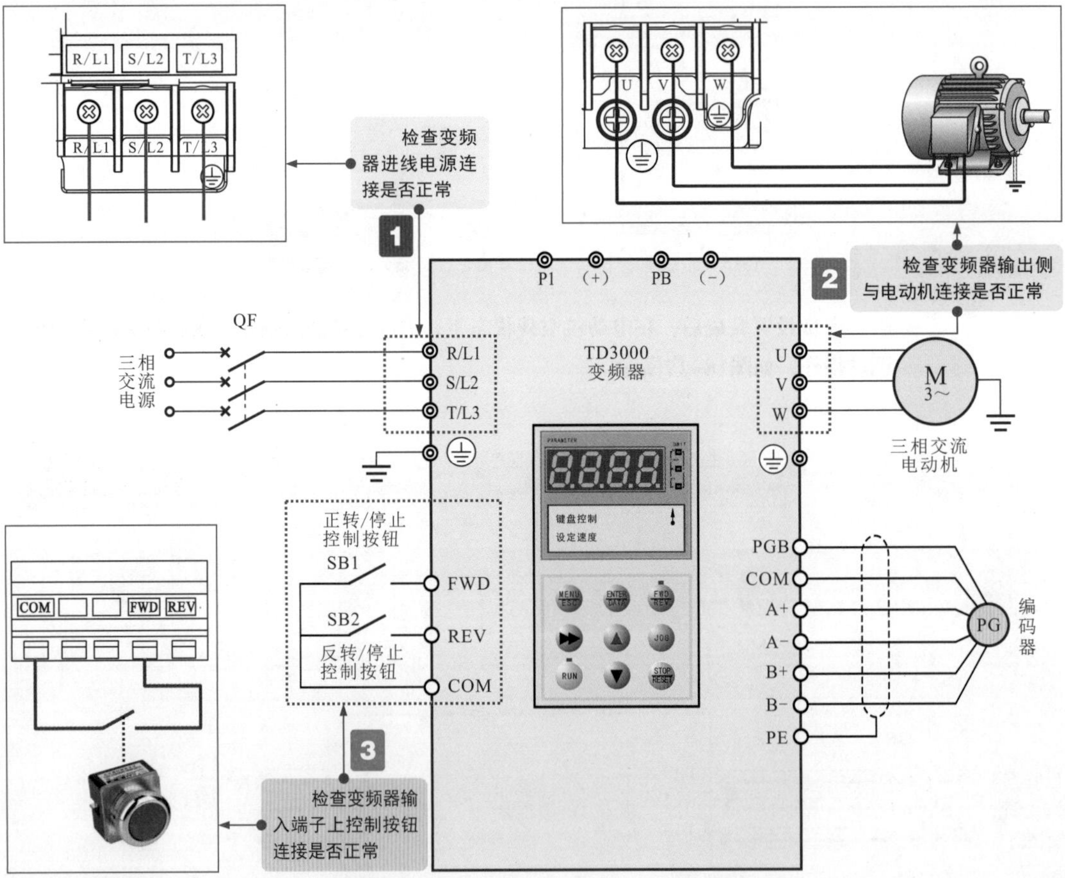

图18-18　待调试的电动机变频器控制系统接线图

2 上电检查

闭合断路器，使变频器通电，检查变频器是否有异常声响、冒烟、异味等情况；检查变频器操作显示面板有无故障报警信息，确认上电初始化状态正常。若有异常现象，应立即断开电源。

3 设置电动机参数信息并进行自动调谐

根据电动机铭牌参数信息，在变频器中设置电动机的参数信息，并进行自动调谐操作，具体操作方法和步骤与图18-11相同。

4 设置变频器参数

由于控制方式不同，变频器的参数设置也不同。这里根据控制要求，对变频器的参数进行正确设置，使系统满足输入端子控制调试的要求，如图18-19所示。

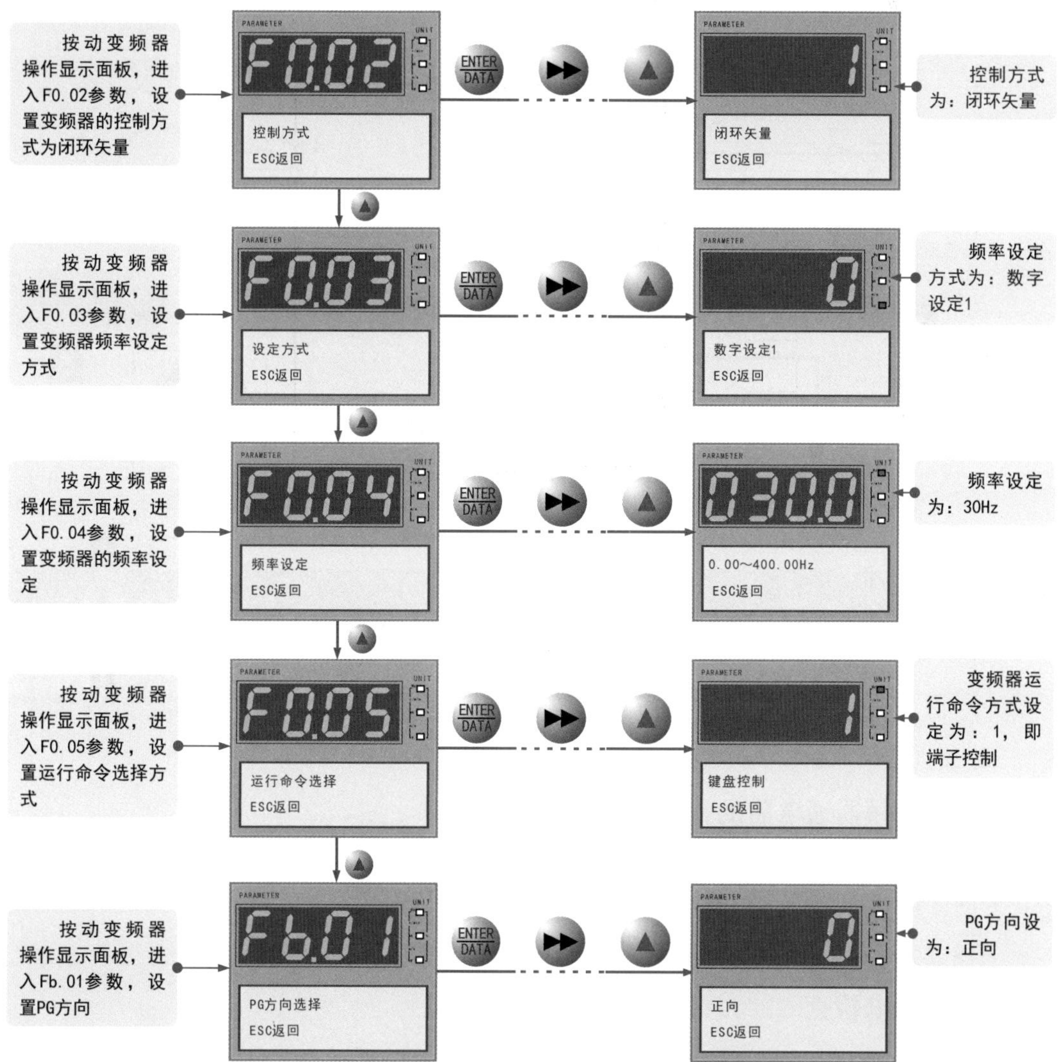

图18-19 设置变频器的参数

参数设置完成后，按变频器的菜单键退出编程状态，返回停机状态。

5 空载试运行调试

参数设置完成后，在电动机空载状态下，借助变频器输入端子外接控制部件进行调试操作，如图18-20所示。

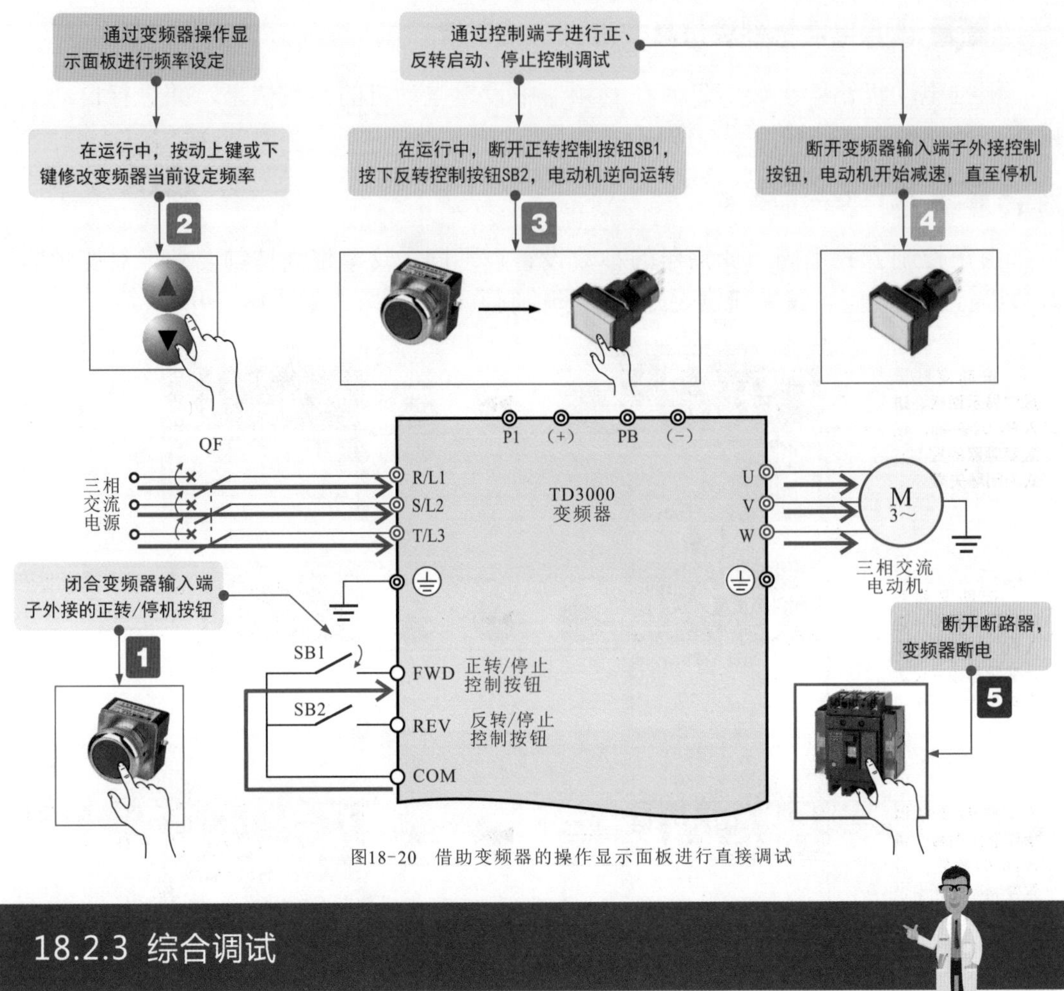

图18-20　借助变频器的操作显示面板进行直接调试

18.2.3 综合调试

综合调试是指利用变频器模拟量端子对变频器进行频率设定，借助控制端子外接控制部件进行控制运行，以达到对变频器运行状态的调整和测试目的。

1 变频器通电前的检查

进行综合调试前，在通电前对控制系统的接线和初始状态进行检查，完成调试中的基本调试环节。

图18-21所示为待调试的电动机变频器控制系统接线图。

2 上电检查

闭合断路器，使变频器通电，检查变频器是否有异常声响、冒烟、异味等情况；检查变频器操作显示面板有无故障报警信息，确认上电初始化状态正常。若有异常现象，应立即断开电源。

3 设置电动机参数并进行自动调谐

根据电动机铭牌参数信息，在变频器中设置电动机的参数，并进行自动调谐操作，具体操作方法和步骤与图18-11相同。

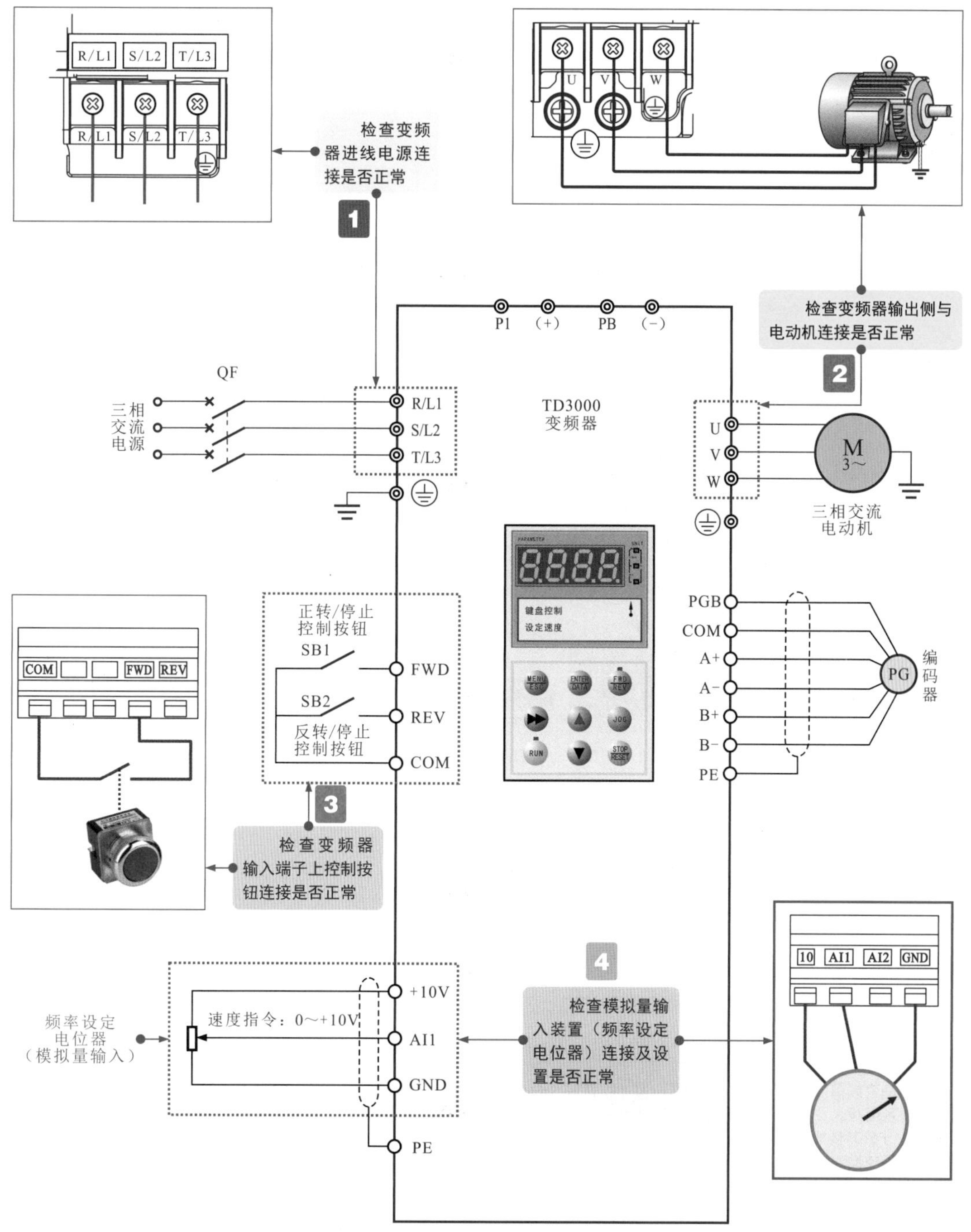

图18-21 待调试的电动机变频器控制系统接线图

4 设置变频器参数

由于频率设定方式和控制方式不同，变频器的参数需要重新设置。这里根据控制要求，对变频器的参数进行正确设置，使系统满足综合调试的要求，如图18-22所示。

参数设置完成后，按变频器的菜单键退出编程状态，返回停机状态。

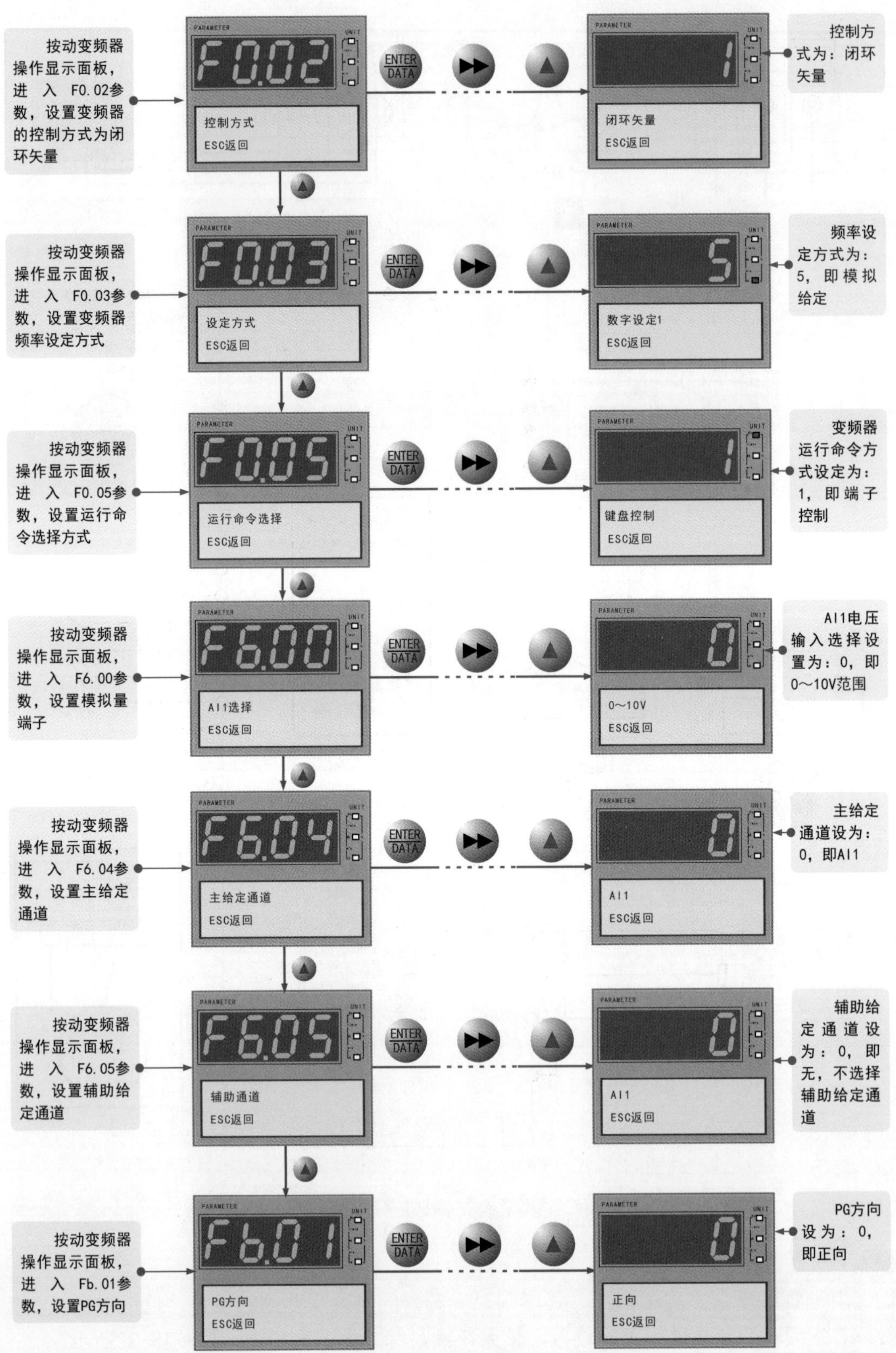

图18-22 设置变频器的参数

5 空载试运行调试

参数设置完成后，在电动机空载状态下，借助变频器外接的模拟信号设定电位器进行调试操作，如图18-23所示。

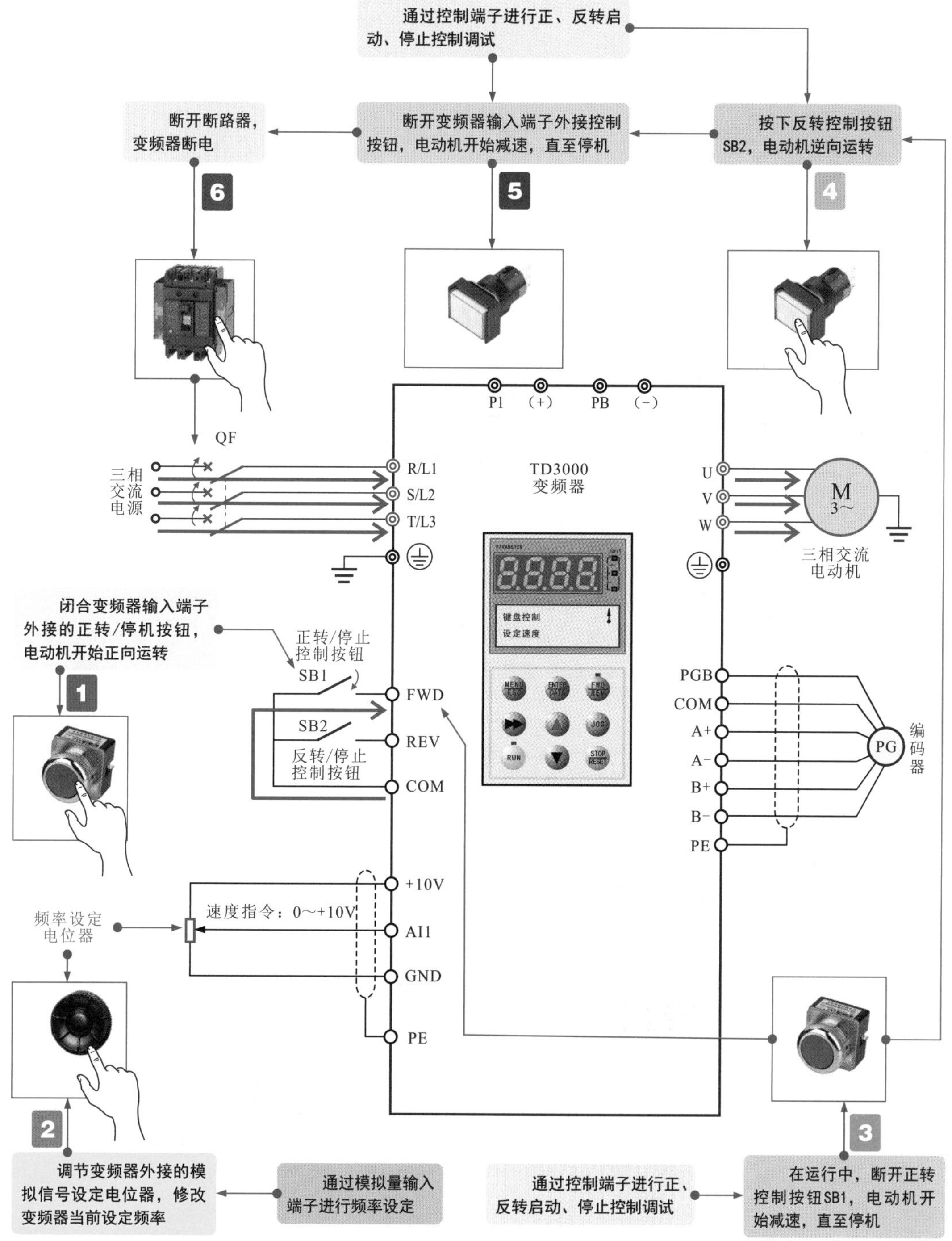

图18-23 借助变频器的操作显示面板进行直接调试

第19章 PLC技术

19.1 PLC的控制特点

19.1.1 传统电动机控制与PLC电动机控制

电动机控制系统主要是通过电气控制部件来实现对电动机的启动、运转、变速、制动和停机等；PLC控制电路则是由大规模集成电路与可靠元件相结合，通过计算机控制方式实现对电动机的控制。

图19-1为典型电动机控制系统，由图可知，典型电动机控制系统主要是由控制箱中的控制部件和电动机构成的。其中，各种控制部件是主要的操作和执行部件；电动机是将系统电能转换为机械能的输出部件，其执行的各种动作是控制系统实现的最终目的。

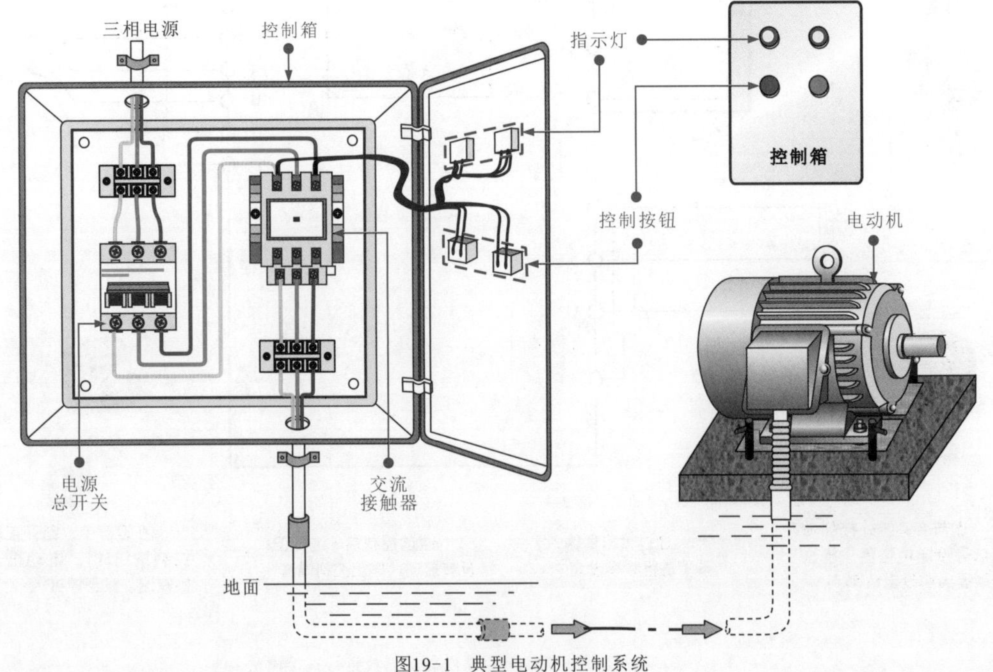

图19-1　典型电动机控制系统

传统电动机控制系统主要是指由继电器、接触器、控制按钮、各种开关等电气部件构成的电动机控制线路，其各项控制功能或执行动作都是由相应的实际存在的电气物理部件来实现的，各部件缺一不可，如图19-2所示。

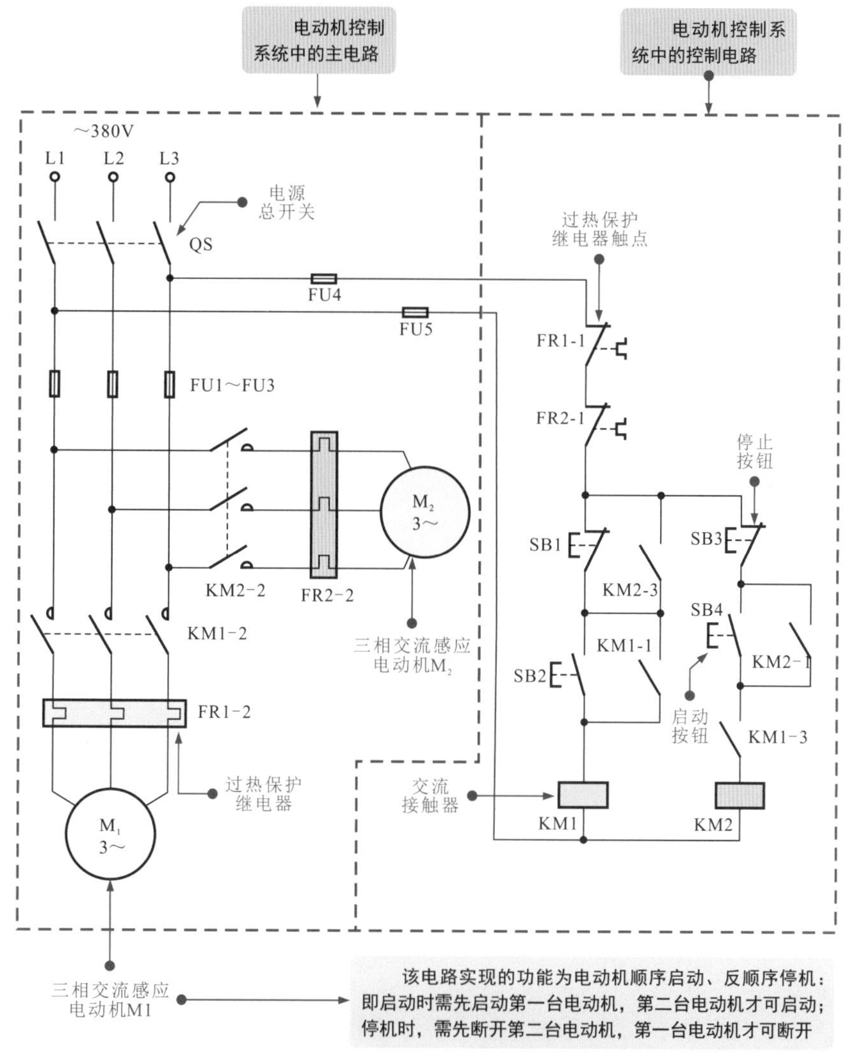

图19-2 传统电动机顺序启/停控制系统

在PLC电动机控制系统中，则主要用PLC控制方式取代电气部件之间复杂的连接关系。电动机控制系统中各主要控制部件和功能部件都直接连接到PLC相应的接口上，然后根据PLC内部程序的设定，即可实现相应的电路功能，如图19-3所示。

可以看到，整个电路主要由PLC可编程控制器、与PLC输入接口连接的控制部件（FR、SB1～SB4）、与PLC输出接口连接的执行部件（KM1、KM2）等构成。

在该电路中，PLC可编程控制器采用的是三菱FX2N-32MR型PLC，外部的控制部件和执行部件都是通过PLC可编程控制器预留的I/O接口连接到PLC上的，各部件之间没有复杂的连接关系。

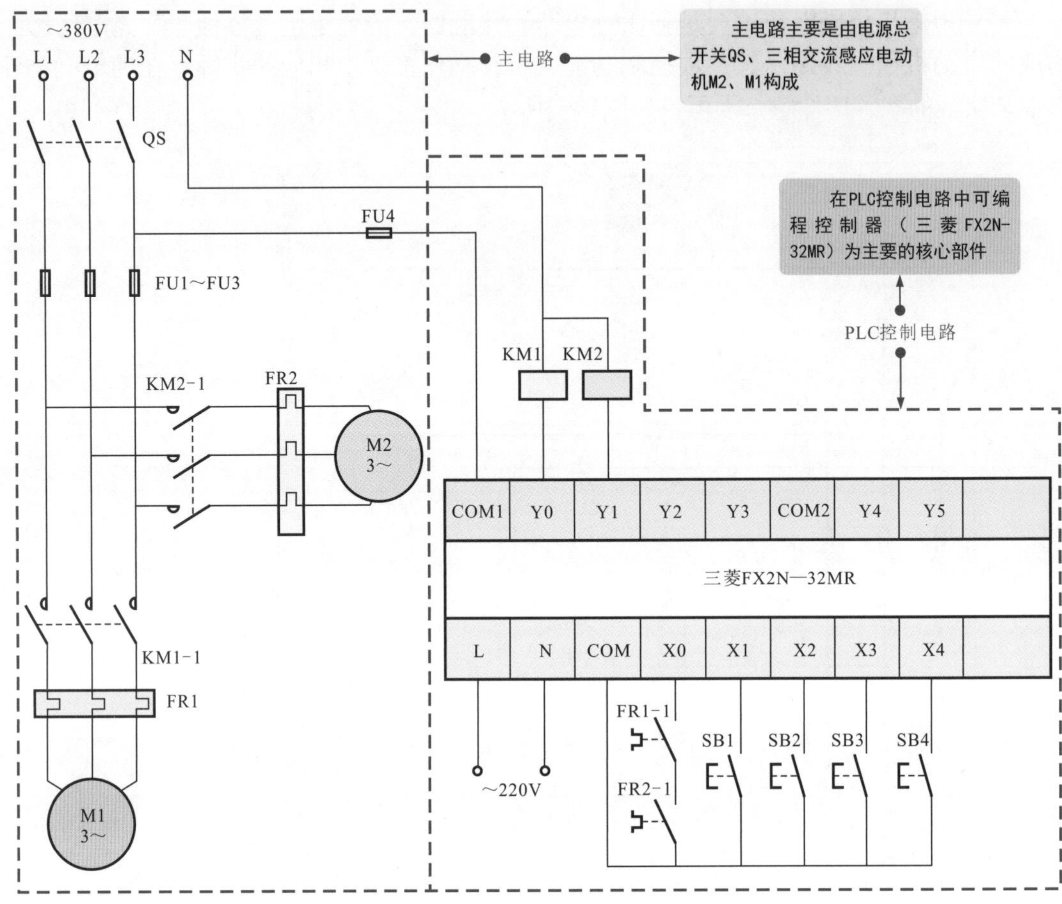

图19-3 由PLC控制的电动机顺序启/停控制系统

控制部件和执行部件分别连接到PLC输入接口相应的I/O接口上，它是根据PLC控制系统设计之初建立的I/O分配表进行连接分配的，其所连接接口名称也将对应于PLC内部程序的编程地址编号。由PLC控制的电动机顺序启/停控制系统的I/O分配表见表19-1所列。

表19-1 由三菱FX2N-32MR PLC控制的电动机顺序启/停控制系统的I/O分配表

输入信号及地址编号			输出信号及地址编号		
名称	代号	输入点地址编号	名称	代号	输出点地址编号
热继电器	FR1-1、FR2-1	X0	电动机M1交流接触器	KM1	Y0
M1停止按钮	SB1	X1	电动机M2交流接触器	KM2	Y1
M1启动按钮	SB2	X2			
M2停止按钮	SB3	X3			
M2启动按钮	SB4	X4			

结合以上内容可知，电动机的PLC控制系统是指由PLC作为核心控制部件实现对电动机的启动、运转、变速、制动和停机等各种控制功能的控制线路。

19.1.2 工业设备中的PLC的控制特点

PLC即可编程控制器。它是以微处理器为核心，集微电子技术、自动化技术、计算机技术及通信技术为一体，以工业自动化控制为目标的新型控制装置。

如图19-4所示，PLC可以划分成CPU模块、存储器、通信接口、基本I/O接口、电源五大部分。

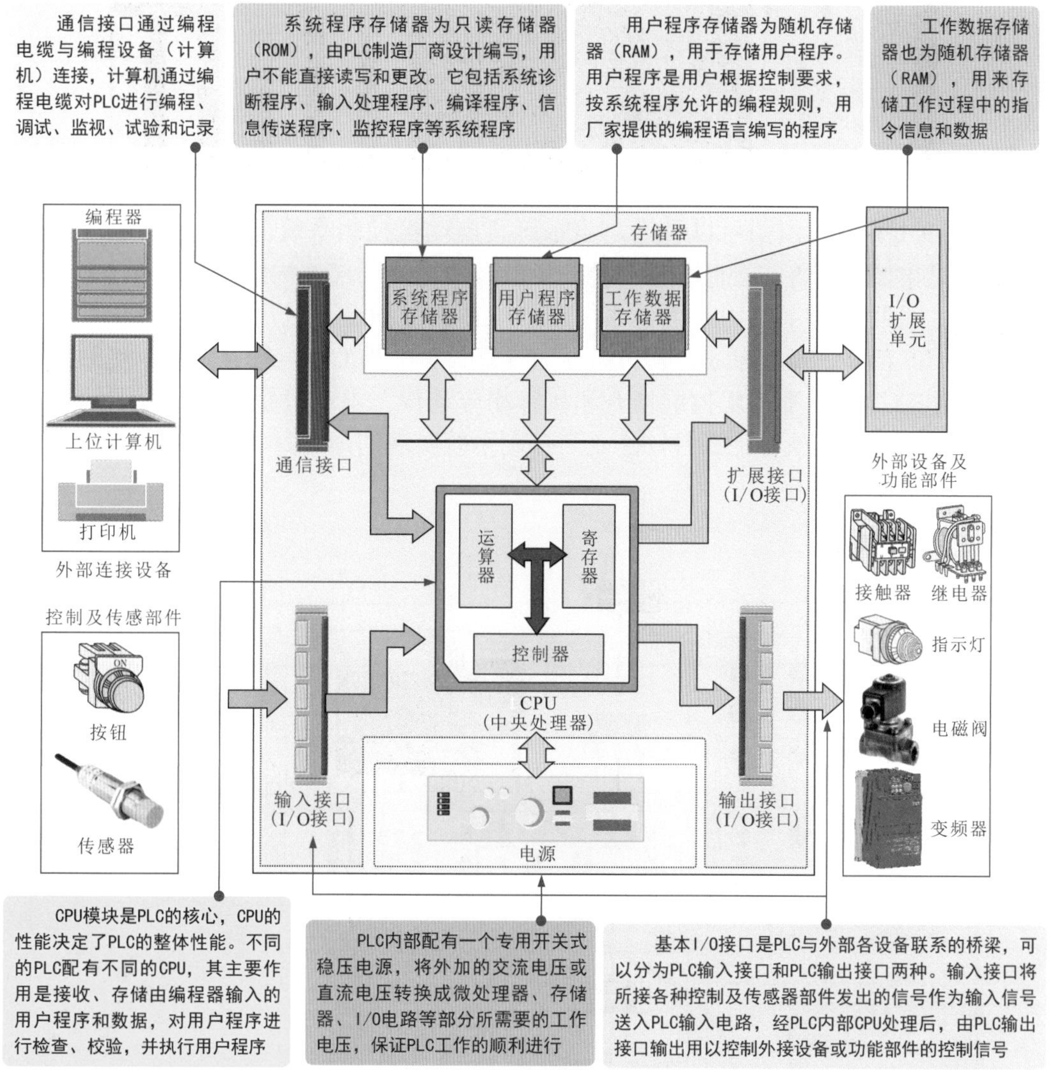

通信接口通过编程电缆与编程设备（计算机）连接，计算机通过编程电缆对PLC进行编程、调试、监视、试验和记录

系统程序存储器为只读存储器（ROM），由PLC制造厂商设计编写，用户不能直接读写和更改。它包括系统诊断程序、输入处理程序、编译程序、信息传送程序、监控程序等系统程序

用户程序存储器为随机存储器（RAM），用于存储用户程序。用户程序是用户根据控制要求，按系统程序允许的编程规则，用厂家提供的编程语言编写的程序

工作数据存储器也为随机存储器（RAM），用来存储工作过程中的指令信息和数据

编程器
上位计算机
打印机
外部连接设备
存储器
系统程序存储器
用户程序存储器
工作数据存储器
I/O扩展单元
通信接口
扩展接口（I/O接口）
运算器
寄存器
控制器
CPU（中央处理器）
控制及传感部件
按钮
传感器
输入接口（I/O接口）
电源
输出接口（I/O接口）
外部设备及功能部件
接触器
继电器
指示灯
电磁阀
变频器

CPU模块是PLC的核心，CPU的性能决定了PLC的整体性能。不同的PLC配有不同的CPU，其主要作用是接收、存储由编程器输入的用户程序和数据，对用户程序进行检查、校验，并执行用户程序

PLC内部配有一个专用开关式稳压电源，将外加的交流电压或直流电压转换成微处理器、存储器、I/O电路等部分所需要的工作电压，保证PLC工作的顺利进行

基本I/O接口是PLC与外部各设备联系的桥梁，可以分为PLC输入接口和PLC输出接口两种。输入接口将所接各种控制及传感器部件发出的信号作为输入信号送入PLC输入电路，经PLC内部CPU处理后，由PLC输出接口输出用以控制外接设备或功能部件的控制信号

图19-4 PLC的整机工作原理示意图

PLC控制电路主要用PLC控制方式取代了电气部件之间复杂的连接关系。控制电路中各主要控制部件和功能部件都直接连接到PLC相应的接口上，然后根据PLC内部程序的设定，即可实现相应的电路功能。

PLC种类多样，针对不同控制系统有不同的产品应用。而且，PLC可根据功能特点分为多个模块以便于系统配置、组合。图19-5为典型PLC的实物外形。

图19-5　典型PLC的实物外形

如图19-6所示，由图可以看到，该系统将电动机控制系统与PLC控制电路进行结合，主要是由操作部件、控制部件和电动机以及一些辅助部件构成的。

其中，各种操作部件用于为该系统输入各种人工指令，包括各种按钮开关、传感器件等；控制部件主要包括总电源开关（总断路器）、PLC可编程控制器、接触器、过热保护继电器等，用于输出控制指令和执行相应动作；电动机是将系统电能转换为机械能的输出部件，其执行的各种动作是该控制系统实现的最终目的。

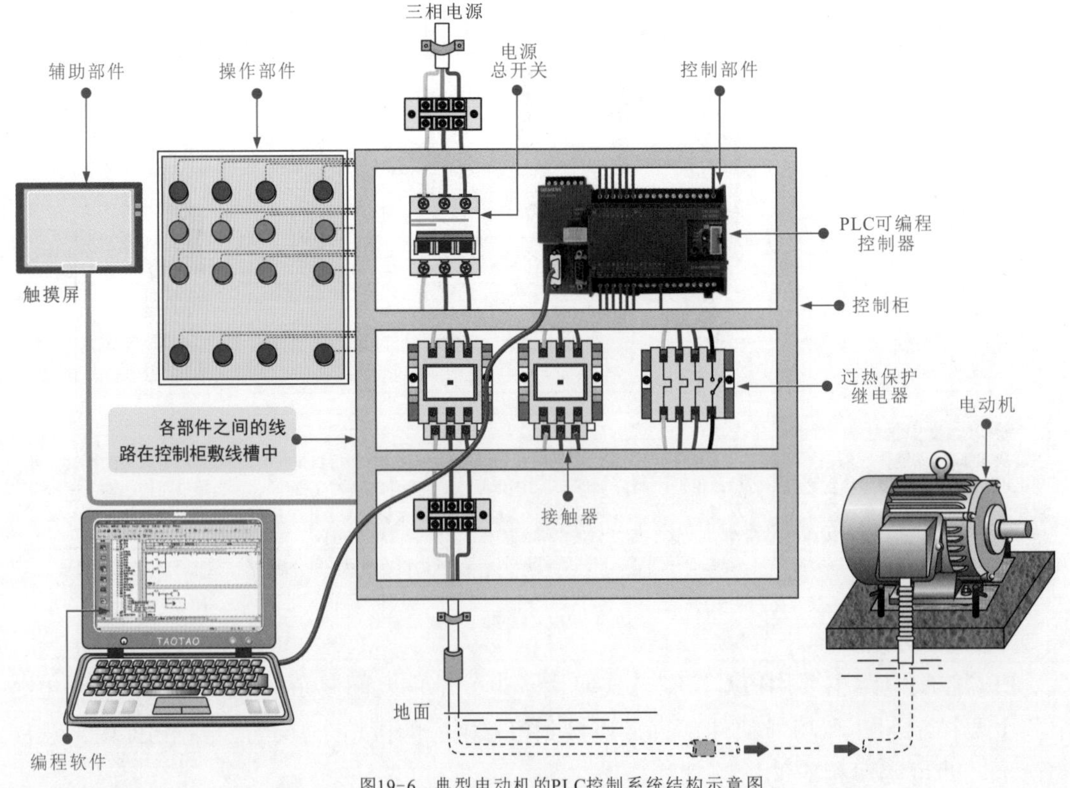

图19-6　典型电动机的PLC控制系统结构示意图

在典型电动机PLC控制系统中，各种操作部件用于为该系统输入各种人工指令，包括各种按钮开关、传感器件等；控制部件主要包括总电源开关（总断路器）、PLC可编程控制器、接触器、过热保护继电器等，用于输出控制指令和执行相应动作；电动机是将系统电能转换为机械能的输出部件，其执行的各种动作是该控制系统实现的最终目的。

图19-7为典型电动机（Y-△减压启动）的PLC控制电路。该电动机PLC控制系统采用西门子S7-200型PLC作为控制核心。三相交流异步电动机在PLC的控制下实现Y-△减压启动。

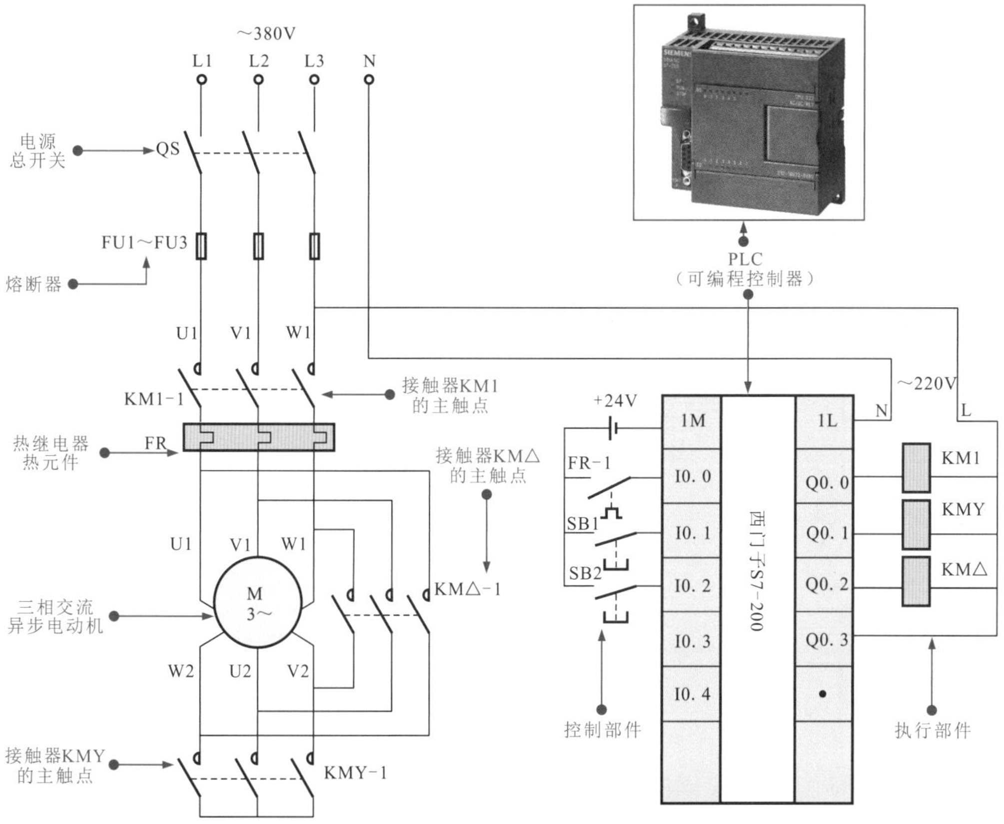

图19-7 三相交流电动机Y-△减压启动PLC控制电路

三相交流异步电动机Y-△减压启动的PLC控制电路中，输入/输出设备与PLC接口的连接按设计之初建立的I/O分配表分配，见表19-2所列。

表19-2 采用西门子S7-200型PLC的三相交流电动机Y-△减压启动控制电路I/O地址分配表

输入信号及地址编号			输出信号及地址编号		
名称	代号	输入点地址编号	名称	代号	输出点地址编号
热继电器	FR-1	I0.0	电源供电主接触器	KM1	Q0.0
启动按钮	SB1	I0.1	Y联结接触器	KMY	Q0.1
停止按钮	SB2	I0.2	△联结接触器	KM△	Q0.2

电动机Y-△减压启动的PLC控制电路在启动时，三相异步交流电动机的绕组首先按照Y（星形）联结，减压启动；当启动后，再自动转换成△（三角形）联结进行全压运行。

1 三相交流电动机Y-△减压启动的PLC控制电路的工作过程

图19-8为三相交流电动机PLC 控制电路在Y-△减压启动时的工作过程。

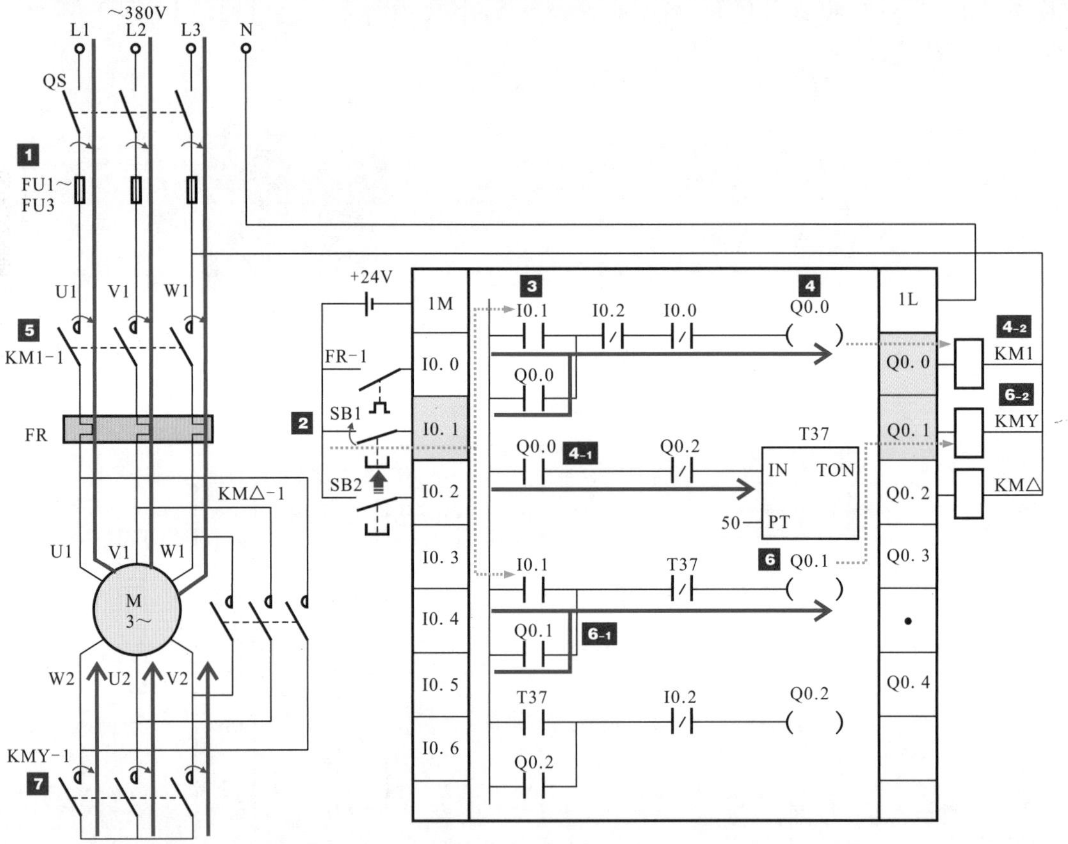

图19-8 三相交流电动机Y-△减压启动的PLC控制电路的工作过程

1 合上电源总开关QS，接通三相电源。

2 按下电动机M的启动按钮SB1。

3 将PLC程序中的输入继电器常开触点I0.1置1，即常开触点I0.1闭合。

3 → 4 输出继电器Q0.0线圈得电。

4-1 自锁触点Q0.0闭合自锁；同时，控制定时器T37的Q0.0闭合，T37线圈得电，开始计时。

4-2 控制PLC输出接口端外接电源供电主接触器KM1线圈得电。

4-2 → 5 带动主触点KM1-1闭合，接通主电路供电电源。

3 → 6 输出继电器Q0.1线圈同时得电。

6-1 自锁触点Q0.1闭合自锁。

6-2 控制PLC外接Y联结接触器KMY线圈得电。

6-2 → 7 接触器在主电路中主触点KMY-1闭合，电动机三相绕组Y联结，接通电源，开始减压启动。

2 三相交流电动机Y-△全压运行的PLC控制电路的工作过程

图19-9为三相交流电动机控制电路在Y-△全压运行时的工作过程。

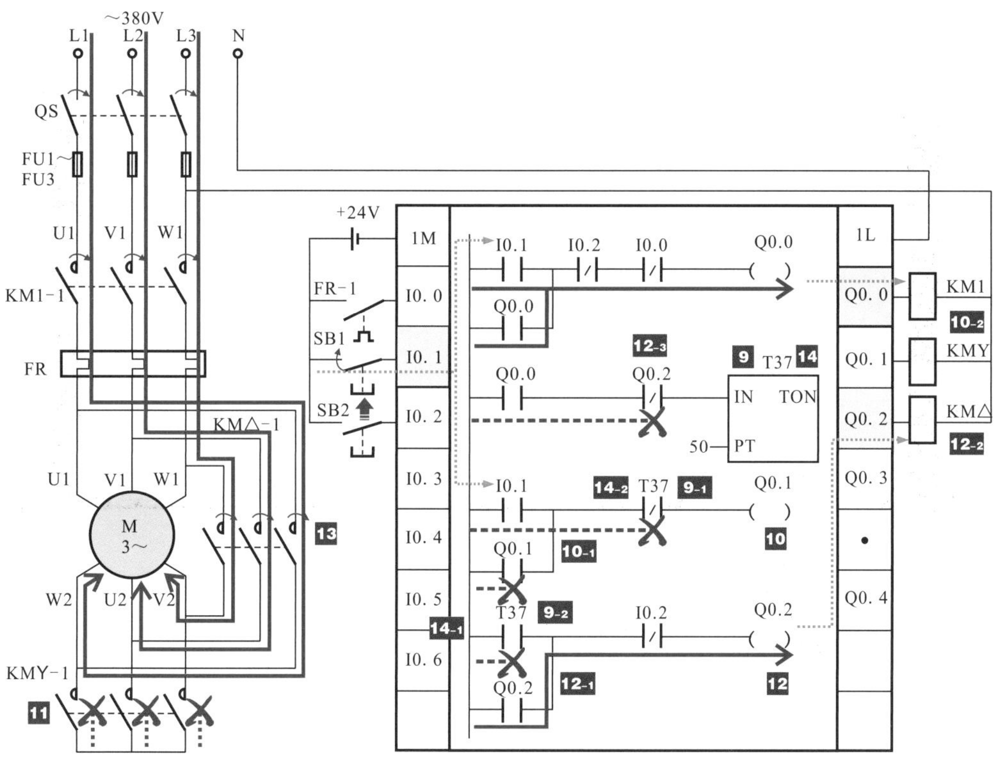

图19-9 三相交流电动机Y-△全压运行的PLC控制电路的工作过程

9 定时器T37计时时间到（延时5s）。

9-1 控制输出继电器Q0.1延时断开的常闭触点T37断开。

9-2 控制输出继电器Q0.2的延时闭合的常开触点T37闭合。

9-1 → 10 输出继电器Q0.1线圈失电。

10-1 自锁常开触点Q0.1复位断开，解除自锁。

10-2 控制PLC外接Y联结接触器KMY线圈失电。

10-2 → 11 主触点KMY-1复位断开，电动机三相绕组取消Y联结方式。

9-2 → 12 输出继电器Q0.2线圈得电。

12-1 自锁常开触点Q0.2闭合，实现自锁功能。

12-2 控制PLC外接△联结接触器KM△线圈得电。

12-3 控制T37延时断开的常闭触点Q0.2断开。

12-2 → 13 主触点KM△-1闭合，电动机绕组接成△联结，开始全压运行。

12-3 → 14 控制该程序中的定时器T37线圈失电。

14-1 控制Q0.2的延时闭合的常开触点T37复位断开，但由于Q0.2自锁，仍保持得电状态。

14-2 控制Q0.1的延时断开的常闭触点T37复位闭合，为Q0.1下一次得电做好准备。

可以看出，PLC应用于电动机控制系统中实现自动控制，不需要对外部设备的连接关系作大幅度的改变，仅修改内部的程序便可实现多种多样的控制功能，使电气控制更加灵活高效。

图19-10所示为传统电镀流水线的功能示意图和控制电路。在操作部件和控制部件的作用下，电动葫芦可实现在水平方向平移重物，并能够在设定位置（限位开关）处进行自动提升和下降重物的动作。

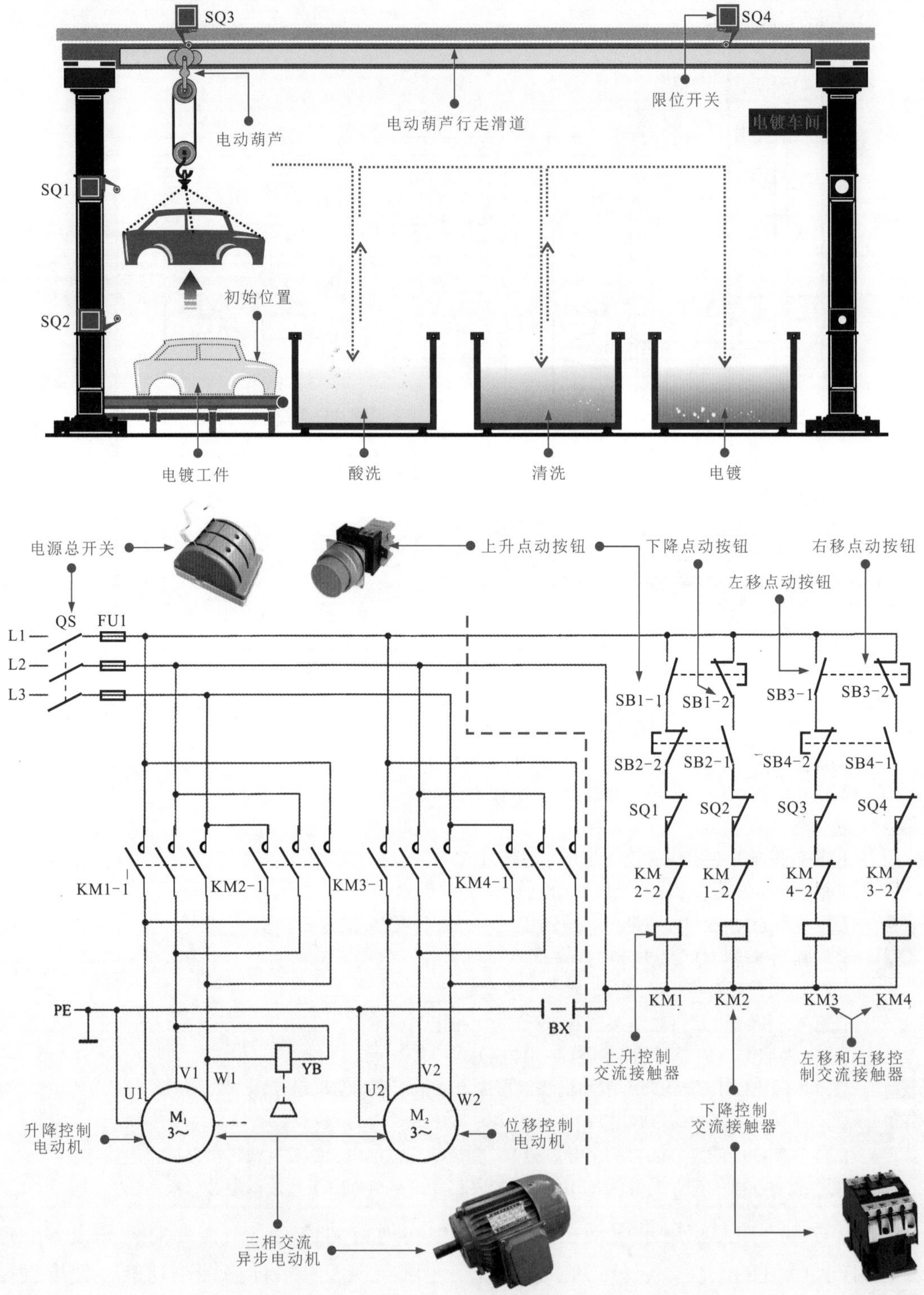

图19-10 传统电镀流水线的功能示意图和控制电路

图19-11所示为PLC控制的电镀流水线系统。PLC取代了电气部件之间的连接线路，极大地简化了电路结构，也方便实际部件的安装。

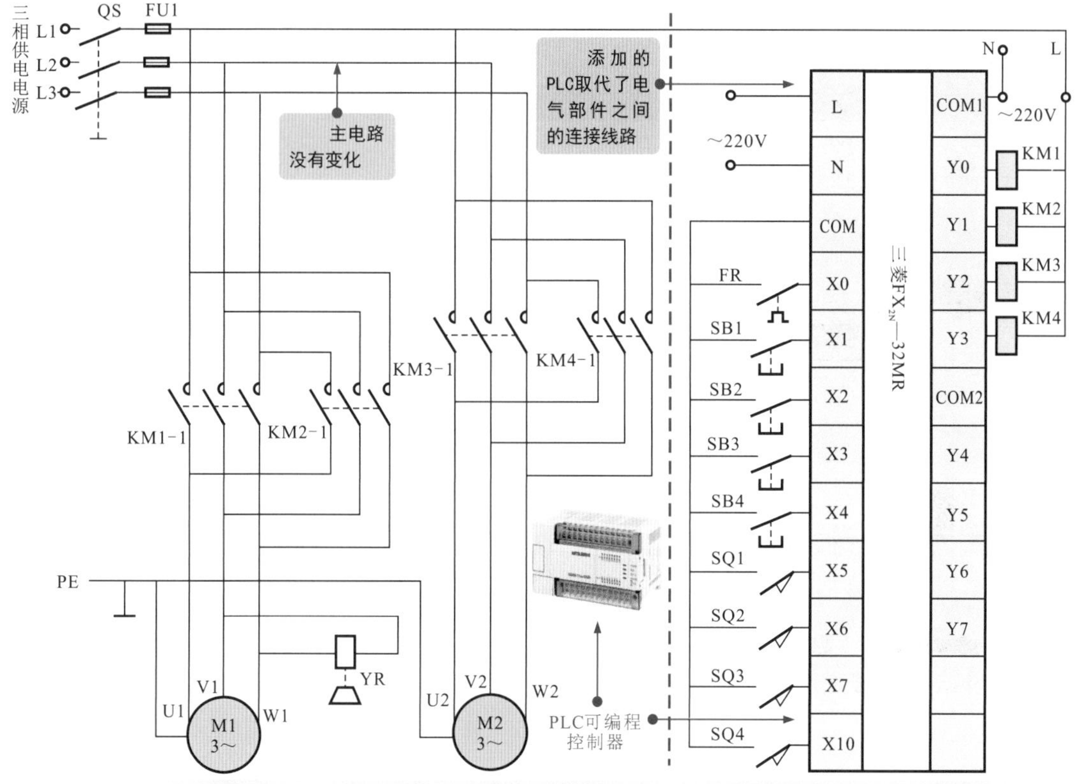

图19-11 由PLC控制的电镀流水线系统

提示说明 **为了方便读者了解，在梯形图各编程元件下方标注了其对应在传统控制系统中相应的按钮、交流接触器的触点、线圈等字母标识（实际梯形图中是没有的）。**

控制部件和执行部件是根据PLC控制系统设计之初建立的I/O分配表进行连接分配的，其所连接接口名称也将对应于PLC内部程序的编程地址编号，具体见表19-3所列。

表19-3 由三菱FX2N-32MR型PLC控制的电镀流水线控制系统I/O分配表

输入信号及地址编号			输出信号及地址编号		
名称	代号	输入点地址编号	名称	代号	输出点地址编号
电动葫芦上升点动按钮	SB1	X1	电动葫芦上升接触器	KM1	Y0
电动葫芦下降点动按钮	SB2	X2	电动葫芦下降接触器	KM2	Y1
电动葫芦左移点动按钮	SB3	X3	电动葫芦左移接触器	KM3	Y2
电动葫芦右移点动按钮	SB4	X4	电动葫芦右移接触器	KM4	Y3
电动葫芦上升限位开关	SQ1	X5			
电动葫芦下降限位开关	SQ2	X6			
电动葫芦左移限位开关	SQ3	X7			
电动葫芦右移点动按钮	SQ4	X10			

19.2 PLC控制技术的应用

19.2.1 运料小车往返运行的PLC控制系统

图19-12为运料小车往返运行的功能示意图。使用PLC自动控制运料小车的往返运行，可以避免复杂的线路连接，避免出现人为误操作的现象。

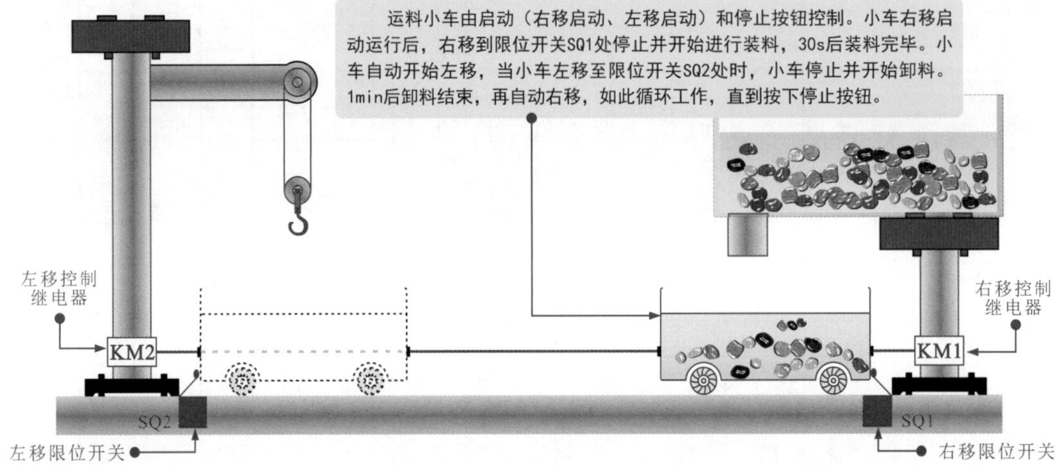

运料小车由启动（右移启动、左移启动）和停止按钮控制。小车右移启动运行后，右移到限位开关SQ1处停止并开始进行装料，30s后装料完毕。小车自动开始左移，当小车左移至限位开关SQ2处时，小车停止并开始卸料。1min后卸料结束，再自动右移，如此循环工作，直到按下停止按钮。
左移控制继电器
KM2
右移控制继电器
KM1
SQ2
SQ1
左移限位开关
右移限位开关

图19-12 运料小车往返运行的功能示意图

图19-13为运料小车往返运行PLC控制电路的结构。

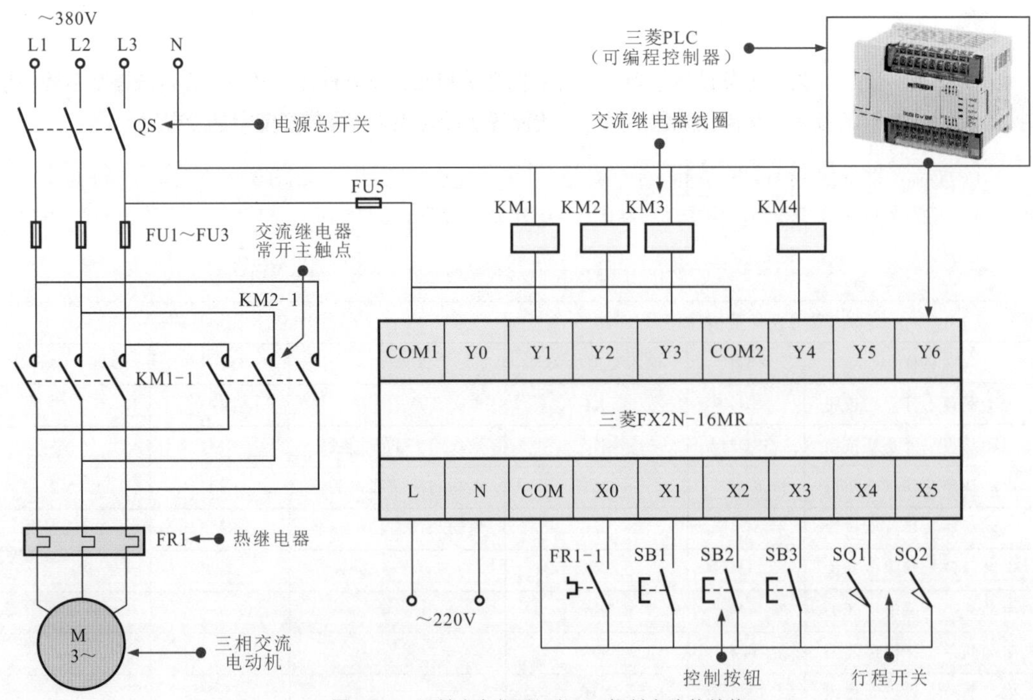

图19-13 运料小车往返运行PLC控制电路的结构

图中的SB1为右移启动按钮，SB2为左移启动按钮，SB3为停止按钮，SQ1和SQ2分别为右移和左移限位开关，KM1和KM2分别为右移和左移控制继电器，KM3和KM4分别为装料和卸料控制继电器。

输入设备和输出设备分别连接到PLC相应的I/O接口上，它所连接的接口名称由PLC系统设计之初建立的I/O分配表连接分配，见表19-4所列。

表19-4 运料小车往返控制电路中三菱FX2N系列PLC控制I/O分配表

输入信号及地址编号			输出信号及地址编号		
名称	代号	输入点地址编号	名称	代号	输出点地址编号
热继电器	FR1-1	X0	右行控制继电器	KM1	Y1
右行控制启动按钮	SB1	X1	左行控制继电器	KM2	Y2
左行控制启动按钮	SB2	X2	装料控制继电器	KM3	Y3
停止按钮	SB3	X3	卸料控制继电器	KM4	Y4
右行限位开关	SQ1	X4			
左行限位开关	SQ2	X5			

图19-14为控制电路中PLC内部的梯形图和语句表。可对照PLC控制电路和I/O分配表，在梯形图中进行适当文字注解，然后再根据操作动作具体分析运料小车往返运行的控制过程。

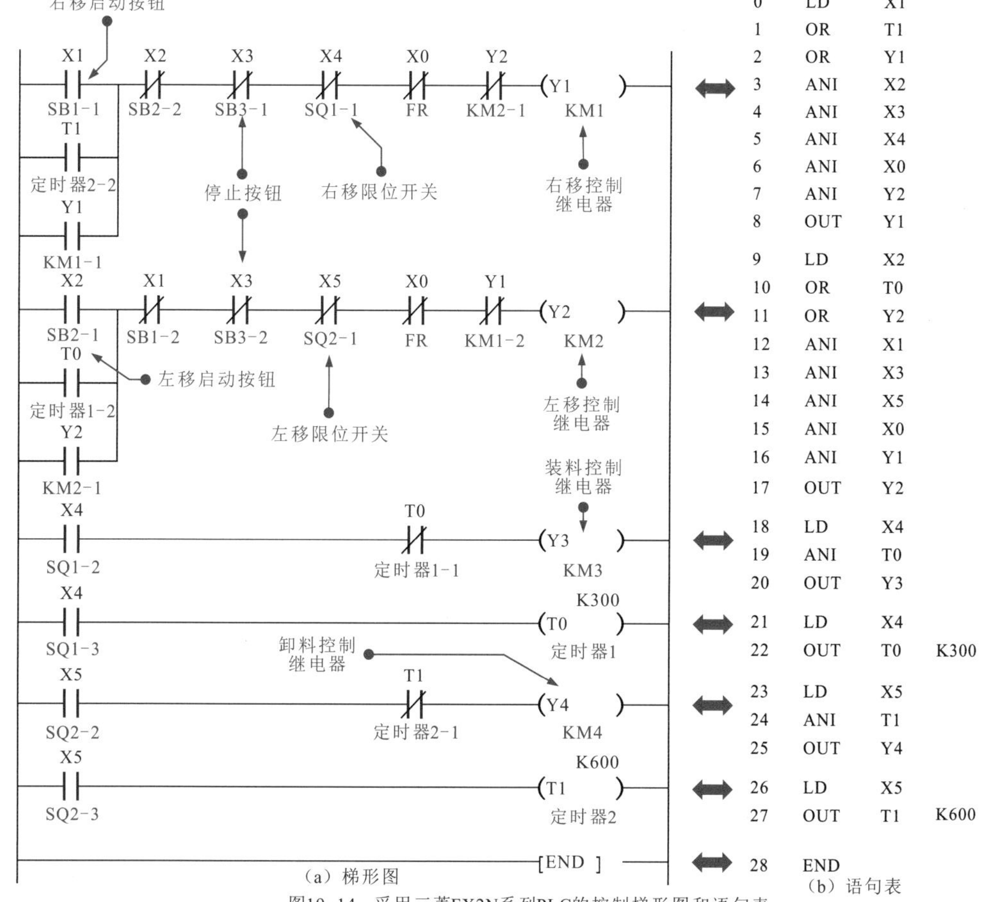

图19-14 采用三菱FX2N系列PLC的控制梯形图和语句表

三菱PLC定时器的设定值（定时时间*T*）=计时单位×计时常数（*K*）。其中计时单位有1ms、10ms和100ms，不同的编程应用中，不同的定时器，其计时单位也会不同。因此在设置定时器时，可以通过改变计时常数（*K*），来改变定时时间。三菱FN2X型PLC中，一般用十进制的数来确定"*K*"值（0～32767），例如三菱FN2X型PLC中，定时器的计时单位为100ms，其时间常数*K*值为50，则*T*=100ms×50=5000ms=5s。

1 运料小车右移和装料的工作过程

运料小车开始工作，需要先右移到装料点，然后在定时器和装料继电器的控制下进行装料，如图19-15所示。

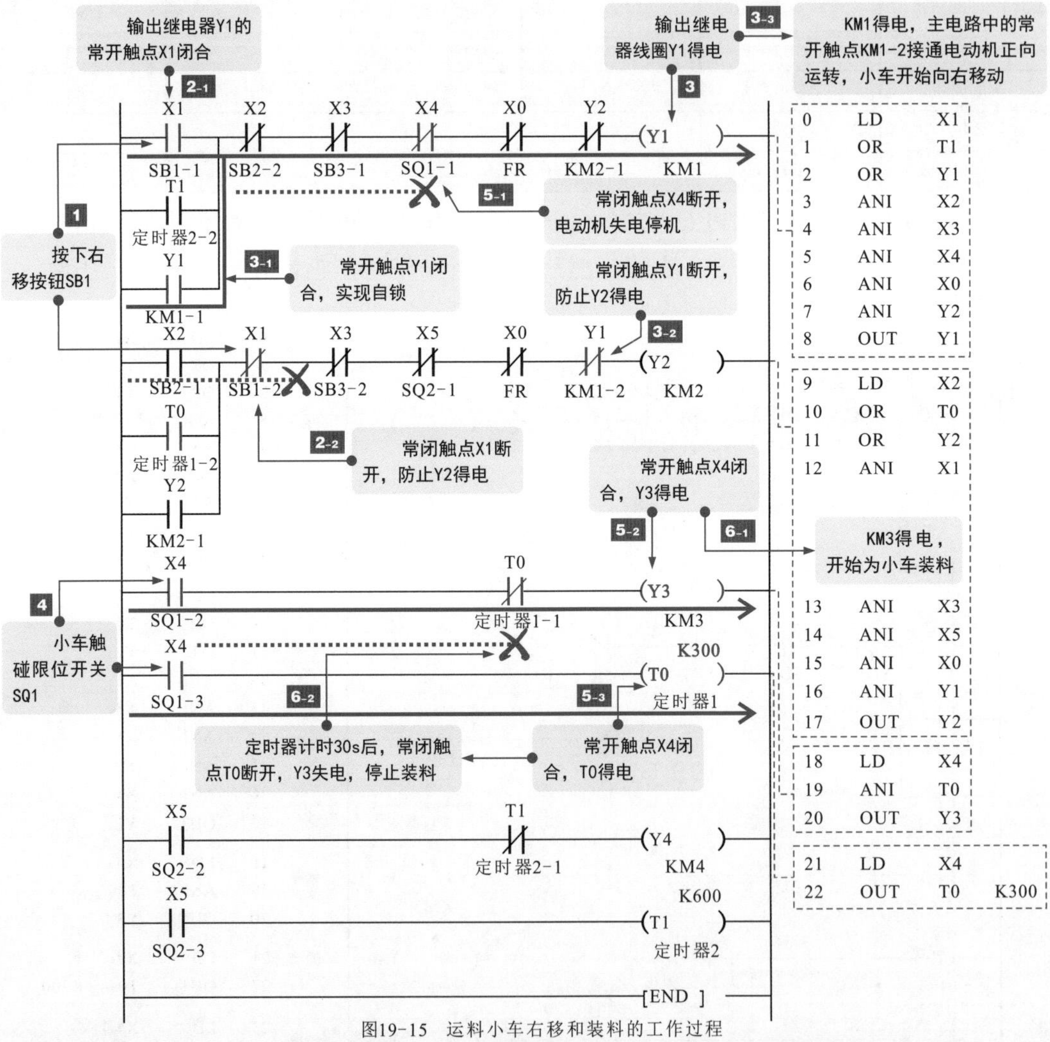

输出继电器Y1的常开触点X1闭合

输出继电器线圈Y1得电

3-3 KM1得电，主电路中的常开触点KM1-2接通电动机正向运转，小车开始向右移动

1 按下右移按钮SB1

3-1 常开触点Y1闭合，实现自锁

5-1 常闭触点X4断开，电动机失电停机

3-2 常闭触点Y1断开，防止Y2得电

2-2 常闭触点X1断开，防止Y2得电

常开触点X4闭合，Y3得电

6-1 KM3得电，开始为小车装料

4 小车触碰限位开关SQ1

6-2 定时器计时30s后，常闭触点T0断开，Y3失电，停止装料

5-3 常开触点X4闭合，T0得电

步	指令	元件	
0	LD	X1	
1	OR	T1	
2	OR	Y1	
3	ANI	X2	
4	ANI	X3	
5	ANI	X4	
6	ANI	X0	
7	ANI	Y2	
8	OUT	Y1	
9	LD	X2	
10	OR	T0	
11	OR	Y2	
12	ANI	X1	
13	ANI	X3	
14	ANI	X5	
15	ANI	X0	
16	ANI	Y1	
17	OUT	Y2	
18	LD	X4	
19	ANI	T0	
20	OUT	Y3	
21	LD	X4	
22	OUT	T0	K300

图19-15　运料小车右移和装料的工作过程

1 按下右移启动按钮SB1，将PLC程序中输入继电器常开触点X1置"1"，常闭触点X1置"0"。

1 → 2-1 控制输出继电器Y1的常开触点X1闭合。

→ 2-2 控制输出继电器Y2的常闭触点X1断开，实现输入继电器互锁，防止Y2得电。

2-1 → 3 输出继电器Y1线圈得电。

→ 3-1 自锁常开触点Y1闭合实现自锁功能；

→ 3-2 控制输出继电器Y2的常闭触点Y1断开，实现互锁，防止Y2得电；

→ 3-3 控制PLC外接交流接触器KM1线圈得电，主电路中的主触点KM1-2闭合，接通电动机电源，电动机启动正向运转，此时小车开始向右移动。

4 小车右移至限位开关SQ1处，SQ1动作，将PLC程序中输入继电器常闭触点X4置“0”，常开触点X4置“1”。

4 → 5-1 控制输出继电器Y1的常闭触点X4断开，Y1线圈失电，即KM1线圈失电，电动机停机，小车停止右移。

→ 5-2 控制输出继电器Y3的常开触点X4闭合，Y3线圈得电。

→ 5-3 控制输出继电器T0的常开触点X4闭合，定时器T0线圈得电。

5-2 → 6-1 控制PLC外接交流接触器KM3线圈得电，开始为小车装料。

5-2 → 6-2 定时器开始计时，计时时间到（延时30s），其控制输出继电器Y3的延时断开常闭触点T0断开，Y3失电，即交流接触器KM3线圈失电，装料完毕。

2 运料小车左移和卸料的工作过程

运料小车装料完毕后，需要左移到卸料点，在定时器和卸料继电器的控制下进行卸料，卸料后再右行进行装料，如图19-16所示。

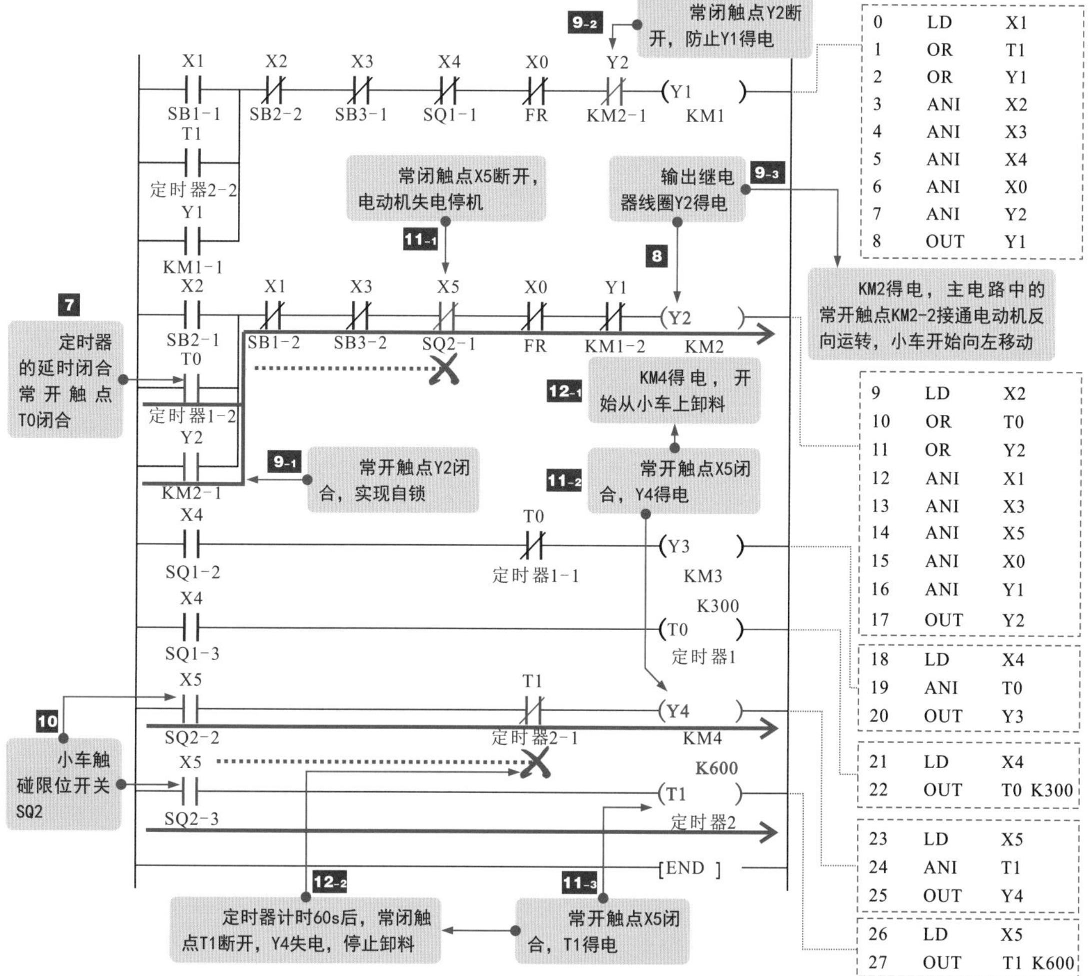

图19-16 运料小车左移和卸料的工作过程

6-2 → 7 计时时间到（装料完毕），定时器的延时闭合常开触点T0闭合。

7 → 8 控制输出继电器Y2的延时闭合常开触点T0闭合，输出继电器Y2线圈得电。

8 → 9-1 自锁常开触点Y2闭合实现自锁功能；

→ 9-2 控制输出继电器Y1的常闭触点Y2断开，实现互锁，防止Y1得电；

→ 9-3 控制PLC外接交流接触器KM2线圈得电，主电路中的主触点KM2-2闭合，接通电动机电源，电动机启动反向运转，此时小车开始向左移动。

10 小车左移至限位开关SQ2处，SQ2动作，将PLC程序中输入继电器常闭触点X5置“0”，常开触点X5置“1”。

10 → 11-1 控制输出继电器Y2的常闭触点X5断开，Y2线圈失电，即KM2线圈失电，电动机停机，小车停止左移。

→ 11-2 控制输出继电器Y4的常开触点X5闭合，Y4线圈得电。

→ 11-3 控制输出继电器T1的常开触点X5闭合，定时器T1线圈得电。

11-2 → 12-1 控制PLC外接交流接触器KM4线圈得电，开始为小车卸料。

11-3 → 12-2 定时器开始计时，计时时间到（延时60s），其控制输出继电器Y4的延时断开常闭触点T1断开，Y4失电，即交流接触器KM4线圈失电，卸料完毕。

计时时间到（卸料完毕），定时器的延时闭合常开触点T1闭合，使Y1得电，右移控制继电器KM1得电，主电路的常开主触点KM1-2闭合，电动机再次正向启动运转，小车再次向右移动。如此反复，运料小车即实现了自动控制的过程。

当按下停止按钮SB3后，将PLC程序中输入继电器常闭触点X3置“0”，即常闭触点断开，Y1和Y2均失电，电动机停止运转，此时小车停止移动。

19.2.2 水塔给水的PLC控制系统

水塔在工业设备中主要起到蓄水的作用，水塔的高度很高，为了使水塔中的水位保持在一定的高度，通常需要一种自动控制电路对水塔的水位进行检测，同时为水塔进行给水控制。

图19-17为水塔水位自动控制电路的结构图，它是由PLC控制各水位传感器、水泵电动机、电磁阀等部件实现对水塔和蓄水池蓄水、给水的自动控制。

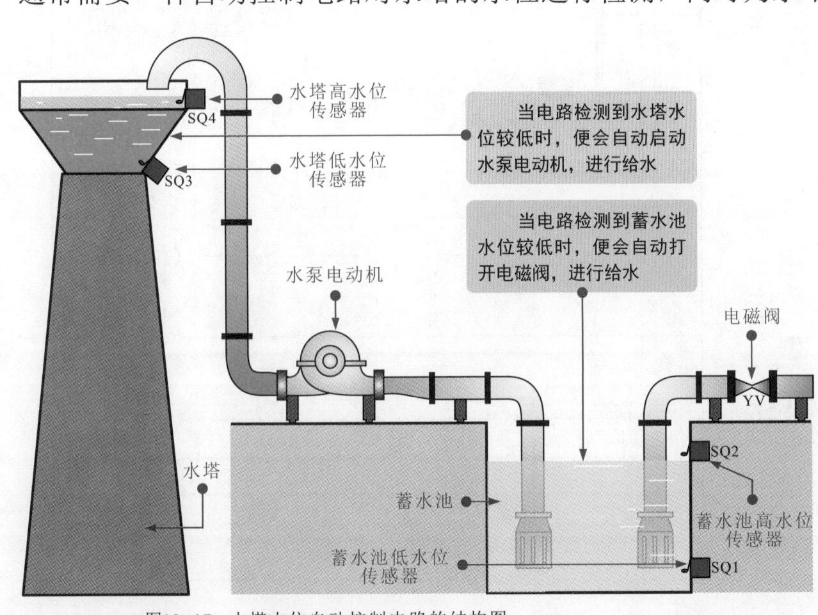

图19-17 水塔水位自动控制电路的结构图

图19-18为水塔水位自动控制电路中的PLC梯形图和语句表，表19-5所列为PLC的I/O地址分配。结合I/O地址分配表，了解该梯形图和语句表中各触点及符号标识的含义，并将梯形图和语句表相结合进行分析。

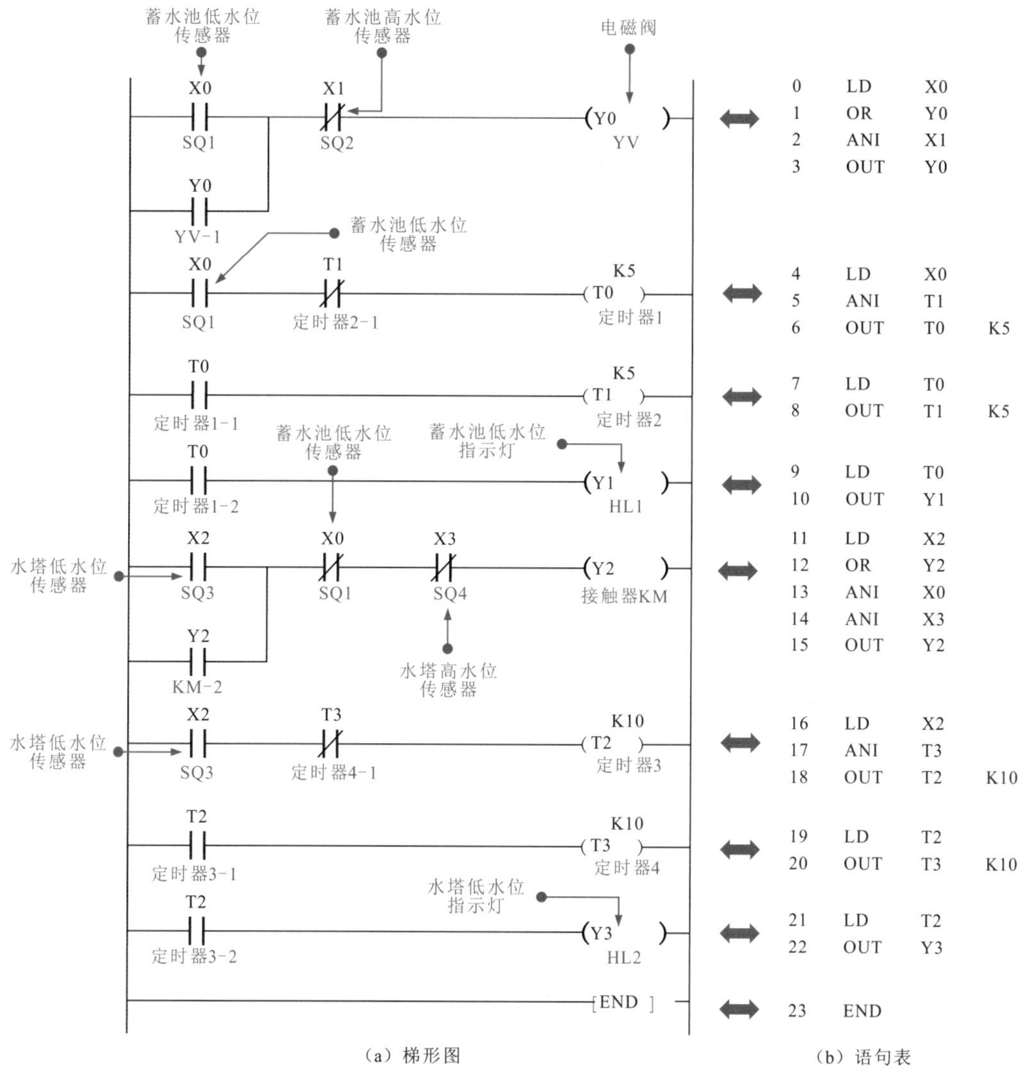

（a）梯形图 （b）语句表

图19-18 水塔水位自动控制电路中的PLC梯形图和语句表

表19-5 水塔水位自动控制电路中的PLC梯形图I/O地址分配表（三菱FX2N系列PLC）

输入信号及地址编号			输出信号及地址编号		
名称	代号	输入点地址编号	名称	代号	输出点地址编号
蓄水池低水位传感器	SQ1	X0	电磁阀	YV	Y0
蓄水池高水位传感器	SQ2	X1	蓄水池低水位指示灯	HL1	Y1
水塔低水位传感器	SQ3	X2	电动机供电控制接触器	KM	Y2
水塔高水位传感器	SQ4	X3	水塔低水位指示灯	HL2	Y3

当水塔水位低于水塔低水位，并且蓄水池水位高于蓄水池低水位时，控制电路便会自动启动水泵电动机开始给水，图19-19为蓄水池自动进水的控制过程。

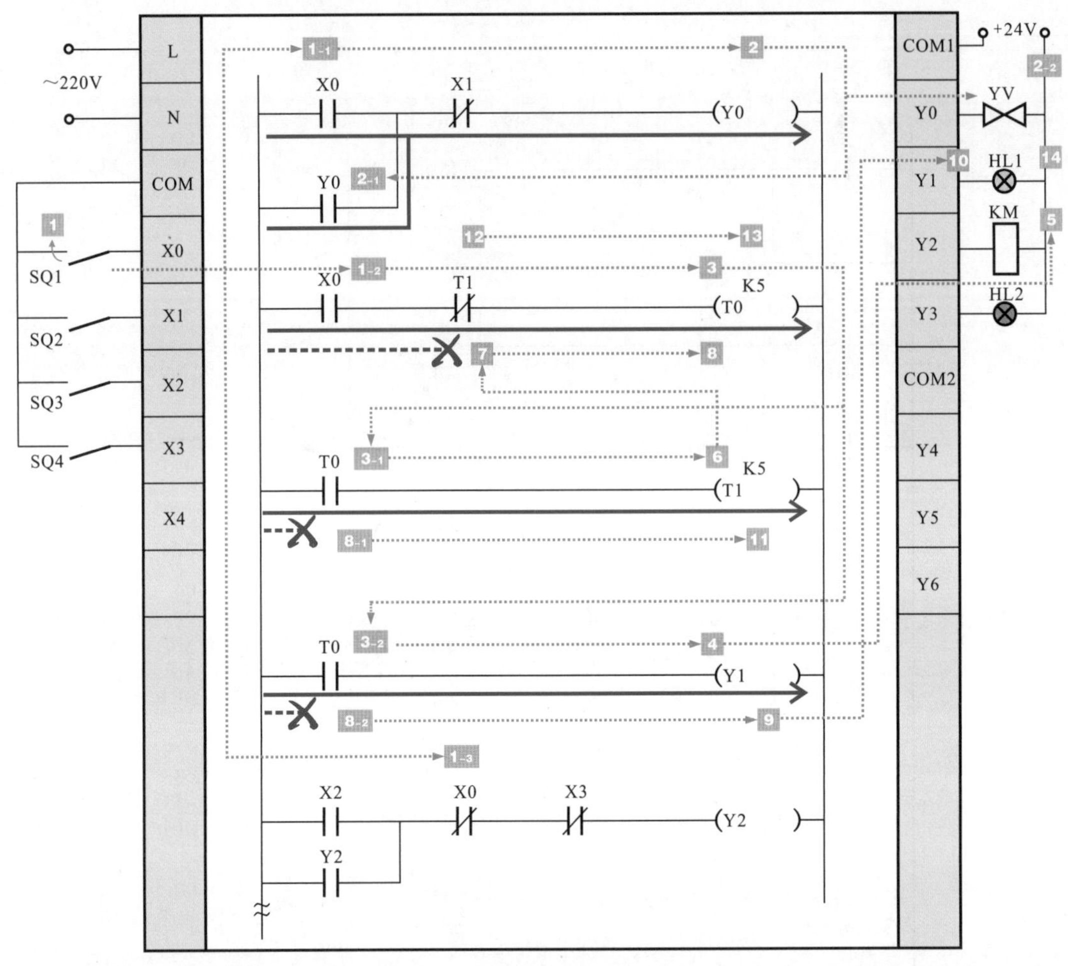

图19-19　蓄水池自动进水的控制过程

蓄水池自动进水的控制过程：

1 当蓄水池水位低于低水位传感器SQ1时，SQ1动作， 将PLC程序中的输入继电器常开触点X0置1，常闭触点X0置0。

1-1 控制输出继电器Y0的常开触点X0闭合。

1-2 控制定时器T0的常开触点X0闭合。

1-3 控制输出继电器Y2的常闭触点X0断开，锁定Y2不能得电。

1-1 → 2 输出继电器Y0线圈得电。

2-1 自锁常开触点Y0闭合实现自锁功能。

2-2 控制PLC外接电磁阀YV线圈得电，电磁阀打开，蓄水池进水。

1-2 → 3 定时器T0线圈得电，开始计时。

3-1 计时时间到（延时0.5s），其控制定时器T1的延时闭合常开触点T0闭合。

3-2 计时时间到（延时0.5s），其控制输出继电器Y1的延时闭合的常开触点T0闭合。

3-2 → 4 输出继电器Y1线圈得电。

5 控制PLC外接蓄水池低水位指示灯HL1点亮。

3-1 → 6 定时器T1线圈得电，开始计时。

7 计时时间到（延时0.5s），其延时断开的常闭触点T1断开。

8 定时器T0线圈失电。

8-1 控制定时器T1的延时闭合的常开触点T0复位断开。

8-2 控制输出继电器Y1的延时闭合的常开触点T0复位断开。

8-2 → 9 输出继电器Y1线圈失电。

10 控制PLC外接蓄水池低水位指示灯HL1熄灭。

8-1 → 11 定时器T1线圈失电。

12 延时断开的常闭触点T1复位闭合。

13 定时器T0线圈再次得电，开始计时。

14 如此反复循环，蓄水池低水位指示灯HL1以1s的周期进行闪烁。

图19-20为蓄水池自动停止进水的控制过程。

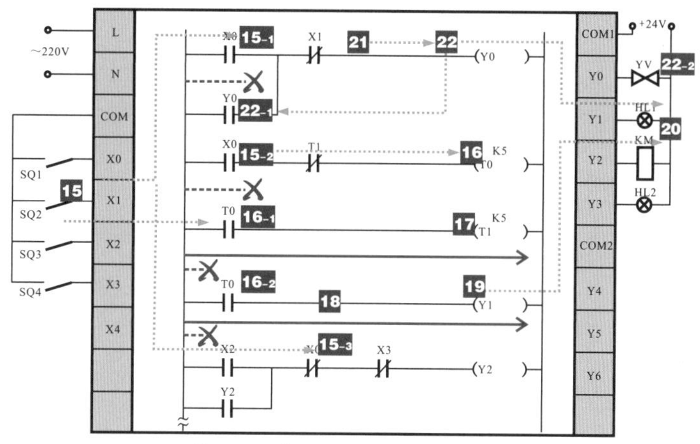

图19-20 蓄水池自动停止进水的控制过程

15 当蓄水池水位高于低水位传感器SQ1时，SQ1复位，将PLC程序中的输入继电器常开触点X0复位置0，常闭触点X0复位置1。

15-1 控制输出继电器Y0的常开触点X0复位断开。

15-2 控制定时器T0的常开触点X0复位断开。

15-3 控制输出继电器Y2的常闭触点X0复位闭合。

15-2 → 16 定时器T0线圈失电。

16-1 控制定时器T1的延时闭合常开触点T0复位断开。

16-2 控制输出继电器Y1的延时闭合的常开触点T0复位断开。

16-1 → 17 定时器T1线圈失电。

18 延时断开的常闭触点T1复位闭合。

16-2 → 19 输出继电器Y1线圈失电。

20 控制PLC外接蓄水池低水位指示灯HL1熄灭。

21 蓄水池水位高于蓄水池高水位传感器SQ2时，SQ2动作，将PLC程序中的输入继电器常闭触点X1置0，即常闭触点X1断开。

22 输出继电器Y0线圈失电。

22-1 自锁常开触点Y0复位断开。

22-2 控制PLC外接电磁阀YV线圈失电，电磁阀关闭，蓄水池停止进水。

当PLC输入接口外接的水塔水位传感器输入的信号时，结合内部PLC梯形图程序，详细分析水塔水位的自动控制过程，如图19-21所示。

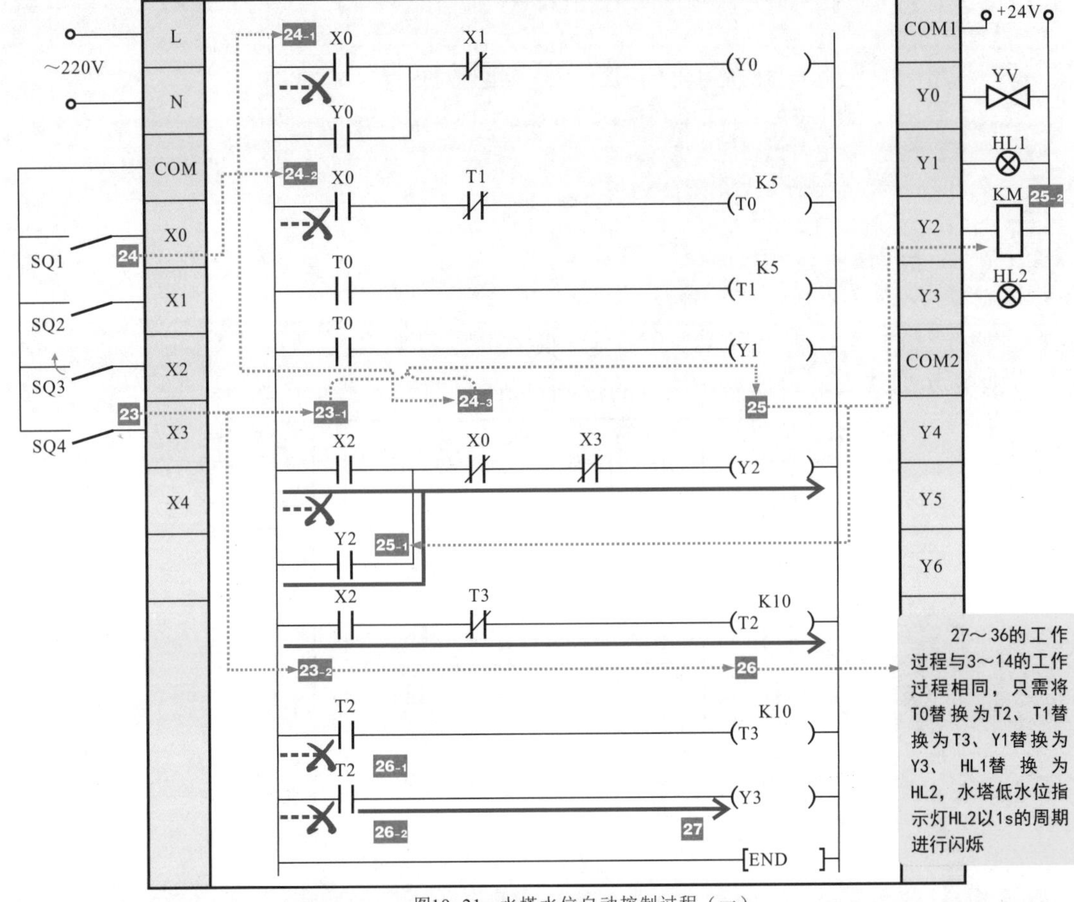

图19-21　水塔水位自动控制过程（一）

23 当水塔水位低于低水位传感器SQ3时，SQ3动作，将PLC程序中的输入继电器常开触点X2置1。

23-1 控制输出继电器Y2的常开触点X2闭合。

23-2 控制定时器T2的常开触点X2闭合。

24 若蓄水池水位高于蓄水池的低水位传感器SQ1，其SQ1不动作，PLC程序中的输入继电器常开触点X0保持断开，常闭触点保持闭合。

24-1 控制输出继电器Y0的常开触点X0断开。

24-2 控制定时器T0的常开触点X0断开。

24-3 控制输出继电器Y2的常闭触点X0闭合。

23-1 + 24-3 → 25 输出继电器Y2线圈得电。

25-1 自锁常开触点Y2闭合实现自锁功能。

25-2 控制PLC外接接触器KM线圈得电，带动主电路中的主触点闭合，接通水泵电动机电源，水泵电动机进行抽水作业。

23-2 → 26 定时器T2线圈得电，开始计时。

26-1 计时时间到（延时1s），其控制定时器T3的延时闭合常开触点T2闭合。

26-2 计时时间到（延时1s），其控制输出继电器Y3的延时闭合常开触点T2闭合。

26-2 → 27 输出继电器Y3线圈得电。

28 控制PLC外接水塔低水位指示灯HL2点亮。

26-1 → 29 定时器T3线圈得电，开始计时。

30 计时时间到（延时1s），其延时断开的常闭触点T3断开。

31 定时器T2线圈失电。

31-1 控制定时器T3的延时闭合的常开触点T2复位断开。

31-2 控制输出继电器Y3的延时闭合的常开触点T2复位断开。

31-2 → 32 输出继电器Y3线圈失电。

33 控制PLC外接水塔低水位指示灯HL2熄灭。

34 定时器线圈T3失电。

35 延时断开的常闭触点T3复位闭合。

36 定时器T2线圈再次得电，开始计时。如此反复循环，水塔低水位指示灯HL2以1s周期进行闪烁。

图19-22为水塔水位高于低水位传感器SQ3、高于高水位传感器SQ4的控制过程。

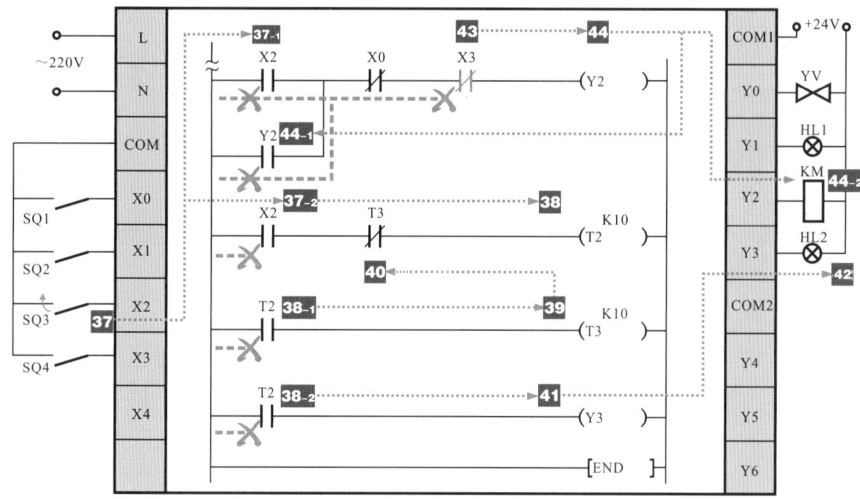

图19-22 水塔水位自动控制过程（二）

37 当水塔水位高于低水位传感器SQ3时，SQ3复位，将PLC程序中的输入继电器常开触点X2置0，常闭触点X2置1。

37-1 控制输出继电器Y2的常开触点X2复位断开。

37-2 控制定时器T2的常开触点X2复位断开。

37-2 → 38 定时器T2线圈失电。

38-1 控制定时器T3的延时闭合常开触点T2复位断开。

38-2 控制输出继电器Y3的延时闭合的常开触点T2复位断开。

38-1 → 39 定时器线圈T3失电。

40 延时断开的常闭触点T3复位闭合。

38-2 → 41 输出继电器Y3线圈失电。

42 控制PLC外接水塔低水位指示灯HL2熄灭。

43 当水塔水位高于水塔高水位传感器SQ4时，SQ4动作，将PLC程序中的输入继电器常闭触点X3置0，即常闭触点X3断开。

44 输出继电器Y2线圈失电。

44-1 自锁常开触点Y2复位断开。

44-2 控制PLC外接接触器KM线圈失电，带动主电路中的主触点复位断开，切断水泵电动机电源，水泵电动机停止抽水作业。

19.2.3 汽车自动清洗的PLC控制系统

汽车自动清洗系统是由PLC可编程控制器、喷淋器、刷子电动机、车辆检测器等部件组成的，当有汽车等待冲洗时，车辆检测器将检测信号送入PLC，PLC便会控制相应的清洗机电动机、喷淋器电磁阀以及刷子电动机动作，实现自动清洗、停止的控制，采用PLC的自动洗车系统可节约大量的人力、物力和自然资源。图19-23为汽车自动清洗控制电路的结构。

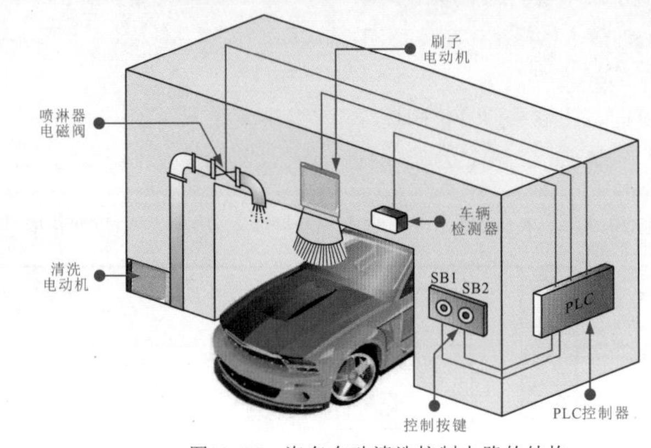

图19-23　汽车自动清洗控制电路的结构

图19-24为汽车自动清洗控制电路中的PLC梯形图和语句表。

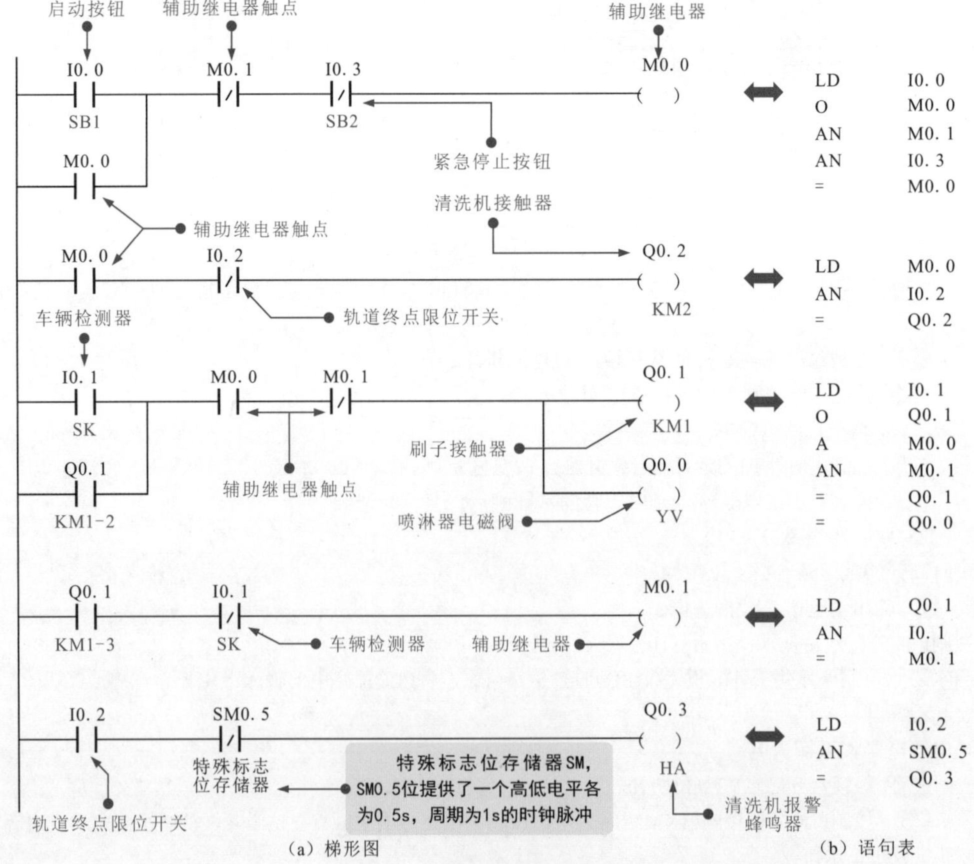

图19-24　汽车自动清洗控制电路的PLC梯形图和语句表

控制部件和执行部件是按照I/O分配表连接分配的，对应PLC内部程序的编程地址编号。见表19-6所列。

表19-6 汽车自动清洗控制电路中PLC梯形图I/O地址分配表（西门子S7-200系列）

输入信号及地址编号			输出信号及地址编号		
名称	代号	输入点地址编号	名称	代号	输出点地址编号
启动按钮	SB1	I0.0	喷淋器电磁阀	YV	Q0.0
车辆检测器	SK	I0.1	刷子接触器	KM1	Q0.1
轨道终点限位开关	SQ2	I0.2	清洗机接触器	KM2	Q0.2
紧急停止按钮	SB2	I0.3	清洗机报警蜂鸣器	HA	Q0.3

1 车辆清洗的控制过程

检测器检测到待清洗的汽车，按下启动按钮就可以开始自动清洗过程，图19-25为车辆清洗的控制过程。

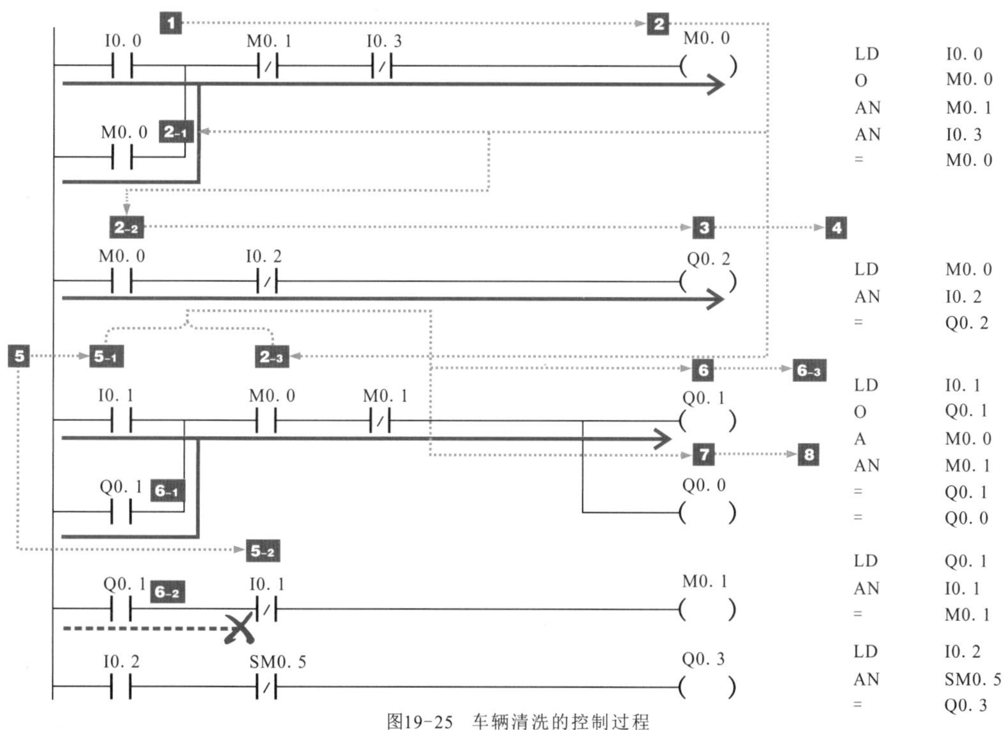

图19-25 车辆清洗的控制过程

1 按下启动按钮SB1，将PLC程序中的输入继电器常开触点I0.0置1，即常开触点I0.0闭合。

2 辅助继电器M0.0线圈得电。

2-1 自锁常开触点M0.0闭合实现自锁功能。

2-2 控制输出继电器Q0.2的常开触点M0.0闭合。

2-3 控制输出继电器Q0.1、Q0.0的常开触点M0.0闭合。

2-2 → 3 输出继电器Q0.2线圈得电。

4 控制PLC外接接触器KM2线圈得电，带动主电路中的主触点闭合，接通清洗机电动机电源，清洗机电动机开始运转，并带动清洗机沿导轨移动。

5 当车辆检测器SK检测到有待清洗的汽车时，SK闭合，将PLC程序中的输入继电器常开触点I0.1置1，常闭触点I0.1置0。

5-1 常开触点I0.1闭合。

5-2 常闭触点I0.1断开。

2-3 + 5-1 → 6 输出继电器Q0.1线圈得电。

6-1 自锁常开触点Q0.1闭合实现自锁功能。

6-2 控制辅助继电器M0.1的常开触点Q0.1闭合。

6-3 控制PLC外接接触器KM1线圈得电，带动主电路中的主触点闭合，接通刷子电动机电源，刷子电动机开始运转，并带动刷子进行刷洗操作。

2-3 + 5-1 → 7 输出继电器Q0.0线圈得电。

8 控制PLC外接喷淋器电磁阀YV线圈得电，打开喷淋器电磁阀，进行喷水操作，这样清洗机一边移动，一边进行清洗操作。

2 车辆清洗完成的控制过程

车辆清洗完成后，检测器没有检测到待清洗的车辆，控制电路便会自动停止系统工作。图19-26为车辆清洗完成的控制过程。

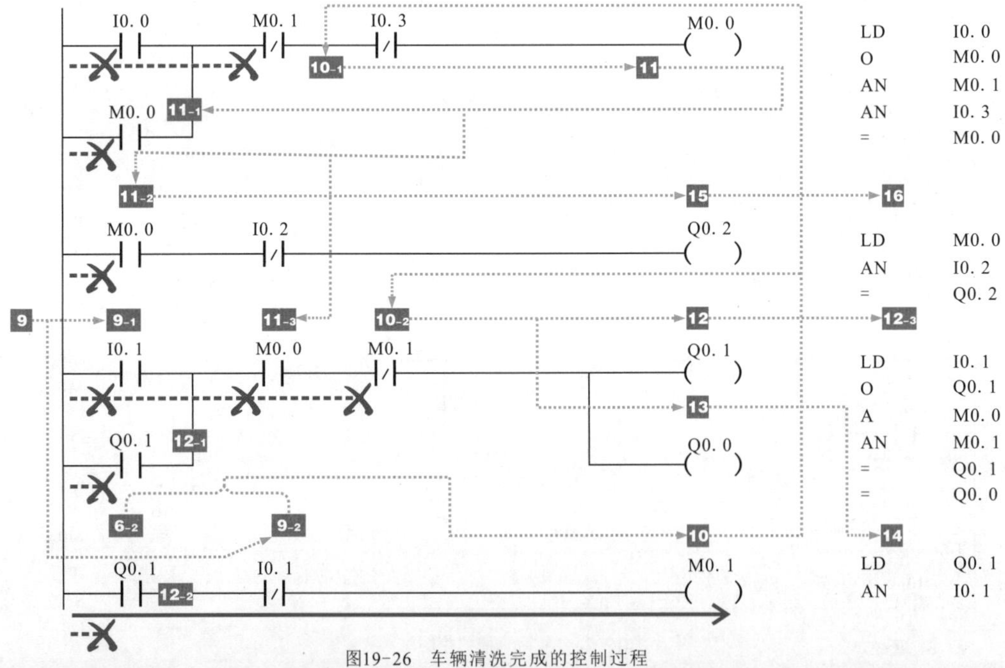

图19-26 车辆清洗完成的控制过程

9 汽车清洗完成后，汽车移出清洗机，车辆检测器SK检测到没有待清洗的汽车时，SK复位断开，PLC程序中的输入继电器常开触点I0.1复位置0，常闭触点I0.1复位置1。

9-1 常开触点I0.1复位断开。

9-2 常闭触点I0.1复位闭合。

6-2 + 9-2 → 10 辅助继电器M0.1线圈得电。

10-1 控制辅助继电器M0.0的常闭触点M0.1断开。

10-2 控制输出继电器Q0.1、Q0.0的常闭触点M0.1断开。

10-1 → 11 辅助继电器M0.0失电。

11-1 自锁常开触点M0.0复位断开。

11-2 控制输出继电器Q0.2的常开触点M0.0复位断开。

11-3 控制输出继电器Q0.1、Q0.0的常开触点M0.0复位断开。

10-2 → 12 输出继电器Q0.1线圈失电。

12-1 自锁常开触点Q0.1复位断开。

12-2 控制辅助继电器M0.1的常开触点Q0.1复位断开。

12-3 控制PLC外接接触器KM1线圈失电，带动主电路中的主触点复位断开，切断刷子电动机电源，刷子电动机停止运转，刷子停止刷洗操作。

10-2 → 13 输出继电器Q0.0线圈失电。

14 控制PLC外接喷淋器电磁阀YV线圈失电，喷淋器电磁阀关闭，停止喷水操作。

11-2 → 15 输出继电器Q0.2线圈失电。

16 控制PLC外接接触器KM2线圈失电，带动主电路中的主触点复位断开，切断清洗机电动机电源，清洗机电动机停止运转，清洗机停止移动。

3 车辆清洗过程中的报警控制过程

若清洗车辆过程中发生异常，控制电路自动停止工作，并发出报警声。图19-27为车辆清洗过程中的报警控制过程。

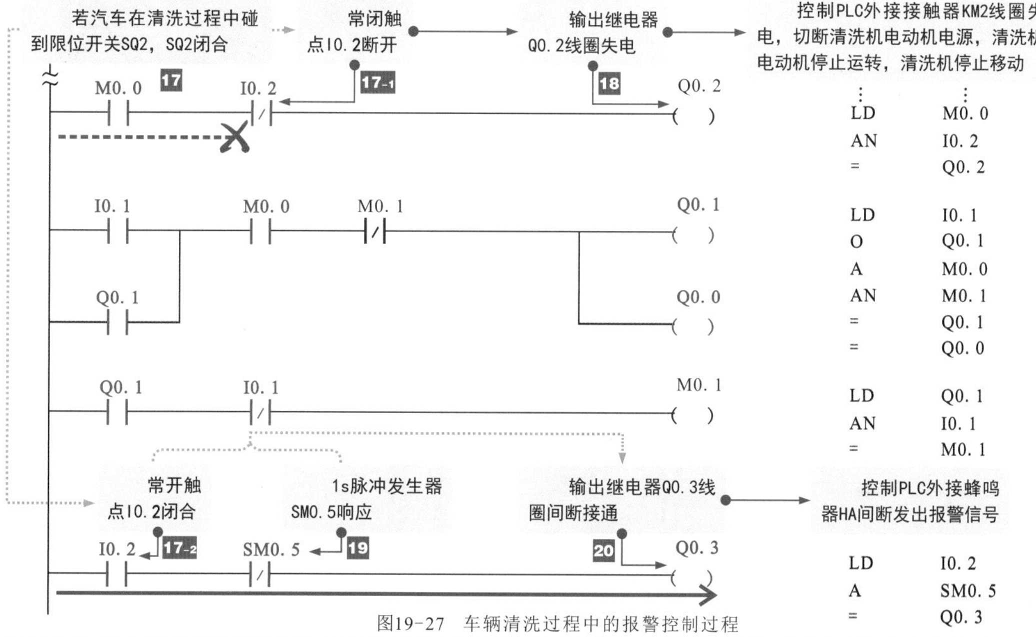

图19-27 车辆清洗过程中的报警控制过程

17 若汽车在清洗过程中碰到轨道终点限位开关SQ2，SQ2闭合，将PLC程序中的输入继电器常闭触点I0.2置“0”，常开触点I0.2置“1”。

→ 17-1 常闭触点I0.2断开。

→ 17-2 常开触点I0.2闭合。

17-1 → 18 输出继电器Q0.2线圈失电，控制PLC外接接触器KM2线圈失电，带动主电路中的主触点复位断开，切断清洗机电动机电源，清洗机电动机停止运转，清洗机停止移动。

19 1s脉冲发生器SM0.5响应。

17-2 + 19 → 20 输出继电器Q0.3间断接通，控制PLC外接蜂鸣器HA间断发出报警信号。

19.2.4 工控机床的PLC控制系统

工控机床的PLC控制系统是指由PLC作为核心控制部件来对各种机床传动设备（电动机）的不同运转过程进行控制，从而实现其相应的切削、磨削、钻孔、传送等功能的控制线路。无论是实现怎样的功能，均是通过相关控制部件、功能部件以及不同的连接方式构成的。

图19-28为典型工控机床中的PLC控制系统，可以看到，该系统主要是由操作部件、控制部件和工控机床构成的。

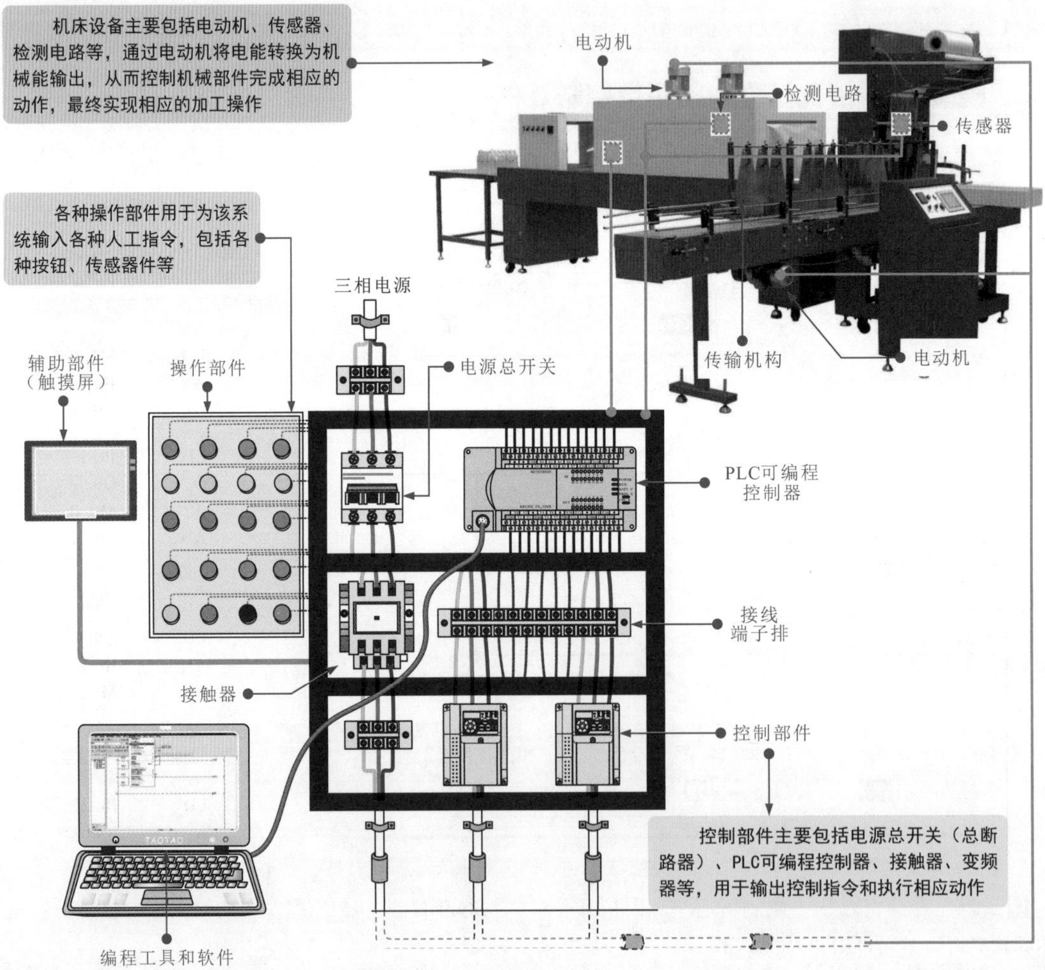

图19-28　典型工控机床中的PLC控制系统

在PLC机床控制系统中，主要用PLC控制方式取代了电气部件之间复杂的连接关系。机床控制系统中各主要控制部件和功能部件都直接连接到PLC相应的接口上，然后根据PLC内部程序的设定，即可实现相应的电路功能。

图19-29为由PLC控制摇臂钻床的控制系统。可以看到，整个电路主要由PLC控制器、与PLC输入接口连接的控制部件（KV-1、SA1-1～SA1-4、SB1、SB2、SQ1～SQ4）、与PLC输出接口连接的执行部件（KV、KM1～KM5）等构成，大大简化了控制部件。

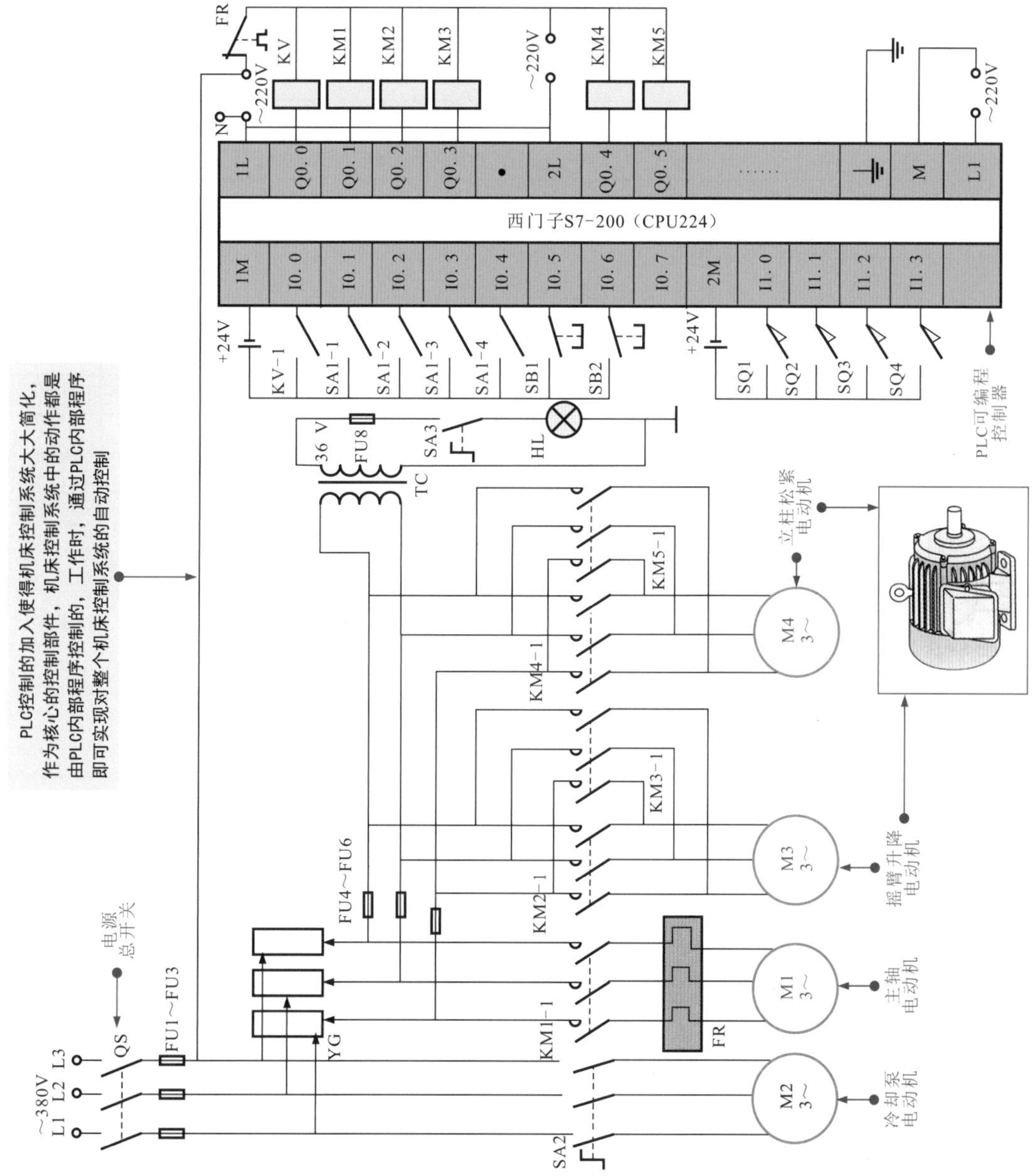

图19-29　摇臂钻床PLC控制电路的结构

在该电路中，PLC控制器采用的是西门子S7-200型（CPU224）PLC，外部的控制部件和执行部件都是通过PLC控制器预留的I/O接口连接到PLC上的，各部件之间没有复杂的连接关系。

控制部件和执行部件分别连接到PLC输入接口相应的I/O接口上，它是根据PLC控制系统设计之初建立的I/O分配表进行连接分配的，其所连接的接口名称也对应于PLC内部程序的编程地址编号。由PLC控制的摇臂钻床控制系统的I/O分配表见表19-7所列。

表19-7　由西门子S7-200型PLC控制的摇臂钻床控制系统的I/O分配表

输入信号及地址编号			输出信号及地址编号		
名称	代号	输入点地址编号	名称	代号	输出点地址编号
电压继电器触点	KV-1	I0.0	电压继电器	KV	Q0.0
十字开关的控制电路电源接通触点	SA1-1	I0.1	主轴电动机M1接触器	KM1	Q0.1
十字开关的主轴运转触点	SA1-2	I0.2	摇臂升降电动机M3上升接触器	KM2	Q0.2
十字开关的摇臂上升触点	SA1-3	I0.3	摇臂升降电动机M3下降接触器	KM3	Q0.3
十字开关的摇臂下降触点	SA1-4	I0.4	立柱松紧电动机M4放松接触器	KM4	Q0.4
立柱放松按钮	SB1	I0.5	立柱松紧电动机M4夹紧接触器	KM5	Q0.5
立柱夹紧按钮	SB2	I0.6			
摇臂上升上限位开关	SQ1	I1.0			
摇臂下降下限位开关	SQ2	I1.1			
摇臂下降夹紧行程开关	SQ3	I1.2			
摇臂上升夹紧行程开关	SQ4	I1.3			

摇臂钻床的具体控制过程，由PLC内编写的程序控制，如图19-30所示。

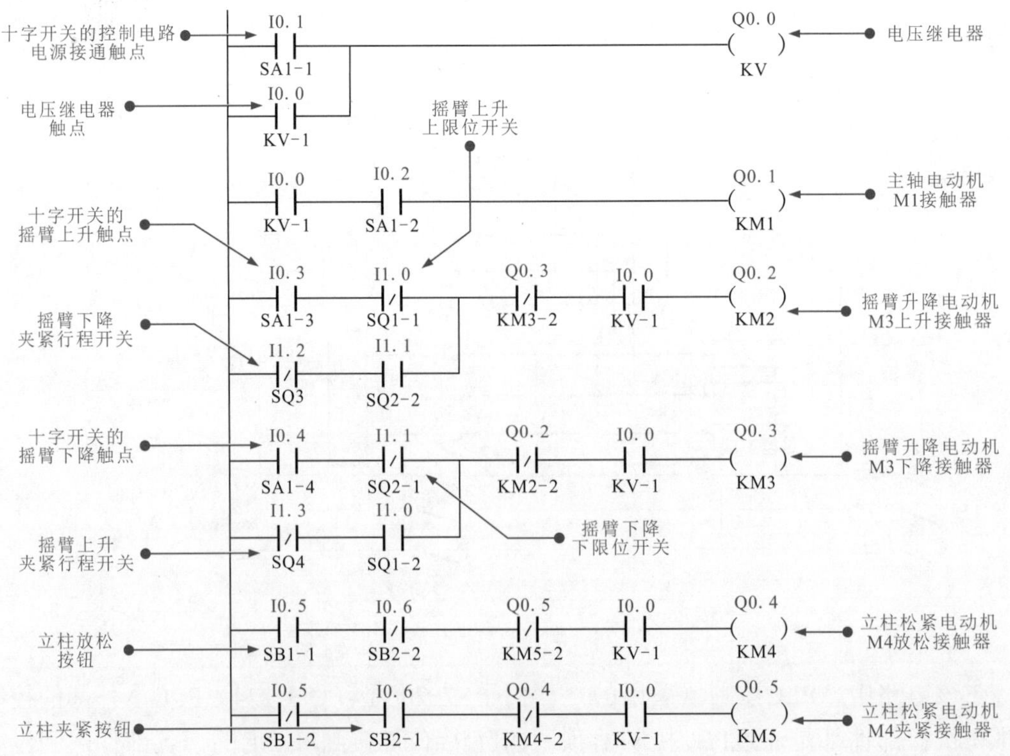

图19-30　摇臂钻床PLC控制电路中的梯形图程序

从控制部件、PLC（内部梯形图程序）与执行部件的控制关系入手，逐一分析各组成部件的动作状态，弄清摇臂钻床PLC控制电路的控制过程，如图19-31所示。

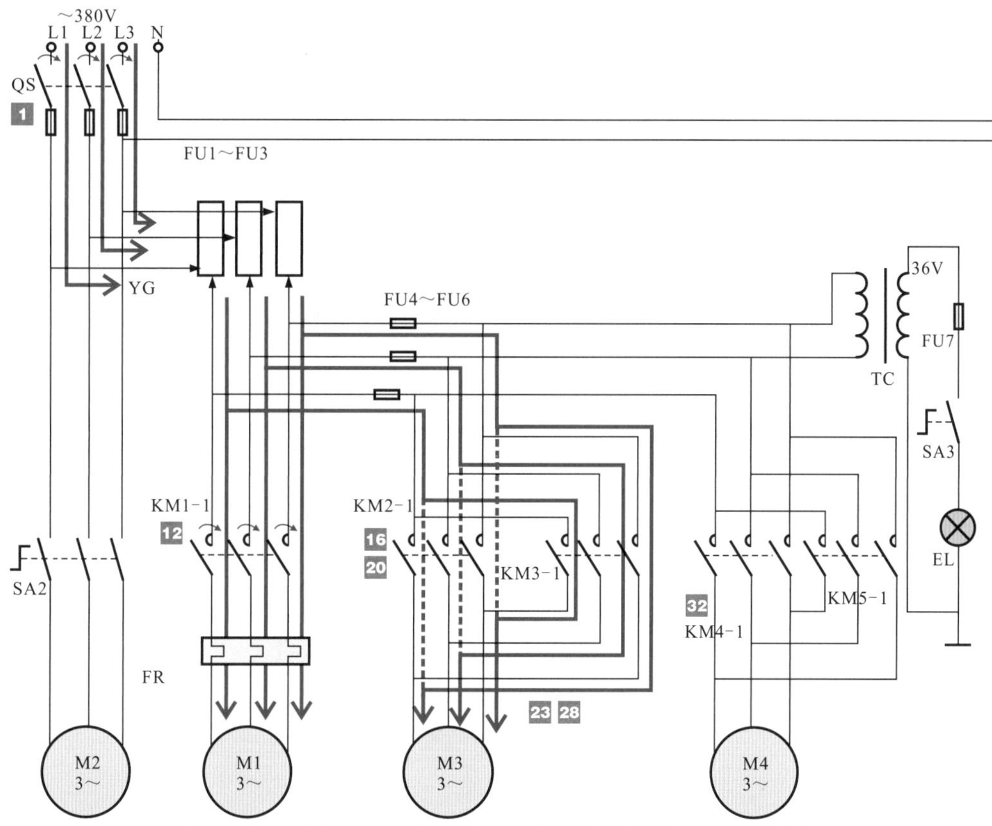

1 闭合电源总开关QS，接通控制电路三相电源。

2 将十字开关SA1拨至左端，常开触点SA1-1闭合。

3 将PLC程序中输入继电器常开触点I0.1置1，即常开触点I0.1闭合。

4 输出继电器Q0.0线圈得电。

5 控制PLC外接电压继电器KV线圈得电。

6 电压继电器常开触点KV-1闭合。

7 将PLC程序中输入继电器常开触点I0.0置1。

7-1 自锁常开触点I0.0闭合，实现自锁功能。

7-2 控制输出继电器Q0.1的常开触点I0.0闭合，为其得电做好准备。

7-3 控制输出继电器Q0.2的常开触点I0.0闭合，为其得电做好准备。

7-4 控制输出继电器Q0.3的常开触点I0.0闭合，为其得电做好准备。

7-5 控制输出继电器Q0.4的常开触点I0.0闭合，为其得电做好准备。

7-6 控制输出继电器Q0.5的常开触点I0.0闭合，为其得电做好准备。

8 将十字开关SA1拨至右端，常开触点SA1-2闭合。

9 将PLC程序中输入继电器常开触点I0.2置1，即常开触点I0.2闭合

7-2 + 9 → 10 输出继电器Q0.1线圈得电。

11 控制PLC外接接触器KM1线圈得电。

12 主电路中的主触点KM1-1闭合，接通主轴电动机M1电源，主轴电动机M1启动运转。

图19-31

13 将十字开关拨至上端，常开触点SA1-3闭合。

14 将PLC程序中输入继电器常开触点I0.3置1，即常开触点I0.3闭合。

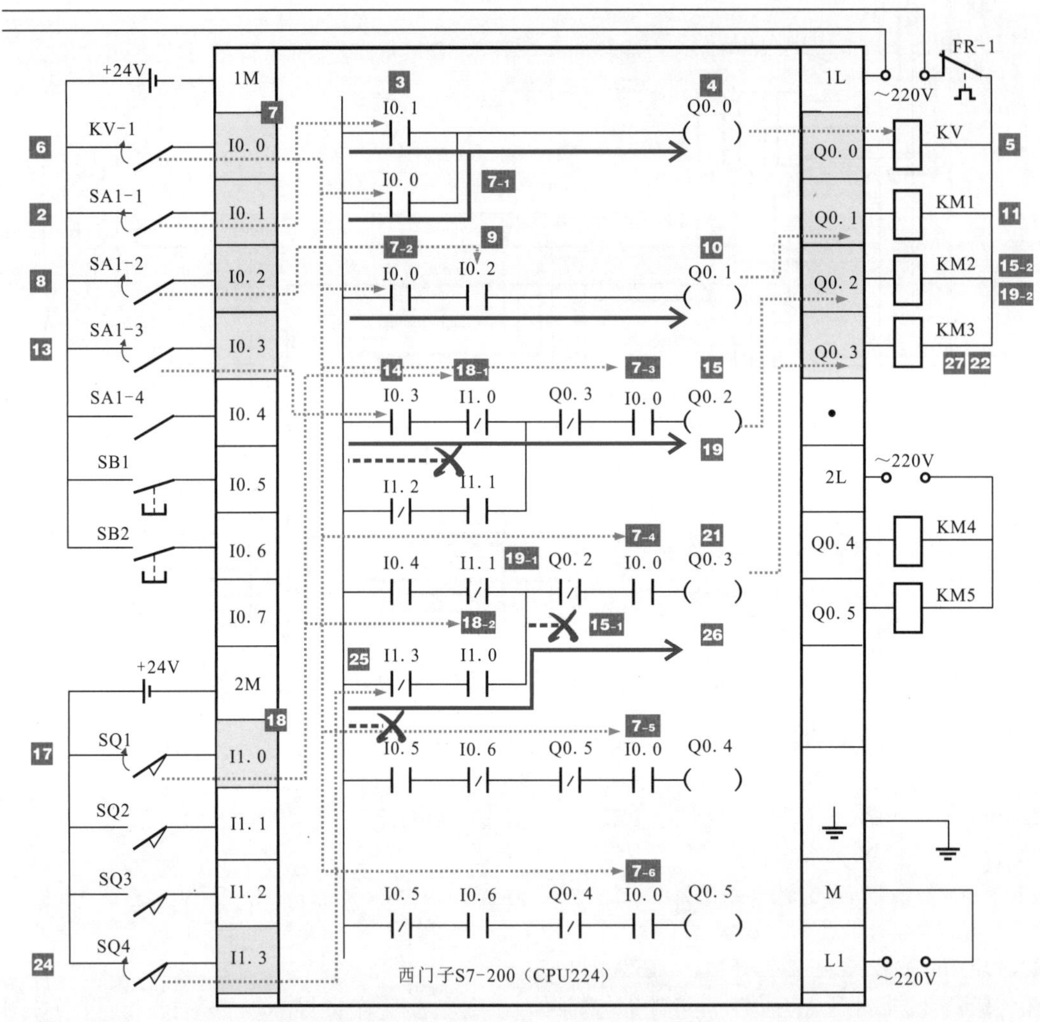

15 输出继电器Q0.2线圈得电。

15-1 控制输出继电器Q0.3的常闭触点Q0.2断开，实现互锁控制。

15-2 控制PLC外接接触器KM2线圈得电。

15-2 → 16 主触点KM2-1闭合，接通电动机M3电源，摇臂升降电动机M3启动运转，摇臂开始上升。

17 当电动机M3上升到预定高度时，触动限位开关SQ1动作。

18 PLC程序中输入继电器I1.0相应动作。

18-1 常闭触点I1.0置0，即常闭触点I1.0断开。

18-2 常开触点I1.0置1，即常开触点I1.0闭合。

18-1 → 19 输出继电器Q0.2线圈失电。

19-1 控制输出继电器Q0.3的常闭触点Q0.2复位闭合。

19-2 控制PLC外接接触器KM2线圈失电。

19-2 → 20 主触点KM2-1复位断开，切断M3电源，摇臂升降电动机M3停止运转，摇臂停止上升。

18-2 + 19-1 + 7-4 → 21 输出继电器Q0.3线圈得电。

22 控制PLC外接接触器KM3线圈得电。

23 带动主电路中的主触点KM3-1闭合，接通升降电动机M3反转电源，摇臂升降电动机M3启动反向运转，将摇臂夹紧。

24 当摇臂完全夹紧后，夹紧限位开关SQ4动作。

25 将输入继电器常闭触点I1.3置0，即常闭触点I1.3断开。

26 输出继电器Q0.3线圈失电。

27 控制PLC外接接触器KM3线圈失电。

28 主电路中的主触点KM3-1复位断开，电动机M3停转，摇臂升降电动机M3自动上升并夹紧的控制过程结束。

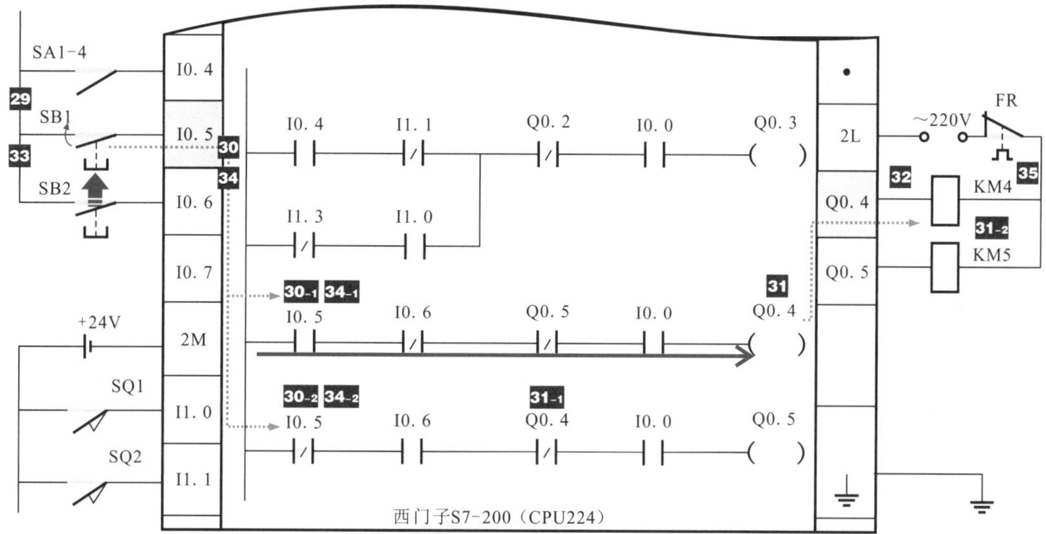

29 按下立柱放松按钮SB1。

30 PLC程序中的输入继电器I0.5动作。

30-1 控制输出继电器Q0.4的常开触点I0.5闭合。

30-2 控制输出继电器Q0.5的常闭触点I0.5断开，防止Q0.5线圈得电，实现互锁。

30-1 → 31 输出继电器Q0.4线圈得电。

31-1 控制输出继电器Q0.5的常闭触点Q0.4断开，实现互锁。

31-2 控制PLC外接交流接触器KM4线圈得电。

31-2 → 32 主电路中的主触点KM4-1闭合，接通电动机M4正向电源，立柱松紧电动机M4正向启动运转，立柱松开。

33 松开按钮SB1。

34 PLC程序中的输入继电器I0.5复位。

34-1 常开触点I0.5复位断开。

34-2 常闭触点I0.5复位闭合。

34-1 → 35 PLC外接接触器KM4线圈失电，主电路中的主触点KM4-1复位断开，电动机M4停转。

图19-31 摇臂钻床PLC控制电路的控制过程

第20章 PLC编程语言与PLC系统的安装及调试

20.1 PLC编程语言

PLC作为一种可编程控制器设备，其各种控制功能的实现都是通过其内部预先编好的程序实现的，而控制程序的编写就需要使用相应的编程语言来实现。

目前，不同品牌和型号的PLC都有其各自的编程语言，例如，三菱公司的PLC产品有它自己的编程语言，西门子公司的PLC产品也有它自己的语言。但不管什么类型的PLC，基本上都包含了梯形图和语句表两种基础编程语言。

20.1.1 PLC梯形图

PLC梯形图是PLC程序设计中最常用的一种编程语言。它继承了继电器控制线路的设计理念，采用图形符号的连通图形式直观形象地表达电气线路的控制过程。它与电气控制线路非常类似，十分易于理解，可以说是广大电气技术人员最容易接受和使用的编程语言。图20-1为典型电气控制线路与PLC梯形图的对应关系。

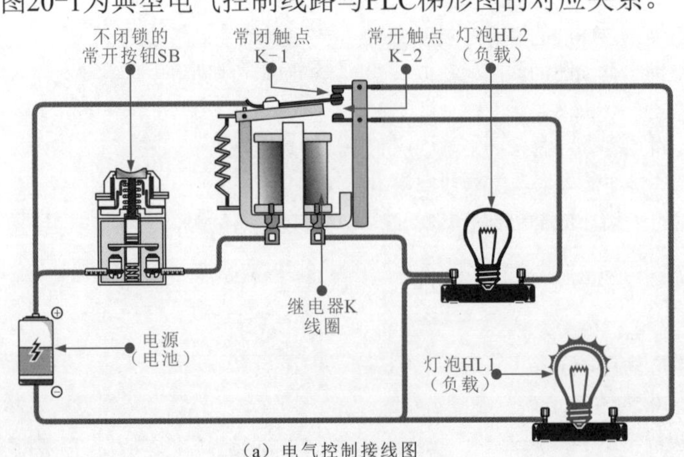

（a）电气控制接线图

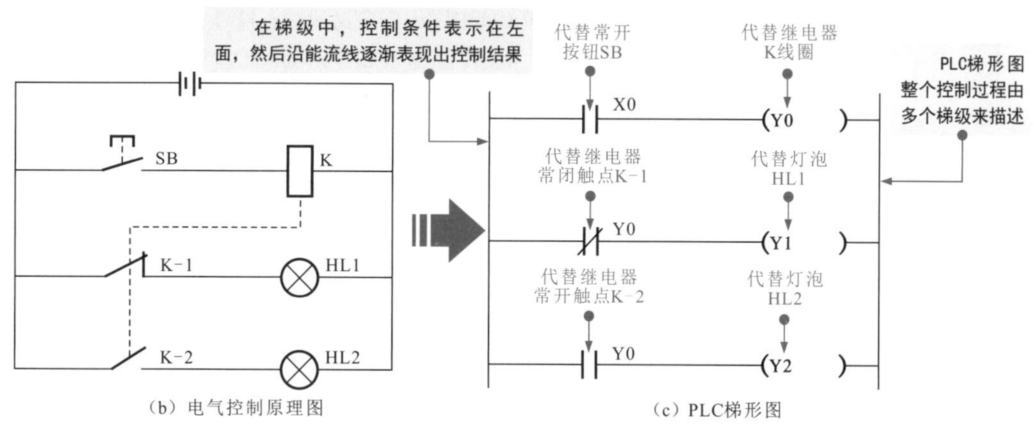

图20-1 典型电气控制线路与PLC梯形图的对应关系

搞清PLC梯形图可以非常快速地了解整个控制系统的设计方案（编程），洞悉控制系统中各电气部件的连接和控制关系，为控制系统的调试、改造提供帮助，若控制系统出现故障，从PLC梯形图入手也可准确快捷地作出检测分析，有效地完成对故障的排查，可以说PLC梯形图在电气控制系统的设计、调试、改造以及检修中有着重要的意义。

1 PLC梯形图的结构组成

如图20-2所示，梯形图主要是由母线、触点、线圈构成的。图中左、右的垂直线称为左、右母线；触点对应电气控制原理图中的开关、按钮、继电器触点、接触器触点等电气部件；线圈对应电气控制原理图中的继电器线圈、接触器线圈等，通常用来控制外部的指示灯、电动机、继电器线圈、接触器线圈等输出元件。

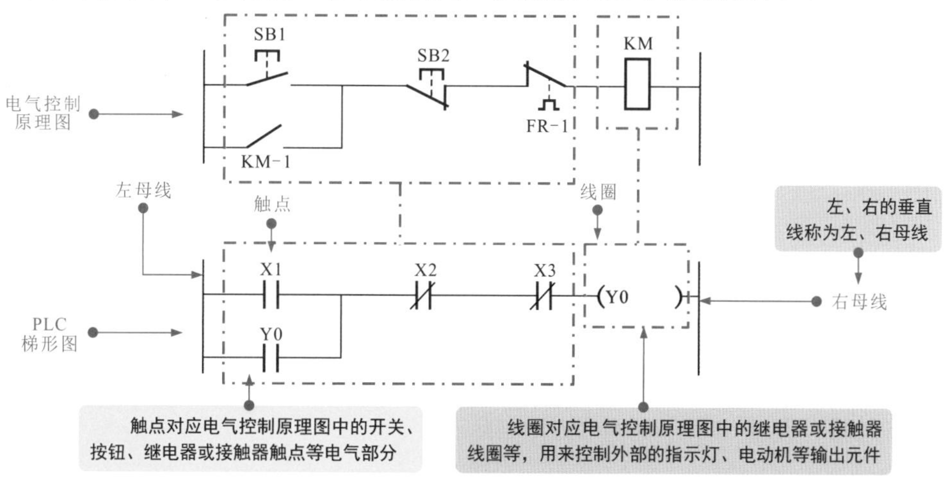

图20-2 梯形图的构成及符号含义

PLC梯形图的内部是由许多不同功能的元件构成的，它们并不是真正的硬件物理元件，而是由电子电路和存储器组成的软元件，如X代表输入继电器，是由输入电路和输入映像寄存器构成的，用于直接输入给PLC的物理信号；Y代表输出继电器，是由输出电路和输出映像寄存器构成的，用于从PLC直接输出物理信号；T代表定时器、M代表辅助继电器、C代表计数器、S代表状态继电器、D代表数据寄存器，它们都是由存储器组成的，用于PLC内部的运算。

由于PLC生产厂家的不同，PLC梯形图中所定义的触点符号、线圈符号以及文字标识等所表示的含义都会有所不同。例如，三菱公司生产的PLC就要遵循三菱PLC梯形图编程标准，西门子公司生产的PLC就要遵循西门子PLC梯形图编程标准，具体要以设备生产厂商的标准为依据，见表20-1所列。

表20-1 不同厂家PLC梯形图基本标识和符号

三菱PLC梯形图基本标识和符号			西门子PLC梯形图基本标识和符号		
继电器符号	继电器标识	符号	继电器符号	继电器标识	符号
常开触点	X0	┤├	常开触点	I0.0	┤├
常闭触点	X1	┤/├	常闭触点	I0.1	┤/├
线圈	Y0	-(Y0)-	线圈	Q0.0	-( )

2 PLC梯形图中的基本电路形式

在PLC梯形图中AND运算电路、OR运算电路、自锁电路、互锁电路、时间电路、分支电路等是非常基本的电路形式。

（1）AND（与）运算电路

AND（与）运算电路是PLC编程语言中最基本最常用的电路形式，它是指线圈接收触点的AND（与）运算结果。图20-3为典型AND（与）运算电路。

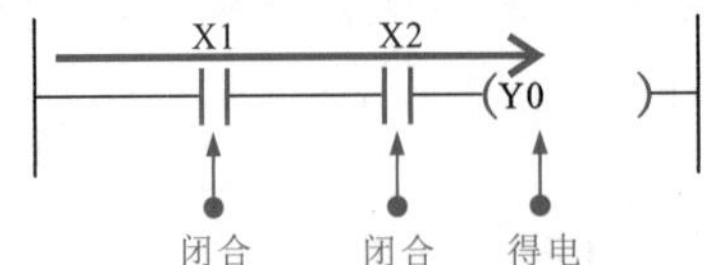

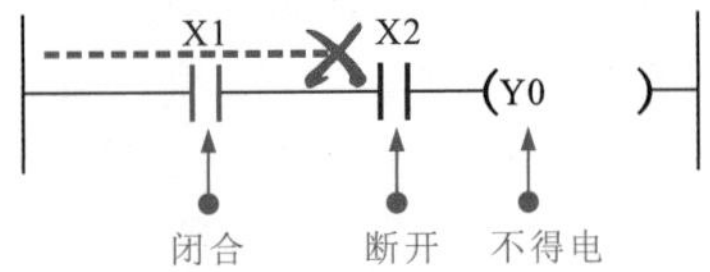

当触点X1和触点X2均闭合时，线圈Y0才可得电；当触点X1和触点X2任意一点断开时，线圈Y0均不能得电。线圈Y0接收的是触点X1和触点X2的AND（与）运算结果，因此该类型的电路称之为AND（与）运算电路

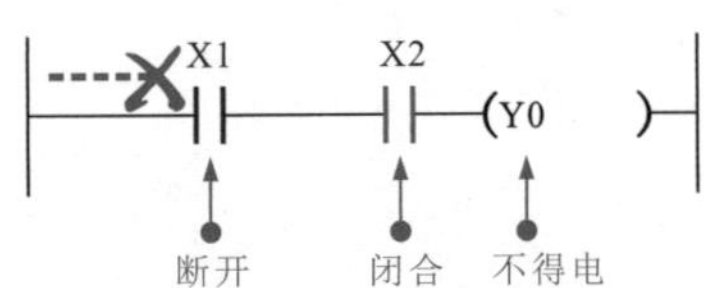

图20-3 AND（与）运算电路

（2）OR（或）运算电路

OR（或）运算电路也是最基本最常用的电路形式，它是指线圈接收触点的OR（或）运算结果。图20-4所示为典型OR（或）运算电路。

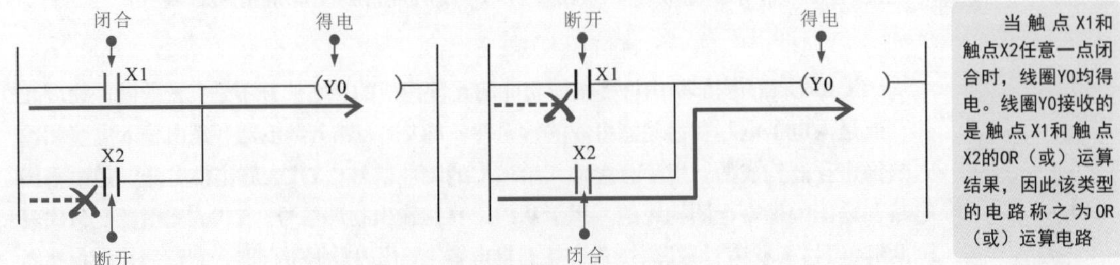

图20-4 OR（或）运算电路

（3）自锁电路

自锁电路是机械锁定开关电路编程中常用的电路形式，它是指输入继电器触点闭合，输出继电器线圈得电，控制其输出继电器触点锁定输入继电器触点，当输入继电器触点断开后，输出继电器触点仍能维持输出继电器线圈得电。PLC编程中常用的自锁电路有两种形式，分别为关断优先式自锁电路和启动优先式自锁电路。

图20-5为典型关断优先式自锁电路。该电路是指当输入继电器常闭触点X2断开时，无论输入继电器常开触点X1处于闭合还是断开状态，输出继电器线圈Y0均不能得电。

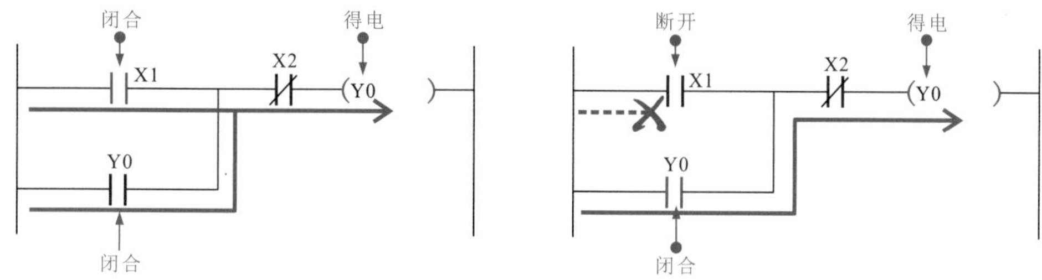

图20-5　关断优先式自锁电路

当输入继电器常开触点X1闭合时，输出继电器线圈Y0得电，使输出继电器常开触点Y0闭合自锁；当输入继电器常开触点X1断开时，输出继电器常开触点Y0仍能维持输出继电器线圈Y0得电。

当输入继电器常闭触点X2断开时，输出继电器线圈Y0失电，此时输出继电器常开自锁触点Y0复位也断开。

图20-6为典型启动优先式自锁电路。该电路是指输入继电器常开触点X1闭合时，无论输入继电器常闭触点X2处于闭合还是断开状态，输出继电器线圈Y0均能得电。

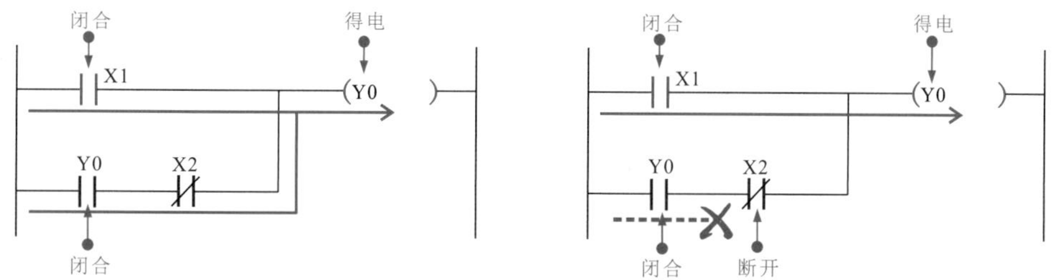

图20-6　启动优先式自锁电路

当输入继电器常开触点X1闭合时，输出继电器线圈Y0得电，使输出继电器常开触点Y0闭合与输入继电器常闭触点X2配合自锁；当输入继电器常开触点X1断开时，输出继电器常开触点Y0与输入继电器常闭触点X2配合仍能维持输出继电器线圈Y0得电。

当输入继电器常闭触点X2断开时，输出继电器线圈Y0才失电，使输出继电器常开触点Y0断开。当需再次启动输出继电器线圈Y0时，需重新闭合输入继电器触点X1。

（4）互锁电路

互锁电路是控制两个继电器不能够同时动作的一种电路形式，它是指通过其中一个线圈触点锁定另一个线圈，使其不能够得电。图20-7所示为典型互锁电路。

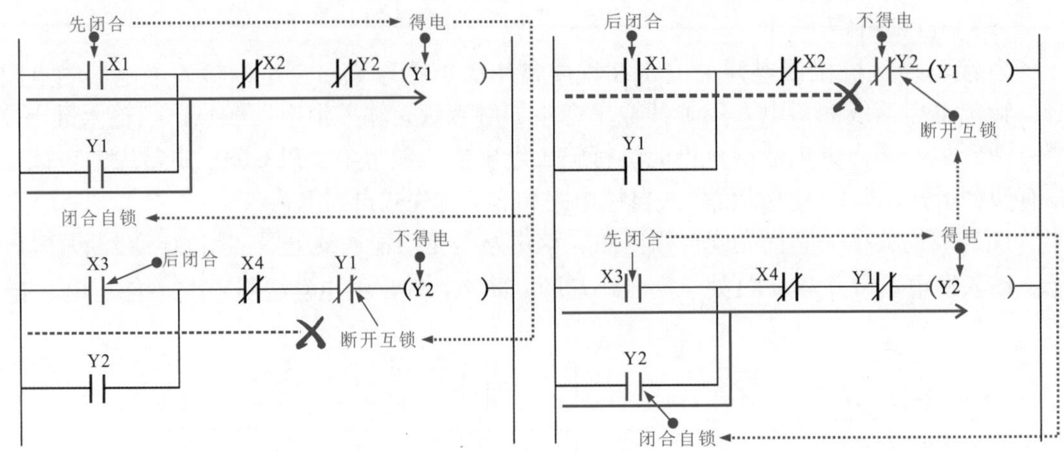

图20-7　互锁电路

当输入继电器触点X1先闭合时，输出继电器线圈Y1得电，使其输出继电器常开触点Y1闭合自锁，输出继电器常闭触点Y1断开互锁，此时即使闭合输入继电器触点X3，输出继电器线圈Y2也不能够得电。

当输入继电器触点X3先闭合时，输出继电器线圈Y2得电，使其输出继电器常开触点Y2闭合自锁，输出继电器常闭触点Y2断开互锁，此时即使闭合输入继电器触点X1，输出继电器线圈Y1也不能够得电。

（5）分支电路

分支电路是由一条输入指令控制两条输出结果的一种电路形式，图20-8为典型分支电路。

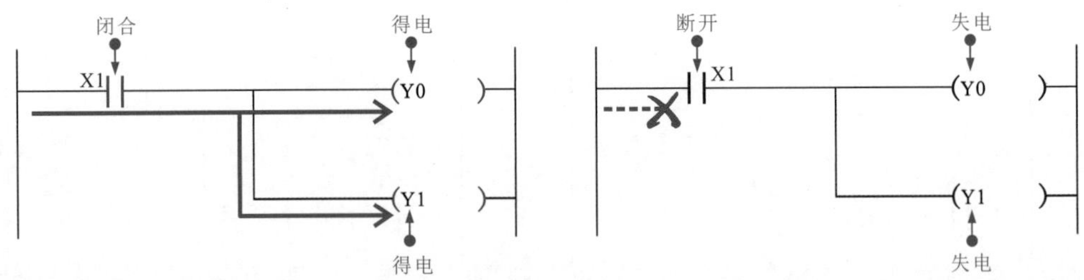

图20-8　分支电路

当输入继电器触点X1闭合时，输出继电器线圈Y0和Y1同时得电；当输入继电器触点X1断开时，输出继电器线圈Y0和Y1同时失电。

（6）时间电路

时间电路是指由定时器进行延时、定时和脉冲控制的一种电路形式，相当于电气控制电路中的时间继电器的功能。

PLC编程中常用的时间电路主要有由一个定时器控制的时间电路、由两个定时器组合控制的时间电路、定时器串联控制的时间电路等。

20.1.2 PLC语句表

PLC语句表是另一种重要的编程语言。这种编程语言形式灵活、简洁，易于编写和识读，深受电气工程技术人员的欢迎。因此无论是PLC的设计，还是PLC的系统调试、改造、维修都会用到PLC语句表。

PLC梯形图具有直观形象的图示化特色，PLC语句表正好相反，它的编程最终以“文本”的形式体现，如图20-9所示，分别是用PLC梯形图和PLC语句表编写的同一个控制系统的程序。

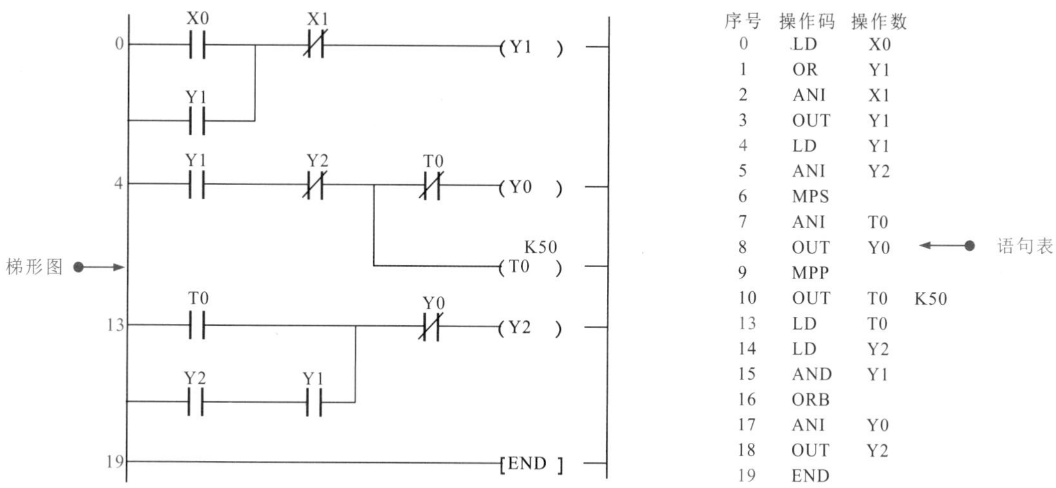

图20-9 用PLC梯形图和PLC语句表编写的同一个控制系统的程序

可以看出，PLC语句表没有PLC梯形图那样直观、形象，但PLC语句表的表达更加精练、简洁。如果能够了解PLC语句表和PLC梯形图的含义会发现PLC语句表和PLC梯形图是一一对应的。

如图20-10所示，PLC语句表是由步序号、操作码和操作数构成的。

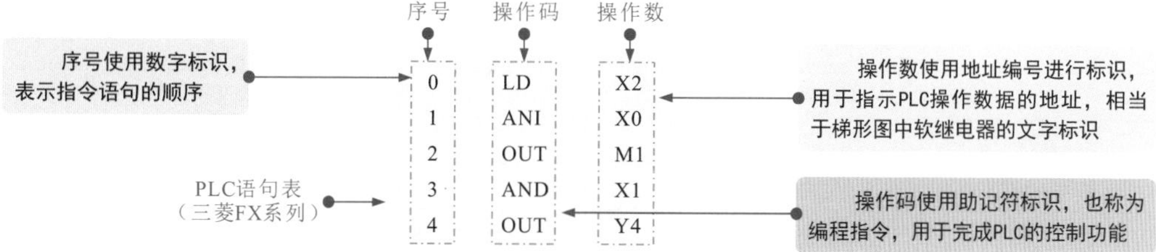

图20-10 PLC语句表的结构组成和特点

1 步序号

步序号是语句表中表示程序顺序的序号，一般用阿拉伯数字标识。在实际编写语句表程序时，可利用编程器读取或删除指定步序号的程序指令，以完成对PLC语句表的读取、修改等。

2 操作码

PLC语句表中的操作码使用助记符进行标识，也称为编程指令，用于完成PLC的控制功能。不同品牌的PLC所采用的操作码不同，具体根据产品说明了解。表20-3为常见三菱PLC和西门子PLC的常用助记符。

表20-2　常见三菱PLC和西门子PLC语句表中常用的助记符

功能	三菱FX系列（助记符）	西门子S7-200系列（助记符）
读指令（逻辑段开始-常开触点）	LD	LD
读反指令（逻辑段开始-常闭触点）	LDI	LDN
输出指令（驱动线圈指令）	OUT	=
“与”指令	AND	A
“与非”指令	ANI	AN
“或”指令	OR	O
“或非”指令	ORI	ON
“电路块”与指令	ANB	ALD
“电路块”或指令	ORB	OLD
“置位”指令	SET	S
“复位”指令	RST	R
“进栈”指令	MPS	LPS
“读栈”指令	MRD	LRD
“出栈”指令	MPP	LPP
上升沿脉冲指令	PLS	EU
下降沿脉冲指令	PLF	ED

3 操作数

三菱PLC语句表中的操作数使用编程元件的地址编号进行标识，即用于指示执行该指令的数据地址。表20-3所列为常见三菱PLC和西门子PLC语句表中常用的操作数。

表20-3　常见三菱PLC和西门子PLC语句表中常用的操作数

三菱FX系列（操作数）		西门子S7-200系列（操作数）	
名称	地址编号	名称	地址编号
输入继电器	X	输入继电器	I
输出继电器	Y	输出继电器	Q
定时器	T	定时器	T
计数器	C	计数器	C
辅助继电器	M	通用辅助继电器	M
状态继电器	S	特殊标志继电器	SM
		变量存储器	V
		顺序控制继电器	S

20.2 PLC的编程方式

PLC所实现的各项控制功能是根据用户程序实现的，各种用户程序需要编程人员根据控制的具体要求进行编写。通常，PLC用户程序的编程方式主要有软件编程和手持式编程器编程两种。

20.2.1 编程软件编程

软件编程是指借助PLC专用的编程软件编写程序。采用软件编程的方式，需将编程软件安装在匹配的计算机中，在计算机上根据编程软件的使用规则编写具有相应控制功能的PLC控制程序（梯形图程序或语句表程序），最后再借助通信电缆将编写好的程序写入PLC内部即可，如图20-11所示。

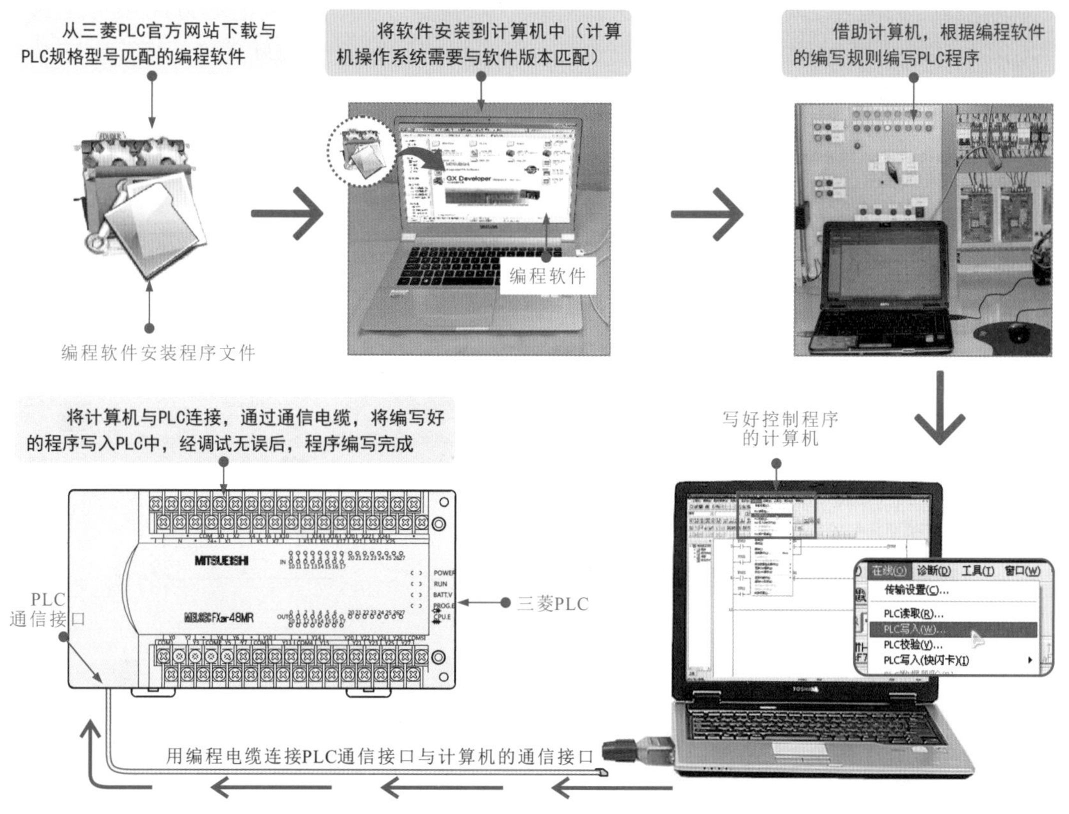

图20-11 PLC的软件编程方式

不同类型的PLC可采用的编程软件不相同，甚至有些相同品牌不同系列的PLC适用的编程软件也不相同。其中，三菱PLC常用的编程软件主要包括GX Developer、GX Works2和FXGP-WIN-C。目前，GX Developer和GX Works2两种软件为常用软件。以GX Developer为例，其他不同品牌或系列的编程软件的操作方法与之相似。

1 编程软件的下载与安装

如图20-12所示，编程软件GX Developer适用于Q、QnU、QS、QnA、AnS、AnA、FX等全系列所有PLC进行编程，可在Windows XP（32bit/64bit）、Windows Vista（32bit/64bit）、Windows 7（32bit/64bit）操作系统中运行，其编程功能十分强大。

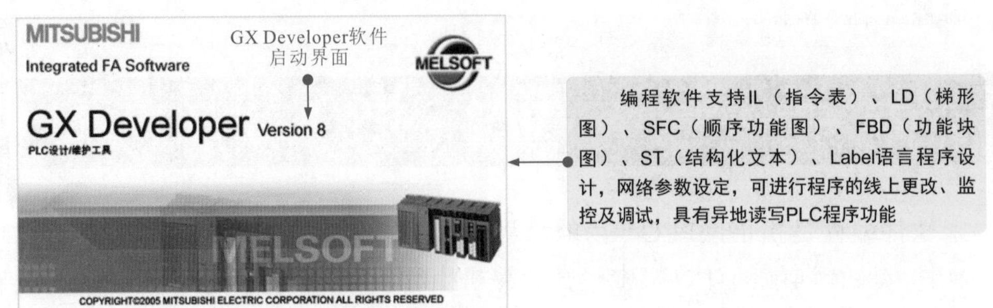

图20-12　三菱PLC编程软件GX Developer

如图20-13所示，使用GX Developer编程，首先需要在三菱机电官方网站中下载软件程序，并将下载的压缩包文件解压缩，根据安装向导安装编程软件。

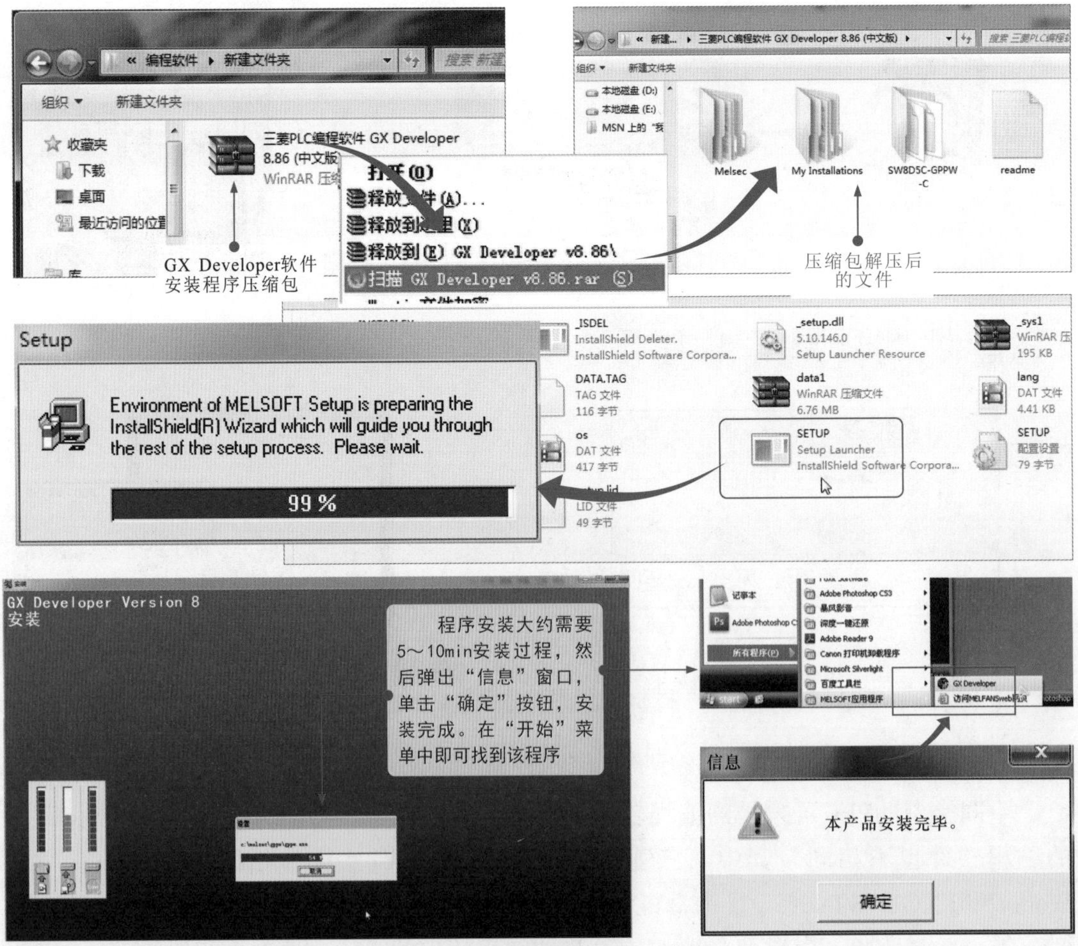

GX Developer软件安装程序压缩包

压缩包解压后的文件

程序安装大约需要5～10min安装过程，然后弹出“信息”窗口，单击“确定”按钮，安装完成。在“开始”菜单中即可找到该程序

图20-13　下载并安装GX Developer软件

2 编程软件的编程过程

首先，将已安装好三菱PLC编程软件GX Developer启动运行。即在软件安装完成后，执行“Start”→“所有程序”→“MELSOFT应用程序”→“GX Developer”命令，打开软件，进入编程环境，如图20-14所示。

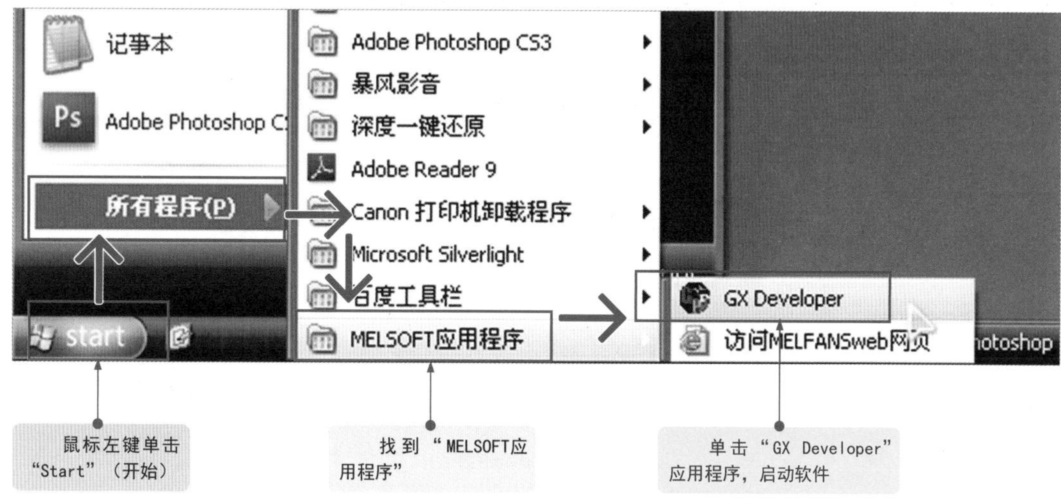

图20-14 GX Developer软件的启动运行

打开GX Developer编程软件后，了解软件中的基本编程工具，并初步熟悉其菜单、工具等工作界面分布情况，如图20-15所示。

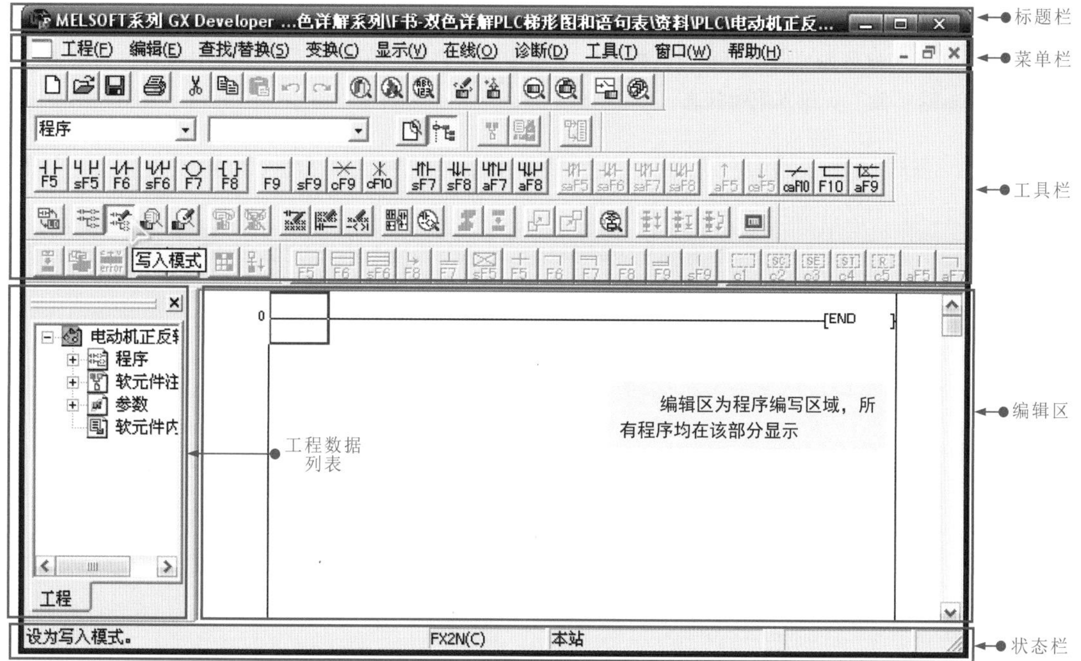

图20-15 了解GX Developer软件的工作界面

（1）新建工程　如图20-16所示，编写一个程序，首先需要新建一个工程文件。打开该软件后，选择【工程】/【创建新工程】命令或使用快捷键“Ctrl+N”进行新建工程的操作。执行该命令后，会弹出“创建新工程”的对话框。在创建新工程的对话框中，根据编程前期的分析来确定选用PLC的系列及类型。

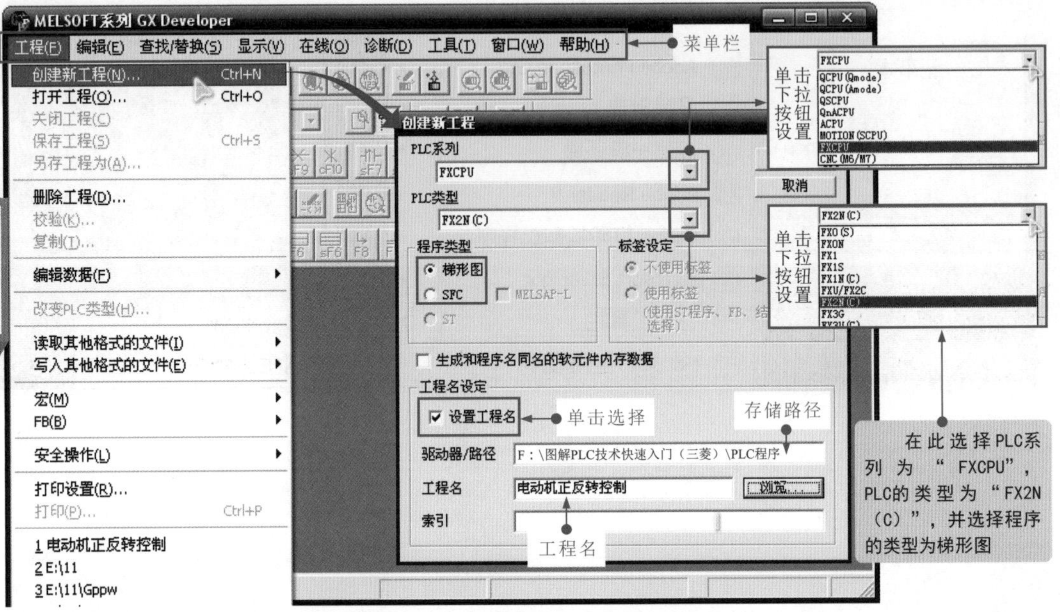

图20-16　在GX Developer软件中新建工程操作

新建工程后，可对新建工程的名称、保存路径和标题等进行修改，这里将工程路径设置为“F：\图解PLC技术快速入门（三菱）\PLC程序”，工程名根据梯形图程序功能命名为“电动机正反转控制”（该步可以省略，在保存工程步骤中设置），单击“确定”，进入编辑状态。

（2）编写程序（绘制梯形图）　编制和修改程序是GX Developer软件最基本的功能，也是使用该软件编程时的关键步骤。

如图20-17所示，以一个简单的梯形图编写为例，具体介绍该软件中梯形图程序的基本编写方法和技巧。

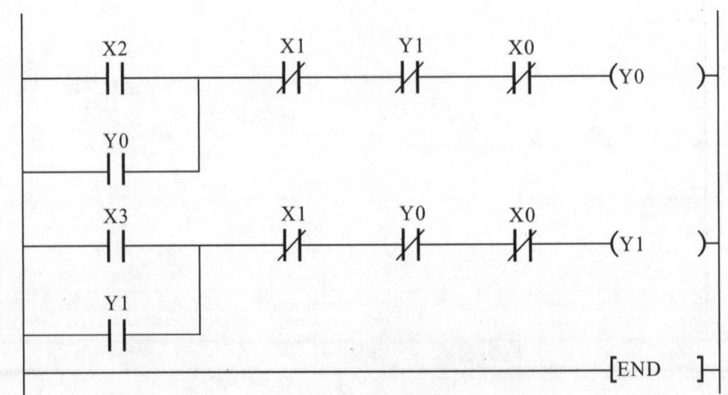

图20-17　待编写的简单PLC梯形图

① 单击编辑窗口工具栏上的“ ”按钮或 按下“F2”键，使GX Developer编程软件的编辑区进入梯形图写入模式，然后单击“ ”按钮（梯形图/指令表显示切换），选择为梯形图显示，为绘制梯形图做好准备，如图20-18所示。

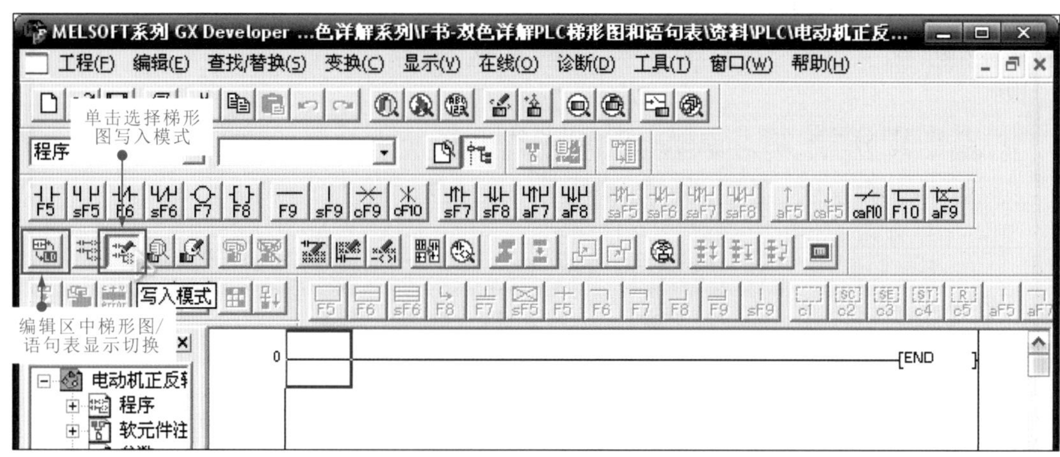

图20-18 在GX Developer软件中新建工程操作

② 在软件的编辑区域中的蓝色方框中添加编程元件，根据前面的梯形图，绘制表示常闭触点的编程元件“X2”，如图20-19所示。

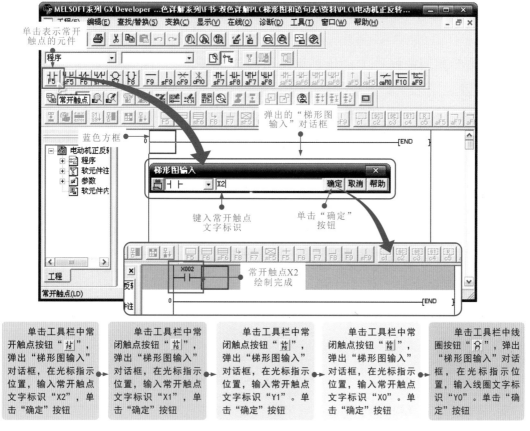

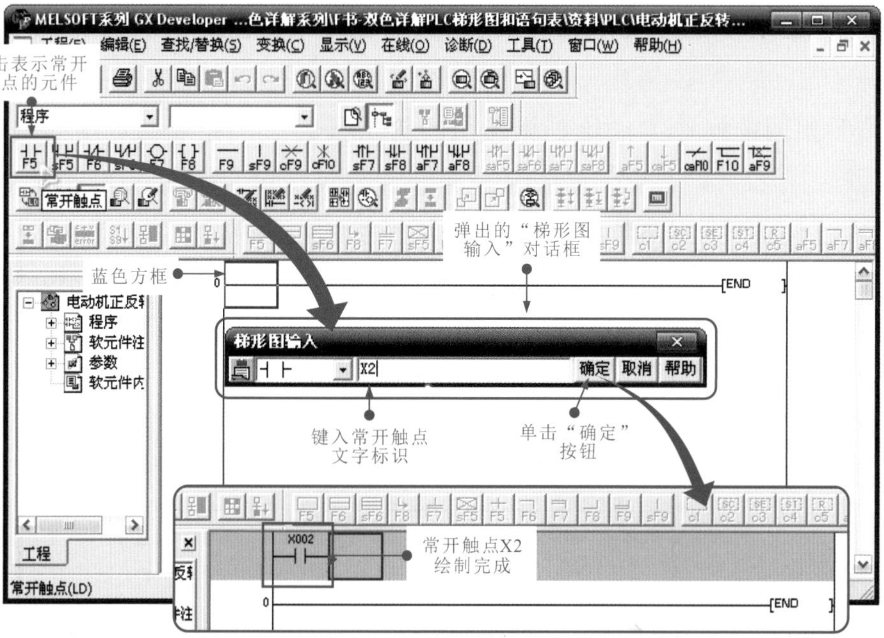

单击表示常开触点的元件

蓝色方框

弹出的“梯形图输入”对话框

梯形图输入

键入常开触点文字标识

单击“确定”按钮

常开触点X2绘制完成

单击工具栏中常开触点按钮“ ”，弹出“梯形图输入”对话框，在光标指示位置，输入常开触点文字标识“X2”，单击“确定”按钮

单击工具栏中常闭触点按钮“ ”，弹出“梯形图输入”对话框，在光标指示位置，输入常开触点文字标识“X1”，单击“确定”按钮

单击工具栏中常闭触点按钮“ ”，弹出“梯形图输入”对话框，在光标指示位置，输入常开触点文字标识“Y1”。单击“确定”按钮

单击工具栏中常闭触点按钮“ ”，弹出“梯形图输入”对话框，在光标指示位置，输入常开触点文字标识“X0”。单击“确定”按钮

单击工具栏中线圈按钮“ ”，弹出“梯形图输入”对话框，在光标指示位置，输入线圈文字标识“Y0”。单击“确定”按钮

图20-19 放置编程元件符号，输入编程元件地址

③ 需要输入常开触点“X2”的并联元件“Y0”，该步骤中需要了解垂直和水平线的绘制方法，如图20-20所示。

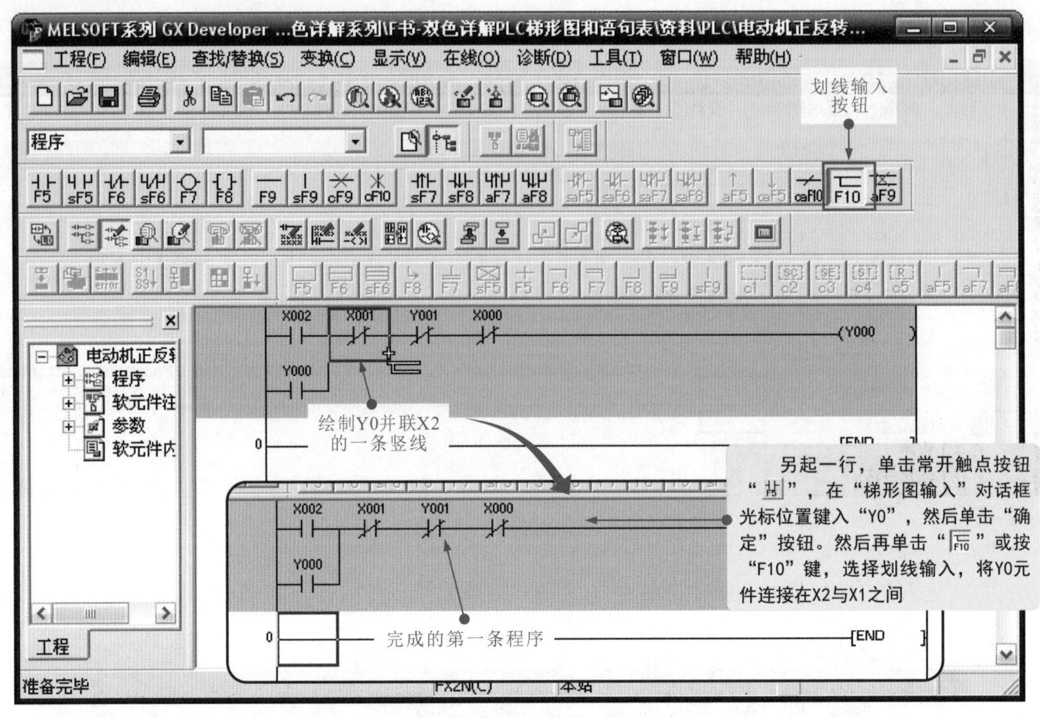

图20-20　绘制垂直和水平线

④ 按照相同的操作方法绘制梯形图的第二条程序，完成梯形图的编写，如图20-21所示。

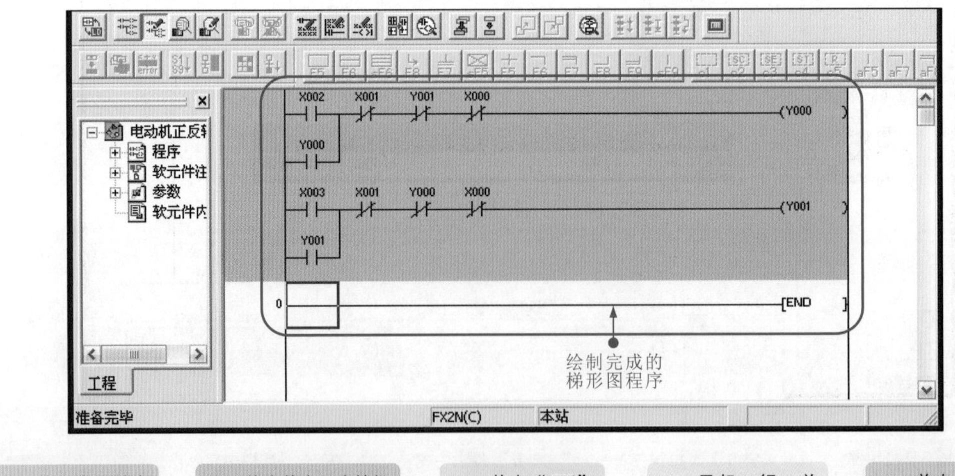

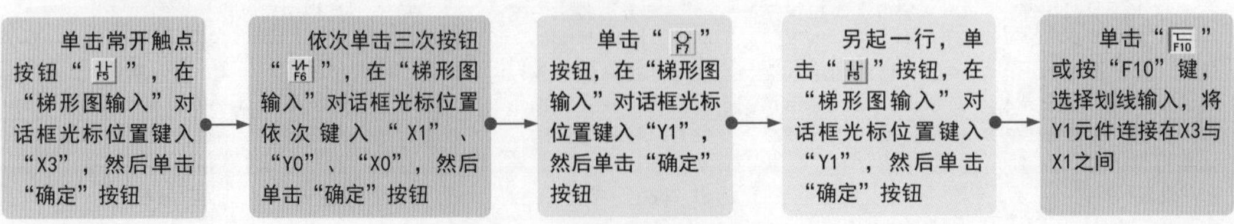

图20-21　梯形图第二条程序的绘制

在编写程序过程中如需要对梯形图进行删除、修改或插入等操作，可在需要进行操作的位置单击鼠标左键，即可在该位置显示蓝色方框，在蓝色方框处单击鼠标右键，即可显示各种操作选项，选择相应的操作即可，如图20-22所示。

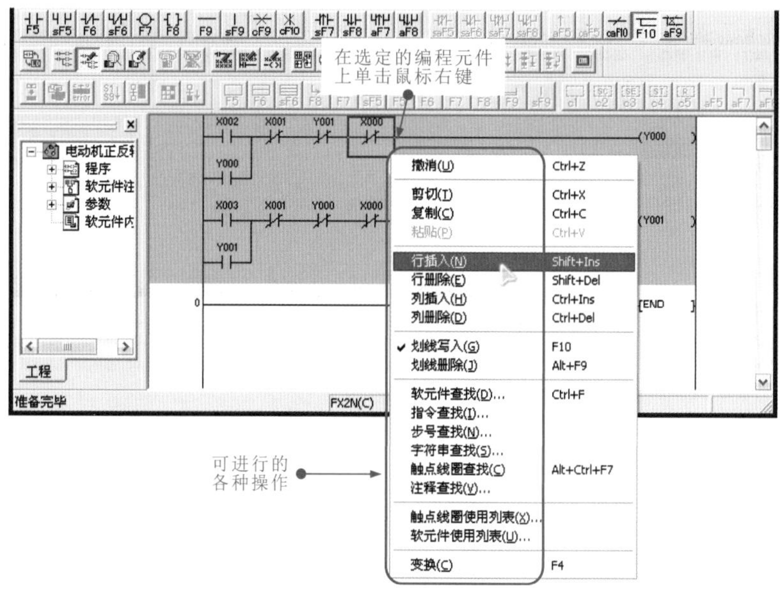

图20-22 梯形图的删除、修改或插入

⑤ 保存工程。完成梯形图程序的绘制后需要保存工程，在保存工程之前必须先执行“变换”操作，即执行菜单栏【变换】中的【变换】命令，或直接按下“F4”键完成变换，此时编辑区不再是灰色状态，如图20-23所示。

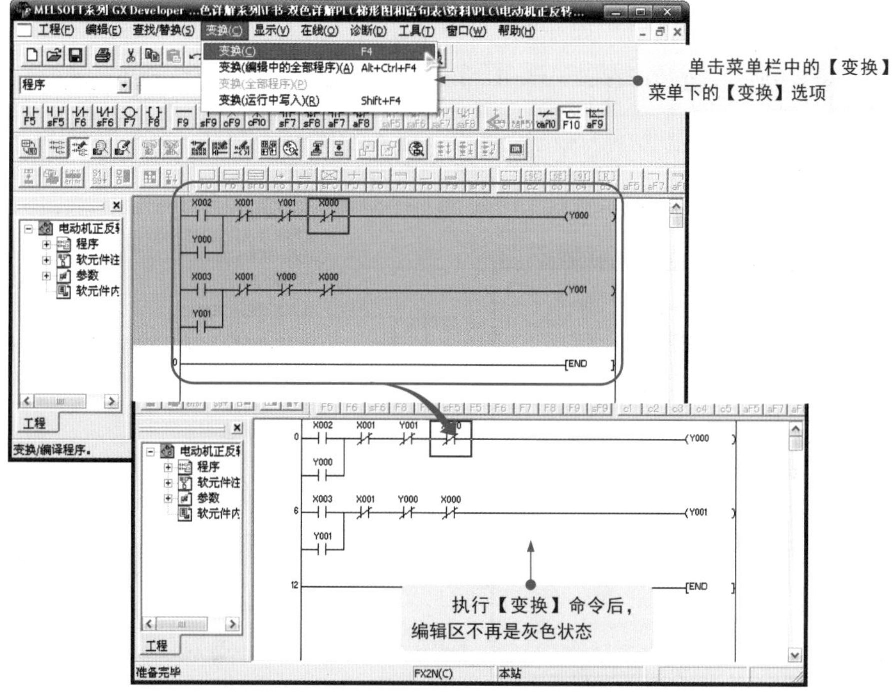

图20-23 在GX Developer软件梯形图程序的变换操作

梯形图变换完成后选择菜单栏中【工程】中的【保存工程】或【另存工程为】，并在弹出对话框中单击“保存”按钮即可（若在新建工程操作中未对保存路径及工程名称进行设置，则可在该对话框中进行设置），如图20-24所示。

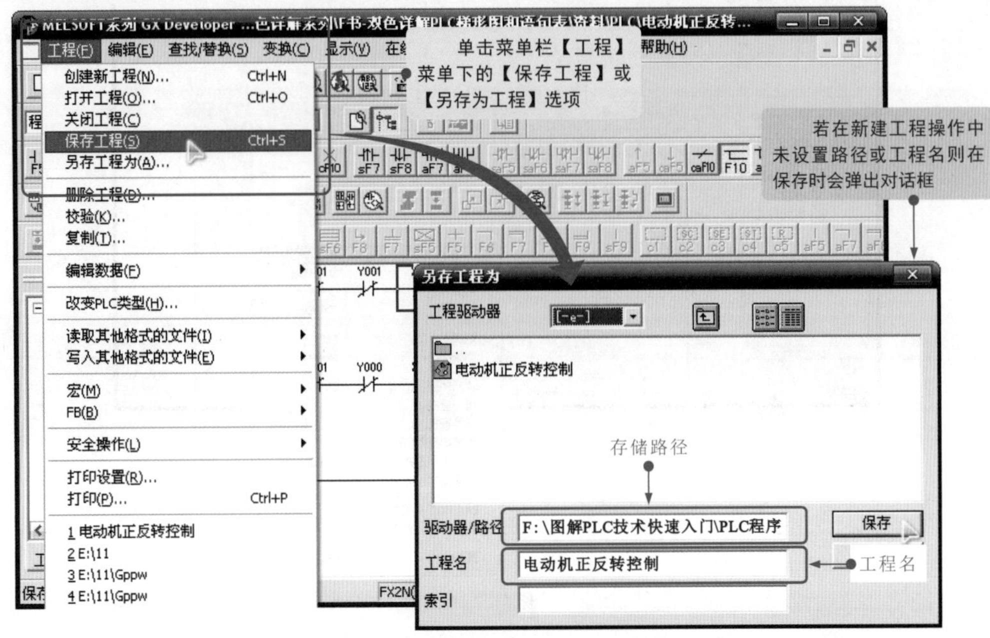

图20-24　在GX Developer软件中保存工程操作

（3）程序检查　对完成绘制的梯形图，应执行“程序检查”指令，即选择菜单栏中的【工具】菜单下的【程序检查】，在弹出的对话框中，单击【执行】按钮，即可检查绘制的梯形图是否正确，如图20-25所示。

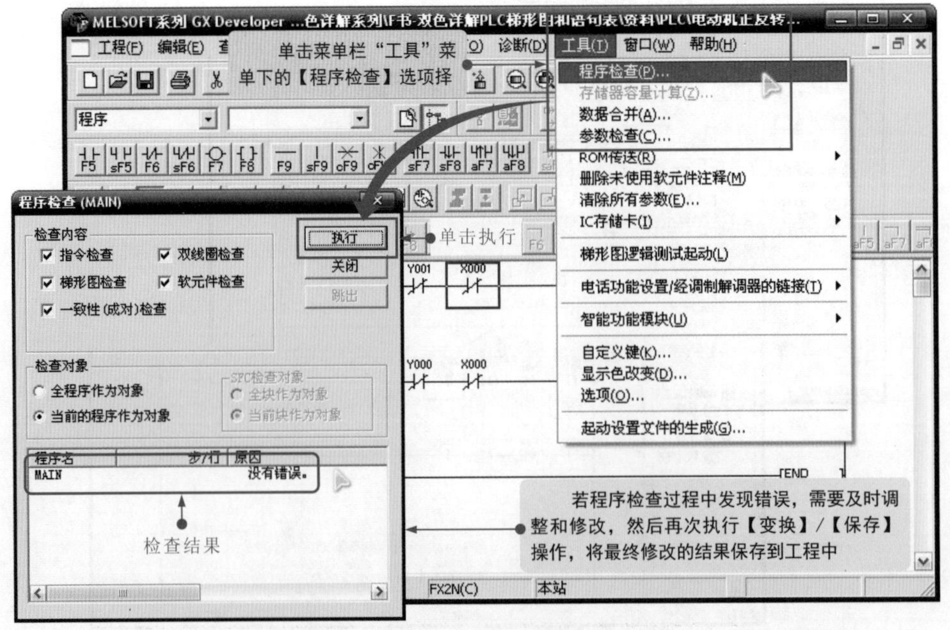

图20-25　在GX Developer软件中梯形图程序的检查

20.2.2 手持式编程器编程

编程器编程是指借助PLC专用的编程器设备直接在PLC中编写程序。在实际应用中编程器多为手持式编程器，具有体积小、重量轻、携带方便等特点，在一些小型PLC的用户程序编制、现场调试、监视等场合应用十分广泛。

采用编程器编程，是一种基于指令语句表的编程方式。应首先根据PLC的规格型号选配匹配的编程器，然后借助通信电缆将编程器与PLC连接，通过操作编程器上的按键，向PLC中写入语句表指令，如图20-26所示。

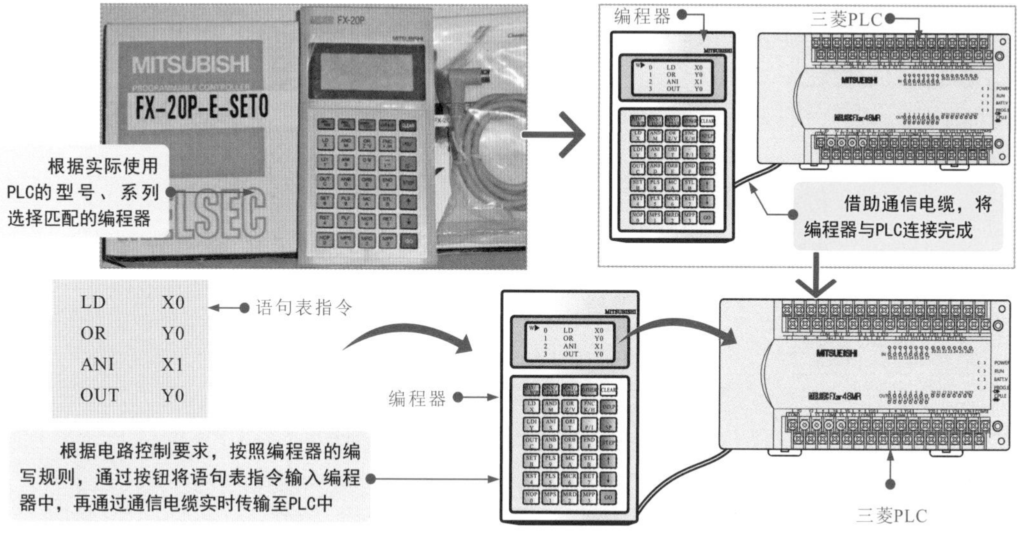

图20-26 采用手持式编程器编程

不同品牌或不同型号的PLC所采用的编程器类型也不相同，在将指令语句表程序写入PLC时，应注意选择合适的编程器，表20-4为各种PLC对应匹配的手持式编程器型号汇总。

表20-4 各种PLC对应匹配的手持式编程器型号汇总

PLC类型		手持式编程器型号
三菱（MITSUBISHI）	F/F1/F2系列	F1-20P-E、GP-20F-E、GP-80F-2B-E
		F2-20P-E
	FX系列	FX-20P-E
西门子（SIEMENS）	S7-200系列	PG702
	S7-300/400系列	一般采用编程软件进行编程
欧姆龙（OMRON）	C**P/C200H系列	C120-PR015
	C**P/C200H/C1000H/C2000H系列	C500-PR013、C500-PR023
	C**P系列	PR027
	C**H/C200H/C200HS/C200Ha/CPM1/CQM1系列	C200H-PR 027
光洋（KOYO）	KOYO SU -5/SU-6/SU-6B系列	S-01P-EX
	KOYO SR21系列	A-21P

如图20-27所示，以三菱FX系列适用的手持式编程器FX-20P为例，简单介绍三菱FX系列PLC的编程器编程方式。使用手持式编程器FX-20P进行编程前，首先需要了解该编程器各功能按键的具体功能，并根据使用说明书及相关介绍了解各按键符号输入的方法和要求等。

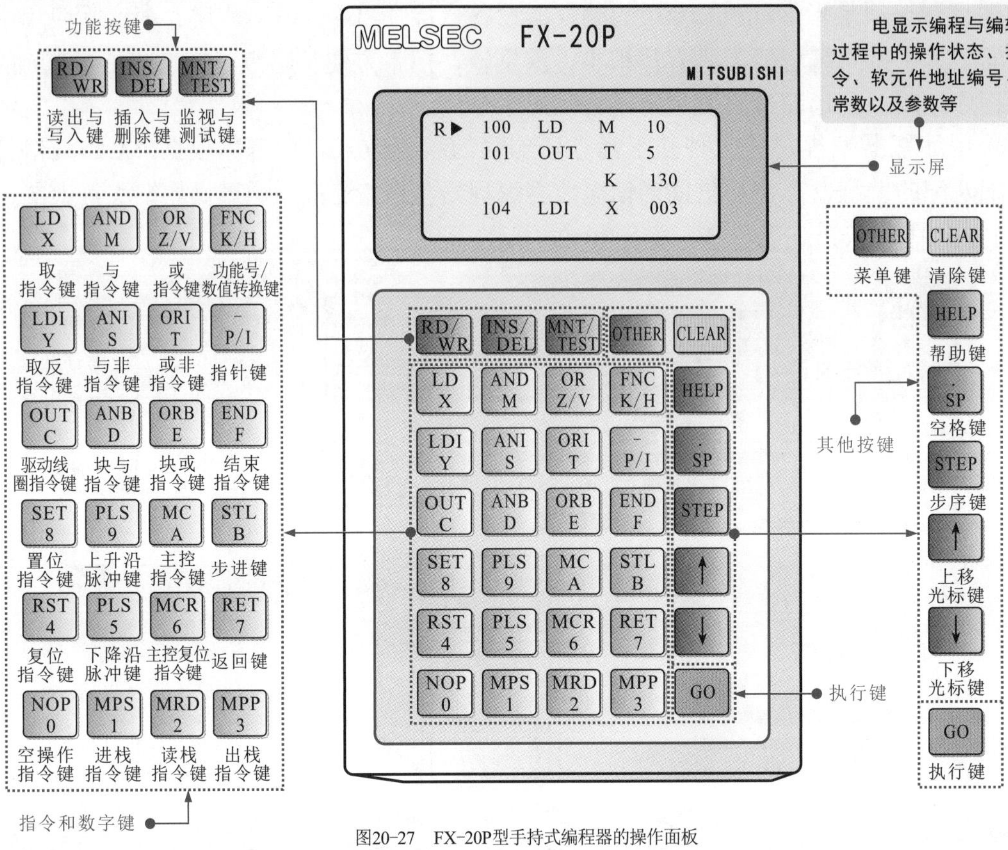

功能按键

RD/WR 读出与写入键　INS/DEL 插入与删除键　MNT/TEST 监视与测试键

MELSEC FX-20P

MITSUBISHI

电显示编程与编辑过程中的操作状态、指令、软元件地址编号、常数以及参数等

显示屏

R▶ 100 LD M 10
101 OUT T 5
K 130
104 LDI X 003

LD X 取指令键　AND M 与指令键　OR Z/V 或指令键　FNC K/H 功能号/数值转换键

LDI Y 取反指令键　ANI S 与非指令键　ORI T 或非指令键　- P/I 指针键

OUT C 驱动线圈指令键　ANB D 块与指令键　ORB E 块或指令键　END F 结束指令键

SET 8 置位指令键　PLS 9 上升沿脉冲键　MC A 主控指令键　STL B 步进键

RST 4 复位指令键　PLS 5 下降沿脉冲键　MCR 6 主控复位指令键　RET 7 返回键

NOP 0 空操作指令键　MPS 1 进栈指令键　MRD 2 读栈指令键　MPP 3 出栈指令键

指令和数字键

OTHER 菜单键　CLEAR 清除键　HELP 帮助键　SP 空格键　STEP 步序键　↑ 上移光标键　↓ 下移光标键　GO 执行键

其他按键

执行键

图20-27　FX-20P型手持式编程器的操作面板

1 选择编程器的工作模式

如图20-28所示，使用手持式编程器编程，在与PLC连接后，需要首先选择编程器的工作模式。

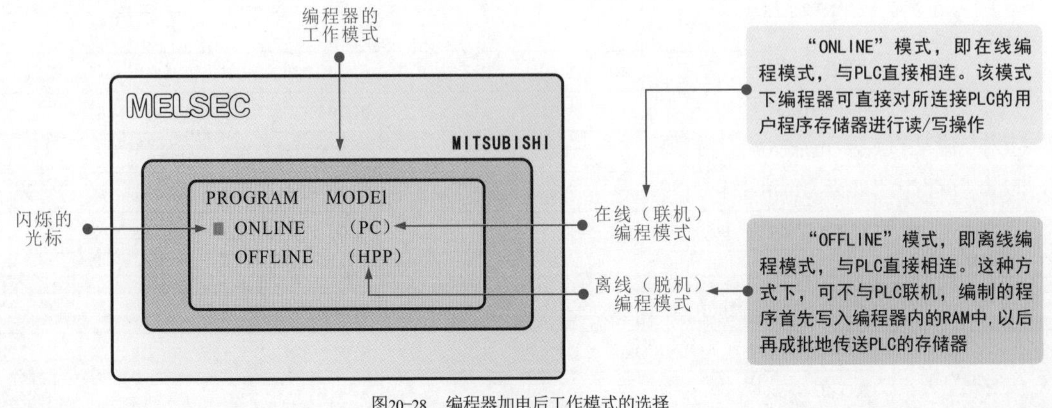

图20-28　编程器加电后工作模式的选择

2 用户程序存储器初始化

选择好工作方式后，便可开始执行写入新指令操作，在写入新指令前首先需要将PLC内部程序存储器中的程序进行初始化清零，如图20-29所示。

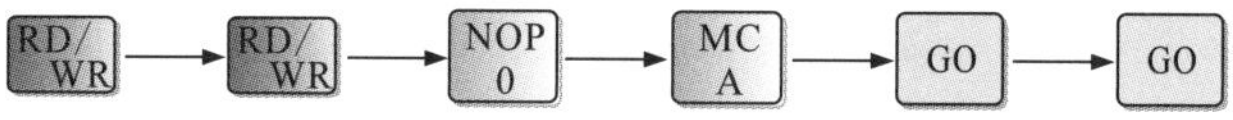

RD/WR → RD/WR → NOP 0 → MC A → GO → GO

图20-29 用户程序存储器初始化

3 指令的输入

输入语句表指令时，首先按下“RD/WR”键，使编程器处于W（写）工作方式，开始写入指令，写完一条指令后按下执行键“GO”键，即可完成一条语句的编写。

值得注意的是，在每条指令前都设有该条指令的步序号，输入指令时，可根据该指令所在的步序号，按下“STEP”键后键入相应的步序号，确认无误后按下“GO”键，使光标块“■”移动到指定的步序号，开始写入指令，如图20-30所示。

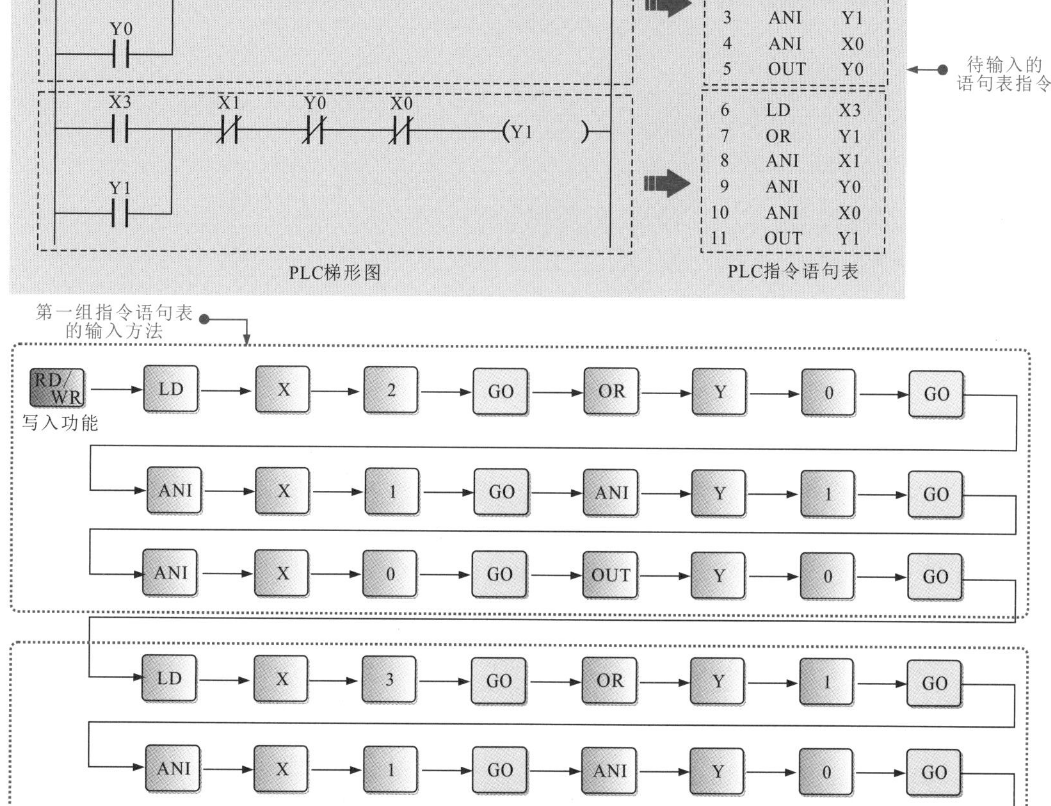

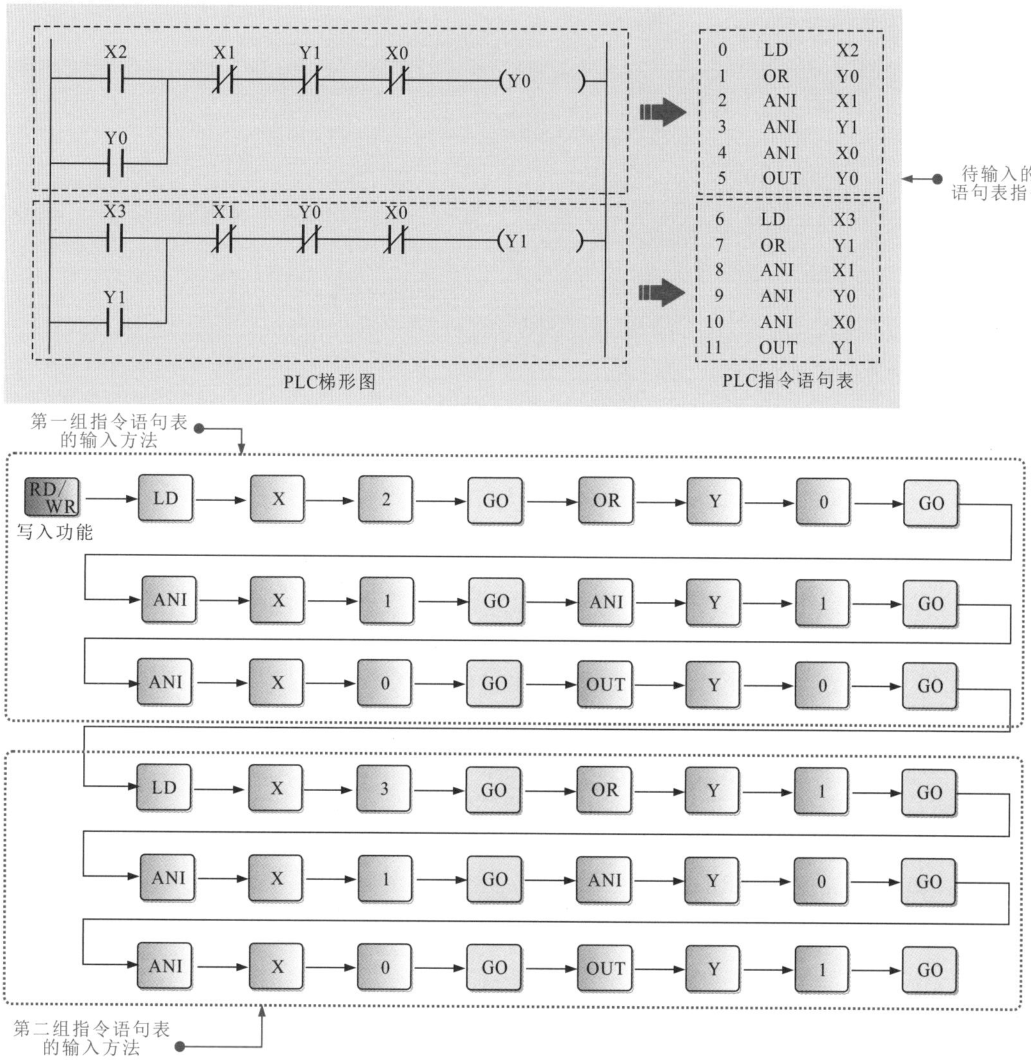

图20-30 使用编程器输入语句表指令

4 指令的修改

在编程过程中，若输入错误或需要修改程序时，应执行指令语句表的修改操作。若需要修改的指令后未按下“GO”键，可按下“CLEAR”键，即可清除刚键入的操作码或操作数；若已按下“GO”键，则可按下移动键“↑”，回到刚写入的指令，再进行修改。

例如，在输入指令过程中，第一条指令中最后的一步操作将“OUT Y0”误写为“OUT Y9”，此时需要进行指令修改，如图20-31所示。

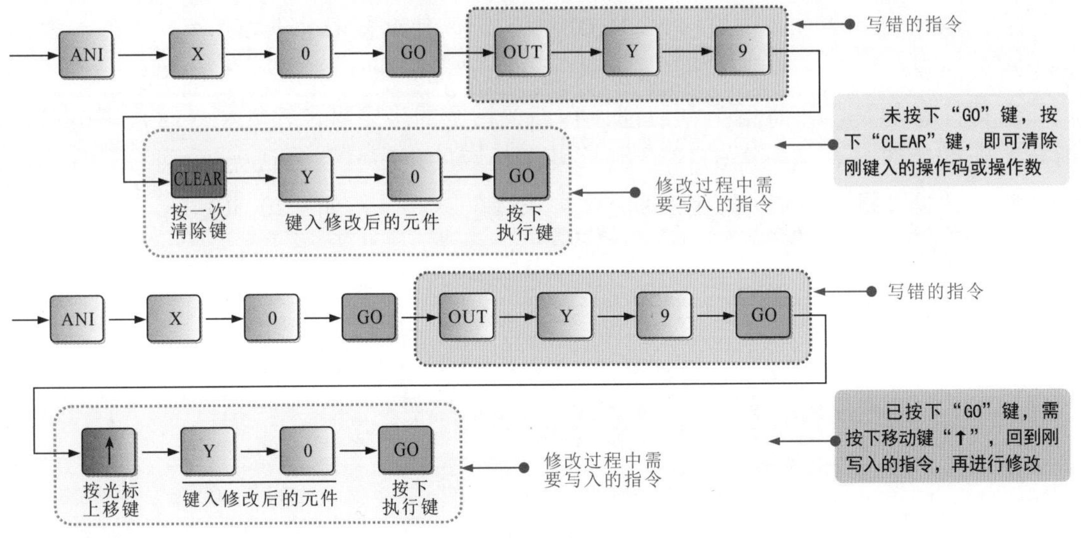

图20-31 编程器编程过程中进行指令修改

若已完成多条指令输入，需要修改的指令是比较靠前的指令时，需要首先执行读指令操作，然后再进行修改。

5 指令的读取

PLC指令语句表的读取操作是指将已写入到PLC中的程序进行读取的操作。

指令的读取操作有四种方式，即根据步序号读取、根据指令读取、根据指针读取和根据元件读取等，可根据程序的特点选择合适的读取方式。不论采用哪种读取方式都需要先按下“RD/WR”键，使编程器处于R（读）工作方式。

（1）根据步序号读取指令　例如，要读取步序号为10的指令，如图20-32所示。

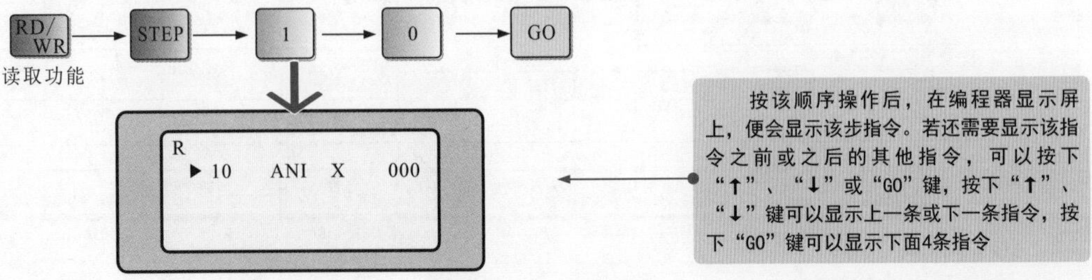

图20-32 根据步序号读取指令

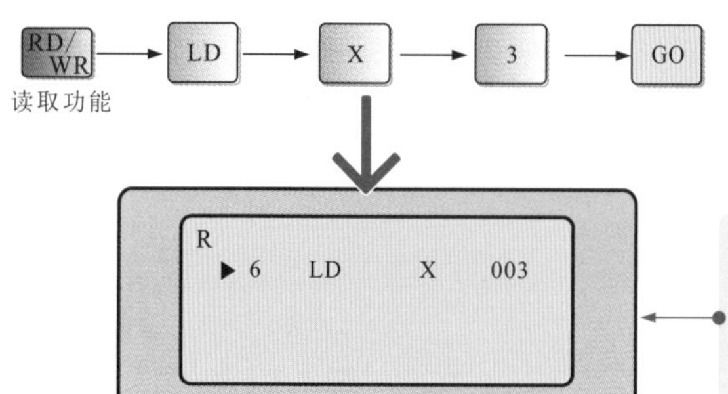

（2）根据指令读取指令　例如，指定指令LD X3，从PLC中读取该指令，如图20-33所示。

按“GO”键后屏幕上显示出指定的指令和步序号。再按“GO”键，屏幕上显示出下一条相同的指令及其步序号。

如果用户程序中没有该指令，在屏幕的最后一行显示“NOT FOUND”（未找到）。按↑或↓键可读出上一条或下一条指令。按CLEAR键，则屏幕显示出原来的内容

图20-33　根据指令读取指令

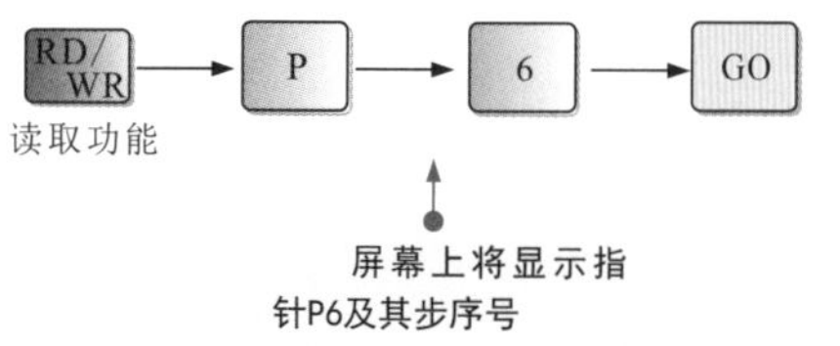

（3）根据指针读取指令　根据指针查找其所在的步序号也需要在R（读）工作方式下。例如，读取6号指针的操作，如图20-34所示。

图20-34　根据指针读取指令

（4）根据元件读取指令　例如，在R（读）工作方式下读取含有Y1的指令，如图20-35所示。

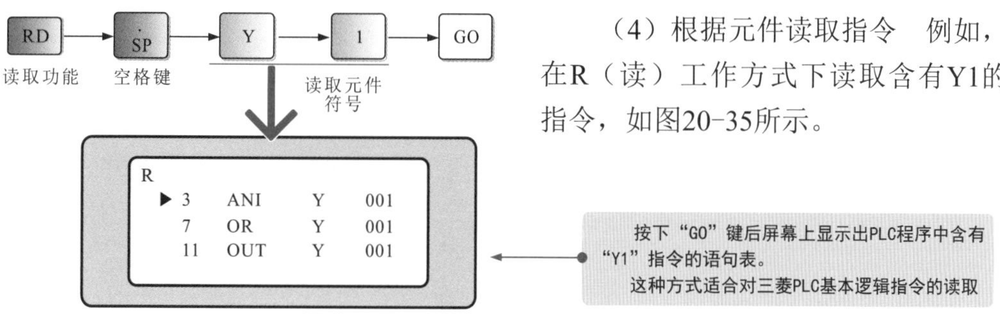

图20-35　根据元件读取指令

6 指令的插入

插入操作是指在写入的程序中插入某指令的操作，该操作需要在插入前先读取程序，然后再在指定位置插入指令。例如，在前面输入“Y0”前插入“AND X1”指令，如图20-36所示。

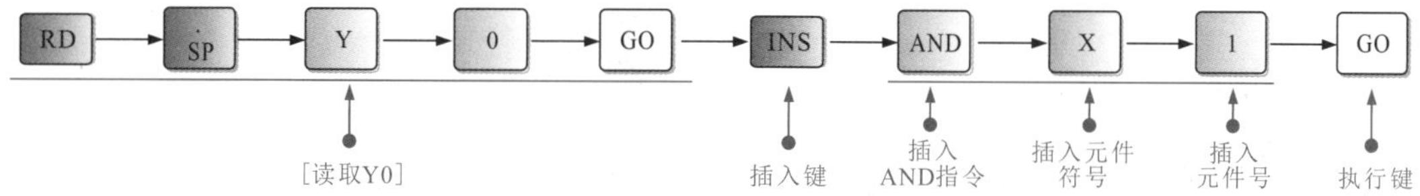

图20-36　在已有指令中插入指令

7 指令的删除

删除程序可将已写入的程序进行逐条、指定范围和全部删除操作，主要使用“INS/DEL”键实现。

20.3 PLC系统的安装与调试

20.3.1 PLC系统的安装

1 PLC系统的安装和接线要求

PLC属于新型自动化控制装置的一种，是由基本的电子元器件等组成的，为了保证PLC系统的稳定性，在PLC安装和接线时，需要先了解安装PLC系统的基本要求及接线原则，以免造成硬件连接错误，引起不必要的麻烦。

（1）PLC系统安装环境的要求　安装PLC系统前，首先要确保安装环境符合PLC的基本工作需求，包括温度、湿度、振动及周边设备等各方面。具体安装要求见表20-5所示。

表20-5　PLC系统安装环境的要求

环境因素	具体安装要求
环境温度要求	安装PLC时应充分考虑PLC的环境温度，使其不得超过PLC允许的温度范围，通常PLC环境温度范围在0～55℃之间，当温度过高或过低时，均会导致内部的元器件工作失常
环境湿度要求	PLC对环境湿度也有一定的要求，通常PLC的环境湿度范围应在35%～85%之间，当湿度太大会使PLC内部元器件的导电性增强，可能导致元器件击穿损坏的故障
振动要求	PLC不能安装在振动比较频繁的环境中（振动频率为10～55 Hz、幅度为0.5 mm），若振动过大可能会导致PLC内部的固定螺钉或元器件脱落、焊点虚焊
周边设备要求	确保PLC的安装远离600V高压电缆、高压设备以及大功率设备
其他环境要求	PLC应避免安装在存在大量灰尘或导电灰尘，腐蚀或可燃性气体，潮湿或淋雨，过热等环境下

PLC硬件系统一般安装在专门的PLC控制柜内，用以防止灰尘、油污、水滴等进入PLC内部，造成电路短路，从而造成PLC损坏。图20-37为PLC控制柜。

图20-37　PLC控制柜

为了保证PLC工作时其温度保持在规定环境温度范围内，安装PLC的控制柜应有足够的通风空间，如果周围环境超过55℃，应安装通风扇，强制通风。 图20-38为PLC系统的通风要求。

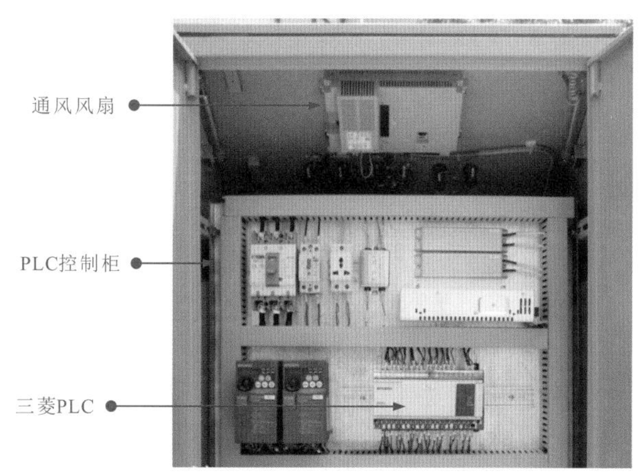

图20-38　PLC系统的通风要求

（2）PLC系统安装位置的要求　目前，三菱PLC安装时主要分为单排安装和双排安装两种。为了防止温度升高，PLC单元应垂直安装且需要与控制柜箱体保持一定的距离。注意，不允许将PLC安装在封闭空间的地板和天花板上。图20-39为三菱PLC系统安装方式的要求。

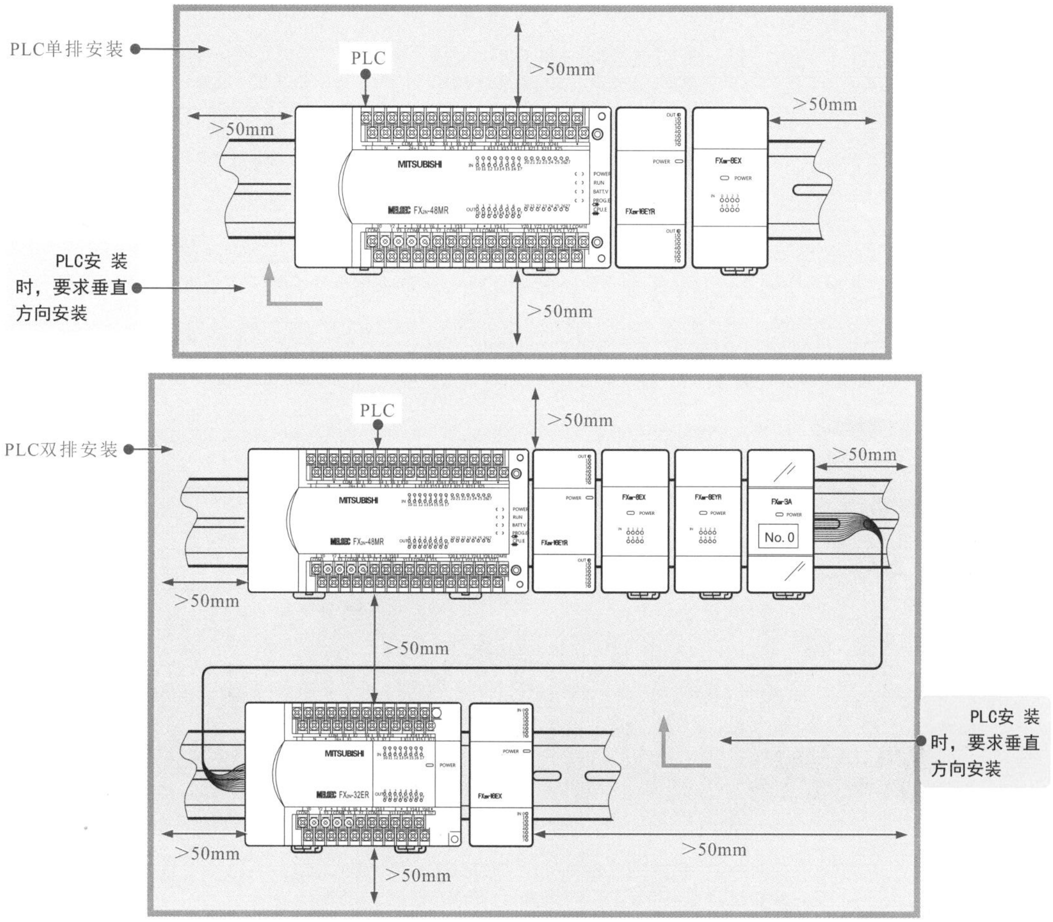

图20-39　三菱PLC系统安装方式的要求

（3）PLC系统安装操作的要求　在进行PLC安装操作时，需要首先了解安装过程中的基本规范、注意事项、安全要求等各方面，如图20-40所示。

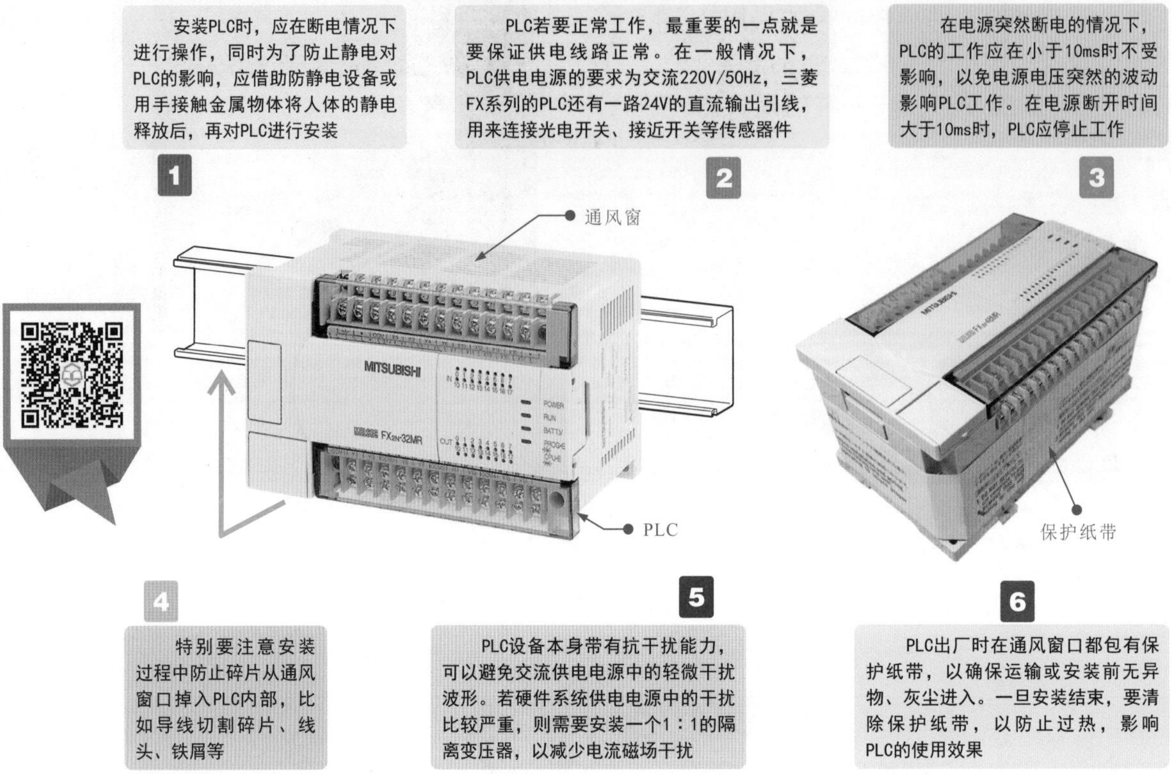

安装PLC时，应在断电情况下进行操作，同时为了防止静电对PLC的影响，应借助防静电设备或用手接触金属物体将人体的静电释放后，再对PLC进行安装
1
PLC若要正常工作，最重要的一点就是要保证供电线路正常。在一般情况下，PLC供电电源的要求为交流220V/50Hz，三菱FX系列的PLC还有一路24V的直流输出引线，用来连接光电开关、接近开关等传感器件
2
在电源突然断电的情况下，PLC的工作应在小于10ms时不受影响，以免电源电压突然的波动影响PLC工作。在电源断开时间大于10ms时，PLC应停止工作
3
通风窗
MITSUBISHI
FX2N-32MR
POWER
RUN
BATT.V
PROG-E
PLC
保护纸带
4
特别要注意安装过程中防止碎片从通风窗口掉入PLC内部，比如导线切割碎片、线头、铁屑等
5
PLC设备本身带有抗干扰能力，可以避免交流供电电源中的轻微干扰波形。若硬件系统供电电源中的干扰比较严重，则需要安装一个1：1的隔离变压器，以减少电流磁场干扰
6
PLC出厂时在通风窗口都包有保护纸带，以确保运输或安装前无异物、灰尘进入。一旦安装结束，要清除保护纸带，以防止过热，影响PLC的使用效果

图20-40　三菱PLC系统的安装操作要求

PLC的安装方式通常有安装孔垂直安装和DIN导轨安装两种方式，用户在安装时可根据安装条件进行选择。其中，安装孔垂直安装是指利用PLC机体上的安装孔，将PLC固定在安装地板上，安装时应注意PLC必须保持垂直状态，如图20-41所示。

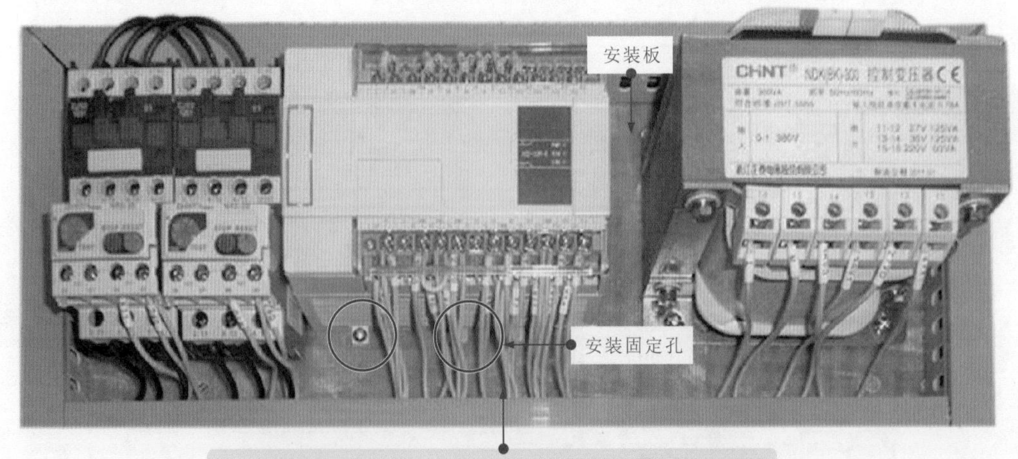

安装板
CHNT
安装固定孔
采用安装孔垂直安装，要求必须使用匹配规格的固定螺钉安装固定。安装板应为性能稳定、牢固的绝缘板。安装方向必须保持垂直

图20-41　三菱PLC安装孔的垂直安装要求

如图20-42所示，DIN导轨安装方式是指利用PLC底部外壳上的导轨安装槽及卡扣将PLC安装在DIN导轨（一般宽35mm）上。

注意，在振动频繁的区域切记不要使用DIN导轨安装方式。另外，拆卸PLC，应注意要先拉开卡住DIN导轨的弹簧夹，一旦弹簧夹脱离导轨，PLC向上移即可卸下，切不可盲目用力，损伤PLC导轨槽，影响回装

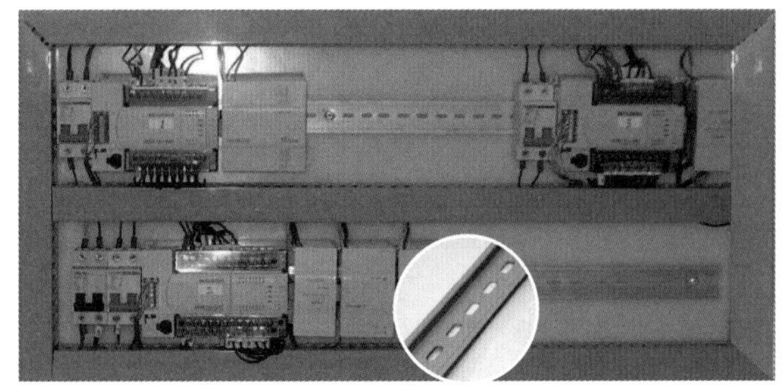

图20-42　三菱PLC导轨的安装要求

（4）PLC系统的接地要求　有效的接地可以避免脉冲信号的冲击干扰，因此在对PLC设备或PLC扩展模块进行安装时，应保证其良好的接地，以免脉冲信号损坏PLC设备。图20-43为三菱PLC的接地要求。

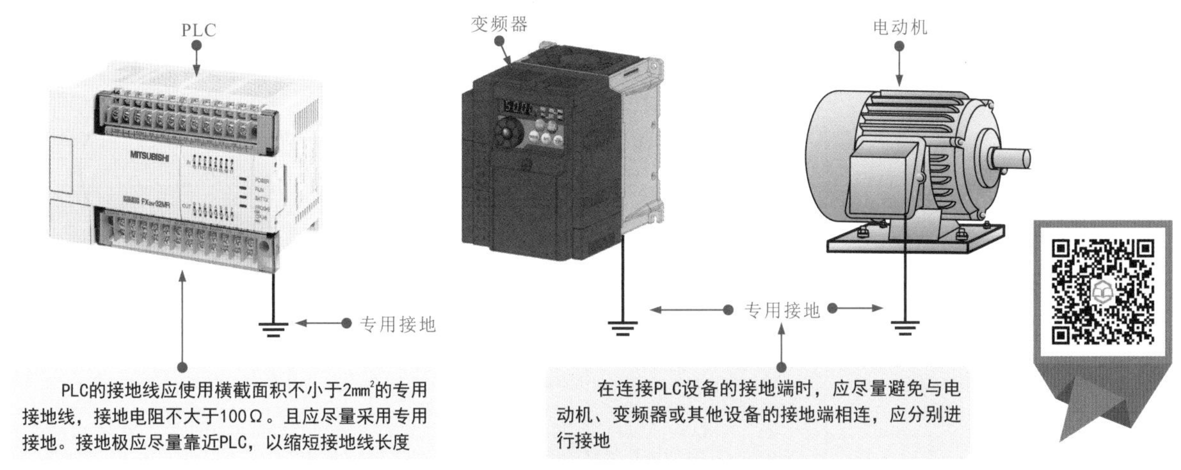

PLC
变频器
电动机
专用接地
专用接地
PLC的接地线应使用横截面积不小于2mm²的专用接地线，接地电阻不大于100Ω。且应尽量采用专用接地。接地极应尽量靠近PLC，以缩短接地线长度
在连接PLC设备的接地端时，应尽量避免与电动机、变频器或其他设备的接地端相连，应分别进行接地

图20-43　三菱PLC的接地要求

若无法采用专用接地时，可将PLC的接地极与其他设备的接地极相连接，构成共用接地。但严禁将PLC的接地线与其他设备的接地线连接，采用共用接地线的方法进行PLC的接地，如图20-44所示。

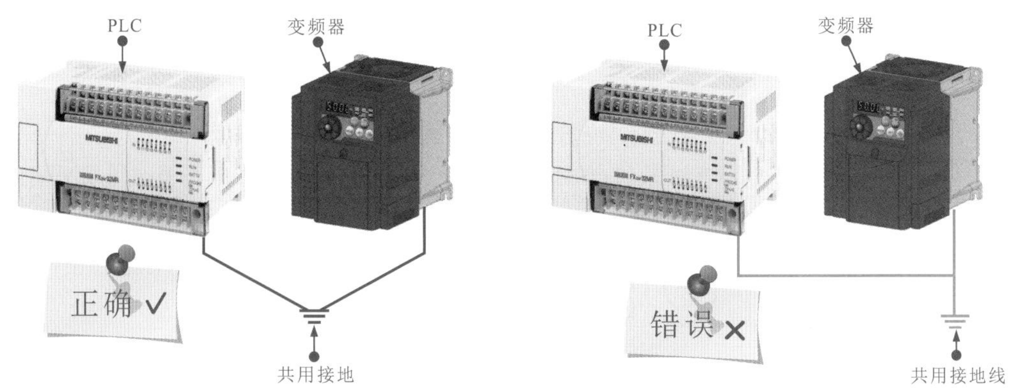

图20-44　采用共用接地线的方法接地

（5）PLC输入端的接线要求　PLC一般使用限位开关、按钮等控制，且输入端还常与外部传感器连接，因此在对PLC输入端的接口进行接线时，应注意PLC输入端的接线要求。具体要求见表20-6。

表20-6　PLC输入端的接线要求

输入端接线要求类型	具体要求内容
接线长度要求	输入端的连接线不能太长，应限制在30 m以内，若连接线过长，则会使输入设备对PLC的控制能力下降，影响控制信号输入的精度
避免干扰要求	PLC的输入端引线和输出端的引线不能使用同一根多芯电缆，以免造成干扰，或引线绝缘层损坏时造成短路故障

（6）PLC输出端的接线要求　PLC设备的输出端一般用来连接控制设备，如继电器、接触器、电磁阀、变频器、指示灯等，在连接输出端的引线或设备时，应注意PLC输出端的接线要求。具体要求见表20-7。

表20-7　PLC输出端的接线要求

要求项目	具体要求内容
外部设备要求	若PLC的输出端连接继电器设备时，应尽量选用工作寿命比较长（内部开关动作次数）的继电器，以免负载（电感性负载）影响到继电器的工作寿命
输出端子及电源接线要求	在连接PLC输出端的引线时，应将独立输出和公共输出分别进行分组连接。在不同的组中，可采用不同类型和电压输出等级的输出电压；而在同一组中，只能选择同一种类型、同一个电压等级的输出电源
输出端保护要求	输出元件端应安装熔断器进行保护，由于PLC的输出元件安装在印制电路板上，使用连接线连接到端子板，若错接而将输出端的负载短路，则可能会烧毁印制电路板。安装熔断器后，若出现短路故障则熔断器快速熔断，保护电路板
防干扰要求	PLC的输出负载可能产生噪声干扰，因此要采取措施加以控制
安全要求	除了在PLC中设置控制程序防止对用户造成伤害，还应设计外部紧急停止工作电路，在PLC出现故障后，能够手动或自动切断电源，防止危险发生
电源输出引线要求	直流输出引线和交流输出引线不应使用同一根电缆，且输出端的引线要尽量远离高压线和动力线，避免并行或干扰

PLC输入/输出（以下标识为I/O）端子接线时，应注意：

◆ I/O信号连接电缆不要靠近电源电缆，不要共用一个防护套管，低压电缆最好与高压电缆分开并相互绝缘。

◆ 如果I/O信号连接电缆的距离较长，要考虑信号的压降以及可能造成的信号干扰问题。

◆ I/O端子接线时，应防止端子螺钉的连接松动造成的故障。

◆ 三菱FX2N系列产品的接线端子在接线时，电缆线端头要使用扁平接头，如图20-45所示。

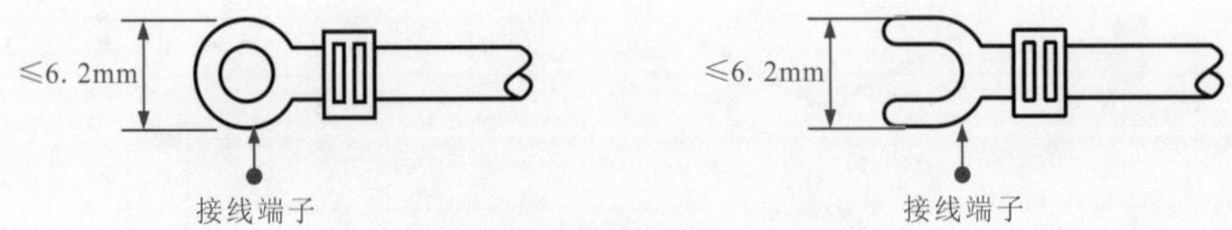

图20-45　电缆线端扁平接头

（7）PLC电源的接线要求　电源供电是PLC正常工作的基本条件，必须严格按照要求对PLC的供电端接线，确保PLC的基本工作条件稳定可靠。具体接线要求见　表20-8。

表20-8　PLC电源的接线要求

电源端子	接线要求
电源输入端	①接交流输入时，相线必须接到“L”端，零线必须接在“N”端 ②接直流输入时，电缆正极必须接到“+”端，电缆负极必须接在“-”端 ③电源电缆绝不能接到PLC的其他端子上 ④电源电缆的截面积不小于$2mm^2$ ⑤进行维修作业时，要有可靠的方法使系统与高压电源完全隔离开 ⑥急停的状态下，通过外部电路来切断基本单元和其他配置单元的输入电源
电源公共端	①如果在已安装的系统中从PLC主机到功能性扩展模块都使用电源公共端子，则要连接0V端子，不要接24V端子 ②PLC主机的24V端子不能接外部电源

（8）PLC扩展模块的连接要求　当一个整体式PLC不能满足系统要求时，可采用连接扩展模块的方式，在将PLC主机与扩展模块连接时也有一定的要求【以三菱FX2N系列主机（基本单元）为例】。

例如，FX2N基本单元与FX2N、FX0N扩展设备的连接要求。当FX2N系列PLC基本单元的右侧与FX2N的扩展单元、扩展模块、特殊功能模块或FX0N的扩展模块、特殊功能模块连接时可直接将这些模块通过扁平电缆与基本单元进行连接，如图20-46所示。

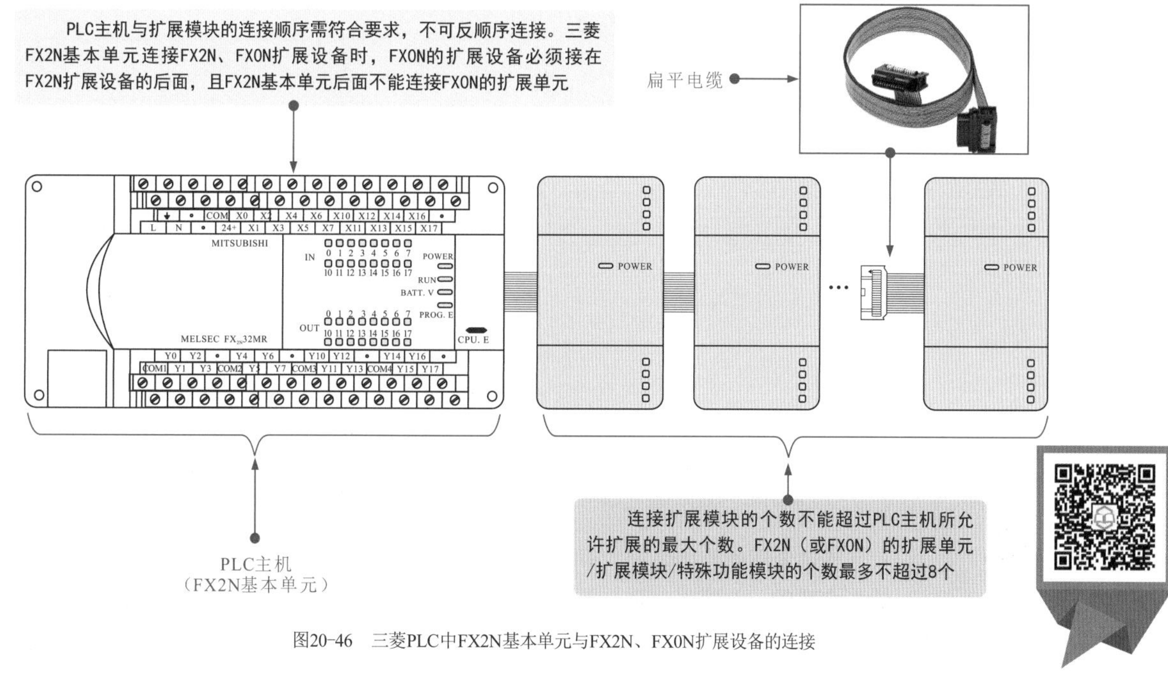

图20-46　三菱PLC中FX2N基本单元与FX2N、FX0N扩展设备的连接

FX_{2N}基本单元与FX_1、FX_2扩展设备的连接要求。当FX_{2N}系列PLC基本单元的右侧与FX_1、FX_2扩展单元、扩展模块、特殊功能模块连接时需使用FX_{2N}-CNV-IF型转换电缆进行连接，如图20-47所示。

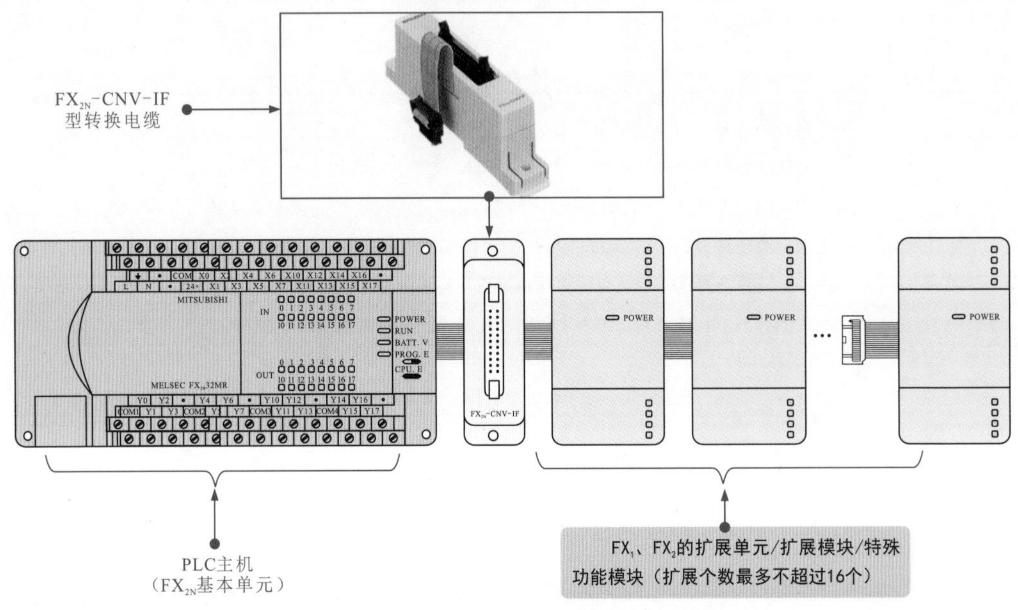

图20-47　FX_{2N}基本单元与FX_1、FX_2扩展设备的连接

FX_{2N}基本单元与FX_{2N}、FX_{0N}、FX_1、FX_2扩展设备的混合连接要求。当FX_{2N}基本单元与FX_{2N}、FX_{0N}、FX_1、FX_2扩展设备混合连接时，需将FX_{2N}、FX_{0N}的扩展设备直接与FX_{2N}基本单元连接，然后在FX_{2N}、FX_{0N}扩展设备后使用FX_{2N}-CNV-IF型转换电缆连接FX_1、FX_2扩展设备，不可反顺序连接，如图20-48所示。

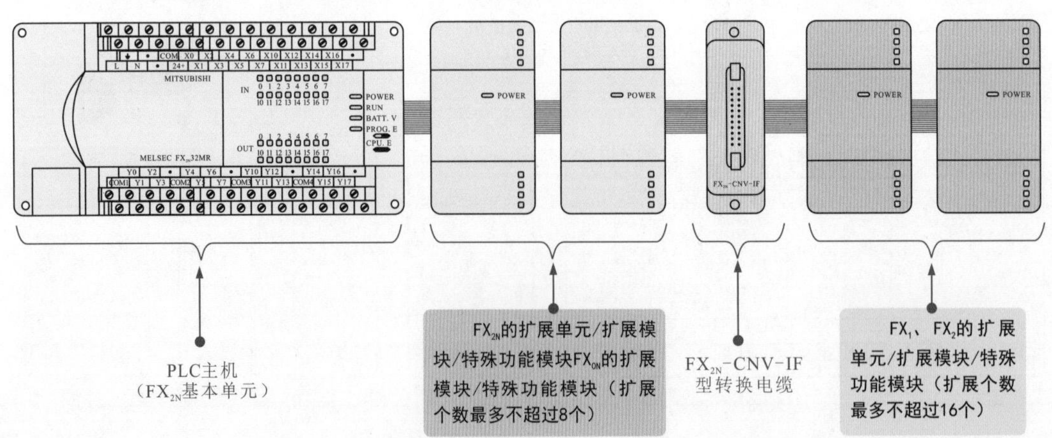

图20-48　FX_{2N}基本单元与FX_{2N}、FX_{0N}、FX_1、FX_2扩展设备的混合连接要求

类似上述的连接要求，不同品牌、型号和系列的PLC具体要求的细节也不同，因此，在选购、安装PLC前，必须详细了解所需PLC的特点，完全了解其安装方面的要求、规范和特点等，才可动手操作安装。

2 PLC系统的安装方法

三菱PLC系统通常安装在PLC控制柜内，避免灰尘、污物等的侵入，为增强PLC系统的工作性能，提高其使用寿命，安装时应严格按照PLC的安装要求进行安装。下面以采用DIN导轨安装方式为例，演示三菱PLC系统的安装及接线方法。

首先根据控制要求和安装环境，选择好适当的三菱PLC机型，如图20-49所示。

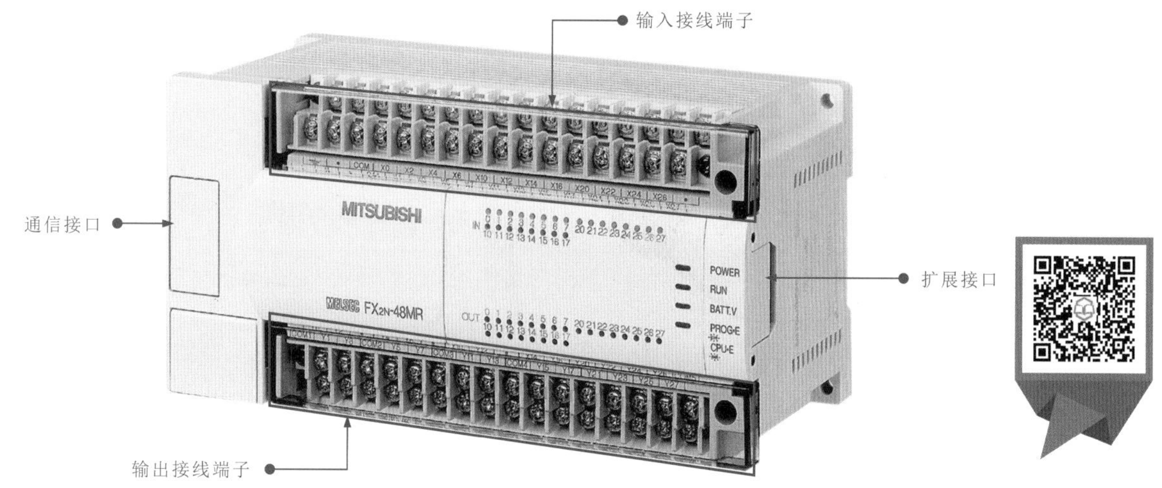

图20-49 选择PLC机型

（1）安装并固定DIN导轨 根据对控制要求的分析，选择合适规模的控制柜，用于安装PLC及相关电气部件，确定PLC的安装位置。先将DIN导轨安装固定在PLC控制柜中，并使用螺钉旋具将固定螺钉拧入DIN导轨和PLC控制柜的固定孔中，将其DIN导轨固定在PLC控制柜上，如图20-50所示。

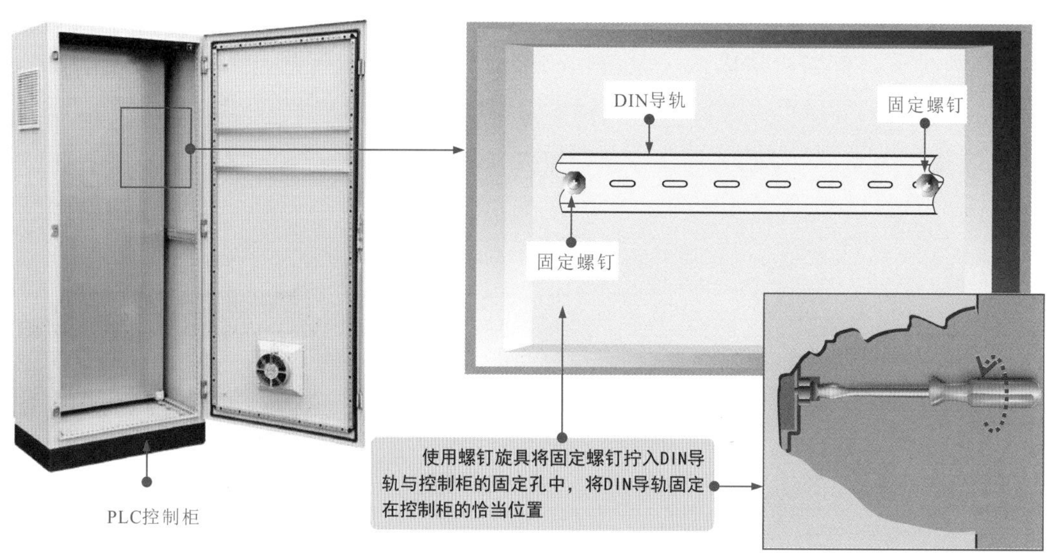

图20-50 PLC控制柜中DIN导轨的安装与固定

（2）安装并固定PLC　将选好的三菱PLC，按照安装要求和操作手法安装固定在DIN导轨上，如图20-51所示。

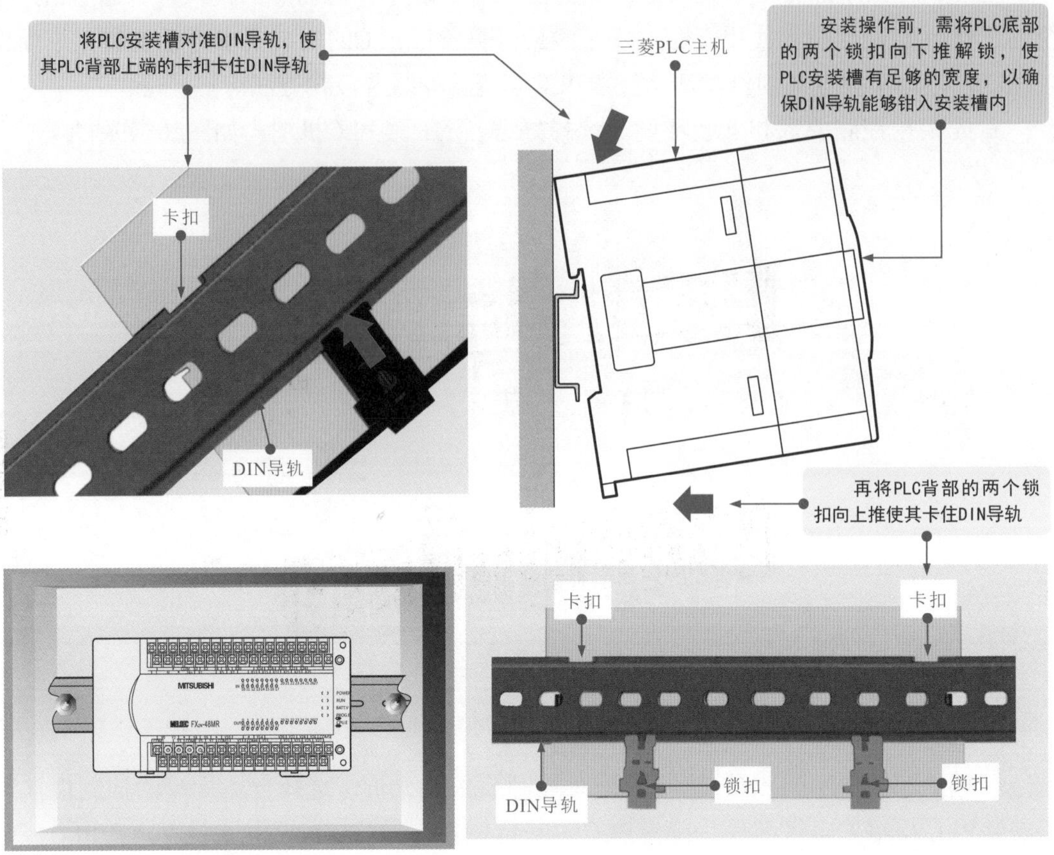

将PLC安装槽对准DIN导轨，使其PLC背部上端的卡扣卡住DIN导轨
三菱PLC主机
安装操作前，需将PLC底部的两个锁扣向下推解锁，使PLC安装槽有足够的宽度，以确保DIN导轨能够钳入安装槽内
卡扣
DIN导轨
再将PLC背部的两个锁扣向上推使其卡住DIN导轨
卡扣
卡扣
锁扣
锁扣
DIN导轨
MITSUBISHI
FX2N-48MR

图20-51　三菱PLC的安装固定

（3）打开端子排护罩　PLC与输入、输出设备之间通过输入、输出接口端子排连接。在接线前，首先应将输入、输出接口端子排上的护罩打开，为接线做好准备。如图20-52所示。

MITSUBISHI
FX2N-48MR
输入端子排
端子排护罩
输出端子排

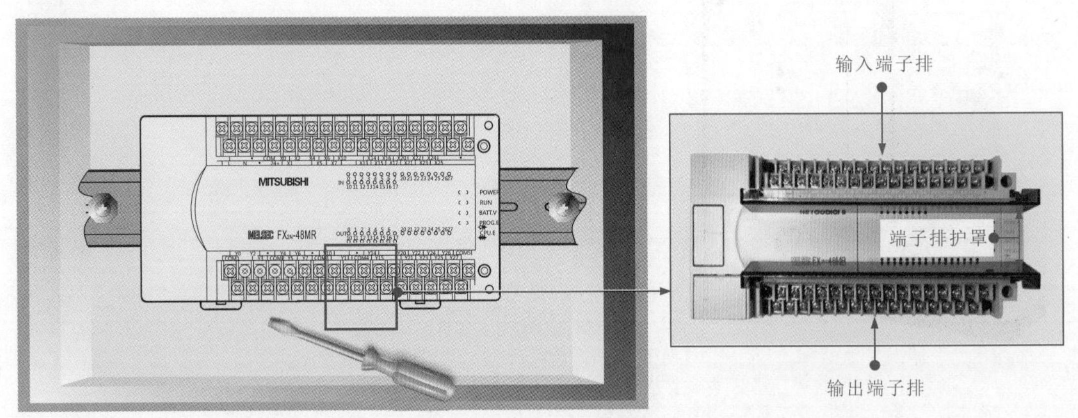

图20-52　打开护罩，做好接线前的准备工作

（4）输入/输出端子接线　PLC的输入接口常与输入设备（如控制按钮、过热保护继电器等）进行连接，用于控制PLC的工作状态；PLC的输出接口常与输出设备（接触器、继电器、晶体管、变频器等）进行连接，用来控制其工作。

再根据控制要求和设计分析，将相应的输入设备和输出设备连接到PLC输入、输出端子上，端子号应与I/O地址表相符，如图20-53所示。

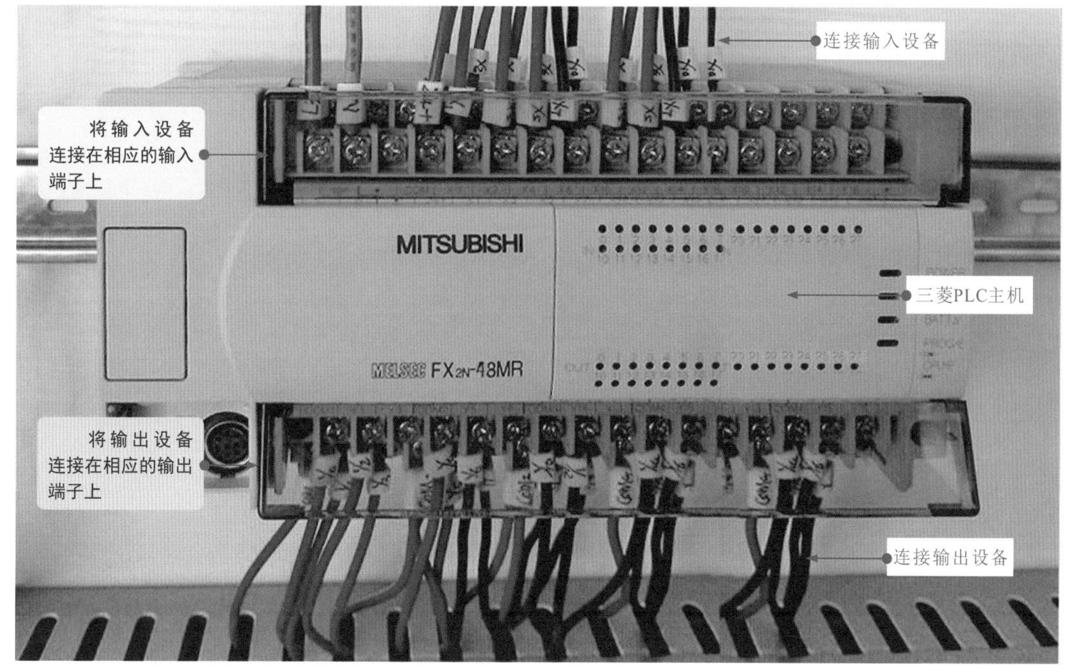

图20-53　三菱PLC输入/输出端子接线

（5）PLC扩展接口的连接　当PLC需连接扩展模块时，应先将其扩展模块安装在PLC控制柜内，然后再将其扩展模块的数据线连接端插接在PLC扩展接口上，如图20-54所示。

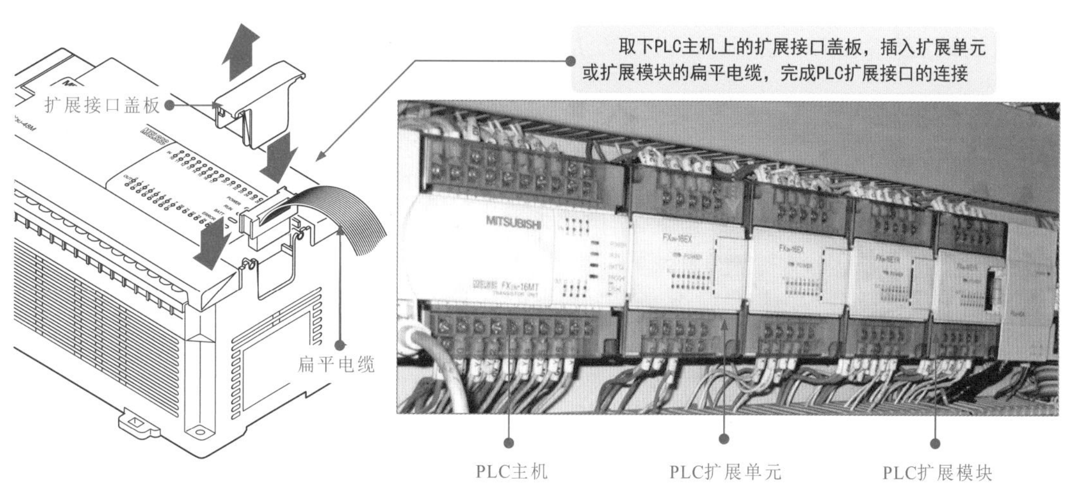

图20-54　三菱PLC扩展接口的连接操作

20.3.2 PLC系统的调试

为了保障PLC的系统能够正常运行，在PLC系统安装接线完毕后，并不能立即投入使用，还要对安装后的PLC系统进行调试与检测，以免在安装过程中出现线路连接不良、连接错误、设备损坏等情况的发生，从而造成PLC系统短路、断路或损坏元器件等。

1 初始检查

对PLC系统进行调试，首先在断电状态下，对线路的连接、工作条件进行初始检查。具体调试内容见表20-9。

表20-9 PLC系统的初始检查

调试项目	调试具体内容
检查线路连接	根据I/O原理图逐段确认PLC系统的接线有无漏接、错接之处，检查连接线的接点的连接是否符合工艺标准。若通过逐段检查无异常，则可使用万用表检查连接的PLC系统线路有无短路、断路以及接地不良等现象，若出现连接故障应及时对其进行连接或调整
检查电源电压	在PLC系统通电前，检查系统供电电源与预先设计的PLC系统图中的电源是否一致，检查时，可合上电源总开关进行检测
检查PLC程序	将PLC程序、触摸屏程序、显示文本程序等输入到相应的系统内，若系统出现报警情况，应对其系统的接线、设定参数、外部条件以及PLC程序等进行检查，并对其产生报警的部位进行重新连接或调整
局部调试	了解设备的工艺流程后，进行手动空载调试，检查手动控制的输出点是否有相应的输出，若有问题，应立即进行解决，若手动空载正常再进行手动带负载调试，手动带负载调试中对其调试电流、电压等参数进行记录
上电调试	完成局部调试后，接通PLC电源，检查电源指示、运行状态时候正常，调试无误后，可联机试运行，观察其系统工作是否稳定，若均正常，则该系统可投入使用

2 通电调试

完成初始检查后，可接通PLC电源，试着写入简单的小段程序，对PLC进行通电调试，明确其工作状态，为最后正常投入工作做好准备，如图20-55所示。

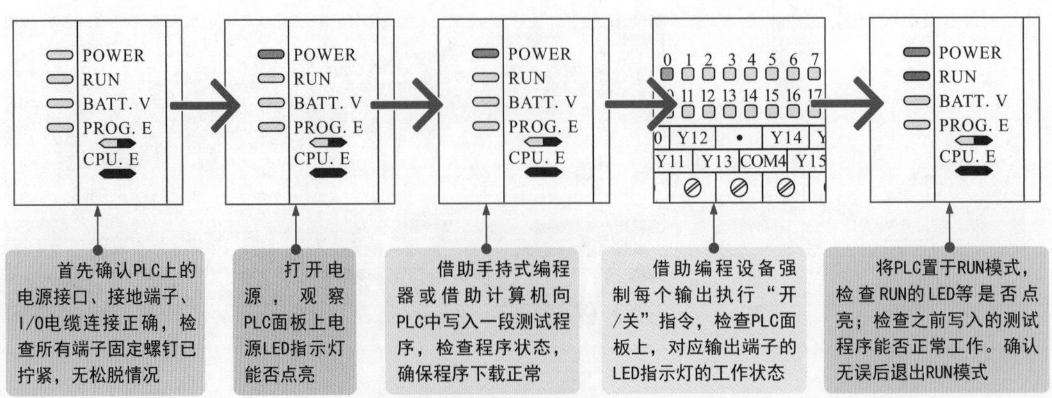

图20-55 三菱PLC系统的通电调试

在通电调试时需要注意不要碰到交流相线，不要碰触可能造成人身伤害的部位。目前，在调试中常见的错误有：

◆ I/O线路上某些点的继电器的接触点接触不良；外部所使用的I/O设备超出其规定的工作范围。

◆ 输入信号的发生时间过短，小于程序的扫描周期；DC 24V电源过载。

3 PLC系统的日常维护

在PLC系统投入使用后，由于其工作环境的影响，可能会造成PLC使用寿命的缩短或出现故障，需要对PLC系统进行日常检查及维护，确保PLC系统安全、可靠地运行。

（1）日常维护　对PLC系统进行日常维护，包括供电条件、工作环境、元器件使用寿命等各方面，具体见表20-10所列。

表20-10　PLC系统的日常维护

日常维护项目	维护的具体内容
电源的检查	首先对PLC电源上的电压进行检测，看是否为额定值或有无频繁波动的现象，电源电压必须工作在额定范围之内，且波动不能大于10%，若有异常则应检查供电线路
输入、输出电源的检查	检查输入、输出端子处的电压变化是否在规定的标准范围内，若有异常则应对其异常处进行检查
环境的检查	检查环境温度、湿度是否在允许范围之内（温度在0～55℃之间，湿度在35%～85%之间），若超过允许范围，则应降低或升高温度，以及加湿或除湿操作。安装环境不能有大量的灰尘、污物等现象，若有则应进行及时清理。检查面板内部温度有无过高情况
安装的检查	检查PLC设备各单元的连接是否良好，连接线有无松动、断裂以及破损等现象，控制柜的密封性是否良好等。检查散热窗（空气过滤器）是否良好，有无堵塞情况
元器件使用寿命的检查	对于一些有使用寿命的元件，例如锂电池、输出继电器等，则应进行定期的检查，以保证锂电池的电压在额定范围之内，输出继电器的使用寿命在允许范围之内（电气使用寿命在30万次以下，机械使用寿命在1000万次以下）

（2）更换电池　PLC内锂电池到达使用寿命终止（一般为5年）或电压下降到一定程度时，应对锂电池进行更换，如图20-56所示。

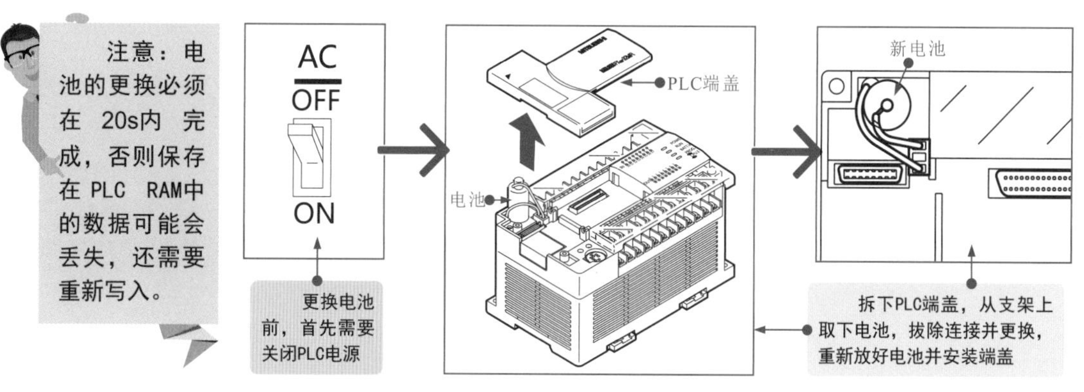

图20-56　更换PLC电池